集成电路大师级系列

CMOS
Nanoelectronics

Analog And RF VLSI Circuits

CMOS
纳米电子学

模拟和射频超大规模集成电路

[加] 克日什托夫·伊涅夫斯基 主编
（Krzysztof Iniewski）

张德明 伍连博 张 慧 郭志鹏
夏一宁 梁新新 李国琴 杨佳欣　译

U0219394

机械工业出版社
CHINA MACHINE PRESS

图书在版编目(CIP)数据

CMOS 纳米电子学:模拟和射频超大规模集成电路 /

(加)克日什托夫·伊涅夫斯基 (Krzysztof Iniewski)

主编;张德明 等译 . -- 北京:机械工业出版社,

2024. 9. --(集成电路大师级系列). -- ISBN 978-7

-111-76585-1

Ⅰ. TN432.02

中国国家版本馆 CIP 数据核字第 2024AN0589 号

机械工业出版社(北京市百万庄大街 22 号   邮政编码 100037)
策划编辑:王 颖   责任编辑:王 颖
责任校对:杨 霞 马荣华 景 飞   责任印制:常天培
北京科信印刷有限公司印刷
2025 年 1 月第 1 版第 1 次印刷
186mm × 240mm · 28 印张 · 675 千字
标准书号:ISBN 978-7-111-76585-1
定价:129.00 元

电话服务   网络服务
客服电话:010-88361066   机 工 官 网:www.cmpbook.com
          010-88379833   机 工 官 博:weibo.com/cmp1952
          010-68326294   金 书 网:www.golden-book.com
封底无防伪标均为盗版   机工教育服务网:www.cmpedu.com

本书由国际一流的工业界专家和学术界专家撰写，目标受众是集成电路工程师和相关专业研究生。这本书可使读者快速掌握相关领域的研究现状和面临的技术挑战。

这本书的主编是资深电子工程师 Krzysztof Iniewski 博士，他主要研究低功耗无线电路与系统。作为 Redlen 技术公司的研发主管和 CMOS 新兴技术公司的执行理事，Iniewski 博士已经在国际期刊上发表了 100 多篇论文，同时拥有 18 项国际专利，并任阿尔伯塔大学电气工程与计算机工程学院的副教授。此外，Iniewski 博士担任 Nanoeletronics 的编辑，为该领域的发展做出了杰出贡献。

这本书主要分为三部分：射频电路、高速电路和高精度电路。第一部分是射频电路。第1章介绍了纳米级 CMOS 电路设计所面临的挑战，并深入讨论了面临的主要设计问题。第2章主要介绍了无源混频器收发机。第3章主要研究极坐标发射机。第4章全面阐述了全数字射频信号发生器设计。第5章和第6章分别讨论了倍频器设计和射频滤波器设计。第7章和第8章主要介绍功率放大器设计。

第二部分是高速电路。第9章主要讨论了缩放串行 I/O 数据率和当前的设计技术的挑战。第10章研究了 CMDA 技术在通信中的应用。第11章介绍了高速串行数据链路的均衡技术。第12章主要介绍了锁相环相关概念和原理。第13章主要讨论了延迟锁相环设计。第14章介绍了数字时钟发生器的设计与实现方案。

第三部分是高精度电路。第15章主要介绍了 fine-line 技术。第16章主要介绍了 $1/f$ 降噪技术。第17章主要介绍了 $\Sigma\Delta$（sigma-delta）设计技术，该设计技术广泛应用于模/数转换器和数字音频系统中。第18章主要介绍了电力线通信系统的模/数转换规范。第19章和第20章分别介绍了适用于 LCD 的数/模转换器和 1 V 以下 CMOS 带隙基准技术。

本书由北京航空航天大学集成电路科学与工程学院的教师张德明副教授（前言、第1、3、4、6、7、8、9、10、11、15、16、17、18、19、20 章）、伍连博副教授（第5、12、13、14 章）以及张慧教授（第2章）翻译，全书由张德明审校和统稿，参加翻译的还有杨佳欣、夏一宁、郭志鹏、梁新新、李国琴，薛川奇、殷梓航也对本书做出了贡献。由于水平所限，翻译不妥或错误之处在所难免，敬请广大读者批评指正。

前言 |Preface|

　　本书介绍了新兴系统背景下集成电路设计的最新技术，讨论了体域网络、无线通信、数据网络和光学成像等领域中令人兴奋的新机遇，以及超低功耗的新兴设计理念，特别介绍了射频收发机、高速串行链路、PLL/DLL 和 ADC/DAC 的设计方法。对于那些认真研究未来技术电路设计的人来说，本书是必读之书。

　　本书分为三个部分：射频电路、高速电路和高精度电路。射频部分首先介绍了纳米 CMOS 设计所面临的挑战，重点强调了主要的设计问题，然后介绍射频收发机、高效极坐标发射机、全数字射频信号发生器、倍频器、射频滤波器和功率放大器。

　　本书的第二部分涉及高速电路的相关内容，分别介绍了串行 I/O 技术、锁相环、延迟锁相环和数字时钟发生器。

　　本书的第三部分涉及高精度电路的相关内容，介绍了纳米时代模拟设计的挑战、$1/f$ 降噪技术、$\Sigma\Delta$ 设计、电力线通信应用中的 ADC，以及 LCD 应用的 DAC 和 1V 以下带隙基准。

　　本书可作为集成电路工程师的设计手册，也可作为集成电路相关专业的研究生参考书。衷心希望你阅读愉快，并希望本书对你的工作有所帮助。

|Contents| 目　录

第一部分　射频电路

模拟纳米级 CMOS 电路

1.1 引言

集成电路(Integrated Circuit, IC)具有广泛的应用, 既用于高速数据传输网络(如家庭互联网接入和无线传输系统)的电子电路; 也用于日常生活中的各种电子设备(如手机等)。

电子设备的成本、性能以及迭代速度是影响制造商利润的三大关键因素。一台多功能电子设备通常包含一个独特的数字模块, 通过开发该模块可以实现不同的功能。因此, 制造商常常通过优化 IC 制造工艺来制造具有高速、低功耗、高集成度等特性的数字模块。

在典型的现代 65 nm CMOS(Complementary Metal-Oxide-Semiconductor, 互补金属氧化物半导体)工艺中, 晶体管具有较低的供电电压(如 1.2 V)。由于晶体管的结构尺寸较小, 漏源极距离过短或栅氧化层过薄, 较大的供电电压会产生较高的电场, 从而使晶体管被击穿。随着晶体管结构尺寸的减小, 晶体管寄生电容不断变小, 集成度越来越高, 大大提高了数字 IC 的性能。此外, 相比于供电电压, 一个较大的阈值电压可用于降低 CMOS 逻辑门短沟道晶体管亚阈值效应导致的整体漏电功耗。

低功耗 CMOS 工艺具有很高的阈值电压, 但对于整个片上系统, 还需要模拟电路模块, 如放大器、滤波器、运算放大器、比较器或混频器。将模拟和数字模块(即混合信号)集成在一起就形成了片上系统(Systems-on-a-Chip, SoC)。

在模拟电路设计领域, 线性度、高增益和电压摆幅等特性非常重要, 这些特性得益于晶体管的低输出电导(高厄尔利电压)、高跨导和足够高的电压裕度等。如今, 模拟设计者面临的挑战是如何使用适配数字应用的标准晶体管来搭建模拟电路模块。

图 1-1 是典型的 65 nm CMOS 工艺的简化截面示意图[1-2]。国际上通用的 65 nm 工艺[3]体现在不同厂商的不同产品以及最小结构尺寸的精确值上是略有不同的。例如, 最小栅极长度可以是 60 nm, 而金属线的最小宽度可以是 100 nm 或 130 nm。图 1-1 中采用的三阱工艺在非外延 p 型衬底上加工而成的, 因此除了放置在分离于 n 阱中的 PMOS 晶体管, 还能在使用放置在分离于 p 阱中的 NMOS 晶体管。为此, 可以在分离的 n 阱中处理额外的 p 阱。

为了隔离不同的器件, 在两个器件之间采用了浅沟槽隔离(Shallow Trench Isolation, STI), 即通过化学气相沉积法在蚀刻沟槽中填充二氧化硅。每个 MOS 晶体管本身由高掺杂的源极区和漏极区组成, 并在这两个区之间放置一个较短的多晶硅(Polysilicon, PO)栅极。通常, 源极区、

漏极区和栅极区被一层金属薄膜覆盖,该金属薄膜与硅、多晶硅栅极发生反应,生成金属硅化

物,以降低晶体管电阻。在这个过程中,在晶体管的源极区、漏极区、栅极区和氧化物区上都会沉积一层金属薄膜(例如钛、钴或镍)。

在退火过程中,金属膜不与氧化硅发生反应,只与源极区、漏极区和栅极区发生反应,生成金属硅化物去除未反应的金属膜后,只在源极区、漏极区和栅极区留下金属硅化物层,从而降低电阻。从晶体管到第一层金属层 M1 的触点 C 主要由钨制成(称为钨螺柱触点),而上层金属层之间的通孔 V1 至 VV 主要由铜加工。不同工艺,铜金属层的数量可能会有所不同。最后一层金属层由铝组成,主要用于焊盘,但也会应用在电路模块的全局布线中。整个芯片除焊盘开口外,都覆盖着氮化物和聚酰胺涂层,以保护表面免受环境的影响。

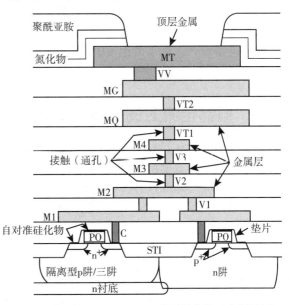

图 1-1 典型的 65 nm CMOS 工艺的简化截面示意图(非正常比例)

综上所述,由于采用超深亚微米(Ultra-Deep Submicron,UDSM)或纳米 CMOS 工艺的晶体管结构尺寸较小,必须使用较小的供电电压,这增加了模拟电路设计的难度。在下文中,将简要概述模拟电路设计者在 UDSM 和纳米技术中必须要考虑的主要因素[4-7]。

- 高输出电导。通常,UDSM 技术中的短沟道 MOS 晶体管的输出电导很大,这导致模拟放大级的增益较低。

- 漏极-源极漏电流。当 MOS 晶体管在较高的漏极-源极电压下,由于漏极引入的势垒降低(Drain-Induced Barrier Lowering,DIBL)而关闭时,在漏极和源极之间,短沟道器件具有比长沟道器件更大的漏电流。

- 漏阱漏电流。由于 MOS 晶体管漏极侧的场强较高,漏极到衬底或阱出现漏电流,被称为栅极感应漏电流(Gate-Induced Drain Leakage,GIDL)。

- 低电压裕度。为了减少亚阈值漏电流,与低供电电压相比,MOS 晶体管具有相当高的阈值电压。这限制了高线性度的模拟信号摆幅。

- 速度饱和。晶体管结构尺寸较小,会产生较高的电场,导致电子或空穴的迁移率饱和。这会使得在较高的栅源电压下漏电流与栅源电压的关系更接近于线性关系,而不是典型的平方关系。因此,如果电路设计者想要增强晶体管的跨导,从而提高模拟电路的增益,那么将不能只通过增大栅极的过驱动电压来将工作点移到更高的漏极电流处来实现。

- 栅漏电流。由于栅氧化层很薄,在栅极和漏极之间以及栅极和源极之间会产生隧道电流。设计的栅极面积越大,隧道电流越大。UDSM CMOS 技术限制了晶体管栅极处电荷的动态存储时间,这对于采样和保持电路来说是很重要的。此外,在解决差动放大级两个晶体管的匹配问题中,简单地扩大栅极面积可能不会改善漏电流的总体

失配情况。这是因为栅极面积越大，输入栅极的隧道电流越高，两个晶体管的失配越严重[7]，使得整体匹配变得更差。

在下面的讨论中，描述了 65 nm CMOS 工艺下创新性的模拟 IC 模块和实例，其中对于不同的电路设计，必须考虑 UDSM 技术的限制：供电电压为 1.2 V，PMOS 或 NMOS 晶体管的典型阈值电压在 0.4~0.5 V。

1.2　栅漏电流对调节型共源共栅结构的影响

由于在 UDSM CMOS 中，由一个晶体管和一个有源负载组成的简单放大器的增益较低，所以通过搭建调节型的共源共栅结构来改善增益，这样的设计原理耐人寻味[8-9]。下文将说明栅漏电流会降低这种改善增益技术的效果。

在参考文献[10]中，观察到了 MOS 晶体管的最小有效沟道长度 L_{eff} 与其栅氧化层厚度 T_{OX} 之间的简单关系如下式：

$$L_{\text{eff}} \approx 45 \times T_{\text{OX}} \tag{1-1}$$

本质上这是不同的设计要求和技术的结果，需要对其进行优化以处理 MOS 晶体管。在现代 CMOS 工艺中，当栅氧化层厚度减小时，短沟道 MOS 晶体管的栅漏电流将对 IC 设计产生相当大的影响，并且由于栅极到漏极(g_{GD})和栅极到源极(g_{GS})的附加寄生电导会降低整体增益。在 100 nm 的 BSIM3v3(level 49)模型中，实现了一个经典的栅漏模型[11-12]，如式(1-2)所示的栅极-漏极漏电流 I_{GD} 和式(1-3)所示的栅极-源极漏电流 I_{GS}，它们是栅漏电流的良好近似值：

$$I_{\text{GD}} = \frac{127.04 \cdot L_{\text{eff}} + e^{5.60625 \cdot V_{\text{GD}} - 10.6 \cdot T_{\text{OX}} - 2.5}}{2} \tag{1-2}$$

$$I_{\text{GS}} = \frac{127.04 \cdot L_{\text{eff}} + e^{5.60625 \cdot V_{\text{GS}} - 10.6 \cdot T_{\text{OX}} - 2.5}}{2} \tag{1-3}$$

在式(1-2)和式(1-3)中，V_{GD} 是栅漏电压，V_{GS} 是栅源电压，T_{OX} 是以 nm 为单位的栅氧化层厚度，L_{eff} 是以 nm 为单位的有效栅长。隧道电流的物理模型见文献[13]，该文献给出了近似的计算方法，即通过晶体管中的直接隧道电流密度 J_{DT} 计算，见式(1-4)：

$$J_{\text{DT}} = A_g \left(\frac{V_{\text{OX}}}{T_{\text{OX}}} \right)^2 \cdot e^{\frac{-B_g \left(1 - \left(1 - \frac{V_{\text{OX}}}{\varPhi_{\text{OX}}} \right)^{2/3} \right)}{\frac{V_{\text{OX}}}{T_{\text{OX}}}}} \tag{1-4}$$

式中

$$A_g = \frac{q^3}{16\pi^2 \hbar \varPhi_{\text{OX}}} \tag{1-5}$$

$$B_g = \frac{4\sqrt{2m^*} \, \varPhi_{\text{OX}}^{2/3}}{3\hbar q} \tag{1-6}$$

V_{OX} 是栅氧化层上的压降，Φ_{OX} 代表隧道电子的势垒高度，m^* 是硅晶格导带中的有效
电子质量。栅氧化层厚度较薄时，栅漏
隧道电流的大幅上升限制了 MOS 晶体管
的缩小。一种解决办法是使用高 k 材料而
非二氧化硅作为栅极隔离，以实现更大的
栅绝缘层厚度。在典型的模拟放大器中，
为了计算栅漏电流对调节型共源共栅模块
增益的影响[14-15]，对于共源共栅晶体管
N2(见图 1-2)，必须将栅漏极(g_{GD})和栅源
极(g_{GS})漏电流的等效小信号电导相加，这
是因为高阻抗输出节点 V_O 对寄生阻抗非常
敏感。理论上，共源共栅电路的完全增益
A_{compl} 是输入晶体管 N1 的跨导 g_{mn1} 与级联

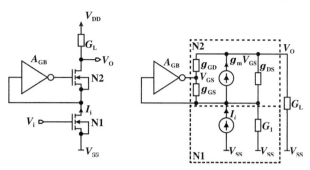

图 1-2　简化的有源共源共栅及其小信号等效电路，其中 N2 的栅漏电流的影响用电导 g_{GD} 和 g_{GS} 来考虑，$I_i = g_{mn1} V_i$(g_{mn1} 是输入晶体管 N1 的跨导)

级的互阻抗的乘积(具有电压增益 A_{GB} 的放大器、晶体管 N2 和负载 G_L)，$A_{compl} = g_{mn1} V_O / I_i$。

　　为了实现高增益，必须优化从输出节点 V_O 看到的总负载电导和放大级的总电流增益的乘
积。这可以通过提高总跨导来实现，也可以通过降低总负载电导来实现。这个负载电导是从
节点 V_O 看到的不同负载电导的有效累加，例如 G_L、下一级的输入电导 g_{DS}；在现代 UDSM 技
术中，还有 g_{GD} 和 g_{GS}。附加的栅漏电流引起的增益损失在文献[14]中有阐述。电导 g_{GD} 和
g_{GS} 可以通过使用式(1-2)~式(1-4)按照式(1-7)和式(1-8)计算:

$$g_{GD} = \frac{\delta I_{GD}}{\delta V_{GD}} = 5.60625 \cdot I_{GD} \tag{1-7}$$

$$g_{GS} = \frac{\delta I_{GS}}{\delta V_{GS}} = 5.60625 \cdot I_{GS} \tag{1-8}$$

　　通过解图 1-2 中电压的网格方程和小信号等效电路中电流的节点方程，可以计算出互阻
抗 V_O / I_i，如式(1-9)和式(1-10)所示:

$$\frac{V_O}{I_i} = \frac{(g_m - g_{GD} \cdot A_{GB} + g_m + g_{DS})}{N} \tag{1-9}$$

$$
\begin{aligned}
N = & ((g_{GD} + G_L) g_m - g_{GS}(g_{GD} + G_L + g_{DS}) + g_{DS} g_{GD}) A_{GB} + \\
& (g_{GD} + G_L) g_m + G_1(G_L + g_{GD}) - g_{GS}(G_L + g_{GD}) + \\
& g_{DS}(G_1 + g_{GD} - g_{GS} + G_L)
\end{aligned}
\tag{1-10}
$$

　　当放大器的电压增益 A_{GB} 无穷大时，可以计算出 V_O / I_i 的理论极限值，如式(1-11)所示:

$$\frac{V_O}{I_i}_{A_{GB} \to \infty} = \frac{(g_m - g_{GD})}{(g_{GD} + G_L) g_m - g_{GS}(g_{GD} + G_L + g_{DS}) + g_{DS} g_{GD}} \tag{1-11}$$

　　因此，在不包括栅漏电流($g_{GD} = g_{GS} = 0$)和具有无穷大增益 A_{GB} 的情况下，总互阻抗的
理论极限值降为 $V_O / I_i = 1 / G_L$。为了得到一个非常大的放大增益，G_L 被一个有源共源共栅所

取代，所以 G_L 非常小。否则，可以使用长沟道晶体管作为 G_L 的电流源，使得 G_L 小于有源共源共栅的总输出电导。

理论上可以达到的增益 A_{compl} 的上限用 $A_{GB} = A_{compl}$ 来表示。图 1-3 中的情况（a）和（b）描述了 A_{compl} 和栅氧化层厚度 T_{OX} 的关系。式（1-2）和式（1-3）用于在情况（a）中计算 g_{GD} 和 g_{GS}，式（1-4）用于在情况（b）中计算 g_{GD} 和 g_{GS}。在图 1-3 中的情况（c）和（d）中，假设 $A_{GB} = 80$ dB，计算 A_{compl}。式（1-2）和式（1-3）用于在情况（c）中计算 g_{GD} 和 g_{GS}，式（1-4）用于在情况（d）中计算 g_{GD} 和 g_{GS}。此外，假设晶体管 N2 的 V_{GS} 为 0.4 V，V_{GD} 为 0.2 V，N1 和 N2 的跨导分别为 5.46 mS 和 5 mS。N2 的输出电导为 0.912 mS。G_L 设为 $1nS + g_{GS} + 4 \cdot g_{GD}$，由于密勒效应，它还表示下一放大级输入晶体管的输入电导。假设下一放大级的增益为 3，则负载电路的电导较小。

由式（1-1）可知，栅氧化层厚度是所用技术的一个指标。从图 1-3 中可以看出有源共源共栅放大器的完全增益受到栅漏电流的影响，这通常体现在使用薄栅氧化层的现代 CMOS 技术中。因此，在图 1-3 中的情况（a）和（b）中，当 $L_{eff} = 65$nm（$T_{OX} = 1.44$ nm）时，可以获得 81 ~ 94 dB 的增益，而当 $L_{eff} \geqslant 90$ nm 时，增益为 134 dB。在图 1-3 中的情况（c）和（d）中，当 $L_{eff} \geqslant 90$nm 时，整个放大器的增益达到 126 dB。当 $T_{OX} < 1.3$ nm 时，整体增益 A_{compl} 低于放大器的假设增益 $A_{GB} = 80$ dB。即使是一个理想的 $A_{GB} \to \infty$ 的放大器，在极薄的栅氧化层厚度下也不能显著提高增益。

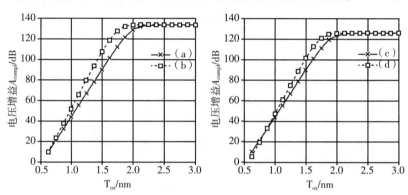

图 1-3　有源共源共栅的电压增益 $A_{compl} = V_O/V_i = V_O \, g_{mn1}/I_i$ 与栅氧化层厚度 T_{OX} 的关系。（a）假设 $A_{GB} = A_{compl}$，使用式（1-2）和式（1-3）；（b）假设 $A_{GB} = A_{compl}$，使用式（1-4）；（c）假设 $A_{GB} = 80$ dB，使用式（1-2）和式（1-3）；（d）假设 $A_{GB} = 80$ dB，使用式（1-4）

综上所述，在 UDSM CMOS 技术中进行模拟设计仍然是可能的，但是电路设计人员面临的挑战也大大增加。为了从技术层面减少栅漏电流的影响，可以采用介电常数高的材料作为栅极绝缘层，这时栅极绝缘层厚度较大，栅漏电流对模拟电路的影响可以忽略不计。

1.3　用于 65 nm CMOS DVB-H 接收机的运算放大器

除了共源共栅外，另一种增益增强技术是级联，即使用更多级联的放大器。为了保持高带宽，可以采用前馈原理。这两种技术可以在双信号路径结合使用。下面将描述使用这种方法设计的一种在 65 nm 手持数字视频广播（Digital Video Broadcasting，Handheld；DVB-H）SoC 中实现的运算放大器。

在信息技术领域，移动设备上是一个快速增长的新兴市场。事实上，几乎每个移动设备都有一个显示器。理论上，移动电话通过通用移动通信系统（Universal Mobile Telecommunication，

UMT)已经具备了移动电视的功能。UMTS 的缺点是其点对点的架构对于电视传输来说不经济，并且它的数据传输速率较低（最大 7.2 Mbit/s），无法以合适的质量传输电视节目。因此，一种类似于地面数字视频广播（Digital Video Broadcasting，Terrestrial；DVB-T）的更有效的方法被引入，称为 DVB-H。在这种方法中，DVB-T 发射机能覆盖很大范围，用于发送 DVB-H 标准的手持设备可以接收的视频。

数字模块能实现手持设备的大部分附加功能，但对于使用直接采样接收器的 DVB-H 来说，模拟电路部分必须在 SoC 中实现。通常，直接采样的接收器由天线和第一级低噪声放大器（Low-Noise Amplifier，LNA）组成。信号通过 I/Q 路径直接混频到基带后，再通过低通滤波器进行滤波，然后转换到数字域。低通滤波器一般由一个运算放大器组成，如参考文献[16]中所述，它是用 65 nm 的 CMOS 工艺设计的。该滤波器理论上具有 40 dB 的增益和 4 MHz 的截止频率。

图 1-4 展示了 DVB-H 直接采样接收机中有源低通滤波器的运算放大器框图（为简单起见，以单端图示为例）和电路。该运算放大器由四个放大级和一个用于高频分量的前馈路径组成。输出级的设计指标是驱动 5 pF 的负载电容。每个放大级都由自身的共模反馈（Common Mode Feedback，CMFB）调节，每个 CMFB 都包含一个简单的差动放大器。为了简单起见，电路中省略了偏置部分。

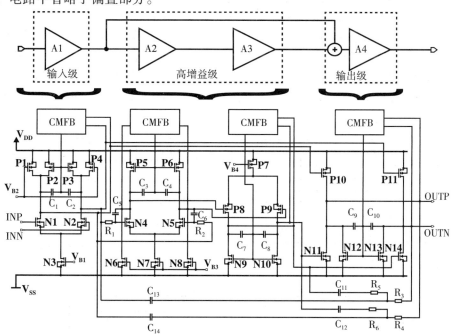

图 1-4　DVB-H 直接采样接收机中有源低通滤波器的运算放大器框图和电路

在第一个差分对 A1 中，输入晶体管 N1 和 N2 具有最小栅长，且具有较大的栅宽，这是为了避免主要的 $1/f$ 噪声。这些较大输入的晶体管的跨导 g_m 非常大，导致其具有振荡趋势，从而使共模反馈的设计变得困难。为此，负载晶体管被分成两部分（P1 和 P2，P3 和 P4），五分之一的范围是固定偏置（P1 和 P4），五分之四的范围是共模反馈（P2 和 P3）。充当 CMFB 电路负载的晶体管 P2 和 P3 的寄生电容较小，降低了共模反馈调节增益并提高了速度。因此，共模反馈的稳定性是可以得到保证的。两个电容器 C_1 和 C_2 将共模反馈电平设置为高频。

高增益级由两个级联差分放大器 A2 和 A3 组成,A2 的输入端有一个 NMOS 差分对,A3 的输入端有一个 PMOS 差分对。放大器 A2 通过放大器的输入和输出之间的 R_1 和 C_5 以及 R_2 和 C_6 单独补偿。为了避免共模反馈调节中的振荡,通过晶体管 N6 和 N8 在负载晶体管上施加偏置电流,这防止了负载晶体管 P5 和 P6 的关闭。当这些晶体管工作在阈值附近或亚阈值时,会导致共模反馈调节的延迟,从而导致振荡。

放大器 A3 用于进一步将信号放大。由于共模调节,输出级 A4 表现出弱的甲乙类行为。A4 将低频高增益路径和高频前馈路径再次合并,该合并是直接通过 PMOS 输出晶体管 P10 和 P11 实现的。输出的共模反馈调节是通过两个独立的 NMOS 晶体管(N12 和 N13)实现的,它们将输出共模电平移至所需的值。运算放大器通过使用 $R_3 \sim R_6$ 和 $C_{11} \sim C_{14}$ 来进行嵌套密勒补偿[17]。只有放大器 A2 由其自身补偿。

设计运算放大器的 CMOS 工艺是一种 65 nm 的低功耗 CMOS 工艺,额定电源电压为 1.2 V,阈值电压为 0.4 ~ 0.5 V。在仿真时,输出级 A4 的负载设置为一个 5 pF 电容和一个 10 kΩ 的电阻性负载。所选的负载与带测量探头的测量印制电路板的负载相对应,或与非黏合测试芯片上的运算放大器实验表征的探头相对应,其中考虑到负载的大小有足够的附加裕度。在这种负载配置下,运算放大器需要 9.5 mA 的电流,相当于 11.4 mW 的功耗。

在带有适当相位图的幅频响应中(如图 1-5 左侧所示),可以看到运算放大器的电压增益为 58 dB,截止频率为 1.0 GHz,其中相位裕度为 62°。输出电压的直流特性(如图 1-5 右上角所示)在±1 mV 的输入电压范围内表现出良好的线性。噪声特性(如图 1-5 右下侧所示)显示了输入参考频谱噪声密度,其中 $1/f$ 噪声最高可达约 100 kHz。输入参考 100 MHz 的频谱噪声密度约为 5.7 nV/$\sqrt{\text{Hz}}$。

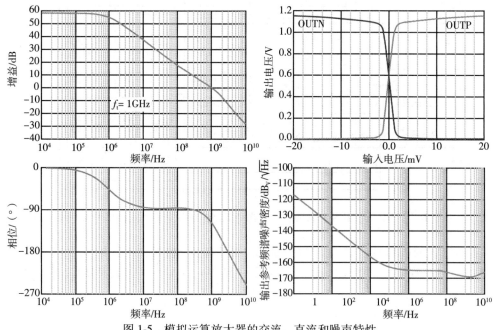

图 1-5 模拟运算放大器的交流、直流和噪声特性

运算放大器的版图如图 1-6 所示, 其中可以看到四级运算放大器、偏置电路、补偿网络和一些去耦电容。所设计的芯片有效面积为 $250\mu m \times 170\mu m$, 可用于 DVB-H 中的有源低通滤波。然而, 在 SoC 中, 没有 5 pF 的负载电容和 $10k\Omega$ 的负载电阻, 因此电流消耗以及由此产生的功耗将会小得多。

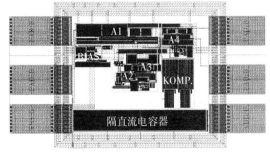

图 1-6 运算放大器的版图

1.4 采用 65 nm CMOS 工艺的电流模式滤波器

为了改善由低电源电压引起的非线性情况, 该滤波器可以使用电流模式电路而不是电压模式电路。

下面介绍一种适用于不同应用(如软件无线电)的 65 nm CMOS 三阶电流模式滤波器[18]。在软件无线电定义中, 无线电收发机[19]需要将模/数转换器和数/模转换器尽可能靠近天线, 并且没有对接收或发送的信号进行下降混合。这使得收发机可以非常容易地通过改变或扩展软件来重新配置。然而, 这种理想的收发机会有许多缺点, 例如功耗非常大。因此, 在实际实现中, 滤波器、混频器和低噪声放大器(Low-Noise Amplifiers, LNA)等收发电路模块是在接收信号的模/数转换之前或发送信号的数/模转换之后起作用的。例如, 所描述的电流模式滤波器可以在数/模转换器和混频器之间实现用于发送信号的频率上变频。

通常来看, 电流模式设计可以被定义为在电压信号与电路绝对无关的前提下处理电流信号。在电流模式电路中, 通常使用低阻抗节点, 这使得电压波动很小。采用 65 nm CMOS 工艺的三阶电流模式滤波器电路如图 1-7 所示, 其中该滤波器由一个一阶电流模式输入级和一个带差分运算放大器的二阶滤波器组成。输入滤波器是通过一个低通全平衡的一阶电流模式滤波器来实现的, 该滤波器由一个交叉互连的电流镜、电容($C1, 1$)和电阻组成。交叉互连的结构可以提供高的差动增益和低的共模增益。在开关的帮助下, 附加电容(例如, $C1, 2$)可以与滤波电容相并联(例如, $C1, 1$)$^{\ominus}$, 能够将整个滤波器的 3 dB 截止频率设置为 1 MHz 或 4 MHz。输入一阶滤波器的传递函数由式(1-12)给出, 其中 3 dB 截止频率如式(1-13)所示:

$$H(s) = \frac{i_{2+}}{i_{in+}} = \frac{i_{2-}}{i_{in-}} = \frac{\dfrac{\alpha}{1-\alpha}}{1 + s \cdot (R_1 + 1g_{mn1})C_1 \cdot \dfrac{1}{1-\alpha}} \qquad (1\text{-}12)$$

$$f_c = \frac{1}{2\pi \cdot \left(R_1 + \dfrac{1}{g_{mn1}}\right) \cdot \dfrac{1}{1-\alpha} \cdot C_1} \qquad (1\text{-}13)$$

式中, α 是晶体管 N3 的跨导和 N1 的跨导的比值, 也是晶体管 N4 的跨导和 N2 的跨导的比值,

$\ominus$ $C1, 1$ 表一阶滤波器的电容 C_{1a}、C_{1b}, $C1, 2$ 表示二阶滤波器中的电容 C_{1a}、C_{1b}。

即 $\alpha = g_{mn3}/g_{mn1} = g_{mn4}/g_{mn2}$。此外，从式(1-12)和式(1-13)可以看出，有效回路电容增加了系数 $M = 1/(1-\alpha)$，$\alpha = 0.5$ 时，取值为2。除了可以切换电容($C1,1$，$C1,2$)，还可以切换电阻 R_1，缺点是电阻越大，噪声越大。输入节点处的虚拟接地是通过两个简单的差动放大器 A1 和 A2 实现的，它们将输入电压控制在半电源电压($V_{ref} = V_{DD}/2$)附近。为了控制第一级滤波输出端电压(v_{1+}，v_{1-})的共模电平，采用了一个共模反馈(Common-Feedback，CMFB)回路，它由一个简单的差动放大器组成。该放大器将两个输出电压(v_{1+}，v_{1-})的平均值与参考值 V_{ref} 进行比较，并且 CMFB 根据比较的结果产生施加到晶体管 P1 和 P2 的控制电压 V_C。

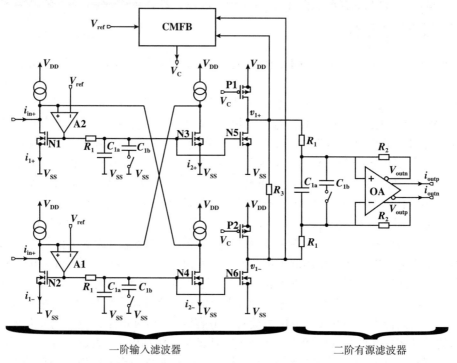

图 1-7　采用 65 nm CMOS 工艺的三阶电流模式滤波器电路

第二级是二阶有源滤波器(见图1-7)，本质上是电压模式下的有源 RC (Resistor-Capacitance，电阻电容)滤波器。采用65 nm CMOS工艺的运算放大器(Operational Amplifier，op-amp，OA)的电路如图1-8所示。每个滤波器级都使用单独的共模反馈。否则，三个极点会导致闭环增益，在两个滤波器级上的共模反馈会导致稳定性问题。此外，在 OA 的输入级使用了源极退化电阻 R_S，从而改善了线性度。二阶滤波器(第二级)的传递函数 $H(s)$ 由式(1-14)和式(1-15)给出：

$$H(s) = \frac{A\omega_0^2}{s^2 + \dfrac{\omega_0}{Q} \cdot s + \omega_0^2} \tag{1-14}$$

$$A = \frac{R_2}{R_1}, \quad Q = \frac{1}{A+1}\sqrt{\frac{G_{m,in}R_2C_1}{C_C}}, \quad \omega_0 = \sqrt{\frac{G_{m,in}}{R_2C_1C_C}} \tag{1-15}$$

式中，$G_{m,in} = 1/(R_S + 1/g_{mn1})$，是输入跨导。由密勒补偿产生的右半复平面上的零点

由电阻 R_C 消除。在第二级的电压输出 V_{outn}、V_{outp} 处，使用与第一级相同类型的共模反馈。由于晶体管 N9、N11、N10、N12 的栅源电压相等，晶体管 N10 和 N11 将电压转换为电流，并连接到输出端。低通 R_{OUT} 和 C_{OUT} 产生了一些额外的高频衰减。图 1-9 展示了采用标准 65 nm CMOS 工艺制造的带有三阶滤波器的数字测试芯片的显微照片。

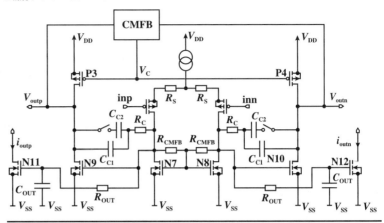

图 1-8　采用 65 nm CMOS 工艺的运算放大器的电路

由于钝化层和金属层的平坦化，在图 1-9 的芯片显微照片上只能看到上层金属层。三阶滤波器的幅频特性曲线和直流传输特性如图 1-10 所示。滤波器特性在截止区域内以 -60 dB/decade 的速度下降，3 dB 截止频率分别为 0.95 MHz 和 3.75 MHz，直流增益为 -1.6 dB。从直流特性可以看出，输入电流的线性输入范围为 ±340μA。

为了测量滤波器的谐波失真，对于截止频率为 1 MHz 的滤波器采用 100 kHz 的输入频率，对于截止频率为 4 MHz 的滤波器采用 400 kHz 的输入频率。在这两种情况下，对于

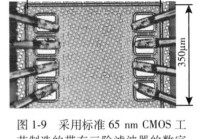

图 1-9　采用标准 65 nm CMOS 工艺制造的带有三阶滤波器的数字测试芯片的显微照片

340μA 的输入幅度，产生了 1% 的三次谐波失真（Third Harmonic Distortion，THD）。为了进一步验证截止频率附近的失真，还需要进行双音测量。对于 213μA 的双音输入信号，该滤波器的三阶互调（Third-Order Intermodulation，IM3）为 -40 dB。对于截止

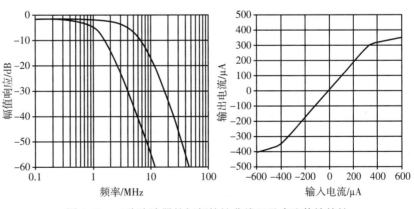

图 1-10　三阶滤波器的幅频特性曲线以及直流传输特性

频率为 1 MHz 的滤波器，分别在 700 kHz 和 800 kHz 处测量了 IM3；对于截止频率为 4 MHz 的滤波器，分别在 3 MHz 和 3.4 MHz 处测量了 IM3。

这使得输入三阶截断点(Input Third-Order Intercept Point，IIP3)为 2.13 mA。滤波器的输

出噪声功率谱密度如图 1-11 所示。在通频带内，噪声为 -194 dBA/$\sqrt{\text{Hz}}$ = 200 pA/$\sqrt{\text{Hz}}$。总输出噪声均方根电流是通过在足够大的带宽内对频谱进行积分并取平方根得到的。截止频率为 1 MHz 的滤波器的总输出噪声均方根电流为 290 nA，而截止频率为 4 MHz 的滤波器的总输出噪声均方根电流为 470 nA。

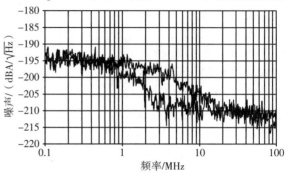

图 1-11　滤波器的输出噪声功率谱密度

1.5　低电源电压下采用 65 nm CMOS 工艺的低延时比较器

比较器用于比较两个模拟输入电压，并在输出端输出一个逻辑值，该逻辑值表示输入电压差。具体来说，时钟再生比较器是基本电路模块，大多数基于交叉耦合的反相器(锁存器)，以便通过正反馈做出强制快速判决。这种类型的比较器通常用于闪存模/数转换器(Flash Analog-Digital Converter，Flash ADC)，这是由于它们的判决速度很快。对于这类 ADC 中的比较器，要求具有高判决速度、低功耗、低芯片面积消耗以及高灵敏度和低失调的优点。比较器的应用不仅限于 ADC，而且还可以由多路分解器或模拟秩序抽取器实现，例如由静态随机存取存储器(Static Random-Access Memory，SRAM)的电压读出放大器来实现。参考文献[20-21]中描述了比较器电路的实例。图 1-12 展示了具有高输入阻抗、轨到轨输出摆幅和无静态功耗的标准比较器电路[22]。

在比较之前，比较器在复位阶段被复位(CLK = V_{SS}，N6 关断)。为了定义启动条件并在复位期间具有有效的逻辑电平，晶体管 P2 和 P3 将输出端 OUT 和 $\overline{\text{OUT}}$ 都拉到 V_{Co}，待比较的输入电压被施加到节点 CINP 和 CINN。在比较阶段(CLK = V_{Co}，晶体管 P2 和 P3 关断，N6 导通)，当

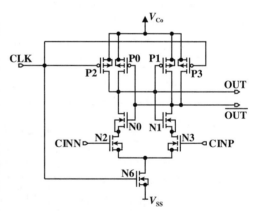

图 1-12　具有高输入阻抗、轨到轨输出摆幅和无静态功耗的标准比较器电路

CINP>CINN 且 OUT(由 N2 放电)达到 $V_{Co}-V_{tp}$ 之前，$\overline{\text{OUT}}$ 已经被 N3 放电到 $V_{Co}-V_{tp}$，并且 P0 在 P1 之前导通，整个锁存器(交叉耦合的反相器 N0、P0 和 N1、P1)将再生。

此时 OUT-$\overline{\text{OUT}}$ 是放大的输入电压差 CINP-CINN，它最初被施加到锁存器以用于再生[22]。将 OUT 拉到 V_{Co}，将 $\overline{\text{OUT}}$ 拉到 V_{SS}。在 CINP<CINN 的情况下，电路正常工作，反之亦然：P1 在 P0 之前导通，锁存器将 OUT 拉到 V_{SS}，将 $\overline{\text{OUT}}$ 拉到 V_{Co}。原则上，这种电路对噪声和失配具有良好的鲁棒性，因为除其他原因外，它还可以用大尺寸输入晶体管 N2、N3 来设计，以尽量减小偏移量。其中 N2、N3 的漏极寄生电容较大，不会直接影响开关速度，

因此开关速度主要取决于输出节点 OUT 和 $\overline{\text{OUT}}$ 的负载电容。

例如，当锁存器向 V_{Co} 重新生成 OUT 时，则晶体管 N0 被关断且节点 OUT 与 N2 漏极处的寄生电容断开。因此，与 N2 和 N3 相比，锁存器的有效负载电容减小，并且将分别连接到输出节点 OUT 和 $\overline{\text{OUT}}$。输入参考偏移较低的另一个原因是，CINP-CINN 对导致了锁存器开关初始电压差的放大倍数高于其他结构（参考文献[23]），而在其他结构中输入晶体管和锁存器是并联的（输出节点处的附加并联负载）。然而，由于许多晶体管的堆叠，要获得适当的延迟时间需要足够高的供电电压。这可能会在低电压 UDSM CMOS 中引起问题，如果供电电压降低或使用更高阈值电压的低功率工艺，即使是具有两个交叉耦合反相器的独立锁存器也会有更高的延迟时间。

例如，在图 1-12 中，在复位阶段之后，比较阶段的初始条件为 OUT = $\overline{\text{OUT}}$ = V_{Co}。因此，在判决开始时，锁存器中晶体管 N0 和 N1 产生正反馈，直到一个输出节点的电平下降到足以使晶体管 P0 或 P1 导通，以开始完全再生。在低供电电压下，此电压降仅为晶体管 N0 和 N1 提供较小的栅源电压，而 P0 和 P1 的栅源电压也较小。因此，较低的跨导使锁存器的延迟时间变长。

为了解决这个问题，锁存器被扩展到供电轨之间的两条路径（晶体管 N0、N1、P0、P1、P4 和 P5），如图 1-13 所示。在比较阶段开始时，两个输出节点都具有初始条件 OUT = $\overline{\text{OUT}}$ = V_{Co}（内部节点 FB 和 $\overline{\text{FB}}$ 最初处于 V_{SS} 的状态），晶体管 N0 和 N1 导通[24]。

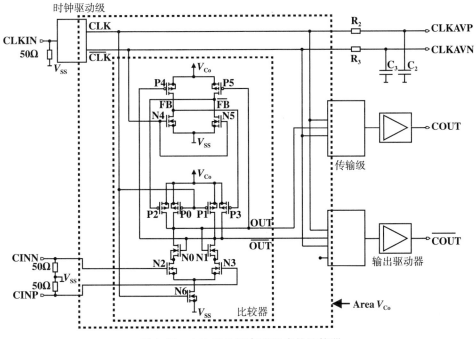

图 1-13 由改进的锁存器组成的比较器

晶体管 P0、P1 导通，并与输入晶体管 N2 和 N3 一起组成具有不同工作点的放大器，与图 1-12 相反，在较低的电源电压下，该比较器能为晶体管 N0、N1 提供足够的栅源电压。当一个输出节点放电到足以打开 P4 或 P5 时，锁存器正反馈完全开始。再生是通过 N0、N1、P0、P1 完成的，其中 P4 和 P5 有利于额外的放大。为了获得轨到轨的输出摆幅和比较器的无静态功耗，当再生期间 FB 或 $\overline{FB}$ 分别充电到 V_{Co} 时，关闭初始负载晶体管 P0 或 P1 中的一个。该比较器保留了高阻抗输入和 N2、N3 的寄生电容对输出节点不会产生直接影响的其他优点。

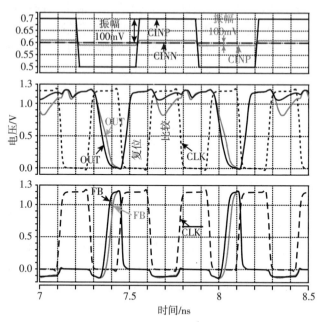

图 1-14 在输入电压差为 10 mV（灰色）和 100 mV（黑色）的情况下，使用所提出的锁存器对比较器进行瞬态仿真

相应的瞬态仿真如图 1-14 所示。时钟周期分为两个阶段。复位阶段（CLK = V_{SS}）用于为下一个比较阶段（CLK = V_{Co}，其中 V_{Co} 是比较器的正电源电压）建立初始条件 OUT = $\overline{OUT}$ = V_{Co}。在复位过程中，晶体管 N6 被关断，晶体管 P2、P3、N4 和 N5 导通。因此，输出节点 OUT 和 $\overline{OUT}$ 被 P2 和 P3 拉向 V_{Co}，这导致晶体管 P4 和 P5 被关断。N4 和 N5 将节点 FB 和 $\overline{FB}$ 拉到 V_{SS}。因此，晶体管 P0 和 P1 导通，并帮助 OUT 和 $\overline{OUT}$ 拉到最终的电压水平 V_{Co}。当 CLK 切换到电压电平 V_{Co}（比较阶段）时，开始比较输入 CINP 处的电压与 CINN 处的电压。因此晶体管 N6 导通，P2、P3、N4 和 N5 被关断。一开始，晶体管 P4 和 P5 被关断，晶体管 P0 和 P1 工作在线性区域，且作为 N2、N3 放大器的负载。晶体管 N0 和 N1 最初导通（比较阶段从 OUT = $\overline{OUT}$ = V_{Co} 和 FB = $\overline{FB}$ = V_{SS} 开始）。

假设输入电压 CINP>CINN，晶体管 N3 将节点 $\overline{OUT}$ 处电平下拉得比节点 OUT 处的 N2 更快。因此，晶体管 P4 开始导通，晶体管 N0 和 N1 产生了少量的正反馈。当 P4 开始导通时，节点 FB 向 V_{Co} 充电（N4、N5 被关断），并开始完全正反馈。晶体管 P1 被关断，P0 保持导通，因为节点 OUT 处电平被拉到 V_{Co}。P5 保持关断，而 $\overline{FB}$ 保持在 V_{SS} 附近（假设有足够的输入电压差 CINP-CINN）。最后，N1、P4 和 P0 导通，N0、P1 和 P5 被关断；因此 OUT 处电平为 V_{Co}，$\overline{OUT}$ 处电平为 V_{SS}，判决后不会有静态电流流出。在 CINN>CINP 的情况下，OUT 和 $\overline{OUT}$ 分别被拉到 V_{SS} 和 V_{Co}。

图 1-15 显示了由改进的锁存器组成的比较器与传统比较器在不同供电电压下的判决时间对比。每个比较器都采用类似的设计方法，因此，在使用相同尺寸的晶体管 N0、N1、N2、N3 和 N6，V_{Co} = 1.2 V 时，判决时间（50%时钟沿至 50%最终输出电压差 OUT-$\overline{OUT}$ = V_{Co}）相等。例如，在电源电压 V_{Co} = 0.6 V 下，所提出的比较器判决时间只需要 650 ps，而不是传统比较器的 2.95 ns，因此能够进行低电压操作。

所由改进的锁存器组成的比较器的测试芯片本身（见图 1-13）采用 65 nm 低功耗 CMOS

工艺(额定供电电压 $V_{DD}=1.2$ V)进行设计。图 1-13 中的虚线矩形标出了一个单独提供 V_{Co} 的区域,以便在 V_{Co} 降低时研究比较器的行为。外部区域的额定供电电压 $V_{DD}=1.2$ V,以便在比较器的特性分析中维持附加片上电路的功能。

在时钟驱动器的帮助下,产生非反相数字时钟 CLK 和适当的反相时钟 $\overline{CLK}$,其中逻辑电平为 V_{SS} 和 V_{Co}。为此,在焊盘 CLKIN 上施加一个正弦波,其频率为片上时钟频率,其直流偏移决定占空比(调整为 50%)。R2 与 C2 组成的 RC 低通滤波器和 R3 与 C3 组成的 RC 低通滤波器可分别测量焊盘 CLKAVP 和 CLKAVN 的内部时钟线 CLK 和 $\overline{CLK}$ 的平均电压(即占空比)。所有高频输入 CLKIN、CINP 和 CINN 端接片上 50Ω 电阻。传输阶段理论上保持比较器在复位阶段的判决。此外,还构建了用于确定比较器判决时间的片上测量电路[24]。

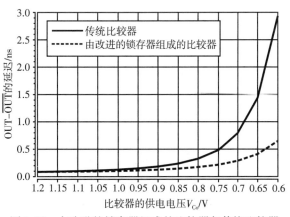

图 1-15　由改进的锁存器组成的比较器与传统比较器在不同供电电压下的判决时间对比

由改进的锁存器组成的比较器的测试芯片显微照片如图 1-16 所示,面积为 $930\mu m\times500\mu m$。$28.4\mu m\times49.1\mu m$ 专用于比较器。

噪声对比较器判决和对比较器灵敏度的影响,可借助统计测量来表征,即通过使用适当的模式发生器和接收器测量误码率(Bit Error Rate,BER)。在 CINN 处施加参考电压,在 CINP 处施加伪随机位序列(Pseudo-Random-Bit Sequence,PRBS)$2^{31}-1$,并将其叠加到 CINN+偏移量的偏置电压,以补偿比较器的偏移。这里定义了位序列的幅度,即位于电平 CINN+偏移量的附近以 CINP±幅度切换,而在 CINN 处施加参考电压。

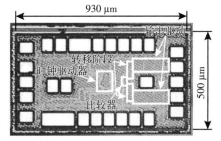

图 1-16　由改进的锁存器组成的比较器的测试芯片显微照片

比较器的 BER 测量结果如图 1-17(左侧)所示。为了在 1.2 V 供电电压下实现 BER = 10^{-9},必须使用 7.8 mV @ 3 GHz、16.5 mV @ 4 GHz 和 145 mV @ 5 GHz 的幅度。如果 V_{Co} 降低,则在 1 GHz/0.75 V 时测得 7 mV,在 0.5 GHz/0.65 V 时测得 6.9 mV,在 0.6 GHz/0.65 V 时测得 12.1 mV。比较器的平均延迟时间(10 个芯片样本)如图 1-17(右侧)所示,它是通过上述测量来实现的。例如,当比较器输入的幅度为 15 mV 时,平均延迟时间(≈7 ps)分别为 93 ps @ CINN = 0.65 V、104 ps @ CINN = 0.6 V 和 115 ps @ CINN = 0.55 V。比较器的功耗为 2.88 mW @ 5 GHz(1.2 V)、295 μW @ 1 GHz(0.75 V)和 128μW @ 0.6 GHz(0.65 V)。为了研究失配的影响,进行了蒙特卡罗模拟。对于 50 个样本的运行,偏移量的标准差被模拟为 1.9 mV @ CINN = 0.6 V($V_{Co}=1.2$ V)、4 mV @ CINN = 0.55 V($V_{Co}=0.75$ V)和 6.1 mV @ CINN = 0.5 V($V_{Co}=0.65$ V)。

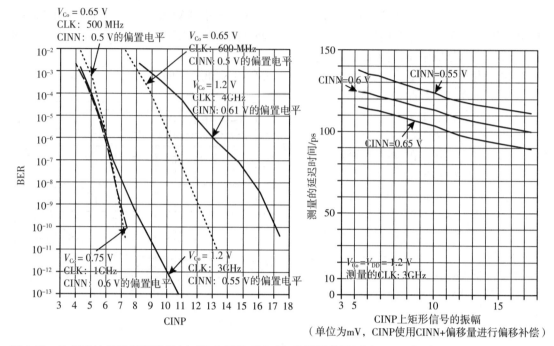

图 1-17 比较器的 BER 测量结果(左侧)和平均延迟时间的测量结果(右侧)(10 个测试芯片样本，$\sigma \approx 7$ ps)

1.6 用于 65 nm CMOS 工艺直接转换接收机的双体混频器

在巨大的市场需求推动下，用于多种应用的移动收发系统得到了快速发展。典型的接收器系统包括带有低噪声放大器的天线、用于频率下变频的混频器、低通滤波器和模/数转换器。之后再对信号进行数字处理，以实现多种不同的应用。对于这种数字处理以及大多数可能的编程应用，必须使用高度先进的 CMOS 技术。这种技术通常经过优化，能够在低功耗的情况下发挥最大的数字潜力。

如上所述，为了设计 SoC，由于晶体管结构尺寸小，需要在低供电电压的数字工艺中安装额外的模拟电路块，并处理模拟电路设计中晶体管的非理想特性。一种用于供电电压为 1.2 V 的 65 nm CMOS 工艺的混频器的解决方案是双体混频器，如参考文献[25]所述。图 1-18 展示了一个简单的体混频器。与 Gilbert 型混频器相比，这两种类型的体混频器使用堆叠在 V_{DD} 和地(V_{SS})之间的晶体管更少。因此，在改善低供电电压下的非线性问题方面，体混频器是一个很好的选择。

如果要制造由具有 p 型衬底的 NMOS 晶体管组成的混频器，则需要使用三阱 CMOS 工艺。栅极是用作信号输入还是用作时钟输入取决于性能要求，如参考文献[26]中所

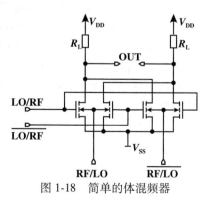

图 1-18 简单的体混频器

述。在栅极上施加 RF(Radio Frequency，调制射频)信号，可以获得较高的增益，但线性度相当低。将 RF 信号施加到体混频器上也会导致更大的噪声系数，这就是大多数时候 RF 输入连接到栅极的原因，除非设计者着重追求高线性度这一性能指标。体混频器基于体效应，并将主体用作第二个输入。体效应根据源极−体电压 V_{SB} 的变化来影响 MOS 晶体管的阈值电压，如式(1-16)所示：

$$V_{th} = V_{th0} + \gamma \cdot \sqrt{2 \cdot \Phi + V_{SB}} + \sqrt{2 \cdot \Phi} \tag{1-16}$$

式中，V_{th} 是阈值电压，Φ 是半导体的费米能级，V_{th0} 是 $V_{SB} = 0$ 的阈值电压，γ 是工艺常数。

阈值电压的变化导致混频晶体管输出端的电流出现混频行为(输入电压 v_{LO} 与 v_{RF} 的乘积)，如式(1-17)所示：

$$I_{OUT} = K \cdot \frac{W}{L} \cdot \frac{\gamma \cdot \sqrt{2}}{\sqrt{\Phi}} \cdot v_{LO} \cdot v_{RF} + O^2(..) \tag{1-17}$$

简单体混频器拓扑结构的缺点是使用电阻性负载，因此可能出现电压裕度问题。为了解决该问题，可以将有源 PMOS 负载与共模电路一起使用，以将输出共模电平保持在半电源电压 $V_{DD}/2$。然而，混频器的增益仍然非常有限，仅为几分贝。

为了提高简单体混频器的增益，同时保持非常低的功耗和低电压设计，使用由 PMOS 晶体管组成的第二个混频器负载取代原有的混频器负载(见图 1-19)。翻转 PMOS 混频器取代了图 1-18 中的阻性负载 R_L，重复使用了 NMOS 混频器的偏置电流，因此两个晶体管四边形的跨导 g_m 将被用来产生比简单的体混频器更大的增益。这可以在相同的功耗下产生更高的增益，或者在保持相同增益的同时降低功耗。PMOS 混频器充当 NMOS 混频器的有源负载，反之亦然。此外，还增加了带有直流电压 V_{B1} 和 V_{B2} 偏置的共源共栅晶体管，以提高增益。与其他混频器拓扑结构不同，该混频器的偏置条件不需要设置尾电流源，而是通过混频器栅极输入上的直流偏置电压来实现偏置。因为需要调整输入晶体管的直流栅极电压以使输出节点保持在 $V_{DD}/2$，所以共模反馈是必要的。这可以通过在共模反馈电路中使用一个简单的差动放大器来实现。信号通过片上耦合电容同时耦合到两个混频器。共模控制器将共模电压施加到射频输入端的一对 50 Ω 电

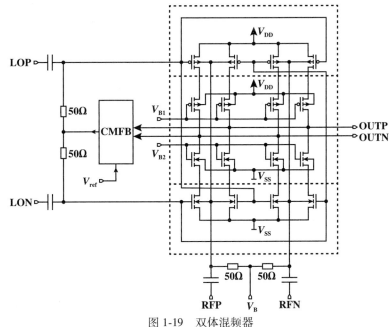

图 1-19　双体混频器

阻上。这些电阻还为高频发生器和测量设备提供 100 Ω 的差动终端。调整偏置条件的另一个好处是：电路的工艺公差更加稳健。LO 输入使用固定偏置电压 V_B 进行偏置。

双体混频器的测试芯片的版图如图 1-20 所示，该混频器采用 65 nm CMOS 工艺（阈值电压在 0.4 ~ 0.5 V），电源电压为 1.2 V。无焊盘双体混频器的纯布局面积为 $180\mu m \times 120\mu m$，整个测试芯片的尺寸为 $500\mu m \times 380\mu m$。

双体混频器的转换增益（左侧）和噪声系数（右侧）与输入频率的仿真结果如图 1-21 所示。在仿真中，选择 RF 输入频率比 LO 输入频率高 4 MHz。因此，在混频器输出处观察到 4 MHz 的中频信号。在标称电源电压为 1.2 V，频率为 1.5 ~ 4 GHz 时，仿真的转换增益约为 22 dB。在较低频率下的高通行为是由输入端的片上耦合电容引起的。在 0.9 V 的较低供电电压下，混频器的增益仅下降了 3 dB，同时噪声系数仅增加了 2 dB。噪声系数本身用谐波稳态分析进行了模拟，因为大的时钟信号会导致周期性的工作状态。该工作点将在谐波稳态分析中计算出来，然后还可以在该分析中进行噪声模拟。混频器的输入电阻为 50 Ω。在不同的频率下进行了模拟仿真，如图 1-21（右侧）所示。不同仿真频率下，在闪烁噪声角频率超过 1 MHz 时的噪声系数为 27.0 ~ 27.5 dB。

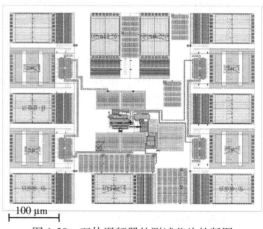

图 1-20　双体混频器的测试芯片的版图

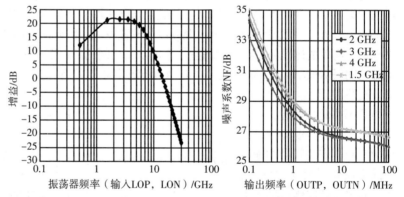

图 1-21　双体混频器的转换增益（左侧）和噪声系数（右侧）与输入频率的仿真结果

1.7　总结

如今生产的许多芯片都使用片上系统，不仅包含大型数字电路模块，还包含与外部环境交互的模拟模块。由于大多数采用大型数字单元的解决方案都需要有广泛的软件适应能力，以适应不同的应用，因此现代超深亚微米和纳米级 CMOS 工艺针对低面积数字电路进行了优化。

数字电路的晶体管经过优化，可以在低电源电压下快速切换（由于结构尺寸小，这是必要的），并具有低功耗的优点。因为低电源电压会导致更小的余量和更差的非线性问题，所以模拟纳米 CMOS 电路设计变得越发困难。此外，模拟参数也受到影响，例如厄尔利电压，它通常很低，导致本征增益较低。由薄栅氧化物引起的隧道电流增加了额外的失配，减少了样品中保持阶段的保持时间，并降低了稳压共源共栅的增益。尽管如此，集成在 SoC 中的模拟和数字部分的混合信号电路非常重要，例如，用于天线的功率放大器和用于所有其他功能的混合信号纳米 SoC。

本章描述了额定低供电电压为 1.2 V，采用 65 nm CMOS 工艺设计的不同模拟电路模块，可以依此设计出合适的模拟电路模块，如运算放大器、有源滤波器、混频器和比较器。只是当使用结构尺寸较小的工艺时，电路的复杂性会增加。此外，许多经典的模拟标准电路不再适用于 UDSM 环境，因此，寻找能够克服现代 UDSM 和纳米数字工艺所带来的缺点的新电路结构是一项挑战。

致谢

作者感谢 Franz Schlögl、Heimo Uhrmann、Robert Kolm、Kurt Schweiger 和 Weixun Yan 的多次讨论、实验表征设置和绘图支持。作者还感谢英飞凌科技奥地利公司（Infineon Technologies Austria AG）启动这项工作。这项工作由英飞凌科技奥地利公司和奥地利 BMVIT 通过 FFG 资助的 Soft-RoC、Home-UWB、Galileo-Client 和 M2RX 项目中的 FIT-IT 部分资助。

参考文献

[1] Z. Luo, A. Steegen, M. Eller, R. Mann, C. Baiocco, P. Nguyen, L. Kim, M. Hoinkis, V. Ku, V. Klee, F. Jamin, P. Wrschka, P. Shafer, W. Lin, S. Fang, A. Ajmera, W. Tan, D. Park, R. Mo, J. Lian, D. Vietzke, C. Coppock, A. Vayshenker, T. Hook, V. Chan, K. Kim, A. Cowley, S. Kim, E. Kaltalioglu, B. Zhang, S. Marokkey, Y. Lin, K. Lee, H. Zhu, M. Weybright, R. Rengarajan, J. Ku, T. Schiml, J. Sudijono, I. Yang, and C. Wann, *High-Performance and Low-Power Transistors Integrated in 65-nm Bulk CMOS Technology*, IEEE International Electron Devices Meeting, 2004, pp. 661–664.

[2] N. Yanagiya, S. Matsuda, S. Inaba, M. Takayanagi, I. Mizushima, K. Ohuchi, K. Okano, K. Takahasi, E. Morifuji, M. Kanda, Y. Matsubara, M. Habu, M. Nishigoori, K. Honda, H. Tsuno, L. Yasumoto, T. Yamamoto, K. Hiyama, K. Kokubun, T. Suzuki, J. Yoshikawa, T. Sakurai, T. Ishizuka, Y. Shoda, M. Mori-uchi, M. Kishida, H. Matsumori, H. Harakawa, H. Oyamatsu, N. Nagashima, S. Yamada, T. Noguchi, H. Okamoto, and M. Kakumu, Syst. LSI Div., Toshiba Corp., Yokohama, Japan. *65-nm CMOS Technology (CMOS5) with High-Density Embedded Memories for Broadband Microprocessor Application*, IEEE International Electron Devices Meeting, 2002, pp. 57–60.

[3] http://www.itrs.net/

[4] Y. Taur and T. H. Ning, *Fundamentals of Modern VLSI Devices*, New York: Cambridge University Press, 1998.

[5] K. Bult, *Analog Design in Deep Sub-Micron CMOS*, IEEE European Solid-State Circuit Conference, Sep. 2000, pp. 126–132.

[6] B. Nauta and A.-J. Annema, *Analog/RF Circuit Design Techniques for Nanometer-Scale IC Technologies*, IEEE European Solid-State Circuit Conference, 2005, pp. 45–53.

[7] A.-J. Annema, B. Nauta, R. van Langevelde, and H. Tuinhout, Analog circuits in ultra-deep-submicron CMOS, *IEEE J. Solid-State Circuits*, vol. 40, no. 1, 2005, pp. 132–143.

[8] F. Schlögl, H. Dietrich, and H. Zimmermann, Operational amplifier with two-

stage gain-boost, *Proc. 6th WSEAS Int. Conf. on Simulation, Modelling, and Optimization SMO '06*, pp. 482–486.

[9] F. Schlögl, H. Dietrich, and H. Zimmermann, Two-signal-path three-stage op-amp in 120-nm digital CMOS with two-stage gain-boost, *WSEAS Trans. Circuits and Systems*, vol. 5, Oct. 2006, pp. 1563–1569.

[10] S. Thompson, P. Packan, and M. Bohr, MOS scaling: transistor challenges for the 21st century, *Intel Technology J.*, Q3, 1998, http://download.intel.com/technology/itj/q31998/pdf/trans.pdf

[11] D. Lee, W. Kwong, D. Blaauw, and D. Sylvester, Simultaneous subthreshold and gate-oxide tunneling leakage current analysis in nanometer CMOS design, *Proceedings of the Fourth International Symposium on Quality Electronic Design (ISQED'03)*, March 2003, pp. 287–292.

[12] D. Lee, D. Blaauw, and D. Sylvester, Gate-oxide leakage current analysis and reduction for VLSI circuits, *IEEE Transactions on Very Large Scale Integration (VLSI) Systems*, vol. 12, no. 2, February 2004, pp. 155–166.

[13] A. Agarwal, S. Mukhopadhyay, C. H. Kim, A. Raychowdhury, and K. Roy, Leakage power analysis and reduction: models, estimation, and tools, *IEEE Proceedings, Computer and Digital Techniques*, vol. 152, no. 3, May 2005, pp. 353–368.

[14] F. Schlögl, K. Schneider-Hornstein, and H. Zimmermann, *Gain Reduction by Gate Leakage Currents in Regulated Cascodes*, IEEE Workshop on Design and Diagnostics of Electronic Circuits and Systems, April 2008, pp. 1–4.

[15] F. Schlögl and H. Zimmermann, A design example of a 65-nm CMOS operational amplifier, *International J. Circuit Theory and Applications*, vol. 35, March 2007, pp. 343–354.

[16] H. Uhrmann, F. Schlögl, K. Schweiger, and H. Zimmermann, *A 1 GHz-GBW Operational Amplifier for DVB-H Receivers in 65-nm CMOS*, IEEE Symposium on Design and Diagnostics of Electronic Systems, April 2009, pp. 182–185.

[17] G. Palumbo and S. Pennisi, Design methodology and advances in nested-Miller compensation, *IEEE Transactions on Circuits and Systems I*, vol. 49, no. 7, July 2002, pp. 893–903.

[18] R. Kolm, W. Yan, and H. Zimmermann, *Current-Mode Filter in 65-nm CMOS for a Software Radio Application*, IEEE International Symposium on Circuits and Systems, May 2008, pp. 3130–3133.

[19] J. Mitola, The software radio architecture, *IEEE Communications Magazine*, vol. 33, no. 5, May 1995, pp. 26–38.

[20] B. Goll and H. Zimmermann, *A 0.12-m CMOS Comparator Requiring 0.5 V at 600 MHz and 1.5 V at 6 GHz*, IEEE International Solid-State Circuits Conference, February 2007, pp. 316–317.

[21] B. Goll and H. Zimmermann, Low-power 600 MHz comparator for 0.5 V supply voltage in 0.12-m CMOS, *IET Electronics Letters*, vol. 43, no. 7, 2007, pp. 388–390.

[22] B. Wicht, T. Nirschl, and D. Schmitt-Landsiedel, Yield and speed optimization of a latch-type voltage sense amplifier, *IEEE J. Solid-State Circuits*, vol. 39, no. 7, July 2004, pp. 1148–1158.

[23] B. Goll, H. Zimmermann, *A 65-nm CMOS Comparator with Modified Latch to Achieve 7 GHz/1.3 mW at 1.2 V and 700 MHz/47 W at 0.6 V*, IEEE International Solid-State Circuits Conference, February 2009, pp. 328–329.

[24] B. Goll and H. Zimmermann, A comparator with reduced delay time in 65-nm CMOS for supply voltages down to 0.65 V, *IEEE Transactions on Circuits and Systems II: Express Briefs*, November 2009, pp. 810–814.

[25] K. Schweiger, H. Uhrmann, and H. Zimmermann, *Low-Voltage Low-Power Double Bulk Mixer for Direct Conversion Receiver in 65-nm CMOS*, IEEE Symposium on Design and Diagnostics of Electronic Systems, April 2009, pp. 74–77.

[26] D. Van Vorst and S. Mirabbasi, *Low-Voltage Bulk-Driven Mixer with Onchip Balun*, IEEE International Symposium on Circuits and Systems, May 2008, pp. 456–459.

无源混频器收发机设计

2.1 引言

　　信号的频率转换在许多电子系统中至关重要。例如，在中频（Intermediate Frequency，IF）射频（Radio Frequency，RF）接收机中，接收机通过频率转换将所需的射频信道转换到基带。在直接变频发射机中，混频器将基带信号转换为射频信号。由于在线性时不变（Linear Time-Invariant，LTI）系统中，输出中除了输入的频率分量之外不会生成新的频率分量，所以任何混频系统一定是非线性系统或时变系统[1]。任何非线性元件都可以被用来进行频率转换，只需将所需信号与本地振荡器（Local Oscillator，LO）输出进行混合，并使用某种滤波器去除不需要的分量[2]。然而，为了实现所需的动态范围，在许多应用中，关键是有用的输入信号在与 LO 混合时没有任何非线性。这就是为什么说输入信号工作在线性区的混频器可以被视为线性时变（Linear Time-Variant，LTV）系统。

　　混频器的噪声是另一个需要考虑的重要因素。由于频率折叠，混频器通常被认为是具有噪声的模块。此外，混频器中各种噪声源的噪声与通过其开关的偏置电流成正比[3-5]。这就是为什么无源混频器在低噪声应用中具有优势，因为它们的开关不携带直流电流。此外，由轨到轨时钟驱动时，与有源混频器相比，无源混频器表现出更好的线性特性。

　　另一个重要的参数是射频、中频和本地振荡器端口之间的隔离度。有源混频器在混频器的射频和中频端口之间提供最大的反向隔离，而无源混频器则完全不同，它的中频和射频端口之间没有反向隔离。在本章中，由于缺乏这种反向隔离，混频器通过简单的频率转换将基带阻抗映射到射频端口，反之亦然。

　　如果设计得当，可以利用这一特性来实现内置高品质因数的片上滤波器，以滤除不需要的附近干扰信号[6]。在简单的设计中，由于无源混频器缺乏反向隔离，可能会导致高低边带转换增益不同；由于 I 和 Q 信道之间的相互串扰[7]，可能会生成意想不到的 IIP2 和 IIP3 值。通过深入的数学分析，我们将展示如何设计这种混频器和激励级，以及如何调整各种元件的尺寸来获得最佳的线性度、转换增益和噪声性能，同时减少 IQ 串扰问题。

2.2 直接变频接收机中的无源混频器

　　随着人们对多模和多频段收发机的兴趣日益增长，直接变频接收机（Direct Conversion

Receiver，DCR)引起了越来越多的关注。DCR 只需要最低的功耗和最少的外部元件就能实现射频和基带部分最大限度的硬件共享、简单灵活的频率规划[8-9]。

在中频接收机中，任何混频器中的闪烁噪声都会出现在有用的信号带内。在传统的吉尔伯特有源混频器中，开关将射频信号与偏置电流一起导通。事实证明混频器输出开关的闪烁噪声与 DC 电流成正比[3,5]。此外，由于电流到电压再到电流的转换，低噪声放大器(Low Noise Amplifier，LNA)和混频器的组合在线性度上表现较差，通常不足以满足当今多频段接收机的需求。参考文献[10]中提出的电流驱动无源混频器结构后来在参考文献[11]中完全集成到一个完整的射频接收机中，从此电流驱动的无源混频器被广泛应用于各种接收机中[6,12-17]。

电流驱动的无源混频器只转换由低噪声放大器提供的射频电流，它的作用类似于射频跨导。在这种结构的混频器中，开关不导通直流电流，因此闪烁噪声角频率极低。下变频后的电流传递到低输入阻抗的跨阻放大器，也称电流缓冲器。因此，在精心设计的混频器中，开关的电压摆幅保持在较低水平，从而使结构具有很高的线性度。此外，如果开关由相对较大的晶体管制成，则前端将具有较大的 IIP2(输入拦截点)。

2.2.1　50%占空比正交时钟电流驱动的无源混频器接收机

图 2-1a 展示了一个使用共栅电流驱动器的下变频电流驱动的无源混频器[13]。混频器开关没有任何直流电流通过，因此不会产生闪烁噪声[3,5]。这些开关将射频电流转换为基带电流 i_{BB}。共栅电流驱动器为 i_{BB} 提供了低输入阻抗路径，并在输出产生差分电压。晶体管 $M_1 \sim M_4$ 通常采用较大的器件，将闪烁噪声角频率降低到所需的最低值。共栅驱动器的 RC 负载嵌入了基带滤波的第一级。从 i_{BB} 看进共栅缓冲器的阻抗也是并联的 RC 结构，其中阻抗部分为 $1/(g_m + g_{mb})$ (假设沟道长度调制可以忽略不计)，而电容则由结电容、寄生电容和为了充分衰减时钟及其谐波分量而有意添加的电容组成。

图 2-1b 展示了一种用闭环虚地电路取代共栅电流驱动器的方案。这种电流驱动器提供的理想输入阻抗为零，下变频后的电流经过反馈的 RC 负载，形成差分电压。这是在低电压应用中最合适的结构，因为该结构几乎在所有的内部节点上都具有最小的电压摆幅。

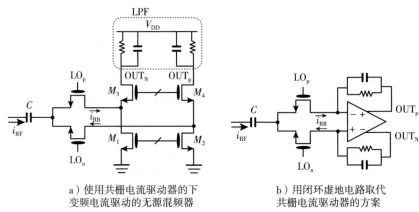

a) 使用共栅电流驱动器的下变频电流驱动的无源混频器

b) 用闭环虚地电路取代共栅电流驱动器的方案

图 2-1　电流驱动的无源混频器

1. 电流驱动的无源混频器和阻抗变换[7]

为了分析使用电流驱动的无源混频器的下变频系统，理解由开关引起的阻抗变换的概念至关重要。换句话说，我们必须了解基带电流所看到的阻抗如何映射到射频端，反之亦然。

考虑图 2-2a，其中的 nMOS（n 型金属氧化物半导体）开关由异相的轨到轨方波 LO 时钟控制。由于这种开关操作，频率接近 ω_{LO} 的射频电流 $i_{RF}(t)$，被下变频为基带电流 $(2/\pi) i_{RF}(t) \cos \omega_{LO} t$。假设基带负载是单端输入阻抗 $Z_{BB}(s)$ 的线性时不变系统，则在该负载上产生的基带电压为：

$$v_{BB}(t) = \left[\frac{4}{\pi} i_{RF}(t) \cos \omega_{LO} t \right] * z_{BB}(t) \tag{2-1}$$

式中，$*$ 表示卷积积分。

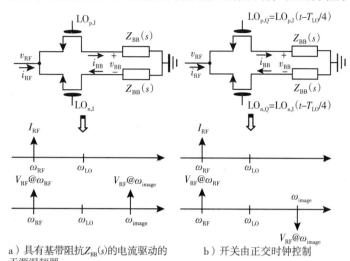

a）具有基带阻抗 $Z_{BB}(s)$ 的电流驱动的无源混频器

b）开关由正交时钟控制

图　2-2

在开关的射频端，每次只有两个 MOS 开关中的一个处于开启状态（深三极区），可以用一个恒定电阻 R_{SW} 来表示。假设开关的结电容和寄生电容可以忽略不计，否则这些电容可以直接合并到射频和基带阻抗中。射频电流通过开启的开关产生压降 $R_{SW} i_{RF}(t)$。另外，从射频端看，基带电压的输出为 $+v_{BB}(t)/2$ 或 $-v_{BB}(t)/2$，这取决于哪个开关处于开启状态。

这是有源混频器和电流驱动的无源混频器之间的本质区别。由于后者缺乏反向隔离，基带电压会被频率转换到本振 ω_{LO} 和它的奇次谐波附近。由于我们重点关注本振 ω_{LO}，因此在计算射频电压时忽略高阶谐波：

$$v_{RF}(t) = R_{SW} i_{RF}(t) + \frac{8}{\pi^2} \cos \omega_{LO} t \left([i_{RF}(t) \cos \omega_{LO} t] * z_{BB}(t) \right) \tag{2-2}$$

对式（2-2）两边进行拉普拉斯变换并进行一些数学运算得到

$$v_{RF}(s) = R_{SW} I_{RF}(s) + \frac{2}{\pi^2} I_{RF}(s) Z_{BB}(s + j\omega_{LO}) + I_{RF}(s) Z_{BB}(s - j\omega_{LO}) +$$
$$I_{RF}(s - 2j\omega_{LO}) Z_{BB}(s - j\omega_{LO}) + I_{RF}(s + 2j\omega_{LO}) Z_{BB}(s + j\omega_{LO}) \tag{2-3}$$

从式（2-3）可以很容易地证明，带有相量 $I_{RF} \exp(j\phi_{RF})$ 的单频射频电流在 $\omega_{LO} + \omega_m$ 处产生的 V_{RF} 具有两个频率分量：一个在主要的射频频率 $\omega_{LO} + \omega_m$ 处 [式（2-3）中的前三项]，一个在其镜像频率 $\omega_{LO} - \omega_m$ 处 [式（2-3）[1] 中的最后两项]。主要射频频率处的电压的相量计算如下：

$$V_{RF} \big|_{@(\omega_{LO} + \omega_m)} = \left[R_{SW} + \frac{2}{\pi^2} Z_{BB}(+j\omega_m) \right] I_{RF} e^{j\phi_{RF}} \tag{2-4}$$

它的镜像频率等于

$$V_{RF}\Big|@\,(\omega_{LO}-\omega_m) = \left[\frac{2}{\pi^2}Z_{BB}(-j\omega_m)\right]I_{RF}e^{-j\phi_{RF}} \tag{2-5}$$

式(2-4)表明,在主频率处,输入阻抗是由开关电阻与一个带通阻抗串联而成的。低通的基带阻抗 $Z_{BB}(s)$ 被缩放并频移至 $\pm\omega_{LO}$,以使得该带通滤波器中心频率为 $\pm\omega_{LO}$。式(2-5)表明,通过该无源混频器的射频电流会在与时钟相对的镜像频率处产生一个射频电压。在开关电阻很小的情况下,镜像频率处的电压与主要射频频率处的电压一样大,并且镜像分量经过类似的带通滤波器进行塑形。有趣的是,基带阻抗的低通特性在射频处呈现为一个高品质因数的带通滤波器,显著削弱了带外强干扰信号,起到了片上声表面波(Surface Acoustic Wave,SAW)滤波器的作用。这也是采用无源混频器的前端具有更好带外线性的主要原因之一。

需要强调的是,在式(2-4)中出现了 R_{SW},但在式(2-5)中没有出现。这是因为激励源是一个理想的射频电流,在 $\omega_{LO}+\omega_m$ 处具有无穷大的输出阻抗,而在式(2-5)中的镜像电压无法在 $\omega_{LO}-\omega_m$ 处产生射频电流。没有镜像电流,导致在镜像频率点上的开关之间不会产生压降。

图 2-3 比较了仿真值与从式(2-4)和式(2-5)得到的预测值,它们完全吻合,无法区分(因此移除了图例)。

在任意射频阻抗上产生的镜像电压(图2-2a 中未显示),都需要一个在镜像频率上的射频电流,我们将很快看到这种现象对转换增益的显著影响。此外,由于这一镜像分量,IQ 通道之间的混频器产生了相互作用,导致高低边带转换增益不同,IIP2 和 IIP3 值与预期不符。从式(2-5)可明显看出,因为镜像分量变得较弱,所以我们必须通过降低基带阻抗(等效于降低 $Z_{BB}(s)$)来减弱这种影响。

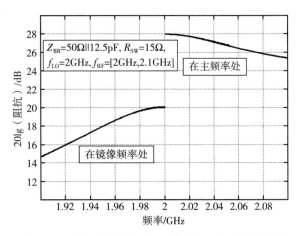

图 2-3　主射频和镜像频率点的阻抗:仿真结果与预测结果对比

我们可以对图 2-2b 中的电流驱动的无源混频器进行相似的分析,其开关由正交相位的时钟信号驱动。得到的主频率和镜像频率的分量为:

$$V_{RF}\Big|@\,\omega_{LO}+\omega_m = \left[R_{SW}+\frac{2}{\pi^2}Z_{BB}(+j\omega_m)\right]I_{RF}e^{j\phi_{RF}} \tag{2-6}$$

$$V_{RF}\Big|@\,\omega_{LO}-\omega_m = -\left[\frac{2}{\pi^2}Z_{BB}(-j\omega_m)\right]I_{RF}e^{-j\phi_{RF}} \tag{2-7}$$

根据式(2-4)和式(2-6),主频率的射频电压相等,而式(2-5)和式(2-7)表明镜像分量是反相的。如果没有选择正确的架构和适当的器件,在使用电流驱动的无源混频器进行 IQ 混频时,这些反相的镜像分量会使性能下降,例如不同的高边带和低边带转换增益,以及无法预知的 IIP2 和 IIP3 值等。

另一个经常使用的方程给出了在 $\omega_{LO}+\omega_m$ 处，下变频电流与相应的射频电流相位之间的关系。在图 2-2a 中，这取决于射频频率相对 ω_{LO} 是大还是小，基带电流的相位在 $|\omega_m|$ 处为

$$I_{BB} = \begin{cases} \dfrac{1}{\pi} I_{RF} e^{j\phi_{RF}}, & \omega_m > 0 \\[2mm] \dfrac{1}{\pi} I_{RF} e^{-j\phi_{RF}}, & \omega_m < 0 \end{cases} \qquad (2\text{-}8)$$

然而，在图 2-2b 中由正交时钟驱动的基带电流为

$$I_{BB} = \begin{cases} \dfrac{1}{\pi} I_{RF} e^{j(\phi_{RF}+\frac{\pi}{2})}, & \omega_m > 0 \\[2mm] \dfrac{1}{\pi} I_{RF} e^{-j(\phi_{RF}+\frac{\pi}{2})}, & \omega_m < 0 \end{cases} \qquad (2\text{-}9)$$

显然，与式（2-8）中的基带电流相比，其相位发生了 ±90° 的相移。

2. 非正交下变频

图 2-4a 展示了一个简化的带射频和基带电路的下变频混频器模型。低噪声放大器实际上是一个提供射频电流的跨导。它以输出阻抗为 $Z_L(s)$ 的射频电流为模型，通过一个大小为 C 的电容器与无源混频器耦合。这样一来，由基带负载设定开关漏极和源极直流电压。串联电容器还可以阻隔低频互调分量和来自低噪声放大器的二阶非线性分量。假设在本振 ω_{LO} 处，开关用差分满摆幅方波时钟信号来驱动。

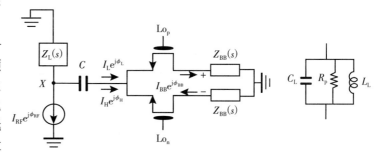

a）简化的带射频和基带电路的下变频混频器模型　　b）Z_L 的一种可能并联LC

图　2-4

如前文所述，节点 X 上的电压包含主频率分量和镜像频率分量。假设射频电流是在 $\omega_{LO}+\omega_m$ 处的单一频率，$\omega_m > 0$ 时信号无损。将主射频频率 $\omega_{LO}+\omega_m$ 处的电压和电流分量称为高边带分量，将镜像频率 $\omega_{LO}-\omega_m$ 处的电压和电流分量称为低边带分量。在稳定状态下，将有两个射频电流通过开关：一个是高边带电流，用 $I_H \exp(j\phi_H)$ 表示，另一个是低边带电流，用 $I_L \exp(j\phi_L)$ 表示。高边带电流在节点 X 产生高边带和低边带电压，其电压值可以从式（2-4）和式（2-5）分别计算得出。类似地，低边带电流也产生了低边带和高边带电压。因此，根据式（2-4）和式（2-5）以及叠加原理，节点 X 处的高边带电压为：

$$V_H = \left[Z_C(\omega_{LO}+\omega_m) + R_{SW} + \frac{2}{\pi^2} Z_{BB}(\omega_m) \right] I_H e^{j\phi_H} + \frac{2}{\pi^2} Z_{BB}(\omega_m) I_L e^{-j\phi_L} \qquad (2\text{-}10)$$

式中，Z_C 是电容的阻抗，等于 $1/Cs$。式（2-10）中的第一项是由高边带射频电流 $I_H \exp(j\phi_H)$

产生的,而第二项是由低边带射频电流 $I_{\mathrm{L}}\exp(\mathrm{j}\phi_{\mathrm{L}})$ 产生的高边带电压。显然,低边带电流通过 $Z_C(s)$ 时不会产生高边带压降,因此在式(2-10)中低边带电流不含任何 Z_C 因子。类似地,计算得出低边带电压如下:

$$V_{\mathrm{L}}=\left[Z_C(\omega_{\mathrm{LO}}-\omega_{\mathrm{m}})+R_{\mathrm{SW}}+\frac{2}{\pi^2}Z_{\mathrm{BB}}(-\omega_{\mathrm{m}})\right]I_{\mathrm{L}}\mathrm{e}^{\mathrm{j}\phi_{\mathrm{L}}}+\frac{2}{\pi^2}Z_{\mathrm{BB}}(-\omega_{\mathrm{m}})I_{\mathrm{H}}\mathrm{e}^{-\mathrm{j}\phi_{\mathrm{H}}} \qquad (2\text{-}11)$$

在 $\omega_{\mathrm{LO}}-\omega_{\mathrm{m}}$ 处对节点 X 列 KCL 方程:

$$\frac{V_{\mathrm{L}}}{Z_{\mathrm{L}}(\omega_{\mathrm{LO}}-\omega_{\mathrm{m}})}+I_{\mathrm{L}}\mathrm{e}^{\mathrm{j}\phi_{\mathrm{L}}}=0 \qquad (2\text{-}12)$$

从式(2-11)和式(2-12)中,可以得出低边带电流与高边带电流之间的关系:

$$I_{\mathrm{L}}\mathrm{e}^{-\mathrm{j}\phi_{\mathrm{L}}}=\frac{\dfrac{2}{\pi^2}Z_{\mathrm{BB}}(\omega_{\mathrm{m}})}{Z_{\mathrm{L}}^*(\omega_{\mathrm{LO}}-\omega_{\mathrm{m}})+Z_C^*(\omega_{\mathrm{LO}}-\omega_{\mathrm{m}})+R_{\mathrm{SW}}+\dfrac{2}{\pi^2}Z_{\mathrm{BB}}(\omega_{\mathrm{m}})}I_{\mathrm{H}}\mathrm{e}^{\mathrm{j}\phi_{\mathrm{H}}} \qquad (2\text{-}13)$$

为了计算高边电流带和低边带电流相对于输入的射频电流 $I_{\mathrm{RF}}\exp(\mathrm{j}\phi_{\mathrm{RF}})$ 的关系,列出在 $\omega_{\mathrm{LO}}+\omega_{\mathrm{m}}$ 处节点 X 上的另一个 KCL 方程:

$$\frac{V_{\mathrm{H}}}{Z_{\mathrm{L}}(\omega_{\mathrm{LO}}+\omega_{\mathrm{m}})}+I_{\mathrm{H}}\mathrm{e}^{\mathrm{j}\phi_{\mathrm{H}}}+I_{\mathrm{RF}}\mathrm{e}^{\mathrm{j}\phi_{\mathrm{RF}}}=0 \qquad (2\text{-}14)$$

结合式(2-10)、式(2-13)和式(2-14),给出 $I_{\mathrm{H}}\exp(\mathrm{j}\phi_{\mathrm{H}})$ 和 $I_{\mathrm{L}}\exp(\mathrm{j}\phi_{\mathrm{L}})$ 的表达式如下:

$$I_{\mathrm{H}}\mathrm{e}^{\mathrm{j}\phi_{\mathrm{H}}}=$$

$$\frac{Z_{\mathrm{L}}(\omega_{\mathrm{LO}}+\omega_{\mathrm{m}})\left[Z_{\mathrm{S}}^*(\omega_{\mathrm{LO}}-\omega_{\mathrm{m}})+R_{\mathrm{SW}}+\dfrac{2}{\pi^2}Z_{\mathrm{BB}}(\omega_{\mathrm{m}})\right]I_{\mathrm{RF}}\mathrm{e}^{\mathrm{j}\phi_{\mathrm{RF}}}}{\left[Z_{\mathrm{S}}(\omega_{\mathrm{LO}}+\omega_{\mathrm{m}})+R_{\mathrm{SW}}+\dfrac{2}{\pi^2}Z_{\mathrm{BB}}(\omega_{\mathrm{m}})\right]\left[Z_{\mathrm{S}}^*(\omega_{\mathrm{LO}}-\omega_{\mathrm{m}})+R_{\mathrm{SW}}+\dfrac{2}{\pi^2}Z_{\mathrm{BB}}(\omega_{\mathrm{m}})\right]-\left[\dfrac{2}{\pi^2}Z_{\mathrm{BB}}(\omega_{\mathrm{m}})\right]^2}$$

$$(2\text{-}15)$$

$$I_{\mathrm{L}}\mathrm{e}^{-\mathrm{j}\phi_{\mathrm{L}}}=$$

$$\frac{\dfrac{2}{\pi^2}Z_{\mathrm{L}}(\omega_{\mathrm{LO}}+\omega_{\mathrm{m}})Z_{\mathrm{BB}}(\omega_{\mathrm{m}})I_{\mathrm{RF}}\mathrm{e}^{\mathrm{j}\phi_{\mathrm{RF}}}}{\left[Z_{\mathrm{S}}(\omega_{\mathrm{LO}}+\omega_{\mathrm{m}})+R_{\mathrm{SW}}+\dfrac{2}{\pi^2}Z_{\mathrm{BB}}(\omega_{\mathrm{m}})\right]\left[Z_{\mathrm{S}}^*(\omega_{\mathrm{LO}}-\omega_{\mathrm{m}})+R_{\mathrm{SW}}+\dfrac{2}{\pi^2}Z_{\mathrm{BB}}(\omega_{\mathrm{m}})\right]-\left[\dfrac{2}{\pi^2}Z_{\mathrm{BB}}(\omega_{\mathrm{m}})\right]^2}$$

$$(2\text{-}16)$$

其中,$Z_{\mathrm{S}}(s)$ 被定义为 $Z_{\mathrm{L}}(s)+Z_C(s)$。最重要的是,根据式(2-8)、式(2-15)式(2-16)叠加可以得出基带电流 I_{BB}:

$$I_{\mathrm{BB}}=\frac{1}{\pi}(I_{\mathrm{H}}\mathrm{e}^{\mathrm{j}\phi_{\mathrm{H}}}+I_{\mathrm{L}}\mathrm{e}^{-\mathrm{j}\phi_{\mathrm{L}}})$$

$$= - \cfrac{\cfrac{1}{\pi}Z_L(\omega_{LO}+\omega_m)\left[Z_S^*(\omega_{LO}-\omega_m)+R_{SW}\right]I_{RF}e^{j\phi_{RF}}}{\left[Z_S(\omega_{LO}+\omega_m)+R_{SW}+\cfrac{2}{\pi^2}Z_{BB}(\omega_m)\right]\left[Z_S^*(\omega_{LO}-\omega_m)+R_{SW}+\cfrac{2}{\pi^2}Z_{BB}(\omega_m)\right]-\left[\cfrac{2}{\pi^2}Z_{BB}(\omega_m)\right]^2}$$

$$(2\text{-}17)$$

式(2-17)给出了从射频到基带电流的转换增益的表达式[3]。由于基带阻抗为零(Z_{BB} = 0），式(2-17)中的转换增益变为期望值$Z_L/\pi(Z_L+Z_C+R_{SW})$。为了理解式(2-17)，我们通过以下事实将进一步简化该方程：与基带阻抗$Z_{BB}(s)$不同，射频阻抗$Z_L(s)$和$Z_L(s)$在$\omega_{LO}-\omega_m$到$\omega_{LO}+\omega_m$的范围内几乎保持不变。换句话说，$Z_L(\omega_{LO}-\omega_m)\cong Z_L(\omega_{LO}+\omega_m)\cong Z_L(\omega_{LO})$和$Z_C(\omega_{LO}-\omega_m)\cong Z_C(\omega_{LO}+\omega_m)\cong Z_C(\omega_{LO})$。这样，$I_{BB}$可以简化为：

$$I_{BB} = - \cfrac{\cfrac{1}{\pi}Z_L(\omega_{LO})\left[Z_S^*(\omega_{LO})+R_{SW}\right]I_{RF}e^{j\phi_{RF}}}{|Z_S(\omega_{LO})+R_{SW}|^2+\cfrac{2}{\pi^2}\left[Z_S(\omega_{LO})+Z_S^*(\omega_{LO})+2R_{SW}\right]Z_{BB}(\omega_m)}$$

$$(2\text{-}18)$$

从式(2-18)中我们得出的第一个重要结论：由于$Z_S(\omega_{LO})+Z_S^*(\omega_{LO})+2R_{SW}$是实数，且$Z_{BB}(-\omega_m)=Z_{BB}^*(\omega_m)$，因此高频和低频的转换增益相同。我们将在后面证明，在 IQ 下变频中，I 和 Q 混频器相互作用，导致这种情况不会存在。图 2-5 比较了通过式(2-17)推导的非正交下变频的转换增益与 Spectre 射频仿真结果(pss+pac)，结果显示它们非常吻合。射频阻抗Z_L只是一个 Q 值约为 10 的电感器，它的模型中带有一个 250Ω 的并联电阻。其他元件值也已给出。正如之前所述，高频和低频的转换增益几乎是相同的。

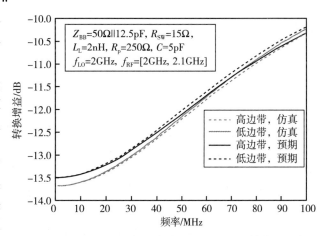

图 2-5 通过式(2-17)推导的非正交下变频的转换增益与 Spectre 射频仿真结果(pss+pac)的比较

为了在所需信道上实现最大的转换增益，接下来，我们将选择最佳的射频负载Z_L和串联电容 C。$Z_S(\omega_{LO})$是一个复阻抗，等于$R+jX$，其中 R 和 X 是实数。在所需信道上，阻抗Z_{BB}被假设为纯电阻，等于R_{BB}。式(2-18)表明，对于给定的Z_L，我们必须选择 X 以最大化以下导纳：

$$Y(R,X) = \cfrac{\sqrt{X^2+(R+R_{SW})^2}}{X^2+(R+R_{SW})^2+\cfrac{4}{\pi^2}(R+R_{SW})R_{BB}}$$

$$(2\text{-}19)$$

假设Z_L由无损元件(即电感和电容)构成，由于芯片上电感器品质因数有限，R 将是一个非零但非常小的值。此外，即使电流缓冲区是共栅结构，能够实现较大的R_{BB}，比如 50~

100Ω，但表达式 $(4/\pi^2)R_{BB}-(R+R_{SW})$ 仍可能为负值。可以证明，在这种情况下，$Y(R,X)$ 的偏导数只有在 $X=0$ 时为零，因此对于给定的 R 值，$Y(R,X)$ 在 $X=0$ 处达到峰值 $Y_{peak}=1/[R+R_{SW}+(2/\pi^2)R_{BB}]$。因此，为了获得最大转换增益，在 ω_{LO} 频率下，$Z_S=Z_L+Z_C$ 的虚部必须为零，这意味着电容 C 与阻抗 Z_L 必须谐振。然后，式(2-18)中的转换增益变为

$$\text{转换增益}\big|_{X=0}=\frac{1}{\pi}\frac{|Z_L|}{R+R_{SW}+\dfrac{4}{\pi^2}R_{BB}} \tag{2-20}$$

注意，到目前为止，Z_L 被视为一个独立的参数（除了我们假设它在 ω_{LO} 频率下呈感性），并且式(2-20)中的最大转换增益是根据给定的 Z_L 推导出来的。因此，为了最大化式(2-20)中的转换增益，需要保持较大的 Z_L 和较小的 R。我们假设 Z_L 由一个 LC 并联电路组成（图 2-4b 中的 L_L 和 C_L），电感器损耗通过并联电阻 R_p 等效替代。条件 $X=\mathrm{Imag}(Z_L+Z_C)=0$ 意味着 Z_L 与 C 谐振，因此 $|Z_L|\approx X_C$，其中 X_C 是串联容抗的大小（$Z_C=-jX_C$）。同时，假设 $R_p\gg X_C$，可以将 R 近似为 X_C^2/R_p。现在根据式(2-20)，很容易证明，为了获得最大的转换增益，串联电容 C 的阻抗 X_C 应该等于 $\sqrt{R_p[R_{SW}+(4/\pi^2)R_{BB}]}$，这满足了我们之前的假设 $R_p\gg X_C$。通过这样的选择，最大转换增益为

$$\text{最大转换增益}=\frac{1}{2\pi}\sqrt{\frac{R_p}{R_{SW}+(4/\pi^2)R_{BB}}} \tag{2-21}$$

这个转换增益随着 R_{BB} 的减小而增加。因此，与基于共源共栅结构的电流激励相比，基于运算放大器的电流激励能够实现更大的转换增益。

现在问题是：为什么这种尺寸选择相比传统设计可以实现更大的转换增益？在传统设计中[11,12]，阻抗 Z_L 被设计为一个并联的 LC 谐振电路，用来在 ω_{LO} 处产生谐振，而串联电容 C 设计的尺寸足够大，以便在射频端呈现较小的阻抗。这样，跨导电流只需传递给混频器（由于 R_p 的存在，会有少量损耗）。可以从式(2-18)中推出，其转换增益接近于 $1/\pi$。然而，在我们刚刚介绍的优化设计中，串联电容 C 须与 Z_L 谐振。因此，通过混频器调制，电容 C 的电流是 LNA 电流被整体负载（Z_L 并联电容 C）的有效品质因数 Q 放大的结果[4]。换句话说，串联电容的电流是低噪声放大器输出电流的 Q 倍，而传统设计中没有电流增益。开关电阻 R_{SW} 和 $(2/\pi^2)R_{BB}$ 都与电容串联，从而显著降低了有效 Q 值，将其限制在 $2\sim3$。

3. 正交下变频

图 2-6a 展示了一个典型的 IQ 接收机前端的简单模型，即采用电流驱动的无源下变频混频器。每个 I 和 Q 通道之间用大小为 C 的电容与低噪声放大器直接相连，没有像文献[13]中的低噪声放大器和 IQ 混频器之间的中间跨导级。否则，尽管这些跨导级隔离了 I 和 Q 通道，消除了即将讨论的 IQ 串扰，但电流到电压和电压到电流的转换会损害接收器的非线性性能。

串联电容不仅可以阻塞在低噪声放大器内部产生的二阶互调响应，还可以防止 I 通道中，由随机失配（偏移）引起的 DC 电流通过开关流向 Q 通道。否则，闪烁噪声的转角可能会升高。假设开关由正交差分轨到轨的满幅的时钟信号驱动，时钟信号频率为 ω_{LO}。输入的射

频电流位于 $\omega_{\mathrm{LO}}+\omega_{\mathrm{m}}$ 频率。再次强调，我们先考虑 ω_{m} 为正值的情况，对于负值的情况可以类似地进行分析。我们用 $I_{\mathrm{H,I}}\exp(\mathrm{j}\varPhi_{\mathrm{H,I}})$ 和 $I_{\mathrm{L,I}}\exp(\mathrm{j}\varPhi_{\mathrm{L,I}})$ 分别表示 I 通道的高侧和低侧电流相位。类似地 $I_{\mathrm{H,Q}}\exp(\mathrm{j}\varPhi_{\mathrm{H,Q}})$ 和 $I_{\mathrm{L,Q}}\exp(\mathrm{j}\varPhi_{\mathrm{L,Q}})$ 表示 Q 通道的电流相位。经过证明得简化的结果如下：

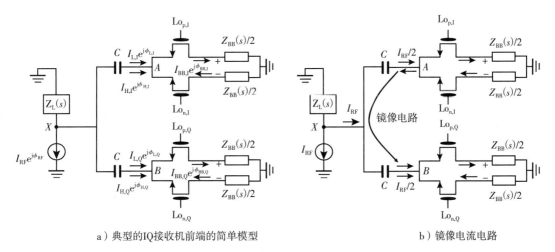

a）典型的IQ接收机前端的简单模型　　　　　　b）镜像电流电路

图　2-6

$$I_{\mathrm{H,I}}\mathrm{e}^{\mathrm{j}\phi_{\mathrm{H,I}}}=I_{\mathrm{H,Q}}\mathrm{e}^{\mathrm{j}\phi_{\mathrm{H,Q}}}=I_{\mathrm{H}}\mathrm{e}^{\mathrm{j}\phi_{\mathrm{H}}} \tag{2-22}$$

$$I_{\mathrm{L,I}}\mathrm{e}^{\mathrm{j}\phi_{\mathrm{L,I}}}=-L_{\mathrm{L,Q}}\mathrm{e}^{\mathrm{j}\phi_{\mathrm{L,Q}}}=I_{\mathrm{L}}\mathrm{e}^{\mathrm{j}\phi_{\mathrm{L}}} \tag{2-23}$$

式（2-22）和式（2-23）表明主频处的射频电流相等，而镜像频率处的电流则是等幅反相电流。因此，镜像频率处的射频电流从 I 通道流向 Q 通道，而没有电流流过 $Z_{\mathrm{L}}(s)$。换句话说，镜像频率上 V_X 为零。类比于非正交情况，利用式（2-4）和式（2-5）以及式（2-22）和式（2-23）来推导节点 A 和节点 B 的高边和低侧电压：

$$V_A\mid\omega_{\mathrm{LO}}+\omega_{\mathrm{m}}=V_B\mid\omega_{\mathrm{LO}}+\omega_{\mathrm{m}}=\left[R_{\mathrm{SW}}+\frac{2}{\pi^2}Z_{\mathrm{BB}}(\omega_{\mathrm{m}})\right]I_{\mathrm{H}}\mathrm{e}^{\mathrm{j}\phi_{\mathrm{H}}}+\frac{2}{\pi^2}Z_{\mathrm{BB}}(\omega_{\mathrm{m}})I_{\mathrm{L}}\mathrm{e}^{-\mathrm{j}\phi_{\mathrm{L}}} \tag{2-24}$$

$$V_A\mid\omega_{\mathrm{LO}}-\omega_{\mathrm{m}}=-V_B\mid\omega_{\mathrm{LO}}-\omega_{\mathrm{m}}=\left[R_{\mathrm{SW}}+\frac{2}{\pi^2}Z_{\mathrm{BB}}(-\omega_{\mathrm{m}})\right]I_{\mathrm{L}}\mathrm{e}^{\mathrm{j}\phi_{\mathrm{L}}}+$$
$$\frac{2}{\pi^2}Z_{\mathrm{BB}}(-\omega_{\mathrm{m}})I_{\mathrm{H}}\mathrm{e}^{-\mathrm{j}\phi_{\mathrm{H}}} \tag{2-25}$$

因此，在节点 A 和 B 处，主射频频率上的电压也是相等的，而在镜像频率上则相反。式（2-25）表明，在节点 A 和节点 B 之间必须有一个镜像频率上的电流流动，而该电流的大小取决于电容 C 的大小（见图 2-6b）。不久我们将看到，在镜像频率上的射频电流会引起一些有趣的现象，例如不同的高边和低边增益，以及意想不到的 IIP2 和 IIP3 值。按照在非正交情况下进行的类似过程，通过对高边电流 $I_{\mathrm{H}}\exp(\mathrm{j}\phi_{\mathrm{H}})$ 和低边电流 $I_{\mathrm{L}}\exp(\mathrm{j}\phi_{\mathrm{L}})$ 进行求解，可以得到两者的关系：

$$I_{\rm L}{\rm e}^{-{\rm j}\phi_{\rm L}} = -\frac{\dfrac{2}{\pi^2}Z_{\rm BB}(\omega_{\rm m})}{Z_C^*(\omega_{\rm LO}-\omega_{\rm m})+R_{\rm SW}+\dfrac{2}{\pi^2}Z_{\rm BB}(\omega_{\rm m})}I_{\rm H}{\rm e}^{{\rm j}\phi_{\rm H}} \tag{2-26}$$

这使我们能够找到高边和低边电流与射频输入和电路参数之间的关系：

$$I_{\rm H}{\rm e}^{{\rm j}\phi_{\rm H}} =$$

$$\frac{Z_{\rm L}(\omega_{\rm LO}+\omega_{\rm m})\left[Z_C^*(\omega_{\rm LO}-\omega_{\rm m})+R_{\rm SW}+\dfrac{2}{\pi^2}Z_{\rm BB}(\omega_{\rm m})\right]I_{\rm RF}{\rm e}^{{\rm j}\phi_{\rm RF}}}{\left[2Z_{\rm L}(\omega_{\rm LO}+\omega_{\rm m})+Z_C(\omega_{\rm LO}+\omega_{\rm m})+R_{\rm SW}+\dfrac{2}{\pi^2}Z_{\rm BB}(\omega_{\rm m})\right]\left[Z_C^*(\omega_{\rm LO}-\omega_{\rm m})+R_{\rm SW}+\dfrac{2}{\pi^2}Z_{\rm BB}(\omega_{\rm m})\right]-\left[\dfrac{2}{\pi^2}Z_{\rm BB}(\omega_{\rm m})\right]^2} \tag{2-27}$$

$$I_{\rm L}{\rm e}^{{\rm j}\phi_{\rm L}} =$$

$$\frac{\dfrac{2}{\pi^2}Z_{\rm L}(\omega_{\rm LO}+\omega_{\rm m})Z_{\rm BB}(\omega_{\rm m})I_{\rm RF}{\rm e}^{{\rm j}\phi_{\rm RF}}}{\left[2Z_{\rm L}(\omega_{\rm LO}+\omega_{\rm m})+Z_C(\omega_{\rm LO}+\omega_{\rm m})+R_{\rm SW}+\dfrac{2}{\pi^2}Z_{\rm BB}(\omega_{\rm m})\right]\left[Z_C^*(\omega_{\rm LO}-\omega_{\rm m})+R_{\rm SW}+\dfrac{2}{\pi^2}Z_{\rm BB}(\omega_{\rm m})\right]-\left[\dfrac{2}{\pi^2}Z_{\rm BB}(\omega_{\rm m})\right]^2} \tag{2-28}$$

最终得到 $I_{\rm BB,I}$ 和 $I_{\rm BB,Q}$：

$$I_{\rm BB,I} = I_{\rm BB,Q}{\rm e}^{-{\rm j}\pi/2} = \frac{1}{\pi}(I_{\rm H}{\rm e}^{{\rm j}\phi_{\rm H}}+I_{\rm L}{\rm e}^{-{\rm j}\phi_{\rm L}}) =$$

$$-\frac{\dfrac{1}{\pi}Z_{\rm L}(\omega_{\rm LO}+\omega_{\rm m})\left[Z_C^*(\omega_{\rm LO}-\omega_{\rm m})+R_{\rm SW}\right]I_{\rm RF}{\rm e}^{{\rm j}\phi_{\rm RF}}}{\left[2Z_{\rm L}(\omega_{\rm LO}+\omega_{\rm m})+Z_C(\omega_{\rm LO}+\omega_{\rm m})+R_{\rm SW}+\dfrac{2}{\pi}Z_{\rm BB}(\omega_{\rm m})\right]\left[Z_C^*(\omega_{\rm LO}-\omega_{\rm m})+R_{\rm SW}+\dfrac{2}{\pi^2}Z_{\rm BB}(\omega_{\rm m})\right]-\left[\dfrac{2}{\pi^2}Z_{\rm BB}(\omega_{\rm m})\right]^2} \tag{2-29}$$

图 2-7 比较了仿真获得的转换增益和由式(2-29)预测的转换增益，它们在 100 MHz 范围内相匹配，误差在 0.6 dB 以内。在这样的 IQ 下变频中，高边和低边的转换增益之间的差异也很明显。

实际上，式(2-29)得到的增益是从射频到基带的电流转换增益表达式。由于阻抗 $Z_{\rm L}(s)$ 和 $Z_C(s)$ 在 $\omega_{\rm LO}-\omega_{\rm m}$ 到 $\omega_{\rm LO}+\omega_{\rm m}$ 几乎是不变的，$Z_{\rm L}(\omega_{\rm LO}-\omega_{\rm m})\cong Z_{\rm L}(\omega_{\rm LO}+\omega_{\rm m})\cong Z_{\rm L}(\omega_{\rm LO})$ 并且 $Z_C(\omega_{\rm LO}-\omega_{\rm m})\cong Z_C(\omega_{\rm LO}+\omega_{\rm m})\cong Z_C(\omega_{\rm LO})$。可以将 $I_{\rm BB}$ 简化为

$$I_{\rm BB,I} = I_{\rm BB,Q}{\rm e}^{-{\rm j}\pi/2} =$$

$$-\frac{\dfrac{1}{\pi}Z_{\rm L}(\omega_{\rm LO})\left[-Z_C(\omega_{\rm LO})+R_{\rm SW}\right]I_{\rm RF}{\rm e}^{{\rm j}\phi_{\rm RF}}}{\left[2Z_{\rm L}(\omega_{\rm LO})+Z_C(\omega_{\rm LO})+R_{\rm SW}\right]\left[-Z_C(\omega_{\rm LO})+R_{\rm SW}\right]+\dfrac{4}{\pi^2}\left[Z_{\rm L}(\omega_{\rm LO})+R_{\rm SW}\right]Z_{\rm BB}(\omega_{\rm m})} \tag{2-30}$$

与式(2-18)不同，在式(2-30)中将$+\omega_m$改为$-\omega_m$会改变转换增益，尤其是当$|Z_{BB}(\omega_m)|$与Z_C或Z_L相当时，例如使用共栅型的电流缓冲器的情况。这意味着高边和低边增益通常是不相等的，除非电流缓冲器的输入阻抗接近零。这突显了运算放大器方法相比共栅型方法的一个主要优势。值得注意的是，由于相邻通道或远端的干扰信号不会引起不均匀的高低边增益的问题，则$Z_{BB}(\omega_m)$只需要在相关的通道内保持较小的值。因此，在IQ应用中，我们假设采用基于运算放大器的电流缓冲器，因此$|Z_{BB}(\omega_m)|$可以忽略不计。这可以将式(2-30)简化为

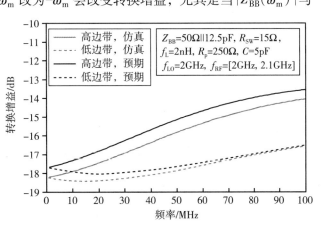

图 2-7　仿真获得的转换增益和由式(2-29)预测的转换增益的比较

$$I_{BB,I} = I_{BB,Q} e^{-j\pi/2} = -\frac{1}{\pi} \frac{Z_L(\omega_{LO})}{2Z_L(\omega_{LO}) + Z_C(\omega_{LO}) + R_{SW}} I_{RF} e^{j\phi_{RF}} \tag{2-31}$$

根据非正交部分的类似论证，为了实现最大的转换增益，$2Z_L(\omega_{LO}) + Z_C(\omega_{LO})$必须保持零电抗，同时$Z_L(\omega_{LO})$要尽可能大。这意味着对于由并联LC组成的$Z_L$(见图2-4b)，$C_L + 2C$需要与RF上的$L_L$谐振。$Z_L$的有限$Q$值由并联电阻$R_p$实现。可以证明，电容$C$的阻抗幅值$X_C$在$\omega_{LO}$处必须等于$\sqrt{2R_p R_{SW}^5}$，并且转换增益最大化为$(1/2\pi)\sqrt{R_p/2R_{SW}}$。

选择Z_L和$Z_C/2$的方案是为了在ω_{LO}频率上产生谐振。即便电流缓冲器是基于共栅结构的，$|Z_{BB}(\omega_m)|$很大，也能在一定程度上均衡高和低边的增益。这是因为在这种情况下，$2Z_L(\omega_{LO}) + Z_C(\omega_{LO}) \cong 0$并且$|Z_C| >> R_{SW}$，因此式(2-30)简化为

$$I_{BB,I} = I_{BB,Q} e^{-j\pi/2} \cong -\frac{1}{\pi} \frac{Z_L(\omega_{LO}) I_{RF} e^{j\phi_{RF}}}{\dfrac{|Z_C|^2}{2R_p} + R_{SW} + \dfrac{2}{\pi^2} Z_{BB}(\omega_m)} \tag{2-32}$$

显然，将ω_m改为$-\omega_m$并不会改变式(2-32)中的转换增益。

4. IQ 串扰及其对线性度的影响[7]

(1)通道的基带非线性项泄漏到另一通道　如果由混频器开关基带非线性项引起的低频分量在正交信道中泄漏，假设I通道和Q通道的基带负载是相同的，只是I通道的负载具有二次和三次非线性项(见图2-8)。同时也假设RF部分是线性的。输入射频电流由两个频率分别为$\omega_{LO} + \omega_{m1}$和$\omega_{LO} + \omega_{m2}$、强度相等信号组成。为了得出$\omega_{m1}$和$\omega_{m2}$的基带电流，我们可以忽略I通道中基带负载的非线性部分。根据式(2-29)，计算每个频率分量的基带电流$I_{BB,I}$和$I_{BB,Q}$。通过叠加，可以得到这两个频率分量的总基带电流。然而，受到I通道基带负载的三次和二次非线性项的影响，$I_{BB,I}$在$|2\omega_{m1} - \omega_{m2}|$或$|2\omega_{m2} - \omega_{m1}|$以及$|\omega_{m2} - \omega_{m1}|$处产生电压分量。

我们称其中一个频率为 ω_m，相应的输入电压为 $V_m\exp(\mathrm{j}\phi_m)$。

现在，由于开关的转换，在图 2-8 中的点 A 处，该基带电压被上变频，并成为与电容 C 串联的 RF 电压。这个电压有两个频率分量：一个高边频率为 $\omega_{LO}+\omega_m$，相位为 $(1/\pi)V_m\exp(\mathrm{j}\phi_m)$，一个低边频率为 $\omega_{LO}-\omega_m$，相位为 $(1/\pi)V_m\exp(-\mathrm{j}\phi_m)$。这些高边和低边的 RF 电压在 I Q 通道中引发了高边和低边的 RF 电流，最终下变频并成为 ω_m 处的基带电流。假设采用最大转换增益的设计，通过冗长但简单的数学计算（利用本章拓展 A 中介绍的技术），可以得出在 ω_m 处流过 I 通道和 Q 通道的总体基带电流为[7]

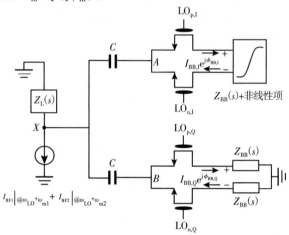

图 2-8　I 通道的非线性项在 Q 通道中产生的分量

$$I_{BB,I} = -\frac{1}{\pi^2}\frac{V_m e^{\mathrm{j}\phi_m}}{R_{SW}+\dfrac{|Z_C^2|}{2R_p}+\dfrac{2}{\pi^2}Z_{BB}(\omega_m)} \qquad (2\text{-}33)$$

$$I_{BB,Q} = -\mathrm{j}\frac{1}{\pi^2}\frac{\left[R_{SW}+\dfrac{|Z_C^2|}{2R_p}\right]^2 V_m e^{\mathrm{j}\phi_m}}{Z_C\left[R_{SW}+\dfrac{|Z_C^2|}{2R_p}+\dfrac{2}{\pi^2}Z_{BB}(\omega_m)\right]^2} \qquad (2\text{-}34)$$

这些电流在通过基带阻抗 $Z_{BB}(\omega_m)$ 时转换为 ω_m 处的基带电压。在 I 通道中，该电压与由非线性项产生的初始电压 $V_m\exp\mathrm{j}\phi_m$ 叠加在一起。最终在 ω_m 处的基带电压为

$$V_{BB,I}=V_m\exp\mathrm{j}\phi_m+Z_{BB}(\omega_m)I_{BB,I}=\frac{R_{SW}+\dfrac{|Z_C^2|}{2R_p}}{R_{SW}+\dfrac{|Z_C^2|}{2R_p}+\dfrac{2}{\pi^2}Z_{BB}(\omega_m)}V_m e^{\mathrm{j}\phi_m} \qquad (2\text{-}35)$$

$$V_{BB,Q}=Z_{BB}(\omega_m)I_{BB,Q}=-\mathrm{j}\frac{2}{\pi^2}\frac{\left[R_{SW}+\dfrac{|Z_C^2|}{2R_p}\right]^2 Z_{BB}(\omega_m)}{Z_C\left[R_{SW}+\dfrac{|Z_C^2|}{2R_p}+\dfrac{2}{\pi^2}Z_{BB}(\omega_m)\right]^2}V_m e^{\mathrm{j}\phi_m} \qquad (2\text{-}36)$$

因此，由于缺乏反向隔离，I 通道的 ω_m 处由非线性项产生的基带电压 $V_m\exp\mathrm{j}\phi_m$，激发了 I 通道和 Q 通道中的 $\omega_{LO}\pm\omega_m$ 处的射频电流。然后，这些射频电流被下变频，并成为 ω_m 处的基带电流。这样，I 通道的整体基带电压（ω_m 处）可由式（2-35）表示，其幅度小于初始

注入电压幅度。这一现象还在 Q 通道的 ω_m 处产生了基带电压[见式(2-36)]，其基带负载是线性的。因此，我们给出 I 通道的基带非线性项泄漏到 Q 通道的基本机制。图 2-9 比较了 Spectre RF 仿真结果(pss + pac)与通过式(2-35)和式(2-36)推导的预测结果。在 I 通道中施加串联在 Z_{BB} 上的交流电压，观察在 I 通道和 Q 通道的混频器输出端的最终电压。

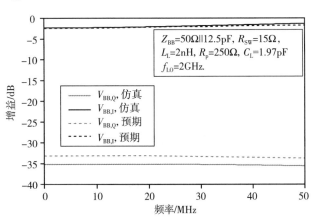

图 2-9　Spectre RF 仿真结果(pss+pac)与通过式(2-35)和式(2-36)推导的预测结果的比较

如果我们将式(2-35)和式(2-36)应用于传统设计[11,12,15]，就会发现这种效应更加严重。这从式(2-36)中还可以看出，泄漏增益随 Z_C 变小(C 变大)而增加。图 2-10 比较了优化设计和传统设计的仿真结果。将串联的交流信号输入再次施加于 I 通道。可以观察到，在传统设计中，泄漏增益要大得多。

从图 2-10 可以看出，相比于优化设计，传统设计中，从 I 通道混频器看到的基带电压[式(2-35)中的 $V_{BB,I}$]较小。这意味着在传统设计中，在 $\omega_{LO} \pm \omega_m$ 处的感应 RF 电流在 ω_m 处产生的基带电压，可有效抵消初始信号电压 $V_m \exp j\Phi_m$。

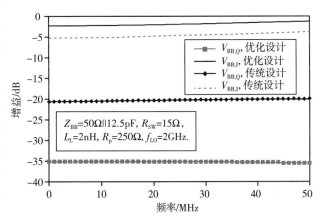

图 2-10　优化设计和传统设计的仿真结果比较。向 I 通道施加串联交流电压，在 I 和 Q 通道监控混频器输出端的最终电压

(2)相同负载的三阶非线性项　实际上，I 通道和 Q 通道的负载是相同的，它们的三阶非线性项也是相同的。评估三阶非线性项的常规方法是向射频注入以下两个频率：$I_{RF}\cos(\omega_{LO}+\omega_{m1})t$ 和 $I_{RF}\cos(\omega_{LO}+\omega_{m2})t$。由式(2-29)得，在 I 通道和 Q 通道中的下变频电流分别为 $I_1\cos(\omega_{m1}+\phi_1)+I_2\cos(\omega_{m2}+\phi_2)$ 和 $-I_1\sin(\omega_{m1}+\phi_1)-I_2\sin(\omega_{m2}+\phi_2)$。一般情况下，$I_1\exp j\phi_1$ 和 $I_2\exp j\phi_2$ 取决于 ω_{m1} 和 ω_{m2} 的大小以及电路参数。通过简单的数学推导，可以证明由 IQ 通道中电流激励的三阶非线性项产生的在 $\omega_m = |2\omega_{m1}-\omega_{m2}|$ 或 $|2\omega_{m2}-\omega_{m1}|$ 处的基带电压是正交的，并具有相等的幅度。因此，如果将 I 通道中的基带电压表示为 $V_m\exp j\phi_m$，那么 Q 通道中的基带电压等于 $V_m\exp j(\phi_m+\pi/2)$。在图 2-8 中的节点 A 和 B 处的射频电压有两个主要分量，位于 $\omega_{LO}\pm\omega_m$ 的频率上。在这两个频率中，节点 A 和 B 的电压相位是相等的，而在另一个镜像频率上，它们是反相的，但幅度相等。根据本章拓展 A，在 ω_m 处的基带电流为

$$I_{BB,I} = I_{BB,Q} e^{-j\pi/2} = \frac{1}{\pi}(I_H e^{j\phi_H} + I_L e^{-j\phi_L})$$

$$= -\cfrac{\cfrac{1}{\pi^2}[2Z_L^*(\omega_{LO}) + R_{SW}]V_m e^{j\phi_m}}{\left[2Z_L(\omega_{LO}) + Z_C(\omega_{LO}) + R_{SW} + \cfrac{2}{\pi^2}Z_{BB}(\omega_m)\right]\left[Z_C^*(\omega_{LO}) + R_{SW} + \cfrac{2}{\pi^2}Z_{BB}(\omega_m)\right] - \left[\cfrac{2}{\pi^2}Z_{BB}(\omega_m)\right]^2}$$

$$(2\text{-}37)$$

在最大增益条件下(优化设计),简化为

$$I_{BB,I} = I_{BB,Q} e^{-j\pi/2} = -\frac{1}{\pi^2}\cfrac{V_m e^{j\phi_m}}{R_{SW} + \cfrac{|Z_C^2|}{2R_p} + \cfrac{2}{\pi^2}Z_{BB}(\omega_m)} \qquad (2\text{-}38)$$

我们观察到在电流缓冲器输入处的 IM3 电压激发了在 $\omega_{LO} \pm \omega_m$ 处的射频电流,这些电流被下变频并成为基带的 IM3 电流[见式(2-38)]。因此,出现在电流激励输入电压处的非线性项被传递到输入电流,并最终表现在输出上,这显然是不可取的。电流缓冲器前的总体基带电压为

$$V_{BB,I} = V_{BB,Q} e^{-j\pi/2} = V_m e^{j\phi_m} + I_{BB,I} Z_{BB}(\omega_m) = \cfrac{R_{SW} + \cfrac{|Z_C^2|}{2R_p}}{R_{SW} + \cfrac{|Z_C^2|}{2R_p} + \cfrac{2}{\pi^2}Z_{BB}(\omega_m)} V_m e^{j\phi_m} \qquad (2\text{-}39)$$

根据式(2-39),我们得出结论:对于一个具有较大 Z_{BB} 的共栅电流激励,这种抵消现象更加严重。换句话说,共栅激励的输入非线性项被传递到其电流上。与基于运算放大器的电流缓冲器相比,CG 缓冲器的线性度更差,因此吸引力更小。

最后,尽管基带输出端的 IM3 分量不同于混频器反向隔离无限大时的 IM3 分量,但是 I 和 Q 通道仍然具有相同的 IIP3 值[见式(2-38)和式(2-39)]。然而,与基于 Gilbert 结构的有源混频器不同,该混频器拥有不同的高频和低频的变频增益,通常情况下,高频和低频的 IIP3 数值是不相等的。

(3)二阶非线性项 在 I 和 Q 通道中,来自开关和来自基带负载的 IM2 分量通常是不同的。此外,在正交和同相通道中,由 LO 到 RF 泄漏引起的 IM2 分量也不同[18]。再次考虑接收于前端 $\omega_{LO} + \omega_{m1}$ 和 $\omega_{LO} + \omega_{m2}$ 处的两个射频信号。在 I 通道中,基带电流 $I_1 \cos(\omega_{m1}t + \phi_1) + I_2 \cos(\omega_{m2}t + \phi_2)$ 产生了 IM2 基带电压 $V_{mI} \cos(\omega_m t + \phi_m)$,其中 $\omega_m = |\omega_{m1} - \omega_{m2}|$。类似地,Q 通道中的基带电流 $-I_1 \sin(\omega_{m1}t + \phi_1) - I_2 \sin(\omega_{m2}t + \phi_2)$ 产生了 $V_{mQ} \cos(\omega_m t + \phi_m)$ 的 IM2 分量。因此,与三阶非线性分量不同[8],I 和 Q 通道中的二阶非线性分量不是正交的,同相或反相取决于二阶系数的参数。这意味着由于上变频,开关的另一侧在 $\omega_{LO} \pm \omega_m$ 处产生的 RF 电压是正交的。通过本章拓展 A 证明,得到的基带电流简化为以下形式(假设采用最大转换增益的优化设计):

$$I_{\mathrm{BB,I}} = - \dfrac{\dfrac{1}{\pi^2}e^{j\phi_{\mathrm{m}}}}{R_{\mathrm{SW}} + \dfrac{|Z_C^2|}{2R_{\mathrm{p}}} + \dfrac{2}{\pi^2}Z_{\mathrm{BB}}(\omega_{\mathrm{m}})}\left(V_{\mathrm{mI}} - \dfrac{R_{\mathrm{SW}}}{|Z_C|}V_{\mathrm{mQ}}\right) \tag{2-40}$$

$$I_{\mathrm{BB,Q}} = - \dfrac{\dfrac{1}{\pi^2}e^{j\phi_{\mathrm{m}}}}{R_{\mathrm{SW}} + \dfrac{|Z_C^2|}{2R_{\mathrm{p}}} + \dfrac{2}{\pi^2}Z_{\mathrm{BB}}(\omega_{\mathrm{m}})}\left(V_{\mathrm{mQ}} + \dfrac{R_{\mathrm{SW}}}{|Z_C|}V_{\mathrm{mI}}\right) \tag{2-41}$$

　　这些基带电流流过电流缓冲器，并影响接收机的 IIP2。从式（2-40）和式（2-41）中我们得出第一个结论：通常情况下，在两个基带输出处产生的 IM2 不同。换句话说，即使基带负载（电流缓冲器）的二阶非线性项相同，I 和 Q 通道的 IIP2 值也不同。有趣的是，即使在 $I(V_{\mathrm{mI}}\rightarrow-V_{\mathrm{mI}})$ 或 $Q(V_{\mathrm{mQ}}\rightarrow-V_{\mathrm{mQ}})$ 负载中改变二阶系数的极性，IIP2 数值也会发生显著改变，并且较差的 IIP2 通道也可能改变。例如，如果 $V_{\mathrm{mI}}\times V_{\mathrm{mQ}}>0$，因为在式（2-41）中两者相加，但在公式（2-40）中两者相减，所以 Q 通道 IIP2 值更大。

5. 针对电流缓冲器的噪声进行优化

　　下面将采用类似于线性分析的方法进行噪声分析。考虑电流缓冲器输入参考噪声电压 ω_{m} 处的噪声分量。例如，在 I 通道中，噪声分量被上变频到 I 通道混频器的 RF 侧，并在 I 通道和 Q 通道中产生频率为 $\omega_{\mathrm{LO}}\pm\omega_{\mathrm{m}}$ 的 RF 电流。这些 RF 电流被下变频为基带噪声电流，并在 ω_{m} 处叠加到期望信号电流上并进入电流缓冲器。在线性分析中，我们看到在传统设计中这些电流的幅度更大，而在优化设计中，这种效应显著减弱。因此，在优化设计中，电流缓冲器输出端的噪声增益较小。相对于低噪声放大器，由于优化设计的转换增益更大，输入的等效噪声也更小。因此，在图 2-6a 中，当 I 通道和 Q 通道没有分离时，最大增益的优化设计也是噪声系数的优化设计。

　　同样地，与线性部分类似，现在我们知道 I 通道的电流缓冲器的噪声会泄漏到 Q 通道，反之亦然。而在传统设计中，泄漏增益较大。

　　为了更直观地理解并简化数学推导，我们把条件限制在非正交下变频下，并采用阻抗变换的概念，如图 2-11 所示。我们的目标是找到从基带侧看到的低频阻抗。这是计算电流缓冲器输出噪声的传递函数所需的阻抗。基带电流 $i_{\mathrm{BB}}(t)$ 经过开关，变成与 $(4/\pi)\cos(\omega_{\mathrm{LO}}t)i_{\mathrm{BB}}(t)$ 相等的射频电流。忽略 $3\omega_{\mathrm{LO}}$、

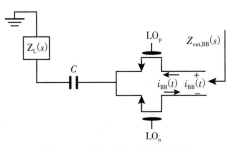

图 2-11　看向射频的基带阻抗

$5\omega_{\mathrm{LO}}$ 等高阶谐波引入的误差。此射频电流流入阻抗 $Z_{\mathrm{L}}(s)+Z_C(s)$，得出射频电压如下：

$$v_{\mathrm{RF}}(t) = \frac{4}{\pi}\left[i_{\mathrm{BB}}(t)\cos(\omega_{\mathrm{LO}}t)\right]*\left[z_{\mathrm{L}}(t)+z_C(t)\right] \tag{2-42}$$

式中，$z_{\mathrm{L}}(t)+z_C(t)$ 是阻抗 $Z_{\mathrm{L}}(s)+Z_C(s)$ 的冲激响应。最后，经开关下变频到基带的射频电压如下：

$$v_{BB}(t) = \left\{ \left(\frac{4}{\pi} \right)^2 [i_{BB}(t)\cos(\omega_{LO}t)] * [z_L(t)+z_C(t)] \right\} \cos(\omega_{LO}t) + R_{SW}i_{BB}(t) \quad (2\text{-}43)$$

根据式(2-43),基带阻抗可表示为:

$$Z_{out,BB}(j\omega_m) = \frac{4}{\pi^2}[Z_s(\omega_{LO}+\omega_m)+Z_s(\omega_{LO}-\omega_m)]+R_{SW} \quad (2\text{-}44)$$

式中,$Z_s = Z_L + Z_C$。当然,由于系统是时变的,式(2-44)中的阻抗仅在接近直流时有效。式(2-44)表明,RF 阻抗的频谱搬移$\pm\omega_{LO}$后,转变为直流,成为基带阻抗。需要注意的是,从 RF 侧看,基带阻抗被搬移到了 RF 端。

由于$\omega_m << \omega_{LO}$,式(2-44)中的阻抗可近似为

$$Z_{out,BB} \cong \frac{8}{\pi^2}Z_s(\omega_{LO})+R_{SW} = \frac{8}{\pi^2}[Z_L(\omega_{LO})+Z_C(\omega_{LO})]+R_{SW} \quad (2\text{-}45)$$

现在,我们分别对基于运放和采用共栅结构的电流缓冲器前端进行噪声分析。

6. 基于运放的电流缓冲器的前端

在运放中的所有噪声源都可以等效到输入端,并用等效噪声电压V_n表示(见图 2-12)。由于运放的增益较大,V_n跨在$Z_{out,BB}$上,从而产生了电流$I_{BB} = V_n/Z_{out,BB}$。该电流流过反馈负载,产生了一个噪声电压。为了计算出等效的 RF 噪声电流,我们将低噪声放大器等效为输出阻抗为Z_L的跨导。根据式(2-17)和$Z_{BB} \cong 0$可知,转换增益可简化为$(4/\pi)Z_L/(Z_s+R_{SW})$。因此,RF 上的等效噪声电流为:

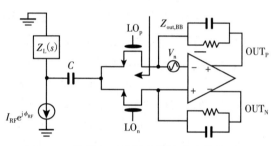

图 2-12 前端与运算放大器的噪声性能对比

$$i_{n,RF} = \frac{\pi}{4} \frac{Z_s(\omega_{LO})+R_{SW}}{Z_L(\omega_{LO})} \frac{V_n}{Z_{out,BB}} = \frac{\pi}{4} \frac{Z_L(\omega_{LO})+Z_C(\omega_{LO})+R_{SW}}{\frac{8}{\pi^2}[Z_L(\omega_{LO})+Z_C(\omega_{LO})]+R_{SW}} \frac{V_n}{Z_L(\omega_{LO})} \quad (2\text{-}46)$$

分别考虑下面两种情况:1)根据文献[11-12],在传统设计方法中,Z_L是在ω_{LO}处调谐的 LC 负载[11,12],因此$Z_L(\omega_{LO})=R_p$,而电容器足够大,使得$Z_C(\omega_{LO}) \cong 0$。2)在最大前端增益设计中,$Z_L+Z_C \cong 0$。对于这两种情况,式(2-46)可以简化为:

$$i_{n,RF} = \begin{cases} \dfrac{\pi^3}{32} \dfrac{V_n}{R_p} & Z_L=R_p \text{ 且 } Z_C \cong 0 \quad 1) \\[4mm] \dfrac{\pi}{4} \dfrac{R_{SW}+\dfrac{|Z_C^2|}{R_p}}{R_{SW}+\dfrac{8}{\pi^2}\dfrac{|Z_C^2|}{R_p}} \dfrac{V_n}{Z_C} \cong \dfrac{\pi}{4}\dfrac{V_n}{Z_C} & Z_L+Z_C \cong 0 \quad 2) \end{cases} \quad (2\text{-}47)$$

当采用最大转换增益设计时，$|Z_C| \cong \sqrt{R_p R_{SW}}$。根据式（2-47）可以证明，在优化设计（最大增益）中，运算放大器产生的输入相关噪声比传统设计大了约 $(8/\pi^2) \sqrt{R_p R_{SW}}$ 倍。当 R_p 约为 250Ω 和 R_{SW} 约为 10Ω 时，该倍数约为 4。

以上结果同样适用于通过两个独立跨导隔离的非正交变换。然而，在图 2-6a 中，I 和 Q 通并不相互隔离，因此最大增益的优化设计也是噪声系数的优化设计。这是因为在传统设计中，每个运算放大器返回混频器时的输出阻抗都会因其他通道的负载而大幅降低，最终导致运算放大器的噪声增大。可以证明，在优化设计中，这种效应得到了缓解。

采用共栅电流缓冲器的前端如图 2-13 所示，有四个主要器件贡献噪声：电流源，M1～M2 和级联晶体管，M3～M4。对于每对器件，

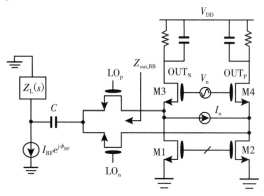

图 2-13　前端与共栅缓冲器噪声性能对比

噪声可以分解为共模部分和差模部分。而差模分量需要重点考虑。级联器件的差模噪声由 V_n 表示，电流源的差模噪声由 I_n 表示，流向共栅输出的噪声电流为

$$i_{n,BB} = \frac{V_n}{\dfrac{2}{g_m} + Z_{out,BB}} + \frac{Z_{out,BB}}{\dfrac{2}{g_m} + Z_{out,BB}} I_n \tag{2-48}$$

为了将噪声等效到输入端，根据式（2-18），等效的输入参考射频噪声电流可以表示为：

$$i_{n,RF} = \begin{cases} \dfrac{\pi^3}{64}\dfrac{V_n}{R_p} + \dfrac{\pi}{4}I_n & Z_L = R_p \text{ 且 } Z_C \cong 0 \\[4mm] \dfrac{\pi}{4}\dfrac{R_{SW} + \dfrac{|Z_C^2|}{R_p} + \dfrac{16}{\pi^2}\dfrac{1}{g_m}}{R_{SW} + \dfrac{16}{\pi^2}\dfrac{|Z_C^2|}{R_p} + \dfrac{2}{g_m}}\dfrac{V_n}{Z_C} \cong \dfrac{2}{\pi}\dfrac{V_n}{Z_C} & Z_L + Z_C \cong 0 \text{ 且 } g_m^{-1} \gg R_{SW} \end{cases} \tag{2-49}$$

有趣的是，在优化增益设计中，噪声电流 I_n 被抑制。这是因为从开关的基带侧看到的输出阻抗非常小，且电流缓冲器感知到更大的输入阻抗，因此 I_n 不会流入电流缓冲器的输入端。因此，对于采用共栅电流缓冲器的方法，最大转换增益设计使我们获得了最小的噪声系数。现在比较一下采用电流驱动无源混频器的接收器前端分别在基于运算放大器和采用共栅电流缓冲器情况下的噪声性能。在传统设计中，当 C 很大且 Z_L 在 ω_{LO} 谐振时，采用共栅电流缓冲器的方案的噪声更大，因为式（2-49）中的 $(\pi/4)I_n$ 项可以比 V_n/R_p 大得多。在优化增益的设计中，共栅结构中的 V_n 可以更小（假设功耗相同），那么其噪声就可以比基于运算放大器的方案小，但差别并不显著。而基于运算放大器的结构在线性度和高低边增益差别相同方面表现出色，因此它是最合适的选择。

2.2.2 25%占空比正交时钟电流驱动的无源混频器接收机

1. 25%占空比混频系统的操作

首先，我们分析图 2-14a，射频电流 $i_{RF}(t)$ 通过由 25%占空比时钟驱动的正交混频系统开关。图 2-14a 中同样显示了时钟相位。开关的另一端连接了四个相同的基带负载 $Z_{BB}(s)$。I 通道的开关由 25%占空比的 LO_{I+} 和 LO_{I-} 时钟驱动，它们的移相差为 $T_{LO}/2$（T_{LO} 为 LO 周期）。Q 通道的开关由与 LO_{I+} 和 LO_{I-} 相同的 LO_{Q+} 和 LO_{Q-} 时钟驱动，而它们的相位相差 $T_{LO}/4$。为了进一步分析，我们假设开关是理想的，只是导通电阻 R_{SW} 非零。I 通道的基带电流为 $i_{BB,I+}(t)$ 和 $i_{BB,I-}(t)$，Q 通道的基带电流为 $i_{BB,Q+}(t)$ 和 $i_{BB,Q-}(t)$。从时钟相位可以观察到，在 $T_{LO}/4$ 周期内，四个开关中只有一个是打开的，射频电流流向相应的基带阻抗。然后，在接下来的 $T_{LO}/4$ 周期内，来自另一个正交通道的开关打开，以此类推。为了分析该混频系统，我们分别定义对应四个 LO 的周期函数为：

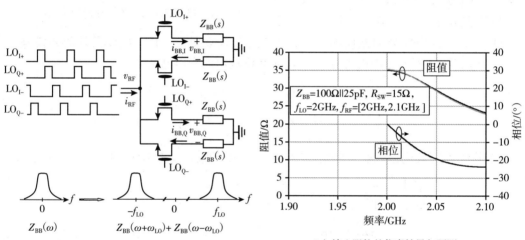

a）由25%占空比正交时钟驱动的电流
驱动无源混频器，$Z_{BB}(s)$ 是基带阻抗

b）输入阻抗的仿真结果与预测

图 2-14

$$S_{I+}(t) = \begin{cases} 1 & kT_{LO} \leqslant t \leqslant \left(k+\dfrac{1}{4}\right)T_{LO}, \quad k\varepsilon \mathscr{Z} \\ 0 & \left(k+\dfrac{1}{4}\right)T_{LO} < t < (k+1)T_{LO}, \quad k\varepsilon \mathscr{Z} \end{cases} \tag{2-50}$$

$$S_{I-}(t) = S_{I+}\left(t - \frac{T_{LO}}{2}\right) \tag{2-51}$$

$$S_{Q+}(t) = S_{I+}\left(t - \frac{T_{LO}}{4}\right) \tag{2-52}$$

$$S_{Q-}(t) = S_{I+}\left(t - \frac{3T_{LO}}{4}\right) \tag{2-53}$$

因此，当 $\mathrm{LO_{I+}}$ 为高电平且对应的开关处于导通状态时，$S_{\mathrm{I+}}(t)$ 为 1，否则为 0。其他函数的定义方式类似。

现在，我们来分析其中一条路径，例如 I+ 路径。对应的基带电流 $i_{\mathrm{BB,I+}}(t)$ 可以写成

$$i_{\mathrm{BB,I+}}(t)=S_{\mathrm{I+}}(t)i_{\mathrm{RF}}(t) \tag{2-54}$$

这意味着当开关处于打开状态时，该电流等于射频电流；当开关处于关闭状态时，该电流为零。该基带电流流入相应的基带阻抗 $Z_{\mathrm{BB}}(s)$，产生以下基带电压：

$$v_{\mathrm{BB,I+}}(t)=[S_{\mathrm{I+}}(t)i_{\mathrm{RF}}(t)]*z_{\mathrm{BB}}(t) \tag{2-55}$$

式中，$*$ 表示卷积积分。为了计算开关 RF 侧的电压，我们注意到，在任何给定的时刻，只有一个开关是打开的，因此射频电压等于相应的基带电压加上该开关上的电压降 $[R_{\mathrm{SW}}\times i_{\mathrm{RF}}(t)]$。因此，射频电压为

$$v_{\mathrm{RF}}(t) = R_{\mathrm{SW}}\times i_{\mathrm{RF}}(t)+S_{\mathrm{I+}}(t)\times\{[S_{\mathrm{I+}}(t)i_{\mathrm{RF}}(t)]*z_{\mathrm{BB}}(t)\}+S_{\mathrm{I-}}(t)\times\{[S_{\mathrm{I-}}(t)i_{\mathrm{RF}}(t)]*z_{\mathrm{BB}}(t)\}+$$
$$S_{\mathrm{Q+}}(t)\times\{[S_{\mathrm{Q+}}(t)i_{\mathrm{RF}}(t)]*z_{\mathrm{BB}}(t)\}+S_{\mathrm{Q-}}(t)\times\{[S_{\mathrm{Q-}}(t)i_{\mathrm{RF}}(t)]*z_{\mathrm{BB}}(t)\} \tag{2-56}$$

为了简化式（2-56），我们给出 $S_{\mathrm{I+}}$，$S_{\mathrm{I-}}$，$S_{\mathrm{Q+}}$ 和 $S_{\mathrm{Q-}}$ 的傅里叶级数展开式：

$$S_{\mathrm{I+}}(t)=\sum_{n=-\infty}^{+\infty}a_n\mathrm{e}^{jn\omega_{\mathrm{LO}}t} \tag{2-57}$$

$$S_{\mathrm{I-}}(t)=\sum_{n=-\infty}^{+\infty}a_n\mathrm{e}^{jn\omega_{\mathrm{LO}}\left(t-\frac{T_{\mathrm{LO}}}{2}\right)}=\sum_{n=-\infty}^{+\infty}(-1)^n a_n\mathrm{e}^{jn\omega_{\mathrm{LO}}t} \tag{2-58}$$

$$S_{\mathrm{Q+}}(t)=\sum_{n=-\infty}^{+\infty}a_n\mathrm{e}^{jn\omega_{\mathrm{LO}}\left(t-\frac{T_{\mathrm{LO}}}{4}\right)}=\sum_{n=-\infty}^{+\infty}\mathrm{e}^{-jn\frac{\pi}{2}}a_n\mathrm{e}^{jn\omega_{\mathrm{LO}}t} \tag{2-59}$$

$$S_{\mathrm{Q-}}(t)=\sum_{n=-\infty}^{+\infty}a_n\mathrm{e}^{jn\omega_{\mathrm{LO}}\left(t-3\frac{T_{\mathrm{LO}}}{4}\right)}=\sum_{n=-\infty}^{+\infty}\mathrm{e}^{jn\frac{\pi}{2}}a_n\mathrm{e}^{jn\omega_{\mathrm{LO}}t} \tag{2-60}$$

式中，$a_n=(1/4)\exp(-jn\pi/4)\mathrm{sinc}(n\pi/4)$。

现在，为了计算式（2-56）中 $v_{\mathrm{RF}}(t)$ 的傅里叶变换 $V_{\mathrm{RF}}(j\omega)$，我们需要知道其最后四项的傅里叶变换。利用傅里叶变换的性质[1]，可以证明

$$\mathscr{F}\{S_{\mathrm{I+}}(t)\times\{[S_{\mathrm{I+}}(t)i_{\mathrm{RF}}(t)]*z_{\mathrm{BB}}(t)\}\}$$
$$=\sum_{m=-\infty}^{+\infty}\sum_{n=-\infty}^{+\infty}a_n a_m I_{\mathrm{RF}}(\omega-(n+m)\omega_{\mathrm{LO}})Z_{\mathrm{BB}}(\omega-n\omega_{\mathrm{LO}}) \tag{2-61}$$

式中，a_n 和 a_m 是式（2-57）中的傅里叶级数的系数。类似地，通过利用式（2-58）、式（2-59）和式（2-60）中的傅里叶级数，可以找到式（2-56）中其他三项的傅里叶变换：

$$\mathscr{F}\{S_{\mathrm{I-}}(t)\times\{[S_{\mathrm{I-}}(t)i_{\mathrm{RF}}(t)]*Z_{\mathrm{BB}}(t)\}\}$$
$$=\sum_{m=-\infty}^{+\infty}\sum_{n=-\infty}^{+\infty}(-1)^{n+m}a_n a_m I_{\mathrm{RF}}(\omega-(n+m)\omega_{\mathrm{LO}})Z_{\mathrm{BB}}(\omega-n\omega_{\mathrm{LO}}) \tag{2-62}$$

$$\mathscr{F}\{S_{\mathrm{Q+}}(t)\times\{[S_{\mathrm{Q+}}(t)i_{\mathrm{RF}}(t)]*Z_{\mathrm{BB}}(t)\}\}$$

$$= \sum_{m=-\infty}^{+\infty} \sum_{n=-\infty}^{+\infty} e^{-j(n+m)\frac{\pi}{2}} a_n a_m I_{RF}(\omega-(n+m)\omega_{LO}) Z_{BB}(\omega-n\omega_{LO}) \tag{2-63}$$

$$\mathscr{F}\{S_{Q-}(t) \times \{[S_{Q-}(t) i_{RF}(t)] * z_{BB}(t)\}\}$$

$$= \sum_{m=-\infty}^{+\infty} \sum_{n=-\infty}^{+\infty} e^{j(n+m)\frac{\pi}{2}} a_n a_m I_{RF}(\omega-(n+m)\omega_{LO}) Z_{BB}(\omega-n\omega_{LO}) \tag{2-64}$$

最终，通过式（2-56）、式（2-61）、式（2-62）、式（2-63）和式（2-64），可以得到 $v_{RF}(t)$ 的傅里叶变换：

$$V_{RF}(\omega) = R_{SW} I_{RF}(\omega) + 4 \sum_{m=-\infty}^{+\infty} \sum_{n=-\infty}^{+\infty} a_n a_m I_{RF}(\omega-(n+m)\omega_{LO})$$

$$\times Z_{BB}(\omega-n\omega_{LO})(n+m=4k, \ k\varepsilon\mathscr{Z}) \tag{2-65}$$

因此，对于一个频率为 ω 的正弦形式的输入射频电流，在开关的射频端的电压响应由频率分量 ω、$\omega\pm4\omega_{LO}$、$\omega\pm8\omega_{LO}$ 等组成。这意味着对于一个在 $\omega_{LO}+\omega_m$ 处的射频电流，其中 ω_m 是一个小的频率偏移量，V_{RF} 的主要频率分量位于主频率 $\omega_{LO}+\omega_m$ 处，其余的频率分量位于 $3\omega_{LO}-\omega_m$、$5\omega_{LO}+\omega_m$ 等处，可以被忽略。我们将在后面讨论它们的影响。这里最重要的一点是，与 50% 占空比的无源混频器不同，25% 占空比的无源混频器不会在镜像频率 $\omega_{LO}-\omega_m$ 产生电压分量。换句话说，50% 占空比混频器的镜像问题不再存在。

通过忽略 LO 的三阶和更高奇数谐波附近的频率分量，$V_{RF}(\omega)$ 变成了仅关于 $I_{RF}(\omega)$ 的函数，我们定义从 25% 占空比混频系统的射频侧看到的输入阻抗如下：

$$Z_{in}(\omega) = R_{SW} + 4 \sum_{n=-\infty}^{+\infty} |a_n|^2 Z_{BB}(\omega-n\omega_{LO}) \tag{2-66}$$

式（2-66）可以写成以下形式：

$$Z_{in}(\omega) = R_{SW} + \frac{1}{4} Z_{BB}(\omega) + \frac{2}{\pi^2}[Z_{BB}(\omega-\omega_{LO}) + Z_{BB}(\omega-\omega_{LO})] + \frac{1}{\pi^2}[Z_{BB}(\omega-2\omega_{LO}) +$$

$$Z_{BB}(\omega+2\omega_{LO})] + \frac{2}{9\pi^2}[Z_{BB}(\omega-3\omega_{LO}) + Z_{BB}(\omega+3\omega_{LO})] + \cdots \tag{2-67}$$

根据式（2-66），从图 2-14a 中的混频系统看到的输入阻抗实际上是基带阻抗 Z_{BB} 沿着 LO 的整数谐波随着比例的移位。如果基带阻抗是一个简单的低通滤波器，那么 Z_{in} 在直流时成为相同的低通滤波器，在 LO 及其谐波处成为高 Q 带通滤波器。由于所需信号在大约 ω_{LO} 附近，为了进行接收机分析，在 ω_{LO} 附近我们可以将输入阻抗简化为以下形式：

$$Z_{in}(\omega) \cong R_{SW} + \frac{2}{\pi^2}[Z_{BB}(\omega-\omega_{LO}) + Z_{BB}(\omega+\omega_{LO})] \tag{2-68}$$

因此，输入阻抗简单地由开关电阻 R_{SW} 和一个 RF 阻抗组成，该 RF 阻抗是基带阻抗在频率上移动 $\pm\omega_{LO}$ 得到的。图 2-14b 比较了仿真的输入阻抗和预测值[见式（2-68）]，结果显示两者非常吻合。

现在，我们将推导出下变频基带电流与入射射频电流之间的关系。与之有关的 I 和 Q 通道基带电流分别为 $i_{BB,I+}(t)-i_{BB,I-}(t)$ 和 $i_{BB,Q+}(t)-i_{BB,Q-}(t)$。根据式(2-54)、式(2-57)、式(2-58)、式(2-59)和式(2-60)，两种基带电流可以计算如下：

$$i_{BB,I}(t) = 2i_{RF}(t) \sum_{n=-\infty,\,n\text{为奇数}}^{+\infty} a_n e^{jn\omega_{LO}t} \tag{2-69}$$

$$i_{BB,Q}(t) = 2i_{RF}(t) \sum_{n=-\infty,\,n\text{为奇数}}^{+\infty} a_n e^{-jn\frac{\pi}{2}} e^{jn\omega_{LO}t} \tag{2-70}$$

通过方程给出了下变频电流在频率偏移 ω_m 处与相应的射频电流 $I_{RF}\exp(j\varPhi_{RF})$ 在 $\omega_{LO} + \omega_m$ 处的相量之间的关系。由式(2-69)和式(2-70)得，根据射频频率与 ω_{LO} 的大小关系，可以找到基带电流的相量：

$$I_{BB,I} = \begin{cases} \dfrac{\sqrt{2}}{\pi} I_{RF} e^{j(\phi_{RF}-\pi/4)} & \omega_m > 0 \\[2mm] \dfrac{\sqrt{2}}{\pi} I_{RF} e^{-j(\phi_{RF}-\pi/4)} & \omega_m < 0 \end{cases} \tag{2-71}$$

$$I_{BB,Q} = \begin{cases} \dfrac{\sqrt{2}}{\pi} I_{RF} e^{j(\phi_{RF}+\pi/4)} & \omega_m > 0 \\[2mm] \dfrac{\sqrt{2}}{\pi} I_{RF} e^{-j(\phi_{RF}+\pi/4)} & \omega_m < 0 \end{cases} \tag{2-72}$$

基带电流流入电流缓冲器产生最终的输出电压。因此，我们再次将转换增益定义为 $|I_{BB}/I_{RF}|$。由式(2-71)和式(2-72)可以推导出该 25% 占空比的电流驱动无源混频器的转换增益比 50% 占空比的对应器件大 $\sqrt{2}$（约等于 3 dB）倍。

2. 接收机的最大增益和最小噪声系数的优化

图 2-15a 展示了一个 25% 占空比电流驱动无源混频器的 IQ 接收机前端简化模型。低噪放大器通过输出阻抗为 $Z_L(s)$ 的 RF 电流建立模型，其本身相当于一个提供 RF 电流的跨导。IQ 混频器开关的公共节点通过一个电容 C 连接到低噪声放大器。这样一来，可以通过基带负载（电流缓冲器）设置开关的漏源直流电压。该电容 C 可以阻隔低频互调响应和低噪声放大器内部由二阶非线性项引起的所有低频成分。否则，混

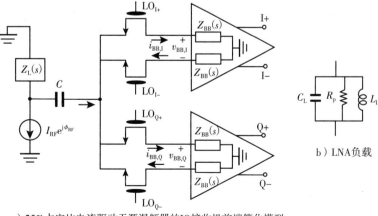

a）25% 占空比电流驱动无源混频器的 IQ 接收机前端简化模型

b）LNA 负载

图　2-15

频器中开关的不匹配可能导致这些噪声泄漏到基带中。假设输入 RF 电流为 $\omega_{LO} + \omega_m$。根据式 (2-68) 中的输入阻抗表达式，通过电容 C 的 RF 电流(提供给混频器的 RF 电流)可以表示为

$$I_{RF,C} = \frac{Z_L(\omega_{LO}+\omega_m)I_{RF}e^{j\phi_{RF}}}{Z_L(\omega_{LO}+\omega_m)+Z_C(\omega_{LO}+\omega_m)+R_{SW}+\dfrac{2}{\pi^2}Z_{BB}(\omega_m)} \tag{2-73}$$

式中，$Z_C(s)$ 是电容 C 的阻抗，即 $1/Cs$。因此，通过式(2-71)、式(2-72)和式(2-73)，得到了下变频基带电流的表达式:

$$I_{BB,I} = e^{-j\frac{\pi}{2}}I_{BB,Q} = \frac{\dfrac{\sqrt{2}}{\pi}Z_L(\omega_{LO}+\omega_m)I_{RF}e^{j(\phi_{RF}-\pi/4)}}{Z_L(\omega_{LO}+\omega_m)+Z_C(\omega_{LO}+\omega_m)+R_{SW}+\dfrac{2}{\pi^2}Z_{BB}(\omega_m)} \tag{2-74}$$

类似，对于在 $\omega_{LO}-\omega_m$ 处的输入 RF 电流 $I_{RF}\exp(j\varPhi_{RF})$，可以计算得到下变频的基带电流为

$$I_{BB,I} = e^{+j\frac{\pi}{2}}I_{BB,Q} = \frac{\dfrac{\sqrt{2}}{\pi}Z_L^*(\omega_{LO}-\omega_m)I_{RF}e^{-j(\phi_{RF}-\pi/4)}}{Z_L^*(\omega_{LO}-\omega_m)+Z_C^*(\omega_{LO}-\omega_m)+R_{SW}+\dfrac{2}{\pi^2}Z_{BB}(\omega_m)} \tag{2-75}$$

在式(2-74)和式(2-75)中得到的相应转换增益分别称为高边转换增益和低边转换增益。图 2-16a 比较了 Spectre RF 仿真结果与式(2-74)和式(2-75)的预测结果，两者在 LO 频率的 ± 100 MHz 频偏范围内非常吻合。一般来说，高边和低边增益是不同的。

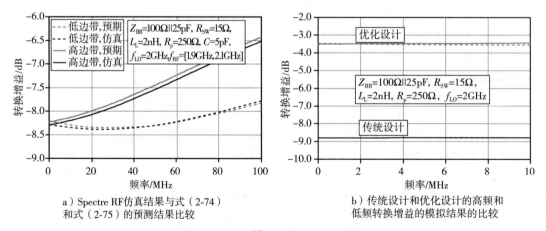

a) Spectre RF仿真结果与式 (2-74)
和式 (2-75) 的预测结果比较

b) 传统设计和优化设计的高频和
低频转换增益的模拟结果的比较

图　2-16

我们可以利用以下事实简化式(2-74)和式(2-75)。与基带阻抗 $Z_{BB}(s)$ 不同，射频阻抗 $Z_L(s)$ 和 $Z_C(s)$ 在 $\omega_{LO}-\omega_m$ 到 $\omega_{LO}+\omega_m$ 之间几乎保持恒定。这意味着 $Z_L(\omega_{LO}-\omega_m) \cong Z_L(\omega_{LO}+\omega_m) \cong Z_L(\omega_{LO})$ 和 $Z_C(\omega_{LO}-\omega_m) \cong Z_C(\omega_{LO}+\omega_m) \cong Z_C(\omega_{LO})$。这样，式(2-74)式(2-75)中

的基带电流方程可以简化为：

$$I_{\mathrm{BB,I}}=\mathrm{e}^{-\mathrm{j}\frac{\pi}{2}}I_{\mathrm{BB,Q}}=\dfrac{\dfrac{\sqrt{2}}{\pi}Z_{\mathrm{L}}(\omega_{\mathrm{LO}})I_{\mathrm{RF}}\mathrm{e}^{\mathrm{j}(\phi_{\mathrm{RF}}-\pi/4)}}{Z_{\mathrm{L}}(\omega_{\mathrm{LO}})+Z_{C}(\omega_{\mathrm{LO}})+R_{\mathrm{SW}}+\dfrac{2}{\pi^2}Z_{\mathrm{BB}}(\omega_{\mathrm{m}})} \tag{2-76}$$

$$I_{\mathrm{BB,I}}=\mathrm{e}^{\mathrm{j}\frac{\pi}{2}}I_{\mathrm{BB,Q}}=\dfrac{\dfrac{\sqrt{2}}{\pi}Z_{\mathrm{L}}^{*}(\omega_{\mathrm{LO}})I_{\mathrm{RF}}\mathrm{e}^{-\mathrm{j}(\phi_{\mathrm{RF}}-\pi/4)}}{Z_{\mathrm{L}}^{*}(\omega_{\mathrm{LO}})+Z_{C}^{*}(\omega_{\mathrm{LO}})+R_{\mathrm{SW}}+\dfrac{2}{\pi^2}Z_{\mathrm{BB}}(\omega_{\mathrm{m}})} \tag{2-77}$$

因 $Z_{\mathrm{L}}(\omega_{\mathrm{LO}})+Z_{C}(\omega_{\mathrm{LO}})+R_{\mathrm{SW}}+(2/\pi^2)Z_{\mathrm{BB}}(\omega_{\mathrm{m}})$ 不等于 $Z_{\mathrm{L}}^{*}(\omega_{\mathrm{LO}})+Z_{C}^{*}(\omega_{\mathrm{LO}})+R_{\mathrm{SW}}+(2/\pi^2)$ $Z_{\mathrm{BB}}(\omega_{\mathrm{m}})$，所以一般情况下高边和低边的转换增益可能是不同的。同样，在式（2-76）中将 $+\omega_{\mathrm{m}}$ 转换为 $-\omega_{\mathrm{m}}$ 可能会改变转换增益；然而，根据该方程，25% 占空比混频器的高低边转换增益之间的差异要比 50% 占空比的小得多。这是因为在式（2-76）的分母中，$(2/\pi^2)Z_{\mathrm{BB}}(\omega_{\mathrm{m}})$ 的系数是实数，而 50% 占空比混频器的系数[见式（2-29）]是一个复数，它是 Z_{L} 和 Z_{C} 的函数。因此，复杂的基带阻抗 $Z_{\mathrm{BB}}(\omega_{\mathrm{m}})$ 可能导致高边和低边增益之间的差异更大。通常情况下，串联电容 C 应选的足够大，以便在 ω_{LO} 处获得非常小的 Z_{C}，而 Z_{L} 当频率在 ω_{LO} 处时应该是一个调谐 LC 负载（见图 2-15b）。由于 $(2/\pi^2)Z_{\mathrm{BB}}$ 和 R_{SW} 都远小于 Z_{L}，式（2-76）中的转换增益趋近于一个常数值 $\sqrt{2}/\pi$，使得高边和低边的转换增益相同。

接下来，我们将找出一种解决方案，实现最大化转换增益，同时保持高边和低边的转换增益相等。在式（2-76）中，$Z_{\mathrm{L}}(\omega_{\mathrm{LO}})+Z_{C}(\omega_{\mathrm{LO}})$ 是一个复阻抗，等于 $R+\mathrm{j}X$，其中 R 和 X 是实数。在所需的通道上，假设阻抗 Z_{BB} 是纯电阻等于 R_{BB}。为了实现最大的转换增益，式（2-76）中分母的模必须最小化，因此 X 必须为 0。这意味着 C 和 Z_{L} 必须在 ω_{LO} 处谐振。假设 Z_{L} 被选择为类似于图 2-15b 中的并联 LC 电路，其中用电阻 R_{p} 模拟电感器的损耗。假设 $R_{\mathrm{p}}>>X_{C}(Z_{C}=-\mathrm{j}\,X_{C})$ 并考虑到 C 与 Z_{L} 的共振，可以得出以下结论：$R\cong X_{C}^{2}/R_{\mathrm{p}}$ 和 $|Z_{\mathrm{L}}|\cong X_{C}$。因此，根据式（2-76），转换增益可以写成

$$转换增益 = \dfrac{\sqrt{2}}{\pi}\dfrac{X_{C}}{\dfrac{X_{C}^{2}}{R_{\mathrm{p}}}+R_{\mathrm{SW}}+\dfrac{2}{\pi^2}R_{\mathrm{BB}}} \tag{2-78}$$

因此，当电容 C 的阻抗 X_{C} 等于 $\sqrt{R_{\mathrm{p}}(R_{\mathrm{SW}}+(2/\pi^2)R_{\mathrm{BB}})}$ 时，在频率为 ω_{LO} 处会实现最大转换增益。最大转换增益等于

$$最大转换增益 = \dfrac{1}{\sqrt{2}\,\pi}\sqrt{\dfrac{R_{\mathrm{p}}}{R_{\mathrm{SW}}+\dfrac{2}{\pi^2}R_{\mathrm{BB}}}} \tag{2-79}$$

对于该优化设计，式（2-76）中的基带电流可以近似为

$$I_{\text{BB,I}}=e^{-j\frac{\pi}{2}}I_{\text{BB,Q}}=\frac{\dfrac{\sqrt{2}}{\pi}Z_L(\omega_{\text{LO}})I_{\text{RF}}e^{j(\phi_{\text{RF}}-\pi/4)}}{\dfrac{|Z_C|^2}{R_p}+R_{\text{SW}}+\dfrac{2}{\pi^2}Z_{\text{BB}}(\omega_m)} \tag{2-80}$$

由于将$+\omega_{\text{LO}}$改为$-\omega_{\text{LO}}$不会改变转换增益，因此在该优化设计中，高频和低频增益也是相同的。图2-16b比较了传统设计和优化设计的高频和低频转换增益的模拟结果。显然，在给定的例子中，优化设计产生了更高的增益，接近5.5 dB。

在推导转换增益时，假设串联电容C的电流的主要频率成分大部分位于输入射频频率带内。然而，由式(2-65)可以看出，当ω_{LO}附近频率的射频电流通过开关混频器时，混频器的公共节点电压大约包含了ω_{LO}的3、5、7阶奇次谐波频率分量。这些电压分量施加在Z_L和C串联的负载上，会不可避免地在时钟的奇次谐波频率附近产生射频电流。由于混频器的谐波下变频作用，这些电流会再次下变频到基带，并稍微改变转换增益。因此，图2-16a中的模拟和预测转换增益的结果略有不同(小于0.1 dB)。

3. 通道间的基带非线性泄漏

现在讨论基带非线性引起的低频分量在一个正交通道的输入端向另一个通道的泄漏问题。假设I和Q通道中的基带负载相同，只是I通道中的负载具有二阶和三阶非线性项(见图2-17)。假设RF部分为完全线性。输入的RF电流由两个频率分量组成，分别为$\omega_{\text{LO}}+\omega_{m1}$和$\omega_{\text{LO}}+\omega_{m2}$，且强度相等。为了找到在频率分量$\omega_{m1}$和$\omega_{m2}$处的基带电流，我们可以忽略I通道中基带负载的非线性项。通过使用式(2-74)，计算出每个频率分量ω_{m1}和ω_{m2}的基带电流$I_{\text{BB,I}}$和$I_{\text{BB,Q}}$。这两个频率分量的总基带电流可以通过叠加定理求得[10]。受到I通道中基带负载的二阶和三阶非线性项的影响，基带电流$I_{\text{BB,I}}$会在$|2\omega_{m1}-\omega_{m2}|$或$|2\omega_{m2}-\omega_{m1}|$以及$|\omega_{m2}-\omega_{m1}|$处产生电压分量。记其中一个频率为$\omega_m$，对应的输入电流缓冲器处的电压记为$V_m\exp j\Phi_m$。

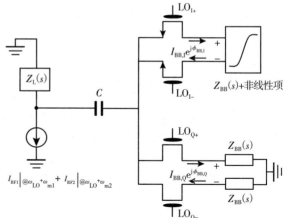

图2-17 电流缓冲器通道间的非线性泄漏

由本章拓展B计算出基带电流如下所示：

$$I_{\text{BB,I}}\cong-\frac{1}{\pi^2}\frac{V_m e^{j\phi_m}}{Z_L^*(\omega_{\text{LO}})+Z_C^*(\omega_{\text{LO}})+R_{\text{SW}}+\dfrac{2}{\pi^2}Z_{\text{BB}}(\omega_m)}$$

$$-\frac{1}{\pi^2}\frac{V_m e^{j\phi_m}}{Z_L(\omega_{\text{LO}})+Z_C(\omega_{\text{LO}})+R_{\text{SW}}+\dfrac{2}{\pi^2}Z_{\text{BB}}(\omega_m)}$$

$$-\frac{1}{9\pi^2}\frac{V_\mathrm{m}\mathrm{e}^{\mathrm{j}\phi_\mathrm{m}}}{Z_\mathrm{L}^*(3\omega_\mathrm{LO})+Z_C^*(3\omega_\mathrm{LO})+R_\mathrm{SW}+\dfrac{2}{9\pi^2}Z_\mathrm{BB}(\omega_\mathrm{m})}$$

$$-\frac{1}{9\pi^2}\frac{V_\mathrm{m}\mathrm{e}^{\mathrm{j}\phi_\mathrm{m}}}{Z_\mathrm{L}(3\omega_\mathrm{LO})+Z_C(3\omega_\mathrm{LO})+R_\mathrm{SW}+\dfrac{2}{9\pi^2}Z_\mathrm{BB}(\omega_\mathrm{m})}+\cdots \tag{2-81}$$

$$I_\mathrm{BB,Q}\cong\frac{\mathrm{j}}{\pi^2}\frac{V_\mathrm{m}\mathrm{e}^{\mathrm{j}\phi_\mathrm{m}}}{Z_\mathrm{L}^*(\omega_\mathrm{LO})+Z_C^*(\omega_\mathrm{LO})+R_\mathrm{SW}+\dfrac{2}{\pi^2}Z_\mathrm{BB}(\omega_\mathrm{m})}$$

$$-\frac{\mathrm{j}}{\pi^2}\frac{V_\mathrm{m}\mathrm{e}^{\mathrm{j}\phi_\mathrm{m}}}{Z_\mathrm{L}(\omega_\mathrm{LO})+Z_C(\omega_\mathrm{LO})+R_\mathrm{SW}+\dfrac{2}{\pi^2}Z_\mathrm{BB}(\omega_\mathrm{m})}$$

$$-\frac{\mathrm{j}}{9\pi^2}\frac{V_\mathrm{m}\mathrm{e}^{\mathrm{j}\phi_\mathrm{m}}}{Z_\mathrm{L}^*(\omega_\mathrm{LO})+Z_C^*(3\omega_\mathrm{LO})+R_\mathrm{SW}+\dfrac{2}{9\pi^2}Z_\mathrm{BB}(\omega_\mathrm{m})}$$

$$+\frac{\mathrm{j}}{9\pi^2}\frac{V_\mathrm{m}\mathrm{e}^{\mathrm{j}\phi_\mathrm{m}}}{Z_\mathrm{L}(3\omega_\mathrm{LO})+Z_C(3\omega_\mathrm{LO})+R_\mathrm{SW}+\dfrac{2}{9\pi^2}Z_\mathrm{BB}(\omega_\mathrm{m})}+\cdots \tag{2-82}$$

式(2-81)和式(2-82)表明，一般情况下，一个通道中的非线性项引起的基带分量会泄漏到另一个通道，反之亦然。它们还揭示了输入电压处的非线性项会转移到基带电流上，再通过电流缓冲器，最终表现在两个通道的输出中。

图 2-18 仿真和预测从与 I 通过基带阻抗串联的差分电压到 I 和 Q 通道电流的转换增益，其中包括传统设计和优化设计。设计参数与图 2-16b 中的参数相同。为此，在 I 通道的基带阻抗上串联了差分交流电压，并监测了 I 通道和 Q 通道中的基带交流电流。从图 2-18a 和 b 可以观察到，在优化设计（即前端增益最大化的设计）中，从 I 通道的基带电压到该通道的基带电流的转换增益要比传统设计大 5 dB 左右。但由于优化设计中接收机增益也比传统设计大 5 dB，当考虑接收机输入时，两种设计表现相同。然而，在从一个通道泄漏到另一个正交通道的泄漏增益方面，优化设计的表现优于传统设计约 6 dB。

总之，与 50%占空比的电流驱动无源混频器相比，25%占空比的对应器件中 IQ 串扰显著降低。直观地说，这得益于正交通道之间的负载，因为在 50%占空比的混频器中，I 和 Q 通道同时处于开启状态，而在 25%占空比的混频器中，任何时刻只有一个通道处于开启状态。此外，当采用 25%占空比的混频器接收机来实现最大转换增益时，IQ 串扰甚至进一步降低。

4. 25%占空比混频器的 DCR 接收机的噪声性能

前一节的结果可以用来研究 25%占空比无源混频器接收机的噪声性能。接下来将分析电流缓冲器对接收机噪声系数的噪声贡献。在 50% 占空比混频器中，I 和 Q 通道同时开启，从每个混频器基带侧看到的输出阻抗会因为另一个通道的负载而降低，从而导致电流缓冲器的噪声增大。在 25% 占空比混频器中，任何时刻只有一个通道处于开启状态。这就是为什么在噪声系数方面，使用 25% 占空比无源混频器的接收机表现更好。因此，我们只需比较在由 25% 占空比无源混频器执行下变频的情况下，传统设计和优化设计的噪声性能。

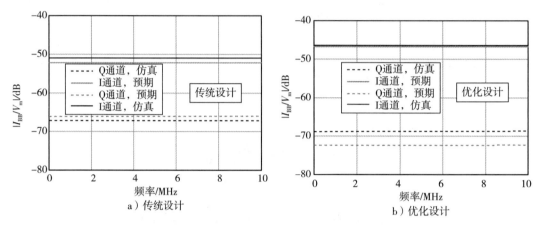

图 2-18　仿真和预测从与 I 通道基带阻抗串联的差分电压到 I 和 Q 通道电流的转换增益

下面分析频率 ω_m 上等效输入参考电流缓冲器的噪声分量。根据式(2-81)，该电压噪声会转移到基带电流上。我们观察到，在优化设计中，转移增益比传统设计更大。然而，考虑到接收机的转换增益也更大，两种设计的等效输入噪声几乎相同。因此，与具有 50% 占空比无源混频器的接收机不同，在 25% 占空比混频器上，两种设计的性能几乎相同。当然，由于优化设计具有更高的增益，后续级别(即基带滤波器和 ADC)的噪声贡献将更小。

5. 25%占空比混频器的 DCR 接收机的二阶非线性性能

在 DCR 接收机中，二阶非线性项的主要来源众所周知[19,20]。由于混频器的二阶非线性项通常在接收机 IIP2 值中占主导地位，在本小节中，我们简要比较了 25% 和 50% 占空比电流驱动无源混频器的 IIP2 性能。

非正交的 50% 电流驱动降频无源混频器的二阶非线性项的来源已经被前人研究过，可以总结为以下几点：1)在无源混频器的开关之间存在失配时，产生的 IM2 成分在低噪放大器内直接泄漏到基带。2)在降频混频器中，RF 到 LO 的耦合和 LO 到 RF 的耦合。3)在存在温度和阈值电压失配时，混频器开关的非线性项。

在无源混频器的开关和低噪放大器之间的串联电容器(包括 25% 和 50% 占空比的混频器)会阻断在低噪放大器内产生的 IM2 成分，因此它们不会对接收机的 IIP2 产生影响。上述提到的其他 IM2 来源可以通过以下两种方式对 IIP2 产生影响：1)通过调制无源混频器开关的电阻。2)通过调制混频器开关的 ON/OFF 时间点。幸运的是，与开关的电阻调制相比，调制开关 ON 的时间窗口的持续时间对 IM2 乘积的贡献不大，这是因为开关由具有快速跳变的全电平时钟驱动。

直观地解释一下，当涉及 IIP2 时，25%的电流驱动无源混频器应该比 50%的表现更好。

将低噪放大器假设为具有相对较大输出阻抗的射频电流源。在 50% 占空比的正交混频中没有中间跨导级（如图 2-6a 所示），在任何给定时刻，I 通道的一个开关和 Q 通道的一个开关同时处于开启状态。理想情况下，射频电流应该均匀分配在两个通道之间。然而，混频器开关的电阻调制打乱了射频电流在两个混频通道之间的均分，最终可能在基带输出端产生 IM2 分量。相比之下，从图 2-15 中可以观察到，在任何时刻只有一个开关处于开启状态，射频电流通过该开关时没有被明显地调制。这就是为什么预计 25% 混频器在 IIP2 性能上要优于 50% 混频器。

2.3　直接转换发射机中的无源混频器

一个无线电发射机生成并传输带有基带信息的射频输出。发射机必须执行以下三个基本任务：

- 调制：将传输的数据嵌入到载波中。
- 上变频：将调制后的数据转换到所需的中心频率。
- 功率放大：为了消除由于距离和其他各种损耗导致的传播损耗。

在设计发射器时，需要注意各种性能指标。首要的指标是发射器必须符合的频谱辐射掩模，换句话说，要求发射机不应对其他相邻信道造成干扰。另一个重要因素是传输的调制精度，它必须足够高以保证检测的可靠性。这个精度由误差向量幅度（EVM）确定。EVM 和频谱掩模对发射器的噪声和线性度提出了具体要求。

发射器的架构根据调制结构进行设计。在众多架构中，直接正交上变频是最受青睐的一种，因为它简单易实现。在该结构中，数字基带信息被分解为两个正交分量。随后，复杂的数字信号通过两个数模转换器（DAC）转换为复杂的模拟信号。DAC 之后是两个可重构低通滤波器，用于滤除量化噪声和镜像分量。经过滤波的基带信号分别上变频至射频，然后合并在一起。由于其简单、易于重新配置的特点，直接 IQ 上变频是多模式和多频段应用中的常用选择。

我们常选择有源混频器作为发射器的一部分，因为其转换增益更高，且 IF 端口与 RF 端口之间的反向隔离度最大。接近无限的隔离度消除了 IQ 之间可能存在的相互作用。在发射器中使用无源混频器并不像在接收器中那样常用。在本节中，我们将讨论在发射器中使用无源混频器时遇到的潜在问题。随后将分析和推导无源混频器的转换增益。从推导出的上变频传递函数中，可以看出上变频信号的上、下两侧可能会经历不同的转换增益和相位，而这可能会降低传输信号的 EVM。

2.3.1　25% 占空比正交时钟驱动的无源混频器发射机

我们首先研究和分析一种直接转换发射器的性能，其中由 25% 占空比的无源混频器来完成上变频。在参考文献 [26] 中提到的发射器是少有采用这种混频方案的案例之一。在图 2-19a 中，两个 IQ 数/模转换器（DAC）接收 IQ 数字基带输入并将其转换为基带模拟信号。随后，该模拟信号通过 IQ 低通滤波器（LPF）去除镜像分量和量化噪声。在该混频器中，由这两个 LPF 滤波器驱动基带侧开关，由 25% 占空比的正交时钟驱动栅极。

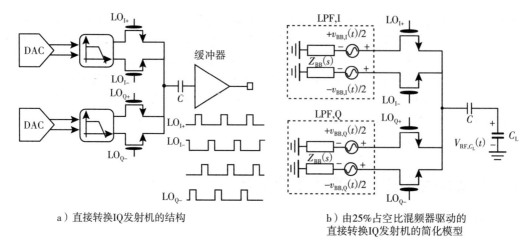

a）直接转换IQ发射机的结构　　　　　　　b）由25%占空比混频器驱动的
　　　　　　　　　　　　　　　　　　　　　直接转换IQ发射机的简化模型

图　2-19

　　无源混频器开关的 RF 侧短路在一起，并通常通过一个具有高输入阻抗的片上缓冲器进行缓冲。无源混频器与缓冲器通常通过电容（在图 2-19a 中的 C）相连，以隔离 LPF 输出和缓冲器输入之间的直流电压。此外，为了抑制共模噪声和二阶非线性项，类似于 DAC 和 LPF，无源混频器和 RF 缓冲器也是差分设计的，但为了简单起见，它们被绘制为单端结构。缓冲器的输出通常先经过片外功率放大器(PA)，然后再由天线传播。

　　为了分析和找到上变频的传递函数，由 25% 占空比混频器驱动的直接转换 IQ 发射机的简化模型如图 2-19b 所示。必须注意的是，在这种结构中，无源混频器的开关工作在电压模式。驱动基带输入分别命名为 $\pm v_{BB,I}(t)/2$ 和 $\pm v_{BB,Q}(t)/2$，且与四个基带阻抗 $Z_{BB}(s)$ 串联。实际上，$Z_{BB}(s)$ 是从每个单端 LPF 输出端看到的阻抗，$\pm v_{BB,I}(t)/2$ 和 $\pm v_{BB,Q}(t)/2$ 是 LPF 输出端的低通滤波基带电压。从高阻抗缓冲器看到的输入阻抗主要是电容性的，用 C_L 表示。

　　到目前为止，我们已经有足够的工具来计算出上变频的传递函数。从开路电压（戴维南电压）来看，可以很容易地找到从开关的 RF 端看到的戴维南等效电路（见图 2-20a）[27]。根据图 2-19b，戴维南电压显然等于

$$v_{th}(t) = \frac{1}{2}(S_{I+}(t) - S_{I-}(t))v_{BB,I}(t) + \frac{1}{2}(S_{Q+}(t) - S_{Q-}(t))v_{BB,Q}(t) \tag{2-83}$$

式中，$S_{I+,-}(t)$ 和 $S_{Q+,-}(t)$ 是在式（2-50）~ 式（2-53）中定义的相同周期函数。因此，从式（2-83）中的 $v_{th}(t)$ 中，IQ 基带信号 $\pm v_{BB,I}(t)$ 和 $\pm v_{BB,Q}(t)$ 被上变频到大约 f_{LO}，$3f_{LO}$ 和所有剩余的奇次谐波频率。只有在 f_{LO} 附近的分量是需要的，而其他高频分量要么通过选择性带通滤波器进行衰减，要么通过整个 TX 链路的内部节点的有限带宽（低通响应）进行衰减。

　　戴维南等效电阻是当所有独立源为零时，从开关的 RF 侧看到的阻抗。该阻抗已经在式（2-66）和式（2-67）中计算过，并在此重新表示为

$$Z_{th}(\omega) = R_{SW} + 4\sum_{n=-\infty}^{+\infty}|a_n|^2 Z_{BB}(\omega - n\omega_{LO}) \tag{2-84}$$

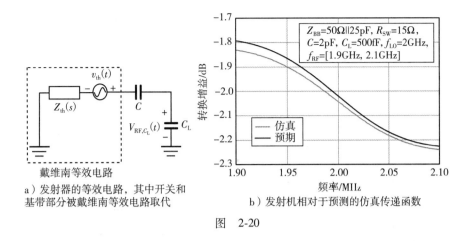

a) 发射器的等效电路,其中开关和
基带部分被戴维南等效电路取代

b) 发射机相对于预测的仿真传递函数

图 2-20

接下来分析转向式(2-83)中位于更高阶和奇次谐波的 $v_{th}(t)$ 的频率分量,例如 $(2i+1)$ ω_{LO},其中 i 是正整数。在 $(2i+1)\omega_{LO}$ 附近,$Z_{th}(\omega)$ 可以近似为 $R_{SW}+4\,|a_{2i+1}|^2\{Z_{BB}[\omega-(2i+1)\omega_{LO}]+Z_{BB}[\omega+(2i+1)\omega_{LO}]\}$。RF 电压频率分量在 $(2i+1)\omega_{LO}$ 附近产生了 RF 电流,然后谐波下变频为无源混频器基带侧的低频电流。这些基带电流在基带阻抗 $Z_{BB}(s)$ 上产生基带电压,该基带电压在大约 ω_{LO} 处上变频为 RF 电压。与使用无源混频器的接收机一样,这种效应会略微改变转换增益。因此,为了简化起见,忽略这些较高的谐波,只考虑 $v_{th}(t)$ 中接近 ω_{LO} 的频率分量,即上变频中所需的分量。

通过傅里叶变换将 $v_{th}(t)$ 在 ω_{LO} 附近的频率分量表示为 $V_{RF}(\omega)$。在 ω_{LO} 附近,$Z_{th}(\omega)$ 等于 $R_{SW}+(1/2)z\{Z_{BB}(\omega-\omega_{LO})+Z_{BB}(\omega+\omega_{LO})\}$。因此,从 $V_{RF}(\omega)$ 到 C_L 上的 RF 电压的传递函数可以表示为

$$V_{RF,C_L}(\omega)=V_{RF}(\omega)\,\cfrac{\cfrac{1}{jC_L\omega}}{\cfrac{1}{jC_L\omega}+\cfrac{1}{jC\omega}+R_{SW}+\cfrac{1}{2}Z_{BB}(\omega-\omega_{LO})+\cfrac{1}{2}Z_{BB}(\omega+\omega_{LO})}$$

(2-85)

在 ω_{LO} 附近,式(2-85)中的 $V_{RF,C_L}(\omega)$ 可以简化为

$$V_{RF,C_L}(\omega)\cong V_{RF}(\omega)\,\cfrac{1}{1+\cfrac{C_L}{C}+jC_L\omega_{LO}R_{SW}+\cfrac{jC_L\omega_{LO}}{2}Z_{BB}(\omega-\omega_{LO})}$$

(2-86)

对于一个小的基带频率 $\omega_m(\omega_m>0)$,我们定义在 $\omega_{LO}+\omega_m$ 处的转换增益为高边转换增益。这是基带信号在 ω_m 处上变频并成为 $\omega_{LO}+\omega_m$ 处的射频信号的增益。类似地,$\omega_{LO}-\omega_m$ 处的增益被定义为低边转换增益。由于 $Z_{BB}(-\omega_m)=Z_{BB}^*(\omega_m)$,根据式(2-86),一般来说,高边和低边转换增益是不同的,它们之间的差异可能会导致传输信号的 EVM 降低。为了解决这个问题,希望在整个基带信号频率范围内,最小化 $Z_{BB}(\omega)$ 关于 $C_L\omega_{LO}$ 的值,这意味

着基带低通滤波器的输出阻抗应该非常低。另一种降低高边和低边转换增益差异的方法是确保输出阻抗在整个基带信号的带宽上是实数。

图 2-20b 将仿真结果得到的上变频增益与式 (2-85) 的预测进行了比较，它们在基带频率为 100 MHz 以下非常匹配。对于这个仿真，选择了一个简单的 RC 电路作为 Z_{BB}。

2.3.2　50%占空比正交时钟驱动的无源混频器发射机

由 50% 占空比的无源混频器驱动的 IQ 直接混频发射机的设计不像使用 25% 混频器的设计那样简单。这是因为在 25% 占空比无源混频器的发射机中，任何时刻只有一个基带通道被 RF 电容 C_L 采样，并且 I 和 Q 基带通道之间没有信号相互串扰。换句话说，在这种发射机中，两个低通滤波器不会直接作为彼此的负载。然而，对于 50% 占空比的上变频混频器，情况并非如此。如图 2-21 所示，对于 I 和 Q 通道，混频器均将其低通滤波器的输出上变频为射频信号，随后该信号通过电容 C 与射频缓冲器耦合。缓冲器的输入阻抗呈电容性，用 C_L 表示。根据 C 的大小，两个 IQ 低通滤波器作为彼此的负载，且由于该设计的输出阻抗较低，这种影响可能更加严重。因此，不能随意地增大串联电容 C 的尺寸，其容值必须足够大，才能将所需的上变频射频信号传递

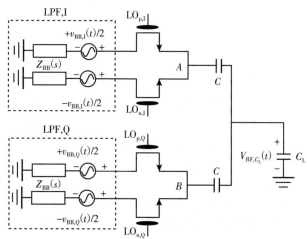

图 2-21　由 50% 占空比混频器驱动的直接转换 IQ 发射机的简化模型

到 C_L，而不会因电压分压产生巨大的损耗。两个 IQ 基带通道之间的串扰会干扰发射机的性能，我们很快将看到它会大大降低 EVM。

在图 2-21 中，点 A 和点 B 处的上变频 RF 电压可以分解为同相和反相分量。其中，同相分量是唯一出现在 RF 缓冲器输入端（跨在 C_L 两端）的分量，反相分量则不会在 C_L 上产生电压降。它们施加在两个串联电容 C 组成的负载上，并产生从一个通道流向另一个通道的射频电流。该循环射频电流被下变频回基带电流，并由于无源混频器的缺乏反向隔离，最终会干扰跨在 C_L 的原始 RF 电压。我们将这种现象称为 IQ 串扰。为了尽量减小该循环电流，必须最小化串联电容 C 和低通滤波器的输出阻抗 $Z_{BB}(s)$。

为了分析该发射机，我们再次分析无源混频器和从 RF 侧看到的基带部分的戴维南等效电路。由于戴维南电压无法像 25% 发射机情况那样直接计算，我们将采用新的方法来进行计算。我们知道，I 和 Q 通道中的调制基带信号通常由统计上独立的信号组成，它们可以分解为两组正交序列不同的正交信号。为了说明这一点，假设 I 和 Q 通道中的基带信号具有以下傅里叶变换：$V_{BB,I}(j\omega)$ 和 $V_{BB,Q}(j\omega)$。对于 $\omega > 0$，将这两个输入分解为两对输入：
1) $V_{BB,I,1}(j\omega) = (V_{BB,I}(j\omega) - jV_{BB,Q}(j\omega))/2$ 和 $V_{BB,Q,1}(j\omega) = j(V_{BB,I}(j\omega) - jV_{BB,Q}(j\omega))/2$。
2) $V_{BB,I,2}(j\omega) = (V_{BB,I}(j\omega) + jV_{BB,Q}(j\omega))/2$ 和 $V_{BB,Q,2}(j\omega) = j(V_{BB,I}(j\omega) + jV_{BB,Q}(j\omega))/2$。很容

易证明 $V_{BB,I,1}(j\omega) + V_{BB,I,2}(j\omega) = V_{BB,I}(j\omega)$ 和 $V_{BB,Q,1}(j\omega) + V_{BB,Q,2}(j\omega) = V_{BB,Q}(j\omega)$。而且，显然第一对 $V_{BB,I,1}(j\omega)$ 和 $V_{BB,Q,1}(j\omega)$ 和第二对 $V_{BB,I,2}(j\omega)$ 和 $V_{BB,Q,2}(j\omega)$ 具有不同的正交序列。通过戴维南电压，可以证明一对正交信号被上变频到大于 ω_{LO} 的频率，而另一对被转移到小于 ω_{LO} 的频率。在射频侧的戴维南电压中出现的高边传递函数和低边传递函数分别为

$$高边传递函数 = \frac{2}{\pi} \frac{Z_C^*(\omega_{LO}+\omega_m)+R_{SW}}{Z_C^*(\omega_{LO}+\omega_m)+R_{SW}+\frac{2}{\pi^2}Z_{BB}(\omega_m)} \tag{2-87}$$

$$低边传递函数 = \frac{2}{\pi} \frac{Z_C^*(\omega_{LO}-\omega_m)+R_{SW}}{Z_C^*(\omega_{LO}-\omega_m)+R_{SW}+\frac{2}{\pi^2}Z_{BB}^*(\omega_m)} \tag{2-88}$$

式中，ω_m 表示基带频率。由于从 $\omega_{LO}-\omega_m$ 到 $\omega_{LO}+\omega_m$，串联电容的阻抗 $Z_C(\omega)$ 不会发生显著变化，因此高边传递函数和低边传递函数可以简化为

$$高边传递函数 = \frac{2}{\pi} \frac{Z_C^*(\omega_{LO})+R_{SW}}{Z_C^*(\omega_{LO})+R_{SW}+\frac{2}{\pi^2}Z_{BB}(\omega_m)} \tag{2-89}$$

$$低边传递函数 = \frac{2}{\pi} \frac{Z_C^*(\omega_{LO})+R_{SW}}{Z_C^*(\omega_{LO})+R_{SW}+\frac{2}{\pi^2}Z_{BB}^*(\omega_m)} \tag{2-90}$$

从式（2-89）和式（2-90）可以看出，这两个传递函数并不相等，因为在基带带宽上，$Z_{BB}(\omega_m)$ 可能会发生显著变化。从 RF 侧看到的戴维南电压的高边传递函数和低边传递函数不同，这是由于 A 节点和 B 节点（见图 2-21）上存在的不同相位的电压分量，进而产生循环镜像电流。由式（2-83）可很轻松证明，在 25% 占空比混频器中不存在 V_{th} 的高边和低边转换现象。50% 无源混频器中的这种现象如果不通过仔细确定元件尺寸来降低影响，可能会降低传输信号的 EVM。式（2-89）和式（2-90）提示我们，只需降低 Z_{BB} 相对于串联电容的阻抗，或将 Z_{BB} 的任何反应性分量归零。图 2-22a 将戴维南电压与 Spectre-RF 的实际仿真结果进行了比较。由于忽略了高阶谐波，预测和仿真之间出现了小差异。

通过将独立电压源置零[27]，可以计算出在 ω_{LO} 附近看到的戴维南阻抗为

$$Z_{th}(\omega_{LO}+\omega_m) = \frac{1}{2}\left[Z_C(\omega_{LO}+\omega_m)+R_{SW}+\frac{2}{\pi^2}Z_{BB}(\omega_m) - \frac{\left(\frac{2}{\pi^2}Z_{BB}(\omega_m)\right)^2}{Z_C^*(\omega_{LO}-\omega_m)+R_{SW}+\frac{2}{\pi^2}Z_{BB}(\omega_m)} \right] \tag{2-91}$$

式中，ω_m 是与 ω_{LO} 的偏移频率。因此，从戴维南电压到 C_L 上的电压降的传递函数可以表示为：

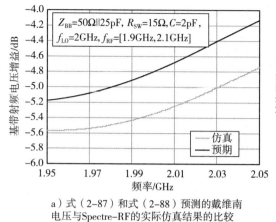

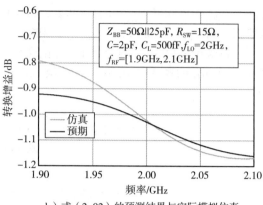

a）式（2-87）和式（2-88）预测的戴维南
电压与Spectre-RF的实际仿真结果的比较

b）式（2-92）的预测结果与实际模拟仿真
结果比较

图 2-22

$$V_{\mathrm{RF},C_{\mathrm{L}}}(\omega) = V_{\mathrm{th}}(\omega)\,\dfrac{\dfrac{1}{\mathrm{j}C_{\mathrm{L}}\omega}}{\dfrac{1}{\mathrm{j}C_{\mathrm{L}}\omega}+Z_{\mathrm{th}}(\omega)} \tag{2-92}$$

从 $\omega_{\mathrm{LO}}-\omega_{\mathrm{m}}$ 到 $\omega_{\mathrm{LO}}+\omega_{\mathrm{m}}$ 的移动在式（2-92）中对 $\mathrm{j}C_{\mathrm{L}}$ 并没有引入明显的变化，但是从式（2-91）中可以看出，它对 $Z_{\mathrm{th}}(\omega)$ 产生了影响。这意味着对于给定的 $V_{\mathrm{th}}(\omega)$，通常情况下高边和低边的转换增益是不同的，类似于具有 25% 混频器的发射机。由于镜像电流的存在，除非将串联电容器减小到足够低的值，否则这种影响可能更加严重。图 2-22b 比较了式（2-92）的预测结果与实际模拟仿真结果，二者在 0.15dB 的范围内非常吻合。不幸的是，由于电容分压，较小的串联电容会降低发射机的增益，从而使后续缓冲器的功耗增加。总之，具有 25% 占空比的无源混频器的发射机性能优于 50% 占空比的发射机，是期望的架构选择。

2.4 总结

本章研究了由 50% 或 25% 占空比时钟驱动、具有任意射频（RF）和中频（IF）阻抗的正交无源混频器的性能。研究表明，为了实现最佳性能，必须合理地选择这些阻抗。由于无源混频器的射频端和中频端之间缺乏反向隔离，混频器通过简单的频率转换将中频阻抗反射到射频端，反之亦然。由于缺乏反向隔离，IQ 接收机或发射机中的两个 IQ 通道会相互影响，称为 IQ 串扰。

在接收机中，IQ 串扰导致高频和低频的下变频增益不均等，并且高频和低频的 IIP2、IIP3 值不同。这种相互影响还会导致一个通道的电流缓冲器输入端的非线性项泄漏到另一个正交通道，从而使 IIP3 和 IIP2 值偏离预期值。通过彻底的数学分析，展示了如何设计该混频器及其射频/中频负载，以在接收机中获得最佳性能，包括线性度、变频增益和噪声系数，并减轻 IQ 串扰问题。研究表明，一般而言，25% 占空比电流驱动的无源混频器的接收机优于 50% 无源混频器。通过谨慎调整设计参数，可以显著降低高频和低频的不均衡增益和不同的 IIP2、IIP3 值的问题。此外，与 50% 占空比混频器相比，从一个正交信道基带到另一个正交信道的低频成分(噪声或非线性项产生的)泄漏量大大降低。此外，由于与基带阻抗串联的低频电压源的转换增益较低，在 25% 占空比混频器中，接收机线性度受电流缓冲器非线性项的影响较小。

同样地，观察到 25% 占空比无源混频器的发射机优于 50% 占空比无源混频器的发射机。本章解释了在 50% 占空比混频器的接收机或发射机中，上述高低边转换增益不均等问题变得更加严重的主要原因，即两个正交通道之间的镜像电流循环。即使使用 50% 混频器，也可以通过减少镜像电流来优化设计，从而最大限度地减少 IQ 串扰，而 25% 占空比混频器则通过消除镜像电流本身来解决这一问题。主要目的是产生 25% 占空比的正交时钟，使其在以 GHz 为度量的频率下的上升和下降时间相对较短，同时也会增加功耗。

2.5　拓展 A：共模和差模激励

首先，让我们引入并分析两种形式的激励，这将有助于解决任意通道中的正交下变频问题。

2.5.1　共模激励

在图 2-23a 中，I 和 Q 通道分别由两个相同的同相 RF 电压源驱动，其中 $V_{RF} \exp(j\phi_{RF})$ 在 $\omega_{RF} = \omega_{LO} + \omega_m$ 处。实际上，这类似于图 2-6a 中的结构，其中 $I_{RF} \exp(j\phi_{RF})$ 等于 $-V_{RF} \exp(j\phi_{RF})/Z_L(\omega_{LO} + \omega_m)$。我们已经分析过这种情况，我们知道 I 和 Q 通道主频率处的 RF 电流相等($I_{RF,I} = I_{RF,Q}$)，而在镜像频率处的电流虽然幅值相等但相位相反($I_{image,I} = -I_{image,Q}$)。

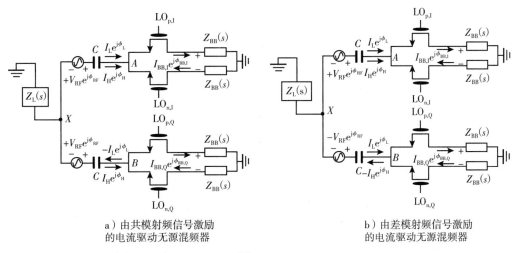

a）由共模射频信号激励
的电流驱动无源混频器

b）由差模射频信号激励
的电流驱动无源混频器

图　2-23

下变频电流计算结果如下：

$$I_{BB,I} = I_{BB,Q} e^{-j\pi/2} = \frac{1}{\pi}(I_H e^{j\phi_H} + I_L e^{-j\phi_L})$$

$$= \frac{\dfrac{1}{\pi}[Z_C^*(\omega_{LO}-\omega_m)+R_{SW}]V_{RF}e^{j\phi_{RF}}}{\left[2Z_L(\omega_{LO}+\omega_m)+Z_C(\omega_{LO}+\omega_m)+R_{SW}+\dfrac{2}{\pi^2}Z_{BB}(\omega_m)\right]\left[Z_C^*(\omega_{LO}-\omega_m)+R_{SW}+\dfrac{2}{\pi^2}Z_{BB}(\omega_m)\right]-\left[\dfrac{2}{\pi^2}Z_{BB}(\omega_m)\right]^2}$$

$$(2\text{-}93)$$

对于优化设计（最大转换增益），式（2-93）简化为

$$I_{BB,I}=I_{BB,Q}e^{-j\pi/2}=\frac{1}{\pi}\frac{V_{RF}e^{j\phi_{RF}}}{R_{SW}+\dfrac{|Z_C^2|}{2R_p}+\dfrac{2}{\pi^2}Z_{BB}(\omega_m)} \qquad (2\text{-}94)$$

2.5.2 差模激励

我们将图 2-23b 所示结果称之为差模激励。I 通道由 $V_{RF}\exp(j\phi_{RF})$ 驱动，Q 通道由其反相电压 $-V_{RF}\exp(j\phi_{RF})$ 驱动。可以证明，在主射频频率处，I 和 Q 通道的射频电流是反相且幅值相等的（$I_{RF,I}=-I_{RF,Q}$），而镜像电流是同相且幅值相等的（$I_{image,I}=I_{image,Q}$）。对于 $\omega_{RF}=\omega_{LO}+\omega_m$ 的情况，基带电流被计算为

$$I_{BB,I}=I_{BB,Q}e^{j\pi/2}=\frac{1}{\pi}(I_H e^{j\phi_H}+I_L e^{-j\phi_L})$$

$$= \frac{\dfrac{1}{\pi}[2Z_L^*(\omega_{LO}-\omega_m)+Z_C^*(\omega_{LO}-\omega_m)+R_{SW}]V_{RF}e^{j\phi_{RF}}}{\left[2Z_L^*(\omega_{LO}-\omega_m)+Z_C^*(\omega_{LO}-\omega_m)+R_{SW}+\dfrac{2}{\pi^2}Z_{BB}(\omega_m)\right]\left[Z_C(\omega_{LO}+\omega_m)+R_{SW}+\dfrac{2}{\pi^2}Z_{BB}(\omega_m)\right]-\left[\dfrac{2}{\pi^2}Z_{BB}(\omega_m)\right]^2}$$

$$(2\text{-}95)$$

对于优化设计，可以简化为

$$I_{BB,I}=I_{BB,Q}e^{j\pi/2}=\frac{1}{\pi}\frac{\left[R_{SW}+\dfrac{|Z_C^2|}{2R_p}\right]V_{RF}e^{j\phi_{RF}}}{[Z_C(\omega_{LO})+R_{SW}]\left[R_{SW}+\dfrac{|Z_C^2|}{2R_p}+\dfrac{2}{\pi^2}Z_{BB}(\omega_m)\right]} \qquad (2\text{-}96)$$

将输入信号分解为共模部分和差模部分，可更有效地分析从一个象限通道泄漏到另一个象限通道的情况。例如，在 $\omega_{LO}+\omega_m$ 处，I 和 Q 通道中 RF 输入电压 $V_{RF,I}$ 和 $V_{RF,Q}$ 可以分解为两对：一对是由共模激励 $(V_{RF,I}+V_{RF,Q})/2$ 组成的，另一对是由差模激励 $\pm(V_{RF,I}-V_{RF,Q})/2$ 组成的。利用式（2-93）、式（2-95）和叠加原理即可解决该问题。

2.6　拓展 B：计算基带中由基带交流电压激励产生的基带电流

我们首要目标是给出图 2-24a 和 b 中所示混频系统的戴维南等效电路。这些混频器由 25% 占空比的正交时钟驱动。在 I 通道的基带部分中，单端值为 $V_m\cos(\omega_m t+\omega_m) \pm ((V_m/2)\cos(\omega_m t+\phi_m))$ 的低频差分电压与基带阻抗串联。在 Q 通道中也存在一个差分基带电压，与 I 通道的电压正交。因此，有两种可能性：图 2-24a 中为 $+V_m\sin(\omega_m t+\omega_m)$，图 2-24b 中为 $-V_m\sin(\omega_m t+\omega_m)$。

图 2-24a 和 b 的戴维南等效电路[27] 如图 2-24c 所示。实际上，戴维南等效电路是将所有独立源置零[12] 后的相同混频系统。戴维南电压 $v_{th}(t)$ 也被称为开路电压，因为它是在原电路未连接任何其他电路时观察到的电压。因此，图 2-24a 和 b 的戴维南等效电路只在 $v_{th}(t)$ 上有所不同。根据戴维南定理[27]，在连接到另一个系统时，如果将图 2-24a 和 b 中的任何电路连接到戴维南等效电路，那个系统中的所有支路的电流和电压将保持不变。

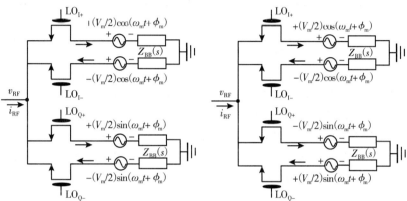

a）正交基带电压与基带阻抗串联　　　　b）改变基带激励的正交序列

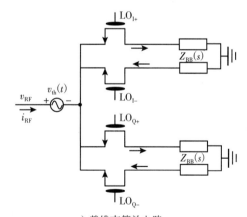

c）戴维南等效电路

图 2-24　给出戴维南等效电路

现在，我们来求出图 2-24a 的戴维南电压 $v_{th}(t)$，而图 2-24b 的戴维南电压可以通过类似的方法求出。需要做的就是找到开路电压。很明显，

$$v_{th}(t) = \frac{1}{2}(S_{I+}(t)-S_{I-}(t))V_m\cos(\omega_m t+\phi_m) + \frac{1}{2}(S_{Q+}(t)-S_{Q-}(t))V_m\sin(\omega_m t+\phi_m)$$

$$(2\text{-}97)$$

通过利用式(2-57)、式(2-58)、式(2-59)和式(2-60)中的傅里叶级数展开，可以得到 $v_{\mathrm{th}}(t)$ 的表达式：

$$v_{\mathrm{th}}(t) = \sum_{n=0}^{n=+\infty} 2\,|\,a_{2n+1}\,|\,V_{\mathrm{m}}\cos\big[\,(2n+1)\omega_{\mathrm{LO}}t + \angle a_{2n+1} + (-1)^{n+1}(\omega_{\mathrm{m}}t + \phi_{\mathrm{m}})\,\big] \quad (2\text{-}98)$$

换句话说，消除在 ω_{m} 处的两个基带输入，即在 I 和 Q 通道中相位分别为 $V_{\mathrm{m}}\exp(\mathrm{j}\phi_{\mathrm{m}})$ 和 $-\mathrm{j}V_{\mathrm{m}}\exp(\mathrm{j}\phi_{\mathrm{m}})$ 的基带输入，并在开关的 RF 侧用 $v_{\mathrm{th}}(t)$ 替代，以解决与原始混频系统相连的任意系统。

如果对图 2-24b 中的电路进行类似的分析，可以找到等效的戴维南电压：

$$v_{\mathrm{th}}(t) = \sum_{n=0}^{n=+\infty} 2\,|\,a_{2n+1}\,|\,V_{\mathrm{m}}\cos\big[\,(2n+1)\omega_{\mathrm{LO}}t + \angle a_{2n+1} + (-1)^{n}(\omega_{\mathrm{m}}t + \phi_{\mathrm{m}})\,\big] \quad (2\text{-}99)$$

现在假设图 2-24a 和图 2-24b 的电路置于图 2-15 的接收器中，我们希望求出由此产生的基带电流。我们分析图 2-24a 的情况，图 2-24b 的情况与之非常类似。现在可以利用图 2-24c 中的戴维南等效电路求出电容 C 上的电流。根据观察，从开关的射频侧看入的输入阻抗由式(2-66)给出。由于等效戴维南电压由频率分量组成，分别为 $\omega_{\mathrm{LO}}-\omega_{\mathrm{m}}$，$3\omega_{\mathrm{LO}}+\omega_{\mathrm{m}}$，$\cdots$，电容 C 上的电流也只包含这些频率。从式(2-66)和式(2-98)得到了在 $(2n+1)\omega_{\mathrm{LO}}+(-1)^{n+1}\omega_{\mathrm{m}}$ 处的电容器电流的相量：

$$I_C\big|_{@(2n+1)\omega_{\mathrm{LO}}+(-1)^{n+1}\omega_{\mathrm{m}}}$$

$$= -\frac{2a_{2n+1}V_{\mathrm{m}}\mathrm{e}^{[\mathrm{j}(-1)^{n+1}\phi_{\mathrm{m}}]}}{Z_{\mathrm{s}}\big[\,(2n+1)\omega_{\mathrm{LO}}+(-1)^{n+1}\omega_{\mathrm{m}}\,\big] + R_{\mathrm{SW}} + 4\,|\,a_{2n+1}\,|^2 Z_{\mathrm{BB}}\big[\,(-1)^{n+1}\omega_{\mathrm{m}}\,\big]} \quad (2\text{-}100)$$

式中，阻抗 $Z_{\mathrm{s}}(s)$ 定义为 $Z_L(s)+Z_C(s)$。此外，为了计算在 $(2n+1)\omega_{\mathrm{LO}}\pm\omega_{\mathrm{m}}$ 处的 Z_{in}，根据式(2-66)进行了以下近似：

$$Z_{\mathrm{in}}(\omega)\big|_{@(2n+1)\omega_{\mathrm{LO}}\pm\omega_{\mathrm{m}}} \cong R_{\mathrm{SW}} + 4\,|\,a_{2n+1}\,|^2 Z_{\mathrm{BB}}(\pm\omega_{\mathrm{m}}) \quad (2\text{-}101)$$

根据式(2-69)和式(2-70)，可以得到在 ω_{m} 处的基带电流的复数形式：

$$I_{\mathrm{BB,I}} = \mathrm{e}^{\mathrm{j}\frac{\pi}{2}} I_{\mathrm{BB,Q}} = -\frac{4\,|\,a_1\,|^2 V_{\mathrm{m}}\mathrm{e}^{\mathrm{j}\phi_{\mathrm{m}}}}{Z_{\mathrm{s}}^{*}(\omega_{\mathrm{LO}}-\omega_{\mathrm{m}}) + R_{\mathrm{SW}} + 4\,|\,a_1\,|^2 Z_{\mathrm{BB}}(\omega_{\mathrm{m}})}$$

$$-\frac{4\,|\,a_3\,|^2 V_{\mathrm{m}}\mathrm{e}^{\mathrm{j}\phi_{\mathrm{m}}}}{Z_{\mathrm{s}}(3\omega_{\mathrm{LO}}+\omega_{\mathrm{m}}) + R_{\mathrm{SW}} + 4\,|\,a_3\,|^2 Z_{\mathrm{BB}}(\omega_{\mathrm{m}})} + \cdots \quad (2\text{-}102)$$

如果使用图 2-24b 中的电路，通过类似的分析可以得到该电路产生的基带电流为

$$I_{\mathrm{BB,I}} = \mathrm{e}^{-\mathrm{j}\frac{\pi}{2}} I_{\mathrm{BB,Q}} = -\frac{4\,|\,a_1\,|^2 V_{\mathrm{m}}\mathrm{e}^{\mathrm{j}\phi_{\mathrm{m}}}}{Z_{\mathrm{s}}(\omega_{\mathrm{LO}}+\omega_{\mathrm{m}}) + R_{\mathrm{SW}} + 4\,|\,a_1\,|^2 Z_{\mathrm{BB}}(\omega_{\mathrm{m}})}$$

$$-\frac{4\,|\,a_3\,|^2 V_{\mathrm{m}}\mathrm{e}^{\mathrm{j}\phi_{\mathrm{m}}}}{Z_{\mathrm{s}}^{*}(3\omega_{\mathrm{LO}}-\omega_{\mathrm{m}}) + R_{\mathrm{SW}} + 4\,|\,a_3\,|^2 Z_{\mathrm{BB}}(\omega_{\mathrm{m}})} + \cdots \quad (2\text{-}103)$$

最后，我们考虑只有一个基带激励电压存在于 I 通道，而 Q 通道没有激励电压的情况。在基带频率处、与基带阻抗串联的差分基带电压，表示为 $V_m\exp(j\phi_m)$。由于系统是时变的，为了求出基带电流，我们可以将其分解为两对分别与基带负载串联的差分正交基带电压：1) I 通道中的 $(V_m/2)\exp(j\phi_m)$ 和 Q 通道中的 $+j(V_m/2)\exp(j\phi_m)$。2) I 通道中的 $(V_m/2)\exp(j\phi_m)$ 和 Q 通道中的 $-j(V_m/2)\exp(j\phi_m)$。根据式(2-102)和式(2-103)得基带电流为：

$$
\begin{aligned}
I_{BB,I} = &- \frac{2|a_1|^2 V_m e^{j\phi_m}}{Z_s^*(\omega_{LO}-\omega_m)+R_{SW}+4|a_1|^2 Z_{BB}(\omega_m)} - \frac{2|a_1|^2 V_m e^{j\phi_m}}{Z_s(\omega_{LO}+\omega_m)+R_{SW}+4|a_1|^2 Z_{BB}(\omega_m)} - \\
&\frac{2|a_3|^2 V_m e^{j\phi_m}}{Z_s^*(3\omega_{LO}-\omega_m)+R_{SW}+4|a_3|^2 Z_{BB}(\omega_m)} - \frac{2|a_3|^2 V_m e^{j\phi_m}}{Z_s(3\omega_{LO}+\omega_m)+R_{SW}+4|a_3|^2 Z_{BB}(\omega_m)} + \cdots
\end{aligned}
$$

$$(2\text{-}104)$$

$$
\begin{aligned}
I_{BB,Q} = &\ j\frac{2|a_1|^2 V_m e^{j\phi_m}}{Z_s^*(\omega_{LO}-\omega_m)+R_{SW}+4|a_1|^2 Z_{BB}(\omega_m)} - j\frac{2|a_1|^2 V_m e^{j\phi_m}}{Z_s(\omega_{LO}+\omega_m)+R_{SW}+4|a_1|^2 Z_{BB}(\omega_m)} - \\
&j\frac{2|a_3|^2 V_m e^{j\phi_m}}{Z_s^*(3\omega_{LO}-\omega_m)+R_{SW}+4|a_3|^2 Z_{BB}(\omega_m)} + j\frac{2|a_3|^2 V_m e^{j\phi_m}}{Z_s(3\omega_{LO}+\omega_m)+R_{SW}+4|a_3|^2 Z_{BB}(\omega_m)} + \cdots
\end{aligned}
$$

$$(2\text{-}105)$$

由于 ω_m 是基带频率，Z_C 和 Z_L 在 $(2n+1)\omega_{LO}-\omega_m$ 到 $(2n+1)\omega_{LO}+\omega_m$ 之间变化不大，因此，式(2-104)和式(2-105)可以近似为：

$$
\begin{aligned}
I_{BB,I} = &- \frac{2|a_1|^2 V_m e^{j\phi_m}}{Z_s^*(\omega_{LO})+R_{SW}+4|a_1|^2 Z_{BB}(\omega_m)} - \frac{2|a_1|^2 V_m e^{j\phi_m}}{Z_s(\omega_{LO})+R_{SW}+4|a_1|^2 Z_{BB}(\omega_m)} - \\
&\frac{2|a_3|^2 V_m e^{j\phi_m}}{Z_s^*(3\omega_{LO})+R_{SW}+4|a_3|^2 Z_{BB}(\omega_m)} - \frac{2|a_3|^2 V_m e^{j\phi_m}}{Z_s(3\omega_{LO})+R_{SW}+4|a_3|^2 Z_{BB}(\omega_m)} + \cdots
\end{aligned}
$$

$$(2\text{-}106)$$

$$
\begin{aligned}
I_{BB,Q} = &\ j\frac{2|a_1|^2 V_m e^{j\phi_m}}{Z_s^*(\omega_{LO})+R_{SW}+4|a_1|^2 Z_{BB}(\omega_m)} - j\frac{2|a_1|^2 V_m e^{j\phi_m}}{Z_s(\omega_{LO})+R_{SW}+4|a_1|^2 Z_{BB}(\omega_m)} - \\
&j\frac{2|a_3|^2 V_m e^{j\phi_m}}{Z_s^*(3\omega_{LO})+R_{SW}+4|a_3|^2 Z_{BB}(\omega_m)} + j\frac{2|a_3|^2 V_m e^{j\phi_m}}{Z_s(3\omega_{LO})+R_{SW}+4|a_3|^2 Z_{BB}(\omega_m)} + \cdots
\end{aligned}
$$

$$(2\text{-}107)$$

参考文献

[1] A. V. Oppenheim, A. S. Willsky, and S. H. Nawab, *Signals and Systems*, 2nd ed. Prentice Hall, 1996.

[2] B. Razavi, *RF Microelectronics*, 2nd ed. Prentice Hall, 1998.

[3] H. Darabi and A. Abidi, "Noise in RF-CMOS Mixers: A Simple Physical

Model," *IEEE Journal of Solid-State Circuits*, vol. 35, no. 1, pp. 15–25, 2000.

[4] H. Darabi and J. Chiu, "A Noise Cancellation Technique in Active RF-CMOS Mixers," *IEEE Journal of Solid-State Circuits*, vol. 40, no. 12, pp. 2628–2632, 2005.

[5] S. Zhou and M. F. Chang, "A CMOS Passive Mixer With Low Flicker Noise for Low- Power Direct-Conversion Receiver," *IEEE Journal of Solid-State Circuits*, vol. 40, no. 5, pp. 1084–1093, 2005.

[6] A. Mirzaei, X. Chen, A. Yazdi, J. Chiu, J. Leete, and H. Darabi, "A Frequency Translation Technique for SAW-Less 3G Receivers," *IEEE Symposium on VLSI Circuits*, pp. 280–281, 2009.

[7] A. Mirzaei, H. Darabi, J. Leete, X. Chen, K. Juan, and A. Yazdi, "Analysis and Optimization of Current-driven Passive Mixers in Narrowband Direct-conversion Receivers," *IEEE Journal of Solid-State Circuits*, vol. 44, no. 10, pp. 2678–2688, 2009.

[8] A. Abidi, "The Path to the Software-Defined Radio Receiver," *IEEE Journal of Solid-State Circuits*, vol. 42, no. 5, pp. 954–966, 2007.

[9] F. Agnelli, G. Albasini, I. Bietti, A. Gnudi, A. Lacaita, D. Manstretta, R. Rovatti, E. Sacchi, P. Savazzi, F. Svelto, E. Temporiti, S. Vitali, and R. Castello, "Wireless Multi-Standard Terminals: System Analysis and Design of a Reconfigurable RF Front-End," *IEEE Circuits and Systems Magazine*, vol. 6, no. 1, pp. 38–59, 2006.

[10] D. Leenaerts and W. Readman-White, "1/f Noise in Passive CMOS Mixers for Low and Zero IF Receivers," in *European Solid-State Circuits Conference*, 2001.

[11] E. Sacchi, I. Bietti, S. Erba, L. Tee, P. Vilmercati, and R. Castello, "A 15 mW, 70 kHz 1/f Corner Direct Conversion CMOS Receiver," *IEEE Custom Integrated Circuits Conference*, pp. 459–462, 2003.

[12] M. Valla, G. Montagna, R. Castello, R. Tonietto, and I. Bietti, "A 72-mW CMOS 802.11a Direct Conversion Front-End With 3.5-dB NF and 200-kHz 1/f Noise Corner," *IEEE Journal of Solid-State Circuits*, vol. 40, no. 4, pp. 970–977, 2005.

[13] R. Bagheri, A. Mirzaei, S. Chehrazi, E. Heidari, M. Lee, M. Mikhemar, W. Tang, and A. Abidi, "An 800-MHz6-GHz Software-Defined Wireless Receiver in 90-nm CMOS," *IEEE Journal of Solid-State Circuits*, vol. 41, no. 12, pp. 2860–2876, 2006.

[14] T. Nguyen, N. Oh, V. Le, and S. Lee, "A Low-Power CMOS Direct Conversion Receiver with 3-dB NF and 30-kHz Flicker-Noise Corner for 915-MHz Band IEEE 802.15.4 Zig-Bee Standard," *IEEE Transactions on Microwave Theory and Techniques*, vol. 54, no. 2, pp. 735–741, 2006.

[15] N. Poobuapheun, C. Wei-Hung, Z. Boos, and A. Niknejad, "A 1.5-V 0.72.5-GHz CMOS Quadrature Demodulator for Multiband Direct-Conversion Receivers," *IEEE Journal of Solid-State Circuits*, vol. 42, no. 8, pp. 1669–1677, 2007.

[16] B. Tenbroekl, J. Strange, D. Nalbantis, C. Jones, P. Fowers, S. Brett, C. Beghein, and F. Beffa2, "Single-Chip Tri-Band WCDMA/HSDPA Transceiver without External SAW Filters and with Integrated TX Power Control," *IEEE International Solid-State Circuits Conference*, pp. 202–203, 2008.

[17] B. R. Carlton, J. S. Duster, S. S. Taylor, and J. C. Zhan, "A 2.2dB NF, 4.9-6GHz Direct Conversion Multi-Standard RF Receiver Front-End in 90 nm CMOS," *IEEE Radio Frequency Integrated Circuits Symposium*, pp. 617–620, 2008.

[18] I. Elahi and K. Muhammad, "Asymmetric DC Offsets and IIP2 in the Presence of LO Leakage in a Wireless Receiver," *IEEE Radio Frequency Integrated Circuits Symposium*, pp. 313–316, 2007.

[19] K. Dufrbene, "Analysis and Cancelation Methods of Second Order Inter-modulation Distortion in RFIC Downconversion Mixers," Ph.D. dissertation, University at Erlangen-Nürnberg, 2007.

[20] M. Brandolini, P. Rossi, D. Sanzogni, and F. Svelto, "A +78 dBm IIP2 CMOS Direct Downconversion Mixer for Fully Integrated UMTS Receivers," *IEEE Journal of Solid-State Circuits*, vol. 41, no. 3, pp. 552–559, 2006.

[21] S. Chehrazi, A. Mirzaei, and A. Abidi, "Second-Order Intermodulation in Current-Commutating Passive FET Mixers," *IEEE Transactions on Circuits and*

Systems I: Regular Papers, vol. 56, no. 12, pp. 2556–2568, 2009.

[22] D. L. Kaczman, M. Shah, N. Godambe, M. Alam, H. Guimaraes, L. M. Han, M. Rachedine, D. L. Cashen, W. E. Getka, C. Dozier, W. P. Shepherd, and K. Couglar, "A Single Chip Tri-Band (2100, 1900, 850/800 MHz) WCDMA/HSDPA Cellular Transceiver," *IEEE Journal of Solid-State Circuits*, vol. 41, no. 5, pp. 1122–1132, 2006.

[23] K. Lee, S. Lee, Y. Koo, H. Huh, H. Nam, J. Lee, J. Park, K. Lee, D. Jeong, and W. Kim, "Full-CMOS 2-GHz WCDMA Direct Conversion Transmitter and Receiver," *IEEE Journal of Solid-State Circuits*, vol. 38, no. 1, pp. 43–53, 2003.

[24] M. Zannoth, T. Rhlicke, and B. Klepser, "A Highly Integrated Dual-Band Multimode Wireless LAN Transceiver," *IEEE Journal of Solid-State Circuits*, vol. 39, no. 7, pp. 1191–1195, 2004.

[25] Zipper, S. Member, C. Stger, G. Hueber, R. Vazny, W. Schelmbauer, B. Adler, and R. Hagelauer, "A Single-Chip Dual-Band CDMA2000 Transceiver in 0.13 μm CMOS," *IEEE Journal of Solid-State Circuits*, vol. 42, no. 12, pp. 2785–2794, 2007.

[26] X. He and J. Sinderen, "A 45 nm Low-Power SAW-less WCDMA Transmit Modulator Using Direct Quadrature Voltage Modulation," *IEEE International Solid-State Circuits Conference*, pp. 120–121, 2009.

[27] C. A. Desoer and E. S. Kuh, *Basic Circuit Theory*. McGraw-Hill College, 1969.

利用包络跟踪技术设计用于宽带无线应用的便携式高效极坐标发射机

本章将讨论高效单片宽带射频(Radio Frequency,RF)极坐标发射机的设计问题,特别是那些使用包络跟踪(Envelope-Tracking,ET)技术的发射机。除了回顾目前文献中最先进的极坐标发射机外,还将讨论三个重点主题:1)使用 ET 与包络消除和恢复(Envelope-Elimination-and-Restoration,EER)的单片极坐标发射机的片上系统设计注意事项;2)设计一种高效的包络放大器,能够实现宽带信号所需的高效率、电流、带宽、精度和噪声规格;3)设计适用于基于 ET 的 RF 极坐标发射机的高效单片硅基 E 类功率放大器(Power Amplifier,PA)。

本章给出了一种使用 ET 和单片 SiGe PA 的极坐标发射机的设计原型,该极坐标发射机通过了严格的低频段全球移动通信系统(Global System for Mobile Communication,GSM)演进的增强数据速率(Enhanced Data Rate for GSM Evolution,EDGE)发射掩码测试,发射机系统整体效率为45%。将整个极坐标发射机系统的仿真数据与实测数据进行了比较,进一步研究如何解决技术挑战,以成功实现宽带无线应用中基于 ET 的线性和高效极坐标发射机,如无线宽带/微波接入的全球互操作性(Wireless Broadband/Worldwide Interoperability for Microwave Access,WiBro/WiMAX),其中测量的系统整体效率已达到31%。此外,我们还讨论了使用 ET 和单片 SiGe PA 进行64正交调频(Quadrature Amplitude Modulation,QAM)、正交频分复用(Orthogonal Frequency-Division Multiplexing,QFDM)WiMAX 调制,以满足线性要求。此外,RF 极坐标发射机在未来的4G WiMAX/长期演进(Long-Term Evolution,LTE)宽带无线应用中显示出巨大的前景。

3.1 引言

对于任何 RF 发射机(TX)系统,特别是便携式和星载无线应用,在最大限度地提高功率附加效率(Power-Added Efficiency,PAE)的同时最大限度地减少片外元件的数量至关重要。RF 发射机的峰值和平均 PAE 都会严重影响电池的尺寸和散热,因此对最终产品的外形尺寸小型化、可靠性、产量和成本起着主导作用。通过使用高效的非线性 RF PA,特别是在饱和 PA 上应用新型的线性化技术(如数字预失真),可以显著提高 RF TX 系统的 PAE[1-3]。

　　非线性开关模式或饱和 PA 比线性 PA 效率更高，并且由于驱动级不必是线性的，它们更容易在硅片上进行单片集成。这些非线性 PA 的噪声也较小，并且对工艺-电压-温度（Process-Voltage-Temperature，PVT）变化可能导致的工作点偏移的敏感性也较低[3]。利用极坐标调制架构和非线性 PA 增强 PAE 是一种极具吸引力的 TX 架构，其中基带信号在幅度/相位域中调制，而不是在（同相/正交）域（In-phase/Quadrature，I/Q）中调制。极坐标调制可以在闭环或开环模式下运行，由此产生的 TX 系统通常称为极坐标发射机[4-6]。

　　当极坐标操作仅限于信号调制器而不扩展到大功率 PA 时，该发射机被称为小信号极坐标发射机或极坐标轻型发射机[6-9]。在这种情况下，I/Q 调制器输出端的幅度调制（Amplitude-Modulated，AM）信号可以从 AM 检波器读出，或者直接在基带上以数字方式产生，然后馈送到可变增益放大器（Variable Gain Amplifier，VGA）的电压控制输入端。VGA 将通过改变线性 PA 输入端的信号电平来重现幅度调制。因此，对于小信号极坐标操作，AM 和相位调制（Phase-Modulated，PM）信号在 VGA 重新组合。然而，如果 AM 和 PM 信号在大功率 PA（通常是片外）重新组合，则发射机被称为大信号极坐标发射机或直接极坐标发射机[4,6,9-11]。当极坐标发射机对来自大功率 PA 输出信号的 AM 和 PM 部分进行闭环反馈控制时，这种闭环发射机被称为大信号闭环极坐标发射机，或简称为极坐标环路发射机[6,11]。严格地说，极坐标环路 TX 系统可以使用大信号或小信号极坐标调制，并且可以有一个或两个 AM 和/或 PM 信号反馈路径。

　　通常，与线性 PA 系统相比，大信号极坐标发射机的优点包括提高 PA 效率、降低宽带输出噪声下限（从而消除了庞大的片外滤波器），以及在输出负载阻抗变化的情况下降低对 PA 振荡的灵敏度。最近，利用已有 57 年历史的 EER（即 Kahn's）技术的大信号极坐标发射机取得了令人瞩目的成果，其输出功率由高效非线性 PA 的漏极/集电极电压直接调制（即板调制）[1,9]。过去，极坐标发射机主要用于大功率基站应用，以有效减少散热；由于其显著的更高效率和更低成本，最近在无线手机 TX 的批量生产设计中取得了巨大成功[4-12]。

　　最近的一个发展是应用包络跟踪（Envelope-Tracking，ET）技术实现用于无线应用的单片大信号极坐标发射机，因为它展现出了出色的系统效率和线性度，这将是本章的重点[13-18]。我们在开始讨论基于 ET 的极坐标发射机之前，简要回顾一些用于手机应用的最先进的单片 RF 极坐标发射机，这些极坐标发射机使用了基于 EER 的极坐标 TX 架构。本章中基于 ET 的极坐标 TX 研究建立在这些基于 EER 的极坐标发射机的基础上，并进行了重要的修改和改进，下面将对此进行描述和说明。

3.2　极坐标发射机综述

　　图 3-1 显示了使用 I/Q 调制的传统直接转换发射机的框图。直接正交变换具有支持高数据速率的优点，并且它对于不同的调制格式非常灵活，包括正交相移键控（Quadrature Phase-Shift Keying，QPSK）或 QAM 等非恒定包络调制方法[19]。在这种情况下，通常需要一个 RF-视频图形阵列（Video Graphics Array，VGA）将调制的 RF 信号放大到期望的输出功率。始终需要一个 RF 表面声波（Surface Acoustic Wave，SAW）滤波器或双工滤波器来抑制接收机（RX）频带中的 TX 噪声下限，以滤除距离信道频率几兆赫兹的噪声，从而满足欧洲电信标

准协会(European Telecommunication Standards Institute，ETSI)对手机的严格要求。对于四频
段手机，TX 路径中的每个频段都需要一个 SAW 滤波器，这严重增加了最终产品的成本和尺寸。此外，传统的 I/Q 发射机需要使用线性 PA，它的 PAE 比饱和 PA 更低。

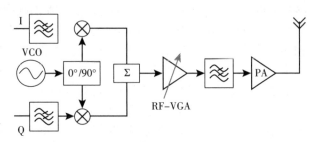

图 3-1　使用 I/Q 调制的传统直接转换发射机的框图(请注意，在发射机的末级附近需要一个 SAW 滤波器[10])

在移动设备操作中使用极坐标调制方法的一个主要好处是省去了 TX SAW 滤波器。根据 SAW 滤波器放置的位置(在大功率 PA 之前或之后)，它可能不会直接降低 PA 的 PAE。然而，片外 SAW 滤波器不可忽视的插入损耗、成本
和体积很可能会增加最终产品的总功耗、外形尺寸和材料清单(Bill Of Material，BOM)。

现在的极坐标发射机成功地去除了 SAW 滤波器，在 RX 频带中具有低 TX 噪声。例如，用于 GSM/EDGE 手机的高度集成的大信号极坐标发射机的出货量已超过 1 亿台[20]。这种开环极坐标发射机是一种双芯片解决方案，包括收发机和 TX 模块，后者包括集成 PA、开关、滤波器、AC/DC 转换器、基准电压和控制电路等。收发机前端集成了压控振荡器(Voltage-Controlled Oscillator，VCO)，内含基于分数 N 合成器的数字 GMSK 调制器、相关的环路滤波器、系统振荡器、基于数字信号处理器(Digital Signal Processor，DSP)的数字信道滤波器、辅助数/模转换器(Digital-to-Analog Converter，DAC)和其他片上电路，以及不带 IF 和 TX SAW 的滤波器[20]。

为 EDGE/GSM 手机实现极坐标发射机的主要挑战之一是 RF 频谱和噪声之间的权衡。由于非线性 I/Q 到极坐标变换，极坐标调制器的 AM 和 PM 路径中的电路的带宽比复合信号的带宽宽得多[13-15]。例如，在 EDGE 调制信号的情况下，系统仿真表明，相位和振幅带宽需要接近 3 MHz，才能满足 RF 频谱和 EVM 规范[7]。对于典型输出功率为 27 dBm 的 EDGE，在 10 MHz 时的输出噪声必须低于-144 dBc/Hz，在 20 MHz 偏移(低频段)时的输出噪声必须低于-156 dBc/Hz，这样才能满足 RX 频带噪声规范(GSM 模式下，10 MHz 时噪声<-150 dBc/Hz、20 MHz 偏移时噪声<-162 dBc/Hz)。为了在这些频率偏移处实现低噪声，需要窄带宽，并且通常需要在每次突发前使用校准来严格控制相位和包络带宽。

如图 3-2a 和 b 所示，开环极坐标发射机可以使用前馈预失真来线性化 PA 中的 AM-AM 和 AM-PM 失真。这可以消除功率检测器、耦合器、反馈电路和支持反馈回路所需的许多其他功能。开环系统的功耗较低，这是因为降低了复杂性，减少了 PA 后的插入损耗。图 3-2b 显示来自基带的 TX 数据被划分为 AM 和 PM 分量。PM 分量经过预失真，以补偿锁相环(Phase-Locked Loop，PLL)滤波器的滚降，然后与分数 N 合成器的信道选择字相组合，为 EDGE 调制提供 8-PSK 信号的相位调制。AM 分量根据施加到 PA 控制器的 PA 斜坡控制信号进行缩放，以直接调制饱和 PA 输出，PA 控制块在输入控制信号电压和输出 RF 电压之间提供了高度线性的幅度传递函数。由于在 TX 系统中没有上变频，因此载波抑制非常出色。与使用传统 I/Q 发射机方法相比，这种完整的 GSM/GPRS/EDGE(通用分组无线电服务，

General Packet Radio Service，GPRS)无线电系统解决方案以更较低的成本为蜂窝移动设备实现更强的功能。

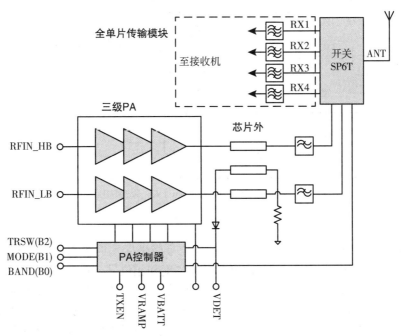

a）用于GSM/EDGE发射机开环运行的大信号极坐标发射机的TX模块，PA控制器模块可包括DC/DC转换器和低差压稳压器（Low Dropout Regulator，LDR）等

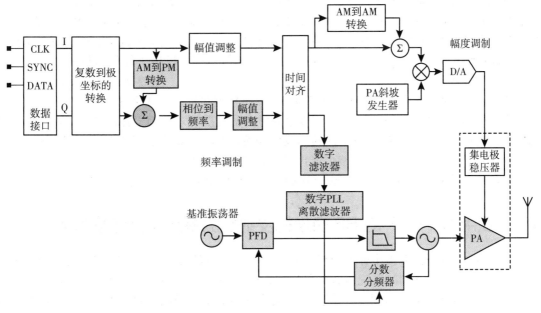

b）开环大信号极坐标发射机（PM路径在阴影块中显示）

图 3-2 框图

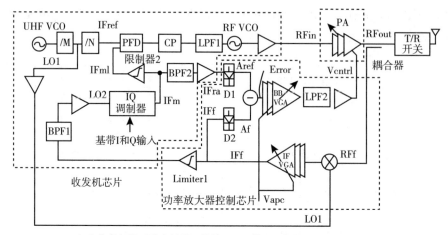

c）大信号极性环路发射器，仿效Sowlati等人；版权归IEEE 2004所有

图 3-2(续)

另一种商用成功的 GSM/EDGE 移动设备大信号极坐标发射机采用了饱和 GSM 型 PA 的大信号发射极坐标环路架构，对 PA 输出信号的幅度和相位进行单独反馈控制，如图 3-2c 所示。它还满足四频段 EDGE 和 GMSK 的所有 GSM 类型认证要求[6,11]。极坐标环路使无线电能够通过相同的 TX 路径传输恒定和非恒定包络信号，从而最大限度地减少外部元件的数量，因为不需要前置 PA 滤波器进行噪声滤波。发射机-接收机(Transmitter-Receiver，T/R)前端模块包括独立的 GSM850/EGSM900 和 DCS1800/PCS1900 PA 块、PA 控制块、阻抗匹配、集成耦合器、PHEMT 开关和双工器，可在没有外部隔离器的情况下实现出色的误差矢量幅度(Error Vector Magnitude，EVM)和相位误差性能，最高可达 6∶1 VSWR。一般来说，有反馈的系统复杂性更高，并且在某种程度上有更高的功耗，但也可以很好地应对电压驻波比(Voltage Standing Wave Ratio，VSWR)的变化。其他使用手机极坐标发射机的工作利用了小信号极坐标操作。VGA 对于噪声和输出频谱都至关重要[7]。全数字 PLL(All-Digital PLL，ADPLL)的离散时间采样系统处理宽带 PM 路径，AM 电路也是全数字的[8]。

极坐标调制方案只有在调幅器工作效率非常高的情况下才能用于提高效率。极坐标发射机的一个缺点是，由于 I/Q 到极坐标的非线性变换，调制器需要更高的带宽。该方案的缺点还包括需要在压缩工作模式下对整个输出动态范围内的 PA 进行充分表征，控制 AM 和 PM 信号分量路径的时间对准，校正 AM-AM 和 AM-PM 失真效应(通常通过预失真)等。

3.3 使用 ET/EER 的 RF 极坐标发射机的系统设计注意事项

在实践中，实现 RF 极坐标发射机需要克服一些严重的技术障碍，特别是对于便携式应用。例如，已知极坐标 TX 系统对 AM 和 PM 路径之间的时序失配非常敏感[24]。两个信号路径的群延时必须匹配以最小化 PA 失真，这很难在所有 PVT 角上控制[2]。另一个需要克服的主要障碍是极坐标 TX 系统电路所需的带宽较大。基带中的 I/Q 到极坐标变换是非线性的，这不可避免地扩展了 AM 和 PM 输出信号的带宽[21-22]。

根据特定的调制方案和系统规范，对于基于 EER 的极坐标 TX，恒幅相位信号路径可能需要比调制输入信号大 10 倍左右的带宽，才能满足 TX 传输掩码要求和 EVM 规范[15,22,23]。这些问题已经通过对 PAs 和驱动放大器进行仔细校准和预失真得到了解决，尽管发射机效率由于这一方法受到了损害：因为实现 EER 所需的更高电路带宽将不可避免地消耗更多的功率，抵消了使用饱和 PA 可以获得的 PAE 改善。因此，在本章中，我们将证明通过使用基于 ET 的极坐标 TX 架构（也称为混合-EER 或 H-EER 架构），可以显著缓解上述主要问题，基于 ET 的极坐标 TX 系统的简化框图如图 3-3 所示[15-17]。

与基于 EER 的大信号极坐标 TX 系统相比，基于 ET 的极坐标 TX 系统具有以下优点：

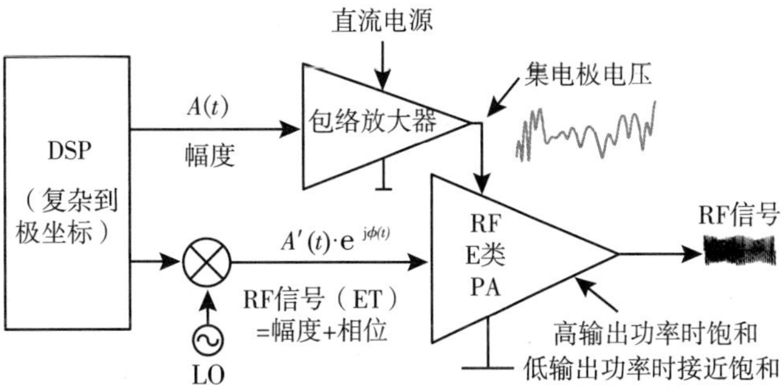

- 在低输出功率下获得更高增益。这是因为 PA "接近饱和"，但并不总是像 EER 那样完全饱和。
- 与 EER 相比，对 RF 与振幅路径之间的时序失配的灵敏度更低[13,17]。
- 与 EER 相比，对包络放大器的带宽要求较低[15]。这一点很重要，因为包络放大器的效率可能成为 ET/EER 系统的限制因素。

图 3-3　基于 ET 的极坐标 TX 系统的简化框图，其中 $A(t)$ 和 $A'(t)$ 分别表示包络放大器和 RF-PA 的输入

- 与 EER 相比，RF 路径中使用的电路的带宽要求更宽松。由于这种基于 ET 的极坐标 TX 架构使用 RF 调制信号作为饱和 PA 的输入（而不是 PM 信号），因此 PA 只需要覆盖调制信号带宽，使得 ET 比 EER 更适合宽带无线应用[23]。EER 所需的高带宽 RF 限幅器也可能耗电，而 ET 则不需要；
- ET 具有较少的 RF 馈通信号，该信号可能在 TX 输出中出现失真。由于驱动信号在 EER 的情况下是硬限制的，它的边带可能会导致互调失真（Intermodulation Distortion，IMD），因为最终 RF 功率器件中的大型栅极-漏极或基极-集电极电容会耦合到输出端，从而导致 EVM 问题[27]；ET 在这方面做得更好。

由于上述原因，这种 ET 架构对于实现具有出色 PAE 的低功率便携式 RF 发射机非常有吸引力[14,23]。在本节中，我们将重点讨论 RF 路径与振幅路径之间的系统时序失配分析，以比较基于 ET 的大信号极坐标系统与基于 EER 的系统。为了分析时序失配失真对 ET 和 EER 系统的影响，我们首先考虑激励是传统的双音激励，由其复包络来描述：

$$\widetilde{S}(t) = A(t) \cdot e^{j\phi(t)} = |\cos(\omega_m t)| e^{j\pi[1-c(\omega_m t)]/2} \tag{3-1}$$

式中，ω_m 为基带调制频率，$c(\omega_m t)$ 为与调制频率周期相同且幅度为 ±1 的方波[24]。如果假设 PA 是理想的，则 EER 系统的输出信号将是输入信号的延迟版本。因此在这种情况下：

$$\widetilde{S}_{out}(t) = A(t-\tau) \cdot e^{j\phi(t)} \tag{3-2}$$

　　图 3-4 显示了理想 PA 在 3 ns 的时序失配情况下，双音输入的 EER 延迟幅度信号、RF 相位信号和失真输出信号的仿真结果。

　　接下来，我们将使用线性化的修正 Cann 模型来分析时序失配失真对 ET 系统的影响。在 E 类 SiGe PA 上使用改进的 Cann 模型的 ET 系统的 RF 输出幅度信号可以表示如下[25]：

$$A_{\mathrm{out}}(t) = \frac{g(V_{\mathrm{CC}}(t), V_{\mathrm{bb}}) \cdot [A(t) - B(V_{\mathrm{bb}})]}{\left[1 + \left(\dfrac{g(V_{\mathrm{CC}}(t), V_{\mathrm{bb}})}{L(V_{\mathrm{CC}}(t))} |A(t)|\right)^{S}\right]^{\frac{1}{s}}} \tag{3-3}$$

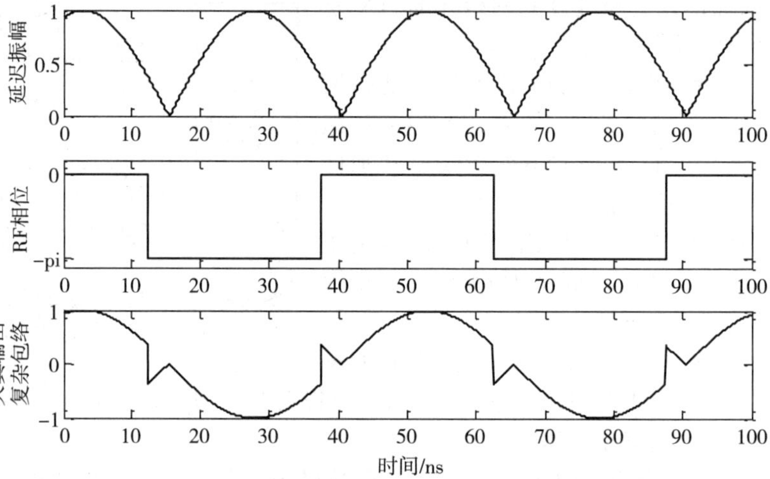

式中，$V_{\mathrm{CC}}(t)$ 是动态集电极电压，并且它是输入包络信号的线性延时函数，即

$$V_{\mathrm{CC}}(t) = V_{\mathrm{min}} + kA(t - \tau) \tag{3-4}$$

　　我们假设在 PA 中引入了理想的预失真，以消除式(3-3)中的非线性项产生的任何互调和谐波产物。ET 系统中仅存的失真将由振幅延迟与 RF 信号路径的幅度延迟的时序失配引起。由于假设的理想预失真，s 接近无穷大，并且式(3-3)的分母变为"硬限制器"（即线性化的 Cann 模型）。图 3-5 显示了采用线性化 Cann 模型的 ET 系统框图。为了只关注由时序失配引起的失真，我们忽略了所有 DC 分量，并假设饱和值总是大于振幅，因此得到延迟振幅为[13]：

$$A_{\mathrm{delay}}(t) = G \cdot A\left(t - \frac{\tau}{F}\right) \tag{3-5}$$

其中：

图 3-4　双音输入的 EER 延迟幅度信号、RF 相位信号和失真输出信号的仿真结果（$\omega_{\mathrm{m}} = 20$ MHz，时间延迟 $\tau = 3$ ns）

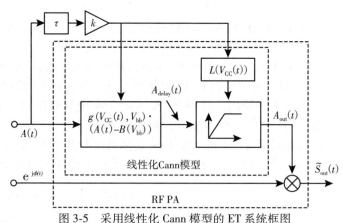

图 3-5　采用线性化 Cann 模型的 ET 系统框图

$$G \approx g_0(V_{\mathrm{bb}}) + 1.5 g_1 k(a_0 - B(V_{\mathrm{bb}})) \tag{3-6}$$

$$F \approx \frac{g_0(V_{\mathrm{bb}}) + g_1 V_{\mathrm{min}} + g_1 k(2a_0 - B(V_{\mathrm{bb}}))}{g_1 k(a_0 - B(V_{\mathrm{bb}}))} \tag{3-7}$$

　　我们使用了这种改进的 Cann 模型，其中的系数是从我们的单片 SiGe PA 测量数据中提取的，并在图 3-6 绘制了基于 ET 的极坐标 TX 系统双音输入信号的模拟失真。我们可以清楚地看到，ET 对时序失配的敏感度明显低于 EER。这是因为 ET 的 F 项大于 1，从而减少了时序 τ 失配，而 EER 系统的 F 值始终为 1，如式(3-2)所示。注意，在我们改进的 Cann 模型中，F 取决于 PA 偏置电压 V_{bb}，这表明仔细确定最佳 V_{bb} 可以实现 ET 的最佳时序对准[13]。

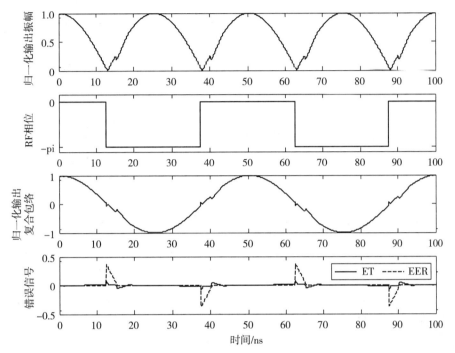

图 3-6　基于 ET 的极坐标 TX 系统双音输入信号的模拟失真($V_{bb} = 0.6$ V，$\tau = 3$ ns，$\omega_m = 20$ MHz)

　　除了从数学角度研究时序失配问题外，还在 Agilent 的高级设计系统(Advanced Design System，ADS)环境中针对 EDGE 和 WiBro 应用，对整个基于 ET/EER 的极坐标 TX 系统(包括数字 DSP 模块和 RF/模拟电路)进行了详细的系统仿真。系统仿真原理图由基带波形发生器、调制器、包络放大器和 SiGe E 类 PA(基于测量数据的 SPICE 电路模型)等组成，如图 3-7c 所示。这些仿真原理图能够对 RF/模拟和数字电路进行强大的编码设计，以获得最佳的系统性能。请注意，为了重点比较 ET 与 EER 系统，在本章给出的仿真结果中没有应用预失真。

　　如 Raab 等人所指出的，ET/EER 系统非线性失真的两个主要来源是有限的包络带宽和振幅，以及 RF/相位信号路径之间的差分延迟[26]。为了比较 ET 和 EER 对 EDGE 信号时序失配的影响，我们在仿真中使用了延迟线来代替实际的包络放大器，以模拟振幅和 RF/相位路径之间的静态时序失配，如图 3-7a 所示。

　　图 3-8 给出了不同静态延迟下 ET 和 EER 的模拟 TX 输出频谱。如图所示，在 1/128 符号时间(大约 25 ns)差下，ET 拓扑对时序失配的敏感度低于 EER。然而，当应用 1/64 符号

时间(大约 50 ns)的时序失配时，ET 和 EER 极坐标发射机都无法通过该开关模式 PA 的
EDGE TX 的频谱掩码。然而，值得注意的是，EER 输出频谱在 EDGE TX 掩码的第一个拐点处的频谱增长高于 ET(偏离中心频率 200~400 kHz，即图 3-8 中从 880.6 MHz 到 880.8 MHz)，并且具有更高的噪声下限，因此更容易出现 EDGE TX 掩码失效。这些完整的 RF/模拟/数字系统仿真的结果证实了我们之前展示的数学推导。因此，基于 ET 的极坐标系统对于振幅和 RF/相位路径之间的静态时序失配具有更强的适应能力。

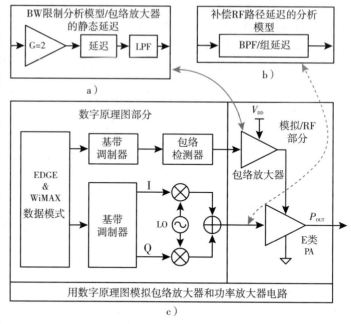

图 3-7　使 RF/模拟和数字电路能够为整个基于 ET/EER 的极坐标 TX 系统进行编码设计的系统仿真框图

除了静态延迟失配之外，包络放大器的有限带宽还可能导致不可忽略的群延迟，这将进一步阻碍极坐标 TX 系统正确组合相位和振幅信号的能力，从而导致带外频谱增长[21,27]。为了研究 ET/EER 系统中差分群延迟的影响，我们在系统仿真中使用了一阶巴特沃思低通滤波器(Low-Pass Filter，LPF)来模拟包络放大器的有限带宽(见图 3-7a)，这主要考虑了振幅路径中的群延迟。

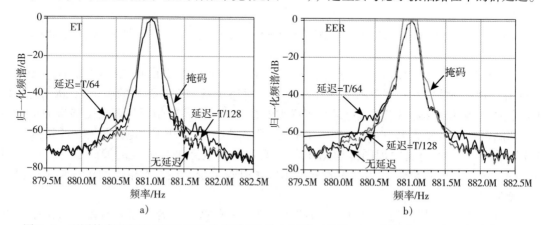

图 3-8　不同静态延迟下 ET 和 EER 的模拟 TX 输出频谱。利用 ADS 系统对 EER 极坐标发射机进行模拟，其中振幅路径与 RF/相位路径之间具有不同的静态时序失配。请注意，在系统仿真中使用了基于测量结果的真实 E 类 SiGe PA SPICE 模型

图 3-9 显示了 EDGE 的基于 ET 的极坐标 TX 系统的模拟输出频谱。如果在 RF 路径中也增加一个具有相同群延迟响应的滤波器(见图 3-7b)，则结果如图 3-9 所示，结果表明这样做

可以减少 TX 输出频谱失真。这些研究结果表明，在实际中，时序校准算法应该同时补偿基于 ET/EER 的极坐标 TX 系统中的静态延迟和群延迟。预失真技术可以进一步减少群延迟失配，以满足 EDGE TX 频谱掩码的要求，这不在本章的讨论范围之内[21]。

3.4　基于 ET 的极坐标发射机的包络放大器设计

高效包络放大器的设计对于任何使用 EER 或 ET 技术的大信号极坐标 TX 系统的整体系统效率至关重要。这是因为 TX 系统整体效率由包络放大器效率和 RF PA 的 PAE 的乘积决定[16]。尽管基于 ET 技术的大信号极坐标发射机的设计原理已经为人所知多年，但直到最近才实现商业化，部分原因是难以设计能够以高精度、

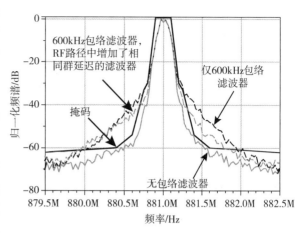

图 3-9　EDGE 的基于 ET 的极坐标 TX 系统的模拟输出频谱，在振幅路径上使用 600 kHz 一阶包络滤波器，在 RF 路径上使用或不使用相同群延迟失配的滤波器。在 SPICE 中使用测量的 E 类 SiGe PA 数据对 PA 进行建模

带宽、大电流和低噪声跟踪快速变化的包络信号，同时仍具有出色效率的包络放大器[28]。例如，GSM/EDGE 大信号极坐标手机发射机中的包络放大器（有时只是 DC/DC 转换器）必须能够处理 EDGE 发射脉冲串的非恒定包络。由于 8-PSK 信号包络的峰最小比（Peak-to-Minimum Ratio，PMR）大于 17 dB，包络放大器的电流将随着包络信号的变化而变化，从而导致输出电压既有过调也有欠调。在 EDGE 脉冲串期间，包络放大器的电流可以在 100 mA 和 2A 上下波动，导致显著的负载瞬态波纹和幅度信号失真，从而降低系统 EVM[29]。

为大信号极坐标发射机设计该电路模块的另一个困难是，传统包络放大器（即 DC/DC 转换器）的开关频率至少要比信号带宽大几倍，为实现宽带系统的高效率带来了挑战。例如，为了实现使用 20 MHz 包络带宽的 OFDM 调制的 WLAN 802.11a 系统的低 EVM，基于 EER 的大信号极坐标调制器所需的传统 DC/DC 转换器开关频率需要大于约 60~100 MHz，以达到可接受的 EVM[15]。这种高开关频率将为包络放大器引入显著的开关损耗，从而降低宽带 TX 系统的效率。图 3-10 分别显示了模拟 EDGE（图 a）和 WiBro（图 b）输入信号的归一化包络频谱，这表明，对于 EDGE，超过 99% 的包络功率位于 200 kHz 带宽内，而对于 WiBro，超过 99% 的包络功率位于 8 MHz 带宽内。对于 OFDM 调制系统，精确的峰均比（Peak-to-Average Ratio，PAR）与载波数 N 有一定的相关性[30]。我们使用的 WiBro 信号为 $N=1024$，PAR=10~12 dB。

为了满足对高效率、带宽、低纹波的压摆率和大电流处理能力的严格要求，许多研究小组提出了不同的包络放大器设计方法，包括使用脉宽调制（Pulse-Width Modulation，PWM）和 delta-sigma 调制的降压变换器[31-33]、多相变换器[34]、级联降压和升压变换器[35]、线性辅助开关模式变换器等[36-37]。

在图 3-11 中，我们展示了一种分波段线性辅助开关模式包络放大器，Wang 等人最近对其进行了详细介绍[14,15,37]。该包络放大器由一个使用运算放大器的宽带线性级（PAE≈

30%)和一个使用大 PMOS 作为开关级的窄带体转换器(PAE ≈ 80% ~ 90%)组成。宽带高PAE 包络放大器使用滞后电流反馈控制来实现开关级和线性级之间的平滑功率分配。由于包络信号的快速瞬变将由快速运算放大器处理,而体转换器将处理 DC 和缓慢移动的瞬变,因此这种分波段设计可以减轻体转换器的开关要求。在我们的设计中,运算放大器的反馈增益是 2,每个反馈电阻器为 1000 Ω。运算放大器的 3 dB 带宽为 190 MHz,比较器的滞后值为 7 mV。模拟 PA 集电极的等效负载电阻器是通过测量获得的(大约 33 ~ 47 Ω),因为它根据开关模式 PA 的操作区域而变化。

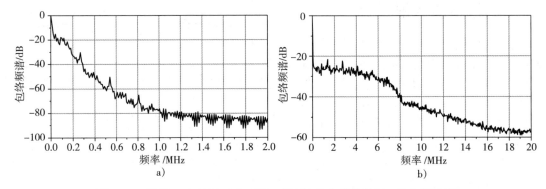

图 3-10　模拟 EDGE(图 a)和 WiBro(图 b)输入信号的归一化包络频谱

图 3-11 中的包络放大器电路有三种不同的工作模式[15]:

- 小信号包络的线性操作(即小信号操作):这是指开关电流的平均压摆率远大于负载电流的平均压摆率。在这种情况下,降压变换器可以完全支持负载电流,即开关级可以同时提供包络信号的DC 分量和 AC 分量。
- 大信号操作:这是指开关电流的平均压摆率远小于负载电流的平均压摆率。开关级只能提供包络的 DC 分量,而 AC 分量将由线性级提供。降压变换器的平均开

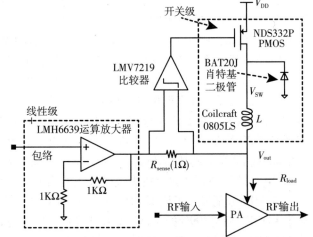

图 3-11　分波段线性辅助开关模式包络放大器[13-15,37]

关频率与信号频率相同,电流传感器 R_{sense} 可以检测到。

- 匹配压摆率点:这是指开关电流的平均压摆率等于负载电流的平均压摆率。

图 3-12 上图绘制了带 EDGE 包络信号的包络放大器的输入、输出和开关波形,其中EDGE 和 WiBro 包络信号来自 ADS 中的集成电路重点仿真程序(Simulation Program with Integrated Circuit Emphasis, SPICE)。请注意 EDGE 与 WiBro 设计在时间尺度和电源电压方面的差异,这种差异主要是由于与 EDGE 相比,WiBro 的带宽和 PAR 要高得多,因此需要

更高的电源电压以防止削波。图 3-13 是如图 3-11 所示的线性辅助包络放大器的分立板。图 3-14 显示了以 EDGE 包络信号作为输入时，图 3-11 所示包络放大器 PMOS 漏极处的输入（上）、输出（中）和开关电压（下）。

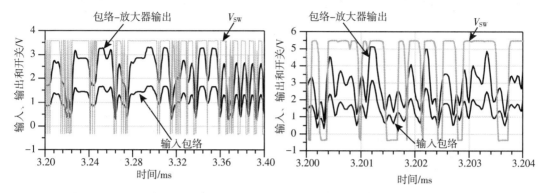

图 3-12　带有 EDGE 包络信号的包络放大器的输入、输出和开关波形（V_{SW}）（上），以及 WiBro 包络信号（下）的 ADS SPICE 仿真。EDGE 平均输出包络 = 2.1 V，WiBro 平均输出包络 = 2.5 V；开关电感值 = 56 μH（EDGE）和 15 μH（WiBro）；V_{DD} = 3.6 V（EDGE）和 5.5 V（WiBro）

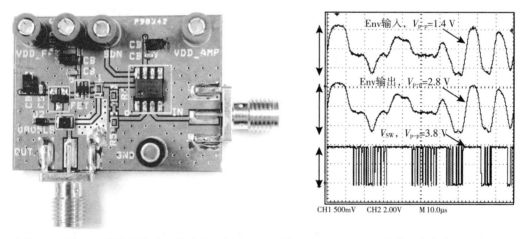

图 3-13　图 3-11 的线性辅助包络放大器的分立板

图 3-14　以 EDGE 包络信号作为输入时，图 3-11 所示包络放大器 PMOS 漏极处的输入（上）、输出（中）和开关电压（下）。EDGE 平均输出包络 = 2.1 V，V_{DD} = 3.8 V

　　对于分波段包络放大器设计的 SPICE 仿真和实验室测量，我们用 EDGE 输入信号扫描电感值（见图 3-15）。仿真结果与测量数据非常吻合，从而验证了我们的放大器设计方法。然而，EDGE 的包络放大器的效率明显高于 WiBro（60%~65% 对 45%~50%）。WiBro 包络放大器的效率较低是意料之中的，因为 WiBro 的包络信号具有相当高的 PAR 和信号带宽。这反过来又要求比 EDGE 更高的电源电压（5.5 V 对 3.6 V），以平衡效率与信号保真度。因此，WiBro 包络放大器的总功耗明显高于 EDGE 应用的总功耗。我们还发现，在 EDGE 中，当电感值高于约 33 μH 时，包络放大器的效率对电感值不敏感，而在 WiBro 中，电感值仅约为 8 μH。

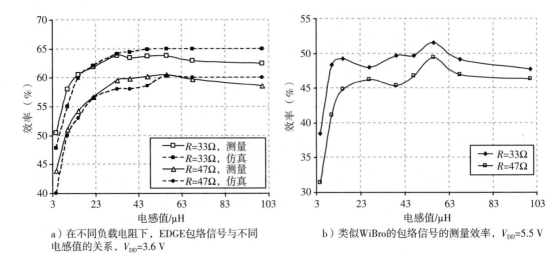

a）在不同负载电阻下，EDGE包络信号与不同
电感值的关系，V_{DD}=3.6 V

b）类似WiBro的包络信号的测量效率，V_{DD}=5.5 V

图 3-15　包络放大器的模拟和测量效率

图 3-16 是分波段包络放大器在不同负载电阻下的测量效率与电源电压的关系图。从图 3-16 中可以看出一个有趣的趋势，即随着电源电压的降低，效率始终在上升。这表明，如果可以通过一些智能降压算法或新型的电路来避免削波，就可以成功降低包络放大器的工作电源电压，从而显著提高其效率[14,38]。

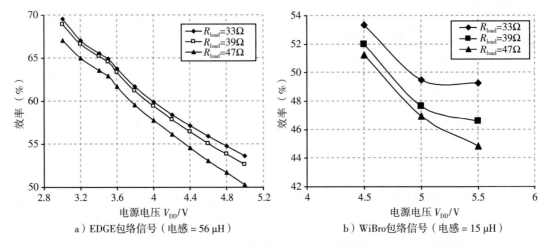

a）EDGE包络信号（电感 = 56 μH）

b）WiBro包络信号（电感 = 15 μH）

图 3-16　分波段包络放大器在不同负载电阻下的测量效率与电源电压的关系图

请注意，开关级确实会产生噪声。这种噪声将使 R_{sense} 两端的电压大于滞后值，从而误触开关级。为了避免这种情况的发生，R_{sense} 的值应该非常小。然而，输出端会出现开关噪声，选择具有大带宽的运算放大器有助于降低开关噪声（见图 3-14，其中我们测量的"ENV输出"波形似乎相当干净）。因此，必须进行仔细的系统级测量，以验证分波段设计是否能够满足移动设备操作 RX 波段中 TX 开关噪声规范。然而，由于所报道的针对类似 WiMAX 宽带无线应用的 RX 频带中 TX 噪声规范更宽松，我们认为在极坐标 TX SoC 实现中采用线性

辅助开关模式包络放大器应该是合理的，并且可以潜在地与商用芯片组集成，用于类似 WiMAX 的调制。

3.5　基于 ET 的极坐标发射机的单片饱和 PA 设计

传统的 AB 类 PA 可以在峰值 RF 输出功率下提供良好的 PAE，并且通过精心设计，这种高 PAE 可以在宽带范围内实现。然而，对于高 PAR RF 输入信号，大多数情况下 PA 的输出远低于其峰值输出功率，因此 PA 主要在低 PAE 区域工作。对于高 PAR 输入信号，PA 还必须工作在"后退"模式下以保持良好的线性度，因此进一步降低了效率。因此，具有高 PAR 信号的 AB 类 PA 的平均 PAE 相当低，这是减小电池尺寸的主要障碍。然而，使用具有包络跟踪的单片开关模式 PA 实现显著的效率改进是可能的[16-17]。在基站应用中，这种 ET 技术已被证明可以显著加速 3G、WiMAX 和 DVB 发射机的散热[28,39,40]。具体而言，在基于 ET 的大信号极坐标发射机中，提供给 RF PA 的末级的电压是动态变化的，与通过该器件的 RF 信号同步，以确保 PA 保持饱和、高效。

例如，众所周知，EDGE 波形占用 200 kHz TX 信道(在 880~910 MHz 范围内)，中等 PAR 为 3.3 dB，PMR 为 17 dB，但它具有严格的 TX 频谱掩码规范，如 GSM 在−54 dBc(400 kHz)和−60 dBc(600 kHz)最坏情况下均方根(Root Mean Square，RMS)EVM 为 9%[27]。通常，EDGE 线性度要求是通过使用传统的电流模式 PA 类型(AB 类)并使放大器从 P_{1dB} 点"后退"几分贝来实现的，这不可避免地会显著降低其 PAE。开关模式 PAs(即 D/E/S 类)可以通过将器件作为开关操作来最小化电流和电压波形的重叠，从而提供尽可能高的 PAE。

与 F 类 PA 相比，E 类 PA 更容易集成，并且可以说是最高效的 PA(尽管有争议)；如果实现了器件功耗最小化的最佳开关条件，则理论上其 PAE 可以达到 100%[41-43]。事实上，有限的开关速度、开关电阻损耗、无源元件损耗、器件击穿和电压轨限制等非理想因素，使最佳硅基 E 类 PA 在 2 GHz 及以上的 RF 频率下的 PAE 低于约 70%[44-51]。这些测得的低 PAE 值有力地表明，在高 GHz 范围内，要满足所有最佳 E 类开关条件以实现硅基单片 PAs 的理想 I-V 波形，即使不是不可能，也是极具挑战性的。

低 Q 值片上集总元件的宽带特性及其低自谐振频率值无疑限制了它们在几吉赫兹以上的谐波控制应用中的使用。因此，在实际操作中，完全集成的硅基高效 E 类 PA 可能处于"准 E 类"或"近 E 类"模式。例如，Negra 和 Bächtold 最近报道了一种用于 E 类近似的集总元件负载耦合电路设计方法，可在硅片上提供经改进的二次谐波终端和同步基波负载变换[52]。他们将 IBM 6HP 技术用于单片 SiGe PA 设计，在 5 GHz 下，次优 E 类 SiGe PA 实现了 PAE=51%。我们采用了类似的设计方法，并在 900 MHz 和 2.4 GHz 的单片 SiGe PAs 上分别实现了 66% 和 62% 的 PAE[17,53-56]。

图 3-17 显示了 900 MHz 下单级单片 E 类 PA 的简化原理图。我们特意将 RF 扼流圈(RF Choke，RFC)电感器留在片外，因为在 900 MHz 下可以使用低 Q 值和大尺寸的片上电感器。使用带有 Cadence SpectreRF 的 IBM SiGe 7HP 设计套件对用于单片准 E 类 PA 设计的高击穿 SiGe HBT 进行 SPICE 仿真，以获得针对 900 和 2300/2400 MHz 无线应用的最佳 PAE[53-55]。这项技术提供了 $f_T/f_{max} \approx 25/57$ GHz，$BV_{CEO} = 4.2$ V，$BV_{CB} = 12.5$ V 的典型的高击穿器件。

我们将制造的 SiGe PA 管芯通过键合线连接到 PC 板上进行测试，如图 3-18 所示。

图 3-19 显示了在不同基极偏置电压和电源电压 V_{CC} 下，900 MHz 单级 E 类 SiGe PA 的实测和仿真单音测试数据。仿真输出功率与测量结果相差在 1 dB 以内，且两者都随着基极偏置电压的升高而增加。在 P_{in} = 10 dBm 时，测得的 PAE 值非常高，此时 PA 达到饱和（在 V_{CC} = 3.6 V 时为 61% ~ 64%），同时没有使用外部 I/O 匹配，唯一的片外电感器是扼流电感器。图 3-19b 显示，900 MHz SiGe PA 的 PAE 随着电源电压 V_{CC} 的升高而继续增加，并在 V_{CC} = 3 ~ 3.5 V 时达到 63% 的峰值 PAE。图 3-20 还显示了 900 MHz 单片 SiGe E 类 PA 的 PAE 与 P_{in} 的单音测量数据。

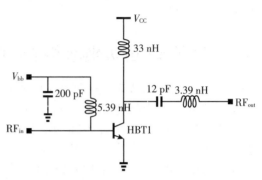

图 3-17　900 MHz 下单级单片 E 类 SiGe PA 的简化原理图

图 3-21 显示了在不同基极偏压 V_{bb} 和电源电压 V_{CC} 下，2.3 GHz 单级 E 类 SiGe PA 的单音测试数据。与我们的 900 MHz PA 设计类似，没有使用外部 I/O 匹配。在 V_{bb} 为 0.68 ~ 0.72 V 时，测量的 PAE 值最佳（见图 3-21a），而在 2.3 GHz 时，测量的 PAE 值很高（在 V_{CC} = 2.5 V 时为 63%，见图 3-21b）。在我们的 2.3 GHz SiGe PA 中，较低的电源电压提供了较高的 PAE，而在 V_{bb} = 0.65 V 时，其 PAE 随着较高的输入功率 P_{in} 而提高（见图 3-22）。

3.6　基于 ET 的极坐标发射机的系统测量和仿真结果

开关模式 PA 效率很高，但本质上是非线性的，因此需要对其进行线性化处理，以适用于非恒定包络调制系统。经典的 ET 技术主要应用于电流模式 PA[13-15]，然而最近的研究表

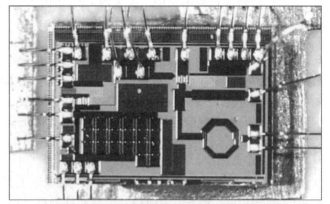

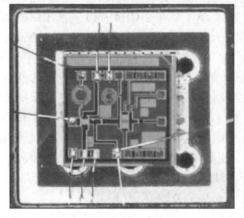

图 3-18　单片 E 类 SiGe PA 设计的芯片图片，用于 900 MHz（1.1 mm×1.7 mm，带焊盘，上）和 2.3 GHz（1.3mm×1.5 mm，带焊盘，下）

明，ET 可以扩展到 E 类 PA，并提供比 EER 更好的线性化，甚至不需要对 EDGE 等低 PAR

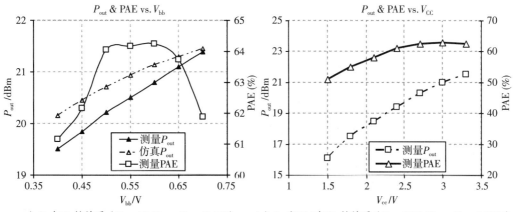

a）P_{out} 与 V_{bb} 的关系（$P_{in} = 10$ dBm，$V_{CC} = 3.6$ V）　　b）P_{out} 和 PAE 与 V_{CC} 的关系（$P_{in} = 10.9$ dBm，$V_{bb} = 0.65$ V）

图 3-19　900 MHz 单极 E 类 SiGe PA 的实测和仿真单音测试数据。除了置于片外的扼流电感器外，所有匹配均在片内进行

信号进行预失真处理[16,17,54]。因此，我们将在本节中使用 3.5 节中所述的 E 类 SiGe PA 和 3.4 节中详细说明的分波段包络放大器的基于 ET 的完整极坐标 TX 系统的测量与仿真结果。

正如我们之前所描述的，静态和群延迟失配都会导致 ET/EER 极坐标 TX 产生系统失真，这通常是由包络放大器电路的有限带宽引起的。由于在我们的系统中使用了饱和非线性 E 类 PA 来重新组合相位和振幅信号，因此该 PA 将在系统中引入主要的非线性项，这些非线性项可以用 AM-AM 和 AM-PM 失真来描述[21,39]。在我们的实验设置中，

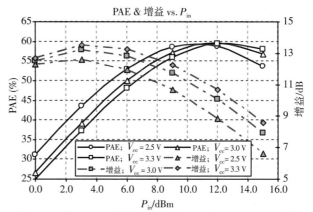

图 3-20　900 MHz 单片 E 类 SiGe PA（$V_{bb} = 0.65$ V）的 PAE 与 P_{in} 的单音测量数据。除了置于片外的扼流电感器外，所有匹配均在片内进行

我们采用了开环极坐标 TX 架构，其中 PA 的输出被下变频并采样，仅用于分析[39,54]。通过系统输入振幅的变化导致输出端出现不需要的振幅信号来测量 AM-AM 失真。在本例中，我们测量 PA 的输入振幅，并将其与输出振幅进行比较（在下变频到基带之后）。在本例中，我们通过测量 PA 的振幅输入来评估 AM-PM 转换，并将其与 PA 的输出相位信号进行比较。

图 3-23 显示了基于 ET 的低频带 EDGE 调制极坐标 TX 系统的仿真（左）和测量（右）的 AM-AM 性能。仿真和测量数据在整个动态范围内都具有很高的保真度，即使在输入振幅很低的情况下也是如此。这些数据表明，在基于 ET 的 TX 中使用我们的非线性 E 类 PA 应该能够实现 EDGE 调制系统所需的振幅保真度。此外，SiGe PA 还用于基于 EER 的 TX 极坐标系统，采用低频段 EDGE 调制，以便与 ET 架构进行清楚的比较。

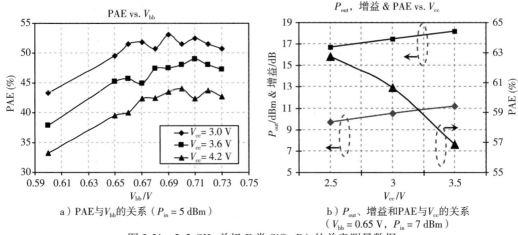

a）PAE 与 V_{bb} 的关系（$P_{in} = 5$ dBm）　　b）P_{out}、增益和 PAE 与 V_{cc} 的关系
（$V_{bb} = 0.65$ V，$P_{in} = 7$ dBm）

图 3-21　2.3 GHz 单级 E 类 SiGe PA 的单音测量数据

图 3-24 显示了基于 EER 的低频带 EDGE 调制极坐标 TX 系统的仿真（左）和测量（右）的 AM-AM 性能。对于 EDGE 调制的 EER 系统，可以观察到在高振幅下非线性行为略有增加（对于 0.6～1 的归一化输入）。此外，在输入振幅较小时，尤其是当输入振幅接近零时，会出现明显的失真。在仿真结果中可以看到这种失真，然后在测量数据中得到证实。这种失真在 ET 系统中并不存在，可能是由于 RF 信号从输入端作为前馈电流馈入引起的[27]。还需要进一步的预失真来减轻 EER 中这种不需要的 AM-AM 失真。请注意，在我们使用开关模式 PA 的

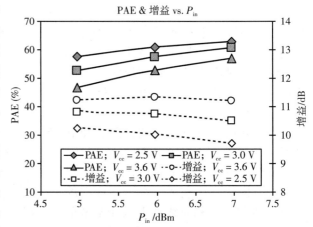

图 3-22　2.3 GHz E 类 SiGe PA（$V_{bb} = 0.65$ V）的单音测量数据

EER 系统中，图 3-24 所示的 AM-AM 性能是我们为实现最佳 PA 线性度而调节偏置 V_{bb} 时获得的最佳行为。比较图 3-23 与图 3-24，基于 ET 的系统在 AM-AM 失真方面表现出明显的抗扰性，因此，使用开关模式 PA 实现极坐标 TX SoC 是一个更好的选择。

除了 AM-AM 测量和仿真外，在处理 EDGE 调制信号时，相位行为也非常重要。图 3-25 显示了 EDGE 基于 ET 的极坐标 TX 系统的仿真（左）和测量（右）的 AM-PM 性能。两者之间表现出良好的一致性。请注意，输入振幅为零时的初始相位值是任意的。此外，图 3-25 下图中的簇状输出与上图中的仿真结果不同。因为仿真值是通过一组固定的 SPICE 模型来完成的（我们没有使用蒙特卡罗方法），而测量是通过一组统计平均测量来完成的。ET 系统的相对相位稳定在 0.3（归一化输入振幅）时不超过 5°，但仿真结果（图 3-25 左图）显示出比测量结果稍快的相位失真稳定（图 3-25 右图）。同样，在低频段 EDGE 调制下也测试了基于 EER 的极坐标 TX 系统，以进行 AM-PM 表征测试。

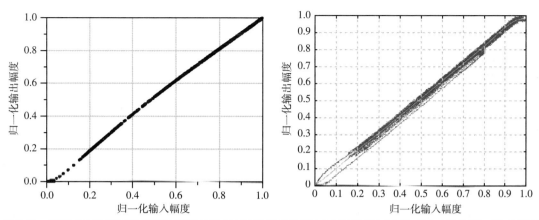

图 3-23　基于 ET 的低频带 EDGE 调制极坐标 TX 系统的仿真(左)和测量(右)的 AM-AM 性能。没有使用 PA 预失真算法，采用开关模式 SiGe PA($V_{bb} = 0.6$ V，$P_{in} = 12$ dBm，$P_{out} = 19.9$ dBm，$V_{rms} = 2.25$ V)

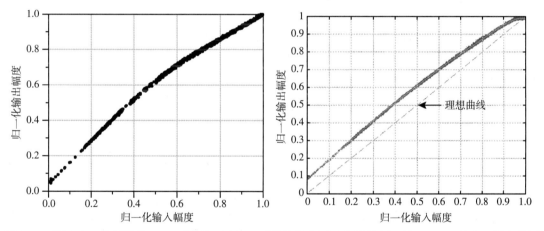

图 3-24　基于 EER 的低频带 EDGE 调制极坐标 TX 系统的仿真(左)和测量(右)的 AM-AM 性能。没有使用 PA 预失真算法，采用开关模式 SiGe PA($V_{bb} = 0.6$ V，$P_{in} = 12$ dBm，$P_{out} = 19.7$ dBm，$V_{rms} = 2.25$ V)

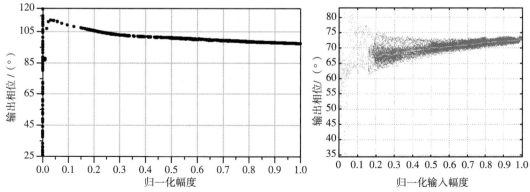

图 3-25　基于 ET 的极坐标 TX 系统的仿真(左)和测量(右)的 AM-PM 性能。没有使用 PA 预失真算法，采用开关模式 SiGe PA($V_{bb} = 0.6$ V，$P_{in} = 12$ dBm，$V_{rms} = 2.25$ V；输出 = 19.9 dBm，低频段 EDGE 调制)

基于 EER 的极坐标 TX 系统的仿真(上)和测量(下)的 AM-PM 性能如图 3-26 所示。对于仿真和测量情况，在 0.3~0.4 之间的归一化输入振幅之间可以看到相位稳定<5°。因此，EER 系统的 AM-PM 转换与 ET 系统的转换相当。简而言之，除了在两个系统之间发现的相似行为外，AM-AM 行为中显著更好的性能高度表明 ET 架构是极坐标 TX SoC 设计的首选系统。

为了了解这种 ET 架构如何在给定的输出功率下提供更高的 PAE，图 3-27 显示了在 900 MHz 情况下，开关模式 SiGe PA 在不同集电极电压下的 PAE 仿真数据。图 3-27 表明，通过改变 PA 集电极电压 V_{CC}，可以在所需的 P_{out} 处选择最佳系统 PAE，此时 PA 的模拟 PAE 大多高于 50%。不同集电极电压下 P_{out} 与 PAE 的测量结果暂无；然而，根据参考文献[16-17]，在 V_{CC} = 3.3 V 时测得的 PAE 比仿真数据高出 5% ~ 10%。这些 PAE 与 V_{CC} 的曲线可以制成表格，以便实时用于基于 ET 的极坐标系统，以达到最大系统 PAE[15,27]。具有饱和 PA 的基于 ET 的大信号极坐标发射机可以在所有包络信号电平下以良好的 PAE 工作，因此可以显著提高 PAE 宽带包络信号的平均效率。

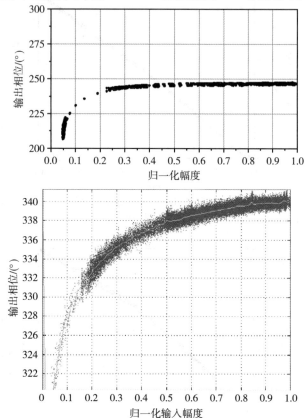

图 3-26　基于 EER 的极坐标 TX 系统的仿真(上)和测量(下)的 AM-PM 性能。没有使用 PA 预失真算法，采用开关模式 SiGe PA(V_{bb} = 0.6 V，P_{in} = 12 dBm，V_{rms} = 2.25 V；输出 = 19.7dBm，低频段 EDGE 调制)

这种基于 ET 的极坐标 TX 系统具有分波段包络放大器和开关模式 SiGe PA，表现出良好的 AM-AM 和 AM-PM 性能，因此有望在 TX 系统输出处提供低值的 EVM 和频谱再生。事实确实如此，我们接下来将展示实测的系统测试结果。图 3-28~图 3-31 显示了 EDGE 基于 ET 的完整低频带极坐标 TX 系统的测量数据，其中使用了我们的分波段包络放大器和开关模式 E 类 PA。运算放大器和开关的电源电压分别为 3.8 V 和 3.4 V。这是因为，如果运算放大器和开关的电源电压都是 3.4 V，我们将看到系统线性度和 EVM 的下降，因为在仿真和测量中均可观察到运算放大器输出处的某些削波。图 3-28a 显示了 E 类 SiGe PA 的 TX 系统输出功率与基极偏置电压的关系，其中 P_{out} 和系统 PAE 分别达到 20.5 dBm 和 41%。图 3-28b 为极坐标 TX 系统的 P_{out} 与 P_{in} 的关系曲线。图 3-28 中显示的所有数据都通过了 EDGE 低频带 TX 掩码和 EVM 规范。

在我们的系统测量中，略微过驱动包络放大器会导致输出电压出现一些削波，从而实现

更高的包络放大器效率[16]。然而，过多的削波将降低 EVM，并不能满足 EDGE TX 频谱掩

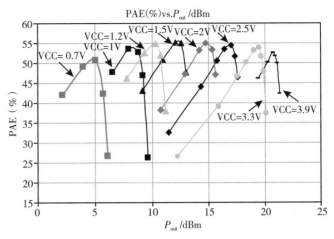

码要求。图 3-29 显示了基于 ET 的极坐标 TX 系统的测量输出功率、PAE 和 EVM。从图 3-29 中可以看出，当 PA 集电极电压(即包络放大器的输出)的均方根值为 2.6 V 时，ET 系统的 EVM 高达 8%，勉强通过 ETSI 规范；然而，该系统明显不能满足 EDGE TX 传输掩码(未显示)。

图 3-30 为基于 ET 的极坐标 TX 系统的测量(上)与仿真(下)频谱。可以看出，整个极坐标 TX 系统的 ADS 仿真与测量数据非常吻合，这证明了我们的系统设计方法的实用性和强大的预测能力。图 3-31 显示了在 ET/EER 线性化前后测量的大

图 3-27　开关模式 SiGe PA 在不同集电极电压下的 PAE 仿真数据。该数据是在 PA 的不同集电极电压下通过扫描输入功率获得的(V_{CC} 的范围 = 0.7 ~ 3.9 V；单音输入，V_{bb} = 0.65 V)

信号极坐标 TX 系统输出频谱与 EDGE TX 掩码对比。可以看出，ET 在 TX 输出失真方面很容易优于 EER。

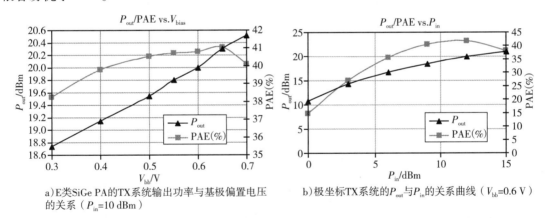

a)E 类 SiGe PA 的 TX 系统输出功率与基极偏置电压的关系(P_{in}=10 dBm)

b)极坐标 TX 系统的 P_{out} 与 P_{in} 的关系曲线(V_{bb}=0.6 V)

图 3-28　EDGE 基于 ET 的整个低频段极坐标 TX 的系统测量数据。对于分波段包络放大器的测量设置，运放的电源电压为 3.8 V，而 PMOS 开关的电源电压为 3.4 V。显示的所有数据都通过了 EDGE 低频段 TX 掩码和 EVM 规范。没有使用 PA 预失真算法

表 3-1 总结了 ET PA 和 EER PA 系统的性能，以供比较。我们可以清楚地看到，ET 在实现极坐标 TX 系统方面优于 EER，具有优异的 EVM 性能、改进的 PAE 和显著降低的 TX 输出频谱失真(注意，在系统中没有应用预失真)。我们还比较了由振幅路径和 RF 路径之间的时序失配造成的失真，并通过实验研究了它们对 PA 偏置点的依赖性。请注意，根据我们在 3.3 节中讨论的依赖于偏置的 Cann 模型，对于 SiGe PA，预测的 ET 的最佳时序对准是在 V_{bb} = 0.55 ~ 0.6 V 的基极偏置时，这与我们的测量结果再次一致。

除了研究和证明我们的设计在 EDGE 基于 ET 的极坐标 TX 系统下的可用性外，我们还希望我们的 E 类 SiGe PA 能够在 WiMAX/WiBro 应用的高 PAR 的 OFDM 调制系统中表现出色。图 3-32 显示了基于 ET 的极坐标 TX 系统的模拟输出频谱。在处理诸如 WiMAX/WiBro 之类的宽带信号时，它们固有的宽带包络信号将要求包络放大器具有更宽的带宽以满足线性要求。如此高的要求使得这些系统不仅更容易受到静态延迟的影响，而且更容易受到群延迟的影响。在处理宽带无线系统时，为了进一步探索这些影响，我们使用了理想的运算放大器或现实的分波段包络放大器来隔离由开关调制器引起的失真。

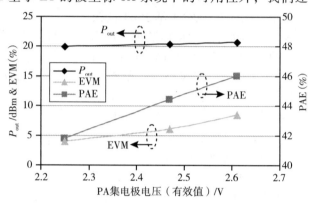

图 3-29 基于 ET 的极坐标 TX 系统的测量输出功率、PAE 和 EVM（V_{bb} = 0.6 V，运算放大器的 V_{CC} = 3.8 V，PMOS 开关的 V_{CC} = 3.4 V，P_{in} = 12 dBm）。没有使用 PA 预失真算法

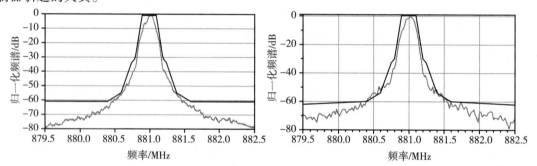

图 3-30 基于 ET 的极坐标 TX 系统的测量（上）与仿真（下）频谱；P_{in} = 12 dBm，V_{bb} = 0.6 V，PA 集电极电压（rms）= 2.47 V，整体测量系统效率 = 44.4%。没有使用 PA 预失真算法

如图 3-32 所示，当在 RF 路径中不施加额外延迟时，使用我们的线性辅助开关模式包络放大器的 ET TX 输出频谱显示出比使用理想运算放大器的情况下的频谱失真高 3~8 dB，导致输出频谱略微达不到严格的 802.16e 掩码（例如，在 2.365 GHz 以上）。这种故障主要是由高带宽要求导致的实际包络放大器的群延迟，以及包络输出削波和可能的开关噪声造成的。为了补偿包络放大器引起的群延迟，我们在 RF 路径中插入了一条 3 ns 的静态延迟线（见图 3-7b），从而将频谱增

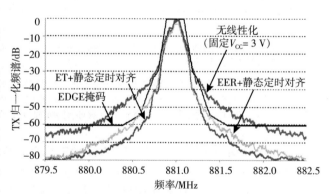

图 3-31 在 ET/EER 线性化前后测量的大信号极坐标 TX 系统输出频谱与 EDGE TX 掩码对比。使用分波段包络放大器和 E 类单片 SiGe PA（P_{in} = 12 dBm，V_{CC} = 3 V，V_{bb} = 0.6 V），没有使用 PA 预失真算法

长减少了大约 2~3 dB，TX 输出成功通过了 802.16e TX 掩码（见图 3-32）。由于我们已经证明了使用 EDGE 信号的基于 ET 的极坐标 TX 系统的测量结果和仿真结果之间具有良好的一致性，我们预计，对于 OFDM WiBro/WiMAX 输入信号，测量数据与仿真数据之间也会出现类似的一致性。事实确实如此。

表 3-1　ET PA 和 EER PA 系统的性能（$V_{bb} = 0.6$ V，$P_{in} = 12$ dBm）

	ET PA	EER PA
输出功率	20.41 dBm	19.68 dBm
功率增益	8.41 dB	7.68 dB
整体系统 PAE[①]	44.4%	38.6%
整体系统 CE[①]	51.9%	46.5%
EVM（rms）	6.0%	6.3%
TX 输出频谱掩码	通过	失败

[①]　注意：所需 EVM 为 EDGE 规格的 9%。
　　整体系统 PAE =（RF 调制输出功率 − RF 输入功率）/整体直流功率。
　　整体系统 CE = RF 调制输出功率/整体直流功率。
　　在 ET 或 EER 系统中均未应用 PA 预失真算法。

除了包络放大器的有限带宽外，路径幅度和 RF 路径之间的时序失调也可能会导致不可忽略的失真。图 3-33 显示了基于 ET 的极坐标 TX 系统的 SPICE 仿真和测量的 EVM、增益和延迟时间的关系。仿真和测量的 EVM 值非常吻合，而仿真增益比测量数据低大约 1 dB。如图 3-33 所示，我们的 WiMAX 64QAM 调制 ET 系统可以容忍一个采样周期的时序失配（即 25 ns），从而使 EVM 下降保持在大约 0.4% 的范围内。请注意，时序失调也会导致增益下降（如图 3-33 所示）。如果输出功率保持不变，EVM 值可能会比图 3-33 中所示的数据更高。

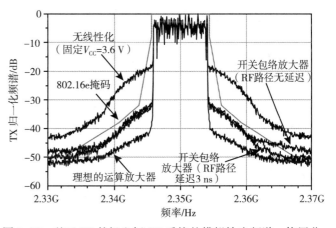

图 3-32　基于 ET 的极坐标 TX 系统的模拟输出频谱。使用分波段包络放大器和开关模式 E 类 SiGe PA 与 802.16e TX 掩码（$P_{out} = 18.5$ dBm，PA $V_{CC} = 3.6$ V，$V_{bb} = 0.73$ V），分波段包络放大器的电源电压为 5.5 V。没有使用 PA 预失真算法

数据更高。了解这种失调容限不仅有助于时序对准算法的设计、实验室测试台的设置，还有助于基于 ET 的极坐标 TX 的片上系统实现。

图 3-34 显示了在 WiMAX 64QAM 8.75 MHz 的输入信号下，基于 ET 的极坐标 TX 系统的测量的 TX EVM、增益和整体 PAE 与平均输出功率的关系。在平均输出功率为 17 dBm 时，整个系统的 PAE 为 30.5%，而 EVM 为 4.4%。基于 ET 的极坐标 TX 的输出频谱也通过了欧洲电信标准协会（European Telecommunications Standards Institute，ETSI）定义的严格的 WiMAX 64QAM 掩码（见图 3-35）。请注意，TX 输出功率的进一步增加将导致违反 TX 频谱

掩码和 EVM 规范；然而，在 WiBro/WiMAX 极坐标 TX 系统中，可能需要 PA 预失真和 PAR 降低算法，以进一步降低包络放大器的失真和高电源电压，从而提高整个 TX 系统的效率和它在移动无线应用中的实用性。目前正在开发其他 4G OFDM WiMAX/LTE 极坐标 TX 系统的测试台特性，以评估仿真数据与即将到来的测试台结果之间的一致性。开关模式 PA 的鲁棒性（即在几个 VSWR 条件下失配）也需要在测量中仔细检查。使用我们的 E 类 PA 和分波段包络放大器的基于 WiBro/WiMAX ET 的极坐标 TX 系统的系统 PAE 估计可以达到 30% 以上，为未来的高效宽带无线 TX SoC 设计展示了巨大的前景。

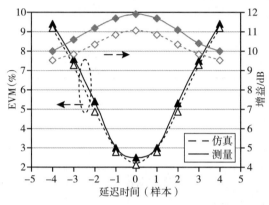

图 3-33　基于 ET 的极坐标 TX 系统的测量和仿真的 EVM、增益和延迟时间（样本）的关系。在 WiMAX 64QAM 8.75 MHz 信号下，电源电压（V_{DD}）= 4.2 V，平均输入功率 = 4 dBm，采样频率为 40 MHz

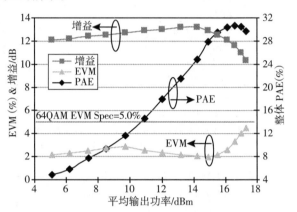

图 3-34　在 WiMAX 64QAM 8.75 MHz 输入信号下，整个基于 ET 的极坐标 TX 系统的测量的 TX EVM、增益和整体 PAE 与平均输出功率的关系。电源电压（V_{DD}）= 4.2 V，频率 = 2.3 GHz。没有使用预失真算法

3.7　总结

　　我们讨论了高效单片宽带 RF 极坐标发射机的设计问题，特别是使用包络跟踪（Envelope-Tracking，ET）技术的发射机。回顾了一些最先进的极坐标发射机，并讨论了 SoC 设计的注意事项，特别是基于 ET 的 RF 大信号极坐标发射机的高效包络放大器和 PAs。在低频段 EDGE 输入的整个极坐标 TX 系统中的仿真和测量结果都非常吻合，包括 AM-AM、AM-PM、TX 传输频谱输出和失真测试等。这个强大的 TX 系统仿真平台对 RF、模拟

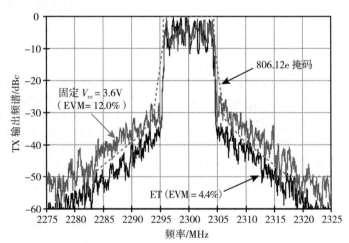

图 3-35　在 WiMAX 64QAM 8.75 MHz 信号下，将 ET 技术应用于我们的单片 SiGe PA 之前和之后测量的极坐标 TX 输出频谱。电源电压（V_{DD}）= 4.2 V，PA 平均输出功率 = 17 dBm。没有使用 PA 预失真算法

和数字电路进行编码设计，以实现最佳系统性能，适用于 WiBro/WiMAX 等宽带无线应用以及其他 4G 无线应用。因此，我们认为，基于 ET 的大信号极坐标发射机架构对于实现移动无线通信领域的高效宽带单片发射机非常有吸引力。

致谢

我们非常感谢 D. Kimball 先生、L. E. Larson 教授和 P. As-beck 教授（均来自加州大学圣地亚哥分校）、Jeremy Popp 先生（曾在加州大学圣地亚哥分校工作，现就职于波音公司）以及台湾工业技术研究院社会技术中心的 Kevin Chen 博士、Stanley Yang 先生、Tzu-Yi Yang 先生和 Ma 博士在 ET 系统测量方面提供的指导。我们还感谢工研院的资金支持。感谢 IBM 和台积电提供集成电路制造服务。

参考文献

[1] L. R. Khan, "Single sideband transmission by envelope elimination and restoration," *Proc. IRE*, vol. 40, no. 7, July 1952, pp. 803–806.

[2] S. C. Cripps, *RF Power Amplifiers for Wireless Communications*, Norwood, MA: Artech House, 1999.

[3] T. H. Lee, *The Design of CMOS Radio-Frequency Integrated Circuits*, 2nd ed., Cambridge, UK: Cambridge University Press, 1999.

[4] B. Wilkins, "Polaris Total Radio™: a highly integrated RF solution for GSM/GPRS and EDGE," *IEEE Radio Freq. Integrated Circuits (RFIC) Symp. Dig.*, June 2003, pp. 383–386.

[5] W. B. Sander, S. V. Schell, and B. L. Sander, "Polar modulator for multi-mode cell phones," *Proc. IEEE Custom Integrated Circuits Conf. (CICC)*, Sept. 2003, pp. 439–445.

[6] I. Gheorghe, "Quad-band GSM/GPRS/EDGE polar loop transmitter," *IEEE J. Solid-State Circuits*, vol. 39, no. 12, Dec. 2004, pp. 2179–2189.

[7] M. Elliott, T. Montalvo, B. Jeffries, F. Murden, J. Strange, A. Hill, S. Nandipaku, and J. Harrebek, "A polar modulator transmitter for EDGE," *IEEE Int. Solid State Circuits Conf. (ISSCC) Dig. Tech. Papers*, Feb. 2004, pp. 190–191.

[8] R. B. Staszewski, J. Wallberg, S. Rezeq, C. M. Hung, O. Eliezer, S. Vemula-palli, C. Fernando, K. Maggio, R. Staszewski, N. Barton, M. C. Lee, P. Cruise, M. Entezari, K. Muhammad, and D. Leipold, "All-digital PLL and GSM/EDGE transmitter in 90 nm CMOS," *IEEE Int. Solid-State Circuits Conf. (ISSCC) Dig. Tech. Papers*, Feb. 2005, pp. 316–317.

[9] E. McCune, "Polar modulation and bipolar RF power devices," *Proc. IEEE Bipolar/BiCMOS Circuits and Technology Meeting (BCTM)*, Oct. 2005, pp. 1–5.

[10] B. Wilkins and F. D. Corte, "Large signal polar modulation reduces heat dissipation and increases battery life in EDGE handsets," *MPD Microwave Product Digest*, Feb. 2005, pp. 1–6.

[11] J. Chou, "Reducing the design complexity of next-generation handsets," *RF Design*, Sept. 2006, pp. 28–32.

[12] L. Larson, P. Asbeck, and D. Kimball, "Multifunctional RF transmitters for next generation wireless transceivers," *Proc. IEEE Int. Symp. Circuits and Systems (ISCAS)*, May 2007, pp. 753–756.

[13] F. Wang, A. H. Yang, D. F. Kimball, L. E. Larson, and P. M. Asbeck, "Design of wide-bandwidth envelope-tracking power amplifiers for OFDM applications," *IEEE Trans. Microw. Theory Tech.*, vol. 53, no. 4, April 2005, pp. 1244–1255.

[14] F. Wang, D. F. Kimball, D. Y. C. Lie, P. M. Asbeck, and L. E. Larson, "A mono-lithic high-efficiency 2.4-GHz 20-dBm SiGe BiCMOS envelope-tracking OFDM power amplifier," *IEEE J. Solid-State Circuits*, vol. 42, no. 6, June 2007, pp. 1271–1281.

[15] F. Wang, D. F. Kimball, J. D. Popp, A. H. Yang, D. Y. C. Lie, P. M. Asbeck, and L. E. Larson, "An improved power-added efficiency 19-dBm hybrid envelope elimination and restoration power amplifier for 802.11g WLAN applications." *IEEE Trans. Microw. Theory Tech.* vol. 54, no. 12, Dec. 2006, pp. 4086–4099.

[16] J. Popp, D. Y. C. Lie, F. Wang, D. Kimball, and L. Larson, "A fully-integrated highly-efficient RF class E SiGe power amplifier with an envelope-tracking technique for EDGE applications," *Dig. IEEE Radio and Wireless Symp. (RWS)*, Jan. 2006, pp. 231–234.

[17] D. Y. C. Lie, J. D. Popp, F. Wang, D. Kimball, and L. E. Larson, "Linearization of highly-efficient monolithic class E SiGe power amplifiers with envelope-tracking (ET) and envelope-elimination-and-restoration (EER) at 900 MHz," *Proc. IEEE Sixth Dallas Circuits and Systems Workshop (DCAS'07)*, Nov. 2007, pp. 39–42.

[18] F. Wang, D. Kimball, J. Popp, A. Yang, D. Y. C. Lie, P. Asbeck, and L. Larson, "Wideband envelope elimination and restoration power amplifier with high efficiency wideband envelope amplifier for WLAN 802.11g applications," *IEEE MTT-S Int. Microw. Symp. Dig.*, June 2005, pp. 645–648.

[19] D. Y. C. Lie and L. E. Larson, "'RF-SoC': Technology enablers and current design trends for highly integrated wireless RF IC transceivers," *Int. J. Wireless and Optical Communications*, vol. 1, no. 1, 2003, pp. 1–23.

[20] http://phx.corporate-ir.net/phoenix.zhtml?c=95468&p=irol-newsArticle&ID=1078449&highlight=; also more technical details at http://www.rfmd.com/pdfs/Polaris2RadioModule.pdf

[21] G. Seegerer and G. Ulbricht, "EDGE transmitter with commercial GSM power amplifier using polar modulation with memory predistortion," *IEEE MTT-S Int. Microw. Symp. Dig.*, June 2005, pp. 1553–1556.

[22] P. Cruise, C.-M. Hung, R. B. Staszewski, O. Eliezer, S. Rezeq, K. Maggio, and D. Leipold, "A digital-to-RF-amplitude converter for GSM/GPRS/EDGE in 90-nm digital CMOS," *IEEE Radio Freq. Integrated Circuits (RFIC) Symp. Dig.*, June 2005, pp. 21–24.

[23] I. Kim, Y. Woo, J. Kim, J. Moon, J. Kim, and B. Kim, "High-efficiency hybrid EER transmitter using optimized power amplifier," *IEEE Trans. Microw. Theory Tech.*, vol. 56, no. 11, Nov. 2008, pp. 2582–2593.

[24] F. H. Raab, "Intermodulation distortion in Kahn-technique transmitters," *IEEE Trans. Microw. Theory Tech.*, vol. 44, no. 12, Dec. 1996, pp. 2273–2278.

[25] Y. Li, J. Lopez, D. Y. C. Lie, and J. D. Popp, "Experimental investigations and behavior modeling for monolithic quasi-class E SiGe PA linearization," *Proc. IEEE Int. Conf. on Communications, Circuits and Systems (ICCCAS)*, May 2008, pp. 1476–1480.

[26] F. H Raab, P. Asbeck, S. Cripps, P. B. Kenington, Z. B. Popovic, N. Pothecary, J. F. Sevic, and N. O. Sokal, "Power amplifiers and transmitters for RF and microwave," *IEEE Trans. Microw. Theory Tech.*, vol. 50, no. 3, Mar. 2002, pp. 814–826.

[27] P. Reynaert and M. S. J. Steyaert, "A 1.75-GHz polar modulated CMOS RF power amplifier for GSM-EDGE," *IEEE J. Solid-State Circuits*, vol. 40, no. 12, Dec. 2005, pp. 2598–2608.

[28] G. Wimpenny, "Improving multi-carrier PA efficiency using envelope tracking," *RF Design Line*, Mar. 2008.

[29] C. W. Liu, "Load transient response of a DC/DC converter in GSM/EDGE handset applications," *High Frequency Electronics*, Aug. 2007, pp. 18–26.

[30] J. G. Andrews, A. Ghosh, and R. Muhamed, *Fundamentals of WiMAX: Under-

standing Broadband Wireless Networking, Westford, MA: Prentice-Hall, 2007.

[31] P. Midya, K. Haddad, L. Connell, S. Bergstedt, and B. Roeckner, "Tracking power converter for supply modulation of RF power amplifiers," *Proc. IEEE Power Electron. Specialists Conf. (PESC)*, June 2001, pp. 1540–1545.

[32] J. Staudinger, B. Gilsdorf, D. Newman, G. Norris, G. Sadowniczak, R. Sherman, and T. Quach, "High-efficiency CDMA RF power amplifier using dynamic envelope tracking technique," *IEEE MTT-S Int. Microw. Symp. Dig.*, June 2000, pp. 873–876.

[33] D. K. Su and W. J. McFarland, "An IC for linearizing RF power amplifiers using envelope elimination and restoration," *IEEE J. Solid-State Circuits*, vol. 33, no. 12, Dec. 1998, pp. 2252–2258.

[34] A. Soto, J. A. Oliver, J. A. Cobos, J. Cezon, and F. Arevalo, "Power supply for a radio transmitter with modulated supply voltage," *Proc. IEEE Appl. Power Electron. Conf. (APEC'04)*, Feb. 2004, pp. 392–398.

[35] P. Midya, K. Haddad, and M. Miller, "Buck or boost tracking power converter," *IEEE Power Electron. Lett.*, vol. 2, no. 4, Dec. 2004, pp. 131–134.

[36] P. Midya, "Linear switcher combination with novel feedback," *Proc. IEEE Power Electron. Specialists Conf. (PESC)*, June 2000, pp. 1425–1429.

[37] F. Wang, A. Ojo, D. Kimball, P. Asbeck, and L. Larson, "Envelope tracking power amplifier with predistortion linearization for WLAN 802.11g," *IEEE MTT-S Int. Microw. Symp. Dig.*, June 2004, pp. 1543–1546.

[38] M. Helaoui, S. Boumaiza, A. Ghazel, and F.M. Ghannouchi, "On the RF/DSP design for efficiency of OFDM transmitter," *IEEE Tran. Microw. Theory Tech.*, vol. 53, no. 7, July 2005, pp. 2355–2361.

[39] D. F. Kimball, J. Jeong, C. Hsia, P. Draxler, S. Lanfranco, W. Nagy, K. Linthicum, L. E. Larson, and P. M. Asbeck, "High-efficiency envelope-tracking W-CDMA base-station amplifier using GaN HFETs," *IEEE Trans. Microw. Theory Tech.*, vol. 54, no. 11, Nov. 2006, pp. 3848–3856.

[40] P. Draxler, S. Lanfranco, D. Kimball, C. Hsia, J. Jeong, J. van de Sluis, and P. M. Asbeck, "High-efficiency envelope tracking LDMOS power amplifier for W-CDMA," *IEEE MTT-S Int. Microw. Symp. Dig.*, June 2006, pp. 1534–1537.

[41] G. D. Ewing, "High-efficiency radio-frequency power amplifier," PhD thesis, Oregon State University, Corvallis, Oregon, June 1964.

[42] N. O. Sokal and A. D. Sokal, "Class E: a new class of high-efficiency tuned single-ended switching power amplifiers," *IEEE J Solid-State Circuits*, vol. 10, no. 3, June 1975, pp. 168–176.

[43] F. H, Raab, "Idealized operation of the class E tuned power amplifier," *IEEE Trans. Circuits Syst.*, vol. 24, no. 12, Dec. 1977, pp. 725–35.

[44] K.-C. Tsai and P. R. Gray, "A 1.9-GHz, 1-W CMOS class E power amplifier for wireless communications," *IEEE J. Solid-State Circuits*, vol. 34, no. 7, July 1999, pp. 962–970.

[45] C. Yoo and Q. Huang, "A common-gate switched 0.9-W class E power amplifier with 41% PAE in 0.25-μm CMOS," *IEEE J. Solid-State Circuits*, vol. 36, no. 5, May 2001, pp. 823–830.

[46] Y. Tan, M. Kumar, J. K. O. Sin, L. Shi, and J. Lau, "A 900-MHz fully integrated SOI power amplifier for single-chip wireless transceiver applications," *IEEE J. Solid-State Circuits*, vol. 35, no. 10, Oct. 2000, pp. 1481–1486.

[47] K.-W. Ho and H. C. Luong, "A 1-V CMOS power amplifier for Bluetooth applications," *IEEE Trans. Circuits Syst. II*, vol. 50, no. 8, Aug. 2003, pp. 445–449.

[48] A. Scuderi, L. LaPaglia, A. Scuderi, F. Carrara, and G. Palmisano, "A VSWR-protected silicon bipolar RF power amplifier with soft-slope power control," *IEEE J. Solid-State Circuits*, vol. 40, no. 3, Mar. 2005, pp. 611–621.

[49] A. Mazzanti, L. Larcher, R. Brama, and F. Svelto, "Analysis of reliability and power efficiency in cascode class E PAs," *IEEE J. Solid-State Circuits*, vol. 41, no. 5, May 2006, pp. 1222–1229.

[50] N. O. Sokal, "Class E switching-mode high-efficiency tuned RF/microwave power amplifier: improved design equations," *IEEE MTT-S Int. Microw. Symp. Dig.*, June 2000, pp. 779–782.

[51] D. Y. C. Lie, P. Lee, J. D. Popp, J. F. Rowland, H. H. Ng, and A. H. Yang, "The limitations in applying analytic design equations for optimal class E RF power amplifiers design," *Proc. IEEE Int. Symp. VLSI Design, Automation and Test (VLSI-TSA-DAT)*, April 2005, pp. 161–164.

[52] R. Negra. and W. Bächtold, "Lumped-element load-network design for class E power amplifiers," *IEEE Trans. Microw. Theory Tech.*, vol. 54, no. 6, June 2006, pp. 2684–2690.

[53] D. Y. C. Lie, J. D. Popp, P. Lee, A. H. Yang, J. F. Rowland, F. Wang, and D. Kimball, "Monolithic class E SiGe power amplifier design with wideband high-efficiency and linearity," *Proc. IEEE Int. Symp. VLSI Design, Automation and Test (VLSI-TSA-DAT)*, April 2006, pp. 1–4.

[54] D. Y. C. Lie, J. D. Popp, J. F. Rowland, A. H. Yang, F. Wang, and D. Kimball, "Highly efficient and linear class E SiGe power amplifier design," *Proc. IEEE Int. Conf. Solid-State and Integrated Circuit Technology (ICSICT)*, Oct. 2006, pp. 1526–1529.

[55] D. Y. C. Lie, J. Lopez, and J. F. Rowland, "Highly efficient class E SiGe power amplifier design for wireless sensor network applications," *Proc. IEEE Bipolar/BiCMOS Circuits and Technology Meeting (BCTM)*, Sept.–Oct. 2007, pp. 160–163.

[56] D. Y. C. Lie and J. D. Popp, "A novel way of maximizing the output power efficiency for switch-mode RF power amplifiers," US Patent No. 7,205,835.

[57] D. Y. C. Lie and J. D. Popp, "An improved open-loop method to perform RF transmitter output power control and high efficiency for switching-mode power amplifier; Part I," US Patent No. 7420421.

全数字射频信号发生器

本章重点介绍全数字方法生成调制射频(RF)载波及其在当今通信系统中多模发射机的应用。ΔΣ 调制和数字混频的结合是一种创新的方法,可实现发射机的多模运行,具有功耗低、芯片面积小、易于配置和性能好的特点。采用冗余运算和非精确量化等非常规技术设计的 90 nm CMOS 发射机芯片,实现了 ΔΣ 调制器的高速运行。此外,在 65 nm CMOS 芯片和集成无源器件(Integrated Passive Device,IPD)基板上,演示了输出功率合并和半数字射频有限脉冲响应(Radio Frequency Finite Impulse Response,RF-FIR)滤波。最后,使用体声波(Bulk Acoustic Waves,BAW)滤波器和完整的发射机解决了带外滤波问题,证明了所述的数字发射机的概念。本章的论述为进一步推出高度灵活的全集成数字发射机解决方案铺平了道路。

4.1 引言

深亚微米技术的最新进展提高了人们对将数字块和模拟系统集成到单个芯片中的兴趣,使得模拟和数字领域高速发展[1]。在无线电领域,这一发展趋势引发了多项研究工作,其中包括数字辅助 RF 和数字 RF 发射机。数字辅助 RF 是一种利用强大的数字计算功能增强模拟块的方法,可产生反馈或修正,并对模拟参数和 RF 参数进行微调[2]。在进一步的集成中,采用数字 RF 发射机意味着 RF 信号是以数字方式产生的。显然,由于信号最初是模拟的,因此在向天线发射 RF 信号之前,需要在某一时刻进行数/模转换。这就产生了理想的软件无线电发射机概念,其中由高速数字信号处理器(Digital Signal Processor,DSP)为高速数/模转换器(Digital-to-Analog Converter,DAC)提供足够的数字信号,以便在天线上生成正确的模拟信号,同时满足所选通信标准的所有要求。

当今的传统发射机在基带或中频(Intermediate Frequency,IF)传输路径的早期使用数/模转换技术。在模拟领域,信号通常经过滤波,然后上变频到 RF 频率,再进行放大。这些模拟发射机存在缺乏可配置性和 RF 损伤的问题。例如,在笛卡儿发射机中,DACs 和低通滤波器的典型损伤包括通带纹波和因同相/正交(In-phase/Quadrature,I/Q)不平衡造成的不完美镜像抑制。上变频混频器还存在非线性失真、载波泄漏和直流偏移等问题。所有这些缺陷都必须通过模拟或数字校准过程和调谐电路来纠正。事实证明,这可以大大提高发射机的性能,但会涉及复杂的反馈电路。

数字 RF 发射机旨在取代整个 RF 传输链,至少包括前端模块。传输路径的数字化提供了更大的灵活性，因为它可以通过软件或更高层次的层级轻松配置，例如，根据标准确定中心频率、信号带宽、容许的杂散发射和许多其他通信参数。在这种情况下，发射机会根据消费者的使用情况和邻近地区，调整到最佳可用频段进行发射。

此外，数字 RF 发射机不需要任何调谐电路，即可解决模拟发射机的大部分 RF 干扰问题。例如，由于生成的信号可以通过数字手段进行设计，因此可以轻松解决 I/Q 不平衡问题，并完全消除载波泄漏。然而，这些发射器并非没有缺点。当试图在纳米级 CMOS 工艺技术上实现它们时，会出现许多新问题。主要问题包括高要求的数字信号处理器、低电压功率放大和天线滤波。我们将在下一章详细介绍与实施数字发射机有关的一些问题。

本章的目的是说明高度数字化的发射机离现实并不遥远，但仍有大量新问题需要解决。4.2 节将侧重于系统层面，详细介绍数字发射机的可能结构和实施问题。本研究将只关注笛卡儿发射机，介绍基于 DRFC 的结构以及基于 $\Delta\Sigma$ 的单比特结构。

4.2 笛卡儿发射机结构

4.2.1 过采样多位 DRFC 架构

显然，要想以数字方式生成 RF 信号，第一个想法就是使用奈奎斯特 DAC，其采样频率高于 RF 载波频率的两倍，并且具有足够的分辨率，能够在所需的动态范围内正确转换数字信号。DAC 将处理 $0 \sim f_s/2$ 的整个频谱。对于采用 CMOS 技术实现的 RF 系统，设计中等分辨率的高速 DAC 显然会耗费大量功率。此外，实现一个能够处理几千兆采样/秒（GS/s）信号的数字系统并非易事，而且还会大大增加功耗。

有鉴于此，数字到 RF（Digital-to-RF，DRFC）结构备受关注（见图 4-1），因为它在单一结构中结合了基带 DAC 和混频器。举例来说，传统的吉尔伯特单元式混频器可以通过引入一层额外的数字控制电流转向晶体管来进行改进，从而

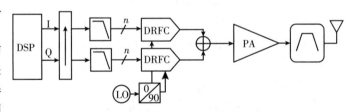

图 4-1 基于数字到 RF 转换器的发射机结构

创建一个具有数字输入的镜像抑制混频器。DRFC 的输入信号采样频率通常没有几千兆采样/秒。虽然它是传统方法的一个很好的替代方案，但这种结构仍然存在典型的混频器非理想性问题，特别是载波泄漏，而这可以通过调整和校准加以利用。此外，输入信号的镜像会出现在采样频率的每一个倍数上，这在低杂散发射系统中可能是一个问题。这些镜像只会被数字到 RF 接口零阶保持的 sinc 响应所衰减。RF DAC 是 DRFC 的另一种解决方案，它对输出信号的形状进行了设计，以便能够使用信号的一个镜像而不是基波信号[3]。

为了解决镜像问题，通常有以下几种解决方案。首先，DRFC 与输出滤波器耦合，再通过 LC（电感-电容）谐振器[4]滤除剩余的杂散镜像。另一种解决方案是对输入信号进行过采样，以便将镜像推离 RF 驱动器。在特定技术中，采样频率（受 DSP 能力的限制）、DRFC 在此采样频率下的分辨率以及为去除任何不需要的镜像而需要对输出进行的滤波之间存在着权

衡。例如，在参考文献［5］实现了用于宽带码分多址（Wideband Code Division Multiple Access，WCDMA）、EDGE 和无线局域网（Wireless Local Area Network，WLAN）的 10 位 307.2 MS/s DRFC。

由于 DRFC 结构包括一个 DAC，因此可达到的分辨率可能是一个问题。使用 ΔΣ 调制是减少转换比特数的一种手段。DRFC 输入信号在所考虑的带宽内具有良好的动态范围，但在 TX 波段外会含有较高的量化噪声。在参考文献［4］和［6］中，选择这种方法可将位数分别减少到 6 位和 3 位，从而降低 DRFC 的复杂性并提高全局性能。单比特 ΔΣ 调制器将这一概念进一步推进，这种 DAC 可以作为开关放大器来实现，具有非常高的效率。下面将详细讨论这种前景广阔的架构。

4.2.2　基于单比特 ΔΣ 的发射机架构

单比特调制是数字发射机的一种有趣的实现方式。基于单比特 ΔΣ 的发射机结构如图 4-2 所示。我们将详细描述这种结构，以说明其优势所在和需要解决的问题。

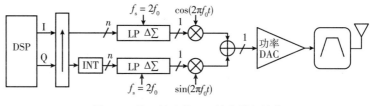

图 4-2　基于单比特 ΔΣ 的发射机结构

首先，对基带 I/Q 输入信号进行高度过采样，达到采样率 f_s，通常是所选通信标准载波频率 f_c 的两倍。这一步骤包括：

- 因为芯片速率与任何给定标准的中心频率之间都存在非整数比率，所以需要进行非整数采样率转换，而这种结构要求 I/Q 信号采样率与 LO 同步。这种采样率转换可以围绕芯片速率（几兆采样/秒）或更高的频率（大约 100 MS/s）进行，最早进行的转换效率更高。更好的解决方案是略微偏移 RF 采样频率，以达到整数比率，并以相反的数量修正基带中的信道中心频率。虽然这需要调制器带宽的余量，但很容易实现，不需要额外成本。
- 适度过采样，采样率接近系统带宽的两倍（通常为 100 MS/s），然后是数字中频的上变频级，以便将信道置于带宽内所需的位置。这一阶段是强制性的，因为全局系统最好处理整个 TX 波段。这降低了对 ΔΣ 调制器带宽的要求。
- 一个简单的零阶插值块可对信号进行超采样，最高可达载波频率的两倍。很明显，输入采样率倍数的镜像只会被 sinc 函数衰减，而且衰减幅度会相当大。然而，这些未衰减的镜像仍将低于有用波段之外的调制所带来的量化噪声。

然后将产生的 n 位过采样信号应用于 1 位低通 ΔΣ 调制器，该调制器的带宽必须等于目标标准的总带宽。信号和噪声传递函数的设计目的是在带宽内提供平坦的信号和噪声响应。量化噪声的形状在相关带宽之外，从而为信号保持良好的动态范围。对于 1 位调制器来说，这意味着要有较高的过采样率（这里就是这种情况）和高阶调制器。通常，三阶至五阶调制器适用于大多数标准。

数字 IF 信号到 RF 信号的上变频由数字镜像抑制混频器实现[7]。在一般情况下，需要两个乘法器和一个加法器,它们都在 RF 采样频率下工作。不过,如果选择 RF 采样频率等于发射波段中心频率的四倍,操作就会大大简化。在这种情况下,90°相移的 I 和 Q LO 信号可分别用数字序列[1, 0, -1, 0]和[0, 1, 0, -1]表示。一个简单的多路复用器可以取代混频器中的加法器,在奇数周期选择 I 通道,在偶数周期选择 Q 通道。此外,乘法运算被简单的数字数据符号变化所取代,完全取消了乘法运算。这样,数字 RF 输出流就是以下序列:

$$\mathrm{RF_{out}} = \{I(n), Q(n+1), -I(n+2), -Q(n+3)\}, n=0,4,8,12,\cdots$$

这个模块显然可以作为一个简单的多路复用器来实现,不会带来任何非理想性,而且如果注意确保 I 信号和 Q 信号的路径相似,还能防止符号间干扰。另一个优点是,I 和 Q 信道上的低通 ΔΣ 调制器现在可以仅以两倍于中央载波频率的采样率运行,因为两次采样中只使用了一次。然而,在 I 和 Q 信道同步工作的情况下,$Q(n+1)$ 和 $Q(n+3)$ 数据因未产生而无法访问。使用 $Q(n)$ 和 $Q(n+2)$ 的效果将使所需通道的镜像出现在波段内。为了消除它,可以在 $Q(n)$ 和 $Q(n+2)$ 之间进行简单的线性插值,以估算出适当的值。这种简单的操作只出现在 Q 信道上,引入的延迟在 I 信道上得到补偿。

混频器输出信号需要经过放大,才能符合大多数无线标准规范。这种信号可实现非常高效的电压模式开关功率放大器,将在 4.4 节中介绍。这些放大器受制于近期采用的深亚微米 CMOS 技术的低电源电压,从而限制了向负载提供的功率。为提供足够的功率,应采用使用传输线或变压器进行功率组合的技术。

生成的 1 位 RF 信号不仅包含了所需带宽内的所有 RF 信息,还包含了所需频带外的过量噪声。如果不加注意,天线滤波器就很难消除这种带外噪声。所需的抑制能力将大大超过当今滤波器所能达到的抑制能力。因此,需要研究放宽滤波阶段的方法,例如使用复杂的调制器或半数字 RF FIR 滤波器。

最近,一款基于高速 1 位 ΔΣ 调制的数字发射机在 90 nm CMOS 演示器上进行了演示,测量结果见参考文献[8]。该原型的中心频率高达 1GHz,在 50 MHz 频段内,3 dBm 输出信号进入 100Ω 差分端时的 SNDR 为 53 dB。最大总功耗为 120 mW,有源硅面积为 0. 15 mm^2。

4.3　用于数字发射机的高速单比特 ΔΣ 调制器设计

本节旨在说明如何设计高速调制器,以实现数字 RF 发射机的开发。采用冗余运算、非精确量化和输出预计算等技术来高效计算信号。最后,还将讨论复杂调制器的实现。

4.3.1　ΔΣ 调制器的实现

图 4-3 表示一个简单的一阶 ΔΣ 调制器。它由两个加法器、一个乘法器(系数 k,对于一阶调制器等于 1)、一个积分器和一个 1 位量化器组成。要在高采样率条件下实现这种调制器,需要对关键路径进行仔细分析。关键路径至少包含一个乘法器和两个加法器(对于高阶调制器,这条路径会更长)。通过将系数 k 限制为 2 的幂次,可以用左移或右移来代替,几

乎不产生任何代价。当然，传递函数会有所改变，但我们可以很容易地找到适合所需响应的系数组合。

显然，由于 1 个周期的反馈包括右移操作，这种结构无法进行流水线处理。在这个例子中，关键路径包括两个 n 位加法运算。在使用纹波携带加法器时，加法器会产生 2 倍于字长的传播延迟，即 1 位加法器传播延迟的 2 倍。使用

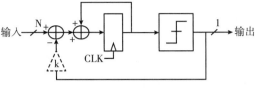

图 4-3　一阶 $\Delta\Sigma$ 调制器

自然二进制或二进制补码（C2）表示法进行运算的主要限制是字长相关的传播延迟。由于字长相对较短，超前进位或类似的结构只能带来有限的改进。替代数字表示法可以克服这一限制，但需要额外的硬件。存数和带符号数字表示法属于冗余表示法。

借位保存（Borrow-Save，BS）表示法也称为二进制带符号数字（Binary Signed-Digit，BSD）或 radix-2 带符号数字，是带符号数字方法的一部分，下面将详细介绍，并着重说明为什么它有助于抑制字长相关的传播延迟，并最大限度地减少关键路径。

4.3.2　冗余表示

一个二进制数 $A = a_{n-1}\cdots a_1 a_0$，$a_{n-1}$ 表示数的符号，A 的大小为

$$A = -a_{n-1} \cdot 2^{n-1} + \sum_{i=0}^{n-2} a_i \cdot 2^i \qquad (4-1)$$

无符号进位保存数表示法由每个位权的两个数字组成，其中每个都由"一对和"与"进位对 (ac_{n+1}, as_n)"组成，其中，$ac_{n+1}, as_n \in \{0,1\}, as_n = ac_0 = 0$，$n$ 为字长。这个数字被记为：

$$A = \begin{cases} ac_n ac_{n-1}\cdots ac_1 \\ as_{n-1}\cdots as_1 as_0 \end{cases} \qquad (4-2)$$

$$A = \sum_{i=0}^{n}(ac_i + as_i) \cdot 2^i \qquad (4-3)$$

二进制带符号数字（Binary Signed-Digit，BSD）与进位保存有些类似，每个位权由两位数字编码。BSD 编码的数字表示为 $A = a_{n-1}\cdots a_1 a_0$，但现在 $a_i \in \{-1,0,1\}$，$a_i = (a_i^+, a_i^-) = a_i^+ - a_i^-$。有

$$A = \sum_{i=0}^{n-1} a_i \cdot 2^i \qquad (4-4)$$

$(0, 0)$ 和 $(1, 1)$ 这对数字代表数值 0。同样，$(1, 0)$ 和 $(0, 1)$ 分别对应 1 和 -1。图 4-4 说明了 8 位数的二进制补码、进位保存和借位保存的点号表示法[9]。满点代表正比特（Positive Bit，Posibit），空点代表负比特（Negative Bit，Negabit）。满点的值为 0 或 1，空点的值为 0 或 -1。

借位保存运算实现了无进位加法，这意味着使用这种编码方案时不存在进位传播[10]。我们将在下面的讨论中说明这一性质。

二进制数加法的连续步骤是从最低有效位（Least-Significant Bit，LSB）开始，用一个全加器（Full-Adder，FA）单元计算每个位的位置。4 位数需要四个计算步骤，每个步骤需要一个

全加器单元。这可以扩展到 n 位数，在迭代处理中需要 n 个全加器单元。

借位保存运算使用改进的全加器单元，称为带符号全加器单元，如图 4-5a 和 c 所示，它们与全加器单元类似，但有一个输入端，和输出端被反转。结果将是一个相同权重的负位（或正位）和一个较高权重的正位（或负位）（见图 4-5b）。由于全加器单元可以称为"+++"或"---"，因此带符号的全加器单元称为"++-"（FAPPM）或"--+"（FAMMP），这是由输入极性推导出来的。

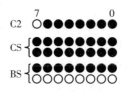

图 4-4　8 位数的二进制补码、进位保存和借位保存的点号表示法

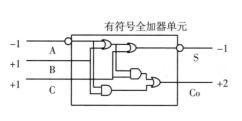

a）"++-"型带符号-无符号单元

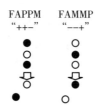

b）"++-"型 FAPPM 和"--+"型 FAMMP 的点符号

A (-1)	B (+1)	C (+1)	值	S (-1)	Co (-2)
0	0	0	0	0	0
0	0	1	+1	1	1
0	1	0	+1	1	1
0	1	1	+2	0	1
1	0	0	-1	1	0
1	0	1	0	0	0
1	1	0	0	0	0
1	1	1	+1	1	1

c）与带符号-无符号单元相关的真值表

图　4-5

使用前面介绍的点符号，两个借位保存数的加法运算过程如图 4-6a 所示。两个借位保存数的相加步骤相对简单。两个借位保存数将由每个权重的两个正比特/负比特对表示。使用加-加-减全加器（Plus-Plus-Minus Full Adder，FAPPM）单元，一次可以计算三个点。因此，第一步是将每个权重的三个点转化为一个相同权重的点和另一个权重更高的点。剩下的中间点行被简单复制到下一阶段。下一步使用减-减-加全加器（Minus-Minus-Plus Full Adder，FAMMP）单元进行计算，从而将两个借位保存输入减少为一个借位保存输出。我们可以注意到，由于所有计算都是并行进行的，因此无论输入字长多少，都需要进行两步计算。

任何数字表示系统都可以作为这种加法运算的输入，但必须用点符号表示。例如，一个简单的计算是将一个借位保存数和一个 C2 数相加，以得到一个借位保存数（见图 4-6b）。这种加法使用并联的单级 FAPPM 来提供结果。但是，MSB 不能用简单的 FAMMP 计算，因为计算结果与借位保存

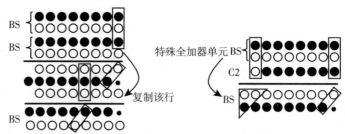

a）两个借位保存数的加法运算过程，小圆点为空闲位置

b）一个借位保存和一个 C2 数字的加法运算过程，使用特殊全加器单元

图　4-6

符号不符。因此，必须设计一个特殊全加器单元来完成这一操作，如图 4-7 所示。其输入为两个负比特和一个正比特，并提供负和（Sum，S）、负进位（Negative Carry，NC）和正进位（Positive Carry，PC）。图 4-7 也给出了相应的公式。

　　总之，所有输入组合都可以计算。加法可以归结为使用 FAMMP、FAPPM、FA 或特殊 FA 单元将任何输入比特组合还原为 BS 数。加法运算所需的步骤严格取决于要加法运算的输入信号的数量。在参考文献

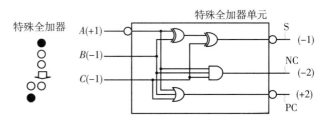

$$PC = A.\overline{B}.\overline{C}$$
$$NC = \overline{A}.B.C$$
$$S = A \oplus B \oplus C$$

图 4-7　特殊 FA 单元的方程、点符号和逻辑图

[12]中，引入了 Dadda 方法来高效计算多个输入的和。我们引入以下序列，在给定要添加的输入信号数量的情况下，定义操作步骤的数量（借位保存信号计为两个信号，而 C2 信号只计为一个信号）：

$$u_0 = 2, u_1 = 3, u_2 = 4, u_3 = 6, u_4 = 9, u_5 = 13, \cdots, u_{j+1} = \left[3u_j/2 \right] \tag{4-5}$$

　　下标数字表示步骤数，而序列值则表示输入信号的数量。这表明，添加两个借位保存数（视为四个输入信号）需要两个步骤。然而，对于三个输入信号（如一个 BS 数和一个 C2 数），只需要一个步骤。请注意，一个步骤的持续时间等于一个 FA 单元的传播延迟。

　　在 ΔΣ 调制器内部使用这种表示法，有助于减少关键路径的总传播延迟。根据调制器的阶次和复杂程度，在大多数情况下，临界路径可缩短为两步或三步。使用借位保存运算可以很容易地建立高速 ΔΣ 调制器的数字环路滤波器，但在尝试实现量化器时将面临另一个问题。这将在下一节中详述。

4.3.3　非精确量化和输出预计算

　　选择借位保存架构是为了消除任何利差传播，从而实现超高速的数字处理。1 位输出量化器评估输出的符号。在二进制表示法中，符号显然是由最高有效位（Most Significant Bit，MSB）极性给出的。然而，在借位保存表示法中，符号评估并非易事，因为所有位都会影响符号。要计算符号，必须沿量化器输入信号的所有比特位置传播进位。事实上，必须对正负输入位进行逻辑比较。

　　注意，前面确定的关键路径包含输出量化器。因此，必须避免在这一区块上出现任何过多的传播延迟，否则借位保存符号带来的所有好处都会在这一操作中丧失殆尽。

　　这种解决方案的灵感来自模拟 ΔΣ 调制器。有时，在量化之前会进行抖动处理，以避免信号谐波升高，并减弱成形噪声[13]。具体地说，就是在量化之前向信号中添加某种噪声，结果表明，这种添加的噪声不会降低性能，因为它的形状也远离所关注的频带。由此可见，进行非精确量化的想法非常重要[14]。

　　为了评估这一点，我们使用可配置量化器对借用-节省三阶 ΔΣ 调制器进行了建模，其中逻辑比较中使用的比特数可以选择。图 4-8 利用非精确量化评估借用-节省三阶 ΔΣ 调制器

的性能，每一步都对 ΔΣ 调制器性能进行了 SNR、SNDR 和 SFDR 评估。我们可以发现，随着复杂度的降低，调制器性能依然很好。事实上，3-MSB 比较器可以达到与 16 位比较器类似的性能。在五阶调制器中也得出了类似的结果。

在大多数情况下，单比特 ΔΣ 调制器的输出符号评估可以简化为一个简单的三输入逻辑方程，而不会明显改善性能。由于这一计算发生在关键路径上，因此通过考虑最后一个全加器的中间阶段的临时结果而不是量化器输入位来并行处理这一操作会有助于改善性能。事实上，根据 ΔΣ 调制器结构的不同，需要在计算时间和预计算深度之间做出权衡。由于这一点在很大程度上取决于架构的选择，在此不再详述。

综上所述，冗余表示、非精确量化和输出预计算确保了 1 位 ΔΣ 调制器的

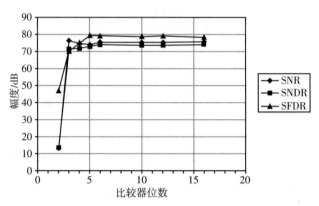

图 4-8　利用非精确量化评估借用-节省三阶 ΔΣ 调制器的性能

高速运行。例如，利用这些技术在 90 nm CMOS 技术中构建的低通 ΔΣ 调制器，可以以 4 GS/s 的采样率生成 1 位 RF 信号，从而处理高达 1 GHz RF 载波频率的信道。

4.3.4　复合 ΔΣ 调制器

发射机链在可重构性和灵活性方面的一个改进步是能够根据所选标准调整结构，特别是满足带外杂散要求。一方面，可以通过设计所描述的架构来满足所有情况下的虚假要求（但这并不是解决这一问题的最有效方法，因为目标是最坏的情况，而这种情况只是偶尔发生）。另一方面，创建一种能够重新配置自身并在特定时间点满足大多数标准的结构似乎也是合理的。就 ΔΣ 调制器而言，引入巧妙的可重构性方法的一个可行解决方案是通过同时计算 I 和 Q 信道来增强噪声传递函数，一个信道干扰另一个信道，从而产生复杂的传递函数[15]。图 4-9 左图为三阶 ΔΣ 调制器，其中 I 和 Q 信道通过 α 和 β 系数相互作用。

复杂调制器意味着噪声传递函数不会围绕零点对称，但可以在基带信号两侧独立设置凹槽。当围绕射频载波转换时，这些凹槽将落在难以满足杂散要求的选定频段上。例如，欧洲 UMTS 3G 标准的中央发射载波频率 f_c 为 1.95 GHz，很难满足通用移动通信系统（Universal Mobile Telecommunications System，UMTS）RX 频段（约 2.14 GHz，距 f_c 190 MHz）和数字蜂窝服务（Digital Cellular Service，DCS）RX 频段（1.8425 GHz，距 f_c 大约 110 MHz）的要求。

例如，为了放宽对天线滤波级的这些要求，可以对五阶 ΔΣ 调制器的复噪声传递函数进行设计，以便在这些频段上创建凹槽，将噪声调整到带宽之外，同时也调整到所需频段之外，如图 4-9 右图所示。复杂调制器允许我们引入与发射波段中心不对称的缺口。这显然是以增加系统复杂性为代价的。同样，根据不同的应用，我们需要在复杂性和灵活性之间做出权衡。

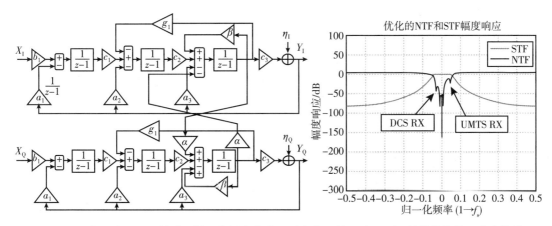

图 4-9　左图为三阶 $\Delta\Sigma$ 调制器示例，右图为优化了零点位置的五阶 $\Delta\Sigma$ 调制器的信号和噪声传递函数的 NTF 和 STF 幅度响应

4.4　单比特输出开关级

单比特 $\Delta\Sigma$ 调制 RF 信号（即上变频后的信号）必须转换成双态模拟信号，并进行放大和带通滤波，以符合标准。开关模式功率级（功率 DAC）具有理论上实现 100% 功率效率的巨大优势。然而，如前所述，$\Delta\Sigma$ 调制信号会产生大量带外量化噪声。因此，需要一个在其阻带内具有极高的衰减能力的带通滤波器级。

如果在设计这一阶段时不加以注意，这个滤波器会大大降低功率 DAC 的效率。另一个需要考虑的问题是深亚微米技术的功率生成。电压裕度仍在减少，高阻抗天线难以处理，因此需要采用新的功率产生技术来达到 $20\sim30$ dBm 的功率范围（这是大多数无线通信标准的最大输出功率范围）。这些功率组合技术采用电压或电流求和原理，这将在下一节中介绍。RF 输出端的求和信号可用于形成半数字 FIR 滤波器，从而放宽天线滤波限制。

4.4.1　高效电压模式开关放大器

理想开关模式功率放大器的效率完全由功率级输出端连接的负载决定。对于阻性负载（即无滤波）和有用信号位于基频的方波输入信号，效率限制为 50%。这意味着在最好的情况下，一半的直流功率可以被发射，另一半则被浪费。由于没有滤波级衰减带外分量，因此功率效率可能会更低，因为输出信号不仅包含有用的 RF 信号，还包含一些谐波。

对于给定的单比特 RF 信号输入，对调谐负载的需求甚至更高，因为其频谱成分中有很大一部分是量化噪声，无须放大。电流开关模式和电压开关模式是两种真正不同的功率 D/A 转换方式，尤其是在其输出所需的滤波类型方面。就功耗而言，即使在两种理想情况下输送到负载的功率相同，电压开关模式拓扑也只是在信号分量被带通滤波级滤掉时才从电源中消耗电流。

相反，电流开关模式拓扑结构的输出级具有非常低的带外阻抗，因此大大增加了功耗，降低了功率级的效率。这些输出级的最大效率（定义为输出到负载的功率与电源输出的功率之比，假设滤波器为理想状态)分别为：电压模式 100%，电流模式 40%。

最简单的电压模式开关功率放大器是一个简单的 CMOS 逆变器。该级功放是通过按比例放大的 CMOS 逆变器链实现的，其输出可驱动天线负载，并表现为几乎理想的电压源(根据最后一个逆变器 MOS 的宽度，源电阻可低至几百欧姆)。不过，这种结构禁用电源控制，对电源噪声非常敏感。需要注意的是，由于电压求和问题，这种架构不适合多位功率 D/A 转换。

4.4.2　使用变压器或输电线路进行电力组合

CMOS 技术中的低功耗数字电路利用了电源电压下调的优势(每个新技术节点都会降低约 15%)。在无线通信系统中，需要向负载提供足够的功率(GSM 高达 2 W)，而目前的技术只能提供低于 1 V 的电压裕度。设计人员通常使用更高的电源电压和成本更高的工艺(BiCMOS、LDMOS、AlGaAs HEMT 等)，但 CMOS 技术中的完全集成解决方案仍然存在缺陷。

在低电压下，通常需要在功率放大器和负载之间插入阻抗匹配网络，以提高输出功率。另一种方法是将多个功率放大器并联，并以某种方式组合输出。对于电流输出放大器，通过在输出节点上进行固有电流求和就可以轻松实现。如果使用电压模式放大器，则可以使用变压器或传输线来组合输出功率。

变压器的结构具有降低阻抗的能力。Aoki 在 0.18μm CMOS 工艺中实现了这样一个功率合成器级，输出功率高达 34 dBm，在 1.9 GHz 频段的功率附加效率(Power Added Efficiency，PAE)接近 50%[16]。变压器的集成具有挑战性，因为它们的插入损耗相对较高，但可以克服低压供电 CMOS 技术中的电源处理问题。

最常见的基于传输线的功率合成器是威尔金森合成器，它将两个信号相加，使各自的功率在输出节点上相加。传输线的阻抗变换也是功率发生的一个关键概念。Shirvani 在 CMOS 0.25μm(电压供应为 1.5 V)中实现了 1.4 GHz 频段的三分支功率放大器，其各自的输出端通过三条具有 2 次方特性阻抗的传输线连接，从而实现了输出电压的加权[17]。因此，输出功率范围为 8.4~24.8 dBm，在 19~24.8 dBm 的功率范围内，PAE 超过 40%。请注意，传输线的尺寸与其工作频率成反比，因此不适合低频应用。不过，在低频情况下，传输线可以用块元件等效级代替，以节省芯片面积。

图 4-10 展示了五通道功率合成器的结构，用于驱动实际负载阻抗(例如天线)，其中 $N=5$[18]。在每个通道中，CMOS 逆变器驱动四分之一波长的传输线。开关功率放大器采用 65 nm CMOS 技术实现，传输线的叠加元件集成在集成无源器件（Integrated Passive

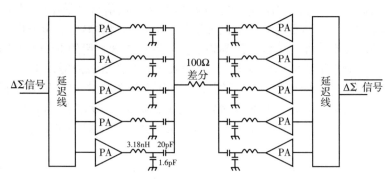

图 4-10　五通道功率合成器的结构，包括数字延迟线

Device，IPD）上。在设计 LC 网络时，已考虑到功率放大器逆变器的输出电容以及 CMOS 芯片和 IPD 之间的键合电感值。数字延迟线用于在组合信号上实现有限脉冲响应（Finite-Impulse-Response，FIR）滤波器功能，下一节将详细介绍。

根据不同的应用修改传输线的特性阻抗，可以在功率传输和额定输出功率之间进行权衡。事实上，低特性阻抗可实现高阻抗变换比。在优化功率传输时（由于特性阻抗高，功率传输趋向于合一），功率增益（定义为激活 N 个通道时输出到负载的功率与激活一个通道时输出到负载的功率之比）是 N^2 的函数，其中 N 代表激活通道的数量。

从图 4-11 中的左图可以看出，五个通道被激活，功率增益为 14 dB。这是因为 N 个激活通道由 N 个驱动阻抗比标称阻抗值低 N 倍的信号源组成。如果需要最大限度地提高输出功率，则功率传输会减小到 50%（理想情况），功率增益仍是 N^2 的函数。必须特别注意尽可能降低开关功率放大器的逆变器输出阻抗。理想情况下，这些反相器代表短路，但因为四分之一波长的传输线而在求和点被视为开路。这种结构只有在输出阻抗非常低的情况下才会起作用，从而使导通晶体管保持在欧姆区。否则，输出电压会下降，阻抗也会变成非线性，从而降低功率组合效果。

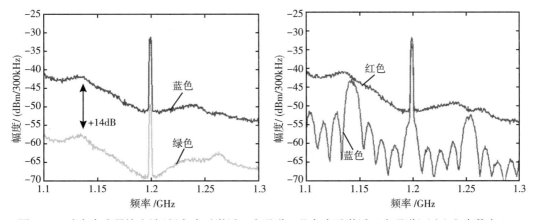

图 4-11　功率合成器输出端（绿色表示激活一个通道，蓝色表示激活五个通道）（左）和半数字 FIR 输出端（蓝色表示未滤波，红色表示带滤波级）（右）的调制频谱测量结果

4.4.3　半数字 RF FIR 滤波

滤波是数字 RF 频发射机的最大问题之一，因为数字信号处理器提供的信号包含大量的量化噪声。克服这一问题的思路是通过使用多比特信号等方法减少量化噪声。在这种情况下，无法使用高效电压模式输出级。还可以在输出端使用选择性很强的滤波器，如 BAW 滤波器。一种折中的方案是放宽对天线滤波的要求，引入 RF 半数字 FIR 滤波器，利用功率合并级执行模拟信号求和。

参考文献［19］给出了利用 1 位 ΔΣ 调制器输出的半数字 FIR-DAC 原理。ΔΣ 输出信号馈入数字延迟线。选定的加法器通过加权电流源在模拟域求和。前面介绍的功率合成器结构提供了在 RF 频率下实现非常类似的半数字滤波器的可能性（见图 4-10）。由于功率 DAC 在电压模式下工作,所有系数都等于±1。

通过精心选择一些整数系数,并利用 FIR 特性(如传递函数的周期性),可在敏感频段创建凹槽,而这些频段目前已被量化噪声淹没。借助移位寄存器和多路复用器,可配置的 FIR 滤波器系数可实现多种传递函数。只需修改延时抽头的数量或时间位置,就能挤压滤波器的频率传递函数,从而在非常精确的陷波位置和多种标准应用中,以采样频率的四分之一为中心,获得更窄的带宽(见图 4-11 的右图,其中实现了离散传递函数 $1+z^{-8}+z^{-16}+z^{-24}+z^{-32}$)。

4.5　带外滤波

4.5.1　使用 BAW 滤波器进行滤波

现在,体声波(Bulk Acuostic Wave,BAW)滤波器已成为高性能 RF 滤波器的理想选择,可支持移动收发机发射路径所需的高功率水平。BAW 技术的另一个优势是与硅处理技术的兼容性。BAW 谐振器上的集成电路集成已经得到证实[20]。BAW 滤波器集梯形结构的从通带到阻带的急剧过渡、晶格结构出色的阻带抑制和低插入损耗等优点于一身。因此,它非常适合在晶格梯形结构中使用,以提供对 ΔΣ 调制器产生的带外量化噪声所需的衰减。

在欧洲项目用于数字无线传输的混合 SiP 和 SoC 功率 BAW 滤波器集成(Mixed SiP and SoC Integration of Power BAW Filters for Digital Wireless Tranmissions,MOBILIS)中,对 BAW 滤波器进行了研究[21],并与 ΔΣRF 信号发生器一起进行了测试。如图 4-12 所示,这些滤波器被组装在一个小模块上,然后安装在一个较大的印制电路板上[22]。BAW 滤波器面向欧洲 3G UMTS 网络,中心频率为 1.95 GHz,带宽为 60 MHz。为了能够利用 ΔΣ 调制 RF 信号演示滤波功能,数字信号发生器在使用模式下使用了第一镜像频带而不是基频。事实上,主时钟频率被设置为 2.6 GHz,从而导致基频为 650 MHz,第一像频带约为 1.95 GHz。这样做是为了演示功能,但很明显,由于采样频率为 75% 时的 sinc 衰减,输出功率降低了约 10 dB。同时,镜像频带的性能也比基频有所下降。例如,ACLR 从 53 dB 下降到 44 dB。RF 芯片的输出频谱如图 4-12 所示,从图中可以看到基频和镜像频带,以及 2.6 GHz 处的 sinc 陷波。

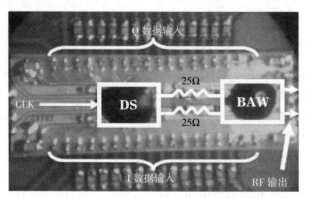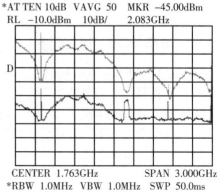

图 4-12　左图为载有 ΔΣRF 信号发生器和中功率 BAW 滤波器的模块细节,右图为 BAW 滤波前后的 ΔΣ 信号发生器输出频谱

ΔΣRF 芯片和 BAW 滤波器之间的匹配网络也非常简单。ΔΣRF 芯片的输出阻抗很低，因为其输出连接到宽变频器，而 BAW 滤波器需要 50Ω 的阻抗。在两个模块之间插入了两个 25Ω 的电阻器，以演示这一概念。

测量结果表明，在这种设置下，近带外量化噪声已降低到频谱分析仪的噪声水平以下，从而利用了 BAW 滤波器的近带高抑制能力，并证明远带滤波也是有效的。在第一个镜像频带，5 MHz 和 10 MHz 偏置下测得的 ACLR 分别为 43 dB 和 42 dB。EVM 为 3.7%，测得的信道功率为-27 dBm，这个值较小，原因是使用了第一像频带和串联电阻的损耗。下一节将讨论在完整发射机中使用这些电路的情况。

4.5.2　使用 BAW 滤波器的发射机实验

从上一节介绍的模块开始，加入一个 BiCMOS7RF 功率放大器和一个 BAW 双工器，专门用于过滤通用移动通信系统(Universal Mobile Telecommunications System，UMTS)TX 波段，并将其与 UMTS RX 波段隔离(见图 4-13)。所有这些模块都是在 MOBILIS 项目的背景下设计的。B7RF 功率放大器的增益为 10 dB，输出压缩点为 27.5 dB。前置功率放大器是一个特设仪表放大器，在 2 GHz 附近有 30 dB 的增益，采用单端配置。它可承受 0 dBm 的输入功率，输出压缩点非常大，不会降低整体线性度。它的前后有一个差分至单端和一个单端至差分的平衡器，以便与相邻模块的差分输入/输出正确连接。该仪表放大器用于补偿 ΔΣ 信号发生器输出端的低输出通道功率和功率放大器的低增益。

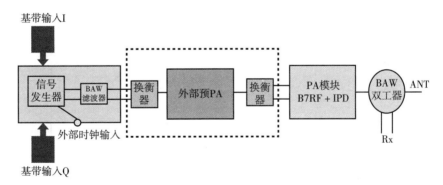

图 4-13　带有外部前置功率放大器的完整发射机概念演示器的测试装置

该发射机的输出频谱如图 4-14 所示。带内发射满足 UMTS 要求，在偏移 5 MHz 和 10 MHz 时，测得的 ACLR 分别为 42.5 dB 和 44.5 dB。标准规定 ACLR 分别为 33 dB 和 43 dB。测量的 EVM 小于 5%，远低于 UMTS 标准要求的 17.5%。信道输出功率为 14.5 dBm。

由于在全链中增加了外部前置功率放大器，杂散低频侧漏高于频谱分析仪的本底噪声，因此可以进行测量。图 4-14b 中曲线与 WCDMA 的标准发射掩码相对应。可以看出，WCDMA 接收频段和更远频段的杂散发射都符合标准。然而，DCS 和 GSM 波段内的杂散发射并不总是符合要求，但差异小于 5 dB。

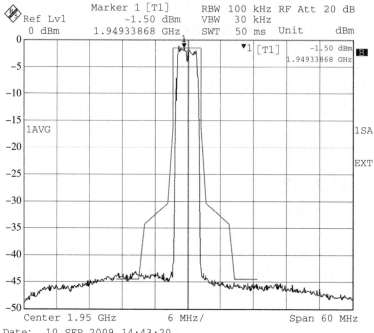

a) 放大带宽

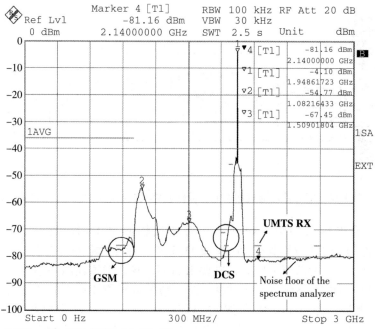

b) 全量程

图 4-14 完整发射机的输出频谱

4.6　总结

本章展示了全数字 RF 信号生成的潜力，以构建数字的 RF 发射机。这些信号为未来终端提供了更好的灵活性和全集成解决方案。我们提出了一种基于高速单比特 $\Delta\Sigma$ 调制器的架构，大大简化了上变频和数/模转换等操作。本章重点讨论了三个问题：1) 数字域所需的高速处理。2) 低压供电技术中的功率放大。3) 量化噪声的带外滤波。

高速 $\Delta\Sigma$ 调制器采用了借用-节省冗余编码方案，从而缩短了关键路径长度。我们已经证明，非精确量化和输出预计算是构建这种高速组件的必要条件。我们对复杂 $\Delta\Sigma$ 调制器进行了概述，以设想如何设计量化噪声传递函数，并满足任何特定通信标准的杂散要求。

通过使用开关功率放大器和变压器或传输线进行功率组合，可以对数字（低至 1 位）RF 信号进行功率放大。除了提供更大的功率外，多通道放大的优势还在于可以在每个通道内插入数字延迟，从而在组合输出上产生 FIR 脉冲响应。这种技术可在所需的频谱位置插入缺口，有助于降低滤波要求。

事实证明数字 RF 发射机不仅仅是概念性的，通过使用高带外抑制滤波器（如 BAW 滤波器），可以缓解 1 位 $\Delta\Sigma$ 调制产生的高带外量化噪声问题。一个完整的发射机几乎可以满足欧洲 3G UMTS 标准对杂散噪声的要求，只需在某些频段上增加几分贝的衰减即可。

我们可以得出结论，基于单比特 $\Delta\Sigma$ 调制的数字 RF 发射机是可以实现的，但仍有许多挑战需要解决。我们希望能将复杂冗余调制器、半数字射频 FIR 预滤波和 BAW 滤波器等技术结合起来，为未来的数字 RF 发射机构建一个全面集成的解决方案。

致谢

作者感谢欧盟委员会和 IST FP6 MOBILIS 项目的所有合作伙伴在数字无线发射机方面所做的卓有成效的工作。感谢法国格勒诺布尔 CEA/LETI 的 Jean-Baptiste David 对声表面波双工器的研究和设计，以及他对整个发射机的参与测量。作者还要感谢法国波尔多 IMS 的 Eric Kerhervé，感谢他设计了 B7RF 功率放大器；感谢法国利摩日 XLIM 的 Sylvain Giraud、Matthieu Cha-tras、Stéphane Bila 和 Dominique Cros，感谢他们设计了 BAW 滤波器。

参考文献

[1] A. A. Abidi, "RF CMOS comes of age," *IEEE J. Solid-State Circuits*, vol. 39, no. 4, Apr. 2004, pp. 549–561.

[2] R. Staszewski, R. B. Staszewski, T. Jung, T. Murphy, I. Bashir, O. Eliezer, K. Muhammad, and M. Entezari, "Software-assisted digital RF processor (DRP^{TM}) for single-chip GSM radio in 90-nm CMOS," *IEEE J. Solid-State Circuits*, vol. 45, no. 2, Feb. 2010, pp. 276–288.

[3] S. Luschas, R. Schreier, and H. S. Lee, "Radio frequency digital-to-analog converter," *IEEE J. Solid-State Circuits*, vol. 39, no. 9, Sep. 2004, pp. 1462–1467.

[4] A. Jerng and C. G. Sodini, "A wideband $\Delta\Sigma$ digital-RF modulator for high data rate transmitters," *IEEE J. Solid-State Circuits*, vol. 42, no. 8, Aug. 2007, pp. 1710–1722.

[5] P. Eloranta, P. Seppinen, S. Kallioinen, T. Saarela, and A. Parssinen, "A multi-mode transmitter in 0.13-μm CMOS using direct-digital RF modulator," *IEEE J. Solid-State Circuits*, vol. 42, no. 12, Dec. 2007, pp. 2774–2784.

[6] A. Pozsgay, T. Zounes, R. Hossain, M. Boulemnakher, V. Knopik, and S. Grange, "A fully digital 65-nm CMOS transmitter for the 2.4-to-2.7 GHz WiFi/WiMAX bands using 5.4-GHz ΔΣ RF DACs," *IEEE ISSCC Dig. Tech. Papers*, 2008, pp. 360–619.

[7] J. Vankka, J. Sommarek, J. Ketola, I. Teikari, M. Kosunen, and K. Halonen, "A digital quadrature modulator with on-chip D/A converter," *IEEE J. Solid-State Circuits*, vol. 38, no. 10, Oct. 2003, pp. 1635–1642.

[8] A. Frappé, A. Flament, B. Stefanelli, A. Kaiser, and A. Cathelin, "An all-digital RF signal generator using high-speed ΔΣ modulators," *IEEE J. Solid-State Circuits*, vol. 44, no. 10, Oct. 2009, pp. 2722–2732.

[9] G. Jaberipur, B. Parhami, and M. Ghodsi, "Weighted bit-set encodings for redundant digit sets: theory and applications," *in Proc. Asilomar Conf. on Signals, Systems and Computers*, vol. 2, 2002, pp. 1629–1633.

[10] H. R. Srinivas and K. K. Parhi, "A fast VLSI adder architecture," *IEEE J. Solid-State Circuits*, vol. 27, no. 5, May 1992, pp. 761–767.

[11] A. Frappe, A. Flament, A. Kaiser, B. Stefanelli, and A. Cathelin, "Design techniques for very high speed digital delta-sigma modulators aimed at all-digital RE transmitters," *in Proc. IEEE Int. Conf. on Electronics, Circuits and Systems*, 2006, pp. 1113–1116.

[12] L. Dadda, "Some schemes for parallel multipliers," *Alta Frequenza*, vol. 19, Mar. 1965, pp. 349–356.

[13] S. R. Norsworthy, R. Schreier, and G. C. Temes, *Delta-Sigma Data Converters Theory, Design, and Simulation*, IEEE Computer Society Press, 1996.

[14] D. M. Hossack and J. I. Sewell, "The application of redundant number systems to digital sigma-delta modulators," *in Proc. IEEE Int. Symposium on Circuits and Systems*, vol. 2, 1994, pp. 481–484.

[15] C. N. Nzeza, A. Flament, A. Frappe, A. Kaiser, A. Cathelin, and J. Muller, "Reconfigurable complex digital delta-sigma modulator synthesis for digital wireless transmitters," *in Proc. IEEE European Conference on Circuits and Systems for Communications*, 2008, pp. 320–325.

[16] I. Aoki, S. Kee, D. Rutledge, and A. Hajimiri, "A fully integrated 1.8-V, 2.8-W, 1.9-GHz, CMOS power amplifier," *in Proc. IEEE Radio Frequency Integrated Circuits Symposium*, 2003, pp. 199–202.

[17] A. Shirvani, D. K. Su, and B. A. Wooley, "A CMOS RF power amplifier with parallel amplification for efficient power control," *IEEE J. Solid-State Circuits*, vol. 37, no. 6, June 2002, pp. 684–693.

[18] A. Flament, A. Frappe, A. Kaiser, B. Stefanelli, A. Cathelin, and H. Ezzeddine, "A 1.2-GHz semi-digital reconfigurable FIR band-pass filter with passive power combiner," *in Proc. IEEE European Solid-State Circuits Conference*, 2008, pp. 418–421.

[19] D. K. Su and B. A. Wooley, "A CMOS oversampling D/A converter with a current-mode semi-digital reconstruction filter," *IEEE J. Solid-State Circuits*, vol. 28, no. 12, Dec. 1993, pp. 1224–1233.

[20] E. Kerhervé, M. Aid, P. Ancey, and A. Kaiser, "BAW technologies: development and applications within Martina, Mimosa, and Mobilis IST European Projects," *in Proc. IEEE Int. Ultrasonics Symposium*, 2006, pp. 341–350.

[21] A. Shirakawa, M. El Hassan, and A. Cathelin, "A mixed ladder–lattice BAW duplexer for W-CDMA handsets," *in Proc. IEEE Int. Conference on Electronics, Circuits and Systems*, 2007, pp. 554–557.

[22] A. Flament, S. Giraud, S. Bila, M. Chatras, A. Frappé, B. Stefanelli, A Kaiser, and A. Cathelin, "Complete BAW-filtered CMOS 90-nm digital RF signal generator," *in Proc. Joint IEEE North-East Workshop on Circuits and Systems and TAISA Conference*, 2009, pp. 1–4.

倍频器设计：技巧和应用

5.1　引言

生成具有高光谱纯度的周期性波形的难度随着信号频率的升高而日益增加。某些应用场景需要非常纯净的信号，而生成这种信号的最好的方式是将一个稳定的低频振荡器通过倍频器上变频到所需波段。在现代微处理器集成电路中，一些这类应用场景，例如时钟电路，需要同步电路门。另一种应用场景是高性能的宽带通信，电子和光学元件的噪声性能会影响系统的误码率，特别是本地振荡器。本章将首先简要回顾一下倍频器的基本原理和概念，随后将对倍频器设计的进步进行更广泛的讨论。

5.2　超高速计算和通信系统中的倍频器

在所有计算系统中，周期信号或者时钟信号的生成都是至关重要的。由于时钟信号是用于校准的，所以它必须在很长一段时间及一定温度范围内都能保持优越的稳定性。例如，温度补偿晶振（Temperature Compensated Quartz Qscillator，TCXO）在载波为 10 MHz、频偏为 10 kHz 时的相位噪声能够达到约−150 dBc/Hz。在微处理器和其他系统中都非常需要这种级别的频率稳定性以尽可能减少误码。

现代计算系统的时钟频率以吉赫兹计，但即便使用高阶泛音，晶振的频率上限也只能达到 100~200 MHz。目前，最常见的产生稳定射频信号的方法[1-2]，就是使用锁相环（Phase-Lock Loop，PLL），并将晶振作为基准频率，如图 5-1 所示。在频率合成器中，压控振荡器（Voltage Controlled Oscillator，VCO）工作在所需的射频频率（f_{out}）下，反馈回路上的分频器将射频信号的频率降至基准频率（f_{ref}）。反馈机制迫使压控振荡器的输出频率满足 $f_{out} = Mf_{ref}$，并且同时使压控振荡器稳

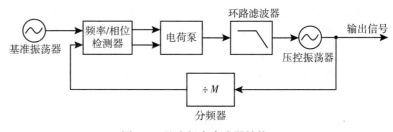

图 5-1　基准频率合成器结构

定。最近的研究表明[3]，使用薄膜体声波谐振腔（Film Bulk Acoustic Wave Resonator，FBAR）的振荡器在载波为 1.5 GHz、频偏为 10 kHz 时的相位噪声达到 -125 dBc/Hz，这是非常不错的结果。可以预见在不久的将来，FBAR 振荡器会开始应用于商业射频场景。

为了产生应用于毫米波收发器的本地高振荡频率信号，我们可以在锁相环后引入倍频器模块。图 5-2 中介绍了采用这种结构的高频频率合成器，其中倍频电路产生的输出频率为 $f_{out} = M f_{ref}$。如果使用的是无源倍频电路，则放大器将补偿其变频损耗。由于从带通滤波器出来的信号本质上可能是正弦信号，所以如果频率合成器的输出信号要作为高速数字电路或者混合信号集成电路的时钟信号，就必须使用信号条件电路来整形输出波形。

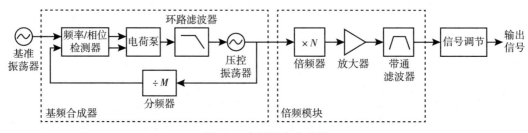

图 5-2 高频频率合成器

5.3 倍频器中的噪声概念

在频域中，振荡器的输出信号可以视为在中心频率点 ω_0 附近根据系统噪声随机波动的谱线。因此，振荡器的瞬时频率可以用 $\omega(t) = \omega_0 + \delta\omega(t)$ 表示，其中，$\omega(t)$ 为频率波动。因为频率是相位对时间的导数，所以有 $\delta\omega(t) = d\phi(t)/dt$，并由此可以推导出

$$\omega(t) = \omega_0 + \frac{d\phi(t)}{dt} \tag{5-1}$$

根据式(5-1)，振荡器在时域的输出信号，可以描述为

$$u(t) = A(t)\cos[\omega(t)t] = A(t)\cos\left[\omega_0 t + \frac{d\phi(t)}{dt}t\right] \tag{5-2}$$

式中，$A(t)$ 代表 AM(Amplitude Modulation)噪声，但在稳态下运行的振荡器通常振幅变化很小，而且如果需要，可以通过使用限幅放大器最小化这些噪声。因此，$A(t)$ 可以在后续讨论中被视为常数 A_0。需要注意的是，式(5-2)中的 $(d\phi(t)/dt)t$ 项的单位为弧度，我们会在这一节更进一步将其替换为 $\Delta\phi(t) \equiv (d\phi(t)/dt)t$。我们使用更简单的表达 $\Delta\phi(t)$，强化了振荡器频率波动实质上是相位波动的概念。当讨论振荡器相位噪声时，通常会涉及相位波动的噪声谱密度概念。以对数形式表示，这个谱密度可表示为

$$S_\phi(f_m) = 10\lg\Delta\phi_{rms}^2 = 20\lg\Delta\phi_{rms} \tag{5-3}$$

其单位为 dBr/Hz，即每赫兹带宽内一弧度的分贝数。式(5-3)中的频率 f_m 是与中心的偏移频率，我们在这一频率处测量相位噪声。

当振荡器的输出连接到一个 ×n 倍频器，不仅中心频率会乘以 n，而且相位波动也会乘以同样的因子[5-6]，这意味着输出信号的频谱纯净度相对于输入信号会降低。如果倍频器的输入由式(5-2)给出，则所需上变频的输出信号为

$$v(t) = B_0 \cos\left[n\omega_0 t + n\Delta\phi(t)\right] \tag{5-4}$$

使用式(5-3)计算该信号相位波动的噪声谱密度，可以轻松得到以下表达式：

$$S_\phi^{(n)}(f_{\mathrm{m}}) = 20\lg n + 20\lg\Delta\phi_{\mathrm{rms}} \tag{5-5}$$

从实际角度来说，这个表达式说明，如果在倍频器的输出处测量相位噪声，那么相位噪声将比输入信号的相位噪声降低 $20\lg n$，其中 n 为倍数。请注意，在这两种情况下，相位噪声是在相对于载波的相同偏移频率处测量的，并且 $20\lg n$ 的相位噪声降低是理论最小值，因为该表达式没有包括倍频器电路的内部噪声。然而，设计良好的倍频器的相位噪声通常不会比理论最小值大太多。

5.4　单晶体管倍频器

可以使用单个晶体管来实现有源倍频器[7]。场效应晶体管（Field Effect Transistor，FET）和双极结型晶体管（Bipolar Junction Transistor，BJT）都能够用来构成有源倍频器，但在这里我们将重点讨论 FET 器件，因为它们更常用。FET 倍频器的基本结构如图 5-3 所示。输出耦合网络可以是滤波器，也可以是简单的阻抗匹配结构，其目的是滤除输出频谱中不需要的谐波，并隔离所需的基音。输入耦合网络主要用于阻抗匹配。

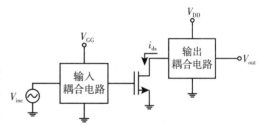

图 5-3　FET 倍频器的基本结构[7]

器件的直流栅偏置 V_{GG} 需要略低于晶体管的阈值电压 V_{th}。当输入射频信号 V_{inc} 叠加在 V_{GG} 上时，栅极电压将升高，超过 V_{th}，此时晶体管会在部分波形周期内开启。从时域中看，晶体管的漏极电流 i_{ds} 将是一个有很多谐波的脉冲波形。

$$i_{\mathrm{ds}} = I_0 + n = \sum_{n=1}^{\infty} I_n \cos(n\omega_{\mathrm{in}}t) \tag{5-6}$$

式中，ω_{in} 为输入频率，傅里叶系数由参考文献[8]给出：

$$I_n = I_{\mathrm{pk}} \frac{4t_0}{\pi T} \left| \frac{\cos(n\pi t_0)/T}{1 - (2nt_0/T)^2} \right| \tag{5-7}$$

式中，I_{pk} 是脉冲电流的峰值，t_0 是电流脉冲的持续时间，T 是需要倍频的输入信号的周期。

在图 5-4 的第一行中可以看到在 1 GHz 输入信号下的上述波形图。左侧图中的虚线是器件的阈值电压，对于 130 nm NMOS 晶体管来说，阈值电压大约为 0.48 V，右侧的频谱图显示了 i_{ds} 的谐波幅度相对于基音的情况。我们注意到，2 GHz 处的二次谐波强度为 −5 dB，而

三次谐波的强度相对于基音约为−15 dB；因此，图 5-3 中的电路可以很好地作为二倍频电路，但作为三倍频电路时就不那么好了。

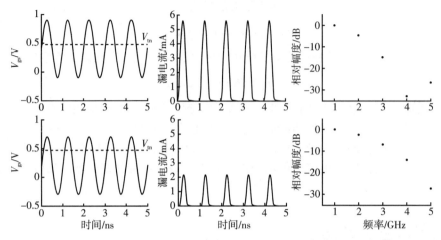

图 5-4　图 5-3 中代表性的电压和电流波形

为了在三倍频模式下从该电路中获得更好的结果，一种解决方案是降低栅极的直流偏置电压。随着直流栅极电压的降低，输出电流脉冲的占空比将变短，i_{ds} 中包含的谐波将变得更强。图 5-4 第二行的图形说明了这种效应。现在，相对于基音，三次谐波约为−7 dB，相比之前的结果有了+8 dB 的改善。然而，这种简单方法也有一个代价：谐波信号的绝对输出功率水平低于之前。因为电流脉冲的峰值从 5.6 mA 降低到了约 2.2 mA，这一现象可以在图 5-4 的中间两幅图中看到。输出功率水平的降低导致变频损耗增加。最近，在频率三倍频器的设计中出现了新的电路概念[9-10]，克服了图 5-3 中的单个场效应晶体管方法所遇到的一些变频损耗问题。我们将在本章后面讨论这些新的概念。

虽然单个器件可以很容易地产生二倍频，但它也会产生一个必须去除的强基音。用于去除基音和其他不需要的谐波的滤波器自然会对倍频器的可用频率范围施加带宽限制。设计超宽带倍频器的一个方法是使用行波技术。该方法受到了分布式放大器[11]领域广泛存在的大量文献的启发。

图 5-5 展示了使用不平衡和平衡射频输入的两种分布式倍频器（Distributed Multiplier）实现。图 5-5a 中的设计首次在参考文献[12]中给出，并由两行 FET 组成。在顶行中，晶体管为共栅极结构（Common Gate，CG），射频输入信号从源端输入。栅极偏置电压 V_{G1} 使得晶体管接近夹断状态，从而产生二次谐波。从器件漏极出来的二次谐波在向输出方向传播的前向路径上与顶部传输线上的波以相干方式叠加。在顶部传输线上也会有不需要的基音，但因为器件的顶部行处于共栅极，所以它与射频输入信号同相位。

图 5-5a 底部行中的晶体管采用共源极结构（Common Source，CS）；因此，底部传输线上的基音与射频输入信号相位相反。底部行产生的二次谐波与顶部行处于相同相位，因为频率加倍也会使相位加倍，而基音输入的相位为 0 或 π 并不重要。这是因为，如果将形式为 $\cos(\omega t+\pi)$ 的信号输入二倍频器，二次谐波的输出将是 $\cos(2\omega t+2\pi)=\cos(2\omega t)$，由此看出，

基音的相位信息将被移除。

当图 5-5a 中顶部和底部传输线上的信号在输出节点处相加时，二次谐波将经历相长干涉，而基音将经历相消干涉。结果是，我们将获得一个宽带的二倍频电路，且不需要对基音进行输出滤波。参考文献［12］中的结果表明，当射频输入功率为＋18 dBm 时，这个结构能够在 10～18 GHz 的输出频率范围内实现 16 dB 的基波抑制（Fundamental Suppression）和 10～14 dB 的变频损耗。对于高射频输入功率的需求很可能来自需要从单一源为大量晶体管供能。

图 5-5b 所示的分布式倍频器是先前介绍的行波倍频器的更新版本[13]，在这其中，对 RF 输入信号进行了修改，使其成为差分信号。与之前一样，由于倍频过程去除了输入信号的相位信息，二次谐波音

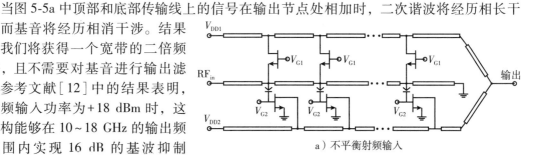

a）不平衡射频输入

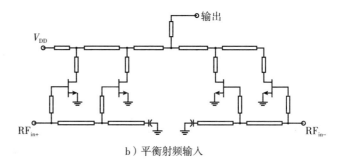

b）平衡射频输入

图 5-5　使用不平衡和平衡射频输入的两种分布式倍频器[12-13]

调在输出节点处以相长干涉相加，而基音音调在输出处以相消干涉相互干扰。在该电路中，将所有晶体管都以共源极结构排列的好处是只需要两个直流偏置电压，一个用于栅极，另一个用于漏极，这比图 5-5a 中的电路需要四个不同的直流偏置电压要好。图 5-5b 中的电路的测量结果显示，在 30～50 GHz 的输出信号带宽上，使用＋10 dBm 的射频输入功率，变频损耗为 5～7 dB。基波抑制大于 13 dB，三次谐波抑制大于 25 dB。

5.5　具有内部本振倍频的混频器

由于倍频器通常用于产生本地振荡器（Local Oscillator，LO）信号的谐波，然后将其输入混频器电路，因此已经有很多研究致力于将本振倍频和混频过程合并到一个单独的电路中，以便同时执行这两个操作。这些专用的混频器电路通常被称为谐波混频器（Subharmonic Mixer），通常 LO 信号会被内部倍频为 2 倍或 4 倍，甚至更高。

基于二极管的谐波混频器使用反向并联二极管对（Antiparallel Diode Pair）作为基本结构单元，如图 5-6 所示。LO 和 RF 信号通过一组带通滤波器输入到混频器中。通常会使用双工器设计技术（Diplexer Design Technique）同时设计这两个带通滤波器[14]。在 IF 端口使用了低通滤波器，并且由于 IF 信号的频率要低得多，因此可以相对独立地设计这个滤

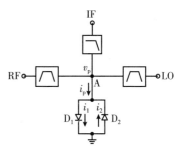

图 5-6　由反向并联二极管对构成的谐波混频器

波器。

为了说明图 5-6 中的电路如何同时作为混频器和倍频器，我们可以分析二极管对中的电流流动情况。图 5-6 中的电流 i_1 和 i_2 由以下表达式给出：

$$i_1 = I_0(e^{v_p/nV_T} - 1), \quad i_2 = I_0(e^{-v_p/nV_T} - 1) \tag{5-8}$$

式中，v_p 是节点 A 上二极管的电压降，I_0 是二极管饱和电流，n 是二极管理想因子，V_T 是器件的热电压。在 i_2 的指数项中出现的负号是由二极管 D_2 相对于二极管 D_1 反向连接引起的。这个负指数项是这种电路结构能够进行谐波混频的关键。在节点 A 应用 KCL，能够得到 $i_p = i_1 - i_2$，简化后我们得到

$$i_p = I_0(e^{v_p/nV_T} - e^{-v_p/nV_T}) \tag{5-9}$$

对上式进行泰勒展开，$e^x = 1 + x + \dfrac{x^2}{2!} + \dfrac{x^3}{3!} + \cdots + \dfrac{x^n}{n!}$，并且保留三次项，则式 (5-9) 变为

$$i_p = I_0\left[2\left(\frac{v_p}{nV_T}\right) + \frac{1}{3}\left(\frac{v_p}{nV_T}\right)^3\right] \tag{5-10}$$

在图 5-6 中，节点 A 处的电压 v_p 是 LO 和 RF 输入电压的叠加，$v_p = v_{rf} + v_{lo}$。请注意，在式 (5-10) 中没有平方项，这是在基础混频器中产生混频行为的项。但在该式中有一个立方项，如果我们观察由此生成的信号，我们可以发现

$$\frac{1}{3}\left(\frac{v_p}{nV_T}\right)^3 = \frac{1}{3n^3V_T^3}(v_{rf}^3 + 3v_{rf}^2 v_{lo} + 3v_{rf}v_{lo}^2 + v_{lo}^3) \tag{5-11}$$

如果我们令 $v_{rf} = A_{rf}\cos(\omega_{rf}t)$，且 $v_{lo} = A_{lo}\cos(\omega_{lo}t)$，则式 (5-11) 中的 $\dfrac{1}{n^3V_T^3}(v_{rf}v_{lo}^2)$ 可以产生以下信号：

$$\frac{1}{n^3V_T^3}(v_{rf}v_{lo}^2) = \frac{1}{4n^3V_T^3}A_{rf}A_{lo}^2\cos(\omega_{rf} \pm 2\omega_{lo})t + \frac{1}{2n^3V_T^3}A_{lo}A_{rf}\cos(\omega_{rf}t) \tag{5-12}$$

从最后的表达式中，我们可以看到混频器在 $\omega_{rf} + 2\omega_{lo}$ 和 $\omega_{rf} - 2\omega_{lo}$ 处分别产生了上变频和下变频，而在这两种情况下，LO 信号均按照预期产生了倍频信号。使用反向并联二极管结构，还可以获得更高的 LO 倍增因子，如 ×4。如果在式 (5-10) 中使用的泰勒级数展开到五次方，则会观察到类型为 $\omega_{rf} \pm 4\omega_{lo}$ 的输出混频频率。然而，谐波混频器在更高的倍增因子下的变频损耗要比 ×2 情况下大得多。

许多由 FET 和 BJT 构成的谐波混频器已经被验证，并且可以分为有源和无源两种。无源 FET 谐波混频器通常依赖于环型混频器器件拓扑结构，其中开关被二倍频器所取代[15-16]。在这里，我们将重点关注基于吉尔伯特单元拓扑结构的有源谐波混频器，因为它能提供转换增益和高杂散信号抑制。虽然高转换增益是以直流功率消耗为代价的，但由于不需要像在无源混频器中那样在混频器后面添加放大器来补偿变频损耗，因此这一问题得到了缓解。

图 5-7a 展示了基本的吉尔伯特单元混频器[17]。它是一种基谐模式混频器，这意味着其输出混频频率为 $\omega_{if} = \omega_{rf} \pm \omega_{lo}$。晶体管 M_1 和 M_2 是差分跨导级，能将 RF 输入电压转换为电流。这些电流被输入到由差分 LO 信号驱动的晶体管网络。LO 晶体管被驱动至完全开启和关闭，以此充当将 RF 电流切割的开关，从而使电路具有混频功能。两个相同的负载电阻 R_d 将混频器输出电流转换回电压，并且可以选择其值以提供转换增益。由于混频器的三个端口都是差分的，所以它拥有非常出色的杂散抑制和端口间隔离。图 5-7a 中混频器的双边带噪声系数通常在 10 或 12 dB 以上，这稍微有些高。但是，通过在混频器中使用非常低噪声的 RF 跨导级，噪声性能可以得到显著改善，并降低到 6 dB 以下[18-19]。

在图 5-7a 中，基本模式的吉尔伯特单元混频器可以通过将器件 M_1 和 M_2 替换为二倍频电路来转换为×2 谐波混频器，如图 5-7b 所示。请注意，谐波混频器中的 LO 和 RF 输入端口相对于基本混频器已经翻转。如果不对输入端口进行更改，就需要将图 5-7a 中的所有 LO 晶体管替换为二倍频器，从而额外增加四个器件。这不仅会提高谐波混频器的直流功耗，更重要的是，也需要更大的 LO 信号功率来驱动混频器。相反，通过翻转输入端口，只需要增加两个器件。

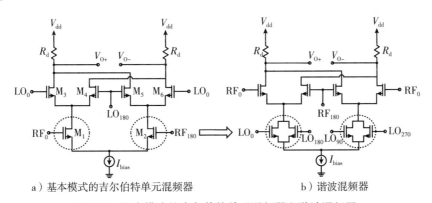

a）基本模式的吉尔伯特单元混频器　　　　b）谐波混频器

图 5-7　基本模式的吉尔伯特单元混频器和谐波混频器

谐波混频器使用正交 LO 信号，这源于以下事实：由于输入信号为 $v_{lo} = A_{lo}\cos\left(\omega_{lo}t + n\dfrac{\pi}{2}\right)$，其中 $n = 0, 1, 2, 3$；通过将频率乘以 2，可以得到新的 LO 信号类型 $v_{2lo} = A_{2lo}\cos(\omega_{2lo}t + n\pi)$。如我们所期望的，新的二倍频 LO 信号只有两个相位角度，即 0 和 π。可以使用无源片上多相位网络来生成正交 LO 信号，而不需要太多的芯片面积。在高性能应用中，需要高频谱纯度的 LO 信号，而芯片面积和直流功耗可能较不重要时，可以使用正交压控振荡器。

对于相同的 RF 和 LO 输入功率水平以及直流偏置水平，谐波吉尔伯特单元混频器通常具有比基本混频器更低的变频增益。这并不出人意料，因为谐波混频器在 LO 路径中的倍频操作将降低其变频增益。在参考文献[10]推导出了预测谐波混频器变频增益的表达式。

$$CG = 20\lg\left[\frac{R_d A_{lo} I_{bias}}{4(V_{GS(RF)} - V_t)(V_{GS(LO)} - V_t)^2}\right] \tag{5-13}$$

式中，V_t 是晶体管的阈值电压，$V_{GS(RF)}$ 是 RF 器件的栅-源直流电压，类似地，$V_{GS(LO)}$ 是 LO 器件的栅-源直流电压。这些混频器测量出的变频增益通常在 8~12 dB 之间，并且它们具有约 0 dBm 的 $P_{1dB,out}$[20-22]。谐波混频器的端口间隔离通常用于 LO-RF 和 2LO-RF 两种情况，因为基频和二次谐波 LO 信号都可能直通到 RF 端口。LO-RF 间隔可以达到 65~70 dB 的范围，而 2LO-RF 间隔通常比这个低 10 dB。在 IF 端口测量的 LO 串扰也观察到类似的行为。

图 5-7b 中的电路可以通过对 LO 倍频网络进行进一步的处理，转换为 ×4 谐波混频器。图 5-8 展示了一个 ×4 CMOS 谐波混频器[23]。为了生成 $4\omega_{lo}$ 频率，LO 网络中使用了八个晶体管，并且这些器件由八相位信号驱动。换句话说，LO 输入波形现在是 $v_{lo} = A_{lo}\cos\left(\omega_{lo}t + n\dfrac{\pi}{4}\right)$ 的类型，其中 $n = 0, 1, 2, 3, \cdots, 7$。在第四次谐波处，我们有 $v_{4lo} = A_{4lo}\cos(4\omega_{lo}t + n\pi)$，相位再次为 0 和 π，符合要求。

这个 ×4 混频器测量出的变频增益为 5.8 dB，这是迄今为止文献中报告的所有类型的 ×4 谐波混频器所能达到的最高增益。混频器的 LO-RF 和 4LO-RF 隔离分别为 71 dB 和 59 dB，其 LO-IF 隔离为 68 dB，4LO-IF 隔离为 59 dB。LO 信号被乘以 4 倍，这意味着该混频器的 LO 自混频性能应该非常好。但实际上，测量结果显示，对于 +10 dBm 的 LO 输入信号（$V_{rms} = 707$ mV），在 IF 端口测量到的 DC 自混频电压仅为 4.2 mV，这表示了 $20\lg(707/4.2) = 45$dB 的"抑制"作用。图 5-9 展示了 ×4 CMOS 谐波混频器微观照片。有关该混频器的更多细节，请参见参考文献[23]。

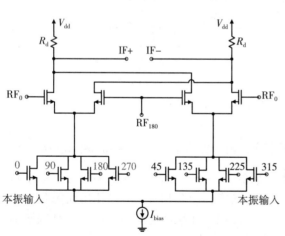

图 5-8　×4 CMOS 谐波混频器

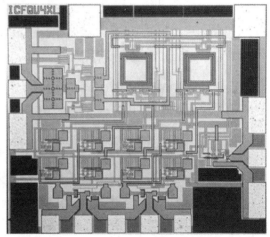

图 5-9　×4 CMOS 谐波混频器微观照片[23]

5.6　奇数次倍频器

本章的重要主题是，当周期信号进入非线性电路并产生基频的谐波时，会产生倍频。通常情况下，随着谐波数量或次数的增加，谐波的功率会减小。我们考虑一个简单的倍频器，

其中一个正弦信号 $v_{\text{in}}=A_{\text{in}}\cos(\omega t)$ 作用于一个 I-V 曲线为 $i=I_0(\text{e}^{v_{\text{in}}/nV_{\text{T}}}-1)$ 的单个二极管上。该二极管输出电流的幂级数展开式简单地表示为

$$i=I\left[\frac{v_{\text{in}}}{nV_{\text{T}}}+\frac{1}{2!}\left(\frac{v_{\text{in}}}{nV_{\text{T}}}\right)^{2}+\frac{1}{3!}\left(\frac{v_{\text{in}}}{nV_{\text{T}}}\right)^{3}+\frac{1}{4!}\left(\frac{v_{\text{in}}}{nV_{\text{T}}}\right)^{4}+\cdots\right] \tag{5-14}$$

如果我们假设 $A_{\text{in}}\equiv nV_{\text{T}}$，仅用于说明，那么我们可以借助式(5-14)和一些三角函数的运算来确定输出频率的幅度。输出幅值相对于基频进行了归一化，并列在表 5-1 中。该表说明了使用单个二极管来生成超过二次谐波的频率通常不是首选方法。例如，使用一个二极管来生成四次谐波信号意味着相对于基频要承受无法接受的损失，达到 -45.7 dB。在 ×4 倍频二极管器件中减小变频损耗的一个直接而有效的方法是设计一个 ×2 倍频器，并将两个二倍频器串联以获得四次谐波信号。在这种情况下，总的变频损耗将为：$-12\text{dB}-12\text{dB}=-24\text{dB}$，而不是 -45.7 dB。

要生成奇数次谐波，如三次谐波信号，不能像产生四次谐波频率一样，因为二极管无法产生可以加倍的 1.5 次谐波信号。事实上，研究文献中报告的奇数次谐波倍频器设计较少，相比之下，偶数次(2^n)倍频器设计更为方便，因为从较低频率的谐波开始设计更为便利。

表 5-1　谐波频率幅值

频率	输出幅值	dBc
ω	1	0
2ω	1/4	-12.0
3ω	1/24	-27.6
4ω	1/192	-45.7

在毫米波和亚毫米波应用中，一种广泛使用的三倍频器结构是基于前面讨论过的反向并联二极管对(见图 5-6)。从描述二极管对的电流-电压关系的式(5-10)中，我们可以看到电路具有一个立方项且没有偶数次项。如果由反向并联二极管对生成三次谐波信号，它将比由单个二极管生成的信号高 6 dB，这可以通过使用式(5-10)和式(5-14)计算信号幅度进行验证。

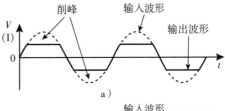

由于结构简单，并具有优秀的高频性能，反向并联二极管对吸引了很多关注[25-27]。在频谱的低频处，可以使用更多的三倍频器设计概念并基于晶体管实现。许多基于晶体管的三倍频器都以过驱动器件的方式工作，这使得输出波形为富含谐波的截断正弦波(见图 5-10a)。功率放大器结构已被用于实现这一目标，并且已经发现，为了提高三倍频器的变频效率，器件应该被偏置为 class B 或 class AB 工

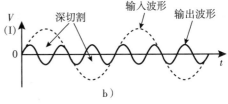

图 5-10　通过截断正弦波(图 a)来产生谐波和深度切割基波信号(图 b)产生三倍频[9]

作[28-29]。这些三倍频电路通常需要在输出端使用滤波器或特殊的匹配线来将所需的三倍频分离出来以分离不需要的谐波,这两者都可能需要相当大的芯片面积。

三倍频器设计的一个最新进展采用了一种非常不同的方法,该方法依靠在时域中对基波的每个波峰进行深度切割,从而产生一个带有强三次谐波的输出波形。由于该方法依赖于对输入信号波形的时间域操作,因此可以将其视为一种"波形整形"技术。

图 5-10a 是通过截断正弦波生成多个谐波的常见方法,而图 5-10b 是新的波形整形技术。图 5-10b 中的波形更近似于三倍频信号,这意味着与图 5-10a 中所示的截波技术相比,输出端可以使用一个更宽松、更低 Q 值的滤波器来隔离三次谐波。

图 5-11 展示了波形整形三倍频电路结构。该电路的关键概念是将输入的基频信号 $V_{IN} \equiv V_1$ 与其自身的反向信号 V_2 结合,以在基波中创建深切口。晶体管 T_1/T_2 构成一个反相放大器,用于产生信号 V_2,而晶体管 T_3 到 T_6 是一个非线性组合结构,将 V_1 和 V_2 作为输入并产生输出电流 I,该电流在 T_4/T_5 的漏极处有一个强烈的三次谐波。信号 V_2 仅在 V_1 的正负峰值处与 V_1 相抵消,

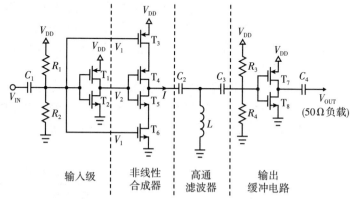

图 5-11 波形整形三倍频电路结构[9]

以产生深切口。然而,在图 5-12b 中 t_2 和 t_2 之间的中间区域,V_2 和 V_1 相加,使得这些时间间隔内的信号彼此增强。请注意,这个过程与简单的 V_1 和 V_2 的线性组合非常不同,后者将产生一个类型为 $V_1+V_2=A_1\cos(\omega t)+A_2(\cos(\omega t+\pi)=(A_1-A_2)\cos(\omega t))$ 的输出信号,其中没有任何谐波成分。

晶体管 T_3/T_6 形成了由 V_1 驱动的反相器(Ⅰ),而 T_4/T_5 是嵌套在第一个反相器中的第二个反相器(Ⅱ),其输入为 V_2。反相器 Ⅰ 在两个阈值电压 TH_1 和 TH_4 之间工作,并且由于 V_1 的振幅保持在这两个电压之间(见图 5-12a),反相器 Ⅰ 在 V_1 的整个波周期内都处于开启状态。反相器 Ⅱ 具有不同的阈值电压 TH_2 和 TH_3,这些电压位于图 5-12a 所示的 TH_1 和 TH_4 之间。在 $t=0\sim t_1$ 的时间段内,反相器 Ⅱ 处于开启状态,输出电流 I 处于上升状态。从 $t_1\sim t_2$,信号 V_2 超出了反相器 Ⅱ 的阈值电压范围,因此该反相器处于关断状态,导致输出电流 I 减小。这种输出电流的减小发生在 V_2 的峰值期间,该峰值也是输入信号的(低)峰值。类似的过程在

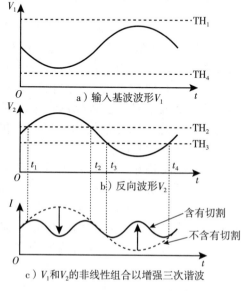

a)输入基波波形 V_1

b)反向波形 V_2

c)V_1 和 V_2 的非线性组合以增强三次谐波

图 5-12 波形整形过程[9]

$t_3 \sim t_4$ 的时间段内发生，这就是实现基频波形的深切口的过程。

由于非线性组合网络的输出电流 I 具有强三次谐波，这意味着可以使用相对简单的片上滤波器来过滤三倍频器的输出波形。图 5-11 中的电路仅使用一个三元高通滤波器来抑制基频。图 5-13 展示了测量出的波形整形三倍频器的谐波功率响应。对于 1.92 GHz 下 −2 dBm 的输入功率，三倍频的变频损耗为 5.6 dB。基波和二次谐波的抑制在 10 dB 或更好，四次谐波的抑制超过 20 dB。该芯片的尺寸仅为 0.08 mm² (不包括焊接垫)，在 0.18 μm CMOS 工艺下消耗 27 mW 的直流功耗。图 5-14 为三倍频器微观照片。

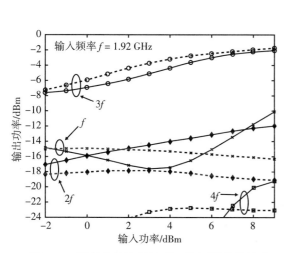

图 5-13　测量出的波形整形三倍频器的谐波功率响应[9]

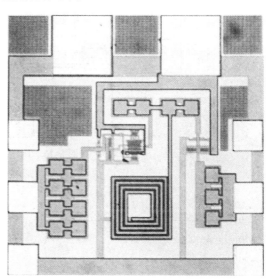

图 5-14　三倍频器微观照片[9]

还有另一种紧凑的三倍频器，因为它完全避免了使用任何滤波结构，该电路在参考文献 [10] 中有描述，并且其框图如图 5-15 所示。输入信号 ω_{in} 被馈送到 ×2 谐波混频器的两个输入端口，以产生输出频率 $3\omega_{in}$ 和 ω_{in}。此外，该电路还包括一个前馈机制，以在输出端消除 ω_{in} 信号，只保留 $3\omega_{in}$ 信号。

在前馈通路中使用可变移相器，产生在求和节点处所需的精确 180° 相移，以实现最大程度上的基波抵消。前馈通路中还包括一个放大器，因为信号幅度也需要匹配。用于该三倍频器的谐波混频器与图 5-7b 中所示的混频器完全相同。由于谐波混频器具有正的转换增益，因此可以预计该三倍频器电路也具有正的转换增益，事实也的确如此。在 1 GHz 下使用 −10 dBm 的输入信号，该三倍频器的测量增益为 3.0 dB。

用于前馈抵消 (Feedforward Cancellation) 的子电路如图 5-16 所示。其核心是一个减法器电路，即差分放大器。减法器的输出是单端的，意味着

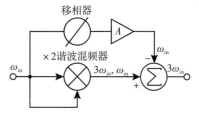

图 5-15　使用 CMOS 谐波混频器并包含前馈基波抵消的三倍频器框图[10]

输出电压为 $v_0 = \dfrac{g_m}{2}(v_{SHM} - v_{FF})$，其中 v_{SHM} 是经过巴伦电路转换为单端输出的谐波混频器的信号，v_{FF} 是前馈电路产生的基频信号。图 5-17 和图 5-18 的实验结果表明，使用这种信号抵消方法，在 RF 输入功率水平约为−10 dBm 时，输出相对于所需的三次谐波具有高达 30 dB 的基波抑制效果。

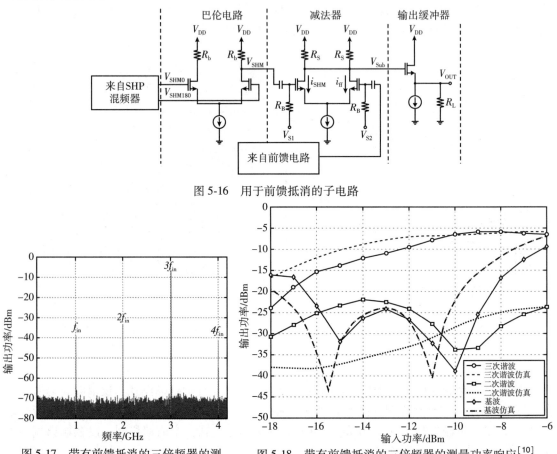

图 5-16　用于前馈抵消的子电路

图 5-17　带有前馈抵消的三倍频器的测量频率响应[10]

图 5-18　带有前馈抵消的三倍频器的测量功率响应[10]

在这个三倍频器中使用的谐波混频器的内部二倍频过程会产生 ω_{in} 信号的偶次谐波。这些偶次谐波最终会与 ω_{in} 本身相乘，从而只产生奇次谐波。数学上，我们可以写成

$$v_{mix} = \sum_{n=1}^{\infty} a_n \cos(2n\omega_{in}t)\cos(\omega_{in}t) \qquad (5\text{-}15)$$

$$= \sum_{n=1}^{\infty} b_n \cos((2n \pm 1)\omega_{in}t) \qquad (5\text{-}16)$$

该三倍频器的测量谱表明，即使在芯片上或芯片外没有任何滤波器的情况下，偶次谐波

也能被很好地抑制，从而实现了非常紧凑的 IC 设计，仅占用 $0.8\ \text{mm}^2$ 的面积。图 5-19 展示了该三倍频器的微观照片。

5.7　总结

倍频在微波和毫米波频段的信号生成中起着关键作用。对于实现二倍频，单晶体管倍频器是适用的，但对于实现三倍频，则需要更先进的技术来将变频损耗维持在可接受的较低水平。最近的三倍频器设计中采用了入射波波形整形的概念，以使输出信号具有强三次谐波。另一种方法是依赖于×2 谐波混频器来产生三倍频信号。这些新电路的一个关键特点是弃用了芯片外的滤波器，从而实现紧凑的 IC 设计。

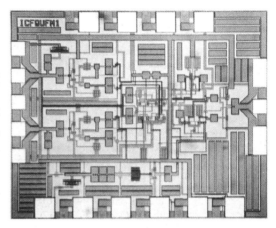

图 5-19　三倍频器的微观照片[10]

参考文献

[1] J. Craninckx and M. Steyaert, "A fully integrated CMOS DCS-1800 frequency synthesizer," *IEEE J. Solid-State Circuits*, vol. 33, no. 12, Dec. 1998, pp. 2054–2065.

[2] H. Rategh, H. Samavati, and T. Lee, "A CMOS frequency synthesizer with an injection-locked frequency divider for a 5-GHz wireless LAN receiver," *IEEE J. Solid-State Circuits*, vol. 35, no. 5, May 2000, pp. 780–787.

[3] S. Rai, Y. Su, A. Dobos, R. Kim, R. Ruby, W. Pang, and B. Otis, "A 1.5 GHz CMOS/FBAR frequency reference with 10-ppm temperature stability," in *Joint IEEE International Frequency Control Symposium and 22nd European Frequency and Time Forum*, April 2009, pp. 385–387.

[4] G. Ritzberger, J. Bock, and A. Scholtz, "45 GHz highly integrated phase-locked loop frequency synthesizer in SiGe bipolar technology," in *IEEE MTT-S International Microwave Symposium Digest*, vol. 2, 2002, pp. 831–834.

[5] B. Schiek, I. Rolfes, and H. J. Siweris, *Noise in High-Frequency Circuits and Oscillators*, Hoboken, NJ: Wiley InterScience, 2006.

[6] S. A. Maas, *Noise in Linear and Nonlinear Circuits*. Boston: Artech House, 2005.

[7] C. Rauscher, "High-frequency doubler operation of GaAs field-effect transistors," *IEEE Transactions on Microwave Theory and Techniques*, vol. 31, no. 6, June 1983, pp. 462–473.

[8] S. A. Maas, *Nonlinear Microwave Circuits*. Boston: Artech House, 1988.

[9] Y. Zheng and C. E. Saavedra, "A broadband CMOS frequency tripler using a third harmonic enhanced technique," *IEEE J. Solid-State Circuits*, vol. 42, no. 10, Oct. 2007, pp. 2197–2203.

[10] B. R. Jackson, F. Mazzilli, and C. E. Saavedra, "A frequency tripler using a subharmonic mixer and fundamental cancellation," *IEEE Transactions on Microwave Theory and Techniques*, vol. 57, no. 5, May 2009, pp. 1083–1090.

[11] E. L. Ginzton, W. R. Hewlett, J. H. Jasberg, and J. D. Noe, "Distributed amplification," *Proceedings of the IRE*, vol. 36, no. 8, Aug. 1948, pp. 956–969.

[12] A. M. Pavio, S. D. Bingham, R. H. Halladay, and C. A. Sapashe, "A distributed broadband monolithic frequency multiplier," *IEEE International Microwave Symposium Digest*, 1988, pp. 503–504.

[13] K. L. Deng and H. Wang, "A miniature broadband pHEMT MMIC balanced distributed doubler," *IEEE Transactions on Microwave Theory and Techniques*, vol. 51, no. 4, Apr. 2003, pp. 1257–1261.

[14] G. Matthaei, L. Young, and E. M. T. Jones, *Microwave Filters, Impedance-Matching Networks, and Coupling Structures*. Boston: Artech House, 1980.

[15] R. H. Kodkani and L. E. Larson, "A 24-GHz CMOS passive subharmonic mixer/downconverter for zero-IF applications," *IEEE Transactions on Microwave Theory and Techniques*, vol. 56, no. 5, May 2008, pp. 1247–1256.

[16] T. H. Teo and W. G. Yeoh, "Low-power short-range radio CMOS subharmonic RF front-end using CG-CS LNA," *IEEE Transactions on Circuits and Systems II: Express Briefs*, vol. 55, no. 7, July 2008, pp. 658–662.

[17] B. Gilbert, "A precise four-quadrant multiplier with subnanosecond response," *IEEE J. Solid-State Circuits*, vol. 3, no. 4, Dec. 1968, pp. 365–373.

[18] S. S. K. Ho and C. E. Saavedra, "A CMOS broadband low-noise mixer with noise cancellation," *IEEE Transactions on Microwave Theory and Techniques*, vol. 58, no. 5, May 2010, pp. 1126–1132.

[19] S. Blaakmeer, E. Klumperink, D. Leenaerts, and B. Nauta, "The BLIXER: A wideband balun-LNA-I/Q-mixer topology," *IEEE J. Solid-State Circuits*, vol. 43, no. 12, Dec. 2008, pp. 2706–2715.

[20] K. Nimmagadda and G. Rebeiz, "A 1.9-GHz double-balanced subharmonic mixer for direct conversion receivers," *IEEE Radio Frequency Integrated Circuits Symposium*, 2001, pp. 253–256.

[21] B. R. Jackson and C. E. Saavedra, "A CMOS subharmonic mixer with input and output active baluns," *Microwave and Optical Technology Letters*, vol. 48, no. 12, Dec. 2006, pp. 2472–2478.

[22] Z. Zhaofeng, L. Tsui, C. Zhiheng, and J. Lau, "A CMOS Self-Mixing-Free Front-End for Direct Conversion Applications," *IEEE Int. Symposium on Circuits and Systems*, May 2001, pp. 386–389.

[23] B. R. Jackson and C. E. Saavedra, "A CMOS Ku-Band 4× Subharmonic Mixer," *IEEE Journal of Solid-State Circuits*, vol. 43, no. 6, June 2008, pp. 1351–1359.

[24] J. L. Moll and S. A. Hamilton, "Physical modeling of the step recovery diode for pulse and harmonic generation circuits," *Proceedings of the IEEE*, vol. 57, no. 7, 1969, pp. 1250–1259.

[25] M. Morgan and S. Weinreb, "A full waveguide band MMIC tripler for 75–110 GHz," *IEEE International Microwave Symposium Digest*, May 2001, pp. 103–106.

[26] K. Y. Lin, H. Wang, M. Morgan, T. Gaier, and S. Weinreb, "A W-band GCPW MMIC diode tripler," *European Microwave Conference*, Oct. 2002, pp. 1–4.

[27] N. R. Erickson, R. P. Smith, S. C. Martin, B. Nakamura, and I. Mehdi, "High-efficiency MMIC frequency triplers for millimeter and submillimeter wavelengths," *IEEE International Microwave Symposium Digest*, 2000, pp. 1003–1006.

[28] Y. Campos-Roca, L. Verweyen, M. Fernández-Barciela, E. Sánchez, M. C. Currás-Francos, W. Bronner, A. Hülsmann, and M. Schlechtweg, "An optimized 25.5–76.5 GHz pHEMT-based coplanar frequency tripler," *IEEE Microwave and Guided Wave Letters*, vol. 10, no. 6, June 2000, pp. 242–244.

[29] A. Boudiaf, D. Bacheletand, and C. Rumelhard, "A high-efficiency and low-phase-noise 38-GHz pHEMT MMIC tripler," *IEEE Transactions on Microwave Theory and Techniques*, vol. 48, no. 12, Dec. 2000, pp. 2546–2553.

可调谐 CMOS 射频滤波器

6.1 引言

随着人们对无线通信和数据的依赖程度越来越高，频谱变得越来越拥挤。对接收和发送频谱的过滤正在成为收发机硬件实现中越来越重要的要求。为了在有干扰的情况下运行，无线接收器必须有选择地接收频率；与此同时，为了输出的信号频谱不会干扰附近的其他系统，无线发射器必须选择性地产生频率。

自从射频(RF)电路的性能已被证明可以通过数字 CMOS 技术实现以来，无线收发机的完全集成化便成为人们一直想要实现的目标。独立元件的成本问题推动了射频前端的完全集成化，甚至包括天线的集成化。在过去的二十年里，采用标准数字 CMOS 技术对功率放大器(PA)[1]、发射/接收开关[2]和天线[3]进行了集成化设计。

然而，有一项功能至今难以在芯片上复制，即由表面声波(Surface Acoustic Wave, SAW)或类似的高频离散滤波器提供的高选择性。集成滤波器必须具备校准功能，以应对工艺和温度带来的偏差。这种校准机制还可以创建一个滤波器，对中心频率、带宽、带外抑制和振幅进行调整。可调谐滤波器可以为多频带无线局域网和软件无线电等应用提供可重新配置的收发机。

6.2 Q 增强谐振器

在千兆赫级电路中，由于不可避免地存在一些电容，为了使其获得合理的性能，用电感来与电容产生谐振。在谐振频率下，电容和电感的电抗抵消，产生纯实阻抗，并设置放大器级的峰值增益。集成电感可以以集总形式或分布式形式[4]实现此功能。分布式电感，例如微带谐振器，会受到工作频率的限制。随着工作频率的降低，微带线的长度增加，对于小于20 GHz 的区域，面积开销可能会很严重。集总电感器可以使用来自单个金属层的平面螺旋线[5]、由多个带状金属层形成的螺旋线[6]，或通过孔延长长度以串联多个金属层并形成完整的三维螺旋线[7]来实现。寄生电容会导致自谐振，大于 1 nH 的多匝电感器通常会将频率限制在 20 GHz 以下。当达到自谐振频率以上，螺旋线不再具有电感性，描述磁能存储的品质因数(Q)降至零以下。

图 6-1 给出了平面螺旋电感器的俯视图和电路模型[8]。用于消除电场对基板[9]渗透的图案化接地屏蔽(Patterned Ground Shield, PGS)未在图片中显示，但假设电路模型中使用了该屏蔽技术。R_metal 是电感器的金属电阻，在高频下主要受趋肤效应和邻近效应[10]影响。电阻器 R_sub 模拟由 PGS 无法消除的磁感应涡流引起的基板损耗。来自屏蔽的寄生效应由 C_p 和 R_shld 建模。螺旋电感器通常在可用的最上层金属层中实现，该金属层比下层金属层厚。

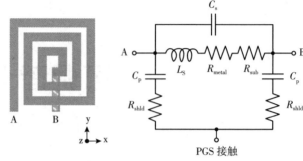

图 6-1 平面螺旋电感器的俯视图和电路模型

集成平面螺旋电感通常用于组成二阶谐振回路，并作为跨导元件的负载，以获得高频电压增益。谐振回路的传递函数由下式给出：

$$H(s)=\cfrac{s \cdot K \cdot \dfrac{\omega_\text{o}}{Q}}{s^2 + s \cdot \dfrac{\omega_\text{o}}{Q}+\omega_\text{o}^2} \tag{6-1}$$

式中，ω_o 是谐振频率，K 是谐振增益，Q 是品质因数。Q 的定义是谐振回路中存储的能量与每个周期耗散的能量之比，换句话说，也是回路阻抗的虚部与实部之比。谐振器 Q 的另一个常见参数是中心频率与−3 dB 带宽之比。Q 的一个不太常用的参数是阶跃输入谐振回路时幅度衰减到 $1/\text{e}^{2\pi}$ 的周期数。方程式给出的二阶带通传递函数式(6-1)清楚地显示了谐振器在谐振频率下的峰值增益。在共振时，$\text{j}\omega_0$ 代替 s 并且传递函数简化为

$$H(\text{j}\omega_0)= K \tag{6-2}$$

如果 Q 值可以远大于 20，那么就可以利用平面螺旋电感器在射频条件下实现频率选择性，而不是仅仅通过与电容共振来实现增益。相反，通常使用 $g_\text{m}\text{-}C$ 或其他连续时间滤波器在基带进行滤波。通常，选频滤波器被设计为带通滤波器或带阻滤波器。带通滤波器接收所需频带信号，同时滤掉所有其他频率信号。其中一个重要的应用是在所需信号占用较小已知带宽的接收器中。应阻断该频段之外的任何信号或噪声；否则，它会降低接收器的灵敏度。在接收环境中，通常设置特定的阻断器，以解决在接收器附近运行的不需要的发射器。同样，在发射器片上系统中，会生成多个可能无法预测的杂散信号，带通滤波器可以滤掉这些不需要的信号。

6.2.1 并联补偿

一种形式的谐振电路是电阻器(R)、电感器(L)和电容器(C)的并联配置。电感器和电容器来回交换能量，将能量交替存储在磁场和电场中。在谐振频率下，电感器和电容器的导纳大小相等，谐振回路的总阻抗是纯实数，由电阻器决定。图 6-2 显示了一个并联 RLC 谐振器电路，其中给出了输入电流和输出电压，以及谐振器阻抗传递函数的大小。谐振频率处的

阻抗峰值幅度，峰值的锐度由回路中的损耗决定。阻抗传递函数是输出电压与输入电流之比，在处理表达式使其具有与式(6-1)相同的形式之后，可以得到

$$Z(s)=\frac{v_{\text{out}}}{i_{\text{in}}}=\frac{s\frac{1}{C}}{s^2+s\frac{1}{RC}+\frac{1}{LC}} \tag{6-3}$$

在未增强的谐振器中，并联谐振器的 ω_{o} 的值，未补偿的品质因数 Q_{o} 和未补偿增益 K 由下式给出：

$$\omega_{\text{o}}=\frac{1}{\sqrt{L\cdot C}} \tag{6-4}$$

$$Q_{\text{o}}=R/Z_{\text{o}} \tag{6-5}$$

$$K_{\text{o}}=R \tag{6-6}$$

式中，Z_{o} 是谐振器的特性阻抗，由下式给出：

$$Z_{\text{o}}=\sqrt{\frac{L}{C}} \tag{6-7}$$

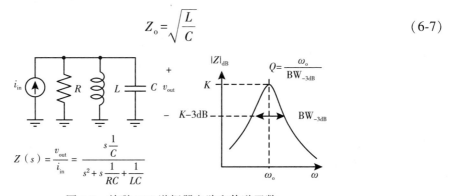

图 6-2　并联 RLC 谐振器电路和传递函数

例如，以 $(2\pi)(5\ \text{GHz})$ 的谐振频率为中心的、集成并联谐振器的电感器和电容器的值可能分别为 1 nH 和 1 pF。对于 Q 取值为 10 的情形，电阻为 316Ω，-3 dB 带宽为 500 MHz。由跨导驱动时，若要使并联谐振器获得 1 的增益，g_{m} 必须为 $1/K_{\text{o}}$ 或 3.2 mS。

并联损耗补偿作为并联负电导引入，用于减少电阻 R 表示的传导损耗。令 G 为的电导，g_{n} 为负并联电导，则补偿后的 Q 和 K 变为

$$Q=\frac{1}{Z_{\text{o}}\cdot(G-g_{\text{n}})}=\frac{Q_{\text{o}}}{1-g_{\text{n}}/G} \tag{6-8}$$

$$K=\frac{1}{G-g_{\text{n}}}=\frac{K_{\text{o}}}{1-g_{\text{n}}/G} \tag{6-9}$$

由于负补偿克服了谐振器损耗，槽路损耗降低，Q[见式(6-8)]接近无穷大。谐振回路中耗散的能量由负补偿电路的能量取代。因此，净谐振器能量永远不会减少，从而导致振

荡。随着总补偿损耗向零减小，式(6-9)给出的电路增益迅速增加，接近振荡。

图 6-3 展示了差分形式的 Q 增强并联谐振器的典型电路实现[11]。交叉耦合的晶体管 M_1 和 M_2 构成一个值为$-g_m$的并联负跨导（从每个 LC 负载看过去）。差分输入电流流入每条支路，并且在电容器两端输出差分电压。电感器与电源相连，电源作为交流接地，并为交叉耦合对和尾电流源提供电流。该电路中的损耗与电感器、电容器和晶体管的具体实现有关。其拓扑结构与交叉耦合压控振荡器（Voltage-Controlled Oscillator，VCO）相同，后者的损耗完全被负跨导抵消。VCO 的振荡频率通过调节一对变容二极管的偏置电压来控制，变容二极管取代了图 6-3 中的电容器。

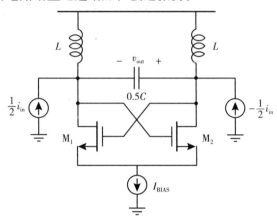

图 6-3 差分形式的 Q 增强并联谐振器的典型电路实现

在 Q 增强谐振器中，交叉耦合对产生的负跨导并不用于完全补偿谐振器损耗。这导致电路以有限 Q 值工作，从而产生二阶带通传递函数。

典型集成平面螺旋线电感器的主要损耗来自串联电阻、R_{metal} 和R_{sub}，如图 6-1 所示。在并联谐振电路中，使用具有并联损耗补偿功能的螺旋线电感器时，损耗补偿电路所需的负跨导是一阶的，且与频率无关。令两个电路在谐振频率下的阻抗相等，可将电感器的串联损耗转化为等效的并联电阻器。

图 6-4 显示了串联和并联回路，以及等效并联电感和电阻的值[12]。串联损耗的并联等效电阻与频率有关。通常，假设等效电阻对于谐振频率附近的窄带宽是恒定的。对于等效并联电感，假定 $Q \gg 1$，因此并联电感等于串联电感值。窄带假设反映在图 6-4 中 Q 的方程中使用了ω_o，而不是让 Q 随频率变化。

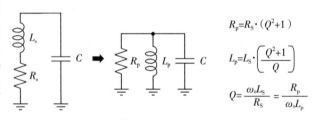

图 6-4 有损电感的串、并联转换

具有串联损耗的谐振电路的传递函数并不完全等于纯并联谐振器的传递函数，因此，要更准确地描述谐振器传递函数，需要修改式(6-4)~式(6-6)。求解有损电感器的并联谐振回路的精确阻抗传递函数，并假设使用串联电感作为并联等效电感，引入最小误差会产生如下的谐振器阻抗：

$$Z(s) = \frac{s\dfrac{1}{C} + \dfrac{R_s}{LC}}{s^2 + s\left(\dfrac{R_s}{L} - \dfrac{g_n}{C}\right) + \dfrac{1 - R_s g_n}{LC}} \tag{6-10}$$

式中，额外的槽路元件是R_s，电感器的串联损耗和g_n用于增强谐振器 Q 的并联负导电。谐

振频率和 Q 由下式给出：

$$\omega = \sqrt{\frac{1 - R_s g_n}{LC}} \tag{6-11}$$

$$Q = \frac{\sqrt{LC(1 - R_s g_n)}}{R_s C - L g_n} \tag{6-12}$$

需要注意，补偿元件 g_n 来自谐振频率的方程式。典型的调谐方案是首先通过调整 C 来调整谐振频率，然后通过调整 g_n 来调整 Q；然而，这样无法独立调谐中心频率和 Q。通过改变电容来调整中心频率会引起 Q 的变化，而通过改变负跨导来调整 Q 会引起中心频率的变化。相比之下，g_n 对 Q 的影响比 g_n 对 ω_o 的影响更大，该效应可以用来减少自动调整或校准过程中相互依赖的影响。

由于串联电感器损耗到并联等效电阻的转换与频率有关，因此在整个频率范围内保持恒定的损耗补偿 g_n 只会在窄带宽范围内产生所需的谐振器 Q。通常假定窄带近似会在谐振器频率响应中产生不对称性[13-14]。频率响应对称性定义为在偏离谐振频率的两个频率处幅度相等。对于几何对称性，两个偏移频率由如下式结合：

$$f_c = \sqrt{f_1 \cdot f_2} \tag{6-13}$$

式中，中心频率是两个频率 f_1 和 f_2 的几何平均值。在理想的并联 RLC 谐振器中，频率响应具有几何对称性。对于较大的 Q，谐振器在窄带宽内表现出算术对称性，其中中心频率是两个偏移频率 f_1 和 f_2 的算术平均值。不对称量取决于未增强的电感器 Q_o 和目标应用。在 WLAN 等应用中，窄带近似在比信号带宽大几倍的带宽上有效，因此幅值响应的不对称性不会成为问题[15]。

6.2.2　串联补偿

损耗补偿可以与螺旋电感器串联，但不能与谐振槽并联。这需要使用变压器而非单个电感器。通过控制磁耦合电流方向，可以在变压器中引入有效的负串联电阻[16]。在图 6-5 的电路中，输入阻抗由下式给出：

$$Z_{in} = \frac{v_{in}}{i_1} = r_1 + j\omega L_1 + j\omega M \frac{i_2}{i_1} \tag{6-14}$$

二次绕组中的电流 i_2 与一次绕组中的电流 i_1 之比可表示为[13]：

$$\frac{i_2}{i_1} = A e^{j\theta} \tag{6-15}$$

式中 A 是幅度比，θ 是两个电流之间的相位差。通过将式 (6-15) 代入式 (6-14) 并将实部和虚部分开，输入端口变压器阻抗的 Q 由下式给出[13]：

$$Q = \frac{\text{Im}\{Z_{in}\}}{\text{Re}\{Z_{in}\}} = \frac{\omega L_1 + \omega M A \cos\theta}{r_1 - \omega M A \sin\theta} \tag{6-16}$$

当式(6-16)中的分母趋近为 0 时, 变压器一次绕组中的损耗被精确抵消, 下式成立:

$$A \cdot \sin \theta = \frac{r_1}{\omega M} \tag{6-17}$$

一次和二次电流之间的相位关系应为 90° 或 270°, 这等同于二次电流与输入电压同相。请注意, 从式(6-15)和式(6-17), i_2 和 i_1 之间所需的关系是频率相关的。串联补偿电感器可用于串联或并联谐振器, 而并联补偿电感器仅用于并联谐振器。对于并联谐振电路中使用的串联补偿电感器, 图 6-2 中的模型适用于谐振器。需要强调的是, 根据实施方式, 只补偿串联电感器损耗, 而不补偿并联谐振器的总损耗, 否则会导致频率响应失真或发生振荡。

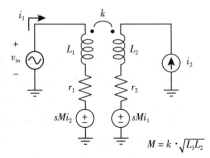

图 6-5　使用变压器的串联补偿

图 6-6 显示了一个 RLC 串联谐振器电路, 给出了输入电压和输出电流, 以及谐振器导纳传递函数。由式(6-4)和式(6-7)得, 串联谐振器的中心频率和特性阻抗的值与并联谐振器的相同。然而, 串联谐振器的 Q_o 和 K_o 表达式是并联谐振器表达式的倒数, 得到如下的等式:

$$Q_o = Z_o / R \tag{6-18}$$
$$K_o = 1 / R \tag{6-19}$$

串联补偿引入与 $L($ 和 $R)$ 串联的负电阻 r_n, 从而导致更高的 Q 和增益。补偿 Q 和 K 的结果表达式由下式给出:

$$Q = \frac{Z_o}{R - r_n} = \frac{Q_o}{1 - r_n / R} \tag{6-20}$$

$$K = \frac{1}{R - r_n} = \frac{K_o}{1 - r_n / R} \tag{6-21}$$

图 6-7a 和图 6-7b 分别显示了串联谐振器[13] 和并联谐振器[17] 中串联补偿电感器的示例。在串联谐振器中, 电容器在将电流转换为电压时会产生 90° 相移, 从而消除了频率相关性, 使 i_2 与 i_1 的之比精准抵消。变压器耦合方向和晶体管 M_A 的反相导致相位贡献为零。在并联谐振器中, 输入电流在 M_1 的栅极产生电压, 且谐振时产生 90° 相移。通过二次绕组的电流会经历额外的 180° 相移, 从而产生所需的 270° 相位关系, 以补偿一次绕组中的损耗。晶体管 M_2 提供 M_1 的可调电阻退化, 使我们能够通过调节 M_1 的有效跨导来控制二次电流的大小。

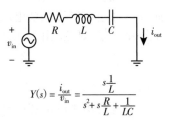

$$Y(s) = \frac{i_{out}}{v_{in}} = \frac{s \frac{1}{L}}{s^2 + s \frac{R}{L} + \frac{1}{LC}}$$

图 6-6　RLC 串联谐振器电路和传递函数

6.3　宽带宽射频滤波器

传统设计中, 宽带和窄带滤波器之间的区别与分立实现中的设计方法有关[18]。当上截止频率和下截止频率相隔至少一个倍频程时，滤波器被定义为宽带滤波器。这种滤波器由低通和高通响应级联构成，截止频率需要相隔一个倍频程以上，以最大限度地减少相互作用，并确保通带内的适当终止。

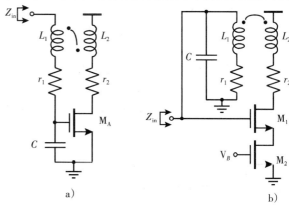

　　虽然有多种设计窄带带通滤波器的方法，但最流行的一种方法是将低通原型转换为带通梯形滤波器，其示例如图 6-8 所示。低通传递函数的频率变量用以下等式代替：

$$f_{bp} = f_0 \cdot \left(\frac{f}{f_0} - \frac{f_0}{f} \right) \qquad (6-22)$$

图 6-7　串联谐振器和并联谐振器中串联补偿电感器的示例

　　这就需要在低通滤波器中加入额外的元件，以产生相应的频率偏移。一个电容与电感串联，一个电感与电容并联。选择添加的元件时，应使其共振频率与滤波器的中心频率一致。

　　在典型的高 Q 值带通滤波器中，元件值的分布范围很大，这不利于集成，有时甚至会阻碍分立实施。因此，大多数具有 Q 增强功能的集成 RF 滤波器都采用谐振器耦合拓扑结构，这样可以略微缩小元件值的分布范围[19]。

1. 耦合谐振滤波器

　　耦合谐振器滤波器具有很大优势，因为集成的 Q 增强谐振器是作为一个完整的块来实现的，而不是作为单独的增强元件来实现。要设计滤波器，必须确定实现所需衰减曲线的谐振器数量，以及确定谐振器之间的耦合方法。图 6-9 显示了耦合两个谐振器以形成带通滤波器的三种方法。由于集成电容的 Q 值超过了集成电感的 Q 值，而且串联电容自然而然地提供了直流阻挡，不会产生任何额外的损失，因此串联电容耦合谐振滤波器是最常用的实现方法。

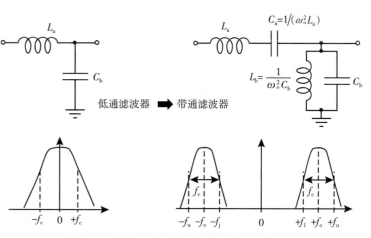

图 6-8　将低通原型转换为带通梯形滤波器

　　滤波器的耦合系数由耦合电容器在滤波器中心频率与每个电感器谐振所需的总电容之比给出。磁耦合也被证明是一种可行的拓扑结构[14]。这依赖于变压器中的磁链，而磁链是物理尺寸的函数。完全集成的谐振器之间的磁耦合不像串联 C 滤波器中的耦合系数那样容易调整。因此，需要在变压器元件之间提供额外的可控电流[20]。

　　与带通梯形滤波器拓扑类似，通过归一化表完成耦合谐振滤波器的设计和合成。对于耦合谐振滤波器而言，相关参数包括第一和最后一个谐振器的 Q 值（由输入和输出阻抗加载），以及谐振器之间的耦合系数。在给定谐振器数量的情况下，根据所需的通带形状找到 Q 值和耦合系数 k_{xy}（谐振器 x 和 y 之间的耦合）的归一化滤波器设计值，并对其进行去归一化处理，以适应目标中心频率和带宽。然后将非规格化值用于滤波器合成，计算电路元件值。由衰减特性决定所需谐振器的数量。滤波器 Q 与耦合电容与每个节点处的总电容之比有关。因此，可实现的最小带宽将受到物理上可实现的电容分布的限制。

带通梯形和耦合谐振滤波器的典型设计表采用了近乎理想的组件。当元件损耗增加超过某个最大可接受值时，滤波器传递函数会偏离理想响应。在耦合谐振器实现中，所需的谐振器 Q 由下式给出：

$$Q_{min} = Q_{min, lowpass} \cdot \frac{f_{0, filter}}{BW_{filter}} \qquad (6\text{-}23)$$

式中 $Q_{min, lowpass}$ 是低通原型中的最小 Q。所需的 $Q_{min, lowpass}$ 由所需滤波器形状的理想极点位置的相应 Q 设定[18]。对于小百分比带通滤波器，滤波器 Q_{min} 可远超 100，而谐振器 Q 应至少是该值的两倍。当已知元件 Q 有限时，可使用预失真滤波器设计表。这样做的代价是，插入损耗会随着元件 Q 值的降低而增加。

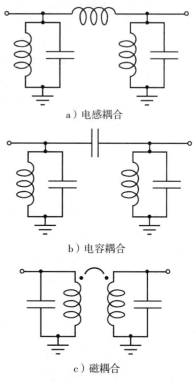

a）电感耦合

b）电容耦合

c）磁耦合

图 6-9　耦合两个谐振器以形成带通滤波器的三种方法

图 6-10 显示了带有三个耦合谐振器的 0.1 dB 纹波切比雪夫滤波器的示例。该滤波器设计用于 5.0 GHz 的目标中心频率和 100 MHz 的带宽，设计时使用了参考文献[18]中概述的表格和程序。为了获得 50Ω 的终端电阻，在滤波器合成之后通过在滤波器的任一端添加 96.0 fF 串联电容器来执行窄带转换。滤波器两端谐振器的电容减少了 96.0 fF，因此总节点电容保持不变[18]。模拟的响应特性也如图 6-10 所示。对于较低频率的裙边，可以看到更陡的衰减，这是由耦合电容器的直流零点引起的。假设耦合元件的阻抗在滤波器的通带上是恒定的，还假设元素是理想的，没有损失。可以通过增强谐振器克服损耗来构

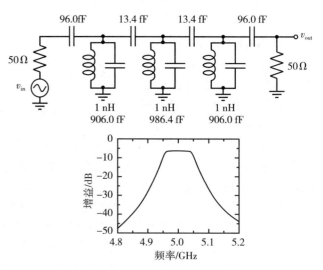

图 6-10　带有三个耦合谐振器的 0.1 dB 纹波切比雪夫滤波器的示例

建集成版本，理想情况下这将导致相同的滤波器响应。

可以修改图 6-10 的示例电路，通过添加与每个电感器串联的电阻来模拟有损耗的集成螺旋电感器。损耗补偿的方法是通过与每个谐振器并联放置负跨导：

$$-g_N = \frac{(1 - Q_0/Q)}{R_P} \tag{6-24}$$

式中，R_P 是电感器的等效并联损耗，Q_0 是电感器未补偿的 Q，而 Q 是补偿谐振器的。这种损耗补偿是并联谐振器的并联增强方案。

图 6-11 绘制了针对各种电感器 Q_0 的滤波器频率响应的模拟幅值。对于小于 100 的 Q_0，观察到通带中的显著倾斜和中心频率的偏移。对于大于 100 的 Q_0，中心频率是正确的并且倾斜的通带接近理想响应，但即使这样也没有表现出理想的 0.1 dB 切比雪夫响应。参考文献[14，21，22]表明，在各种滤波器中都存在这种效应。

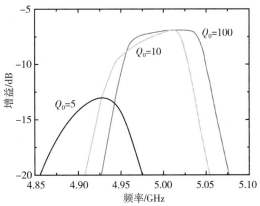

图 6-11　针对各种电感器 Q_0 的滤波器频率响应的模拟幅值

通带倾斜源于谐振器之间能量耦合元件的频率依赖性，在本例中，该元件是一个串联电容器。在完整的低通到带通转换中，需要串联谐振器来耦合两个并联谐振器。此外，每个 Q 增强谐振器的电感支路中的等效电感损耗与频率相关。值得注意的是，当绘制独立的 Q 增强谐振器频率响应与偏移频率的关系图时，即使电感器 Q_0 值较低，谐振器也不会表现出明显的不对称性。只有在耦合谐振器滤波器配置中才会出现不对称现象。

在宽带宽集成 RF 滤波器中生成平坦的通带有两种方法，第一种是采用串联损耗补偿而不是并联损耗补偿，第二种是采用耦合中和电路。接下来将介绍串联和并联谐振器的串联损耗补偿，随后将其应用在耦合谐振滤波器中[13,19,23]。如果设计得当，串联损耗补偿基本上能够跟踪相关频带内的电感器损耗，因此电感器在整个滤波器带宽内看起来近乎理想。非增强耦合谐振器设计方法需要最小谐振器 Q 以保证通带平坦。通常，谐振器 Q 要调谐到尽可能高，否则会引起不稳定。

耦合中和电路可调节谐振器之间耦合的幅度和相位[20,24]。该电路提供平坦的通带；然而，该电路无法提供自动调整耦合中和的方法，必须先要测量信号耦合或滤波器通带。如果测量信号耦合，则需要一个准确的耦合实施模型，将信号耦合调整到所需的幅度和相位。不仅如此，还需要高度精确的谐振器损耗模型。如果测量滤波器通带，则需要多个点来表示幅度频率响应。

耦合谐振滤波器的中心频率由每个节点处总电容和电感的谐振频率决定，而 Q 由耦合电抗与并联电抗的比值决定。若用电容耦合来构建敏捷滤波器，则每个电容器必须可控，且必须限定电容器的比率和绝对值。

2. 交错调谐滤波器

参考文献[17]中描述的带通梯形滤波器和参考文献[25]中描述的耦合谐振滤波器的集成具有挑战性，这是因为元件值分布范围广泛，且难以获得平坦的通带。另一种滤波器设计中，借助有源器件(晶体管)单边增益提供的隔离来构建独立的谐振器，并消除谐振器级之间的相互作用[26-27]。同步调谐和交错调谐谐振器之前已在分立实现中进行了演示。同步调谐谐振器可用于产生比单个谐振器更大的频率选择性。交错调谐允许具有平坦通带的宽带宽，表现出巴特沃思响应或切比雪夫响应。交错调谐是一种用于实现离散带通滤波器的重要方法。由于每个级都与其他级隔离，因此很容易调谐。每级还可以提供可编程增益，使滤波器可以充当具有频率选择性的自动增益控制(Automatic Gain Control，AGC)放大器。滤波器传递函数是各个谐振器的二阶传递函数的乘积。

二阶传递函数的极点很容易找到，并且可以设置在适当的位置，以构建所需的滤波器的传递函数。将极点与从所需滤波器传递函数中找到的极点相匹配，会产生所需的整体滤波器通带形状。由于中心频率发生偏移，因此，整个滤波器通带会低于各个谐振器的峰值。不过，这种影响取决于谐振器的增益。如果谐振器增益远高于1，则总通带增益可能大于单个谐振器的增益。各个谐振器的增益不需要相等，因为谐振器极点位置与增益无关。

采用不带耦合元件的独立谐振器有着明显优势，具体表现在合成滤波器所需的元件值的范围方面。如果谐振器彼此独立，则各个谐振器的谐振频率将位于小百分比带宽所需的滤波器中心频率附近。因此，元件值的分布范围很窄，远小于带通阶梯或耦合谐振器滤波器中的分布范围。

下面将给出参考文献[26，28]中巴特沃思响应和切比雪夫响应的交错调谐滤波器的设计方程。式(6-25)~式(6-28)描述了各个谐振器的 Q、中心频率以及产生目标衰减所需的谐振器数量。无须求出具体的谐振器增益，我们可以将谐振器增益表现转化为直观的整体滤波器响应的比例因子。

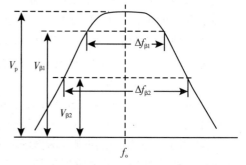

图 6-12 给出了用于描述目标滤波器形状的设计方程的变量图示。设滤波器中使用的谐振器数量为 n。谐振器围绕滤波器中心频率成对排列，用数字下标和变量 m 表示，而下标 a 和 b 分别表示低于和高于滤波器中心频率的谐振器。对于谐振器数量为奇

图 6-12 用于描述目标滤波器形状的设计方程的变量图示

数时，中间两个谐振器应实现为谐振频率等于 f_o 的单个谐振器，这可以通过观察 $m=(n+1)/2$ 来验证，从而得到式(6-26)中的频率偏移项当量等于零。巴特沃思设计方程由下式给出：

$$\frac{1}{Q_m}=\frac{\Delta f_\beta / f_o}{\left[\left(V_p/V_\beta\right)^2-1\right]^{1/(2n)}} \cdot \sin\left(\frac{2m-1}{n} \cdot 90°\right) \tag{6-25}$$

$$\left(f_a\right)_m=\frac{\Delta f_\beta}{2 \cdot \left[\left(V_p/V_\beta\right)^2-1\right]^{1/(2n)}} \cdot \cos\left(\frac{2m-1}{n} \cdot 90°\right)+f_o \tag{6-26}$$

$$K = \frac{1}{R - r_n} = \frac{K_o}{1 - r_n/R} \tag{6-27}$$

$$n = \frac{\lg\left[\dfrac{(V_p/V_{\beta1})^2 - 1}{(V_p/V_{\beta2})^2 - 1}\right]^{1/2}}{2 \cdot \lg(\Delta f_{\beta2}/\Delta f_{\beta1})} \tag{6-28}$$

创建交错调谐切比雪夫滤波器的设计方程由下式给出：

$$\frac{1}{Q_m} = \frac{\Delta f_\beta}{f_o} \cdot s_n \cdot \sin\left(\frac{2m-1}{n} \cdot 90°\right) \tag{6-29}$$

$$s_n = \sinh\left\{\frac{1}{n} \cdot \sinh^{-1}\frac{1}{\sqrt{(V_p/V_\beta)^2 - 1}}\right\} \tag{6-30}$$

$$(f_a)_m = \frac{\Delta f_\beta}{2} \cdot c_n \cdot \cos\left(\frac{2m-1}{n} \cdot 90°\right) + f_o \tag{6-31}$$

$$c_n = \cosh\left\{\frac{1}{n} \cdot \sinh^{-1}\frac{1}{\sqrt{(V_p/V_\beta)^2 - 1}}\right\} \tag{6-32}$$

$$n = \frac{\cosh^{-1}\left[\dfrac{(V_p/V_{\beta1})^2 - 1}{(V_p/V_{\beta2})^2 - 1}\right]^{1/2}}{\cosh^{-1}(\Delta f_{\beta2}/\Delta f_{\beta1})} \tag{6-33}$$

对于切比雪夫滤波器，(V_p/V_β) 表示所需的通带纹波。变量 Δf_β 是通带的带宽，通带由沿裙边的滤波器增益在所需纹波范围内的频率定义。通带带宽 $\Delta f_{\beta1}$ 可以与另一个带宽 $\Delta f_{\beta2}$ 相关联，衰减为 $(V_p/V_{\beta2})$，简化为

$$\frac{\Delta f_{\beta1}}{\Delta f_{\beta2}} = \cosh\left\{\frac{1}{n} \cdot \cosh^{-1}\left[\frac{(V_p/V_{\beta1})^2 - 1}{(V_p/V_{\beta2})^2 - 1}\right]^{\frac{1}{2}}\right\} \tag{6-34}$$

在集成 RF 滤波器中，最可能的情况是，n 取决于在滤波器通带以外的频率上实现所需衰减的电感器最小数量。只要确定好谐振器的最大数量，就能通过改变各个谐振器的中心频率和 Q 值来调整滤波器的响应。根据具体实施情况，还可以通过将谐振器切换到信号路径或信号路径之外，动态调整构成滤波器的谐振器数量。可能的滤波器响应范围将受到特定应用中滤波器所需选择性以及谐振器调谐范围的限制。

6.4　自动调谐

实现高 Q 滤波器的关键是对调谐中心频率和 Q 方案的选择。调谐策略通常分为两类：一个是复制的方案，另一个是直接的方案。在复制的方案中，全部或部分滤波器在与信号路径中使用的滤波器分开的电路中复制。通过这样做，滤波器永远不会从信号路径中移除，并且可以在后台执行调谐。然而，这种方案依赖于过滤器及其副本之间的匹配和建模。

在直接的方案中，将滤波器从信号路径中移除，直接测量滤波器特性。测量方法因实施而异。但是，在正常操作期间使用单个滤波器时，无法在后台执行调谐，除非可以提取有关滤波器传递函数的信息。如果使用两个滤波器，则可以直接调谐其中一个，而将第二个滤波器放置在信号路径中，并且两个滤波器可以在调谐和位于信号路径之间交替进行，从而不间断地进行滤波[29]。调谐精度不再受匹配度的限制，但仍会受到设计自动调谐回路时所使用的假设中的任何固有误差，以及调谐实施过程中的任何测量误差和调谐电路与信号路径之间的负载差异的限制。

可大致按目标 Q 值进行自动调谐，将谐振器 Q 值调谐到一个较大但未知的值或一个精确的值。调谐环路的要求将取决于滤波器如何实现。可以使用梯形或耦合谐振器拓扑结构（或交错调谐独立谐振器）来设计滤波器。假设梯形或耦合谐振器拓扑结构是理想的电抗元件，或至少电抗元件的 Q 大于由滤波器带宽决定的最小 Q，而在对独立谐振器进行交错调谐时，需要将各个谐振器 Q 调谐到精确值。

1. 高 Q 值调谐

复制、主/从或间接的调谐方案的特征是使用与信号路径中的滤波器分开的全部或部分复制电路。实现自动复制调整系统的第一步是要调整滤波器的类型。如果滤波器的设计要求 Q 大于式（6-20）中所计算的 Q_{min}，例如，耦合谐振器或带通梯形滤波器，那么自动调谐系统必须将中心频率调谐到所需的目标值，并将 Q 调谐到大于 Q_{min}，无须考虑其绝对值。

典型的复制自动调谐系统的由锁相环（Phase Locked Loop，PLL）和幅度锁定环[14]组成。使用控制电压对 VCO 的频率和损耗补偿进行调谐，使得振荡频率 VCO 对应于滤波器的目标中心频率，输出幅度满足最小目标信号摆幅。正如前面关于 Q 增强谐振器所解释的那样，如果损耗补偿电路补偿了谐振器的总损耗，则会发生振荡。由于 Q 增强谐振器本质上是设置为有限 Q 的 VCO，因此，几乎相同的电路可作为信号生成路径滤波器的 Q 增强谐振器和 PLL 中的 VCO 来使用。由 PLL 确定的控制电压直接施加到信号生成路径滤波器中的 Q 增强谐振器，通过某种方法降低滤波器谐振器的负载 Q，使谐振器不发生振荡。负载 Q 因滤波器终端阻抗的存在而变得有限，例如，两个耦合谐振器由实际输入和输出终端阻抗加载。如果滤波器是完全集成信号路径的一部分，则可以通过向 Q 控制电压引入固定偏移，或者通过对未包含在 VCO 电路中的滤波谐振器添加额外的固定值电阻损耗来实现有限负载 Q，从而保证最大 Q 以防止滤波器振荡。

在参考文献[22]中的间接调谐示例中，通过让调谐回路在谐振器损耗模型上运行，对用于形成滤波器的谐振器进行调谐。在此示例中，谐振器损耗模型用于确定为信号路径中的谐振器，实现大的、正的、有限 Q 值所需的负电导。当谐振器需要的 Q 大于所需的 Q_{min}，并且谐振器的损耗已被很好地建模，最好通过测量来表征时，这种间接调谐就很有用。

除了使用间接调谐的匹配限制外，在确定允许的调谐误差时，还必须考虑工艺和温度的变化。谐振器损耗将主要由衬底和螺旋电感器的传导损耗决定，而参考电导最有可能是多晶硅或金属电阻器或晶体管。谐振器损耗和参考电导变化不会受制于过程和温度的同一来源，因此需要在允许的调谐误差中加以考虑。

2. 精确 Q 值调谐

此前，参考文献中提到了几种不同的精确 Q 值调谐方法。它们之间的主要区别是是否从模拟域传输到数字域以做出调整决策的信息量。例如，参考文献[11]中报告的方法将谐振器的整个频率响应数字化以用于宽带噪声输入。然后，使用数字处理提取谐振频率、峰值增益和带宽。

参考文献[30]中报告的方法仅测量测量谐振器在三个不同频率下的频率响应幅度，然后将三个频率下的频率响应幅度转换为数字域。如图 6-13 所示，使用的三个频率是二阶谐振器传递函数的谐振频率和-6 dB 带宽频率。通过比较这三个频率的振幅，调谐系统可以确定谐振器是否具有正确的谐振频率和 Q。当谐振频率正确调谐时，图 6-13a 中f_1和f_3处的频率响应幅度将相等。当谐振器调谐到正确的谐振频率和 Q 时，f_2 处的频率响应幅度将是偏移频率f_1或f_3中任一频率响应幅度的两倍。

根据这三个振幅，还可以确定谐振器失调时适当的调谐调整方向。在图 6-13b 中，如果谐振频率不正确，则通过f_1和f_3处的振幅之间的关系可以判断谐振频率是过高还是过低。在图 6-13c 中，如果Q 不正确但谐振频率正确，则通过f_2与f_3处的振幅之间的关系可以判断电流 Q 是过高还是过低。这种用于确定适当 Q 值的调谐方式存在一些误差，因为-6 dB 带宽与 Q 值之间的关系仅近似为[30]

$$Q = \frac{\sqrt{3} \cdot \omega_0}{2 \cdot \mathrm{BW}_{-6\mathrm{dB}}} \qquad (6\text{-}35)$$

在参考文献[30]中描述的实施过程中，Q 调谐环路与频率调谐环路同时运行。然而，由于调谐环路会导致频率和 Q 的增量变化，因此通过为 Q 调谐环路设计较小的环路增益，可以使 Q 调谐环路的收敛速度慢于频率调谐环路的收敛速度。由于谐振频率和 Q 值控制之间的固有耦合，谐振电路中的损耗只能近似为并联电导，因此这种策略更受青睐。

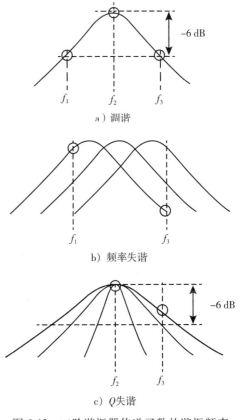

图 6-13　二阶谐振器传递函数的谐振频率和-6 dB 带宽频率

调谐操作的实施需要非常高频率的合成音调，即两个谐振器所需中心频率和-6 dB 带宽频率的音调。若集成一个独立的频率合成器，要求能够在几千兆赫兹下准确运行，并且快速切换几百兆赫兹的频率，那么在面积和功耗上都会产生很大的成本。对于完整的集成收发机，现有的上变频链和 LO 频率合成器可以与可编程分频器结合使用，而不是直接合成调谐音[27]。可编程调谐分频器会生成低频音调，从 LO 频率合成器输出。然后将低频音调上变频回 RF，达到每个要调谐的谐振器所需的调谐音调频率。在所需中心频率或-6 dB 带宽频率的调谐音通过 Q 增强谐振器后，可以使用峰值检测器测量响应的幅度。调谐分频器的可编程性和使用正交上变频链选择上边带或下边带的能力，为调谐两个谐振器提供了所需的宽频率范围。

3. 调谐要求

为了确定复制调谐是否足够或是否需要直接调谐，需要分析交错调整滤波器的调谐要求。在检查谐振器误差对交错调谐滤波器通带的影响之前，首先分析电容偏差和负跨导对谐振器中心频率和 Q 的影响。由于偏离标称负跨导而导致的 Q 百分比变化可以视为小扰动。从下面所给等式开始：

$$Q + \Delta Q = \frac{Q_o}{1 - \dfrac{g_N + \Delta g_N}{G}} \tag{6-36}$$

并对 G/g_N 进行适当的替换，经过化简后，得到 Q 的分数变化为

$$\frac{\Delta Q}{Q} = \frac{\Delta g_N / g_N}{\dfrac{Q}{Q - Q_o} - \left(1 + \dfrac{\Delta g_N}{g_N}\right)} \tag{6-37}$$

Q 值允许误差固定，随着谐振器 Q 值的增加，g_N 的允许分数误差迅速减小。由于随着 $\Delta g_N / g_N$ 的增加，分母越来越接近于零，式(6-37)呈指数增长，因此，与负误差相比，Q 的分数误差相对于 g_N 的正误差增加得更快。

类似地，从理想 RLC 谐振器中相同的小扰动开始的分析，谐振频率的误差由下式给出：

$$\frac{\Delta f}{f_o} = 1 - \frac{1}{\sqrt{\dfrac{\Delta C}{C} + 1}} \tag{6-38}$$

相比于跨导误差对 Q 百分比误差的影响，电容误差对谐振频率百分比误差的影响更宽容。带通滤波器的性能指标是通带纹波、倾斜和带宽。如果两个谐振器的 f_o 从滤波器中心频率向外移动，则会产生通带纹波。如果两个谐振器的 f_o 都正确，但 Q 值大于标称值，也可能会产生通带纹波。就带宽而言，如果两个谐振器的 Q 都低于标称值，或者如果两个谐振器的 f_o 向内移动更接近滤波器中心频率，则交错调谐滤波器的带宽会从标称值降低。当一个谐振器的 Q 值大于标称值，而另一个谐振器的 Q 值小于标称值时，会导致通带倾斜。通带倾斜定义为两个名义上相同的滤波器幅度之间的差异，例如，$-3\ \text{dB}$ 带宽频率处的幅度差异。

对于交错调谐滤波器，滤波器通带中最重要的误差源是谐振器 f_o 中的误差。理想巴特沃思响应的带宽减少对谐振器 f_o 中的误差很敏感。因为大多数应用都允许一定程度的通带纹波，所以滤波器设计应通过在所需通带中包含一些纹波来适应这一点。这将引入标称频率误差，使谐振器从滤波器中心频率向外移动，从而可以容忍谐振器 f_o 中较大范围的误差。在复制调谐系统中，谐振器调谐误差将受到跨不同谐振器匹配的电容器和晶体管的限制，并且必须分别在 0.1% 和 1% 的数量级。这种跨电路块的匹配水平可能很难实现。使用偏移电容器来创建交错调谐等替代方法也依赖于匹配，并且会引入显著的滤波器误差。应采用直接测量谐振器幅度响应的调谐或校准方案，利用多个 Q 增强谐振器实现稳定的低纹波宽带滤波器。

6.5　应用

6.5.1　镜像抑制接收滤波器

当使用多个下变频或低中频架构时，接收器的设计会涉及使用模拟信号处理方法来抑制一切信号接收路径中的镜像频率处的无用信号或噪声。下变频涉及将频率为f_{RF}的输入信号与频率为f_{LO}的 LO 信号相乘，以便将高频信号转换为频率为f_{IF}的目标中频。频域乘法的对称性允许两个频率产生相同的中频，不需要的频率称为镜像频率。

如果可以滤除镜像频率，则可能不需要滤除所有带外频率的带通滤波器。这样就能实现高度集成的接收机[31]。通常，采用镜频抑制混频器设计，例如 Weaver 下变频混频器[32]提供 30~40 dB 的镜频消除[33]。然而，可能需要额外的镜频抑制，具体取决于应用场景。也可以使用不同的架构，例如直接转换，其中图像和信号频率相同。然而，直接转换架构带来了其他挑战。

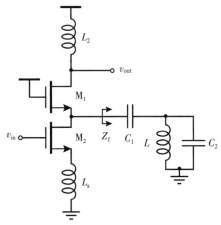

接收器性能可以通过提供额外的镜像抑制来提高，该镜像抑制可以是镜像频率的陷波滤波器，也可以是带通滤波器，可以抑制相关带宽外的一切无用信号。除了改善镜像抑制外，在有用信号较小时，带通滤波器还能通过衰减无用信号来提高接收器的灵敏度。集成镜像抑制滤波器通常是放置在共源共栅级低噪声放大器中间节点的陷波滤波器，如图 6-14[32]所示。或者，滤波器可以放置在输入晶体管的源极[34]。虽然这两种方法都提供类似的镜像抑制，但是当并联谐振以所需信号频率添加到漏极端子时，可以通过谐振该节点处的寄生电容来改善噪声系数。

图 6-14　集成镜像抑制滤波器

如果中间节点上的陷波滤波器是一个二阶谐振器，那么就会产生串联谐振，从而以图像频率为中心对地产生低阻抗。与共栅级联器件相比，在信号频率等非谐振情况下，滤波器不再是低阻抗路径，因此对信号路径增益的影响微乎其微。例如，前面讨论的那些增强串联谐振器Q的方法，都会降低谐振时的串联电阻，从而改善接收器的镜像抑制。图像信号被抑制的程度取决于观察共栅极级联器件源的阻抗与共振时串联谐振器的阻抗之比。

如果使用三阶滤波器作为陷波滤波器，则可以将其设计为在镜像频率处提供低阻抗接地路径、在信号频率处提供高阻抗路径。在这种情况下，Q增强等同于并联谐振器增强。在共栅级联器件的信号源看到的信号频率上，高阻抗可降低级联器件通道热噪声对 LNA 噪声系数的影响。图 6-14 中的滤波器的阻抗Z_f由下式给出：

$$Z_f = \frac{s^2 L(C_1 + C_2) + 1}{s^3 L C_1 C_2 + s C_1} \tag{6-39}$$

陷波滤波器的电感器可以如前一节所述进行 Q 增强，以提高频率选择性和陷波深度。通常，Q 增强是通过使用交叉耦合晶体管来实现的。然而，最近的一些工作[25]研究了使用陷波滤波器的无源 Q 增强，这已在分布式微带谐振器中得到证明[35]。图 6-15 展示了无源 Q 增强陷波滤波器的具体示意图[25]。通过设置调谐电阻值为

$$R_1 = \frac{L}{2RC} \tag{6-40}$$

可以实现陷波频率的无限抑制。集成陷波滤波器的无源 Q 增强尚未通过实验证明。

如果陷波带宽足以覆盖特定应用的所有通道，则镜像抑制接收器不需要可调谐。然而，为了最大化抑制（这意味着更高的 Q），产生的陷波带宽很可能无法覆盖整个接收频带。然后滤波器应该能够改变中心频率，而 Q 应该保持尽可能大而不振荡。虽然大多数 WLAN 实施方案已覆盖 2.4 GHz 和 5 GHz 频段，但典型架构为每个频段都设置不同的信号路径。如果单个信号路径可以覆盖两个频段，这将需要 LNA、混频器和可能的 RF 增益步进放大器来覆盖两个频段，那么陷波滤波器也将需要更宽的调谐范围以覆盖两个频段的所有通道镜像频率。

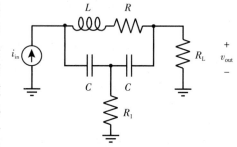

图 6-15　无源 Q 增强陷波滤波器

6.5.2　信道选择接收滤波器

确定接收器架构的主要标准之一是使目标收到可用的滤波。接收器能够在相邻信道或备用相邻信道中存在阻塞信号下保持运行，是频分复用环境中的典型要求，也是大多数无线网络规范的要求。

以 802.11a WLAN 标准的应用[36]为例，由于不同的信道中存在最大指定阻塞信号，需要进行正确解调，因此接收器必须在特定的信噪比（Signal-to-Roise Ratio，SNR）下运行。在 802.11a 中，对相邻信道阻塞的最严格要求是所需信号的最小功率为 -79 dBm，而阻塞功率要大 16 dB。在这种情况下，接收器必须有足够的动态范围来接收以 6 Mbit/s 的数据速率编码的二进制相移键控（Binary Phase-Shift Keyed，BPSK）信号，并且数据包错误率低于 10%。由于相邻和交替相邻阻塞器的大允许功率的限制，接收器动态范围最终受到模/数转换器（Analog-to-Digital Converter，ADC）的限制。

在典型设计中，信道选择是通过将用于下变频的 LO 频率更改为所需的 RF 通道，然后是转角频率对应于半通道带宽的低通滤波器（假设复杂的 I/Q 基带信号路径）来执行的[37-38]。通过在接收器的模拟部分使用 AGC，可以假定进入 ADC 的信号功率处于固定水平。如参考文献[39]所述。在不存在阻断器的情况下，64 QAM 信号的 ADC 动态范围的宽度必须至少为 49.5 dB，而在存在比所需信号大 16 dB 的阻断器的情况下，BPSK 信号的 ADC 动态范围的宽度必须至少为 38 dB。本质上，该规范放宽了在存在相邻或交替相邻阻断器的情况下运行时所需的最大数据速率。这样就可以合理地实现在最佳环境下达到较高的数据传输速率，同时在附近有其他信号源在不同信道上传输时仍能保持较低的数据传输速率链

路。通过降至 BPSK，ADC 饱和功率限制所需的信号回退从 13.5 dB 降至 9 dB，所需的 SNR 从 30 dB 降至 7 dB。

通过将信道选择滤波器移至 RF 并提高滤波器的选择性，信号路径中的后续模拟电路可以具有宽松的动态范围。由于 RF 滤波器在任何频率转换之前，滤波器必须能够调谐到不同的信道中心频率，同时保持信道带宽数量级的选择性。对于 802.11a，这对应于单个通道的滤波器 Q 为 250 或两个绑定通道的滤波器 Q 为 125，总带宽为 40 MHz。如果捷变滤波器可以将阻塞信号从规范设置的水平降低到所需的信号功率水平或以下，那么即使存在阻塞信号，链路也可以在不增加动态范围的情况下以全数据速率（即 54 Mbit/s）运行模拟电路和 ADC。

滤波器中心频率介于 5.18~5.30 GHz，适用于中低 UNII 频段。在设计滤波器时，必须确定谐振器的数量以及每个谐振器对于不同通道所需的 Q 和中心频率。对于三谐振器交错调谐滤波器，IF 滤波后的信号幅度和单独的谐振器传递函数如图 6-16 所示。所需的谐振器 Q 看起来相当高，明显超过单独集成无源元件所能达到的水平。不过，在调谐到精确的 Q 值时，也显示了类似的值[11]。该滤波器将相邻和交替相邻的阻塞信号降低到有用信号的功率水平，从而放宽了滤波器后信号路径中电路的动态范围要求。接收器可以在有阻塞的情况下以 54 Mbit/s 的数据速率运行，同时利用针对 WLAN 的典型 ADC。

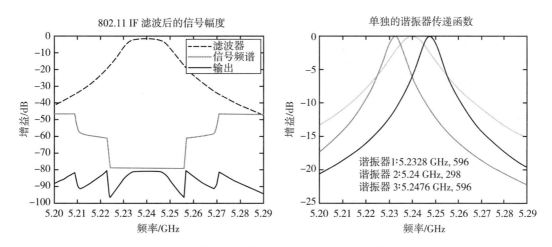

图 6-16　IF 滤波后的信号幅度和单独的谐振器传递函数

对滤波器动态范围的要求，低端取决于 64 QAM 信号的最低接收灵敏度和信噪比，高端取决于最大目标输入功率。通过在任何前一级（例如 LNA）中提供增益控制，可以降低对滤波器动态范围的要求。

6.5.3　基带选择发送滤波器

与接收路径不同，在发送路径中，信号路径中将仅存在单个数据通道，因此不需要使用捷变带通滤波器，尽管使用该滤波器有一定的好处。频带选择滤波器的主要目的是去除一切无用杂散信号，例如数字时钟谐波、LO 馈通和混合谐波。宽带电路噪声和频谱再生会增加信道外功率，在这种情况下，发射机可能受益于信道选择滤波器。数字基带处理与 RF 前端的集成还引入了许多周期信号，这些信号会耦合到信号路径中，并破坏传输信号的频谱。滤波器的滤波特性取决于特定标准(例如 802.11a)的频谱掩膜要求和任何相关监管的限制。例如，FCC 在指定的受限频段中设定了严格的杂散发射限制[40]。

802.11a 发射机的频带选择滤波器的设计基于动态范围和带外抑制的要求。美国联邦通信委员会(FCC)规定，在美国境内使用的有意辐射器必须满足的一般要求包括操作频段内的最大允许发射功率，以及某些指定限制频段内无意辐射的绝对功率限制。假设自由空间传播和单位增益天线，任何受限频带内的功率限制(以瓦特为单位)由下式给出：

$$P = \frac{E^2 D^2}{30} \tag{6-41}$$

式中，E 是以 V/m 为单位的等效各向同性辐射功率(EIRP)，D 是测量距离。对于高于 960 MHz 的频率，辐射功率必须在 3 m 的距离处保持低于 500 mV/m，如 FCC 第 15.209 部分中所定义[40]。这对应 -41.25 dBm 的辐射功率，在 1 MHz 带宽上。

下面的分析说明了限制频带要求的重要性。在带内，5 GHz UNII 频带中的最大允许传输输出功率为 4.0 dBm/MHz。最低信道的 802.11a 频谱模板要求任何带外功率保持在 -40 dBc 或 -36 dBm/MHz 以下。但是，FCC 限制频段的边缘位于 5.15 GHz；因此，任何传输功率都必须保持在 -41.25 dBm/MHz 的绝对限制以下。为了满足 FCC 限制带发射要求，同时以最大允许功率传输，与频谱掩模要求相比，在距信道中心频率 30 MHz 偏移处需要额外的 5.25 dB 带外抑制。如果在峰值输出功率下不能满足受限频带发射限制，即使满足频谱掩模，发射机也必须在受限频带发射限制的较低功率下运行。

波段选择滤波器的滤波要求由发射机架构和频率规划决定。图 6-17 显示了滑动 IF 双上变频架构，它使用所需发射频率的三分之一和三分之二的 LO 频率。上 UNII 频段的中心频率范围为 5.745 ~ 5.805 GHz，每 20 MHz 间隔一次，共有四个通道。第二个 LO 频率范围在 3.83 ~ 3.87 GHz，属于受限频

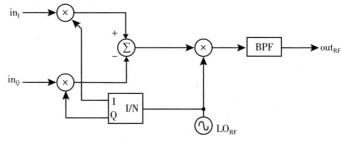

图 6-17 滑动 IF 双上变频架构

段。所需的滤波器抑制取决于 LO 抑制量。假设在没有滤波器的发射器输出端有 30 dB 的 LO 抑制，则需要额外的 15 dB 抑制。

滤波器所需的动态范围取决于目标应用。继续以 802.11a 为例，当使用 64 QAM 以 54 Mbit/s 的数据速率进行传输时，会出现最严格的动态范围要求，这需要大约 30 dB 的 SNR。结合 10~17 dB 的功率回退，信号路径所需的动态范围为 40~47 dB。此外，发射器可能具有高达 30 dB 的功率控制。根据增益控制在信号路径中的实施位置，发射路径滤波器的动态范围可能包含全部或部分功率控制范围。

6.6　总结

在 RF 频率上具有高选择性的电路块可以很容易地集成到标准 CMOS 技术中。最具应用前景的滤波器拓扑采用了具有 Q 增强功能的多个谐振器。耦合谐振滤波器采用的是标准的滤波器设计方法，没有利用 CMOS 电路元件的可调谐特性，而交错调谐滤波器则可以在中心频率和带宽方面具备较宽的调谐范围。超出校准要求的可调特性为 CMOS 集成射频滤波器带来了新的应用领域。

参考文献

[1] A. Shirvani, D. K. Su, and B. A. Wooley, "A CMOS RF power amplifier with parallel amplification for efficient power control," *IEEE J. Solid-State Circuits*, vol. 37, Dec. 2002, pp. 1688–1694.

[2] D. Su and W. McFarland, "A 2.5-V, 1-W monolithic CMOS RF power amplifier," *IEEE Custom Integrated Circuits Conference*, May 1997, pp. 189–192.

[3] R. H. Caverly and G. Hiller, "A silicon CMOS monolithic RF and microwave switching element," *European Microwave Conference*, vol. 2, Oct. 1997, pp. 1046–1051.

[4] T. Lee, *Planar Microwave Engineering: A Practical Guide to Theory, Measurement, and Circuits*, Cambridge, UK: Cambridge University Press, 2004.

[5] N. M. Nguyen and R. G. Meyer, "Si IC-compatible inductors and LC passive filters," *IEEE J. Solid-State Circuits*, vol. 25, Aug. 1990, pp. 1028–1031.

[6] M. Soyuer, J. N. Burghartz, K. A. Jenkins, S. Ponnapalli, J. F. Ewen, and W. E. Pence, "Multilevel monolithic inductors in silicon technology," *Electronics Letters*, vol. 31, Mar. 1995, pp. 359–360.

[7] H.-Y. Tsui and J. Lau, "An on-chip vertical solenoid inductor design for multi-gigahertz CMOS RFIC," *IEEE Trans. Microwave Theory and Techniques*, vol. 53, June 2005, pp. 1883–1890.

[8] N. A. Talwalker, C. P. Yue, and S. S. Wong, "Analysis and synthesis of on-chip spiral inductors," *IEEE Trans. on Electron Devices*, vol. 52, Feb. 2005, pp. 176–182.

[9] C. P. Yue and S. S. Wong, "On-chip spiral inductors with patterned ground shields for Si-based RF IC's," *IEEE J. Solid-State Circuits*, vol. 33, May 1998, pp. 743–752.

[10] H.-S. Tsai, J. Lin, R. C. Frye, K. L. Tai, M. Y. Lau, D. Kossives, F. Hrycenko, and Y.-K. Chen, "Investigation of current crowding effect on spiral inductors," *IEEE MTT-S Symposium on Technologies for Wireless Applications Digest*, 1997, pp. 139–142.

[11] C. DeVries and R. Mason, "A 0.18-μm CMOS, high Q-enhanced bandpass filter with direct digital tuning," *IEEE Custom Integrated Circuits Conference*, May 2002, pp. 279–282.

[12] T. H. Lee, *The Design of CMOS Radio-Frequency Integrated Circuits*, Cambridge, UK: Cambridge University Press, 1998.

[13] T. Soorapanth and S. S. Wong, "A 0-dB IL 2140 ± 30 MHz bandpass filter utilizing Q-enhanced spiral inductors in standard CMOS," *IEEE J. Solid-State Circuits*, vol. 37, May 2002, pp. 579–586.

[14] D. Li and Y. Tsividis, "Design techniques for automatically tuned integrated gigahertz-range active LC filters," *IEEE J. Solid-State Circuits*, vol. 37, Aug. 2002, pp. 967–977.

[15] R. Wiser, "Tunable bandpass RF filters for CMOS wireless transmitters," Ph.D.

dissertation, Stanford University, Stanford, CA, Sept. 2008.

[16] D. R. Pehlke, A. Burstein, and M. F. Chang, "Extremely high-Q tunable inductor for Si-based RF-integrated circuit applications," *IEEE International Electronic Devices Meeting,* Dec. 1997, pp. 63–66.

[17] B. Georgescu, H. Pekau, J. Haslett, and J. McRory, "Tunable coupled inductor Q-enhancement for parallel resonant LC tanks," *IEEE Trans. Circuits and Systems-II,* vol. 50, Oct. 2003, pp. 705–713.

[18] A. B. Williams and F. J. Taylor, *Electronic Filter Design Handbook,* 3rd ed., New York: McGraw-Hill, 1995.

[19] J. Kulyk and J. W. Haslett, "A monolithic CMOS 2368 ± 30 MHz transformer based Q-enhanced series-C coupled resonator bandpass filter," *IEEE J. Solid-State Circuits,* vol. 41, Jan. 2006, pp. 362–374.

[20] A. N. Mohieldin, E. Sanchez-Sinencio, and J. Silva-Martinez, "A 2.7-V 1.8-GHz fourth-order tunable LC bandpass filter based on emulation of magnetically coupled resonators," *IEEE J. Solid-State Circuits,* vol. 38, July 2003, pp. 1172–1181.

[21] W. B. Kuhn, F. W. Stephenson, and A. Elshabini-Riad, "A 200-MHz CMOS Q-enhanced LC bandpass filter," *IEEE J. Solid-State Circuits,* vol. 31, Aug. 1996, pp. 1112–1122.

[22] S. Li, N. Stanic, K. Soumyanath, and Y. Tsividis, "An integrated 1.5-V 6-GHz Q-enhanced LC CMOS filter with automatic quality factor tuning using conductance reference," *IEEE Radio Frequency Integrated Circuits Symposium,* 2005, p. 621.

[23] J. K. Nakaska and J. W. Haslett, "2-GHz automatically tuned Q-enhanced CMOS bandpass filter," *IEEE/MTT Int. Microwave Symposium,* June 2007, pp. 1599–1602.

[24] W. B. Kuhn, N. K. Yanduru, and A. S. Wyszynski, "Q-enhanced LC bandpass filters for integrated wireless applications," *IEEE Trans. Microwave Theory and Techniques,* vol. 46, Dec. 1998, pp. 2577–2586.

[25] P. Anand, L. Belostotski, K. Townsend, R. G. Randall, and J. W. Haslett, "An image-reject low-noise amplifier with passive Q-enhanced notch filters," *Canadian Conf. on Elec. and Comp. Engineering,* Apr. 2007, pp. 368–371.

[26] M. Dishal, "Design of dissipative band-pass filters producing desired exact amplitude-frequency characteristics," *Proceedings of the IRE,* Sept. 1949, pp. 1050–1069.

[27] R. Wiser, M. Zargari, D. Su, and B. Wooley, "A 5-GHz wireless LAN transmitter with integrated tunable high-Q RF filter," *IEEE J. Solid-State Circuits,* vol. 44, Aug. 2009, pp. 2114–2125.

[28] A. E. Hayes, "Extending calculator programs to staggered tuned circuits," *Electronics,* vol. 50, Dec. 1977, pp. 104–108.

[29] Y. Tsividis, M. Banu, and J. Khoury, "Continuous-time MOSFET-C filters in VLSI," *IEEE J. of Solid-State Circuits,* vol. 21, Feb. 1986, pp. 15–30.

[30] H. Liu and A. I. Karsilayan, "Frequency and Q-tuning of active-LC filters," *Proceedings of the IEEE Midwest Symposium of Circuits and Systems,* vol. 2, Aug. 2002, pp. II65–II68.

[31] C. Guo, C.-W. Lo, Y.-W. Choi, I. Hsu, T. Kan, D. Leung, A. Chan, and H. C. Luong, "A fully integrated 900-MHz CMOS wireless receiver with on-chip RF and IF filters and 79-dB image rejection," *IEEE J. Solid-State Circuits,* vol. 37, Aug. 2002, pp. 1084–1089.

[32] D. K. Weaver, "A third method of generation and detection of single-sideband signals," *Proceedings of the IRE,* vol. 44, Dec. 1956, pp. 1703–1705.

[33] H. Samavati, H. R. Rategh, and T. H. Lee, "A 5-GHz CMOS wireless LAN receiver front end," *IEEE J. Solid-State Circuits,* vol. 35, May 2002, pp. 765–772.

[34] J. W. M. Rogers and C. Plett, "A 5-GHz radio front-end with automatically Q-tuned notch filter and VCO," *IEEE J. Solid-State Circuits,* vol. 38, Sept. 2003,

pp. 1547–1554.

[35] D. R. Jachowski, "Passive enhancement of resonator Q in microwave notch filters," *IEEE Microwave Symposium*, vol. 3, June 2004, pp. 1315–1318.

[36] *IEEE Standard 802.11a-1999: Wireless LAN Medium-Access Control (MAC) and Physical Layer (PHY) Specifications: High-Speed Physical Layer in the 5-GHz Band*, New York: IEEE, 1999.

[37] M. Zargari et al., "A 5-GHz CMOS transceiver for IEEE 802.11a wireless LAN systems," *IEEE J. Solid-State Circuits*, vol. 37, Dec. 2002, pp. 1688–1694.

[38] M. Valla, G. Montagna, R. Castello, R. Tonietto, and I. Bietti, "A 72-mW CMOS 802.11a direct conversion front-end with 3.5-dB NF and 200-kHz 1/f noise corner," *IEEE J. Solid-State Circuits*, vol. 40, Apr. 2005, pp. 970–977.

[39] A. Tabatabaei, K. Onodera, M. Zargari, H. Samavati, and D. Su, "A dual channel $\Sigma\Delta$ ADC with 40 MHz aggregate signal bandwidth," *IEEE International Solid-State Circuits Conference Digest of Technical Papers*, Feb. 2003, pp. 66–478.

[40] *Part 15: Radio Frequency Devices, Federal Communications Commission CFR 47*, May 2007.

第 7 章 |Chapter 7|

CMOS 功率放大器的功率混频器

7.1 引言

在过去十年中，移动电话发展迅速，已成为我们日常生活中不可或缺的一部分。它们的数据通信能力和无处不在的无线通信为包括扩展现实在内的许多潜在应用开辟了道路。无线设备的关键规格之一自然是其电池寿命。

手机有许多系统和部件，不仅用于通信，还用于娱乐，例如用于拍照的图像传感器和用于听音乐的音频播放器。其中，功率放大器(Power Amplifier，PA)有别于其他系统或集成电路(Integrated Circuit，IC)，因为它们处理的功率大一个数量级。例如，除 PA 外，大多数系统或 IC 的功耗通常低于 100 mW。假设一个 PA 的功率效率为 50%，输出功率为 1 W，那么总功耗为 2 W，因为 PA 消耗 1 W，转化为热量，产生并传输 1 W 的射频(Radio Frequency，RF)信号。

PA 通常是手机中最耗电的组件，因为它们必须将输入信号放大到瓦特级才能与远在几公里外的基站进行通信。高能效 PA 对于满足长电池寿命的需求至关重要。在本章中，将详细解释和讨论高效功率混频器[1]。

7.2 功率放大器设计的注意事项

除了功耗之外，还需考虑 PA 的实现的成本和面积开销。成本的重要性无须多言。实现的面积开销很重要，因为手机必须处理许多无线通信标准，这需要许多集成电路(IC)和组件。尤其是因为随着音乐播放器和图像传感器等功能的普及，手机内部可由无线通信功能(如 PA)占用的物理空间已经越来越小。本节讨论了 PA 设计满足需求的重要考虑因素和挑战。

7.2.1 CMOS 或 GaAs

尽管砷化镓(Gallium Arsenide，GaAs)功率放大器因其出色的功率容量而得到广泛使用，但互补金属氧化物半导体(Complementary Metal-Oxide-Semiconductor，CMOS)功率放大器在成本和面积开销方面具有优势。GaAs PA 单位面积开销如此之高，以至于需要使用体积庞大的外部电感器和电容器实现输出阻抗匹配和去耦。因此，GaAs PA 通常与体积庞大的组件集成在一起，例如面积开销大的昂贵微波模块。

CMOS 集成电路的单位面积成本很低，足以完全集成除电源去耦电容以外的所有无源器件。完全集成的 CMOS 功率放大器占板面积极小，组装成本低，因为它可以作为承载芯片，这进一步减少了面积开销。CMOS PA 的另一个优势可能是能够进行复杂的计算，并与数字预失真技术兼容，以提高效率和减少失真[2]，这在未来是一项不可或缺的技术。

然而，尽管 CMOS PA 具有成本和封装优势，但在几个方面通常不如 GaAs PA。首先，CMOS 晶体管具有较大的拐点电压[3]，这会使电源效率较低。同样也是 CMOS 功率放大器未被广泛使用的主要原因。其次，CMOS 器件具有较低的击穿电压，需要一些特殊的设计技巧[4-5]，因为 PA 通常会经历比电源电压大 2~3 倍的电压摆幅[3]。最后，CMOS 晶体管表现出更强的非线性，并且对于具有复杂调制方案且需要高线性度的无线通信标准，栅极电容的非线性[6]可能是一个特别关键的问题。

值得注意的是，SiGe/Si BiCMOS PA 也很受欢迎，它们具有大致相似的特性，因为它们略逊一筹但具有可比性的功率容量、线性度和功率效率。然而，尽管它们比 GaAs PA 便宜，但它们仍然比 CMOS PA 贵。

7.2.2　数据速率、调制方案和电源效率

调制方案是无线通信数据速率以及 PA 设计的重要因素。文本消息或语音可以使用数据速率相对较低的通信标准，例如全球移动通信系统（Global System for Mobile Communication，GSM）轻松传输，但人们可能希望使用数据速率较高的标准，例如通用移动电信系统（Universal Mobile Telecommunication System，UMTS）进行传输音乐和照片。发送和接收视频需要更高的数据速率，例如移动全球微波接入互操作性（mobile Worldwide Interoperability for Microwave Access，m-WiMAX）或长期演进（Long Term Evolution，LTE）标准。低数据速率和高数据速率通信之间的主要区别在于它们的调制方案和调制带宽。

调制方案在低数据速率通信标准下来说表示幅度信息效用的幅度调制指数（Amplitude Modulation Index）很小或为零。而高数据速率通信标准则意味着调幅指数很大。在 PA 设计中，峰均功率比（Peak to Average Power Ratio，PAPR）或峰均比（Peak to Average Ratio，PAR）通常用于表示幅度信息的"平均"效用。PAPR 为 0 dB 的调制方案称为恒定包络调制，PAPR 大于 0 dB 的调制方案称为非恒定包络调制。例如，GSM 采用具有 0 dB PAPR 的频移键控（Frequency Shift Keying，FSK）的恒定包络调制方案，并且一个符号只能表示一个比特。m-WiMAX 利用正交幅度调制（Quadrature Amplitude Modulation，QAM）的非恒定包络调制，其中一个符号通过指示幅度和相位信息来对应多个数字比特。例如，64-QAM 可以通过具有 7.7 dB 高 PAPR 的符号传送六个数字位。

近期标准中旨在避免多径问题的复杂多址技术也会影响 PAPR[7]，例如，用于 UMTS 的码分多址（Code-Division Multiple Access，CDMA）和用于 m-WiMAX 的正交频分多址（Orthogonal Frequency Division Multiple Access，OFDMA）[7]，后者甚至增加 PAPR。PAPR 很重要，因为 PAPR（即数据速率）和 PA 的功率效率之间存在权衡。

图 7-1 显示了典型功率放大器的输入功率、输出功率和效率。功率效率与输入功率密切

相关，并随着输入功率的增加而迅速提高。因此，用于恒定包络调制（如 GSM）的功率放大器可以在饱和输出功率的情况下工作，并具有最高的功率效率。从图中可以看出，PA 不必是线性的。典型 UMTS 信号具有中等幅度调制指数，PAPR 约为 3 dB。然后 PA 必须"回退"3 dB，这意味着施加的输入功率使得输出功率比其最大线性输出功率小 3 dB（见图 7-1）。请注意，最大线性输出功率通常比饱和输出功率小 1~2 dB。在此示例中，UMTS 的输出功率比 GSM 小 4~5 dB，这也导致功率效率较低。在 m-WiMAX 的情况下，PAPR 约为 9 dB，因此输出功率比 GSM 小 9 dB 或更多，功率效率也相当低。

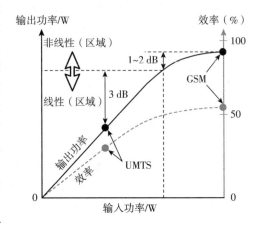

图 7-1　典型功率放大器的输入功率、输出功率和效率

至于调制标准的信号带宽，它只是线性增加数据速率，除了记忆效应[8-9]之外与 PA 的设计没有任何关系，记忆效应比较复杂，超出了本章的范围。

7.2.3　线性功率放大器和开关功率放大器

如上一节所述，输出功率必须与输入功率成线性关系，以便进行振幅调制。为此可以使用线性功率放大器。根据功放的偏置情况，分为 A 类、AB 类和 B 类 3 种[3]。

图 7-2 显示了具有理想输出电压和漏极电流波形的典型线性 PA 电路。A 类是 PA 始终开启时的偏置条件，这意味着漏极电流始终大于零。B 类是 PA 开启一半时间的偏置条件，这意味着放大器偏置在其阈值电压。AB 类是介于 A 类和 B 类之间的偏置条件。也就是说，PA 并非始终处于开启状态，而是在不到一半的时间内处于关闭状态。

选择放大器类别的主要问题是功率效率和线性度之间的权衡。由于漏极电流和电压的乘积很小，B 类放大器在 3 种类型中具有最好的功率效率。理论最大电源效率高达 78.5%。然而，实际上这是无法实现的，因为器件具有拐点电压，它代表具有最大漏极电流的漏极电压（在图 7-2 中显示为 V_{knee}）。

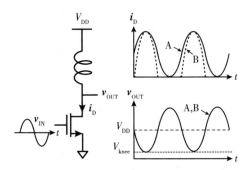

图 7-2　具有理想输出电压和漏极电流波形的典型线性 PA 电路

B 类放大器还具有相对较好的回退功率效率。由于直流电流与输出振幅成正比，因此效率会随着输出功率的降低而逐渐降低。然而，由于晶体管在开启和关闭时表现出很强的非线性，因此牺牲了线性度。相反，A 类放大器虽然由于始终消耗恒定电流而功率效率较差，但具有良好的线性度。A 类放大器的理论最大功率效率为 50%。此外，回退效率会随着输出功率的降低而迅速降低，因为无论其输出功率如何，A 类放大器都会消耗恒定的直流电流。

就线性度和功率效率而言，AB 类放大器介于 A 类和 B 类功率放大器之间。由于良好的线性度，典型的 GaAs PA 可以在非常接近 B 类放大器的"深"AB 类区域中运行。UMTS 的功率效率可以达到 40%，m-WiMAX 的功率效率可以达到 20%。CMOS PA 必须偏置在 AB 类区域的中间，因为它具有很强的非线性栅极电容。由于较差的线性度和较大的拐点电压，已发布的 CMOS PA 的典型功率效率在 UMTS 中下降到原来的 20%，在 m-WiMAX 中下降到原来的 10%。

　　如果采用恒定包络调制，例如 GSM，则 PA 的效率会更高。非线性 PA 就足够了，因为它的输出功率不随时间变化。开关功放是一种非线性功放，理论上可以实现 100% 的功率效率[2]。开关功放的漏极电压高，漏极电流为零，漏极电流大，漏极电压为零。通过施加矩形波，可以实现快速开关，并通过降低电压和电流的乘积提高效率。典型的 GSM 开关功率放大器的功率效率高达 60%，由于 CMOS 可作为快速开关工作，因此 CMOS 开关功率放大器在这一领域越来越受欢迎。开关放大器的漏极电压和电流波形如图 7-3 所示。

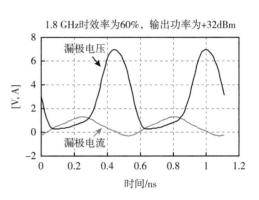

图 7-3　开关放大器的漏极电压和电流波形

7.2.4　极性调制

　　显而易见，随着对高速率通信的需求日益增长，需要线性放大的调制方案越来越受欢迎。因此，PA 的低功率效率成为具有高 PAPR 的非恒定包络调制方案的关键问题，CMOS PA 的吸引力越来越小。这个问题可以通过使用高效非线性开关放大器调制振幅的技术来解决。幅度和相位信息的并行处理[如包络恢复（Envelope Restoration，ER）或极性调制]已被提议[10]作为使用高效开关放大器进行线性放大的技术之一。

　　在传统的 I-Q 发射器中，RF 信号 $x(t)$ 是通过同相基带信号 $I(t)$ 和正交相基带信号 $Q(t)$ 的加和实现的，如下式所示：

$$x(t)=I(t)\cos(2\pi f_0 t)+Q(t)\sin(2\pi f_0 t) \tag{7-1}$$

式中，f_0 是 RF 载波的频率。从式（7-1）可以看出，$x(t)$ 是基于笛卡儿坐标系的，而 ER 系统是基于极坐标系的。

$$x(t)=A(t)\cos(2\pi f_0 t+\theta(t)) \tag{7-2}$$

式中，$A(t)$ 是基带包络信号，$\theta(t)$ 是射频信号的相位。式（7-2）可以改写为

$$x(t)=A(t)\cos(\theta(t))\cos(2\pi f_0 t)+A(t)\sin(\theta(t))\sin(2\pi f_0 t) \tag{7-3}$$

　　式（7-1）中的 $I(t)$ 和 $Q(t)$ 可表示为

$$\begin{aligned}I(t)&=A(t)\cos(\theta(t))\\Q(t)&=A(t)\sin(\theta(t))\end{aligned} \tag{7-4}$$

　　$A(t)$ 和 $\theta(t)$ 都可以用式（7-4）表示为 $I(t)$ 和 $Q(t)$，如

$$A(t)=\sqrt{I(t)^2+Q(t)^2}$$
$$\theta(t)=\arctan\left(\frac{Q(t)}{I(t)}\right) \tag{7-5}$$

$A(t)$ 和 $\theta(t)$ 的推导可以在模拟域中完成[10]。在 CMOS 技术中，可以通过坐标旋转数字计算机（Coordinate Rotation Digital Computer，CORDIC）处理轻松完成此计算[11-12]。图 7-4 显示了传统 ER 系统的原理，它利用了输出幅度几乎与开关放大器的电源电压成正比的事实。ER 系统中 PA 的射频输入 v_{IN} 是相位调制信号，表示为

$$v_{IN}=b_0+b_1\cos(2\pi f_0t+\theta(t))+b_2\cos(2\pi(2f_0)t+2\theta(t))$$
$$+b_3\cos(2\pi(3f_0)t+3\theta(t))+\cdots \tag{7-6}$$

式中，$b_k(k=0,1,2,\cdots)$ 是每个音调的振幅。

输入 v_{IN} 通常包含谐波以获得矩形波形，从而实现快速切换并提高电源效率。通过在输出端匹配网络和滤波器来抑制谐波。它乘以 $A(t)$ 的包络基带信号，用于为 PA 提供电压。结果，RF 信号 $x(t)$ 在放大器的漏极恢复：

$$v_{OUT}\big|_{f=f_0}=c_1A(t)\cos(2\pi f_0t+\theta(t))=c_1x(t) \tag{7-7}$$

式中，c_1 是转换增益，它取决于负载电阻与开关器件电阻的比率。

ER 系统除了高效率之外还有其他优势。由于输入幅度恒定，因此晶体管的栅极电容不存在线性问题。驱动功率放大器所需的缓冲级也可以通过高能效开关放大器或高面积效率的反相器来实现。但它也存在一些缺点。尽管无论其输出功率如何，理论上的最大效率都是 100%，但由于受到生成基带包络信号 $A(t)$ 所需的大功率电源调制器的影响，实际效率低于 100%[12-13]。

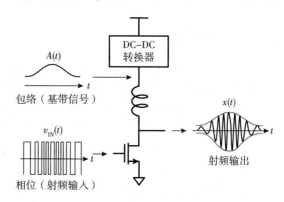

图 7-4　传统 ER 系统的原理

调制带宽也是一个问题，电源调制器必须驱动电源的大去耦电容，这可以使用开关 DC-DC 转换器来完成。DC-DC 转换器的开关频率高达 130 MHz，用于处理 UMTS 信号的 $A(t)$。因此，DC-DC 转换器的效率在 2 W 的峰值输出功率时相对较低，只有 83%[13]。效率随着输出功率的降低而逐渐降低，在 0.25 W 时下降了大约 50%。不过，DC-DC 转换器的峰值效率以及回退效率优于传统的 AB 类放大器。在 UMTS 标准中，接收频段的开关杂散距离射频载波仅约 150 MHz，必须小于 -160 dBc/Hz。为避免此问题，设计中使用了单个线性或低压差（Low Dropout，LDO）稳压器，只是效率会更低[12,14]。使用线性稳压器时，回退效率依赖性与 AB 类放大器相同。

即使对于理想的电源调制器，由于开关放大器的栅极到漏极馈通，AM-AM 和 AM-PM 转换也会降低线性度，并且 PA 的输出功率范围也非常有限[15-16]。例如，在参考文献中[17]，电源变化 10 dB 会在输出端产生 5° 的相移，这对于 LTE 和 m-WiMAX 来说是不够

的。至于 UMTS 标准，输出功率范围小是一个严重的问题，因为最小输出功率必须小于 -49 dBm[18]。

7.3　功率混频器

7.3.1　优势

尽管传统的极化调制系统存在许多问题，但功率混频器[1]可以克服这些问题，同时不会失去高峰值效率、恒定栅极电容以及功率和面积高效缓冲器的优势。功率混频器的示意图如图 7-5a 所示。它类似于开关跨导混频器[19]，因为下层树共源晶体管（M_1 和 M_2）分别由差分相位调制射频信号 $v_{IN}+$ 和 $v_{IN}-$ 驱动。

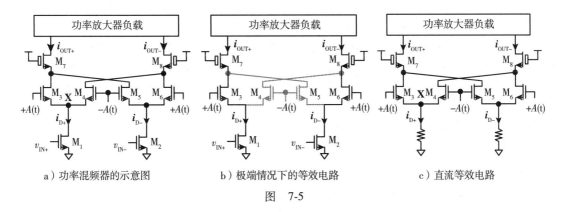

a）功率混频器的示意图　　　b）极端情况下的等效电路　　　c）直流等效电路

图　7-5

基带（Baseband，BB）包络差分信号 $+A(t)$（BB^+）和 $-A(t)$（BB^-）被应用于中间树差分对（M_3、M_4、M_5 和 M_6），从而不需要单独的电源调制器。与电源调制器相反，幅度调制带宽非常高，可能超过千兆赫兹。差分对用作 RF 信号的共源共栅。在 CMOS 实现中，功率混频器可以利用另一个具有厚栅极氧化物顶部晶体管（M_7 和 M_8）的共源共栅器件来增加最大漏极电压摆幅，这不会引起可靠性问题，并且能够提高输出阻抗[3]。

传统 ER 系统（即电源调制）的主要挑战之一是其有限的输出功率范围。即使在传统的 I-Q 发射器系统中，也需要昂贵且耗电的射频增益控制电路来提供足够大的输出功率范围，以避免馈通效应。由于采用了双平衡拓扑结构，馈通的影响非常小，因此功率混频器的输出功率范围非常大，不需要任何射频增益控制。

在功率混频器中，馈通输出信号是通过两级的失配产生的。如果没有失配，则从 RF^+ 输入和 RF^- 输入到正负输出电流 i_{OUT+} 和 i_{OUT-} 的馈通量相同并被抵消。即使射频输入级存在一些不匹配，馈通产生的输出信号也会通过差分对转换为共模信号。共模信号通过跟随单端转换级的差分被抑制。RF 输入级的不匹配会导致栅极到漏极馈通的微小差异，差分对的不匹配会将馈通输出信号传输到差分输出信号，该信号应该非常小，特别是当 PA 晶体管的栅极面积比较大时。

　　为了理解功率混频器的高效运行，图 7-5b 显示了极端情况下的等效电路，其中 BB⁺ 输入信号非常大而 BB⁻ 输入信号非常低。在这种情况下，可以忽略交叉耦合路径，并且放大器等同于具有共源共栅的开关放大器。PA 负载可以设计为 E 类和 F 类等高效 PA。当通过负载牵引模拟设计 PA 负载以实现最大功率附加效率（Power-Added Efficiency，PAE）时，在 130 nm CMOS 工艺下，1.8 GHz 时输出功率 +32 dBm 下的模拟峰值漏极效率为 60%。它在仿真中从 3 V 电源汲取 0.88 A 的电流（波形见图 7-3，其中功率混频器作为开关放大器工作）。

7.3.2　详细操作

　　功率混频器的增益开关级的跨导和差分对的电流增益决定。开关级的跨导与节点 X 的直流电压 V_X 成正比，如图 7-5a 所示，功率混频器的直流等效电路如图 7-5c 所示。

　　开关级可以用电阻建模，因为它在线性区域工作。M_1 和 M_2（i_D）漏极处的射频电流如图 7-6a 所示。小信号跨导由 BB 信号（v_{cm}）的共模输入决定。然而，随着差分输入电压（v_{diff}）的增加，i_D 或 V_X 开始跟随差分对的较高电压侧，并由于跨导的非线性特性而显示出 "正" 非线性。在较大的 v_{diff} 下，由于输入级的驱动能力有限和节点 X 的电容，i_D 饱和。第二个增益级（即差分对的电流增益）然后决定输出电流 i_{OUT}，如图 7-6b 所示。当 v_{diff} 的值较小时，i_{OUT}/i_D 的值与 v_{diff} 线性相关；然而，当它接近一致时，它逐渐饱和并显示出 "负" 非线性。

7.3.3　前馈线性化

　　我们可以利用跨导的 "正" 非线性和差分对的 "负" 非线性（见图 7-6a 和图 7-6b）。非线性可以通过调整 v_{cm} 相互抵消。与 AB 类放大器类似，由于直流电流与 i_D 成正比，因此回退效率也得到提高。图 7-6c 体现了转换增益对 v_{cm} 的依赖性，在这个例子中，由于正非线性和负非线性相互抵消到一阶，功率混频器是高度线性的，v_{cm} 为 400 mV。

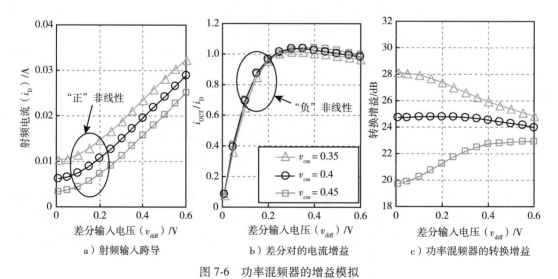

a）射频输入跨导　　　　b）差分对的电流增益　　　　c）功率混频器的转换增益

图 7-6　功率混频器的增益模拟

7.3.4　反馈线性化

根据上一节的分析，我们得出了另一种线性化技术，即分别对开关级的跨导和差分对的电流增益进行线性化。通过固定开关级(V_X)漏极的直流电压，跨导和 i_D 保持不变。这是通过使用共模反馈(Common-Mode Feedback，CMFB)电路的复制线性化器完成的，如图 7-7 所示。

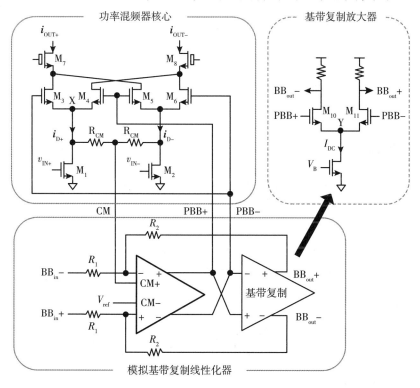

图 7-7　共模反馈的复制线性化器

为了线性化差分对的电流增益，使用了复制差分对(基带复制放大器)来模拟非线性，并将其放置在 CMFB 放大器的电阻反馈环路内。反馈使从 BB_{in} 输入、BB_{out} 输出的传递函数线性化，并且在此过程中，在复制器的输入端生成差分预失真信号 PBB。然后将该 PBB 信号应用于中间树功率混频器单元(M_3、M_4、M_5 和 M_6)的栅极，从而产生与 BB_{in} 信号线性相关的输出信号(i_{RF})。然而，这种线性化方案存在局限性，因为主电路和复制电路在不同频率下运行，即射频和基带。与输入相关的非线性(包括由跨导引起的主要非线性)可以得到补偿。但是，输出阻抗引起的非线性无法得到补偿。

要了解功率混频器和两种线性化技术的优势，应对它们进行更详细的比较和讨论。反馈模式的优点之一是它的准确性。准确的失真补偿会导致更高的输出功率，因为功率混频器预计会线性上升到饱和功率。此外，由于反馈，可以最大限度地减少由于工艺、电源电压和温度(Process，Supply Voltage and Temperature，PVT)引起的变化。然而，反馈模式的效率低于前馈模式，因为无论其输出功率如何，电流消耗都是恒定的，类似于 A 类放大器。因此，反馈模式的使用可能仅限于功率混频器产生最高输出功率时，此时误差矢量幅度（Error Vector Magnitude，EVM）优于前馈模式。

前馈模式的线性度略逊于反馈模式。但是，它优于传统的 CMOS AB 类放大器。前馈模式的典型 1 dB 压缩点比饱和输出功率低 1~2 dB。前馈模式的缺点是对变化的稳定性不足。由于在反馈环路中调制振幅，反馈模式以及基于电源调制器的 ER 系统具有相同的带宽缺点。用于最小化损耗的"巨大"调幅器件的寄生电容限制了带宽。换句话说，调幅装置的尺寸可能会受到限制，无法达到所需的带宽，从而导致装置损耗增加，效率降低。

虽然前馈模式比反馈模式具有更好的回退效率，但回退效率对输入或输出功率的依赖性与 AB 类放大器相同。这一点并没有在传统的线性 PA 或基于线性调节器 E 系统中得到改进。由于回退效率对于具有高 PAPR 的近期标准的整体效率尤为关键，因此 PA 设计中最重要的挑战之一是提高回退效率。

7.4 设计实例

在本节中，我们将通过包含实施和测量结果的示例设计来回顾功率混频器的优势。

7.4.1 实现

功率混频器的系统框图如图 7-8 所示。原型采用 130 nm CMOS 技术实现。在本实施方案中，功率混频器由 16 个单元组成，因此可以通过关闭部分功率混频器单元来降低功耗。之所以选择 16 个单元，是因为在布局中保持匹配和最小化每个单元之间的偏斜所需的开销可以忽略不计。

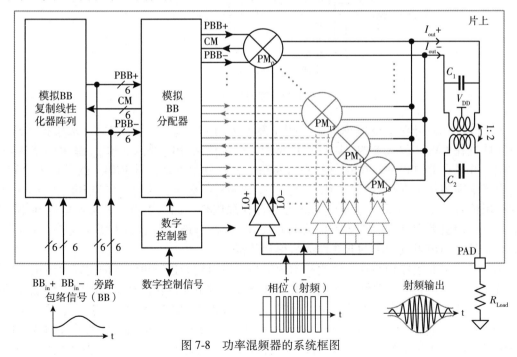

图 7-8 功率混频器的系统框图

差分相位调制射频输入信号经缓冲后，由基于逆变器的放大器应用于功率混频器单元。差分 BB 包络信号由模拟 BB 复制线性化器线性化。它将混频器的共模（Common Mode，CM）信息反馈给模拟复制线性化器。线性化器从 3 V 电源汲取 6 mA 电流，环路带宽为 1 MHz。通过绕过模拟 BB 复制线性化器，功率混频器可以在前馈线性化模式下运行。

功率混频器单元的输出信号在其输出端合并，非恒定包络射频信号在此再生。产生的非恒定包络差分电流经过阻抗变换，使用变压器和电容器的输出匹配来驱动外部单端 50Ω 负载。该变压器适用于瓦级发电电路，因为它是宽带的，损耗比 LC 匹配网络更小，特别是当在片上实现输出网络时，片内电感的 Q 值不可能很大[20]。它还能够将差分输入信号转换为单端输出信号。

当初级匝数和次级匝数分别为 m 和 n，且耦合系数 k 为 1 时，50Ω 负载变换为 $50 \times (m/n)^2 \Omega$ 差动负载，单端功率混频器承受 $25 \times (m/n)^2 \Omega$ 的小负载。现实中耦合系数一般在 $0.7 \sim 0.8$ 左右，变换后的阻抗与理想情况不同。在我们的实现中，选定 m 为 1，n 为 2，k 为 0.8。单端功率混频器在 2.0 GHz 时的纯电阻负载为 3.6Ω。该输出网络的模拟无源效率约为 80%。

7.4.2 测量

图 7-9 显示了功率混频器的饱和输出功率和峰值功率附加效率（Power Added Efficiency，PAE），RF 输入功率为 +3 dBm。应该注意的是，包含上变频的功率混频器阵列的 PAE 包括片上所有电路块的直流功耗，如

$$\text{PAE} = \frac{\text{输出 RF 功率} - \text{LO 输入功率}}{\text{整个芯片的直流功耗}} \tag{7-8}$$

PAE 在 $1.6 \sim 2$ GHz 之间高于 40%，其峰值在 1.6 GHz 时为 43%，在 $1.2 \sim 2.4$ GHz 的倍频程范围内输出功率大于 1 W。这种宽带性能可归功于片上变压器的高耦合系数（$k \approx 0.8$）。1.8 GHz 时的峰值 PAE 和漏极效率分别为 42% 和 46%。如果没有片上变压器，峰值漏极效率估计约为 62%。功率混频器具有 +28.4 dB 的 RF 输入到输出功率增益。它在 1.6 GHz 时产生 +31.4 dBm 的最大输出功率，BB 输入电压为 450 mV。

图 7-10 显示了在反馈和前馈模式下测得的 PAE 和归一化转换增益与 1.8 GHz 输出功率的关系。在前馈模式下，输出 P_{1dB} 为 +30.2 dBm，其中对 BB 信号的共模进行了优化以获得良好的线性度。在反馈模式下，其最大输出功率 +31.3 dBm 的增益压缩仅为 0.4 dB，输出 P_{1dB} 与最大功率相同，即 +31.3 dBm。

通过生成 10 kHz 幅度调制输出信号，针对前馈模式，测量了 AM-PM 转换。使用矢量信号分析仪解调瞬时幅度和相位。当 V_{CM} 为 0.45 V 时，测得的最大输出功率的相位误差约为 4°。较小的相位误差源自恒定的栅极电容，对于

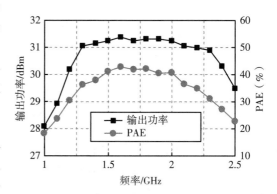

图 7-9 功率混频器的饱和输出功率和峰值功率附加效率

64QAM 和 OFDM 等复杂调制方案而言，误差足够小。

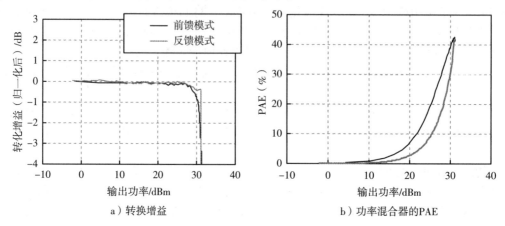

a）转换增益

b）功率混合器的PAE

图 7-10　在反馈和前馈模式下测得的 PAE 和归一化转换增益与 1.8GHz 输出功率的关系

具有反馈和前馈线性化功能的功率混频器使用 16 QAM 调制信号进行测试，该信号是一个非恒定包络信号。图 7-11 显示了 16 QAM 调制下信号的 EVM 和 PAE。在该图中，调制符号率为 50 kSym/s，用于 BB 脉冲整形的滤波器是根升余弦，余弦率为 0.5。在前馈模式下，+27.1 dBm 的输出功率以 4.3%的 EVM 实现。在反馈模式下，以 5%的 EVM 实现了更高但相似的+27.6 dBm 输出功率。正如 7.3.4 节中所讨论的，应该使用反馈模式来生成大于+26.0 dBm 的输出功率。

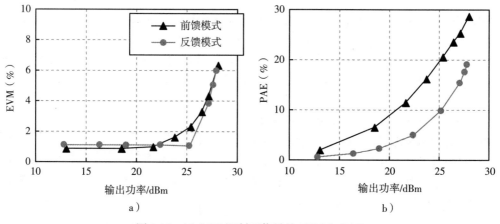

a）

b）

图 7-11　16 QAM 调制下信号的 EVM 和 PAE

在测量射频输出功率范围时，仅激活了一个功率混频器单元，且 V_{CM} 为 200 mV，这大大降低了开关级的跨导和差分对的电流增益，从而最大限度地减少馈通输出信号。馈通输出信号在未调整差分对的直流偏移的情况下测得为-70 dBm。当施加-0.82 mV 差分直流电压以抵消差分对的偏移时，它可以进一步降低至-91 dBm。使用小输出功率测量 16 QAM 信号的 EVM，在不进行调整的情况下，当输出功率高于-57.9 dBm 时，EVM 小于 5%。调整后，当输出功率高于-76.2 dBm 时，EVM 小于 5%，不需要任何射频增益控制电路即可实现高于 100 dB 的输出功率动态范围。

得益于功率混频器的高振幅调制带宽，前馈模式的调制带宽足以满足 UMTS 和移动 WiMAX 等宽带标准信号的要求。图 7-12 显示了在频率为 1.75 GHz、PAPR 为 3.5 dB 时 UMTS 输出信号的输出频谱和星座图。测得的输出功率为+28.3 dBm，PAE 为 30%，EVM 为 2.9%。功率混频器还通过多码调制进行了测试，其中 PAPR 高达 5.2 dB。+25.5 dBm 的输出功率是在 21% 的 PAE 和 3.1% 的 EVM 下测得的。在 1.83 GHz 和 1.95 GHz 的不同频率下也测量了 UMTS 频谱。

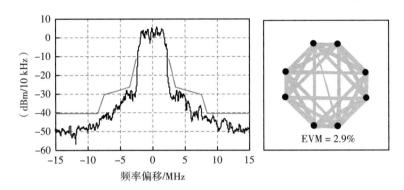

图 7-12　频率为 1.75GHz、PAPR 为 3.5dB 时 UMTS 输出信号的输出频谱和星座图

所有测量的 EVM、频谱模板和邻道泄漏比(Adjacent Channel Leakage Ratio，ACLR)均满足第三代合作伙伴计划(3rd Generation Partnership Project，3GPP)规范。m-WiMAX 的输出频谱和星座图也在 1.75 GHz 下测量，测量时的信号带宽为 5 MHz。使用 20% 的 PAE 和 4.9% 的 EVM 可获得+25 dBm 的输出功率。使用 10 MHz 的 BB 信号带宽可以获得类似的性能。表 7-1 总结了测量结果。

表 7-1　测量结果

频率		1.8 GHz		
最大输出功率		+31.3 dBm		
峰值功率附加效率		42%		
LO 输入功率		3 dBm		
输出功率范围		103 dB		
输出 P_{1dB}	前馈	+30.2 dBm		
	反馈	+31.3 dBm		
调制性能		P_{out}	PAE	EVM
16 QAM	前馈	+27.1 dBm	25%	4.3%
	反馈	+27.6 dBm	18%	5.0%
UMTS(1.7 GHz)	前馈	+28.3 dBm	30%	2.9%
m-WiMAX(1.75 GHz)	前馈	+25.0 dBm	20%	4.9%

7.5 总结

功率混频器是一种用于非恒定包络信号的新型功率生成方法。它采用 ER 系统，具有高峰值效率。此外，它还克服了传统的基于电源调制器的 ER 系统的问题——调制带宽和有限的输出功率范围。本章讨论了反馈和前馈的电路级线性化和回退效率改进技术。即使在饱和状态下，反馈模式也可以是线性的，并且对过程、温度和电压变化不敏感。前馈模式可以提高回退效率、带宽和线性度。功率混频器的幅度调制带宽对于 m-WiMAX 和 LTE 等高速率标准来说足够大，因为它是在差分对上完成的。由于其双平衡配置，功率混频器的输出功率范围在理论上是无限大的。采用 130 nm CMOS 工艺实现了全集成 CMOS 功率混频器，并通过测量结果验证了功率混频器的优势。该性能可与最近报道的完全集成的 GaAs PA 相媲美，表 7-2 总结了用于移动应用的单片 PA 与全集成 CMOS 功率混频器的性能对比[22-25]。

表 7-2 用于移动应用的单片 PA 与全集成 CMOS 功率混频器的性能对比

参考文献	技术与功率放大器系统单元	频率/GHz	V_{DD}/V	芯片面积/mm²	外部比较器	OP_{1dB}/dBm	WIMAX/WLAN			WCDMA		
							P_{OUT}/dBm	PAE(%)	EVM/dBc	P_{OUT}/dBm	PAE(%)	Ac LR/dBc
本书	CMOS, ER（功率混频器）	1.8	3	2.6	否	30.2	25	20	−26	28.3	30	−36
22	CMOS, AB 类	2.4	3.3	1.7	否	24.5	19	16	−27	—	—	—
17	CMOS, AB 类	2.4	3.3	0.7	是	25.1	18.8	14	−26	—	—	—
23	CMOS, AB 类	2.3	3.3	4	否	27.7	22.3	12	−25	—	—	—
13	LDMOS, ER（电源模式）	1.9	3.6	1.1	是	—	—	—	—	27	46	−39
21	GaAs-HBT, Doherty	5.2	3.3	1.6	否	—	22.5	21	−26	—	—	—
24	GaAs-HBT, AB 类	—	3.4	0.5	是	—	—	—	—	28	54	−33
25	GaAs-HBT, AB 类	2.5	6	2.5	是	—	30	20	−26	—	—	—

参考文献

[1] S. Kousai and A. Hajimiri, "An octave-range, watt-level, fully integrated CMOS switching power mixer array for linearization and back-off-efficiency improvement," *IEEE J. Solid-State Circuits*, vol. 44, no. 12, Dec. 2009, pp. 3376–3392.

[2] G. Norris, J. Staudinger, J. H. Chen, C. Rey, P. Pratt, R. Sherman, and H. Fraz, "Application of digital adaptive predistortion to mobile wireless devices." *Proc. of IEEE RFIC Symposium*, June 2007, pp. 247–250.

[3] S. C. Cripps, *RF Power Amplifiers for Wireless Communications*, 2nd ed., Norwood, MA: Artech House Publishers, 1999.

[4] T. Kuo and B. Lusignan, "A 1.5 W class-F RF power amplifier in 0.2 μm CMOS technology," *in IEEE Int. Solid-State Circuits Conf. Dig. Tech. Papers*, Feb. 2001, pp. 154–155.

[5] N. Zimmermann, R. Wunderlich, and S. Heinen, "An over-voltage protection circuit for CMOS power amplifiers," *in Proc. of IEEE International Conference on Electronics Circuits and Systems 2008*, 2008, pp. 161–164.

[6] J. Kang, J. Yoon, K. Min, D. Yu, J. Nam, Y. Yang, and B. Kim, "A highly linear and efficient differential CMOS power amplifier with harmonic control," *IEEE J. Solid-State Circuit*, vol. 41, no. 6, June 2006, pp. 1314–1322.

[7] N. Hicheri, M. Terre, and B. Fino, "OFDM and DS-CDMA approaches: Analysis of performances on fading multipath channels," *in Proc. of IEEE International Symposium on Personal, Indoor and Mobile Radio Communications 2002*, vol. 4, 2002, pp. 1498–1501.

[8] A. Richards, K. A. Morris, and J. P. McGeehan, "Cancellation of electrical memory effects in FET power amplifiers," *in Proc. of European Microwave Conference*, vol. 2, 2005.

[9] J. Vuolevi and T. Rahkonen, *Distortion in RF Power Amplifiers*, Norwood, MA: Artech House Publishers.

[10] L. Kahn, "Single-sided transmission by envelope elimination and restoration," *in Proc. IRE*, July 1952, pp. 803–806.

[11] G. C. Gielis, R. Plassche, and J. Valburg, "A 540-MHz 10-b polar-to-Cartesian converter," *in IEEE Journal of Solid-State Circuits*, vol. 26, no. 11, Nov. 1991, pp 1645–1650.

[12] P. Reynaert and M. S. J. Steyaert, "A 1.75-GHz polar modulated CMOS RF power amplifier for GSM-EDGE," *in IEEE J. Solid-State Circuits*, vol. 40, no. 12, Dec. 2005, pp. 2598–2608.

[13] V. Pinon, F. Hasbani, A. Giry, D. Pache, and C. Garnier, "A single-chip WCDMA envelope reconstruction LDMOS PA with 130 MHz switched-mode power supply," *IEEE Int. Solid-State Circuits Conf. Dig. Tech. Papers*, Feb. 2008, pp. 564–565.

[14] J. N. Kitchen, C. Chu, S. Kiaei, and B. Bakkaloglu, "Combined linear and D-modulated switch-mode PA supply modulator for polar transmitters," *IEEE J. Solid-State Circuits*, vol. 44, no. 2, Feb. 2009, pp. 404–413.

[15] S. Hietakangas, T. Rautio, and T. Rahkonen, "Feedthrough cancellation in a class E amplified polar transmitter," *in Proc. of European Conference on Circuit Theory and Design*, 2007, pp. 591–594.

[16] J. D. Kitchen, I. Deligoz, S. Kiaei, and B. Bakkaloglu, "Linear RF polar-modulated SiGe class E and F power amplifiers," *in Proc. IEEE RFIC Symp.*, 2006, pp. 4–7.

[17] R. D. Singh and K. Yu, "A linear mode CMOS power amplifier with self-linearizing bias," *Proc. A-SSCC*, 2006, pp. 251–254.

[18] http://www.3gpp.org/specifications

[19] E. Klumperink, S. Louwsma, G. Wienk, and B Nauta, "A CMOS switched transconductor mixer," *IEEE J. Solid-State Circuits*, vol. 39, no. 8, Aug. 2004, pp. 1231–1240.

[20] I. Aoki, S. D. Kee, D. B. Rutledge, and A. Hajimiri, "Fully integrated CMOS power amplifier design using the distributed active transformer architecture," *IEEE J. Solid-State Circuits*, vol. 37, no. 3, March 2002, pp. 371–383.

[21] D. Yu, Y. Kim, K. Han, J. Shin, and B. Kim, "Fully integrated Doherty power amplifiers for 5 GHz wireless-LANs," *in Proc. IEEE RFIC Symp.*, 2006, pp. 4–7.

[22] J. Kang, A. Hajimiri, and B. Kim, "A single-chip linear CMOS power amplifier for 2.4 GHz WLAN," *in IEEE Int. Solid-State Circuits Conf. Dig. Tech. Papers*, Feb. 2006, pp. 208–209.

[23] D. Chowdhury, C. D. Hull, O. B. Degani, P. Goyal, Y. Wang, and A. M. Niknejad, "A single-chip highly linear 2.4 GHz 30 dBm power amplifier in 90 nm CMOS," *in IEEE Int. Solid-State Circuits Conf. Dig. Tech. Papers*, Feb. 2009, pp. 378–379.

[24] Y. S. Noh and C. S. Park, "An intelligent power amplifier MMIC using a new adaptive bias control circuit for W-CDMA applications," *IEEE J. Solid-State*

Circuits, vol. 39, no. 6, June 2004, pp. 967–970.

[25] M. Miyashita, T. Okuda, H. Kurusu, S. Shimamura, S. Konishi, J. Udomoto, R. Matsushita, Y. Sasaki, S. Suzuki, T. Miura, M. Komaru, and K. Yamamoto, "Fully integrated GaAs HBT MMIC power amplifier modules for 2.5/3.5-GHz-band WiMAX applications," *in IEEE Compound Semiconductor Integrated Circuit Symposium*, 2007, pp. 1–4.

用于无线通信的 GaAs HBT 线性功率放大器设计

8.1 引言

磷化铟镓/砷化镓（Indium Gallium Phosphide/Gallium Arsenide，InGaP/GaAs）异质结双极晶体管（Hetero-junction Bipolar Transistor，HBT）线性功率放大器（Power Amplifier，PA）广泛用于码分多址（Code Division Multiple Access，CDMA）手机和无线局域网/城域网（Local Area Networks/Metropolitan Area Network，LAN/MAN）终端，包括全球微波接入互操作性（Worldwide Interoperability for Microwave Access，WiMAX）终端[1-8]，因为 InGaP-HBT 具有高功率密度和高可靠性[9-10]，其单电压操作和出色的再现性能够实现低成本和高产量。

在不使用精细工艺技术的情况下，基于带隙工程制造的 GaAs 器件通常比精细工艺互补金属氧化物半导体（Complementary Metal-Oxide Semiconductor，CMOS）具有高频、高输出功率、高击穿电压和高效率特性的优势。此外，基于 GaAs 的功率放大器具有基板通孔以及在电阻率为 1 MΩ/cm 或更高的半绝缘基板上制造的金属-绝缘体-金属（Metal-Insulator-Metal，MIM）电容器和厚金属电感器。基板通孔使得基本可以使用共发射极和共源极放大器拓扑，从而有助于实现高性能和小尺寸的 PA。这些优点使得砷化镓器件制造商能够提供具有高功率性能和相对较低成本的功率放大器。因此，基于 GaAs 的功率放大器继续在无线手机和无线 LAN/MAN 终端中发挥重要作用。

为了应对不断增加的数据速率和数据容量，先进的无线通信系统（例如宽带/窄带（W/N）-CDMA 和正交频分复用（Orthogonal Frequency Division Multiplexing，OFDM）系统）可以处理具有相对较高峰均功率比率（Peak-to-Average Power Ratio，PAPR）的非恒定包络信号。因此，对于功率放大器来说，不仅需要高效率运行，还强烈需要高线性运行。

本章介绍了 CDMA/WiMAX PA 的易于理解的设计示例，同时重点关注失真特性、偏置电路和输出匹配条件之间的关系；之后分析可切换路径 WCDMA PA、低参考电压操作 N-CDMA PA 和具有阶跃衰减和功率的 WiMAX PA 的电路设计技术。

8.2 线性功率放大器设计

CDMA 功率放大器及其外围电路的框图如图 8-1 所示。功率放大器（PA）将来自硅射频

（Silicon Radio Frequency，Si-RF）大规模集成（Large Scale Integration，LSI）的调制信号放大到特定的输出功率电平，然后通过隔离器、双工器和天线开关将其传输到天线端口。

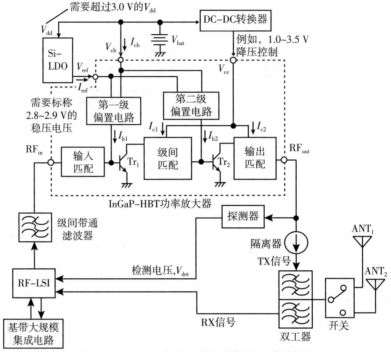

图 8-1　CDMA 功率放大器及其外围电路的框图

图 8-2 显示了 CDMA 调制信号的原始频谱及其再生的示例，其中图 8-2a 显示了 PA 的输入信号（RF_{in}），图 8-2b 显示了 PA 输出处由 PA 失真引起的频谱再生（RF_{out}）。由于这种再生会导致信号质量下降，并且可能会给相邻信道带来不必要的信号干扰，因此再生水平（信号失真水平）受到每个系统的空中接口规范的严格限制。这些失真水平通常用相邻信道功率比（Adjacent Channel Power Ratio，ACPR）、相邻信道泄漏功率比（Adjacent Channel Leakage Power Ratio，ACLR）或误差矢量幅度（Error Vector Magnitude，EVM）来表征。除了低失真特性的要求外，还强烈要求以低成本实现更小、更薄的封装尺寸。因此，在线性功率放大器设计中，必须通过适合较小尺寸的简单电路拓扑来实现低失真特性。

在 HBT PA 中，偏置电路在失真特性以及静态电流的温度依赖性方面发挥着重要作用。这与通常的场效应晶体管（Field Effect Transistor，FET）放大器设计有很大不同，因为线性 HBT PA 消耗的基极电流数量级在几微安（μA）到几毫安（mA）。相比之下，FET 放大器几乎不消耗栅极电流，因此 FET 放大器允许使用非常简单的偏置电路，例如电阻分压器。本节介绍偏置电路设计以及偏置电路、失真特性和输出匹配条件之间的关系，同时介绍对实际设计有用的电路模拟。

8.2.1　基本偏置电路拓扑

CMDA 功率放大器（例如图 8-1 所示的 PA）的典型输入输出特性如图 8-2c 所示。集电极

电流 I_{c1} 和 I_{c2} 随输出功率水平变化很大。关于第二级集电极电流的 I_{c2}，在 28 dBm 的目标输出功率下，I_{c2} 从约 40 mA 的静态电流变化到高达 380 mA。考虑到 3GPP（Third Generation Partnership Project，第三代合作伙伴计划）WCDMA 规范中约 3.5 dB 的峰均功率比（Peak-to-Average Power Ratio，PAPR），偏置电路还需要向第二功率级 Tr_2 供电，其基极电流对应达到约 600 mA 的峰值集电极电流。此外，偏置电路对静态电流的温度依赖性应较小，以抑制功率增益随温度的变化。

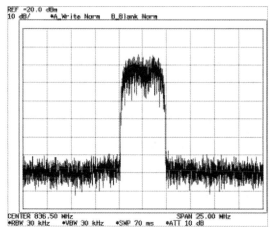

a）RF_{in} 处 WCDMA 输入信号的频谱示例

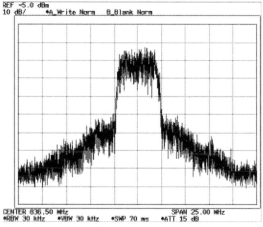

b）RF_{out} 处 WCDMA 输出信号的频谱示例

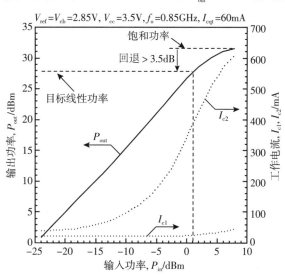

c）CDMA 功率放大器的典型输入输出特性

图 8-2　CDMA 调制信号的原始频谱及其再生的示例

有两种基本的偏置电路拓扑可以满足这些要求，如图 8-3 所示。一种是带有 β-helper 的基于电流镜的拓扑（图 8-3a 中的 Tr_{b2}），另一种是基于射极跟随器的拓扑（图 8-3b 中的 Tr_{b1}），其中 β-helper 补偿镜像电流（I_c）对电流镜像电路中晶体管的电流增益（β）的依赖性。在图中，确定了功率级、射极跟随器和辅助器的发射指数量以获得目标输出功率。请注意，两种拓扑都需要一个独立于电池电压变化的参考电压(V_{ref})。电压 V_{ref} 通常由 Si 低压差稳压器生成。

图 8-3c 比较了基于射极跟随器和基于电流镜的拓扑之间静态电流的模拟温度依赖性。这两种拓扑可以提供静态电流对温度不敏感的特性。如图所示，与基于电流镜的拓扑相比，基于射极跟随器的拓扑基本上具有消耗较少参考电流 I_{ref} 的优点，因为直流电流增益 b 通常大于电流镜比。因此，本节重点讨论基于射极跟随器的偏置电路设计。

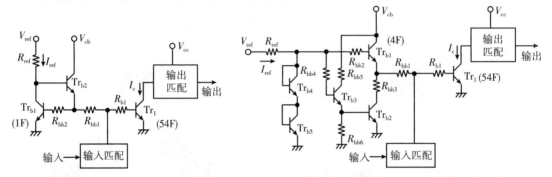

a）带有 β'-helper的基于电流镜的偏置电路　　　　b）基于射极跟随器的偏置电路

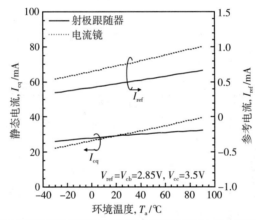

c）基于射极跟随器的偏置电路与基于电流镜的偏置电路之间的比较

图 8-3　电路原理图示例

关于射极跟随器拓扑中静态电流的温度依赖性，有两种典型的控制方案：基极电流控制方案（见图 8-4a 和发射极电流控制方案（见图 8-4b）。这里，请注意，在图 8-4b 的发射极电流控制中，使用了两个二极管连接的晶体管 Tr_{b2} 和 Tr_{b3}，用于降低 I_{a2} 的控制灵敏度。在图 8-4c 中，适当的温度相关电流源 I_{a1} 和 I_{a2} 可以为这两种方案提供几乎不依赖于温度的静态电流特性。图 8-4b 是先前图 8-3b 的电路原理图。在图 8-4b 中，Tr_{b2} 和 Tr_{b3} 作为温度相关电流源工作[11]。

8.2.2　偏置驱动和 AM-AM/AM-PM 特性

如 8.1 节所述，ACPR 或 ACLR 等失真特性是表征 CDMA/OFDM 系统线性 PA 的重要因素之一。然而，在设计中，电路设计者直接模拟这种失真特性非常耗时，并且模拟结果并不能让设计者理解失真与电路参数之间的关系。相反，基频上的 AM-AM/AM-PM 特性通常用于预测 ACPR、ACLR 或 EVM，因为这些特性基本上是可以理解的，并且可以根据 AM-AM/AM-PM 特性计算此类 ACPR 或 ACLR 特性[12-17]。简而言之，在线性 PA 设计中，必须在更宽的输出功率范围内实现平坦的 AM-AM/AM-PM 特性。

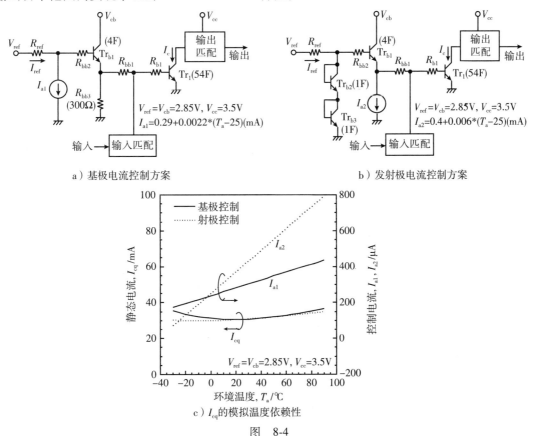

a）基极电流控制方案　　　　　　　　　　　　b）发射极电流控制方案

c）I_{cq} 的模拟温度依赖性

图　8-4

在描述偏置电路和失真特性之间的关系之前，让我们考虑偏置驱动和 AM-AM/AM-PM 特性之间的基本关系。图 8-5a 和 b 分别显示了电流驱动级和电压驱动级。在图 8-5c 中，增益与输出功率的关系代表 AM-AM 特性，相移与输出功率的关系代表 AM-PM 特性。我们可以看到电流驱动和电压驱动之间的相移彼此相反。电流驱动提供增益压缩特性以及超前相位特性。在保持滞后相位特性的同时，电压驱动提供较弱的增益扩展特性，直到观察到强增益压缩为止。

输入阻抗($\mathbf{Z}_{in}$)的仿真结果如图 8-5a 和 b 所示。与工作电流一起绘制在图 8-6a 中。图 8-6b 显示了这种情况下节点 P 处的模拟电压和电流波形。在图 8-6a 中，在电流驱动的情况下，随着输出功率的增加，$\mathbf{Z}_{in}$ 的虚部(对应于输入电容的倒数)在负方向上增加。

在电压驱动的情况下，随着输出功率的增加，$\mathbf{Z}_{in}$ 的虚部沿正方向增加。图 8-6b 有助于理解输入电容变化。在电流驱动的情况下，随着输出功率的增加，在阶段 A 期间，峰值基极电压(V_p)在关断方向上大幅增加，而在电压驱动的情况下，(V_p)的增加在关断方向上随着输出功率的增加非常小。相反，电压驱动的开启周期（阶段 B）随着输出功率的增加而变长。结电容在时段（阶段 A）期间占主导地位，而扩散电容在阶段 B 期间占主导地位。此外，结电容随着基极电压的降低而降低。结果是在电流驱动模式下输入电容迅速减小，而在电压驱动模式下电容逐渐增大，如图 8-6a 所示。输入电容的快速减小会导致阻抗失配，从而导致电流驱动模式下的功率增益下降，如图 8-5c 所示。在电压驱动模式下，由于工作电流 I_{c1} 随着输入功率的增加而迅速增加，因此观察到增益逐渐增加，如图 8-6a 所示。

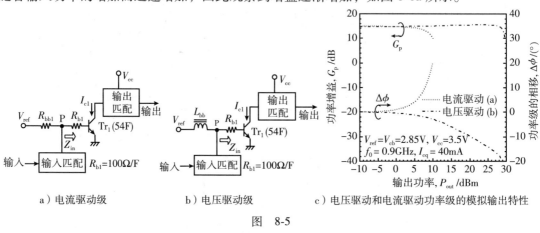

a）电流驱动级　　　　b）电压驱动级　　　　c）电压驱动和电流驱动功率级的模拟输出特性

图　8-5

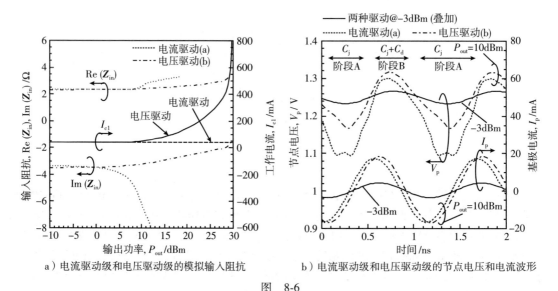

a）电流驱动级和电压驱动级的模拟输入阻抗　　　b）电流驱动级和电压驱动级的节点电压和电流波形

图　8-6

为了对上述行为进行分析验证，我们使用图 8-7 所示小信号等效电路模型。图 8-7 中列出了每个指插晶体管的提取参数，其中用于提取的 HBT 是由内部 InGaP HBT 工艺制造的[18]。使用这些参数，我们可以实现以下基于小信号的分析。在图 8-7 中，P 和 Q 之间的 HBT 块的 S_{21} 由下式（8-1）表示：

$$S_{21} \approx \frac{-2 \cdot g_{\mathrm{m}}}{g_{\mathrm{pi}} + \mathrm{j}\omega(C_{\mathrm{pi}} + C_{\mathrm{u}})}$$

$$= \frac{2 \cdot g_{\mathrm{m}}}{\sqrt{g_{\mathrm{pi}}^2 + \omega^2(C_{\mathrm{pi}} + C_{\mathrm{u}})^2}} \cdot \exp\left(-j\left\{\pi + \mathrm{arc\,tan}\left[\frac{\omega(C_{\mathrm{pi}} + C_{\mathrm{u}})}{g_{\mathrm{pi}}}\right]\right\}\right) \tag{8-1}$$

其中使用以下近似值：R_{x} 可以忽略不计，并且 $g_{\mathrm{m}} \gg \omega C_{\mathrm{pi}}$。公式（8-1）表明，$C_{\mathrm{pi}}$ 的增加会导致相移延迟，而 C_{pi} 的减少则会导致超前，如图 8-6a 所示。因此，本节中提出的分析公式和仿真可以清楚地解释电流和电压驱动模式之间增益和相移行为的差异。

8.2.3　偏置电路和 AM-AM/AM-PM 特性

本节描述偏置电路、输出匹配和 AM-AM/AM-PM 特性之间的详细关系。了解这些关系对于 CDMA 和 OFDM 系统中使用的线性 PA 的实际设计非常有用。

首先，考虑基于射极跟随器的偏置电路，其在电压驱动模式下工作，如图 8-8 所示。考虑到 PAPR 约为 3.5 dB，输出匹配设置为功率匹

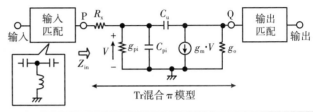

参数	$R_{\mathrm{x}}\,\Omega$	$g_{\mathrm{pi}}\,\mathrm{S}$	$g_{\mathrm{o}}\,\mathrm{S}$	$g_{\mathrm{m}}\,\mathrm{S}$	$c_{\mathrm{pi}}\,\mathrm{pF}$	$c_{\mathrm{u}}\,\mathrm{pF}$
值（每个指插晶体管）	10	1/3000	1/15000	0.025	0.35	0.05

图 8-7　小信号等效电路模型及每个指插晶体管的参数示例

配，以提供超 31 dBm 的饱和输出功率，其中功率级和射极跟随器的射指数量分别设置为 54 和 4。静态电流（I_{cq}）、参考电压（V_{ref}）和偏置电源电压（V_{cb}）分别设置为（PA 产品的）典型值：30 mA、2.85 V 和 2.85 V。

图 8-9a 在相同的输出匹配条件下比较了偏置电路驱动与理想电压驱动（见图 8-5b）和之间的 AM-AM/AM-PM 特性。该图表明，没有 R_{bb1} 的基于射极跟随器的偏置电路是一种非常理想的电压驱动模式。不过两者的增益扩展和相移看起来都比较大。因此，实际设计中通常需要一些抑制它们的方法。

R_{bb1} 的模拟依赖关系如图 8-9b 和 c 所示。图 8-9b 表明，较高的馈电电阻（R_{bb1}）可有效抑制增益扩展和相移，尽管过载电阻（$R_{\mathrm{bb1}} = 50\,\Omega$）会在中等功率范围内造成增益下降。从图 8-9c 可以看出，工作电流随着 R_{bb1} 的增加而减小，从而抑制了增益扩展。前面提到的电压和电流驱动的行为有助于我们理解 R_{bb1} 的影响，因为加载 R_{bb1} 使得偏置模式逐渐从电压驱动和电流驱动转变。

图 8-10 比较了有 C_{ref} 的偏置电

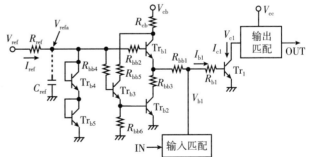

级数	$\mathrm{Tr_1}$ 的指数	$\mathrm{Tr_{b1}}$ 的指数	R_{bb1}	C_{ref}	R_{cb}	输出匹配
第一级	8F	2F	待优化	——	待优化	待优化
第二级	54F	4F	待优化	待优化	——	待优化

图 8-8　基于射极跟随器的偏置电路

路和无 C_{ref} 的偏置电路的模拟输出特性。去耦电容 C_{ref} 极大地抑制了 V_{refa} 的节点电压变化，从而提高了线性功率水平，如图 8-10b 和 c 所示。原因是，使用 C_{ref} 时，直流基极电压 V_{b1} 的下降幅度小于不使用 C_{ref} 时的情况。但是，由于使用 C_{ref} 增强了增益扩展和相移，因此我们需要适当选择 R_{bb1} 和最佳输出匹配条件，以提供平坦的 AM-AM/AM-PM 特性。

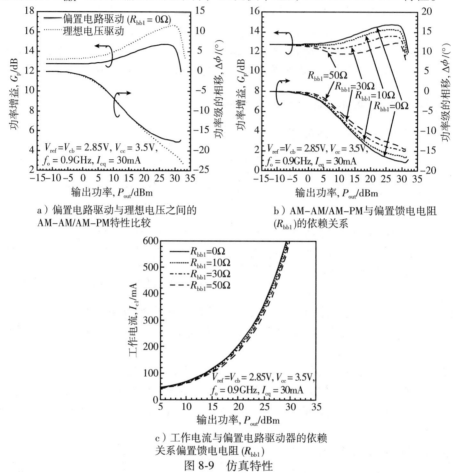

a）偏置电路驱动与理想电压之间的
AM-AM/AM-PM特性比较

b）AM-AM/AM-PM与偏置馈电电阻
（R_{bb1}）的依赖关系

c）工作电流与偏置电路驱动器的依赖
关系偏置馈电电阻（R_{bb1}）

图 8-9　仿真特性

接下来，考虑偏置电路的第一级设计和匹配条件。在线性 PA 中，除了驱动级的作用之外，第一级通常还负责第二级的增益和相移补偿。因此，应该使用第一级的逆特性来补偿增益扩展和滞后相移。

图 8-11 显示了第一级的模拟 AM-AM/AM-PM 特性比较，图中是在相同功率匹配条件下 $R_{bb1}=50\ \Omega$ 的特性与没有 R_{bb1} 的特性的比较。第一级及其射极跟随器的射极-指插晶体管数量如图 8-8 所示。在图 8-11a 中，尽管存在相对较大的增益下降，但使用 R_{bb1} 可以抑制增益扩展。从前面的基本关系来看，我们可以预测，这种增益下降很可能发生在电流和电压驱动模式之间的过渡范围内。如前所述，下降主要是由于输入阻抗变化，特别是功率 HBT 的输入电容变化造成的。

图 8-11c 显示了功率和增益匹配条件下第一级的模拟工作电流和直流基极电压比较，还

绘制了具有集电极负载电阻 R_{cb} 的偏置电路的特性曲线以进行比较。增益匹配负载条件基本上提供像电流驱动模式一样的增益压缩和超前相位特性,因为工作电流的增加被抑制。换句话说,这种抑制的行为类似恒流驱动。此外,使用 R_{cb} 会限制射极跟随器(Tr_{b1})的输出电流(I_{b1}),同时会降低 Tr_{b1} 的集电极节点电压。因此,在增益匹配条件下,使用 R_{cb} 可以提供更强的增益压缩和更多的超前相移。

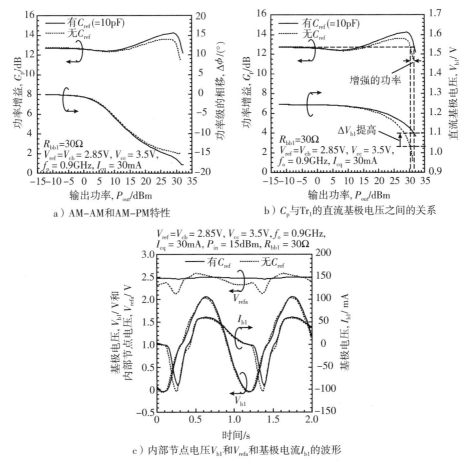

a)AM-AM和AM-PM特性

b)C_p 与 Tr_1 的直流基极电压之间的关系

c)内部节点电压 V_{b1} 和 V_{refa} 和基极电流 I_{b1} 的波形

图 8-10 有 C_{ref} 的偏置电路和无 C_{ref} 的偏置电路的模拟输出特性比较

8.2.4 谐波终止和 AM-AM/AM-PM 特性

在本小节中,将详细描述基频下的谐波阻抗终端与 AM-AM/AM-PM 特性之间的关系,因为除了基频上的偏置驱动、偏置电路和输出匹配之外,谐波阻抗终端也会影响基频下的 AM-AM/AM-PM 特性。

图 8-12 描述了第二功率级及其偏置电路的电路原理图,用于研究谐波终止对 AM-AM/AM-PM 特性的影响。第二功率级在基波和二次谐波频率下的负载阻抗如图 8-13 所示。这里,我们应该注意到,商业谐波平衡模拟器获得的 AM-AM/AM-PM 特性通常涉及谐波阻抗终端。

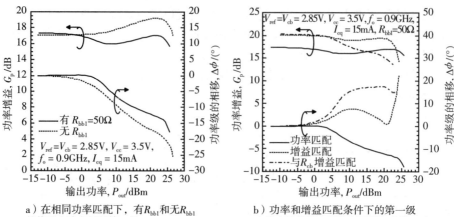

a）在相同功率匹配下，有R_{bb1}和无R_{bb1}
的偏置电路之间的第一级

b）功率和增益匹配条件下的第一级
（其中特性图中还绘制了附加电阻R_{cb}）

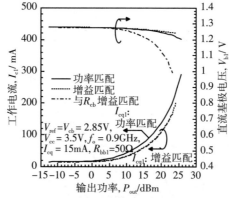

c）功率和增益匹配条件下的第一级
模拟工作电流和直流基极电压比较

图 8-11　第一级的模拟 AM-AM/AM-PM 特性比较

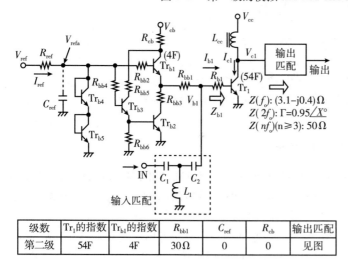

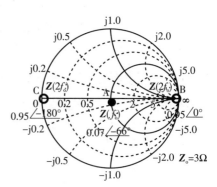

级数	Tr_1的指数	Tr_{b1}的指数	R_{bb1}	C_{ref}	R_{cb}	输出匹配
第二级	54F	4F	30Ω	0	0	见图

图 8-12　第二功率级及其偏置电路的电路原理图

图 8-13　第二功率级在基波和二
次谐波频率下的负载阻抗

在图 8-12 和图 8-13 中，为简化起见，仅研究了两个二次谐波阻抗[$\mathbf{Z}(2f_o)$：开路和短路]，而基频阻抗设置为 $\mathbf{Z}(f_o)=(3.1-j0.4)\,\Omega$。图 8-14 比较了图 8-12 原理图两种不同类型二次谐波终端的仿真结果。如图 8-14a 所示，即使在相同基频输出下，阻抗 B[$\mathbf{Z}(2f_o)$：开路]也会像电流驱动模式或增益匹配条件一样给出超前相移。匹配条件如图 8-10a 所示。相反，阻抗 C[$\mathbf{Z}(2f_o)$：短路]会产生滞后相移，如电压驱动或功率匹配条件(见图 8-14a)。

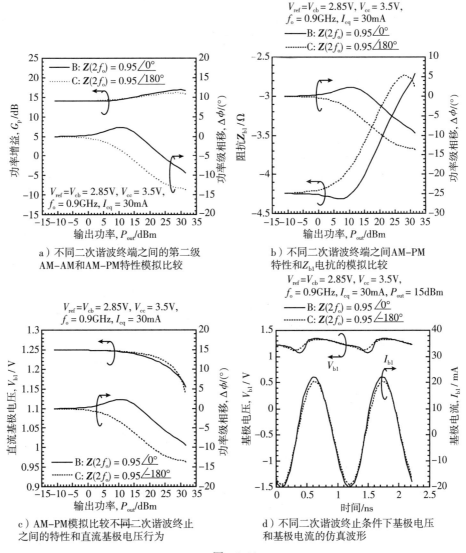

a) 不同二次谐波终端之间的第二级
AM-AM 和 AM-PM 特性模拟比较

b) 不同二次谐波终端之间 AM-PM
特性和 Z_{b1} 电抗的模拟比较

c) AM-PM 模拟比较不同二次谐波终止
之间的特性和直流基极电压行为

d) 不同二次谐波终止条件下基极电压
和基极电流的仿真波形

图　8-14

图 8-14b 和 c 表明，两种不同的相移(超前和滞后)是由 $\mathbf{Z}_{b1}$ 的不同电抗行为和不同的直流基极电压行为(V_{b1})引起的。图 8-14d 所示的不同波形导致了不同的直流基础电压行为。不同的谐波终端对基极电压波形和电流波形以及集电极电压波形和电流波形有很大影响。因

此，直流基础电压和输入阻抗电抗与输入功率特性的关系取决于二次谐波阻抗终端。在这方面，电抗、直流基极电压和相移之间的关系与 8.2 节中描述的相同。

第一功率级及其偏置电路的电路原理图和第一功率级在基波和二次谐波频率下的负载阻抗如图 8-15 和图 8-16 所示。图 8-17 显示了图 8-15 原理图三种不同类型的二次谐波终端之间的模拟比较。图 8-17 的仿真结果与图 8-14 类似。图 8-17a 表明，尽管增益特性提供了扩展和压缩，但三个不同的二次谐波终端仍获得了超前相移。如 8.2.2 节所述，这些超前相移可以使用图 8-17b 中 Z_{b1} 的输出功率与电抗来解释。

由此可见，除了 8.2.2 节和 8.2.3 节中描述的偏置驱动、偏置电路和基频负载阻抗外，谐波阻抗也是决定 AM-AM/AM-PM 特性的重要设计因素之一。

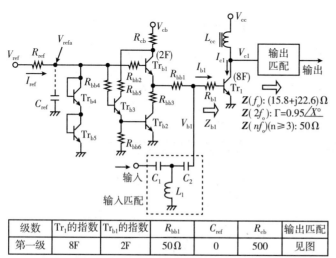

级数	Tr₁的指数	Tr_b1的指数	R_{bb1}	C_{ref}	R_{cb}	输出匹配
第一级	8F	2F	50Ω	0	500	见图

图 8-15 第一功率级及其偏置电路的电路原理图，用于研究二次谐波终止对 AM-AM 和 AM-PM 特性的影响

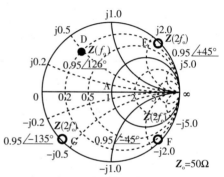

图 8-16 第一功率级在基波和二次谐波频率下的负载阻抗

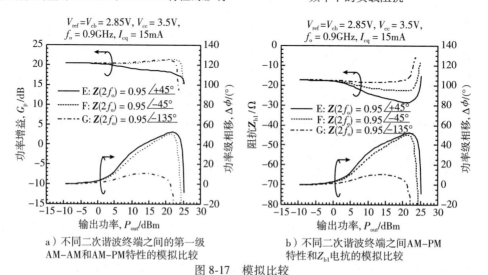

a）不同二次谐波终端之间的第一级 AM-AM 和 AM-PM 特性的模拟比较

b）不同二次谐波终端之间 AM-PM 特性和 Z_{b1} 电抗的模拟比较

图 8-17 模拟比较

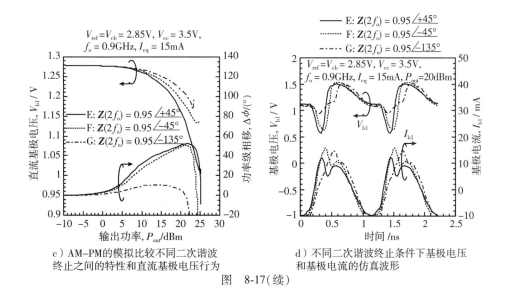

c）AM-PM的模拟比较不同二次谐波
终止之间的特性和直流基极电压行为

d）不同二次谐波终止条件下基极电压
和基极电流的仿真波形

图　8-17（续）

8.2.5　两级功率放大器电路设计实例

本节给出了 0.85 GHz 频段（频段 V）W-CDMA 应用的两级功率放大器示例的电路设计描述。根据本节描述的关键设计关系，我们可以设计如图 8-18 所示的 WCDMA 两级功率放大器。从图中可以看出，级间和输出匹配电路（包括集电极馈线）由电感、电容和传输线元件组成。图 8-19a 和 b 分别显示了第二级和第一级在基波和二次谐波频率下的模拟负载阻抗。第二级和第一级的二次谐波阻抗 H 点和

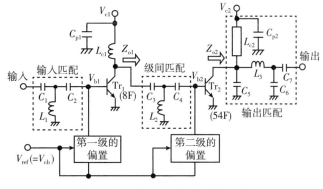

图 8-18　WCDMA 两级功率放大器

I 点，分别位于图 8-13 和图 8-16 中的 C 点和 G 点附近。因此，对于整个放大器，我们可以预期第一级和第二级基本上提供与 G 点和 C 点相对应的 AM-AM/AM-PM 特性。

两级功率放大器的模拟 AM-AM 和 AM-PM 特性如图 8-20 所示，其中还绘制了从输入到 V_{b2} 的节点之间和从 V_{b2} 到 OUT 的节点之间的增益和相移进行比较。该图表明第二级的滞后相移被第一级的超前相移成功抵消。图 8-21 比较了第一级基极馈电电阻 R_{bb1} 和第二级集电极偏置电阻 R_{cb2} 的模拟影响。附加的 R_{bb1} 会产生超前相移，而加载 R_{cb2} 会产生滞后相移。

图 8-22 显示了 0.85 GHz 频段（频段 V）WCDMA 应用的两级放大器的仿真和测量总体输出特性。图中，ACLR 的失真特性（±5 MHz 偏移）是根据模拟的 AM-AM/AM-PM 特性计算得出的。通过对第二级较大的增益和相移进行适当的补偿，获得了整体增益和相移的良好平坦度。仿真的功率增益和 ACLR 与测量值非常吻合。在符合 3GPP-R99 标准的 3.4 V WCDMA

测试条件下，测量表明所制作的 PA 模块可提供 28 dBm 的输出功率、28.5 dB 的功率增益和超过 40% 的 PAE，同时保持 ACLR 特性小于 −40 dBc。

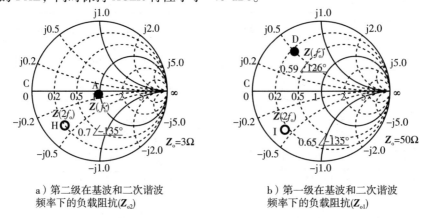

a）第二级在基波和二次谐波
频率下的负载阻抗($\mathbf{Z}_{o2}$)

b）第一级在基波和二次谐波
频率下的负载阻抗($\mathbf{Z}_{o1}$)

图　8-19

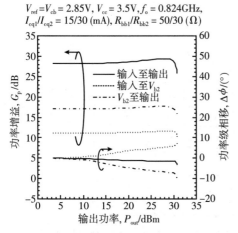

图 8-20　两级功率放大器的模拟 AM-AM 和 AM-PM 特性

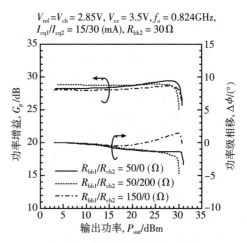

图 8-21　两级功率放大器的模拟 AM-AM 和 AM-PM 特性，其中绘制了 R_{bb1} 和 R_{cb2} 三种不同情况的特性以进行比较

8.3　最新功率放大器技术

本节介绍两种最新的 CDMA PA 电路技术和 WiMAX PA 电路设计示例。最近对 CDMA PA 的研究分为以下三种主要技术：

- 低功耗增强效率(Low-Power Enhanced Efficiency，LPEE)技术[19]。
- 无隔离器技术[20-24]。
- 低参考电压操作技术[18]。

第二种技术中的无隔离器 PA 需要从前端模块中移除相对昂贵且封装高度较高的隔离

器。在图 8-1 中，隔离器位于 PA 之后，可以防止 PA 受到天线端负载失配的影响，因为典型的 PA 在强失配负载条件下无法轻易满足失真规范。平衡放大器方法是实现无隔离器 PA 最有前途的方法之一[20-21]，尽管也有其他方法的报道[22-24]。本节不详细讨论无隔离器技术，请参阅一些参考文献中列出的其他文献。本节将详细描述第一种和第三种技术，然后介绍处理 OFDM 调制信号的 WiMAX 功率放大器的电路设计示例。

8.3.1　LPEE—并联放大器方法

根据 CDMA 系统的概率分布函数（Probability Distribution Function，PDF），PA 处于全输出功率状态（即大于 27 dBm）的概率远低于低输出功率状态（即小于 8 dBm）[19]。因此，在低功率状态和高功率状态下以更高的效率运行 PA 非常重要。这就是 LPEE 技术最近集中在 CDMA PA 设计上的原因。

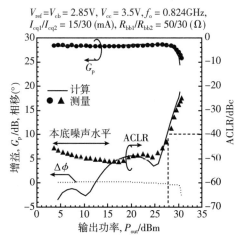

$V_{ref}=V_{cb}=2.85V$, $V_{cc}=3.5V$, $f_o=0.824GHz$, $I_{cq1}/I_{cq2}=15/30$ (mA), $R_{bb1}/R_{bb2}=50/30$ (Ω)

图 8-22　0.85 GHz 频段 WCDMA 应用的两级功率放大器的仿真和测量总体输出特性

LPEE 技术基本上涵盖负载调制(开关负载)方法[25-30]、并行放大器方法[31-35]（包括级旁路方法[36]）、DC-DC 转换器方法[37-40]，以及动态/自适应偏置控制方法[41-46]。

在这些方法中，使用 DC-DC 降压转换器是最受欢迎的，因为使用 DC-DC 转换器进行集电极电源电压控制可以降低传统 PA 在低输出功率水平下的功耗，而不会显著降低失真特性。同时，对更小板载面积占用和更低成本的强烈要求推动了不需要 DC-DC 转换器的并行放大器方法。本小节将可切换路径 PA 作为并行放大器方法的示例，并将其性能与具有外部 DC-DC 降压转换器的传统 PA 进行比较。

可切换路径 PA 配置如图 8-23 所示[47]。PA 由并联的两级放大器路径和一个 CMOS 偏置控制器组成，该控制器生成参考电压并充当与基带 LSI 的数字接口[48]。当 V_{mod1} 为"L"（高功率模式）时，主路径 PA 开启，子路径 PA 关闭。相反，当 V_{mod1} 为"H"（中/低功率模式）时，主路径 PA 关闭并且子路径 PA 打开。此外，当 V_{mod2} 变为"L"时，子路径 PA 的静态电流下降并且 PA 切换到低功耗模式。两位数字模式选择用于切换放大器链和静态电流。

为了降低每种功率模式下的功耗，主路径中的晶体管尺寸（发射极指数）针对高功率操作进行了优化，而子路径中的尺寸针对中/低功率操作进行了优化。由于主路径和子路径均采用两级放大器配置，与传统级旁路型 PA 相比，

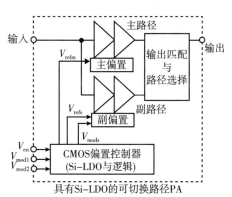

具有 Si-LDO 的可切换路径 PA

V_{en}	V_{mod1}	V_{mod2}	V_{refm}	V_{refs}	V_{mods}	功率模式
L	D/C	D/C	L	L	—	关机
H	L	L	H	L	L	高功率模式
H	H	H	L	H	H	中功率模式
H	H	L	L	H	L	低功率模式

图 8-23　可切换路径 PA 配置

高功率和中/低功率模式之间的增益变化预计会保持较小[36,48]。实际上，可切换路径 PA 的中/低功率模式增益比旁路型 PA[36,48] 的中/低功率模式增益高 5 ~ 10 dB，这可能会导致 RFIC 输出功率降低以及发射器模块在发射状态下的总电流耗散较低。

采用内部 HBT 工艺[18,49]制造的可切换路径 MMIC PA 模块的典型 RF 性能是在高速下行链路分组接入（High Speed Downlink Packet Access，HSDPA）调制上行链路信号的条件下测量的（$\beta_c/\beta_d/\beta_{hs}$ = 12/15/19.2）。HBT MMIC PA 模块采用玻璃环氧树脂基板制造，尺寸小至 4.0 mm（长）×4.0 mm（宽）×1.1 mm（高）。

图 8-24 显示了电源电压为 3.4 V、工作频率为 1.95 GHz（频段 I）时测得的输出特性。该 PA 在高/中/低功率模式下，输出功率为 27 dBm/16 dBm/8 dBm 时，PAE 分别为 40%/24%/7%，增益分别为 27 dB/24 dB/20 dB，同时保持 ACLR（±5 MHz 偏移）小于−40 dBc。每个 PAE 与带有 DC-DC 转换器的 PA 一样高，所有功率模式之间的最大增益变化约为 7 dB。PA 还在每种功率模式下提供非常平坦的增益，并保持功率模式之间稳定的增益差异。在图 8-24b 中，高功率模式下的 PAE 在输出功率为 16 dBm 时下降至 8%。从高功率模式切换到中功率模式可将 PAE 从 8%提高到 24%。在低于 8 dBm 的低输出功率范围内，降低静态电流对于实现较低功耗是有效的，因为 PA 在低功率模式下具有足够的 ACLR 规格余量。

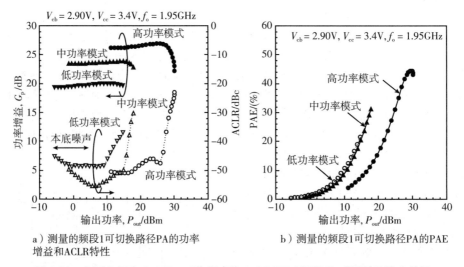

a）测量的频段1可切换路径PA的功率　　　　　b）测量的频段1可切换路径PA的PAE
增益和ACLR特性

图 8-24　电源电压为 3.4 V、工作频率为 1.95 GHz（频段 I）时测得的输出特性

为了验证可切换路径 PA 的有效性，比较基于 PDF 的电流消耗。基于 PDF 的电流通常被用作 CDMA PA 中最重要的品质因数。图 8-25a 显示了两种 PA 之间总集电极电流（I_{ct}）、电源电压（V_{cc}）与 PA 输出功率（$P_{out\text{-}PA}$）的测量比较。在图 8-25a 中，请注意假设传统 PA［即标准 3 mm（长）×3 mm（宽）PA 产品］使用 DC-DC 转换器运行，而可切换路径 PA 在没有 DC-DC 转换器的情况下运行。DC-DC 转换器的典型效率与输出电流（I_{out}）特性如图 8-25b 所示，其中输出电压（V_{cc}）用作参数。图 8-25c 显示了两种放大器之间基于 PDF 的输出电流（I_{ct}）测量比较。我们可以看到，在精细电源电压控制的情况下（例如，1.0 ~ 3.5 V 的小步长控制，步长为 0.5 V），带有 DC-DC 转换器的传统 PA 能够以较低的电流消耗运行在超过 16 dBm 的

高输出功率范围。根据图 8-25c，我们可以计算出基于 PDF 的总电流消耗。图 8-25c 中计算出的电流消耗对于带有 DC-DC 转换器的 PA 为 26.1 mA，对于不带 DC-DC 转换器的可切换路径 PA 为 28.0 mA。因此，可切换路径 PA 允许移动设备设计人员通过牺牲小电流消耗来去除 DC-DC 转换器。

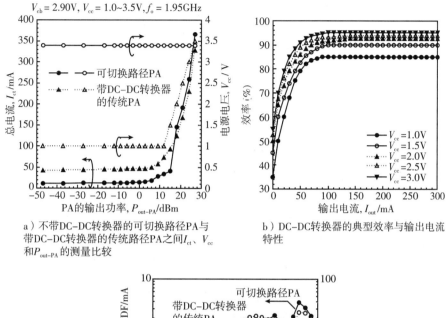

a）不带DC-DC转换器的可切换路径PA与带DC-DC转换器的传统路径PA之间I_{ct}、V_{cc}和P_{out-PA}的测量比较

b）DC-DC转换器的典型效率与输出电流特性

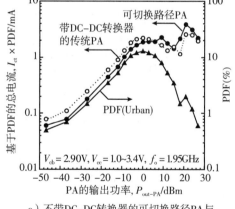

c）不带DC-DC转换器的可切换路径PA与带DC-DC转换器的传统PA之间基于PDF的I_{ct}测量比较

图　8-25

8.3.2　低参考电压工作功率放大器

众所周知，为了延长手机的电池寿命，CDMA PA 及其外围电路面临着巨大的低功耗压力，因为 CDMA PA 会持续消耗静态电流。除了低功耗之外，多频段手机的普及也要求 COMA PA 简化与手机的集成。降低 PA 中偏置电路的参考电压（V_{ref}）是促进这种简化的最有效方法之一，因为将 V_{ref} 降低至 2.5 V 或更低将允许 PA 与 Si-RF IC 或基带 LSI 共享电源，

从而减少手机中可用电源的数量。然而，降低 HBT PA 的 V_{ref} 并不容易。PA 通常使用基于片上射极跟随器的偏置电路，其工作电压高于 $2V_{be}$（即 2.6 V），以同时实现低静态电流和高功率[50-54]，如图 8-1、图 8-3 所示。因此，PA 及其外围电路（例如 Si LDO）通常需要 2.85 V 或更高的最终电池电压。

　　一些先进制造商最近报道了 BiFET 技术，该技术能够以低成本将 HBT 和 FET 集成在同一芯片上[55-59]。成功使用这些技术可以使 V_{ref} 低于 $2V_{be}$，因为偏置电路可采用基于源极跟随器的偏置电路，而不是基于射极跟随器的偏置电路[58]。然而，这些技术需要额外的掩模步骤，从而导致生产成本增加。与 BiFET 相比，最近有一些关于降低 HBT 内置电势的研究已被报道[60-61]。尽管降低 PA 中的电势对于降低 V_{ref} 非常有效，但目前所有 HBT 制造商都不具备此类制造工艺技术。

　　关于低 V_{ref} 操作的电路设计技术，迄今为止已经报道了一些关于 HBT 偏置电路的重要工作[2,62]。这些工作意味 2.6～2.7 V 的低 V_{ref} 操作的可能性。然而，在这些工作中，"两个 V_{be}" 问题仍然存在。因此，基本上，在没有任何补充方案的情况下，这些偏置电路无法在 2.5 V 或更低的条件下为其功率级提供足够的静态电流。

　　本小节介绍了降低 V_{ref} 的 CDMA PA 的电路设计解决方案示例。图 8-26a 显示了可在 2.5 V 或更低 V_{ref} 下工作的功率级和偏置电路的电路原理图[18]。电压驱动和电流驱动的非分压型功率级的原理图，也展示在图 8-26b 以进行比较。图 8-26a 的电路采用带有内置二极管线性化器的交流耦合分压功率级配置。在图 8-26a 中，高电阻 R_{cd1} 插入 V_{ref} 端子和功率级 Tr_{11} 之间，用于电流驱动。即使在射极跟随器（Tr_{b1}）无法充分工作的低 V_{ref} 条件下，该电流注入路径（R_{cd1}）也能轻松向功率级提供足够的静态电流。Tr_{12} 是附加的交流耦合功率级，R_{cd2} 是 Tr_{12} 的电流注入电阻。并联型二极管线性化器（D_1）[63] 与用于插入损耗调整的电阻器（R_1）一起添加。

　　分压型功率级和内置二极管线性化器是在一定温度和输出功率范围内实现平滑输出特性的关键模块。该配置的一个关键特征是向交流耦合功率级提供两种不同类型的偏置馈送：一个级同时使用电压和电流驱动操作，

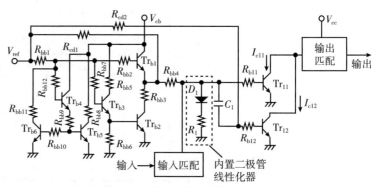

a）可在 2.5V 或更低 V_{ref} 下工作的功率级和偏置电路的电路原理图

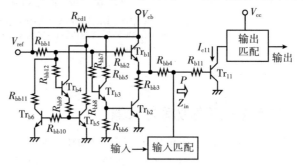

b）电压驱动和电流驱动的非分压型功率级的原理图

图 8-26

而另一级仅使用电流驱动操作。这方面与参考文献 [64] 中报道的有很大不同，参考文献 [64] 添加高温补偿块（Tr_{b4} 至 Tr_{b6}）来代替两个二极管连接的晶体管，如图 8-3b 所示[18,65]。

　　该操作的工作原理如下。HBT 功率级的基极偏置电压通常随着输入功率的增加而降低，如图 8-11c 所示。这种行为允许图 8-26a 和 b 中功率级的偏置状态随着输入功率的增加从电流驱动模式平滑地转变为电压驱动模式。附加功率级（Tr_{12}）和二极管线性化器（D_1）有助于实现进一步平滑的传输特性。因此，我们可以预测，即使在 2.5 V 或更低的 V_{ref} 条件下，功率级也将提供平滑的输出传输特性。

　　图 8-27 显示了图 8-26a 和 b 中所示功率级的仿真结果。图 8-27a 比较了室温下分隔型功率级和非分隔型功率级之间的模拟输出传输特性。在图 8-27a 的仿真中，未包括二极管线性化器，以验证功率级配置的有效性。因此，分隔型功率级的原理图与图 8-26a 中没有线性化器的原理图相同。图 8-27b 比较了图 8-26a 中带线性化器和不带线性化器的分隔型功率级在 −10 ℃ 低温下的仿真特性。图 8-27a 显示分隔型功率级配置可以提供平滑的增益和单调相移，而非分隔型功率级则具有由电流驱动转换到电压驱动引起的不需要的增益下降和非单调相移，因为图 8-27a 意味着骤降和相移由仅电压驱动和仅电流驱动的特性组合来表示，如图 8-5c 所示。即使在 −10 ℃ 低温条件下，当增益下降和非单调相移趋势时，带有线性化器的功率级也能成功抑制增益下降和相移的发生，如图 8-27b 所示。第一级的设计是为了补偿第二级的增益扩展和滞后相移。

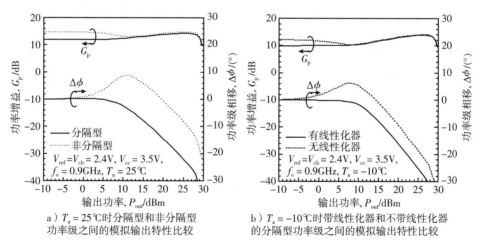

a）$T_a = 25$℃时分隔型和非分隔型　　　b）$T_a = -10$℃时带线性化器和不带线性化器
　功率级之间的模拟输出特性比较　　　　　的分隔型功率级之间的模拟输出特性比较

图　8-27

　　HBT PA 模块的框图、照片和 MMIC 芯片显微照片如图 8-28 所示。PA 模块是一个两级放大器，包括 50 个输入和输出匹配，组装在 4 mm（长）×4 mm（宽）玻璃环氧树脂基板上。GaAs MMIC 由两个功率级及其偏置电路组成，其芯片尺寸小至 0.76 mm^2。

　　使用 900 MHz N-CDMA（符合 IS-95B）测试仪进行测量。电源电压条件如下：V_{c1} 和 V_{c2} 为 3.5 V，V_{ref} 和 V_{cb} 均为 2.4 V。图 8-29a 显示了室温下测量的输出特性。该 PA 具有 27.5 dBm 输出功率、26.5 dB 功率增益和 40% 的 PAE，ACPR（±885 kHz 偏移）为 −50 dBc。图 8-29b 比较了在 −10℃ 下测得带线性化器和不带线性化器的 PA 之间的输出特性。

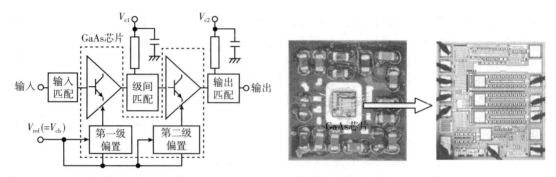

图 8-28　HBT PA 模块的框图、照片和 MMIC 芯片显微照片

正如之前通过仿真预测的那样，具有线性化器的 PA 在中等功率水平下几乎没有增益下降和 ACPR 下降。相反，在没有线性化器的 PA 中，观察到相对较大的增益下降及其相应的 ACPR 下降。该实验结果验证了图 8-26a 中所示的偏置和功率级配置的有效性。测量表明，制造的 PA 模块满足 N-CDMA PA[50,52] 所需的规格，并且具有与当前可用产品[50,52,53] 相当的 RF 性能。

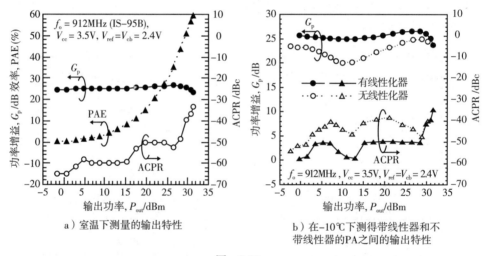

a）室温下测量的输出特性　　　　　　b）在 -10℃ 下测得带线性器和不带线性器的 PA 之间的输出特性

图　8-29

8.3.3　WiMAX 功率放大器

本小节介绍了在客户端设备（Customer Premises Equipment，CPE）中使用 5~6 V 电源运行的 WiMAX HBT 功率放大器的电路设计示例。先进的无线数据通信技术（例如分配在 2.5 GHz、3.5 GHz 和 5 GHz 频段的 WiMAX）引起了广泛关注，因为它们允许高达 70 Mbit/s 的高数据速率。由于 OFDM 在多径衰落环境中具有鲁棒性，因此 WiMax 基于符合 IEEE 802.16-2004/16e 的 OFDM。

然而，众所周知，由于非恒定包络 OFDM 信号的 PAPR 较高，OFDM 系统强烈要求功率放大器(PA)具有高线性度。为了满足这一要求，WiMAX PA 必须能够提供比平均输出功率高 7~9 dB 的饱和输出功率。WiMAX PA 设计除了前面详细描述的典型线性 HBT PA 设计之外，还包括控制电路块设计。原因是 WiMAX PA 除了功率放大之外通常还具有两个附加功能——阶跃衰减和功率检测，如图 8-30 所示[66-71]。本小节介绍了 2.5 GHz 频段的电路设计和测量结果和 3.5 GHz 频段 WiMAX PA，同时重点关注二极管步进衰减器和带有基极集电极二极管(BC 二极管)的功率检测器，这些器件只能使用通常的低成本 GaAs HBT 工艺来实现。

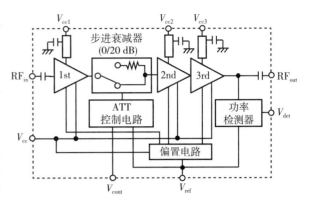

图 8-30　WiMAX PA 模块框图

在 GaAs 器件中，包括高电子迁移率晶体管(High Electron Mobility Transistor，HEMT)在内的 FET 器件通常用于开关控制功能和功率检测，因为 FET 可以形成无电流消耗的 RF 开关，并且其肖特基栅极可用于非常快速的检测器件。BiFET 拥有 HBT 和 FET(HEMT)，允许在同一芯片上实现 FET 开关。然而，如 8.3.2 节所述，这涉及额外的掩模步骤，从而增加了成本。

相比之下，HBT 不太适合射频开关，因为随着功率处理能力的增加，它们需要消耗更大的电流。BC 二极管可以代替 HBT 来形成以相对较低的电流消耗运行的 RF 开关。原因是 BC 二极管在直通模式下基本上充当类似 PIN 的二极管。这里需要注意的是，在通常的单异质结双极晶体管中，基极集电极结是同质结，集电极的载流子浓度比基极的载流子浓度低两到三个数量级。

然而，BC 二极管在 0.8~6 GHz 频段应用中的性

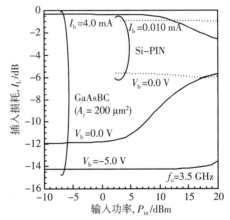

图 8-31　Si-PIN 和 GaAs BC 二极管的测量功率特性比较。为了获得更高的功率处理能力，正向偏置的砷化镓二极管需要更大的偏置电流，反向偏置的二极管需要更大的反向电压

能低于商用 Si-PIN 二极管，特别是在功率处理能力方面，如图 8-31 所示。Si-PIN 二极管比 BC 二极管更适合以低偏置电流和电压处理高功率。功率处理能力的这种固有差异是由于载流子寿命的巨大差异造成的：Si 为亚微秒级，GaAs 为亚纳秒级。最大射频电流(即功率处理能力)受到以下关系的限制：

$$HQ(=I_b \cdot t) \gg I_{RF}/2\pi f \tag{8-2}$$

式中，I_b 为正向偏置电流，t 为载流子寿命，I_{RF} 为射频电流[72-75]。根据式(8-2)，提高低偏置电流的基于 BC 二极管的控制电路的功率处理能力是二极管电路设计中最重要的问题之一。这里使用的 BC 二极管在 4 mA 偏置电流下每 100 μm² 的 BC 结面积具有 3.5 Ω 的等效串联电阻。

传统单二极管开关和交流耦合堆叠型二极管开关(AC-Coupled，Stack-type Diode Switch，ACCS-DSW）的电路原理图如图 8-32 所示。ACCS-DSW 由两个直流和交流连接的 BC 二极管组成，以便共享偏置电流并使相等的 RF 信号通过它们[76]。由于偏置电流在两个二极管之间重复使用，因此有效偏置电流用于射频操作的 ACCS-DSW 是传统开关的两倍，如式(8-2)所示。

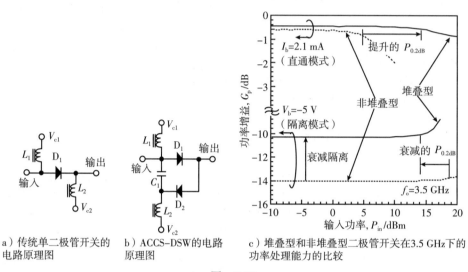

a）传统单二极管开关的
电路原理图

b）ACCS–DSW的电路
原理图

c）堆叠型和非堆叠型二极管开关在3.5 GHz下的
功率处理能力的比较

图　8-32

此外，在 ACCS-DSW 中，有效结面积也变为两倍，从而导致串联电阻减小。与图 8-32a 所示的传统单二极管开关相比，ACCS-DSW 在相同偏置电流条件下能够提供超过 6 dB 的功率处理能力。但是 ACCS-DSW 在截止状态下的隔离特性可能由于截止状态电容的增加而劣化。

在本小节中，功率处理能力由 0.2 dB 增益压缩输入功率($P_{0.2dB}$)定义。图 8-32c 比较了图 8-32a 和 b 中所示两个开关在 3.5 GHz 下的功率处理能力。从图中可以看出，ACCS-DSW 在 2.1mA 偏置条件的直通模式下具有比非堆叠型二极管开关（见图 8-32a）更好的功率处理能力，超过 8 dB，而在-5 V 隔离模式下，ACCS-DSW 的隔离度和功率处理能力比非堆叠型差约 4 dB。这些测量结果证明 ACCS-DSW 在提高功率处理能力方面非常有效。

图 8-33a 和 b 显示了 3.5 GHz 频段的 0/20 dB ACCS-DSW 步进衰减器和衰减器偏置控制电路的电路原理图。从图 8-33a 和 b 中可以看出，步进衰减器基于桥接 T 型拓扑。功率处理的目标能力设置为超过 18 dBm，以便衰减器可以放置在 HBT 功率放大器的级间以及输入级上[68,71]。

考虑到 OFDM 功率放大器的应用，在直通模式和衰减模式下输入功率电平低于 18 dBm 时，IM3 被设定为低于-30 dBc。直过模式和衰减模式通过 0/5 V 互补电源(V_{c1}、V_{c4})和(V_{c2} 和 V_{c3})依次切换。例如，直通模式由 V_{c1}/V_{c4} 为 5V、V_{c2}/V_{c3} 为 0V 来实现。衰减模式则相反，由 V_{c1}/V_{c4} 为 0V、V_{c2}/V_{c3} 为 5V 来实现。电路参数经过优化，以较低的偏置电流实现超过 18 dBm 的功率和 0/20 dB 步进增益控制。二极管 D_1 至 D_4 的每个结面积被确定为 300 μm^2。

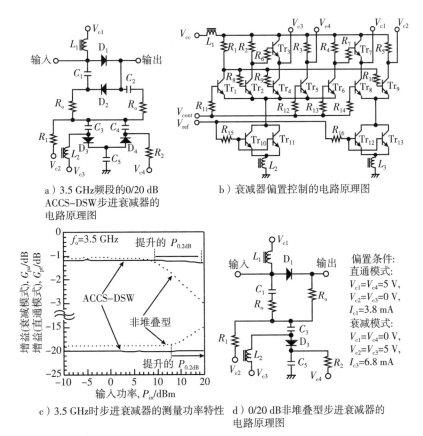

a）3.5 GHz频段的0/20 dB
ACCS–DSW步进衰减器的
电路原理图

b）衰减器偏置控制的电路原理图

c）3.5 GHz时步进衰减器的测量功率特性　d）0/20 dB非堆叠型步进衰减器的
电路原理图

图　8-33

　　控制电路（见图 8-33b）使用两对开关缓冲器和反相器（Tr_3 至 Tr_5 和 Tr_7 至 Tr_9）来产生互补信号（V_{c3}、V_{c4} 和 V_{c1}、V_{c2}）。控制器对断开状态 ACCS-DSW 施加超过 5 V 的反向偏置电压，并为导通状态 ACCS-DSW 提供超过 7 mA 的偏置电流[71]。三个电感器 $L_1 \sim L_3$ 在实现衰减器和控制器之间足够的 RF 隔离方面发挥着重要作用。因此，控制器对衰减器性能几乎没有影响。

　　图 8-33c 展示了 3.5 GHz 时步进衰减器的测量功率特性。图 8-33c 中还绘制了具有相同桥 T 拓扑（见图 8-33d）[77]的 0/20 dB 非堆叠型步进衰减器的测量功率特性以进行比较。直通模式和衰减模式下的偏置电流低至 3.8 mA 和 6.8 mA。ACCS-DSW 衰减器在直通模式和衰减模式下均具有超过 18 dBm 的功率处理能力（$P_{0.2dB}$）。功率处理能力提升超过 7~8 dB，符合之前的预期。

　　在图 8-33c 中，尽管 ACCS-DSW 在关闭状态下的能力低于非堆叠型，但在 20 dB 衰减模式下的能力却得到了很大的提高。原因是在小于 20 dBm 单音输入功率的 20 dB 衰减条件的情况下，导通状态并联路径二极管 D_3 和 D_4 的能力比断开状态串联路径二极管 D_1 和 D_2 的能力更占优势。因此，分流路径能力的增加导致衰减模式下总能力的显著提高。

　　接下来考虑射频功率检测器。在射频功率检测器中，高灵敏度和高频操作的射频功率检测器需要快速开启和快速关断特性。这意味着基极-发射极结比基极-集电极结更适合于检测器。我们可以看到，由于抑制了从基极到发射极区的空穴注入，基极-发射极结的响应速度比基极-集电极结的响应速度快得多。因此，如图 8-34 所示，射频功率检测器采用基极-发射极结（基极-集电极连接的晶体管）[78-80]。在图 8-34 中，为了实现检测到的直流电压（V_{det}）在 7~27 dBm 的输出功率电平范围内变化超过 1 V，2.5 GHz 频段检波器使用传统的二极管检波器（见图 8-34a）。相比之下，3.5 GHz 频段检测器使用基于倍压器的拓扑，以获得超过 3 V 的大 V_{det} 变化（见图 8-34b）。在图 8-34 中，由于两个功率检测器直接通过电阻器 R_2 由 V_{ref} 偏置，因此它们也可以通过关闭 V_{ref} 轻松关闭。

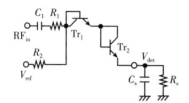 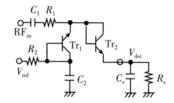

a）2.5 GHz频段PA的RF检测器电路原理图　　b）3.5 GHz频段PA的RF检测器电路原理图

图　8-34

图 8-35 显示了采用 InGaP/GaAs HBT 工艺制造的 2.5 GHz 频段 WiMAX PA 模块的封装和照片。3.5 GHz 频段 PA 使用与 2.5 GHz 频段 PA 相同的封装。封装尺寸为 4.5 mm（长）×4.5 mm（宽）×1.0 mm（高）。PA 具有三级配置，集成了 0/20 dB 步长 ACCS-DSW 线性衰减器和 RF 功率检测器[71]，如图 8-30 所示。通过 AM-AM/AM-PM 设计方法，三级功率放大器模块的设计使得 PA 可以提供超过 36 dBm 的饱和输出功率，并具有平坦的功率增益和相移特性。

图 8-36a 和 b 显示了 6 V 电源电压条件下 2.5/3.5 GHz 频段 PA 的测量频率响应。每幅图都绘制了直通模式和衰减模式特性以进行比较。在 2.5~2.7 GHz 频率范围内，2.5 GHz 频段 PA 表现出超过 31.9 dB 的线性增益以及在直通模式和衰减模式下约 19 dB 的衰减，同时在两种模式下均保持输入回波损耗超过 10 dB。3.5 GHz 频段 PA 在 3.4~3.6 GHz 频段的直通和衰减模式下可获得超过 27.9 dB 的线性增益和约 19 dB 的衰减。两种模式下的输入回波损耗均保持在 10 dB 以上。正如之前预期的那样，我们可以看到直通模式和衰减模式之间的输入回波损耗几乎没有变化。

图 8-36c 和 d 显示了在 6 V WiMAX（64 QAM）调制测试条件下测得的两个 PA 的输出功率与误差矢量幅度（EVM）/PAE 特性频带。在图 8-36c 中，2.5 GHz 频段 PA 在直通模式下在 28 dBm 高 P_{out} 下提供超

图 8-35　2.5 GHz 频段 WiMAX PA 模块的封装和照片

过 31.9 dB 的高增益、小于 2.1% 的 EVM 和超过 13.4% 的 PAE。从图 8-36d 中可以看出，在直通模式下，3.5GHz 频段 PA 取得了超过 28.1 dB 的增益、小于 2.4% 的 EVM 和超过 11% 的 PAE（P_{out} 为 28 dB 时）。相比之下，在衰减模式下，两个 PA 在低于 12 dBm 时满足低于 2.5% 的 EVM。这些出色的 EVM 特性证明，放置在级间的步进衰减器工作良好，不会降低 PA 的整体失真特性。

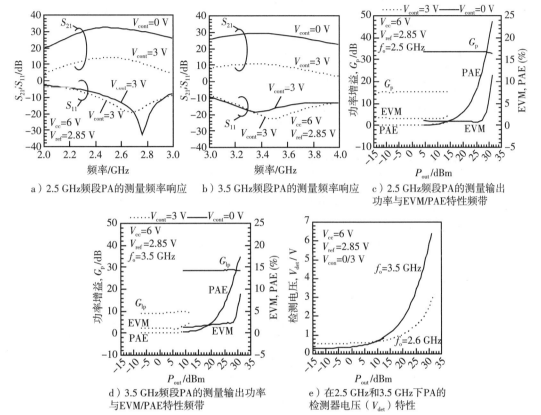

a）2.5 GHz 频段PA的测量频率响应　　b）3.5 GHz 频段PA的测量频率响应　　c）2.5 GHz频段PA的测量输出功率与EVM/PAE特性频带

d）3.5 GHz频段PA的测量输出功率与EVM/PAE特性频带　　　e）在2.5 GHz和3.5 GHz下PA的检测器电压（V_{det}）特性

图 8-36　在图 a 和图 b 中，直通模式在 V_{cont} = 0 V 时切换，衰减模式在 V_{cont} = 3 V 时切换。在图 c 和图 d 中，绘制了直通模式和衰减模式下的特性

在 2.6 和 3.5 GHz 下测得的 PA 的检测器电压（V_{det}）特性如图 8-36e 所示。前面提到的目标 V_{det} 特性是针对两个 PA 的。

8.4　总结

本章给出了易于理解的 InGaP-HBT MMIC 线性功率放大器的电路设计方法，同时重点关注失真特性、偏置电路和输出匹配条件之间的关系。本章演示了可切换路径 PA 和低参考电压操作 PA 的电路设计和制造，以及 WiMAX 功率放大器设计示例，包括其外围控制电路设计（步进衰减器和功率检测器）。我们期望这里介绍的电路设计技术将有助于电路设计人员理解线性功率放大器设计，并促成低成本、小尺寸无线终端的进一步发展。

参考文献

[1] T. Hirayama, N. Matsuo, M. Fujii, and H. Hida, "PAE enhancement by inter-modulation cancellation in an InGaP/GaAs HBT two-stage power amplifier MMIC for W-CDMA," *IEEE GaAs IC Dig.*, 2001, pp. 75–78.

[2] M. Yanagihara, M. Ishii, M. Nishijima, and T. Tanaka, "InGaP/GaAs power HBT MMIC for W-CDMA," *IEICE Microwave Workshop Digest*, 2001, pp. 217–220.

[3] K. Kobayashi, T. Iwai, H. Itoh, N. Miyazawa, Y. Sano, S. Ohara, and K. Joshin, "0.03-cc super-thin HBT-MMIC power amplifier module with novel polyimide film substrate for W-CDMA mobile handsets," *Proc. of 32rd European Microwave Conference*, 2002, pp. 199–202.

[4] Y.-W. Kim, K.-C. Han, S.-Y. Hong, and J.-H. Shin , "A 45% PAE/18 mA quiescent current CDMA PAM with a dynamic bias control circuit," *IEEE RFIC-S Dig.*, 2004, pp. 365–368.

[5] Y. Yang, K. Choi, and K. P. Weller, "DC boosting effect of active bias circuits and its optimization for class-AB InGaP-GaAs HBT power amplifiers," *IEEE Trans. MTT*, vol. 52, no. 5, May 2004, pp. 1455–1463.

[6] S. Xu, D. Frey, T. Chen, A. Prejs, M. Anderson, J. Miller, T. Arell, M. Singh, R. Lertpiriyapong, A. Parish, R. Rob, E. Demarest, A. Kini, and J. Ryan, "Design and development of compact CDMA/WCDMA power amplifier module for high-yield low-cost manufacturing," *IEEE CSIC-S Dig.*, 2004, pp. 49–52.

[7] Y. Aoki, K. Kunihiro, T. Miyazaki, T. Hirayama, and H. Hida, "A 20-mA quiescent current two-stage W-CDMA power amplifier using antiphase intermodulation distortion," *IEEE RFIC-S Dig.*, 2004, pp. 357–360.

[8] Y. Yang, "Power amplifier with low average current and compact output matching network," *IEEE Microwave and Wireless Components Letters*, vol. 15, no. 11, Nov. 2005, pp. 763–765.

[9] N. Pan, R. E. Welser, C. R. Lutz, J. Elliot, and J. P. Rodrigues, "Reliability of AlGaAs and InGaP heterojunction bipolar transistors," *IEICE Trans. Electron.*, vol. E82-C, no. 11, Nov. 1999, pp. 1886–1894.

[10] N. Pan, R. E. Welser, K. S. Stevens, C. R. Lutz, "Reliability of InGaP and AlGaAs HBT," *IEICE Trans. Electron.*, vol. E84-C, no. 10, Oct. 2001, pp. 1366–1372.

[11] T. Moriwaki, Y. Yamamoto, and K. Maemura, US patent 2004/0251967 A1.

[12] K. G. Gard, H. M. Gutierrez, and M. B. Steer, "Characterization of spectral regrowth in microwave amplifiers based on the nonlinear transformation of a complex Gaussian process," *IEEE Trans. MTT*, vol. 47, no. 7, July 1999, pp. 1059–1069.

[13] F. Zavosh, M. Thomas, C. Thron, T. Hall, D. Artusi, D. Anderson, D. Ngo, and D. Runton, "Digital predistortion techniques for RF power amplifiers with CDMA applications," *Microwave Journal*, Oct. 1999, pp. 22–50.

[14] J. H. Kim, J. H. Jeong, S. M. Kim, C. S. Park, and K. C. Lee, "Prediction of error vector magnitude using AM/AM, AM/PM distortion of RF power amplifier for high-order modulation OFDM system," *IEEE MTT-S Dig.*, 2005.

[15] S. Yamanouchi, K. Kunihiro, and H. Hida, "OFDM error vector magnitude distortion analysis," *IEICE Trans. Electron.*, vol. E89-C, no. 12, Dec. 2006, pp. 1836–1842.

[16] H. Kawasaki, T. Ohgihara, and Y. Murakami, "An investigation of IM3 distortion in relation to bypass capacitor of GaAs MMIC's," *IEEE MMWMC-S Dig.*, 1996, pp. 119–122.

[17] S. Goto, T. Kunii, T. Oue, K. Izawa, A. Inoue, M. Kohno, T. Oku, and T. Ishikawa, "A low-distortion 25-W class-F power amplifier using internally harmonic tuned FET architecture for 3.5-GHz OFDM applications," *IEEE IMS Dig.*, 2006,

pp. 1538–1541.

[18] K. Yamamoto, T. Moriwaki, T. Otsuka, N. Ogawa, K. Maemura, and T. Shimura, "A CDMA InGaP/GaAs-HBT MMIC power amplifier module operating with a low reference voltage of 2.4 V," *IEEE J. SSC*, vol. 42, no. 6, June 2007, pp. 1282–1290.

[19] D. A. Teeter, E. T. Spears, H. D. Bui, H. Jiang, and D. Widay, "Average current reduction in (W)CDMA power amplifiers," *IEEE RFIC-S Dig.*, 2006, pp. 429–432.

[20] G. Zhang, S. Chang, and A. Wang, "WCDMA PCS handset front-end module," *IEEE IMS Dig.*, 2006, pp. 304–307.

[21] G. Zhang, S Chang, and Z. Alon, "A high-performance balanced power amplifier and its integration into a front-end module at PCS band," *IEEE RFIC-S Dig.*, 2007, pp. 251–254.

[22] A. van Bezooijen, C. Chanlo, and A. H. M. van Roermund, "Adaptively pre serving power amplifier linearity under antenna mismatch," *IEEE MTT-S Dig.*, 2004, pp. 1515–1518,.

[23] A. Keerti and A. Pham, "Dynamic output phase to adaptively improve the linearity of power amplifier under antenna mismatch," *IEEE RFIC-S Dig.*, 2005, pp. 675–678.

[24] G. Berretta, D. Cristaudo, and S. Scaccianoce, "CDMA2000 PCS/Cell SiGe HBT load-insensitive power amplifiers," *IEEE RFIC-S Dig.*, 2005, pp. 601–604.

[25] S. Kim, J. Lee, J. Shin, and B. Kim, "CDMA handset power amplifier with a switched output matching circuit for low/high-power mode operations," *IEEE MTT-S Dig.*, 2004, pp. 1523–1526.

[26] S. Kim, K. Lee, P. J. Zampardi, and B. Kim, "CDMA handset power amplifier with diode load modulator," *IEEE MTT-S Dig.*, 2005.

[27] J. Nam, J. -H. Shin, and B. Kim, "A handset power amplifier with high efficiency at a low level using load-modulation technique" *IEEE Trans. MTT*, vol. 53, no. 8, Aug. 2005, pp. 2639–2644.

[28] T. Kato, K. Yamaguchi, and Y. Kuriyama, "A 4-mm-square 1.9-GHz Doherty power amplifier module for mobile terminals," *Proc. of IEEE Asia-Pacific Microwave Conference*, 2005.

[29] F. Lepine, R. Jos, and H. Zirath, "A load-modulated high-efficiency power amplifier," *Proc. of European Microwave Conference (Manchester)*, pp. 411–414, 2006.

[30] T. Apel, Y.-L. Tang, and O. Berger, "Switched Doherty power amplifiers for CDMA and WCDMA," *IEEE RFIC-S Dig.*, 2007, pp. 259–262.

[31] J. H. Kim, J. H. Kim, Y. S. Noh, and C. S. Park, "An InGaP-GaAs HBT MMIC smart power amplifier for W-CDMA mobile handsets," *IEEE J. SSC*, vol. 38., no. 6, June 2003, pp. 905–910.

[32] J. H. Kim, K. Y. Kim, Y. H. Choi, and C. S. Park, "A power-efficient W-CDMA smart power amplifier with emitter area adjusted for output power levels," *IEEE MTT-S Dig.*, 2004, pp. 1165–1168.

[33] T. Tanoue, M. Ohnishi, and H. Matsumoto, "Switch-less-impedance-matching type W-CDMA power amplifier with improved efficiency and linearity under low-power operation," *IEEE MTT-S Dig.*, 2005.

[34] G. Hau, C. Caron, J. Turpel, and B. MacDonald, "A 20 mA quiescent current 40% PAE WCDMA HBT power amplifier module with reduced current consumption under backoff power operation," *IEEE RFIC-S Dig.*, 2005, pp. 243–246.

[35] T. Apel, T. Henderson, Y. Tang, and O. Berger, "Efficient three-state WCDMA PA integrated with high-performance BiHEMT HBT/E-D pHEMT process," *IEEE RFIC-S Dig.*, 2008, pp. 149–152.

[36] K. Kawakami, S. Kusunoki, T. Kobayashi, M. Hashizume, M. Shimada, T. Hatsugai, T. Koimori, and O. Kozakai, "A switch-type power amplifier and its application to a CDMA cellphone," *Proc. of European Microwave Conference (Manchester)*, 2006, pp. 348–351.

[37] I. A. Rippke, J. S. Duster, and K. T. Kornegay, "A single-chip variable supply voltage power amplifier," *IEEE RFIC-S Dig.*, 2005, pp. 255–258.

[38] J. Lee, J. Potts, and E. Spears, "DC/DC converter controlled power amplifier module for WCDMA applications," *IEEE RFIC-S Dig.*, 2006, pp. 77–80.

[39] G. Hau, S. Hsu, Y. Aoki, T. Wakabayashi, N. Furuhata, and Y. Mikado, "A 3×3 mm^2 embedded-wafer-level packaged WCDMA GaAs HBT power amplifier module with integrated Si DC power management IC," *IEEE RFIC-S Dig.*, 2008, pp. 409–412.

[40] G. Hau, J. Turpel, J. Garrett, and H. Golladay, "A WCDMA HBT power amplifier module with integrated Si DC power management IC for current reduction under backoff operation," *IEEE RFIC-S Dig.*, 2007, pp. 75–78.

[41] J. Deng, P. Gudem, L. E. Larson, and P. M. Asbeck, "A high-efficiency SiGe BiCMOS WCDMA power amplifier with dynamic current biasing for improved average efficiency," *IEEE RFIC-S Dig.*, 2004, pp. 361–364.

[42] Y. S. Noh and C. S. Park, "An intelligent power amplifier MMIC using a new adaptive bias control circuit for W-CDMA applications," *IEEE J. SSC*, vol. 39, no. 6, June 2004, pp. 967–970.

[43] J. Nam, Y. Kim, J.-H. Shin, and B. Kim, "A high-efficiency SiGe BiCMOS WCDMA power amplifier with dynamic current biasing for improved average efficiency," *Proc. of 34th European Microwave Conference (Amsterdam)*, 2004, pp. 329–332.

[44] Y. Yang, "High-efficiency CDMA power amplifier with dynamic current control circuits," *IEEE CSIC-S Dig.*, 2004, pp. 53–56.

[45] H.-T. Kim, K.-H. Lee, H.-K. Choi, J.-Y. Choi, K.-H. Lee, J.-P. Kim, G.-H. Tyu, Y.-J. Jeon, C.-S. Han, K. Kim, and K. Lee, "High-efficiency and linear dual-chain power amplifier without/with automatic bias current control for CDMA handset applications," *Proc. of European Microwave Conference (Amsterdam)*, 2004, pp. 337–340.

[46] J. Deng. R. Gudem, L. E. Larson, D. Kimball, and P. M. Asbeck, "A SiGe PA with dual dynamic bias control and memoryless digital predistortion for WCDMA handset applications," *IEEE RFIC-S Dig.*, 2005, pp. 247–250.

[47] T. Shimura, K. Yamamoto, M. Miyashita, K. Maemura, and M. Komaru, "InGaP HBT MMIC power amplifiers for L-to-S band wireless applications," *IEICE Microwave Workshop Digest*, Nov. 2007, pp. 225–230.

[48] AWT6273R, "HELP3^{TM} Cellular/WCDMA 3.4 V/29 dBm Linear Power Amplifier Module," Warren, NJ: Anadigics, Inc., data sheet.

[49] K. Yamamoto, M. Miyashita, T. Moriwaki, S. Suzuki, N. Ogawa, and T. Shimura, "A 0/20-dB step linearized attenuator with GaAs-HBT compatible, AC-coupled, stack-type base–collector diode switches," *IEEE IMS Dig.*, 2006, pp. 1693–1696.

[50] RF2162, "3V 900 MHz Linear Power Amplifier," Greensboro, NC: RF Micro Devices, data sheet.

[51] AWT6112, "Cellular Dual Mode AMPS/CDMA 3.4 V/28 dBm Linear Power Amplifier Module," Warren, NJ: Anadigics, Inc., data sheet.

[52] CXG1178K, "JCDMA Power Amplifier Module," Sony semiconductor data sheet.

[53] CX77144, "Power Amplifier Module for CDMA (887–925 MHz)," Skyworks data sheet.

[54] AWT6271, "HELPTM Cellular/WCDMA 3.4 V/28 dBm Linear Power Amplifier Module," Warren, NJ: Anadigics, Inc., data sheet.

[55] C. J. Wei, Y. Zhu, C. Cismaru, A. Klimashov, and Y. A. Tkachenko, "Four terminal GaAs-InGaP bifet DC model for wireless application," *Proceedings of IEEE Asia-Pacific Microwave Conference*, 2005, pp. 4–7.

[56] A. G. Metzger, P. J. Zampardi, R. Ramanathan, and K. Weller, "Drivers and applications for an InGaP/GaAs merged HBT-FET (BiFET) technology," *IEEE Topical Workshops on Power Amplifiers for Wireless Communications Dig.*, Jan. 2006.

[57] A. Gupta, B. Peatman, M. Shokrani, W. Krystek, T. Arell, "InGaP-Plus^{TM}: A major advance in GaAs HBT technology," *IEEE CSIC-S Dig.*, 2006, pp. 179–182.

[58] A. G. Metzger, P. J. Zampardi, M. Sun, J. Li, C. Cismaru, L. Rushing, R. Ramanathan, and K. Weller, "An InGaP/GaAs merged HBT-FET (BiFET) technology and applications to the design of handset power amplifiers," *IEEE CSIC-S Dig.*, 2006, pp. 175–178.

[59] T. Henderson, J. Middleton, J. Mahoney, S. Varma, T. Rivers, C. Jordan, and B. Avrit, "High-performance BiHEMT HBT/E-D pHEMT integration," *Proc. of CS MANTECH Conference (Austin)*, 2007, pp. 247–250.

[60] L. Rushing, P. Zampardi, and M. Sun, "Reliability evaluation of InGaAsN for PA handset applications," *Proc. of CS MANTECH Conference (New Orleans)*, 2005, pp. 57–60.

[61] P. J. Zampardi , M. Sun, L. Rushing, K. Nellis, K. Choi, J. C. Li, and R. Welser, "Demonstration of a low V_{ref} PA based on InGaAsN technology," *IEEE Topical Workshop on Power Amplifier for Wireless Communications Dig.*, 2006.

[62] E. Järvinen, S. Kalajo, and M. Matilainen, "Bias circuits for GaAs HBT power amplifiers," *IEEE MTT-S Dig.*, 2001, pp. 507–510.

[63] K. Yamauchi, K. Mori, M. Nakayama, Y. Mitsui, and T. Takagi, "A microwave miniaturized linearizer using a parallel diode with a bias feed resistance," *IEEE Trans. MTT*, vol. 45, no. 12, Dec. 1997, pp. 2431–2435.

[64] S. Shinjo, K. Mori, H. Ueda, A. Ohta, H. Seki, N. Suematsu, and T. Takagi, "A low quiescent current CV/CC parallel operation HBT power amplifier for W-CDMA terminals," *IEICE Trans. Electron.*, Vol. E86-C, no. 8, Aug. 2003, pp. 1444–1450.

[65] K. Yamamoto, A. Okamura, T. Matsuzuka, Y. Yoshii, N. Ogawa, M. Nakayama, T. Shimura, and N. Yoshida, "A 2.5-V low-reference-voltage, 2.8-V low-collector-voltage operation, HBT power amplifier for 0.8–0.9-GHz broadband CDMA applications," *IEEE CSIC-S Dig.*, 2009, pp. 101–104.

[66] Y.-H. Chow, C.-K. Yong, J. Lee, H.-K. Lee, W.-Y. Thor, K.-Y. Lee, H.-T. Tan, Y.-Y. Liew, and S.-H. Khoo, "A 3.3 V broadband linear power amplifier module for IEEE 802.16e (WiMAX) applications using E-mode pHEMT technology," *Proc. of European Microwave Conference (Munich)*, Oct. 2007, pp. 387–390.

[67] AWM6423, "2.5–2.7 GHz WiMAX Power Amplifier Module," Warren, NJ: Anadigics, Inc., data sheet.

[68] AWM6430, "3.3–3.8 GHz WiMAX Power Amplifier Module," Warren, NJ: Anadigics, Inc., data sheet.

[69] SZM-2066Z, "2.4–2.7 GHz 2W Power Amplifier," Court Broomfield, CO: Sirenza Microdevices, Inc., data sheet.

[70] SZM-3066Z, "3.3–3.8 GHz 2W power amplifier," Court Broomfield, CO: Sirenza Microdevices, Inc., data sheet.

[71] M. Miyashita, T. Okuda, H. Kurusu, S. Shimamura, S. Konishi, J. Udomoto, R. Matsushita, Y. Sasaki, S. Suzuki, T. Miura, M. Komaru, and K. Yamamoto, "Fully integrated GaAs HBT MMIC power amplifier modules for 2.5/3.5-GHz-band WiMAX applications," *IEEE CSIC-S Dig.*, 2007, pp. 219–222.

[72] J. F. White, *Microwave Semiconductor Engineering*, New York: Van Nostrand Reinhold, 1982.

[73] "Design with PIN Diode," Woburn, MA: Alpha Industries, Inc., application note, APN1002.

[74] R. H. Caverly and G. Hiller, "Distortion in PIN diode control circuits," *IEEE Trans. MTT*, vol. MTT-35, no. 5, pp. 492–501, 1987.

[75] R. H. Caverly, "Distortion modeling of PIN diode switches and attenuators," *IEEE MTT-S Dig.*, 2004, pp. 957–960.

[76] K. Yamamoto, M. Miyashita, N. Ogawa, T. Miura, and T. Shimura, "3.5-GHz-band low-bias-current operation 0/20-dB step-linearized attenuators using GaAs-HBT compatible, AC-coupled, stack-type base–collector diode switch topology," *IEICE Trans. Electron.*, vol. E90-C, no. 7, July 2007, pp. 1515–1523.

[77] Y.-J. Jeon, H.-S. Kim, Y.-S. Ahn, J.-W. Kim, J.-Y. Choi, D.-C. Jung, and J.-H. Shin, "Improved HBT linearity with a 'post-distortion'-type collector linearizer," *IEEE Microwave and Wireless Components Letters*, vol. 13, no. 3, March 2003, pp. 102–104.

[78] "Power Amplifier Control for ETSI 11.10-Compliant Cellular Handsets," Woburn, MA: Skyworks Solutions, Inc., application note, Feb. 7, 2003.

[79] "A Temperature-Compensated Linear Power Detector," Santa Clara, CA: Agilent Technologies, application note, 1328.

[80] K. Yamamoto, M. Miyashita, H. Kurusu, N. Ogawa, and T. Shimura, "A current-mirror-based GaAs-HBT power detector for wireless applications," *IEEE CSIC-S Dig.*, 2007, pp. 227–230.

第二部分　高速电路

第 9 章 |Chapter 9|

高速串行 I/O 设计用于信道受限和功率受限的系统

9.1　引言

集成电路(Integrated Circuit, IC)规模的变大和计算机体系结构从单核向多核系统的转变，导致对处理能力的需求急剧增加，从而使得片上聚合带宽迅速达到 Tb/s 的级别[1]，这就需要相应地增加芯片之间的数据通信量，以免限制整个系统的性能[2]。由于芯片封装中的有限输入/输出(Input/Output, I/O)引脚数和印制电路板(Printed Circuit Board, PCB)布线约束，这种芯片间的通信方式通过高速串行链路技术进行。

提高芯片间通信带宽的两种传统方法包括提高通道数据率和 I/O 数量，这些都是当前半导体技术路线图(Roadmap for Semiconductors, ITRS, 见图 9-1)中预测的。然而，封装限制阻止了 I/O 通道数量的大幅增加。这意味着在未来十年，芯片间数据率必须大幅提高，考虑到处理器中有限的功耗预算，这是相当大的挑战。虽然高性能 I/O 电路可以利用技术改进来实现核心性能的提高，但是，用于芯片间通信的电气信道的带宽尚未扩展。因此，当前的高速 I/O 链路设计不是受到技术限制，而是受到信道限制[3-5]。为了提高数据率，链路设计者采用复杂的均衡电路来补偿带宽受限信道的频率相关损耗。但是，随着复杂性增加，功耗和面积成本都会增大，这就需要研究低功耗串行 I/O 设计技术，同时考虑其他 I/O 技术，如光学芯片间通信链路。

本章讨论了提高串行 I/O 数据率和当前的设计技术的挑战。9.2 节描述了主要的高速组件、信道特性和性能指标。9.3 节介绍了均衡和高级调制技术。9.4 节讨论了提高链路功耗效率的

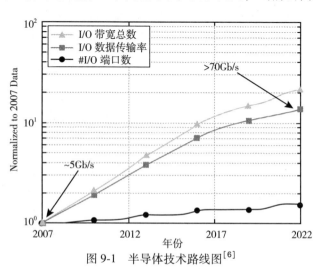

图 9-1　半导体技术路线图[6]

链路架构和电路技术。9.5 节详细介绍了光学芯片间的通信链路如何在适当的功耗效率水平下充分利用 CMOS 技术来提高数据率。最后，本章在 9.6 节中进行总结。

9.2　高速链路概述

高速点对点电气链路系统采用专门的 I/O 电路，通过精心设计的受控阻抗信道进行入射波信号传输，以实现高数据率。电气信道的频率相关损耗和阻抗不连续性是数据率提高的主要限制因素。本节首先描述了三个主要的链路电路组件：发射器、接收器和时序系统。接下来，本节讨论了影响传输信号的电气信道特性。本节最后提供了关键技术和系统性能指标的概述。

9.2.1　电气链路电路

图 9-2 显示了高速电气链路系统的主要组件。由于芯片封装中高速 I/O 引脚数有限和 PCB 布线约束，高带宽发射器将并行输入数据串行化以进行传输。通常使用差分低摆幅信号传输，以抑制共模噪声和固有信号电流回路导致的串扰减小[7]。在接收器处，接收到的信号被采样，再生为 CMOS 值，并反串行化。将数据传输同步到信道上的高频时钟由发射器处的频率合成锁相环(Phase-Locked Loop，PLL)产生，而在接收器处，采样时钟通过时序恢复系统与接收到的数据流对准。

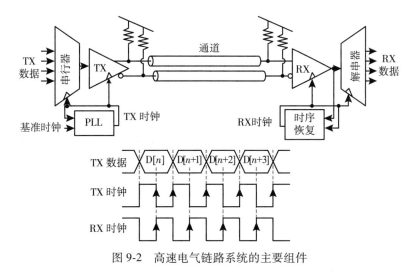

图 9-2　高速电气链路系统的主要组件

1. 发射器

发射器必须在信道上产生准确的电压摆幅，同时保持适当的输出阻抗，以减小信道引起的反射。图 9-3 所示的电流模式和电压模式驱动器都是合适的输出级。电流模式驱动器通常在差分信道线之间引导接近 20 mA 的电流，以在信道上产生 ±500 mV 左右的双极电压摆幅。驱动器输出阻抗通过终端保持，终端与高阻抗电流开关并联。虽然电流模式驱动器是最常用的实现方式，但为了保证晶体管输出阻抗所需的输出电压同时考虑到并联终端中"浪费"的电流所带来的功耗，设计者会转而考虑使用电压模式驱动器[8]。电压模式驱动器使用一个调节输出级，通过一个反馈控制的串联终端向信道提供一个固定的输出摆幅[9]。虽然反馈阻抗控制不像并联终端那么简单，但电压模式驱动器能够提供的接收机电压摆幅约为常见的20 mA 电流模式驱动器提供的接收机电压摆幅的四分之一[10]。

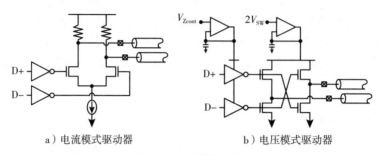

a）电流模式驱动器 　　　　　　　b）电压模式驱动器

图 9-3　发射器输出级

2. 接收器

图 9-4 显示了一个带再生锁存的高速接收器，它将接收到的数据与一个阈值进行比较，并将信号放大到 CMOS 值。这突出了二进制差分信号传输的一个主要优势，即这个阈值是固有的，而单端信号传输则需要仔细生成阈值，以考虑信号幅度、损耗和噪声的变化[11]。信号放大的主要部分通常由一个正反馈锁存器执行[12-13]。这些锁存器比级联线性放大器更节能，因为它们不消耗直流电流。虽然再生锁存器是最节能的输入放大器，但链路设计者使用了少量的线性预放大器级来实现均衡滤波器，以抵消高数据率信号面临的信道损耗[14-15]。

这些锁存器的一个问题是它们需要时间来复位或"预充电"，因此，为了实现高数据率，通常在输入端并行放置多

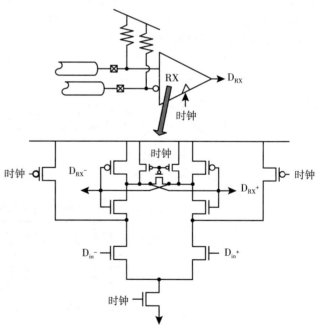

图 9-4　带再生锁存的高速接收器[12]

个锁存器，并用多个时钟相位激活，这些时钟相位按照图 9-5 所示的时分复用方式相隔一个比特周期[16-17]。这种技术也适用于发射器，其中最大的串行化数据率由切换复用器的时钟决定。利用一个比特周期内在时间上偏移的多个时钟相位可以克服固有的门速度。门速度限制了可以有效分配到一个周期为 6~8 个 FO4（Fan-Out of Four，四扇出）的时钟缓冲器延迟的最大时钟率[18]。

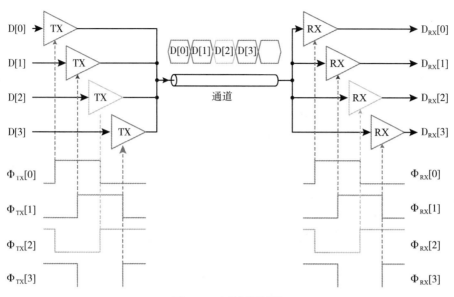

图 9-5　时分复用链路

3. 时序系统

高速 I/O 系统中采用的两种主要的时钟架构是嵌入式时钟架构和源同步时钟架构，如图 9-6 所示。虽然这两种架构通常都使用 PLL 来产生发射串行化时钟，但它们在接收器时序恢复的方式上有所不同。在嵌入式时钟系统中，只有 I/O 数据信道被路由到接收器，其中一个时钟和数据恢复（Clock-and-Data Recovery，CDR）系统从传输的数据流中提取"嵌入"在其中的时钟信息，以确定接收器时钟频率和最佳相位位置。源同步系统也称转发时钟系统，它使用一个额外的专用时钟信道，将多个发射信道使用的高频串行化时钟转发到接收器芯片，每条通道的去偏移电路在芯片中实现。接下来讨论这些时序系统的电路和架构权衡。

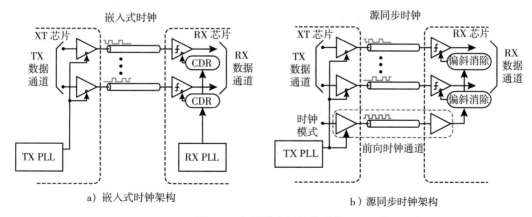

图 9-6　多通道串行链路系统

图 9-7 显示了一个 PLL, 它通常用于发射器的时钟合成, 以将低速率的并行输入数据串行化, 并且可能也用于接收器的时钟恢复。PLL 是一个负反馈环路, 它的作用是将反馈时钟的相位锁定到输入基准时钟。相位频率检测器产生一个与反馈和基准时钟之间的相位差成比例的误差信号。然后, 对这个误差信号进行滤波, 从而提供控制信号给电压控制振荡器 (Voltage-Controlled Oscillator, VCO), 该振荡器产生输出时钟。PLL 通过在反馈路径中放置一个时钟分频器来实现频率合成,

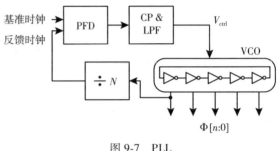

图 9-7 PLL

这迫使环路锁定, 使输出时钟频率等于输入参考频率乘以环路分频系数。

PLL 产生低时序噪声的时钟是很重要的, 在时域中用抖动(在频域中用相位噪声)来量化这一点。最关键的 PLL 组件是 VCO, 因为它的相位噪声性能可以在输出时钟上占主导地位, 并对整个环路设计有很大的影响。LC 振荡器通常具有最好的相位噪声性能, 但它们的面积很大, 调谐范围有限[19]。虽然环形振荡器显示出较差的相位噪声特性, 但它们在减小面积、扩大频率范围和生成多相位时钟以实现时分复用方面具有优势[16-17]。

PLL 在工艺变化、工作电压、温度和频率范围下保持正常运行的能力也很重要。为了解决这个问题, Maneatis 开发了自偏置技术(并在参考文献 [21-22] 中扩展), 该技术能够在这些运行条件的变化下维持恒定的环路稳定性和噪声滤波参数[20]。

在接收器处, 需要进行时序恢复, 以使数据采样时钟具有最大的时序裕度。嵌入式时钟系统可以通过改变相位检测电路来修改 PLL 并执行时钟恢复, 如图 9-8 所示。在图 9-8 中, 相位检测器采样接收到的数据流, 以提取数据和相位信息。

相位检测器可以是线性的, 也可以是二进制的, 如图 9-9 所示。线性相位检测器提供相位误差的符号和幅度信息, 二进制相位检测器只提供相位误差的符号信息[23-24]。虽然具有线性相位检测器的 CDR 系统更容易分析, 但在高数据率下很难实现, 因为难以产生窄的误差脉冲

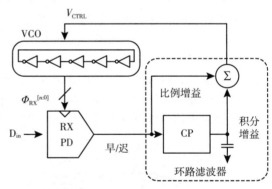

图 9-8 基于锁相环的 CDR 系统

宽度来生成相位检测器中有效的死区[25]。二进制或"bang-bang"相位检测器通过为数据和相位信息提供相等的延迟, 并只解析相位误差的符号来最大限度地减少这个问题[26]。

虽然基于 PLL 的 CDR 是一种有效的时钟恢复系统, 但是在一些 I/O 系统中, 为每个接收通道配置一个 PLL 的功耗和面积代价是难以承受的。另一个问题是, CDR 的带宽通常由抖动传递和容限规范来确定, 留给优化 PLL 带宽以滤除各种时钟噪声源(如 VCO 相位噪声)的自由度很小。二进制相位检测器的非线性行为也会导致锁定范围有限, 需要一个并行的频率捕获电路[27]。使用双环时钟恢复能解决这个问题, 它允许多个通道共享一个锁定到稳定基准时钟的全局接收 PLL, 并且提供了两个自由度来独立地设置 CDR 的带宽以满足给定的

规范，并优化接收 PLL 的带宽以获得最佳的抖动性能[11]。

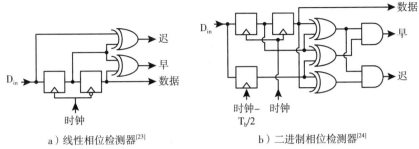

a）线性相位检测器[23]　　　　b）二进制相位检测器[24]

图 9-9　CDR 相位检测器

图 9-10 展示了一个用于 4:1 输入解复用接收器的双环 CDR。这个 CDR 有一个核心环路，它产生了几个时钟相位，用于一个单独的相位恢复环路。核心环路可以是一个频率合成 PLL，如果频率合成在别处完成，核心环路也可以是一个低复杂度的延迟锁定环路（Delay-Locked Loop，DLL）[11,28]。一个独立的相位恢复环路能够在不影响核心环路动态特性的情况下对输入抖动进行跟踪，并且与发送通道共享时钟生成。相位环路通常由一个二进制相位检测器、一个数字环路滤波器和一个有限状态机（Finite State Machine，FSM）组成，后者更新相位复用器和插值器，以产生接收时钟的最佳位置。低摆幅电流控制差分缓冲器或大摆幅三态数字缓冲器，用于实现插值器的功能[11,29]。

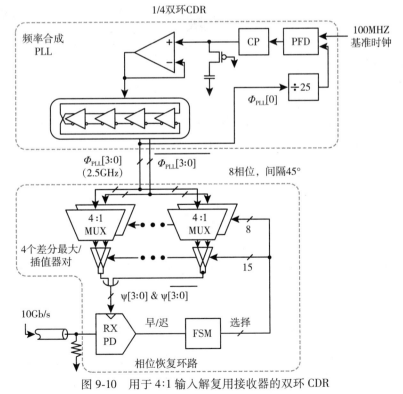

图 9-10　用于 4:1 输入解复用接收器的双环 CDR

插值器的线性度既是插值器设计的函数，也是输入时钟的相位精度的函数，它对 CDR 的时序裕度和相位误差跟踪有重大影响。插值器的设计必须保证输入相位间隔和插值器输出时间常数之间有适当的比例，以确保正确的相位混合[11]。此外，虽然有可能在多个接收通道之间共享核心环路，但以保持精确的相位间隔的方式分配多个时钟相位可能会导致显著的功耗。为了避免分配多个时钟相位，全局频率合成 PLL 可以将一个时钟相位分配给局部 DLL，这些 DLL 可以放置在每个通道上，或者由一簇接收通道共享，它们产生用于插值的多个时钟相位[30-31]。这种架构可以用于源同步系统，通过用传入的转发时钟替换全局 PLL 时钟[30]。

虽然这些高速 I/O 组件的适当设计需要考虑很多因素，但 CMOS 缩放使得基本电路块能够实现超过 10 Gb/s 的数据速率[14,32]。然而，当数据速率扩展到几千兆比特每秒时，芯片间电气线路的频率依赖损耗会使传输信号分散，以致在没有适当的信号处理或信道均衡技术的情况下，在接收端无法检测到它。因此，为了设计出更高数据速率的系统，设计者必须理解电气信道的高频特性，这些特性将在下面概述。

9.2.2 电气信道

电气芯片间通信带宽主要受到电气走线的高频损耗、阻抗不连续引起的反射和相邻信号串扰的限制，如图 9-11 所示。这些信道特性的相对大小取决于电气信道的长度和质量。常见的应用范围从处理器、存储器的互连［它们通常具有较短(<0.254 m)的顶层微带走线，具有相对均匀的损耗斜率］，到服务器/路由器和多处理器系统［它们采用长(大约 0.762 m)的多层背板或(大约 10 m)的电缆］，这两者都可能具有较大的阻抗不连续和损耗[3,14,33]。

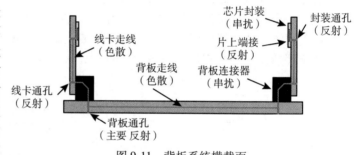

图 9-11 背板系统横截面

PCB 走线受到导线皮肤效应和介质损耗引起的高频衰减。当一个信号沿着一条传输线传播时，在距离 x 处的归一化幅度等于

$$\frac{V(x)}{V(0)} = e^{-(\alpha_R + \alpha_D)x} \tag{9-1}$$

式中，α_R 和 α_D 表示电阻性和介质损耗因子[7]。皮肤效应描述了高频信号电流集中在导体表面附近的过程，随着频率的增加影响电阻性损耗项，该电阻性损耗项与频率的平方根成正比。

$$\alpha_R = \frac{R_{AC}}{2Z_0} = \frac{2.61 \times 10^{-7} \sqrt{\rho_r}}{\pi D 2 Z_0} \sqrt{f} \tag{9-2}$$

式中，D 是信号线的直径(单位为 in)，ρ 是相对于铜的电阻率，Z_0 是信号线的特征阻抗[34]。介质损耗描述了信号线从交变电场中吸收能量并转化为热量的过程，这是由板材的介质原子在交变电场中旋转所致[34]。这导致介质损耗项与信号频率成正比地增加。

$$\alpha_{\mathrm{D}} = \frac{\pi \sqrt{\varepsilon_{\mathrm{r}}} \tan \delta_{\mathrm{D}}}{c} f \qquad (9\text{-}3)$$

式中，ε_{r} 是相对介电常数，c 是光速，$\tan \delta_{\mathrm{D}}$ 是板材的损耗角[15]。

图 9-12 显示了这些频率依赖的损耗项如何导致低通信道，其中衰减随距离增加。通过这些信道，发送的脉冲的高频分量被滤除，导致接收到的脉冲衰减，其能量分散在几个比特周期内，如图 9-13a 所示。当通过信道传输数据时，单个比特的能量现在会与相邻的比特干扰，使它们更难检测。这种符号间干扰（Inter Symbol Interference，ISI）随着信道损耗而增加，可能完全关闭接收到的数据眼图，如图 9-13b 所示。

信号干扰也是由阻抗不连续引起的反射造成的。如果沿着传输线传播的信号遇到相对于线的特征阻抗 Z_0 的阻抗变化 Z_{r}，那么信号的百分比等于

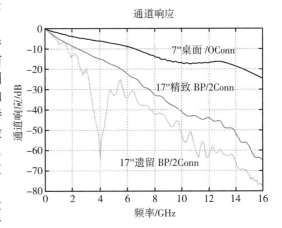

图 9-12　一些通道的频率响应

$$\frac{V_{\mathrm{r}}}{V_{\mathrm{i}}} = \frac{Z_{\mathrm{r}} - Z_0}{Z_{\mathrm{r}} + Z_0} \qquad (9\text{-}4)$$

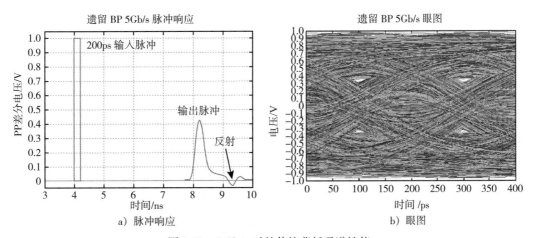

图 9-13　5 Gb/s 时的传统背板通道性能

该比例的信号将反射回发射器。这导致接收器收到的信号衰减，或者在多次反射的情况下带来延迟。阻抗不连续的最常见来源是来自芯片上的终端失配和通过多层 PCB 信号产生的通孔残段。图 9-12 显示了由厚背板通孔残段形成的电容不连续性可以导致信道频率响应中的严重零点。

另一种干扰形式来自串扰，它是由相邻信号线之间的电容和电感耦合引起的。当信号沿

着信道传播时，信号在背板连接器和芯片封装中会遇到最大的串扰，因为这里的信号间距相对于屏蔽层的距离最小。串扰分为近端串扰（Near-End Crosstalk，NEXT）［即来自攻击者（发射器）的能量耦合并反射回同一芯片上的受害者（接收器）］和远端串扰（Far-End Crosstalk，FEXT）（即攻击者能量耦合并沿着信道传播到另一芯片上的受害者）。NEXT 通常是最有害的串扰，因为来自强发射器（大约 1 V_{pp}）的能量可以耦合到同一芯片上的接收信号上，而该信号因在损耗信道上传播而衰减（大约 0.02 V_{pp}）。串扰可能是高速电气链路缩放的主要限制因素，因为在常见的背板信道中，串扰能量实际上可以在接近 4 GHz 的频率处超过通过信道信号能量[3]。

9.2.3 性能指标

高速链路的数据速率可能受到电路技术和通信信道的限制。激进的 CMOS 技术缩放有利于数字和模拟电路的性能，45 nm 工艺显示了小于 20 ps 的反相器 FO4 延迟，并能够测量约 400 GHz 的 NMOS f_T[35]。

如前所述，提高数据速率的一个关键电路约束是可以有效分配的最大时钟频率，它是 6~8 FO4 时钟缓冲器延迟的周期。这意味着半速率链路架构可以使用相对简单的基于反相器的时钟分配，潜在地达到 3~4 FO4 的最小比特周期，或者在 45 nm 技术中超过 12 Gb/s。虽然技术缩放应该允许数据速率与门延迟的改善成比例地增加，但有限的电气信道带宽实际上是大多数系统中的主要约束，整体信道损耗和均衡复杂度限制了最大数据速率，使其低于给定技术所提供的潜力。

串行链路的主要性能指标是比特误码率（Bit-Error-Rate，BER），系统要求的 BER 范围为 10^{-12}~10^{-15}。为了满足该目标，链路系统设计必须考虑信道和所有相关的噪声源。随着数据速率显著超过电气信道带宽，链路建模和分析工具已经快速成熟。当前最先进的链路分析工具使用统计方法来结合确定性噪声源（如 ISI 和有界电源噪声和抖动）、随机噪声源（如高斯热噪声和抖动），以及接收器孔径，以估计给定 BER 下的链路裕度[36-38]。链路分析工具的结果可以用统计 BER 眼图（见图 9-14）来可视化，它给出了给定 BER 下的整体链路电压和时序裕度。

另一个受到越来越多关注的指标是功率效率，用链路功耗除以数据速率来表示，单位是 mW/Gb/s 或 pJ/bit，因为系统要求快速增加 I/O 带宽，同时也面临功率上限。大多数链

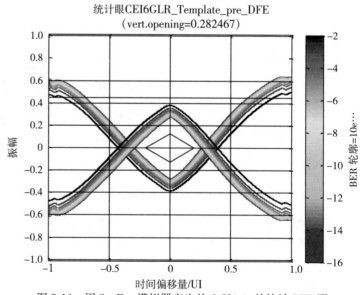

图 9-14 用 StatEye 模拟器产生的 6 Gbit/s 的统计 BER 眼

路架构超过 10 mW/Gb/s，如图 9-15 所示，原因包括遵守行业标准、支持高损耗信道，以及强调提高原始数据速率。降低链路功耗的设计方案在数据速率达到 12.5 Gb/s 时能够实现了低于 3 mW/Gb/s 的功耗[15,30,39]。

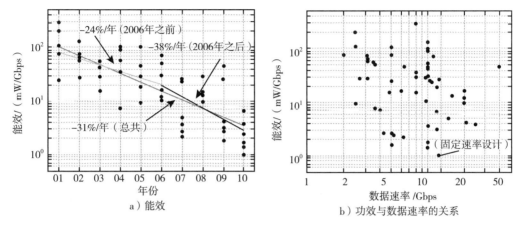

a）能效　　　　　　　　　　　　　b）功效与数据速率的关系

图 9-15　高速串行 I/O 趋势

9.3　信道受限设计技术

前一节讨论了可能严重限制数据通过电气信道传输速率的干扰机制。在图 9-13 中，频率依赖的信道损耗可以达到足以使简单的 NRZ 二进制信号不可检测的程度。因此，为了继续缩放电气链路的数据速率，设计者已经实现了能够补偿频率依赖损耗或能够平衡信道响应的系统。本节讨论了高速链路中通常如何实现均衡电路，以及处理这些问题的其他方法。

9.3.1　均衡系统

为了延伸给定信道的最大数据速率，许多通信系统使用均衡技术来消除由信道失真引起的符号间干扰。均衡器实现分为线性滤波器（离散和连续时间）和非线性滤波器，它们用于平坦化信道频率响应，或者根据接收到的数据序列直接消除 ISI。根据相对于信道带宽的系统数据速率要求和潜在噪声源的严重程度，采用不同的发送和/或接收均衡组合。

发送均衡用有限冲激响应（FIR）滤波器实现，是高速链路中最常用的技术[40]。如图 9-16 所示，这种 TX"预加重"（或更准确地说"去加重"）滤波器通过在几个比特时间内预失真或塑造脉冲来反转数据比特经历的信道失真。虽然这种滤波也可以在接收器上实现，但在发射器上实现均衡的主要优点是：构建高速数字模拟转换器（Digital-to-Analog Converter，DAC）通常比接收端模拟数字转换器更容易。然而，由于发射器在通过信道发送的峰值功率方面受到驱动电压余量约束的限制，因此其结果是低频信号已经衰减到高频水平，如图 9-16 所示。

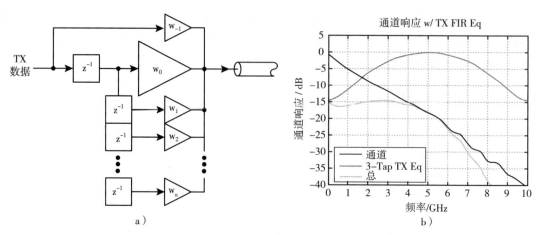

图 9-16 利用 FIR 滤波器实现 TX 均衡

图 9-17 显示了利用 FIR 滤波器实现 RX 均衡的框图。线性接收端均衡面临的一个常见问题是，高频噪声内容和串扰与输入信号一起被放大。同样具有挑战性的是模拟延迟元件的实现，它们通常通过时分交织的采样保持级或通过具有大面积无源器件的纯模拟延迟级来实现[41-43]。然而，接收端均衡的一个主要优点是滤波器抽头

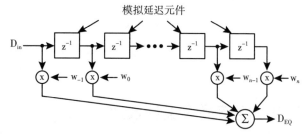

图 9-17 利用 FIR 滤波器实现 RX 均衡的框图

系数可以适应特定的信道，这在发送端均衡中是不可能的，除非采用一个"反向信道"[41,44]。

线性接收均衡也可以用连续时间均衡放大器来实现，如图 9-18 所示。这里，差分放大器中的可编程 RC 创建了一个高通滤波器传递函数，来补偿低通信道。虽然这种实现是一个简单和低面积的解决方案，但一个问题是放大器必须在接近全信号数据速率的频率上提供增益。这种增益带宽要求可能限制了最大数据速率，特别是在时分解复用接收器中。

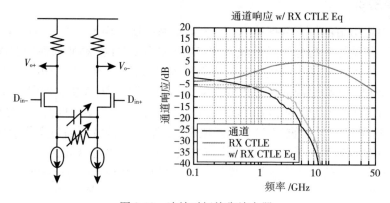

图 9-18 连续时间均衡放大器

高速链路中常用的最后一种均衡拓扑是接收端决策反馈均衡器(Decision Feedback Equalizer, DFE)。DFE(见图9-19)试图通过反馈已解析的数据来控制均衡抽头的极性,从而直接从输入信号中减去 ISI。与线性接收均衡不同,DFE 不直接放大输入信号噪声或串扰,因为它使用量化的输入值。然而,在 DFE 中存在误差传播的可能性,如果噪声足够大,就会使得量化输出错误。另外,由于反馈均衡结构,DFE 不能消除前驱 ISI。

DFE 实现的难点在于如何在一个比特周期或单位间隔(Unit Interval, UI)内在第一抽头反馈上关闭时序。直接反馈实现要求这个关键时序路径高度优化[3]。虽然展开环路架构消除了第一抽头反馈的需要,但如果需要多抽头实现,关键路径就简单地转移到第二抽头,它也有接近 1 UI 的时序约束[5,45]。

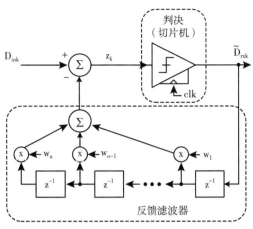

图 9-19 用 DFE 实现 RX 均衡

9.3.2 高级调制技术

为了提高带宽受限信道上的数据传输速率,链路设计者也实现了一些比简单的二进制信号提供更高频谱效率的调制技术。多电平 PAM(最常见的是 PAM-4)是一种在学术界和工业界流行的调制方案[46-48]。如图 9-20 所示,PAM-4 调制的每个符号有两位,这样可以在一半的信道带宽内传输相同数量的数据。

然而,由于发射器的峰值功率限制,PAM-4 与简单的二进制 PAM-2 信号相比,符号间的电压裕度降低了 3 倍(9.5 dB)。因此,存在一个一般的经验法则:如果在 PAM-2 的奈奎斯特频率处的信道损耗相对于前一个八度音高于 10 dB,那么 PAM-4 可能可以提供更高的接收器信噪比(Signal-to-Noise Ratio, SNR)。然而,由于 PAM-4 信号存在不同的 ISI 和抖动分布,这个法则可能有些乐观[37]。此外,接收器处使用非线性 DFE 的 PAM-2 信号进一步缩小了性能差距,因为 DFE 能够消除占主导地位的第一个后游标 ISI,而不会产生与发射器均衡相关的固有信号衰减。

另一种更激进的调制格式是多音信号,这也是链路研究者正在考虑的一种调制格式。虽然这种类型的信号在 DSL 调制解调器等系统中常用,但对于高速片间通信应用来说还是比较新颖的[49]。与传统的基带信号不同,多音信号将信道带宽分成多个频带,在这些频带上传输数据。这种技术有可能相对于基带信号大大降低均衡复杂度,因为每个频带的损耗减少了,而且能够有选择地避开严重的信道零点。

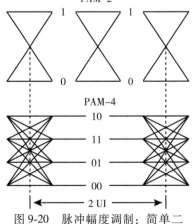

图 9-20 脉冲幅度调制:简单二进制 PAM-2(1 位/符号)和 PAM-4(2 位/符号)

通常，在数据速率显著低于片上处理频率的系统（如调制解调器）中，所需的频率转换是在数字域完成的，并且需要 DAC 发射和 ADC 接收前端[50-51]。虽然可以实现高速发射 DAC，但是多 Gb/s 信道带宽所需的过量的数字处理、ADC 速度和精度导致接收器功耗和复杂度过高[52]。因此，为了实现功耗效率高的多音接收器，研究者提出了使用模拟混频技术结合积分滤波器和多输入/多输出（Multiple-Input/Multiple-Output，MIMO）DFE 来消除带间干扰[53]。

在满足 I/O 功耗和密度约束的同时，提高电气信道上的片间通信带宽存在着严峻的挑战。如前所述，当前的均衡和高级调制技术可以使数据速率接近 10 Gb/s，即使在严重带宽受限的信道上也是如此。然而，这些额外的电路会带来功耗和复杂度的代价，典型的商业高速串行 I/O 链路消耗接近 20 mW/（Gb/s），而研究级别的链路消耗接近 10 mW/（Gb/s）[14,33,54,55]。如果没有改进的低功耗设计技术，高数据速率的需求只会导致更高的均衡要求，并进一步降低链路能量效率。最终，过大的信道损耗会促使人们研究在片间应用中使用光链路。

9.4   低功耗设计技术

为了支持未来系统的带宽需求，串行链路的数据速率必须继续提高。虽然前一节讨论的均衡和调制技术可以延伸带宽受限信道上的数据速率，但是这些额外的复杂度带来的功耗代价在没有提高功耗效率的情况下可能是难以承受的。本节讨论低功耗 I/O 架构和电路技术，以提高链路功耗效率，并使片间带宽扩展能够符合有限的芯片功耗预算。

图 9-21 显示了一个为全缓冲 DIMM 系统设计的 4.8 Gb/s 串行链路的功耗分解扇形图，该链路在 90 nm 工艺中实现了 15 mW/（Gb/s）的功耗效率[56]。对于这个设计，超过 80% 的功耗消耗在发射器和时钟系统中，时钟系统由时钟倍频单元（Clock Multiplication Unit，CMU）、时钟分配和用于时序恢复的 RX-PLL 组成。

接收器灵敏度和信道损耗决定了所需的发射输出摆幅，这对发射器功耗消耗有很大的影响。接收器灵敏度由输入参考偏移量 V_{offset}、最小锁存分辨电压 V_{min} 和给定 BER 所需的最小 SNR 决定。将这些项组合起来，得到每位的最小电压摆幅为

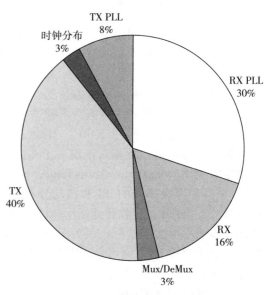

图 9-21   4.8 Gb/s 串行链路的功耗分解扇形图[56]

$$\Delta V_{\text{b}} = \sqrt{\text{SNR}}\,\sigma_{\text{n}} + V_{\text{offset}} + V_{\text{min}} \tag{9-5}$$

σ_n^2 是总输入电压噪声方差。适当的电路偏置可以确保输入参考的均方根噪声电压小于 1 mV，设计技术可以将输入偏移和锁存最小电压降低到 1~2 mV 的范围。因此，对于 BER

为 10^{-12} ($\sqrt{\text{SNR}} \approx 7$)，可以实现小于 $20~mV_{ppd}$ ($2\Delta V_b$)的灵敏度。

考虑到纳米 CMOS 技术中的变化量，实现偏移校正是接近灵敏度的必要条件。图 9-22 显示了一个接收器输入偏置校正电路，其中可调电流源产生一个输入电压偏移来校正锁存偏移，数字可调电容使锁存输出节点的单端再生时间常数发生偏斜，从而执行等效的偏移消除[30,57]。

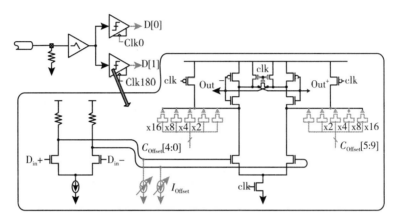

图 9-22　接收器输入偏置校正电路

在接收器处利用偏移校正能够显著降低所需的发射摆幅，从而可以使用低摆幅电压模式驱动器。一个差分终端的电压模式驱动器只需要电流模式驱动器的四分之一的电流，就可以产生相同的接收器电压摆幅。输出级效率的提高贯穿整个发射器，允许减小前驱动器的尺寸和动态开关功耗。使用低摆幅电压模式驱动器的最早例子之一是在文献[9]中，该文在 $0.18~\mu m$ 工艺中以及在功耗效率为 $7.5~mW/(Gb/s)$ 的条件下实现了 $3.6~Gb/s$ 的数据传输速率。一个更近期的设计利用了类似的设计，在 $90~nm$ 工艺中以及在总链路功耗效率为 $2.25~mW/(Gb/s)$ 的条件下实现了 $6.25~Gb/s$ 的数据传输速率[15]。

虽然低摆幅电压模式驱动器可以降低发射功率，但一个缺点是摆幅范围受到输出阻抗控制约束的限制。因此，对于在宽数据速率或信道损耗范围内工作的链路，电流模式驱动器提供的灵活性可能是一个更好的设计选择。文献[30]给出了一个例子，它在 $5 \sim 15~Gb/s$ 的范围内工作，并在使用可扩展的电流模式驱动器的同时，在 $65~nm$ 工艺中实现了 $2.8 \sim 6.5~mW/(Gb/s)$ 的总链路功耗效率。这个设计通过利用低复杂度的均衡、低功耗的时钟和电压供应缩放技术，在其他方面实现了效率的提高。

随着数据速率远远超过电气信道带宽，均衡成为必要，均衡电路的实现效率就变得至关重要。电路复杂度和带宽限制存在于发射器和接收器的均衡结构中。在发射器端，增加 FIR 均衡器的抽头数会带来功耗代价，这是因为需要增加触发器数量和额外的分级逻辑。而在接收器端，以直接反馈方式实现的决策反馈均衡器有一个 1 UI 的关键时序路径，必须高度优化[3]。这个关键时序路径可以通过对第一个抽头使用展开环路架构来缓解，但这会使输入比较器的数量加倍，并且使时序恢复变得复杂[45]。

低复杂度的有源结构和无源结构是可行的均衡拓扑，它们可以实现优异的功耗效率。由于接收器输入放大器通常是必要的，所以通过 RC 退化在这个模块中实现频率峰值是一种用很小的功耗开销来补偿信道损耗的方法。最近的低功耗 I/O 收发机就采用了这种方法，它们具有输入 CTLE 结构[15,30]。无源均衡结构，如并联电感终端和可调无源衰减器，也提供了接近零功耗开销的频率峰值[30,58]。

虽然 CTLE 和无源均衡有效地补偿了高频信道损耗，但这些拓扑的一个关键问题是，峰值传递函数也放大了输入噪声和串扰。而且，当这些输入均衡器的直流增益小于 1 时，级联接收器级别的输入参考噪声也会增加。这在没有增益的无源结构中总是如此，在 CTLE 结构中也经常发生，因为它们必须在峰值范围、带宽和直流增益之间进行权衡。为了完全补偿总信道损耗，对输入噪声和串扰敏感的系统可能需要使用更高复杂度的 DFE 电路，它们通过使用量化的输入值来控制均衡抽头的极性，从而避免噪声增强。

时钟系统消耗了相当一部分的总链路功耗。时钟功耗的一个关键部分是接收器时序恢复，基于 PLL 和双环的时序恢复方案提高了电路复杂度和功耗。多个链路信道上的高频时钟分配也很重要，在功耗和抖动性能之间存在关键的权衡。

如 9.2.1 节所述，双环 CDR 提供了优化 CDR 带宽和频率合成噪声性能的灵活性。然而，为了达到一定的相位分辨率和线性度，这些架构中使用的插值器结构消耗了大量的功耗和面积。由于传统的半速率接收器使用两个过采样相位检测器，这需要两个差分插值器来产生数据和正交边沿采样时钟相位，直接采用双环架构会导致功耗效率性能差。这导致了将插值器块合并到频率合成环路中的架构[15,59,60]。

图 9-23 显示了带反馈插值的双环 CDR，其中一个插值器被放置在频率合成 PLL 的反馈路径中，以便同时在所有用于数据采样和相位检测的 VCO 多相输出中产生高分辨率的相移。这对于四分之一或八分之一速率的系统特别有利，因为只需要一个插值器，而不依赖于输入解复用比。最近的高功耗效率链路进一步优化了这种方法，它将插值器与 CDR 相位检测器结合了起来[15,60]。

另一种适用于转发时钟链路的低复杂度接收器时序恢复技术涉及使用注入锁定振荡器（见图 9-24）。在这种去偏

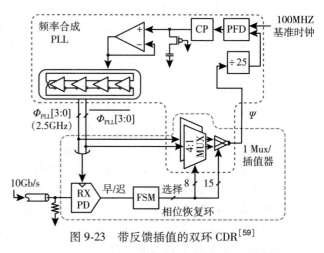

图 9-23　带反馈插值的双环 CDR[59]

移技术中，转发的时钟被用作每个接收器的本地振荡器的注入时钟。通过调节注入时钟强度或本地接收器振荡器的自由运行频率，能够产生一个可编程的相移。这种方法具有低复杂度和高频抖动跟踪的优点，因为时钟相位是直接从振荡器产生的，而不需要任何插值器，而且转发时钟上的抖动与输入数据抖动相关。最近的低功耗接收器已经在 27 Gb/s 的效率为 1.6 mW/(Gb/s) 的本地 LC 振荡器和 7.2 Gb/s 的效率为 0.6 mW/(Gb/s) 的本地环形振荡器上实现[61,62]。

时钟分配在多通道串行链路系统中很重要，因为来自中央频率合成 PLL 的高频时钟，

以及源同步系统中的转发接收时钟，通常要经过几毫米的路由才能到达发射和接收通道。多种分配方案（从简单的CMOS反相器到精心设计的谐振传输线结构）在抖动、功耗、面积和复杂度之间进行权衡。有源时钟分配有可能带来显著的功耗代价，因为缓冲单元必须具有足够的带宽，以避免时钟信号在通过分配网络时产生任何抖动放大。

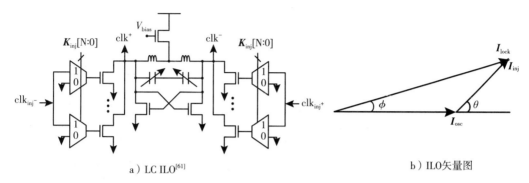

a）LC ILO[61]　　　　　　　　　　b）ILO矢量图

图9-24　注入锁定振荡器（ILO）

一种节省时钟分配功耗的方法是使用全局传输线（见图9-25），它可以实现无中继器的时钟分配。这方面的一个例子是文献[30]中的高功耗效率链路架构，它实现了大约有1 dB/mm的损耗的传输线，适合分配几毫米的时钟。使用谐振传输线结构可以进一步提高时钟功耗效率。文献[15]中的系统使用电感终端来增加谐振频率处的传输线阻抗。这样可以在给定的时钟电压摆幅下减少分配电流。这种方法的一个缺点是它是窄带的，不适合在多个数据速率下工作的系统。

串行链路电路必须设计成具有足够的带宽，以支持峰值系统所必需的最大数据速率。然而，在系统负载降低的时期，过大的电路带宽可能会导致大量的功耗浪费。在核心数字电路中广泛使用

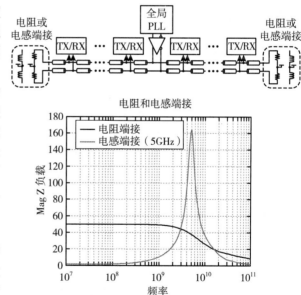

图9-25　基于全局传输线的时钟分配

的动态功耗管理技术可以用来优化串行链路的功耗，以适应不同的系统性能[63]。

因为数字CMOS功耗与$V^2 f$成正比，根据给定的频率f，将串行链路CMOS电路的电源电压自适应地缩放到最小电压V，可以在固定频率或数据速率下实现二次功耗节省。由于可以进一步降低供应电压，随着数据速率的降低，可以用非线性的功耗节省消除低频串行时钟存在的过多的时序裕度。增加复用因子（例如使用四分之一速率系统而不是半速率系统）可以进一步降低功耗，因为并行发射器和接收器段使用较低频率的时钟来实现给定的数据速

率。文献[17]中使用了自适应供应缩放和并行性的组合，采用5倍的复用因子和0.9~2.5 V的供应范围，在0.25 μm工艺以及功耗效率水平为15~76 mW/(Gb/s)的条件下实现了0.65~5 Gb/s的操作。

文献[30]中将功耗缩放技术扩展到串行链路CML电路，通过缩放基于复制的对称负载放大器的电源电压和偏置电流，实现了在接近恒定增益下的线性带宽变化。这个设计在65 nm工艺以及功耗效率水平为2.7~5 mW/(Gb/s)的条件下实现了5~15 Gb/s的操作[20]。

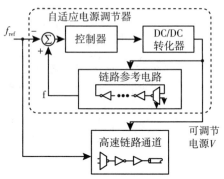

图9-26　通用的自适应电源调节器的框图

为了充分利用这些自适应功耗管理技术的优势，产生自适应供应电压的调节器必须以高效率向链路供电。开关调节器提供了一种高效率(>90%)的实现方法[17,29]。图9-26显示了一个通用的自适应电源调节器的框图，它通过调节反馈路径中参考电路的速度来设置链路供应电压。这个参考电路会跟踪链路关键时序路径，包括链路PLL中的VCO、TX序列化器和输出级预驱动器的复制品[17,30]。

9.5　光互连

随着片间通信带宽需求的增加，人们开始研究使用光互连架构来代替受信道限制的电气对应物。光互连具有可忽略的频率依赖损耗和高带宽，是一种在每通道数据速率超过10 Gb/s时能够显著改善功耗效率的可行替代方案[64]。

传统的光数据传输类似于无线调幅(AM)广播，其中数据通过调制高频光载波信号的光强度或幅度来传输。为了在最常见的光信道——玻璃纤维上实现高保真度，高速光通信系统通常使用波长为850~1550 nm，或者等效的频率为200~350 THz的红外光源激光器。因此，潜在的数据带宽是相当大的，因为这个高光载波频率超过当前数据速率三个数量级以上。

此外，由于典型的光信道在短距离内的损耗在宽波长范围内(几十纳米)只变化几分之一分贝，因此有可能在不需要信道均衡的情况下传输几太比特每秒的数据[65]。这简化了光链路的设计，类似于非信道受限的电气链路。然而，光链路确实需要额外的电路来与光源和探测器连接。因此，重点是使用高效的光器件和低功耗、低面积的接口电路。

本节概述了关键的光链路组件，从光信道开始，介绍了适合低功耗高密度I/O应用的光器件、驱动器和接收器。本节最后讨论了光集成方法，包括混合光互连集成(其中CMOS I/O电路和光器件位于不同的基板上)和集成CMOS光子架构，它们可以实现I/O功耗效率的显著提高。

9.5.1　光信道

对于短距离片间通信应用而言，有两种光信道是相关的，即自由空间(空气或玻璃)和光纤。这些光信道在损耗、串扰、物理互连和信息密度方面都比电气信道具有潜在的性能优势[64]。

自由空间光链路已经应用于从城域网中建筑物之间的长距离视距通信到短距离片间通信系统的各种应用[66-69]。典型的自由空间光链路使用透镜将来自激光源的光调准直。准直的激光束由于发散角小和红外辐射的大气吸收低，可以在相对较长的距离上传播。将短波长的光束聚焦到小区域可以避免电气链路面临的许多串扰问题，并可以为具有小型二维（2D）发射和接收阵列的自由空间光互连系统提供了非常高的信息密度[67,70,71]。然而，自由空间光链路对于对准公差和环境振动很敏感。为了解决这个问题，研究人员提出了刚性系统，将芯片倒装焊在塑料或玻璃基板上，这些基板上有 45°的镜子或衍射光学元件，它们以非常高的精度执行光路由[69]。

虽然可能不如自由空间系统密集，但基于光纤的系统为片间互连应用提供了校准和路由的灵活性。图 9-27 显示了一个光纤截面，它通过全内反射将光限制在一个高折射率的芯和一个低折射率的包层之间。为了使光沿着光纤传播，反射在光纤边界上的干涉图案或模式必须满足共振条件。因此，根据它们支持多模或单模的能力，光纤分为多模光纤和单模光纤。

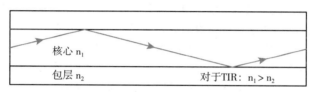

图 9-27 光纤截面

多模光纤具有较大的芯径（通常为 50 或 62.5 μm），可以支持多个传播模式，因此将光耦合进去相对容易。这些光纤用于短距离和中距离应用，如并行计算系统和校园规模的互连。通常使用相对便宜的垂直腔面发射激光器（Vertical-Cavity Surface-Emitting Laser，VCSEL）作为这些系统的光源，其工作波长接近 850 nm。虽然光纤损耗（对于 850 nm 的光约为 3 dB/km）对于一些低速应用可能很大，但多模光纤的主要性能限制是不同的光模式以不同的速度传播而引起的模式色散。由于模式色散，多模光纤通常由带宽和距离乘积来指定，其中遗留光纤支持 200 MHz·km，当前优化的光纤支持 2 GHz·km[72]。

单模光纤具有较小的芯径（通常为 8~10 μm），只允许一个传播模式（具有两个正交的偏振），因此需要精确对准，以避免耦合损耗。这些光纤是为长距离应用而优化的，例如互联网路由器之间的链路，其间距可达甚至超过 100 km。光纤损耗通常占据了这些系统的链路预算的主要部分，因此它们通常使用波长接近 1550 nm 的源激光器，这与传统单模光纤的损耗最小值（约 0.2 dB/km）相匹配。虽然单模光纤不存在模式色散，但存在色散（Chromatic Dispersion，CD）和偏振模式色散（Polarization-Mode Dispersion，PMD）。然而，这些色散分量对于小于 10 km 的距离通常可以忽略，对于短距离片间通信应用也不是问题。

基于光纤的系统提供了另一种增加光信道信息密度的方法：波分复用（Wavelength Division Multiplexing，WDM）。WDM 通过将几束不同波长的光束组合在一起，这些光束以传统的多 Gb/s 速率调制，然后传输到一根光纤上，从而将通过单个信道传输的数据乘以一个系数。这是可能的，因为光纤中有几太赫兹的低损耗带宽可用。虽然采用基带调制的传统电气链路不允许这种类型的波长或频分复用，但 WDM 类似于 9.3.2 节中提到的电气链路多音调制。然而，在光域中，频率分离使用无源光滤波器，而不是电气多音系统所需的复杂的 DSP 技术[73]。

总之，自由空间和基于光纤的系统都适用于片间光互连。对于这两种光信道，损耗是其相对于电气信道的主要优势。可以将最高的光信道损耗，即多模光纤系统中的损耗(约 3 dB/km)，与接近 1 m 的典型电气背板信道(在 5 GHz 时>20 dB)进行比较来突出显示。而且，由于在适合片间应用的距离(<10 m)内，光信道中的脉冲色散很小，因此不需要信道均衡。这与电气链路为了应对电气信道中严重的频率依赖损耗而需要的均衡复杂度形成了鲜明的对比。

9.5.2 光发射器技术

由于其低发散和窄波长范围，每秒传输多个千兆比特的光链路只使用相干激光。可以通过改变激光器的电驱动电流或使用单独的光器件来外部调制激光，也可以通过吸收变化或可控相移来调制这种激光。直接调制激光器的简单性使得光系统的复杂度大大降低，因为只需要一个光源器件。然而，这种方法受到激光器带宽问题的限制，而且，虽然不一定适用于短距离片间 I/O，但随着光功率强度的变化而产生的激光谱的展宽会导致光纤系统中色散的增加。外部调制器不受同样的激光器带宽问题的限制，而且通常不会增加光线宽度。因此，对于精度至关重要的长距离系统，所有链路通常使用一个单独的外部调制器来改变来自源激光器的光的强度，这种激光器通常被称为连续波(Continuous-Wave, CW)，在恒定功率水平下工作。

在短距离芯片间通信中，成本限制超过了精度要求，直接调制激光器和光调制器(包括电吸收和折射)被提出作为高带宽光源，这些不同的光源在器件和电路驱动器效率方面存在权衡。垂直腔面发射激光器是一个有吸引力的候选者，因为它们能够以低阈值电流直接发射光，并具有合理的斜率效率[74]；然而，它们的速度受到电学参数和载流子-光子相互作用的限制。

电吸收调制器不显示这种载流子速度的限制，基于量子限制斯塔克效应(Quantum-Confined Stark Effect, QCSE)[75]或弗朗茨-凯尔迪什效应[76]，能够在数十纳米的光带宽上以低驱动电压实现可接受的对比度。环形谐振器调制器[77-78]是折射设备，具有非常高的共振品质因数，可以通过小尺寸和低电容实现高对比度比；然而，它们的光带宽通常小于 1 nm。另一种具有广泛光带宽(>100 nm)的折射设备是马赫-曾德尔调制器[79]；然而，这是以大型设备和高电压摆动为代价的。所有光调制器还需要外部源激光器，与基于 VCSEL 的链路相比会产生附加耦合损失。

1. 垂直腔面发射激光器

垂直腔面发射激光器(Vertical-Cavity Surface-Emitting Laser, VCSEL)是一种半导体激光二极管，从其顶部表面垂直发射光，如图 9-28 所示。这些面发射激光器相对于传统的边缘发射激光器具有几个制造优势，包括晶圆级测试能力和密集的 2D 阵列生产。最常见的 VCSEL 是基于 GaAs 的，工作波长为 850 nm[80-82]，最近生产的是基于 1310 nm GaInNAs 的

VCSEL，工作波长接近 1550 nm[83,84]。

　　由于器件的线性光功率-电流关系，通常使用电流模式驱动器来调制 VCSEL。图 9-28b 显示了一个典型的 VCSEL 驱动电路，其中差分级在光学器件和虚拟负载之间引导电流，并使用额外的静态电流源将 VCSEL 偏置到足够高于阈值电流 I_{th} 以确保足够的带宽。

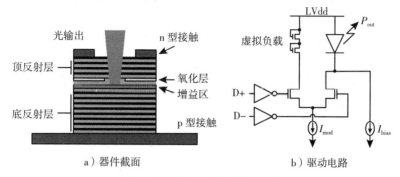

a）器件截面　　　　　　　　b）驱动电路

图 9-28　垂直腔面发射激光器

　　虽然 VCSEL 由于其能够产生和调制光而被认为是理想的光源，但存在严重的固有带宽限制和可靠性问题。一个主要的限制是带宽 $\mathrm{BW_{VCSEL}}$，它取决于通过它流动的平均电流 I_{avg}：

$$\mathrm{BW_{VCSEL}} \propto \sqrt{I_{avg} - I_{th}} \tag{9-6}$$

　　由于自热和器件寿命问题，输出功率饱和限制了为了实现更高的带宽而带来的 VCSEL 平均电流水平的增加[85-86]。随着数据速率的提高，设计人员已经开始实施简单的发送均衡电路来补偿 VCSEL 电学寄生参数和可靠性约束[87-89]。

2. 电吸收调制器

　　电吸收调制器（Electro-Absorption Modulator，EAM）通常是通过在 PIN 二极管的本征层中放置一个吸收量子阱区域来制造的。为了产生调制的光学输出信号，源自连续波源激光器的光线根据电场强度通过电光效应（如量子限制斯塔克效应或弗朗茨-凯尔迪什效应）在 EA 调制器中被吸收。这些器件采用波导结构[76,90,91]［其中光线被耦合并通过吸收多量子阱（Multiple-Quantum-Well，MQW）区域侧向传输］或表面法线结构[75,92-94]（其中入射光在反射出之前在 MQW 区域中执行一个或多个传递）。

　　虽然波导结构可以实现大的对比度比，但由于对齐容差较差和相当大的尺寸（>100 μm）[91]，难以实现高密度 2D 光学应用。表面法线结构由于其小尺寸（约 10 μm×10 μm 活动区域）和改进的对齐容差而更适合于高密度 2D 光学互连应用（见图 9-29a）[75,93]。然而，由于光只穿过吸收 MQW 区域的短距离，因此表面法线结构难以获得所需对比度。

　　这些器件通常通过在 n 端施加静态正偏置电压并将 p 端驱动在 Gnd 和 Vdd 之间来调制，通常使用简单的 CMOS 缓冲器（见图 9-29c）。与较大的波导结构相比，表面法线结构的集总元件电容器提供了巨大的功率优势，因为由于器件电容较小，CV^2f 功率相对较低，而波导结构通常采用行波拓扑结构驱动，这通常需要低阻抗终端和相对较大的开关电流[91]。然而，由于光只在 MQW 区域中行进有限的距离，因此表面法线结构使用 CMOS 级电压摆动实现的对比度比有限，3 V 摆动的典型对比度比约为 3 dB[94]。虽然最近已经进行了降低调制器驱动电压至 1 V 附近的工作[75]，但在未来技术节点中，鲁棒操作需要比预测的 CMOS 供应电压更大的摆幅[6]。一种可靠的实现这一点的电路是脉冲级联驱动器[95]，它提供了两倍于名义供应电压的电压摆幅，同时仅使用核心器件以实现最大速度。

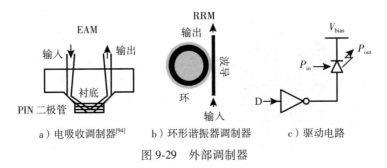

a）电吸收调制器[94]　　b）环形谐振器调制器　　c）驱动电路

图 9-29　外部调制器

3. 环形谐振器调制器

环形谐振器调制器（Ring Resonator Modulator，RRM）（见图 9-29b）是折射设备，通过改变耦合到环中的光与波导上的输入光的干涉来实现调制。它们使用高限制共振环结构来循环光并增加光学路径长度，并且不增加物理器件长度，这导致即使环直径小于 20 μm 也会产生强烈的调制效应[96]。通过在 PIN 二极管结构中注入载流子实现折射率变化的器件[96]可直接集成到硅基底上与 CMOS 电路集成。另一种集成方法涉及在集成电路金属层上方的光学层中制造调制器[97]，这节省了活动硅面积，并增加了光学技术节点的可移植性。这种方法的一个例子包括电光（Electro-Optic，EO）聚合物包覆环形谐振器调制器[78]，其通过在聚合物色团的分子轨道内穿梭载流子来改变折射率。

除了将这些器件用作调制器外，环形谐振器还可以实现适用于波分复用（Wavelength Division Multiplexing，WDM）的光学滤波器，这允许单个光波导的带宽密度大幅增加[97]。由于环形谐振器调制器的高选择性，一组器件可以独立地调制来自多波长源的波导上放置的几个光学通道。同样，在接收端，具有附加"丢弃"波导的谐振器组可以通过光学解复用来分离光电探测器。

环形谐振器调制器相对较小，可以建模为简单的集总元件电容器，对于小于 30 μm 的环半径器件，其值小于 10 fF[78]。这允许使用与图 9-29c 中驱动电路相类似的非阻抗控制电压模式驱动器。虽然环形谐振器的低电容允许出色的功率效率，但这些器件具有非常尖锐的共振（约 1 nm）[98]，并且对工艺和温度变化非常敏感。需要高效的反馈调谐电路或改进器件结构以减少对变化的敏感性，从而增强这些器件在高密度应用中的可行性。

4. 马赫-曾德尔调制器

马赫-曾德尔调制器（Mach-Zehnder Modulator，MZM）也是折射调制器，通过将光分裂成两个臂来工作，在其中一个相位移位是所施加电场的函数。两臂中的光随后在调制器的输出处进行相位合并或不合并以实现调制。使用 p-n 二极管器件中的自由载流子等离子体色散效应实现光学相移的 MZM 已经集成到 CMOS 过程中[79,99]。具有半波电压 V_π 的调制器传输特性为

$$\frac{P_{out}}{P_{in}} = 0.5\left(1 + \sin\frac{\pi V_{swing}}{V_\pi}\right) \qquad (9\text{-}7)$$

图 9-30 显示了一个马赫-曾德尔调制器驱动电路[99]。由于 MZM 长度约为 1 mm，差分电信号使用一对终止于低阻抗的传输线进行分布。为了实现所需的相移和合理的对比度，需要长器件和大差分摆动，从而需要单独的电压供应 MV_{dd}。MZM 使用厚氧化物共源共栅晶体管以避免高电源对驱动器晶体管的应力。

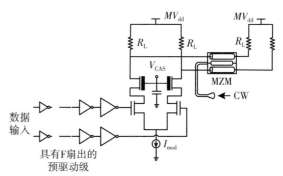

图 9-30　马赫-曾德尔调制器驱动电路

9.5.3　光接收技术

光接收器通常确定整个光链路的性能，因为它们的灵敏度设置了最大数据速率和可容忍通道损耗的数量。典型的光接收器使用光电二极管来感测高速光功率并产生输入电流。然后将该光电流转换为电压并放大到足够的数据分辨率。为了实现越来越高的数据速率，需要更加敏感的高带宽光电二极管和接收器电路。

高速 PIN 光电二极管由于其高灵敏度和低电容常用于光接收器中。在最常见的器件结构中，垂直入射的光被吸收在宽度为 W 的本征区域中，生成的载流子在反向偏置端收集，从而引起有效的光电流流动。对于给定的输入光功率 P_{opt}，产生的电流量由探测器的灵敏度决定：

$$\rho = \frac{I}{P_{opt}} = \frac{\eta_{pd}\lambda q}{hc} = 8\times10^5(\eta_{pd}\lambda)\,(\text{mA/mW}) \qquad (9\text{-}8)$$

式中，λ 是光波长，探测器量子效率 η_{pd} 为

$$\eta_{pd} = 1 - e^{-\alpha W}, \qquad (9\text{-}9)$$

式中，α 是探测器的吸收系数。因此，具有足够长的本征宽度 W 的 850 nm 探测器具有 0.68 mA/mW 的灵敏度。在设计良好的光电探测器中，带宽由载流子传输时间 τ_{tr} 或饱和速度 v_{sat} 设置。

$$f_{3dBPD} = \frac{2.4}{2\pi\tau_{tr}} = \frac{0.45 v_{sat}}{W} \qquad (9\text{-}10)$$

从式(9-9)和(9-10)可以看出，由于对本征区域宽度 W 的共同依赖，垂直入射光电二极管之间存在固有的灵敏度和带宽之间的权衡，因此设计在 10 GHz 以上的器件通常无法达到最大灵敏度[100]。为了在保持高灵敏度的同时实现更高的数据速率，研究人员提出了其他

光电探测器结构，例如沟槽探测器或侧向金属半导体金属（Metal-Semiconductor-Metal, MSM）探测器[101-102]。

在传统的光接收器前端中，传输阻抗放大器（Transimpedance Amplifier, TIA）将光电流转换为电压，并跟随限制放大器级别，以提供足够驱动高速锁存器进行数据恢复（见图 9-31）的增益。TIA 可以通过使用负反馈放大器来减小输入时间常数，实现卓越的灵敏度和高带宽[73,103]。

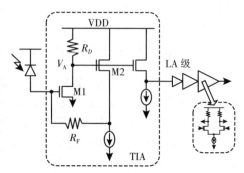

图 9-31　具有 TIA 输入级和随后的限制放大器（LA）级的光接收器

虽然工艺缩放对数字电路有益，但对输出电阻等模拟参数产生了不利影响，而这些参数对于放大器增益至关重要。另一个问题来自固有的传输阻抗限制[104]，这要求 TIA 中使用的内部放大器的增益带宽随所需带宽的平方函数增加以保持相同的有效传输阻抗增益。

在给定功耗的情况下，使用峰值电感可以实现带宽扩展[103-104]，但这些高面积的无源器件会增加芯片成本。带宽拓展降低了 TIA 的效率，因此需要在接收器前端增加更多的限幅放大器级来达到给定的灵敏度，但这会导致功耗和面积消耗过高。

一种消除线性高增益元件的接收器前端架构是集成和双采样的前端，它对现代工艺中增益降低的敏感性较低[105]。没有高增益放大器可以既节省功耗和面积，又使集成和双采样架构对于芯片间光互连系统具有优势，在这些系统中接收器也执行重定时。

集成和双采样接收器前端如图 9-32 所示，用五个并行段对输入数据流进行解复用，每个段包括一对输入采样器、一个缓冲器和一个灵敏放大器。在接收器输入节点处的两个电流源——光电二极管电流和一个反馈偏置到平均光电二极管电流的电流源——分别向接收器输入电容提供和消耗电荷。

对于为了确保直流平衡而编码的数据，由于这些电流的不匹配，输入电压将向上或向下积分。通过在由同步采样时钟 $\Phi[n]$ 和 $\Phi[n+1]$ 的上升沿定义一个比特周期，并在该周期的开始和结束处采样输入电压，可以产生一个表示接收比特极性的差分电压 ΔV_b，这些时钟相距一个比特周期 T_b。这个差分电压被缓冲并施加到一个偏移校正灵敏放大器[12]的输入，该放大器用于将信号再生到 CMOS 电平。

最佳光学接收器前端架构是输入电容分解为集总电容源（如光电探测器、键合垫和线路）以及放大器的输入电容（对于 TIA 前端）或采样电容大小（对于集成前端）的函数。在 TIA 前端，通过增加放大器的输入晶体管的跨导来降低输入参考噪声，从而实现最佳灵敏度，直到输入电容接近集总电容[106]，而对于集成前端，增加采样电容大小可以减少 kT/C 噪声，但代价是也减少了输入电压摆幅，最佳采样电容小于集总输入电容[107]。用于集成 CMOS 光子系统的波导耦合光电探测器[102,108]可以实现小于 10 fF 的电容值，这可能导致电路输入电容超过集成光电探测器电容。这使得一个简单的阻性前端实现了最佳灵敏度[108]。

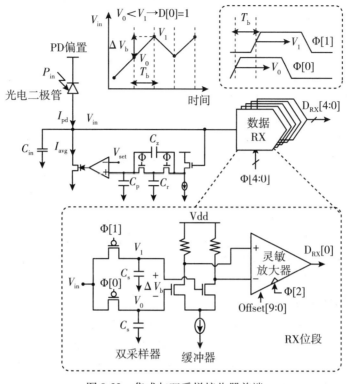

图 9-32　集成与双采样接收器前端

9.5.4　光集成方法

有效的低成本的光学集成方法对于提高每通道数据速率和改善功耗效率的潜力是必要的。这涉及对电路和光学器件之间的互连进行工程设计：最小化电气寄生效应，优化低损耗的光学路径，选择最稳健和功耗效率最高的光学器件。

1. 混合集成

混合集成方案即在单独的衬底上制作光学器件，通常被认为是近期最可行的方案，因为这样可以在不影响 CMOS 工艺的情况下优化光学器件。在混合集成中，连接电路和光学器件的方法包括线键合、倒装键合和封装内短走线。

线键合提供了一种适用于低通道数独立光收发机的简单方法[109-110]，因为它能够将光垂直腔面发射激光器（VCSEL）和光电探测器阵列与主 CMOS 芯片分开，从而可以简单地耦合到带状光纤模块中。然而，线键合引入了感性寄生效应和邻近通道串扰。此外，今天的大多数处理器都采用倒装键合技术进行封装。

倒装键合是一种将光学器件直接键合到 CMOS 芯片上的方法，可以显著减少互连寄生效应。在参考文献[111]中有一个倒装键合光收发机的例子，该方法将一个 48 个底部发射 VCSEL（四种不同波长的 12 个 VCSEL）的阵列键合到一个 48 通道的光驱动器和接收器芯片上。该设计将一个并行多波长的光子组件放置在 VCSEL 阵列的顶部，并通过将 48 个光束耦合到一个 12 通道的带状光纤中的方法实现波分复用。

这种方法的一个缺点是，光是从键合在 CMOS 芯片上的 VCSEL 阵列的顶部耦合出来的。这意味着 CMOS 芯片不能倒装键合在封装内，因此所有到主芯片的信号都必须通过线键合连接，这可能会限制功率传输。

参考文献[112]提出了一个解决这个问题的方法，该方法将带有键合 VCSEL 的主 CMOS 芯片倒装键合到一个硅载体上。这个载体包括穿硅通孔来连接到主 CMOS 芯片的信号和一个用于光元件阵列的空腔。光通过 45° 镜子从芯片正常耦合出来，通过镜子完成一个光学 90° 转弯，然后嵌入在板上用于芯片间路由的光波导中。虽然倒装键合确实可以实现最小的互连寄生效应，但由于 VCSEL 阵列和 CMOS 芯片之间的紧密热耦合，需要仔细地进行热管理以保证 VCSEL 的可靠性。

另一种与倒装键合封装兼容的方法是将主 CMOS 芯片和光学器件阵列都倒装键合到封装上，然后使用短电路走线在 CMOS 电路和光学器件阵列之间连接。这种技术适用于顶部发射 VCSEL[113]，其 VCSEL 光输出通过 45° 镜子耦合，通过镜子完成一个光学 90° 转弯，然后嵌入在封装中用于芯片间路由的光波导中。

2. 集成 CMOS 光子学

虽然混合集成方法可以使每通道数据速率远超 10 Gbps，但是与芯片外互连相关的寄生效应和 VCSEL 和 PIN 光电探测器的带宽限制会限制最大数据速率和功率效率。将光子器件与 CMOS 电路紧密集成，可以显著降低限制带宽的寄生效应，并使 I/O 数据速率能够与 CMOS 技术性能成比例地提高。集成 CMOS 光子学还提供了潜在的系统成本优势，因为它减少了离散光学元件的数量，简化了封装和测试。

光波导用于在集成光子系统中的光子发射器、滤波器和光电探测器之间传输光。如果光子器件是在与 CMOS 电路相同的层上制造的，那么这些波导可以在 SOI 工艺中实现为硅芯波导，包覆层为 SiO2[73,96]，或者在体 CMOS 工艺中实现为多晶硅芯波导，通过刻蚀掉硅基底下方的空气间隙，防止光泄漏到基底中[114]。对于在集成电路金属层上方的光学层中制造的光学元件，波导已经用硅或 SiN 芯实现[97,115]。

基于 Ge 的波导耦合光电探测器具有与 CMOS 工艺相容的特性，面积小于 5 μm^2，电容小于 1 fF[102]。这些波导光电探测器的小面积和低电容使得它们能够与 CMOS 接收放大器紧密集成，从而获得出色的灵敏度。

集成 CMOS 光子链路目前主要是基于调制器的，因为还没有实现一种与硅兼容的高效激光器。现在已经有电吸收[75-76]、环形谐振器[96-97]和马赫-曾德尔[73,79]调制器等，不同的器件在光带宽、温度敏感性和功率效率方面有所权衡。

图 9-33 比较了在 45 nm CMOS 工艺中建模的集成 CMOS 光子链路的功率效率[116]。电吸收和环形谐振器器件的尺寸小，导致电容低，并且可以使用简单的非终端电压模式驱动器，从而实现了优异的功率效率。RRM 相对于 EAM 的一个优势是：RRM 也可以作为 WDM 系统的光滤波器。然而，因为高 Q 共振需要额外的热调节，RRM 对温度非常敏感。马赫-曾德尔调制器在宽光带宽上工作，因此对温度不太敏感。然而，MZM 的典型器件的尺寸要求发射电路能够驱动终端在低阻抗的传输线，导致功率偏高。MZM 需要显著改进，以获得更低的 V_π 和更好的功率效率。

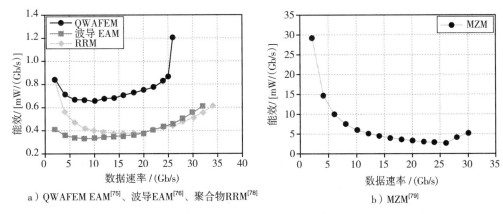

a）QWAFEM EAM[75]、波导EAM[76]、聚合物RRM[78]　　　　b）MZM[79]

图 9-33　在 45 nm CMOS 工艺中建模的集成 CMOS 光子链路的功率效率比较

光子器件的高效集成不仅为芯片间互连提供了潜在的性能优势，而且还为片上网络提供了优势，片上网络可以有效地促进未来多核系统中核间的通信。电气片上网络受到导线带宽反比缩放的限制，导致随着 CMOS 技术缩放而重复距离变短，这可能会严重降低长全局互连的效率。单片硅光子学提供了高速光子器件、THz 带宽波导和波分复用技术，以及适合有效扩展以满足未来多核系统带宽需求的架构。此外，还存在一个统一互连架构的机会，同一种光子技术既能提供高效的片上核间通信，又能提供芯片外处理器间和处理器与存储器间的通信。

9.6　总结

由于 CMOS 技术缩放和改进的电路设计技术的推动，高速电气链路的数据速率已经提高到通道带宽成为当前性能瓶颈的程度。补偿频率相关的电气通道损耗和提高数据速率需要复杂的均衡电路和先进的调制技术。然而，这些额外的均衡电路带来了功率和复杂度的代价，并随着 PIN 带宽的增加而增加。

根据目前每两年 2～3 倍的带宽缩放率，预计未来多核微处理器的总 I/O 带宽将超过 1 TBps[117]。除非 I/O 功率效率得到显著提高，否则 I/O 功率预算将被迫超过典型的 10%～20% 的总处理器预算，除非为了符合热功率限制而牺牲性能指标。在移动设备领域，为了支持下一代多媒体功能，预计处理性能将在未来五年内增加 10 倍[118]。这种增加的处理能力转化为数百 Gbps 的总 I/O 数据速率，要求 I/O 电路在亚 mW/Gbps 级别的效率水平上运行，以保证足够的电池寿命。可以想象，严格的系统功率和面积限制将使电气链路在 10 Gb/s 附近达到平台期，导致芯片凸点/垫间距和串扰约束限制整个系统的带宽。

光学芯片间链路由于光学通道的频率相关损耗可以忽略不计，这为 I/O 带宽问题提供了一个有前途的解决方案。采用密集阵列光学器件和低功耗电路技术的收发机架构有可能充分利用 CMOS 技术，实现高效的电-光转换。光子器件的高效集成不仅为芯片间互连提供了潜在的性能优势，而且还为片上网络提供了优势，有机会实现一个统一的光子互连架构。

参考文献

[1] S. Vangal, J. Howard, G. Ruhl, S. Dighe, H. Wilson, J. Tschanz, D. Finan, A. Singh, T. Jacob, S. Jain, V. Erraguntla, C. Roberts, Y. Hoskote, N. Borkar, and S. Borkar, "An 80-tile sub-100 W teraFLOPS processor in 65-nm CMOS," *IEEE Journal of Solid-State Circuits*, vol. 43, no. 1, Jan. 2008, pp. 29–41.

[2] B. Landman and R. L. Russo, "On a pin vs. block relationship for partitioning of logic graphs," *IEEE Transactions on Computers*, vol. C-20, no. 12, Dec. 1971, pp. 1469–1479.

[3] R. Payne, P. Landman, B. Bhakta, S. Ramaswamy, S. Wu, J. Powers, M. Erdogan, A.-L. Yee, R. Gu, L. Wu, Y. Xie, B. Parthasarathy, K. Brouse, W. Mohammed, K. Heragu, V. Gupta, L. Dyson, and W. Lee, "A 6.25-Gb/s binary transceiver in 0.13-μm CMOS for serial data transmission across high-loss legacy backplane channels," *IEEE Journal of Solid-State Circuits*, vol. 40, no. 12, Dec. 2005, pp. 2646–2657.

[4] J. Bulzacchelli, M. Meghelli, S. Rylov, W. Rhee, A. Rylyakov, H. Ainspan, B. Parker, M. Beakes, A. Chung, T. Beukema, P. Pepeljugoski, L. Shan, Y. Kwark, S. Gowda, and D. Friedman, "A 10-Gb/s 5-tap DFE/4-tap FFE transceiver in 90-nm CMOS technology," *IEEE Journal of Solid-State Circuits*, vol. 41, no. 12, Dec. 2006, pp. 2885–2900.

[5] B. Leibowitz, J. Kizer, H. Lee, F. Chen, A. Ho, M. Jeeradit, A. Bansal, T. Greer, S. Li, R. Farjad-Rad, W. Stonecypher, Y. Frans, B. Daly, F. Heaton, B. Gariepp, C. Werner, N. Nguyen, V. Stojanovic, and J. Zerbe, "A 7.5Gb/s 10-tap DFE receiver with first tap partial response, spectrally gated adaptation, and 2nd-order data-filtered CDR," *IEEE International Solid-State Circuits Conference*, Feb. 2007, pp. 228–229.

[6] Semiconductor Industry Association (SIA), *International Technology Roadmap for Semiconductors, 2008 Update*.

[7] W. Dally and J. Poulton, *Digital Systems Engineering*, Cambridge, UK: Cambridge University Press, 1998.

[8] K. Lee, S. Kim, G. Ahn, and D.-K. Jeong, "A CMOS serial link for fully duplexed data communication," *IEEE Journal of Solid-State Circuits*, vol. 30, no. 4, Apr. 1995, pp. 353–364.

[9] K.-L. Wong, H. Hatamkhani, M. Mansuri, and C.-K. Yang, "A 27-mW 3.6-Gb/s I/O Transceiver," *IEEE Journal of Solid-State Circuits*, vol. 39, no. 4, Apr. 2004, pp. 602–612.

[10] C. Menolfi, T. Toifl, P. Buchmann, M. Kossel, T. Morf, J. Weiss, and M. Schmatz, "A 16Gb/s source-series terminated transmitter in 65-nm CMOS SOI," *IEEE International Solid-State Circuits Conference*, Feb. 2007, pp. 446–447.

[11] S. Sidiropoulos and M. Horowitz, "A semidigital dual delay-locked loop," *IEEE Journal of Solid-State Circuits*, vol. 32, no. 11, Nov. 1997, pp. 1683–1692.

[12] J. Montanaro, R. Witek, K. Anne, A. Black, E. Cooper, D. Dobberpuhl, P. Donahue, J. Eno, W. Hoeppner, D. Kruckemyer, T. Lee, P. Lin, L. Madden, D. Murray, M. Pearce, S. Santhanam, K. Snyder, R. Stehpany, and S. Thierauf, "A 160-MHz, 32-b, 0.5-W CMOS RISC microprocessor," *IEEE Journal of Solid-State Circuits*, vol. 31, no. 11, Nov. 1996, pp. 1703–1714.

[13] A. Yukawa, T. Fujita, and K. Hareyama, "A CMOS 8-bit high-speed A/D converter IC," *IEEE European Solid-State Circuits Conference*, Sep. 1984, pp. 193–196.

[14] B. Casper, J. Jaussi, F. O'Mahony, M. Mansuri, K. Canagasaby, J. Kennedy, E. Yeung, and R. Mooney, "A 20-Gb/s forwarded clock transceiver in 90-nm CMOS," *IEEE International Solid-State Circuits Conference*, Feb. 2006, pp. 263–272.

[15] J. Poulton, R. Palmer, A. Fuller, T. Greer, J. Eyles, W. Dally, and M. Horowitz, "A 14-mW 6.25-Gb/s transceiver in 90-nm CMOS," *IEEE Journal of Solid-State Circuits*, vol. 42, no. 12, Dec. 2007, pp. 2745–2757.

[16] C.-K. Yang and M. Horowitz, "A 0.8-μm CMOS 2.5Gb/s oversampling receiver and transmitter for serial links," *IEEE Journal of Solid-State Circuits*, vol. 31, no. 12, Dec. 1996, pp. 2015–2023.

[17] J. Kim and M. Horowitz, "Adaptive-supply serial links with sub-1 V operation and per-pin clock recovery," *IEEE Journal of Solid-State Circuits*, vol. 37, no. 11, Nov. 2002, pp. 1403–1413.

[18] M. Horowitz, C.-K. Yang, and S. Sidiropoulos, "High-speed electrical signaling: Overview and limitations," *IEEE Micro*, vol. 18, no. 1, Jan.–Feb. 1998, pp. 12–24.

[19] A. Hajimiri and T. H. Lee, "Design issues in CMOS differential LC oscillators," *IEEE Journal of Solid-State Circuits*, vol. 34, no. 5, May 1999, pp. 717–724.

[20] J. G. Maneatis, "Low-jitter process-independent DLL and PLL based in self-biased techniques," *IEEE Journal of Solid-State Circuits*, vol. 31, no. 11, Nov. 1996, pp. 1723–1732.

[21] S. Sidiropoulos, D. Liu, J. Kim, G. Wei, and M. Horowitz, "Adaptive bandwidth DLLs and PLLs using regulated supply CMOS buffers," *IEEE Symposium on VLSI Circuits*, June 2000, pp. 124–127.

[22] J. Maneatis, J. Kim, I. McClatchie, J. Maxey, and M. Shankaradas, "Self-biased high-bandwidth low-jitter 1-to-4096 multiplier clock generator PLL," *IEEE Journal of Solid-State Circuits*, vol. 38, no. 11, Nov. 2003, pp. 1795–1803.

[23] C. R. Hogge, Jr., "A self-correcting clock recovery circuit," *Journal of Lightwave Technology*, vol. 3, no. 6, Dec. 1985, pp. 1312–1314.

[24] J. D. H. Alexander, "Clock recovery from random binary signals," *Electronics Letters*, vol. 11, no. 22, Oct. 1975, pp. 541–542.

[25] Y. M. Greshichchev and P. Schvan, "SiGe clock and data recovery IC with linear-type PLL for 10-Gb/s SONET application," *IEEE Journal of Solid-State Circuits*, vol. 35, no. 9, Sep. 2000, pp. 1353–1359.

[26] Y. Greshishchev, P. Schvan, J. Showell, M.-L. Xu, J. Ojha, and J. Rogers, "A fully integrated SiGe receiver IC for 10-Gb/s data rate," *IEEE Journal of Solid-State Circuits*, vol. 35, no. 12, Dec. 2000, pp. 1949–1957.

[27] A. Pottbacker, U. Langmann, and H.-U. Schreiber, "A Si bipolar phase and frequency detector IC for clock extraction up to 8 Gb/s," *IEEE Journal of Solid-State Circuits*, vol. 27, no. 12, Dec. 1992, pp. 1747–1751.

[28] K.-Y. Chang, J. Wei, C. Huang, S. Li, K. Donnelly, M. Horowitz, Y. Li, and S. Sidiropoulos, "A 0.4–4 Gb/s CMOS quad transceiver cell using on-chip regulated dual-loop PLLs," *IEEE Journal of Solid-State Circuits*, vol. 38, no. 5, May 2003, pp. 747–754.

[29] G.-Y. Wei, J. Kim, D. Liu, S. Sidiropoulos, and M. Horowitz, "A variable-frequency parallel I/O interface with adaptive power-supply regulation," *IEEE Journal of Solid-State Circuits*, vol. 35, no. 11, Nov. 2000, pp. 1600–1610.

[30] G. Balamurugan, J. Kennedy, G. Banerjee, J. Jaussi, M. Mansuri, F. O'Mahony, B. Casper, and R. Mooney, "A scalable 5–15 Gbps, 14–75-mW low-power I/O transceiver in 65-nm CMOS," *IEEE Journal of Solid-State Circuits*, vol. 43, no. 4, Apr. 2008, pp. 1010–1019.

[31] N. Kurd, P. Mosalikanti, M. Neidengard, J. Douglas, and R. Kumar, "Next generation Intel® Core™ micro-architecture (Nehalem) clocking," *IEEE Journal of Solid-State Circuits*, vol. 44, no. 4, Apr. 2009, pp. 1121–1129.

[32] B. Casper, J. Jaussi, F. O'Mahony, M. Mansuri, K. Canagasaby, J. Kennedy, E. Yeung, and R. Mooney, "A 20-Gb/s embedded clock transceiver in 90-nm CMOS," *IEEE International Solid-State Circuits Conference*, Feb. 2006, pp. 1334–1343.

[33] Y. Moon, G. Ahn, H. Choi, N. Kim, and D. Shim, "A Quad 6 Gb/s multi-rate CMOS transceiver with TX rise/fall-time control," *IEEE International Solid-State Circuits Conference*, Feb. 2006, pp. 233–242.

[34] H. Johnson and M. Graham, *High-Speed Digital Design: A Handbook of Black Magic*, Upper Saddle River, NJ: Prentice-Hall, 1993.

[35] K. Mistry, C. Allen, C. Auth, B. Beattie, D. Bergstrom, M. Bost, M. Brazier, M. Buehler, A. Cappellani, R. Chau, C.-H. Choi, G. Ding, K. Fischer, T. Ghani, R. Grover, W. Han, D. Hanken, M. Hattendorf, J. He, J. Hicks, R. Huessner, D. Ingerly, P. Jain, R. James, L. Jong, S. Joshi, C. Kenyon, K. Kuhn, K. Lee, H. Liu, J. Maiz, B. Mclntyre, P. Moon, J. Neirynck, S. Pae, C. Parker, D. Parsons, C. Prasad, L. Pipes, M. Prince, P. Ranade, T. Reynolds, J. Sandford, L. Shifren, J. Sebastian, J. Seiple, D. Simon, S. Sivakumar, P. Smith, C. Thomas, T. Troeger, P. Vandervoorn, S. Williams, and K. Zawadzki, "A 45-nm logic technology with high-k+ metal gate transistors, strained silicon, 9 Cu interconnect layers, 193-nm dry patterning, and 100% Pb-free packaging," *IEEE International Electron Devices Meeting*, Dec. 2007, pp. 247–250.

[36] G. Balamurugan, B. Casper, J. Jaussi, M. Mansuri, F. O'Mahony, and J. Kennedy, "Modeling and analysis of high-speed I/O links," *IEEE Transactions on Advanced Packaging*, vol. 32, no. 2, May 2009, pp. 237–247.

[37] V. Stojanović, "Channel-limited high-speed links: Modeling, analysis, and design," PhD. Thesis, Stanford University, Sep. 2004.

[38] A. Sanders, M. Resso, and J. D'Ambrosia, "Channel compliance testing utilizing novel statistical eye methodology," *DesignCon 2004*, Feb. 2004.

[39] K. Fukuda, H. Yamashita, G. Ono, R. Nemoto, E. Suzuki, T. Takemoto, F. Yuki, and T. Saito, "A 12.3-mW 12.5-Gb/s complete transceiver in 65-nm CMOS," *IEEE International Solid-State Circuits Conference*, Feb. 2010.

[40] W. Dally and J. Poulton, "Transmitter equalization for 4-Gbps signaling," *IEEE Micro*, vol. 17, no. 1, Jan.–Feb. 1997, pp. 48–56.

[41] J. Jaussi, G. Balamurugan, D. Johnson, B. Casper, A. Martin, J. Kennedy, N. Shanbhag, and R. Mooney, "8-Gb/s source-synchronous I/O link with adaptive receiver equalization, offset cancellation, and clock de-skew," *IEEE Journal of Solid-State Circuits*, vol. 40, no. 1, Jan. 2005, pp. 80–88.

[42] H. Wu, J. Tierno, P. Pepeljugoski, J. Schaub, S. Gowda, J. Kash, and A. Hajimiri, "Integrated transversal equalizers in high-speed fiber-optic systems," *IEEE Journal of Solid-State Circuits*, vol. 38, no. 12, Dec. 2003, pp. 2131–2137.

[43] D. Hernandez-Garduno and J. Silva-Martinez, "A CMOS 1 Gb/s 5-tap transversal equalizer based on inductorless 3rd-order delay cells," *IEEE International Solid-State Circuits Conference*, Feb. 2007, pp. 232–233.

[44] A. Ho, V. Stojanovic, F. Chen, C. Werner, G. Tsang, E. Alon, R. Kollipara, J. Zerbe, and M. Horowitz, "Common-mode backplane signaling system for differential high-speed links," *IEEE Symposium on VLSI Circuits*, June 2004.

[45] K. K. Parhi, "Pipelining in algorithms with quantizer loops," *IEEE Transactions on Circuits and Systems*, vol. 38, no. 7, July 1991, pp. 745–754.

[46] R. Farjad-Rad, C.-K. Yang, and M. Horowitz, "A 0.3-μm CMOS 8-Gb/s 4-PAM serial link transceiver," *IEEE Journal of Solid-State Circuits*, vol. 35, no. 5, May 2000, pp. 757–764.

[47] J. Zerbe, P. Chau, C. Werner, T. Thrush, H. Liaw, B. Garlepp, and K. Donnelly, "1.6 Gb/s/pin 4-PAM signaling and circuits for a multidrop bus," *IEEE Journal of Solid-State Circuits*, vol. 36, no. 5, May 2001, pp. 752–760.

[48] J. Stonick, G.-Y. Wei, J. Sonntag, and D. Weinlader, "An adaptive pam-4 5-Gb/s backplane transceiver in 0.25-μm CMOS," *IEEE Journal of Solid-State Circuits*, vol. 38, no. 3, Mar. 2003, pp. 436–443.

[49] G. Cherubini, E. Eleftheriou, S. Oker, and J. Cioffi, "Filter bank modulation techniques for very high-speed digital subscriber lines," *IEEE Communications Magazine*, vol. 38, no. 5, May 2000, pp. 98–104.

[50] S. B. Weinstein and P. M. Ebert, "Data transmission by frequency-division multiplexing using the discrete Fourier transform," *IEEE Transactions on Communications*, vol. 19, no. 5, Oct. 1971, pp. 628–634.

[51] B. Hirosaki, "An orthogonally multiplexed QAM system using the discrete Fourier transform," *IEEE Transactions on Communications*, vol. 29, no. 7, July 1981, pp. 982–989.

[52] A. Amirkhany, A. Abbasfar, J. Savoj, M. Jeeradit, B. Garlepp, V. Stojanovic, and M. Horowitz, "A 24Gb/s software programmable multi-fhannel Transmitter," *IEEE Symposium on VLSI Circuits*, June 2007.

[53] A. Amirkhany, A. Abbasfar, V. Stojanovic, and M. Horowitz, "Analog multitone signaling for high-speed backplane electrical links," *IEEE Global Telecommunications Conference*, Nov. 2006, pp. 1–6.

[54] R. Farjad-Rad, H.-T. Ng, M.-J. Edward Lee, R. Senthinathan, W. Dally, A. Nguyen, R. Rathi, J. Poulton, J. Edmondson, J. Tran, and H. Yazdanmehr, "0.622–8.0-Gbps 150-mW serial I/O macrocell with fully flexible preemphasis and equalization," *IEEE Symposium on VLSI Circuits*, June 2003.

[55] E. Prete, D. Scheideler, and A. Sanders, "A 100-mW 9.6-Gb/s transceiver in 90-nm CMOS for next-generation memory interfaces," *IEEE International Solid-State Circuits Conference*, Feb. 2006, pp. 253–262.

[56] D. Pfaff, S. Kanesapillai, V. Yavorskyy, C. Carvalho, R. Yousefi, M. Khan, T. Monson, M. Ayoub, and C. Reitlingshoefer, "A 1.8 W, 115 Gb/s serial link for fully buffered DIMM with 2.1 ns pass-through latency in 90-nm CMOS," *IEEE International Solid-State Circuits Conference*, Feb. 2008, pp. 462–463.

[57] M.-J. E. Lee, W. J. Dally, and P. Chiang, "Low-power area-efficient high-speed I/O circuit techniques," *IEEE Journal of Solid-State Circuits*, vol. 35, no. 11, Nov. 2000, pp. 1591–1599.

[58] D. H. Shin, J. E. Jang, F. O'Mahony, and C. Yue, "A 1-mW 12-Gb/s continuous-time adaptive passive equalizer in 90-nm CMOS," *IEEE Custom Integrated Circuits Conference*, Oct. 2009, pp. 117–120.

[59] P. Larsson, "A 2-1600-MHz CMOS clock recovery PLL with low-Vdd capability," *IEEE Journal of Solid-State Circuits*, vol. 34, no. 12, Dec. 1999, pp. 1951–1960.

[60] T. Toifl, C. Menolfi, P. Buchmann, C. Hagleitner, M. Kossel, T. Morf, J. Weiss, and M. Schmatz, "A 72-mW 0.03 mm^2 inductorless 40-Gb/s CDR in 65-nm SOI CMOS," *IEEE International Solid-State Circuits Conference*, Feb. 2007, pp. 226–227.

[61] F. O'Mahony, S. Shekhar, M. Mansuri, G. Balamurugan, J. Jaussi, J. Kennedy, B. Casper, D. Allstot, and R. Mooney, "A 27-Gb/s forwarded-clock I/O receiver using an injection-locked LC-DCO in 45-nm CMOS," *IEEE International Solid-State Circuits Conference*, Feb. 2008, pp. 452–453.

[62] K. Hu, T. Jiang, J. Wang, F. O'Mahony, and P. Chiang, "A 0.6-mW/Gb/s, 6.4–7.2-Gb/s serial link receiver using local injection-locked ring oscillators in 90-nm CMOS," *IEEE Journal of Solid-State Circuits*, vol. 45, no. 4, Apr. 2010, pp. 899–908.

[63] A. Dancy and A. Chandrakasan, "Techniques for aggressive supply voltage scaling and efficient regulation," *IEEE Custom Integrated Circuits Conference*, May 1997.

[64] D. A. B. Miller, "Rationale and challenges for optical interconnects to electronic chips," *Proc. IEEE*, vol. 88, no. 6, June 2000, pp. 728–749.

[65] L. Kazovsky, S. Benedetto, and A. Wilner, *Opitcal Fiber Communication Systems*, Norwood, MA: Artech House, 1996.

[66] H. A. Willebrand and B. S. Ghuman, "Fiber optics without fiber," *IEEE Spectrum*, vol. 38, no. 8, Aug. 2001, pp. 40–45.

[67] G. Keeler, B. Nelson, D. Agarwal, C. Debaes, N. Helman, A. Bhatnagar, and D. Miller, "The benefits of ultrashort optical pulses in optically interconnected

systems," *IEEE Journal of Selected Topics in Quantum Electronics*, vol. 9, no. 2, Mar.–Apr. 2003, pp. 477–485.

[68] H. Thienpont, C. Debaes, V. Baukens, H. Ottevaere, P. Vynck, P. Tuteleers, G. Verschaffelt, B. Volckaerts, A. Hermanne, and M. Hanney, "Plastic microoptical interconnection modules for parallel free-space inter- and intra-MCM data communication," *Proc. IEEE*, vol. 88, no. 6, June 2000, pp. 769–779.

[69] M. Gruber, R. Kerssenfischer, and J. Jahns, "Planar-integrated free-space optical fan-out module for MT-connected fiber ribbons," *Journal of Lightwave Technology*, vol. 22, no. 9, Sep. 2004, pp. 2218–2222.

[70] J. Liu, Z. Kalayjian, B. Riely, W. Chang, G. Simonis, A. Apsel, and A. Andreou, "Multichannel ultrathin silicon-on-sapphire optical interconnects," *IEEE Journal of Selected Topics in Quantum Electronics*, vol. 9, no. 2, Mar.–Apr. 2003, pp. 380–386.

[71] D. Plant, M. Venditti, E. Laprise, J. Faucher, K. Razavi, M. Chateauneuf, A. Kirk, and J. Ahearn, "256-channel bidirectional optical interconnect using VCSELs and photodiodes on CMOS," *Journal of Lightwave Technology*, vol. 19, no. 8, Aug. 2001, pp. 1093–1103.

[72] AMP NETCONNECT: XG Optical Fiber System, http://www.ampnetconnect.com/documents/XG_Optical_Fiber_Systems_WhitePaper.pdf

[73] A. Narasimha, B. Analui, Y. Liang, T. Sleboda, S. Abdalla, E. Balmater, S. Gloeckner, D. Guckenberger, M. Harrison, R. Koumans, D. Kucharski, A. Mekis, S. Mirsaidi, D. Song, and T. Pinguet, "A fully integrated 4 × 10-Gb/s DWDM optoelectronic transceiver in a standard 0.13-μm CMOS SOI," *IEEE International Solid-State Circuits Conference*, Feb. 2007, pp. 42–43.

[74] K. Yashiki, N. Suzuki, K. Fukatsu, T. Anan, H. Hatakeyama, and M. Tsuji, "1.1-μm-range high-speed tunnel junction vertical cavity surface emitting lasers," *IEEE Photonics Technology Letters*, vol. 19, no. 23, Dec. 2007, pp. 1883–1885.

[75] N. Helman, J. Roth, D. Bour, H. Altug, and D. Miller, "Misalignment-tolerant surface-normal low-voltage modulator for optical interconnects," *IEEE Journal of Selected Topics in Quantum Electronics*, vol. 11, no. 2, Mar.–Apr. 2005, pp. 338–342.

[76] J. Liu, M. Beals, A. Pomerene, S. Bernardis, R. Sun, J. Cheng, L. Kimerling, and J. Michel, "Ultralow-energy, integrated GeSi electro-absorption modulators on SOI," *5th IEEE Int'l Conf. on Group IV Photonics*, Sep. 2008, pp. 10–12.

[77] Q. Xu, B. Schmidt, S. Pradhan, and M. Lipson, "Micrometer-scale silicon electro-optic modulator," *Nature*, vol. 435, May 2005, pp. 325–327.

[78] B. Block, T. Younkin, P. Davids, M. Reshotko, P. Chang, B. Polishak, S. Huang, J. Luo, and A. Jen, "Electro-optic polymer cladding ring resonator modulators," *Optics Express*, vol. 16, no. 22, Oct. 2008, pp. 18326–18333.

[79] A. Liu, L. Liao, D. Rubin, H. Nguyen, B. Ciftcioglu, Y. Chetrit, N. Izhaky, and M. Paniccia, "High-speed optical modulation based on carrier depletion in a silicon waveguide," *Optics Express*, vol. 15, issue 2, Jan. 2007, pp. 660–668.

[80] D. Bossert, D. Collins, I. Aeby, J. Clevenger, C. Helms, W. Luo, C. Wang, and H. Hou, "Production of high-speed oxide-confined VCSEL arrays for datacom applications," *Proc. SPIE*, vol. 4649, June 2002, pp. 142–151.

[81] M. Grabherr, R. Jager, R. King, B. Schneider, and D. Wiedenmann, "Fabricating VCSELs in a high-tech start-up," *Proc. SPIE*, vol. 4942, Apr. 2003, pp. 13–24.

[82] D. Vez, S. Eitel, S. Hunziker, G. Knight, M. Moser, R. Hoevel, H.-P. Gauggel, M. Brunner, H. Albert, and K. Gulden, "10-Gbit/s VCSELs for datacom: Devices and applications," *Proc. SPIE*, vol. 4942, Apr. 2003, pp. 29–43.

[83] J. Jewell, L. Graham, M. Crom, K. Maranowski, J. Smith, and T. Fanning, "1310-nm VCSELs in 1–10-Gb/s commercial applications," *Proc. SPIE*, vol. 6132, Feb. 2006, pp. 1–9.

[84] M. Wistey, S. Bank, H. Bae, H. Yuen, E. Pickett, L. Goddard, and J. Harris, "GaInNAsSb/GaAs vertical cavity surface emitting lasers at 1534 nm," *Elec-*

tronics Letters, vol. 42, no. 5, Mar. 2006, pp. 282–283.

[85] Y. Liu, W.-C. Ng, K. Choquette, and K. Hess, "Numerical investigation of self-heating effects of oxide-confined vertical-cavity surface-emitting lasers," *IEEE Journal of Quantum Electronics*, vol. 41, no. 1, Jan. 2005, pp. 15–25.

[86] K. W. Goossen, "Fitting optical interconnects to an electrical world: Packaging and reliability issues of arrayed opto-electronic modules," *IEEE Lasers and Electro-Optics Society Annual Meeting*, Nov. 2004, pp. 653–654.

[87] D. Kucharski, Y. Kwark, D. Kuchta, D. Guckenberger, K. Kornegay, M. Tan, C.-K. Lin, and A. Tandon, "A 20-Gb/s VCSEL driver with pre-emphasis and regulated output impedance in 0.13-μm CMOS," *IEEE International Solid-State Circuits Conference*, Feb. 2005, pp. 222–223.

[88] S. Palermo, A. Emami-Neyestanak, and M. Horowitz, "A 90-nm CMOS 16-Gb/s transceiver for optical interconnects," *IEEE Journal of Solid-State Circuits*, vol. 43, no. 5, May 2008, pp. 1235–1246.

[89] A. Kern, A. Chandrakasan, and I. Young, "18-Gb/s optical I/O: VCSEL driver and TIA in 90-nm CMOS," *IEEE Symposium on VLSI Circuits*, June 2007, pp. 276–277.

[90] H. Neitzert, C. Cacciatore, D. Campi, C. Rigo, C. Coriasso, and A. Stano, "InGaAs-InP superlattice electroabsorption waveguide modulator," *IEEE Photonics Technology Letters*, vol. 7, no. 8, Aug. 1995, pp. 875–877.

[91] H. Fukano, T. Yamanaka, M. Tamura, and Y. Kondo, "Very-low-driving-voltage electroabsorption modulators operating at 40 Gb/s," *Journal of Lightwave Technology*, vol. 24, no. 5, May 2006, pp. 2219–2224.

[92] D. Miller, D. Chemla, T. Damen, T. Wood, C. Burrus, A. Gossard, and W. Wiegmann, "The quantum well self-electrooptic effect device: Optoelectronic bistability and oscillation, and self-linearized modulation," *IEEE Journal of Quantum Electronics*, vol. QE-21, no. 9, Sep. 1985, pp. 1462–1476.

[93] A. Lentine, K. Goossen, J. Walker, L. Chirovsky, L. D'Asaro, S. Hui, B. Tseng, R. Leibenguth, J. Cunningham, W. Jan, J.-M. Kuo, D. Dahringer, D. Kossives, D. Bacon, G. Livescu, R. Morrison, R. Novotny, and D. Buchholz, "High-speed optoelectronic VLSI switching chip with >4000 optical I/O based on flip-chip bonding of MQW modulators and detectors to silicon CMOS," *IEEE Journal of Selected Topics in Quantum Electronics*, vol. 2, no. 1, Apr. 1996, pp. 77–84.

[94] G. A. Keeler, "Optical interconnects to silicon CMOS: Integrated optoelectronic modulators and short-pulse systems," PhD. Thesis, Stanford University, Dec. 2002.

[95] S. Palermo and M. Horowitz, "High-speed transmitters in 90-nm CMOS for high-density optical interconnects," *IEEE European Solid-State Circuits Conference*, Feb. 2006, pp. 508–511.

[96] M. Lipson, "Compact electro-optic modulators on a silicon chip," *IEEE Journal of Selected Topics in Quantum Electronics*, vol. 12, no. 6, Nov./Dec. 2006, pp. 1520–1526.

[97] I. Young, E. Mohammed, J. Liao, A. Kern, S. Palermo, B. Block, M. Reshotko, and P. Chang, "Optical I/O technology for tera-scale computing," *IEEE Journal of Solid-State Circuits*, vol. 45, no. 1, Jan. 2010, pp. 235–248.

[98] H.-W. Chen, Y. hao Kuo, and J. Bowers, "High-speed silicon modulators," *OptoElectronics and Communications Conference*, July 2009, pp. 1–2.

[99] B. Analui, D. Guckenberger, D. Kucharski, and A. Narasimha, "A fully integrated 20-Gb/s optoelectronic transceiver implemented in a standard 0.13-μm CMOS SOI technology," *IEEE Journal of Solid-State Circuits*, vol. 41, no. 12, Dec. 2006, pp. 2945–2955.

[100] M. Jutzil, M. Berroth, G. Wohl, M. Oehme, and E. Kasper, "40-Gbit/s Ge-Si photodiodes," 6th *Topical Meeting on Silicon Monolithic Integrated Circuits in RF Systems*, Jan. 2006, pp. 5.

[101] M. Yang, K. Rim, D. Rogers, J. Schaub, J. Welser, D. Kuchta, D. Boyd, F. Rodier, P. Rabidoux, J. Marsh, A. Ticknor, Q. Yang, A. Upham, and S. Ramac, "A high-

speed, high-sensitivity silicon lateral trench photodetector," *IEEE Electron Device Letters*, vol. 23, no. 7, July 2002, pp. 395–397.

[102] M. Reshotko, B. Block, B. Jin, and P. Chang, "Waveguide coupled Ge-on-oxide photodetectors for integrated optical links," *IEEE/LEOS International Conference Group IV Photonics*, Sep. 2008, pp. 182–184.

[103] C.-F. Liao and S.-I. Liu, "A 40-Gb/s transimpedance-AGC amplifier with 19-dB DR in 90-nm CMOS," *IEEE International Solid-State Circuits Conference*, Feb. 2007, 54–55.

[104] S. Mohan, M. Hershenson, S. Boyd, and T. Lee, "Bandwidth extension in CMOS with optimized on-chip inductors," *IEEE Journal of Solid-State Circuits*, vol. 35, no. 3, Mar. 2000, pp. 346–355.

[105] A. Emami-Neyestanak, D. Liu, G. Keeler, N. Helman, and M. Horowitz, "A 1.6-Gb/s, 3-mW CMOS receiver for optical communication," *IEEE Symposium on VLSI Circuits*, June 2002, pp. 84–87.

[106] E. Sackinger, *Broadband Circuits for Optical Fiber Communication*, Hoboken, NJ: Wiley-Interscience, 2005.

[107] A. Emami-Neyestanak, S. Palermo, H.-C. Lee, and M. Horowitz, "CMOS transceiver with baud rate clock recovery for optical interconnects," *IEEE Symposium on VLSI Circuits*, June 2004, pp. 410–413.

[108] D. Kucharski, D. Guckenberger, G. Masini, S. Abdalla, J. Witzens, and S. Sahni, "10-Gb/s 15-mW optical receiver with integrated germanium photodetector and hybrid inductor peaking in 0.13-μm SOI CMOS technology," *IEEE International Solid-State Circuits Conference*, Feb. 2010, pp. 360–361.

[109] D. Kuchta, Y. Kwark, C. Schuster, C. Baks, C. Haymes, J. Schaub, P. Pepelju-goski, L. Shan, R. John, D. Kucharski, D. Rogers, M. Ritter, J. Jewell, L. Graham, K. Schrodinger, A. Schild, and H.-M. Rein, "120-Gb/s VCSEL-based parallel-optical interconnect and custom 120-Gb/s testing station," *Journal of Lightwave Technology*, vol. 22, no. 9, Sep. 2004, pp. 2200–2212.

[110] C. Kromer, G. Sialm, C. Berger, T. Morf, M. Schmatz, F. Ellinger, D. Erni, G.-L. Bona, and H. Jackel, "A 100-mW 4 × 10-Gb/s transceiver in 80-nm CMOS for high-density optical interconnects," *IEEE Journal of Solid-State Circuits*, vol. 40, no. 12, Dec. 2005, pp. 2667–2679.

[111] B. Lemoff, M. Ali, G. Panotopoulos, G. Flower, B. Madhavan, A. Levi, and D. Dolfi, "MAUI: Enabling fiber-to-the-processor with parallel multiwavelength optical interconnects," *Journal of Lightwave Technology*, vol. 22, no. 9, Sep. 2004, pp. 2043–2054.

[112] C. Schow, F. Doany, C. Baks, Y. Kwark, D. Kuchta, and J. Kash, "A single-chip CMOS-based parallel optical transceiver capable of 240-Gb/s bidirectional data rates," *Journal of Lightwave Technology*, vol. 27, no. 7, Apr. 2009, pp. 915–929.

[113] E. Mohammed, J. Liao, D. Lu, H. Braunisch, T. Thomas, S. Hyvonen, S. Palermo, and I. Young, "Optical hybrid package with an 8-channel 18-GT/s CMOS transceiver for chip-to-chip optical interconnect," *Photonics West*, Feb. 2008, vol. 6899.

[114] C. Holzwarth, J. Orcutt, H. Li, M. Popovic, V. Stojanovic, J. Hoyt, R. Ram, and H. Smith, "Localized substrate removal technique enabling strong-confinement microphotonics in bulk Si CMOS processes," *Conference on Lasers and Electro-Optics*, May 2008, pp. 1–2.

[115] L. Kimerling, D. Ahn, A. Apsel, M. Beals, D. Carothers, Y.-K. Chen, T. Conway, D. Gill, C.-Y. Hong, M. Lipson, J. Liu, J. Michel, D. Pan, S. Patel, A. Pomerene, M. Rasras, D. Sparacin, K.-Y. Tu, A. White, C. Wong, "Electronic-photonic integrated circuits on the CMOS platform," *Silicon Photonics*, Jan. 2006, vol. 6125.

[116] A. Palaniappan and S. Palermo, "Power efficiency comparisons of interchip optical interconnect architectures," *IEEE Transactions on Circuits and Systems II*, vol. 57, no. 5, May 2010, pp. 343–347.

[117] F. O'Mahony, G. Balamurugan, J. Jaussi, J. Kennedy, M. Mansuri, S. Shekhar, and B. Casper, "The future of electrical I/O for microprocessors," *IEEE VLSI-DAT*, July 2009, pp. 31–34.

[118] G. Delagi, "Harnessing technology to advance the next-generation mobile user-experience," *IEEE Internetional Solid-State Circuits Conference*, Feb. 2010, pp. 18–24.

基于 CDMA 的高速片对片通信串扰消除技术

10.1 引言

在过去的十年里,用于处理器间和处理器到内存接口的高速 I/O 链路得到了迅猛发展。特别是,微处理器产品的总 I/O 带宽每两年增长 2~3 倍[1-3]。然而,I/O 功率效率并没有迅速提高,这导致 I/O 链路占计算系统总功耗的比例越来越大。主要原因是,尽管 I/O 系统中某些电路的功耗可因半导体工艺的发展而降低,但维持每引脚带宽扩展所需的均衡和时钟电路的复杂性却在稳步上升。此外,50 Ω 发射机驱动器的功耗与工艺无关,这导致 I/O 系统的功耗技术发展缓慢。与此同时,由于带宽要求,片上布线面积、封装面积和封装成本也随着微处理器 I/O 引脚数的增加而增加[4]。因此,I/O 功率效率和引脚数扩展已经成为当今高速 I/O 架构和电路设计中的重要问题。

在现代高速串行数据通信系统中使用差分信号,可以实现每秒数千兆比特(Gb/s)的数据传输率,但其代价是引脚利用率低(只有 0.5 links/pin)。通过提高信号频率(即每个引脚的数据传输率)和差分链路的数量,可以满足日益增长的 I/O 带宽需求。然而,由于集成电路(Integrated Circuit,IC)封装成本和相关引脚数量限制,增加差分链路的数量可能并不现实[5]。由于 FR-4 印制电路板(Printed Circuit Board,PCB)信号环境恶劣,因此提高差分链路的信号频率也面临着挑战。上述两种方法都加剧了相邻链路之间不必要的串扰[6-7]。

有几种多级信号方法已经被证实可以提高高速 I/O 链路的功率效率、引脚利用率和总数据带宽[8-13]。与传统差分信号相比,同步差分和共模信号可以提供更高的带宽和引脚利用率[11-13]。无论是对一对导线的共模进行调制,以实现背板链路中的低速反向信道,还是对一对差分链路的两个单端共模信号进行伪差分调制(以下简称为共模信号),都可以使引脚利用率提高 50%[11]。在这两种情况下,不可避免的信号串扰(或干扰)限制了差分和共模链路的可达数据速率、误码率(Bit Error Rate,BER)和功率效率。串扰通常是由于芯片内部和 PCB 传输线失配、发射机(Transmitter,TX)驱动器与接收机(Receiver,RX)模拟前端的器件失配,以及链路之间的电磁耦合引起的。当差分信号和共模信号同时存在时,它们可能会由于这些非理想状态和失配而相互干扰。传统的信号完整性解决方案(例如更好的 PCB 走线、屏蔽、精心的电路布局和复杂的均衡)仅仅针对引起信号串扰的各种机制,其实用性有限。

一种基于码分多址(Code Division Multiple Access,CDMA)原理的串扰消除技术用于抑制共模信号系统中的串扰[14-16]。CDMA 可消除无线通信系统中不同无线电信号之间的干扰。然而,它增加了传输信号的带宽,而且还需要精确的模/数转换器(Analog - to - Digital Converter,ADC)和成组相关的数字模块,因此不适合高速串行链路。

在这项工作中,我们没有采用复杂和高成本的实现方法,而是采用了一种简单的模拟 CDMA 技术,用于消除高速芯片间互连中的串扰。注意,类似的技术在文献[17]中被用来实现动态可重构的 I/O 带宽,而不是用于信号串扰消除。这项工作的主要目标是着重解决共模信号系统中固有的串扰问题,以保持这种信号方法提供的 I/O 带宽、功率效率和引脚利用率优势。

本章由六个小节和参考文献组成。10.2 节概述了基本的信号方法和架构,然后讨论了高速 I/O 链路中串扰效应的特性。10.3 节简要介绍了 CDMA 概念,然后介绍了如何使用共模信号方法将 CDMA 应用于线缆芯片间的高速 I/O 链路。该系统被称为基于 CDMA 的四线信号系统。由于采用了 CDMA 串扰消除技术,上述系统中的均衡过程和时钟抖动要求与传统 I/O 链路中的要求大不相同。均衡过程和时钟抖动要求在 10.4 节中讨论。10.5 节详细阐述了基于 CDMA 的四线信号收发机的电路实现、硅后验证设置和测量结果。10.6 节总结了本章工作的贡献。

10.2 高速 I/O 链路中的电信号

信号方法包括将信息编码为物理量(通常是电压或电流)、生成可检测该物理量的基准、提供终端将信号能量转换为传输信道、吸收接收到的信号能量以避免不必要的信号反射,以及适当地控制信号跃迁时间以限制其频谱能量分布[6,18]。信号方法可能决定了 I/O 系统的可靠性、可达数据带宽、抗噪声能力和功耗。因此,本节将简要介绍高速 I/O 链路中不同信号方法的基本知识和非理想效应。

10.2.1 基本信号方法

本节概述了基本的信号方法和架构,即单端、差分和共模信号。I/O 链路中最基本和直接的信号方法是单端信号。单端系统可以通过在传输线的发射端和接收端使用简单的常规 CMOS 反相器来实现,如图 10-1a 所示。

基于 CMOS 的实现方式对共模噪声和电源噪声都很敏感。由于接收器的阈值电压是由接收端的电源隐式设定的,所以无论是在接收端还是在发射端的任何噪声都会直接降低信号噪声裕度。反相器的输出阻抗在信号跃迁过程中会发生变化。因此,即使发射器输出端只包含一个外部终端电阻,信号源端的反射效应也可能无法忽略。

在现代高速 I/O 链路中,为了降低功耗、减少自感 di/dt 噪声和数据跃迁时间,高速 I/O 链路中已经广泛采用低信号摆幅来取代全信号摆幅。在单端信号方法中,使用低信号

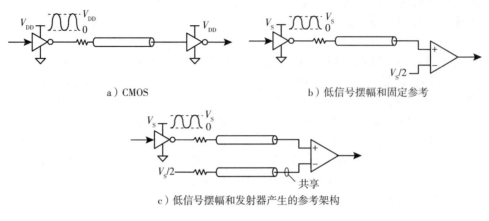

a）CMOS

b）低信号摆幅和固定参考

c）低信号摆幅和发射器产生的参考架构

共享

图 10-1　单端信号传输

摆幅意味着参考电压不能由接收端的电源电压隐式设置。因此，必须通过比较接收信号和参考电压来检测数据，如图 10-1b 所示。然而，由于链路两端的信号回波阻抗不为零，如果参考是在接收端本地生成的，那么由本地电源引入的任何噪声都会损害信号噪声裕度[6]。如图 10-1c 所示，这个问题可以通过在发射端生成参考信号并将其与发射信号一起发送来解决。任何耦合到发射信号和参考信号的噪声都将成为共模信号，并且可以在接收端被减去。该参考信号可以在并行互连中的多个信号之间共享，以减少导线数量和系统的总功耗。

　　高速数字数据传输通常依赖于低摆幅信号。因此我们需要一种保护信号免受噪声和损耗影响的信号方法。差分信号方法就是应对这一挑战的答案[19]。差分信号沿着两条平衡路径传输信号，如图 10-2 所示。理想情况下，两条信号路径上的信号是完全互补的。接收器通过比较两条信号路径的互补电压来检测传输

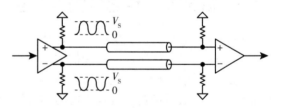

图 10-2　差分信号架构

的符号或数据。由于接收器比较的是两个电平，而不是固定或转发的参考电压，因此发射机参考电压并不那么重要。如果一个外部噪声分量耦合到信号路径中，往往会在两条路径中产生相同的噪声信号。这种噪声会在电路的接收端被自动剔除，理论上只留下所需的信号。此外，差分信号链路中的回流电流是一个恒定的直流值，由于差分驱动器的互补性，交流电源电流非常小，因此自感电源噪声很小。由于差分信号的这些优越特性，它已经成为当今最先进的高速 I/O 设计的主流选择。

　　然而，差分信号会增加布局的复杂度，而且它需要平衡信号、数据路径和互连。与单端信号（1 link/pin）相比，差分信号的信号 I/O 和路径数量实际上增加了一倍（0.5 link/pin）。差分信号的布线必须在长度上匹配，提供对称的互连和匹配的终端。差分信号中两条路径之间的任何失配或延迟都会导致信号失真并降低共模噪声抑制能力。

　　为了满足高速 I/O 带宽、功率效率和引脚利用率的要求，研究者已经提出了几种多级信

号方法，用于取代一些特定的应用或数据传输信道中的差分信号[8-13,17,22]。本节将介绍一种特殊的信号，称为共模信号。

共模信号同时使用差模（Differential-Mode，DM）和共模（Common-Mode，CM）信号在高速 I/O 链路中传输数据[12-13]。图 10-3 展示了一个简化的共模信号收发机，用于芯片间的高速 I/O 链路。请注意，为了简单起见，图中没有显示终端电阻。与差分信号中的恒定共模电平不同，共模信号调制每根导线上的共模电平，以携带额外的数据信息。因此，系统的等效数据带宽可以在不增加信号频率或额外信号路径的情况下得到改善。

在图 10-3 中，第一对导线由一个差分模式驱动器驱动，以实现一个差分模式链路，这两根导线的共模电压分别由两个输出信号完全相同的共模驱动器驱动。每根导线上的信号电平是其差模信号和共模信号的组合。

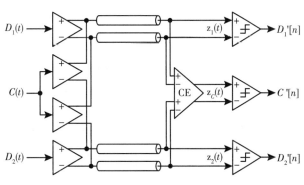

图 10-3　简化的共模信号收发机

图 10-4 显示了一个带有直流共模信号和非归零（Non-Return-to-Zero，NRZ）二进制数据的调制共模信号的互补差分信号。第二对导线由另一个差模驱动器驱动，这两根导线的共模电压与第一对导线上的共模电压互补。总之，在这四根导线上有三个互补的信号链路。其中两个是这两对导线上的差模信号，第三个是由这两对导线上的共模信号组成的伪差分链路。

在接收器中，两个差模信号可以通过差分放大器提取，伪差分共模信号可以通过一个共模提取器（Common Extractor，CE）提取。理论上来说，一个简单的共源差分对输入级可以抑制共模电压变化，只提取差模信号。一个共源共漏架构可以用来抑制差模电

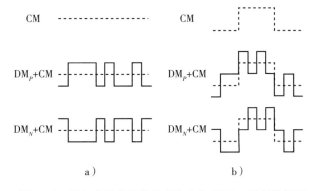

图 10-4　带有直流共模信号（图 a）和 NRZ 二进制数据的调制共模信号（图 b）的互补差分信号

压变化，并从其输入端提取共模信号[1-2]。因此，这三个数据链路可以在接收器中单独提取，而不需要任何额外的参考电压和编码/解码架构。与其他多级信号方法相比，这是共模信号的优势之一。

与在一定的信号频率或比特周期 T_B 下的差分信号相比，共模信号在不使用额外 I/O 引脚和互连的情况下，将系统的总数据带宽提高了 50%。换句话说，共模信号将差分信号中的 I/O 引脚利用率从 0.5 link/pin 提高到 0.75 link/pin。对于特定的总数据带宽和 I/O 引脚数要求，共模信号可以以较低的信号频率（即 0.67 倍）运行，因此可有效缓解信道引起的信号损耗和 ISI。整个 I/O 系统的功率效率也能得到提高。

然而，由于共模信号系统中的串扰问题，共模信号在多 Gb/s 高速 I/O 链路中的应用是非常有限的。信号传输路径中任何不可避免的失配都可能导致差分链路和共模链路之间的严重模式转换或串扰。

10.2.2　高速 I/O 链路中的串扰

在共模信号系统中，差分模式和共模信号共存于通信信道中。这个共享通信信道中的任何非理想性或失配都会导致共模信号与差分链路不可分离。同时，由于失配，差模信号也不能在共模链路中消除。此外，由于差分和共模信号都携带数据信息，所以干扰比传统的差分信号要强得多。

不可避免的失配可能发生在信号传输路径的任何地方，包括驱动器、终端、封装、过孔、PCB 走线、前置放大器、线性均衡器和采样电路等。下面的讨论以图 10-3 所示的共模信号收发机中的串扰为例，详细说明了由于发射机驱动电路中的器件失配导致的 DM 到 CM 串扰。

图 10-5 展示了共模信号发射器中简化的 DM 和 CM 驱动器。为了简单起见，忽略了驱动器输入的直流偏置电压，并假设 M_1 和 M_2 之间存在跨导失配，这使得其中一个 DM 驱动器中的差分对是不对称的。因此，差模输入信号 $D_1(t)$ 被转换为一个共模误差（即 DM 到 CM 串扰），其传递函数为[20]：

$$H_{X1}(s) = \frac{R_L}{4(1+R_L C_L s)} \cdot \frac{(g_{m2}-g_{m1})(1+R_{SS}C_P s)}{1+(g_{m1}+g_{m2})R_{SS}+R_{SS}C_P S} \tag{10-1}$$

式中，g_{m1} 和 g_{m2} 分别是 M_1 和 M_2 的跨导，R_{SS} 和 C_P 表示偏置电流源的阻抗，R_L 和 C_L 表示 DM 驱动器输出处的等效负载 Z_L。

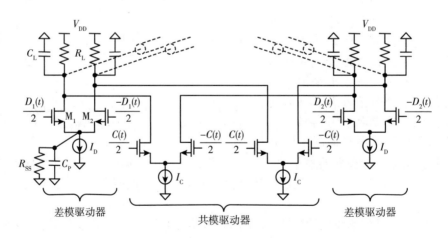

图 10-5　共模信号发射器中简化的 DM 和 CM 驱动器

为了准确地说明 DM 和 CM 链路之间的串扰耦合，图 10-6 展示了一个信号处理模型，分别表示理想的 DM 和 CM 信道 $H_D(s)$ 和 $H_C(s)$（尽管它们在四个信号传输路径中混合）并

使用一个由 $H_{X1}(s)$ 表示的耦合路径来表示发射机中发生的 DM 到 CM 信号的非理想干扰（或串扰）。

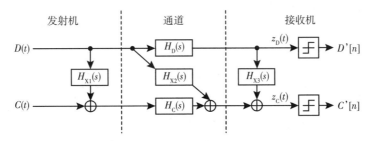

图 10-6　DM 和 CM 信号路径以及 DM 到 CM 转换路径的信号处理模型

　　注意，DM 和 CM 链路之间的相互作用总是双向和并发的，但图 10-6 只显示了 DM 到 CM 耦合路径。此外，本节的分析假设 DM 和 CM 信号 $D(t)$ 和 $C(t)$ 都被它们的预加重均衡器很好地均衡了，并且为了简单起见，忽略了信号路径中均衡器的传递函数。

　　根据图 10-6 所示的信号流图处理模型，发射机中的失配导致的 DM 到 CM 串扰，在经过 DM 到 CM 转换后，通过 CM 信道与数据信号 $C(t)$ 一起传输到 CM 链路的接收器。因此，包含这种 DM 到 CM 串扰的接收 CM 信号 $z_C(t)$ 可以表示为

$$z_C(t) = g_m Z_L \cdot C(t) * h_C(t) + D(t) * h_{X1}(t) * h_C(t)$$
$$= k \cdot C(t) * h_C(t) + D(t) * h_{X1}(t) * h_C(t) \tag{10-2}$$

式中，g_m 是 CM 驱动器的跨导，$h_{X1}(t)$ 是 $H_{X1}(t)$ 的脉冲响应，$h_C(t)$ 为 CM 信道的脉冲响应。式(10-2)右边的第一项表示经过 CM 信道滤波的接收数据信号，第二项是接收的 DM 到 CM 串扰分量。这个串扰分量会严重降低共模链路中接收信号的质量。

　　整个共模信号系统的串扰效应可以通过上面的例子清楚地表达出来。也就是说，根据串扰转换发生在发射机、信道还是接收机，DM 到 CM 串扰可以分为三种不同的类型，如图 10-6 所示。图中的 $H_{X1}(s)$、$H_{X2}(s)$ 和 $H_{X3}(s)$ 分别表示 TX、信道和 RX 中的失配导致的不同的串扰转换类型(即类型 I、类型 II 和类型 III)。注意，每个串扰传递函数都可能是每种转换类型的总串扰效应。例如，$H_{X1}(s)$ 表示发射机中发生的所有失配的 DM 到 CM 传递函数的组合。表 10-1 总结了共模信号系统中的串扰示例，包括它们的分类及其 DM 到 CM 串扰转换传递函数。

　　包括共模信号系统中的所有 DM 到 CM 的串扰效应在内，$z_C(t)$ 可以近似地重写为

$$z_C(t) \approx k \cdot C(t) * h_C(t) + D(t) * (h_{X1}(t) * h_C(t) + h_{X2}(t) + h_D(t) * h_{X3}(t))$$
$$= k \cdot C(t) * h_C(t) + D(t) * (h_{NX1}(t) + h_{NX2}(t) + h_{NX3}(t))$$
$$= k \cdot C(t) * h_C(t) + D(t) * h_{D2C}(t)$$
$$= [C(t)]_M + [D(t)]_X \tag{10-3}$$

这个表达式清晰地突出了 CM 链路中所需的数据信号和净串扰效应。由于不同类型的串扰转换而产生的彻底串扰转换路径(以下简称为串扰响应)的冲激响应分别用 $h_{NX1}(t) \sim h_{NX3}(t)$ 表示。如式(10-3)所示，串扰响应 $H_{NX}(s)$ [即 $H_{NX1}(s) \sim H_{NX3}(s)$] 可以由 DM 或 CM 信道

响应和发射机、信道或接收机中的串扰转换传递函数组成。$H_{\mathrm{NX}}(s)$ 的组成导致其频域响应是损失通或带通。实际上，这三种类型的模型提供了一个有指导意义的理想方案，让我们了解由于某种失配而产生的串扰响应是什么样的。请注意，接收的 DM 信号 $z_{\mathrm{D}}(t)$ 可以用与式 (10-3) 相同的格式表示，包括所需的数据信号 $[D(t)]_{\mathrm{M}}$ 和 CM 到 DM 串扰分量 $[C(t)]_{\mathrm{X}}$，但为了简单起见，这个表达式已经省略了。

表 10-1　共模信号系统中的串扰示例

成因	Net DM 到 CM 串扰转换传递函数	模型类型
TX 驱动器中的 g_{m} 变化	低通$(H_{\mathrm{NX1}}(s) \approx H_{\mathrm{X1}}(s) \cdot H_{\mathrm{C}}(s))$	I
TX 驱动器中的差分对失配	低通$(H_{\mathrm{NX1}}(s) \approx H_{\mathrm{X1}}(s) \cdot H_{\mathrm{C}}(s))$	I
端口失配	低通$(H_{\mathrm{NX1}}(s) \approx H_{\mathrm{X1}}(s) \cdot H_{\mathrm{C}}(s))$	I
I/O 焊盘或封装失配	带通$(H_{\mathrm{NX2}}(s) \approx H_{\mathrm{X2}}(s))$	II
PCB 走线失配	带通$(H_{\mathrm{NX2}}(s) \approx H_{\mathrm{X2}}(s))$	II
RX 前置放大器或比较器中的差分对失配	低通$(H_{\mathrm{NX3}}(s) \approx H_{\mathrm{D}}(s) \cdot H_{\mathrm{X3}}(s))$	III

表 10-1 表明，发生在发射机和接收机中的大多数串扰转换都有低通串扰响应。主要原因是电路或器件的失配导致差分和共模信号之间存在直流转换路径，所以串扰的传递函数 $H_{\mathrm{X}}(s)$ 具有非零的直流增益。在高速 I/O 链路中，信号的高频分量在模式转换发生后（或发生前）由信道带宽主导。因此，由于直流转换路径和高频信道的损耗，净串扰响应可能是低通的。例如，TX 中的 g_{m} 失配导致的 DM 到 CM 转换，在转换后通过 CM 信道传输到接收机。因此，净串扰响应 $H_{\mathrm{NX1}}(s)$ 是低通的，它可以表示为

$$H_{\mathrm{NX1}}(s) = H_{\mathrm{X1}}(s) \cdot H_{\mathrm{C}}(s)$$
$$= \frac{R_{\mathrm{L}}}{4(1 + R_{\mathrm{L}} C_{\mathrm{L}} s)} \cdot \frac{(g_{\mathrm{m2}} - g_{\mathrm{m1}})(1 + R_{\mathrm{SS}} C_{\mathrm{P}} s)}{1 + (g_{\mathrm{m1}} + g_{\mathrm{m2}}) R_{\mathrm{SS}} + R_{\mathrm{SS}} C_{\mathrm{P}} s} \cdot H_{\mathrm{C}}(s) \quad (10\text{-}4)$$

事实上，CM 信道响应有效地抑制了高频段的串扰功率。然而，带内串扰仍然会破坏这种共模信号系统的信号质量。可以证明，发射机或接收机中的其他非理想性情况，如终端失配、大的共模摆动导致的 g_{m} 变化、以及接收机模拟前端中的电路或器件失配等，在频域中都具有类似的低通特性。

在共模信号系统中，DM 和 CM 链路之间最显著的串扰是由传输线长度失配引起的，其频域传递函数具有带通特性。例如，在图 10-3 所示的四线共模信号系统中，如果其中一个 DM 链路在其互补信号路径中有一个信道长度失配 ΔL（见图 10-7），那么在信道末端会产生一个传播时间差 Δt，其中 $\Delta t = \Delta L / v_{\mathrm{p}}$，$v_{\mathrm{p}}$ 是传输线上信号的传播速度。

为了推导 DM 到 CM 的串扰传递函数，可以将 CM 链路上的数据信号设置为零，只打开 DM 信号。在接收端，共模提取器可以通过平均这对导线上的接收信号来提取共模信号。理想情况下，提取出的信号应该为零，因为共模信号已被关闭，且互补的 DM 信号应在平均处理后被消除。然而，由于传输线长度失配，在接收到的 DM 信号的正负部分之间存在一个相位差 $(2\pi \cdot \Delta t / T_{\mathrm{B}})$，如图 10-7 所示。因此，残余的 DM 信号会出现在共模提取器的输出端，并成为 DM 到 CM 链路的串扰。由于不对称的 DM 信号导致的 CM 接收器输入端的 DM 到 CM

串扰转换，可以等效地表示为失配的互补 DM 信号的平均值：

$$\left[\,D(t)\,\right]_{\mathrm X}=\frac{D_+(t)+D_-(t)}{2}=\frac{D(t)*\left[\,h_{\mathrm D}(t)-h_{\mathrm D}(t-\Delta t)\,\right]}{4}$$

$$= D(t)*h_{\mathrm{X}2}(t)=D(t)*h_{\mathrm{NX}2}(t) \qquad (10\text{-}5)$$

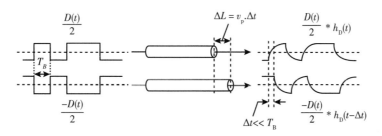

图 10-7 差模链路的互补信号路径中的传输线失配引起的传播时间差

这与式（10-3）的右手边的第二项的表达式一致。该串扰转换路径的传递函数和脉冲响应为

$$H_{\mathrm{NX}2}(s)=\frac{1}{4}\cdot(1-\mathrm e^{-s\Delta t})\cdot H_{\mathrm D}(s)$$

$$h_{\mathrm{NX}2}(t)=\frac{1}{4}\cdot\left[\,h_{\mathrm D}(t)-h_{\mathrm D}(t-\Delta t)\,\right] \qquad (10\text{-}6)$$

其中（$1-\mathrm e^{-\mathrm j2\pi f\Delta t}$）在 $f=n/\Delta t$ 时为零（$n=0$，±1，±2），$H_{\mathrm D}(f)$ 是 DM 信道的频率响应。因此，$H_{\mathrm{NX}2}(f)$ 的低频响应由（$1-\mathrm e^{-\mathrm j2\pi f\Delta t}$）决定，因为它在 DC 时为零。同时，由于信道响应的低通特性，$H_{\mathrm{NX}2}(f)$ 的高频响应由 $H_{\mathrm D}(f)$ 主导。总之，式（10-6）中的 $H_{\mathrm{NX}2}(f)$ 在频域中具有带通幅度响应。

图 10-8 显示了 6 in$^{\ominus}$ FR-4 PCB 走线中 DM 信道、CM 信道、低通串扰和带通串扰的幅度响应，TX 驱动器中 10% 的跨导失配引起的 DM 到 CM 低通串扰响应，以及 DM 信道长度失配引起的 30% 的 DM 信号相位误差（即 $\Delta t=0.3T_{\mathrm B}$）导致了 DM 到 CM 带通串扰响应。与图 10-8 所示的低通串扰相比，带通串扰在 2~10 GHz 附近有更大的功率分布。

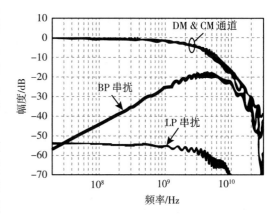

图 10-8 6 in FR-4 PCB 走线中 DM 信道、CM 信道、低通（LP）串扰和带通（BP）串扰的幅度响应

$\ominus$ 1 in = 0.0254 m。

10.3 基于 CDMA 的串扰消除

基于 CDMA 原理的串扰抵消技术已经用于抑制线缆芯片间高速 I/O 链路中的串扰[15-16]。这种技术也已经应用于传统的共模信号系统(基于 CDMA 的四线信号系统)。本节首先简要介绍 CDMA 概念,然后介绍在上述系统中基于 CDMA 的串扰消除理论。

10.3.1 码分多址基础知识

CDMA[14]是一般扩频技术的重要应用。有几种不同的扩频技术,直接序列(Direct-Sequence,DS)扩频是最基本的技术,与本小节所提出的系统直接相关。

扩频技术的主要优点之一是可以抵抗外界干扰,具体做法是故意使所需的数据信号占用的带宽远远超过传输它所必需的最小带宽。实现这一目标的方法是使发送信号具有类似噪声的外观,以便与背景融合。因此,发送信号在信道中传播时,除了预期的接收机之外,任何人(可能正在收听或接收)都无法检测到。

扩宽数据序列带宽的一种方法是 DS 扩频[14]。假设 $\{Dk\}$ 表示一个二进制数据序列,$\{S_k\}$ 表示一个伪噪声(Pseudo-Noise,PN)码;$D(t)$ 和 $S(t)$ 分别表示它们的极性 NRZ 波形,用两个幅度相等、极性相反的电平表示,即 ±1。DS 扩频调制是通过将数据信号 $D(t)$ 和 PN 信号 $S(t)$ 施加到一个乘积调制器或乘法器上来实现的,如图 10-9 所示。

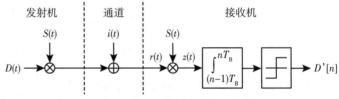

图 10-9 基带 DS 扩频系统的理想模型

根据傅里叶变换理论,两个信号相乘产生的信号频谱等于这两个信号频谱的卷积。因此,如果数据信号 $D(t)$ 是窄带信号,而 PN 信号 $S(t)$ 是宽带信号,那么乘积信号 $D(t)S(t)$ 的频谱应该与宽带 PN 信号几乎相同。也就是说,PN 码 $\{S_k\}$ 被用来扩展数据信号 $D(t)$ 的频谱,所以它被称为扩频码。发射机中的乘法操作被称为扩频操作。

在时域上,由于将数据信号 $D(t)$ 乘以 PN 信号 $S(t)$,每个信息位被切分成几个小的时间增量,如图 10-10 所示。$D(t)$ 和 $S(t)$ 的位周期有以下关系:

$$T_B = N \cdot T_S \qquad (10\text{-}7)$$

式中,T_B 和 T_S 分别是 $D(t)$ 和 $S(t)$ 的位周期,N 是扩频因子,等于 PN 码的长度。换句话说,$S(t)$ 每隔 T_B 就周期性地重复,而 $D(t)$ 的每一位都被相同的扩频信号扩展。扩频码的长度决定了扩频操作后一个 T_B 内有多少个时间增量。N 越大,在时域波形中就有更多的时间增量,因此扩频信号在频域上具有更宽的频谱。

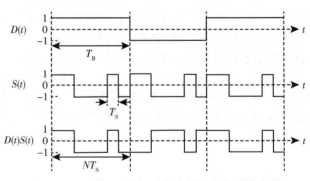

图 10-10 基带 DS 扩频系统发射机中的时域波形

接收信号 $r(t)$ 由扩频信号 $D(t)S(t)$ 和加性干扰 $i(t)$ 组成，如图 10-9 所示：

$$r(t)=D(t)S(t)+i(t) \tag{10-8}$$

为了恢复数据信号 $D(t)$，接收信号 $r(t)$ 被送入一个解调器，该解调器包括一个乘法器、一个积分器和一个判决电路，如图 10-9 所示。乘法器的另一个输入是本地产生的 PN 信号，与发射机中使用的 PN 信号完全相同。如果接收机中的 PN 信号与发射机中的 PN 信号完全同步，那么接收机乘法器输出 $z(t)$ 可以表示为

$$\begin{aligned} z(t)&=r(t)S(t)\\ &=D(t)S^2(t)+i(t)S(t)\\ &=D(t)+i(t)S(t) \end{aligned} \tag{10-9}$$

在式(10-9)中，数据信号 $D(t)$ 与 PN 信号 $S(t)$ 相乘两次，但干扰信号只相乘一次。由于 $S(t)$ 是双极性信号，$S^2(t)$ 对于所有 t 都等于 1。也就是说，数据信号在接收机乘法器输出处端被恢复，而接收机中的乘法操作可以被视为解扩操作，因为它抵消了发射机中的扩频操作。因此，$z(t)$ 实际上由恢复的数据信号和加性干扰项 $i(t)S(t)$ 组成。外部干扰 $i(t)$ 与本地产生的 PN 信号 $S(t)$ 的乘积使 $i(t)S(t)$ 的频谱变宽。通过将乘法器输出 $z(t)$ 施加到一个足以容纳数据信号 $D(t)$ 频谱的基带或低通滤波器上，就可以滤除扩展干扰项 $i(t)S(t)$ 的大部分功率。

在低通滤波器的输出端，外部干扰造成的信号损耗 $i(t)$ 会被大大抑制，这可以通过一个简单的线性积分器来实现，该积分器可以计算输入信号波形下的面积。积分是在一个位周期 T_B 内进行的，然后在下一个积分周期开始之前将积分器复位。随后的判决电路在每个积分周期结束时对积分器输出进行采样，并确定恢复的二进制数据。

总之，在发射机中使用扩频码会产生宽带传输信号，在接收机不知道扩频码的情况下，接收机会认为该信号与噪声相似。根据伪随机码的性质，如果 PN 码的长度（即 N）越长，扩频信号（或发送信号）就越接近于具有无限频谱带宽的真正随机数据，而且更难以检测。这就是 DS 扩频所提供的保护。然而，提高抗干扰能力是有代价的：增加了传输带宽、电路复杂度、系统延迟等。

CDMA 可以使多个 DS 扩频信号占用同一信道带宽，并且每个发送信号都有自己的扩频码[21]。因此，可以让多个用户同时在同一信道带宽上发送消息，如图 10-11 所示。对于每一对发射机-接收机用户，从其他用户接收到的任何信号都是加性干扰，因为所有用户都共享一个公共信道并同时进行通信。然而，每个用户都不会受到其他用户的干扰，因为在这个 CDMA 通信系统中，用户所需的数据信号可以通过其独特的扩频码恢复。

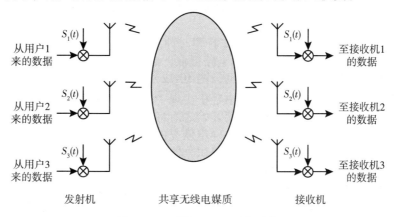

图 10-11　无线 CDMA 通信系统

10.3.2　基于 CDMA 的四线信号

由于 CDMA 具有优越的抗干扰性能，本节利用 CDMA 的概念来抑制高速线路通信系统中的串扰。然而，扩频技术增加了信号带宽，并需要精确的模/数转换器和成组相关的数字模块，这使得它不适合高速线路互连。在本节中，我们没有采用复杂和高成本的实现方法，而是采用了一种简单的模拟 CDMA 技术，用于消除 Gb/s 的高速芯片间互连中的串扰。

本节所提出的系统结合了传统的共模信号系统与基于 CDMA 的串扰消除技术，称为基于 CDMA 的四线信号系统，它的简化框图如图 10-12 所示[15-16]。灰色块表示与 10.2 节中说明的传统共模信号系统的区别。

在图 10-3 中，使用四根线实现了三个数据链路：两个差分模式（DM）链路和一个由两个互补单端 CM 信号组成的共模（CM）链路。与传统方式不同的是，CM 信号 $C(t)$ 在发射机中与二进制信号 $S(t)$ 相乘。二进制信号 $S(t)$ 在 1 和 -1 之间交替变化，并且每个位周期在这两个电平上花费相等的时间，如图 10-12 所示。

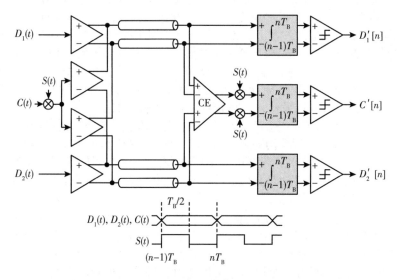

图 10-12　基于 CDMA 的四线信号系统的简化框图

信号 $S(t)$ 可以用一个 50% 占空比的比特率时钟信号轻松实现。在接收机中，CM 信号由共模提取（Common-mode Extraction，CE）电路提取，然后乘以一个适当延迟的 $S(t)$ 信号，后接一个位时间线性积分器。为了简单起见，图 10-12 中没有显示 $S(t)$ 的同步，实际上可以在采用本地每链路时钟校正的源同步系统中轻松实现[3,9,18] $S(t)$ 的同步。注意，积分是在一个位周期内进行的，然后在下一个积分周期开始之前将积分器复位。随后的判决电路在每个积分周期结束时对积分器输出进行采样，并确定恢复的二进制数据。与参考文献[3，18]中一样，避免瞬时复位操作的简单方法是采用双积分器和双向时分复用架构。图 10-12 中也展示了 DM 信号路径中的位时间线性积分器。

基于 10.3.1 节中描述的 DS 扩频和 CDMA 的基本概念，读者将认识到 $D_1(t)$、$D_2(t)$ 和 $C(t)$ 是分别通过"扩展码"[1 1]、[1 1]和[1-1]进行"扩频"（在发射机中）和"解扩"（在接收机中）的三个传输信号；接收机中的积分器充当低通滤波器。请注意，在位周期内乘以

[11]与完全不做乘法相同。扩频使 CM 信号与 DM 信号正交，而解扩和积分确保 CM 和 DM 信号之间的串扰被抑制，以实现低 BER 数据恢复。使用图 10-13 所示信号处理模型最能说明基于 CDMA 技术的操作，图中阴影框表示 CM 和两个 DM 链路共享的通信信道，即 TX 驱动器、PCB 走线、过孔、IC 管脚、RX 模式提取电路等的组合。该通信介质中的实线箭头表示从发射机通过信道到接收机的主要 DM 和 CM 信号路径，用 $[\cdots]_M$ 表示。虚线箭头表示 DM 和 CM 信号之间的串扰，通常由 10.2 节中描述的各种效应引起；$[\cdots]_X$ 表示从 DM 到 CM 链路或从 CM 到 DM 链路转换的所有此类串扰的总和。在没有串扰的情况下（即$[...]_X$ 项为零），在每个积分周期结束时，DM 和 CM 积分器的输出可以分别表示为

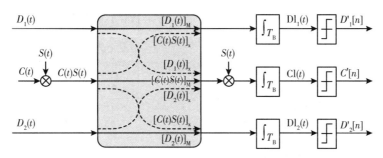

图 10-13　基于 CDMA 的四线信号系统的信号处理模型

$$DI_i[n] = DI_i(nT_B) = k_i \int_{(n-1)T_B}^{nT_B} [D_i(t)]_M dt$$

$$CI[n] = CI(nT_B) = k_C \int_{(n-1)T_B}^{nT_B} [C(t)S(t)]_M S(t) dt \qquad (10\text{-}10)$$

式中，k_i 和 k_C 分别表示 DM 和 CM 链路中积分器的增益，$i=1$ 或 2。决策电路采样 $DI_i(nT_B)$ 和 $CI(nT_B)$ 以确定恢复的数据 $D_i'[n]$ 和 $C'[n]$。本质上，这两个 DM 链路的行为就像具有集成接收器的传统差分链路一样[18]。

假设经过适当的均衡，DM 数据被正确接收，如图 10-14a 所示。CM 链路在发送器和接收器中都与二进制信号 $S(t)$ 进行了额外的乘法运算。假设接收器中的 $S(t)$ 经过适当的校正，两次乘法运算就会相互抵消，CM 数据可以理想地恢复，如图 10-14b 所示。请注意，扩展的 CM 信号 $C(t)S(t)$ 的带宽是 $C(t)$ 的两倍。因此，与传统的 CM 信号相比，扩展的 CM 信号可能遭受更高的损耗和符号间干扰（Intersymbol Interference，ISI）[12-13]。虽然 CM 信号的 TX 预加重（如稍后在 10.4 节中所述）抑制了 ISI，但额外的损耗是通过增加 CM TX 输出端的传输摆幅来补偿的。随之而来的功耗增加是基于 CDMA 技术的一个缺点。然而，根据测量的每条线的功率效率表明，串扰消除抵消了这一缺点，如 10.5 节所述。

在存在串扰的情况下，接收到的信号会被串扰项破坏。采样积分器输出变为

$$DI_{i,X}[n] = DI_i[n] + k_i \int_{(n-1)T_B}^{nT_B} [C(t)S(t)]_X dt$$

$$CI_X[n] = CI[n] + k_C \int_{(n-1)T_B}^{nT_B} ([D_1(t)]_X + [D_2(t)]_X) S(t) dt \quad (10\text{-}11)$$

式中，$DI_{i,X}[n]$ 和 $CI_X[n]$ 表示被串扰信号破坏的采样时刻的积分器输出值，$DI_i[n]$ 和 $CI[n]$ 表示由式(10-10)给出的理想积分器输出，式(10-11)右手边的第二项表示由 DM 和 CM 链路中的

位时间线性积分器过滤的串扰分量。请注意，DM 到 CM 串扰项在 CM 接收机中传播，CM 到 DM 串扰项在发射机中传播。无论是在发射机还是接收机中传播，与 $S(t)$ 相乘都会使所有串扰项成为宽带信号。积分器很容易对宽带串扰进行低通滤波，从而产生高串扰抑制。

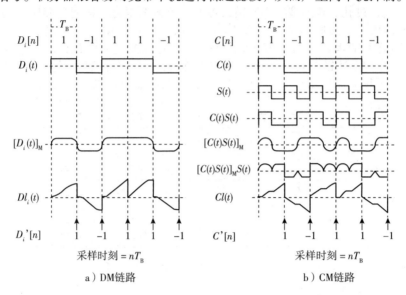

a）DM链路   b）CM链路

图 10-14 无串扰的基于 CDMA 的四线信号系统中的时域数据恢复

图 10-15a 和 b 分别是 DM 到 CM 和 CM 到 DM 在低通串扰场景下的时域串扰消除示意图。为了便于说明，串扰及其积分[式（10-11）中的第二项]被明确勾画出来。扩展串扰项 $[Di(t)]_X S(t)$ 和 $[C(t)S(t)]_X$ 中的正负区域在积分后抵消，从而实现串扰功率抑制。带通串扰消除更复杂，在频域中更能说明这个问题，如图 10-16 所示，信道长度失配引起了 DM 到 CM 串扰。请注意，上述技术在抑制带通串扰方面可能仅部分有效。

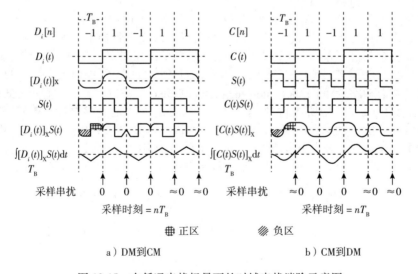

⊞ 正区   ▨ 负区

a）DM到CM   b）CM到DM

图 10-15 在低通串扰场景下的时域串扰消除示意图

为了确定串扰消除的有效性，我们进行了广泛的系统级仿真。具体来说，传统 CM 信号和基于 CDMA 系统的信号串扰比（Signal to Crosstalk Ratio，SCR）是针对一系列数据速率和信道损耗值进行模拟的，假定采用 FR-4 PCB 走线，DM 驱动器中存在 10% 的跨导失配，以及走线长度失配导致的 25%DM 信号相位误差。

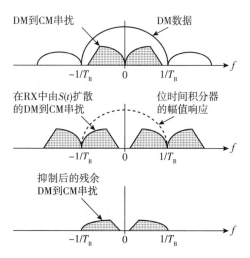

SCR 值是在长伪随机数据序列的各个 RX 决策电路的输入端计算的。由于信道受 ISI 和串扰限制，因此在仿真中通过采用发射机预加重技术对比较系统进行了良好的均衡。请注意，上述系统中的均衡技术将在 10.4 节中讨论。时钟抖动和电源噪声已被忽略，以具体说明串扰的影响。传统 CM 链路和基于 CDMA 的 CM 链路的模拟 SCR 值绘制在图 10-17a 和 b 中。

请注意，传统系统和基于 CDMA 的系统的总数据速率相同。然而，在图 10-17a 中，两个系统每条线路上的 TX 输出摆幅相同。在图 10-17b 中，基于 CDMA 的系统中的 CM TX 输出摆幅增加了（即

图 10-16　基于 CDMA 的四线信号系统中的频域 DM 到 CM 带通串扰抑制

CM TX 摆幅补偿），使得两个系统在决策设备输入端的 SNR 相同。从图中可以明显看出，即使没有 TX 摆幅补偿，基于 CDMA 的技术也可以在很宽的数据速率和信道带宽范围内改进 SCR。对于具有非常低带宽和高数据速率的信道，使用 CM TX 摆幅补偿，SCR 值至少可提高 6~7 dB。但是，CM TX 摆幅补偿会导致更高的 CM TX 功耗。

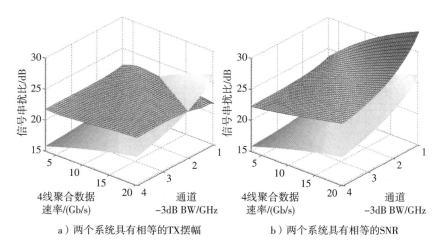

a）两个系统具有相等的 TX 摆幅　　　　b）两个系统具有相等的 SNR

图 10-17　传统 CM 链路（阴影面）和基于 CDMA 的 CM 链路（网状面）的模拟信号串扰比

10.4　均衡和计时

现代高速 I/O 链路中的可实现带宽主要取决于信道均衡和时钟架构。这两个因素在上述

系统中也起着重要作用。由于采用了 CDMA 串扰消除技术，所提出系统中的均衡过程和时钟抖动要求与传统 I/O 链路存在很大的差异。本节讨论基于 CDMA 的四线信号收发机的均衡过程和模拟时钟抖动要求。

10.4.1　均衡

在基于 CDMA 的四线信号系统中，DM 链路的均衡与任何具有可比单链路数据速率($1/T_B$)的传统 NRZ 信号系统(具有积分接收器)的均衡类似。CM 链路的均衡则因扩频和去扩频操作而大不相同。

传输的 CM 信号 $C(t)S(t)$ 具有两倍的带宽，因为 $C(t)$ 的信号频谱被 TX $S(t)$ 上变频。由于 RX $S(t)$ 下变频，所以 CM 信号又被重新中心化到 DC。因此，可以使用比特率 TX 预加重电路(即仅以 $1/T_B$ 运行而不是 $2/T_B$)来均衡整个 CM 信号路径，如图 10-18 所示。为简单起见，未显示信道传播延迟。在每个采样瞬间(即每个积分周期结束时)，当前数据符号(即光标)会因其他符号引起的前驱和后驱而产生 ISI，这与传统 NRZ 信号的情况类似。

有效的 CM 信道通过在积分器输出处对脉冲响应进行零强制来均衡(即图 10-18 中的 $P_{int}(t)$)。换句话说，选择 CM 预加重系数，使得对于所有整数 $n \neq 0$，$P_{int}(nT_B) = 0$。请注意，接收器中解扩展信号 $S(t)$ 的相位进行了调整(即 T_{skew} 被更改)，以使 $P_{int}(0)$ 最大。10.4.2 节更详细地介绍了时间方面的考虑。模拟表明，在 3.8 Gb/s 的数据速率下，3 位 3 抽头 TX 预加重足以在 DM 和 CM 信道中均衡高达 10 dB 的损耗(即 DM 和 CM 链路的均衡速度均为 3.8 GHz，扩展的 CM 信号速率为 7.6 Gb/s)。请注意，在模拟多音 I/O 技术也采用过类似的带通均衡[21]。

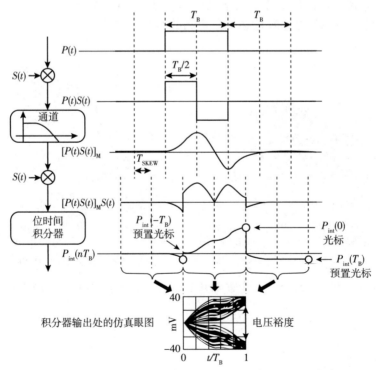

图 10-18　基于 CDMA 的四线信号系统中 CM 信号路径的脉冲响应

10.4.2　时钟问题

基于 CDMA 的系统中的抖动要求与传统的 DM 信号和 CM 信号的抖动要求有很大不同[12-13]。在发射机中，TX 时钟抖动可被视为对有效数据脉冲宽度的调制，这会导致 RX 中的均衡和采样瞬时不理想，从而降低 BER。此外，TX 时钟抖动被低通信号信道和接收机中的积分器连续累积[23]，因此所提出的系统中的时间抖动要求比采样接收器的信号系统更严格。由于扩频操作使数据转换的概率加倍，传输的 CM 信号 $C(t)S(t)$ 比传输的 DM 信号受到更多脉冲宽度失真的影响。因此，TX 时钟抖动对 CM 链路的影响比对 DM 链路的影响更严重。

RX 时钟抖动对所提出的系统有两个主要影响。首先，它会调制接收到的 DM 和 CM 信号的积分周期，从而降低了决策电路输入端的电压裕度。其次，RX 时钟抖动还会干扰解扩信号。因此，TX 和 RX 中的扩频码不能很好地互相抵消。这可能会严重降低数据恢复的质量。此外，与采样接收器架构不同，基于 CDMA 的系统中的积分器累积了 TX 和 RX 中的时钟抖动。

理想情况下，高速线性积分器可以通过简单的压控电流源对积分电容充电来实现。因此，积分器的第一个极点非常接近 DC，并决定了 TX 和 RX 时钟抖动对总 BER 的相对贡献。在基于采样接收器的高速链路中，接收机带宽比积分接收机的带宽宽得多，因此 TX 时钟抖动的影响比 RX 时钟抖动更为显著[18]。

图 10-19a 和 b 分别模拟和绘制了在 CDMA 系统中 DM 和 CM 链路中 BER 与 TX 和 RX 时钟抖动的关系。抖动与 BER 的模拟是基于参考文献[23]中的简化时域模型和方法，以在合理的模拟时间内获得相对准确的结果。为了观察随机抖动的影响，对确定性定时误差、剩余 ISI 和随机幅度噪声进行了适当设置，使得当 TX 和 RX 时钟的随机抖动标准差 σ 为 0.075 UI 时，传统 DM 链路的 BER 为 10^{-12}。该模拟还假定信道是 6 in FR-4 PCB 线路，具有封装模型，数据速率（即 $1/T_B$）为 3.8 Gb/s。在这些条件下，积分器带宽占据了整个链路带宽。请注意，模拟结果可能因不同的信道带宽和数据速率关系而有所不同。

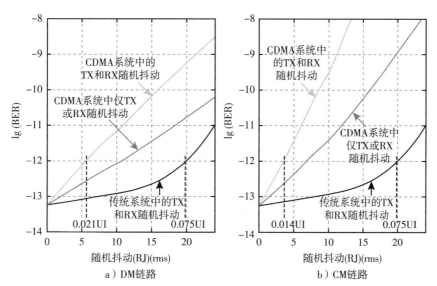

图 10-19　CDMA 系统中 DM 和 CM 链路中 BER 与 TX 和 RX 时钟抖动的关系

由于 CDMA 系统和传统系统具有相同的 SNR 设置，因此当时钟抖动功率设置为零时，它们的 BER 相等，如图 10-19 所示。模拟结果表明，在基于 CDMA 的系统中，由单个 TX 时钟抖动和 RX 时钟抖动引起的 BER 降级是可比较的。此外，与类似的传统 DM 信号相比，基于 CDMA 的系统具有更严格（约 5 倍）的抖动要求：DM 和 CM 链路的 TX 和 RX（rms）时钟抖动必须分别低于 0.02 UI 和 0.014 UI（即 3.8 Gb/s 时分别为 5.2 ps 和 3.6 ps），以使 BER $<10^{-12}$。10.5 节将说明，这些时钟抖动目标在 90 nm CMOS 下以 3.8 Gb/s 操作很容易实现。

注意，时钟偏差的要求也与传统 DM 信号相比更为严格。根据模拟结果，RX 时钟相位可能需要以 2 ps（即大约 $T_B/128$）的步长进行调整。包括在占空比校正环路之外的电路失配在内，$S(t)$ 中的占空比误差可能必须小于 ±0.01 UI（±2.63 ps），以使 BER $<10^{-12}$。

10.5　基于 CDMA 的四线信号收发机

采用 90 nm 标准 CMOS 技术制造了一个 3×3.8 Gb/s 原型 IC，以演示基于 CDMA 的四线制信号收发机。本节详细介绍了整个收发机的电路实现、硅后验证设置和测量结果。

10.5.1　实现

如 10.4 节所述，基于 CDMA 的四线制信号收发机包括两个 DM 链路和一个 CM 链路。1.2 V 电源为 TX 输出驱动器、RX 模拟前端（RX Analog Front-End，RXFE）以及全局 TX 和 RX PLL 的调节器供电。其余电路，包括 TX 和 RX 数据路径、本地 TX 和 RX 时钟电路、偏置生成电路、摆幅和阻抗控制电路，由 1V 电源供电。

原型 IC 中 TX 和 RX PLL 的参考时钟由外部低抖动振荡器提供[19]。可能会使用多个 DM 和 CM 链路共享的转发子速率时钟链以及 RX PLL 时钟倍增器来实现 TX 和 RX 时钟之间的低抖动同步[3,9]。TX 和 RX 时钟发生器使用具有低延迟灵敏度和低缓冲器延迟的 CML 缓冲器来最小化由电源噪声引起的抖动。由于 CM 链路中的扩频和解扩操作，全速率（即比特率）时钟分别由 TX 和 RX PLL 分配给所有发射机和接收机。本地 TX 和 RX 时钟电路将在本节后面讨论。为了将传统 CM 信号系统与所提出的系统进行比较，可以通过绕过扩频、解扩和积分操作来实现，或者通过设置链路禁用或启用基于 CDMA 的串扰消除机制来实现。

图 10-20 展示了 CM 发射机和本地时钟的电路框图。CM TX 数据路径由 PRBS 发生器、均衡器、2∶1 多路复用器、扩频电路、预驱动器和输出驱动器组成。DM 发射机除扩频电路外完全相同。每个 DM 或 CM 数据流［即 $D_i(t)$ 或 $C(t)$］是通过在半速率时钟上运行的两个 PRBS 发生器中的多路复用随机数据生成的。50% 占空比的半速率时钟是通过本地分频全局全速率时钟生成的。

在 DM 链路中，2∶1 多路复用器后面是预驱动器和电流模式输出驱动器。在 CM 链路中，在 2∶1 多路复用器和预驱动器之间插入扩频电路。根据 10.4 节中的描述，扩频是通过使用 50% 占空比全速率时钟多路复用数据及其反向复用来实现的，如图 10-21a 所示。

每个发射机通过交流耦合电容器在本地接收全局 3.8 GHz 全速率时钟。如 10.4 节所述，时钟分配电路的占空比误差可能会严重破坏 CM 链路性能，因此，CM TX 采用本地占空比校正（Duty-Cycle Correction，DCC）和占空比检测（Duty-Cycle Detection，DCD）电路，以确保

50% 占空比全速率时钟的误差在 ± 0.01 UI 范围内。模拟结果表明，± 0.01 UI 占空比误差足以容许积分器和 DCC 环路之外的电路失配（例如，在时钟缓冲器中的 4% VT 和器件尺寸失配）。DCC 电路通过数字控制差分电流模式缓冲器的输出偏移来实现，DCD 电路检测缓冲器输出端互补时钟信号平均值之间的差异以驱动 DCC 环路。在参考文献[3，24]中的类似设计已经实现了 ±0.01 UI 占空比误差目标。

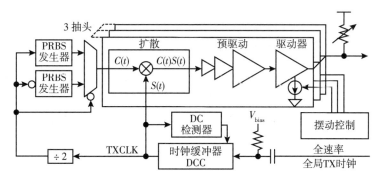

图 10-20　CM 发射机和本地时钟的电路框图

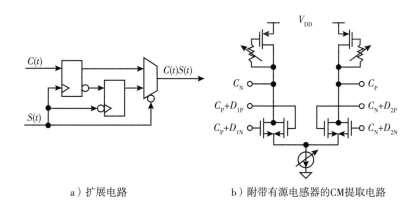

a）扩展电路　　　　　　b）附带有源电感器的CM提取电路

图　10-21

　　每个链路中的 TX 输出级被分成三个段，以实现 3 抽头预加重滤波器，如图 10-20 所示。每段由 CML 驱动器、预驱动器和扩频电路组成。每个抽头的 3 位分辨率系数是通过切换每个段尾电流中的 3 位数/模转换器（Digital-to-analog converter，DAC）来控制的。同时，摆幅控制电路可以同时改变每个 DAC 的参考电流，以增加或减少每个段的尾电流（或输出电压摆幅），而不影响预加重滤波器的系数比。请注意，DM 和 CM 信号的摆动是独立控制的。

　　图 10-22 展示了 CM 接收机和本地时钟的电路框图。CM RX 数据路径由前置放大器、CM 提取电路、双向时分复用 RXFE 架构、重新定时 DFF、PRBS 验证器和 BER 计数器组成。每个 RXFE 包括一个解扩电路、一个比特时间线性积分器和一个带有再生级和锁存器的感应放大器。与发射机的情况类似，DM 接收机除了共模提取和解扩电路外完全相同。请注意，由于扩展 CM 信号的带宽更高，因此 CM 接收机中前置放大器和 RX FE 的

功率要求比每个 DM 接收机中的要高。每个链路中的增益、带宽和跨导（g_m）可以单独控制。

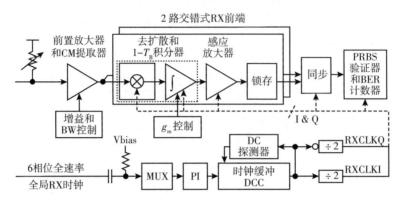

图 10-22 CM 接收机和本地时钟的电路框图

全局 RX PLL 中的电压控制振荡器（Voltage-Controlled Oscillator，VCO）采用三级全差分环形振荡器实现，以生成六个等间隔的相位全速率时钟信号。六相全局 RX 时钟通过交流耦合电容器在每个 RX 处接入。本地时钟电路中的相位多路复用器（Multiplexer，MUX）和相位插值器（Phase Interpolator，PI）为数据恢复生成适当的纠偏时钟相位，相位 MUX 和 PI 的控制信号需要手动调整。为了生成精确的 90° 差分 I 和 Q 半速率时钟 RXCLKI 和 RXCLKQ 用于解扩和积分，全速率时钟在送入分频器之前使用 DCC 环路以确保 50% 占空比，如图 10-22 所示。串行数据通过双向时间交错架构进行解复用：一路由半速率时钟 RXCLKI 和 RXCLKQ 运行，另一路由它们的反相时钟运行。

共模提取功能结合在 CM 接收机前置放大器的输入级中。差分对的每个晶体管都被分成两个大小相等的器件，因此输入的 DM 信号被抵消，只能检测到 CM 信号[12]，如图 10-21b 所示。为了保持传统 CM 信号的线性放大，前置放大器必须处理较大的输入信号摆动，包括 DM 和 CM 信号摆动。否则，DM 和 CM 信号之间会发生模式转换。幸运的是，所提出的技术还能抑制由电路实现中有限动态范围引起的串扰。换句话说，该技术可以缓解共模提取电路的设计要求。前置放大器采用 PMOS 器件配置为有源电感器，可提供相对于 DC 高达约 5 dB 的高频增益[25]。通过调整尾电流和电阻器，可以略微调整前置放大器的增益和带宽。

解扩、比特时间积分和采样保持电路以双向时间交错的方式实现。如图 10-23 所示，解扩操作使用 Gilbert 单元混频器和半速率时钟 RXCLKQ 实现。解扩电路的差分输出电流镜像对应充电寄生电容 C+ 和 C−，以完成积分操作。虽然电流镜像不是必需的，但它有助于将 Gilbert 单元与积分器输出隔离，还可实现较宽的积分器输出范围。积分周期由另一个半速率时钟 RXCLKI 标记，它与 RXCLKQ 的相位差为 90°。请注意，即使解扩电路始终运行，但只有在 RXCLKI 为高电平时其输出才是正确的积分器输出。

双向时间交错架构具有几个优点。首先，它避免了产生多相（即超过两相）时钟。其次，积分器具有完整的比特周期 T_B 来重置并为下一次积分做准备。最后，仅使用半速率时钟来实现解扩操作，可以最大限度地减少解扩代码（即全速率时钟）和由半速率时钟定义的积分周期之间的时序错位。

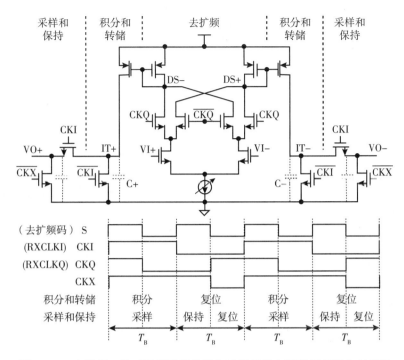

图 10-23　去扩频、位时间线性积分器和采样保持电路的原理图和时序图

10.5.2　测量结果

CDMA 类四线制信号收发机的原型 IC 实现了 11.4 Gb/s 的聚合数据速率，BER<10^{-12}。包括 I/O 引脚和 ESD 电路，整个 IC 占用约 2.2 mm×2.0 mm 的晶片面积，并从 1.0 V/1.2 V 供应中消耗 7[(mW/Gb)/s]/wire。该系统在两个不同的测试信道上进行了表征：信道 a 由单板芯片对芯片互连组成，其中信号路径由 6 in FR-4 微带 PCB 线路组成，TX 和 RX 处采用 QFN 封装。总信道损耗在 3.8 GHz 时约为 8 dB；信道 b 由两组 1 in FR-4 微带 PCB 线路组成。FR-4 微带 PCB 线路通过 60 cm 的同轴电缆连接，带有 SubMiniature 版本 A(SMA)连接器。总信道损耗在 3.8 GHz 时约为 10 dB。请注意，在任何信道中，信号路径名义上都是匹配的(即没有故意引入失配以增强串扰效应)。测量结果表明，信道 b 中的信号串扰更严重。

为了测量串扰的影响，特别是在 10^{-12} 级别的 BER 上，首先禁用基于 CDMA 的技术，然后再重新启用基于 CDMA 的技术。

步骤 1：逐个对 CM 和两个 DM 链路进行表征(同时关闭其他链路的 TX 和 RX)；具体而言，确定均衡器抽头系数、RX 时钟相位设置、TX 摆幅电平等，使 BER≤10^{-12}。

步骤 2：使用步骤 1 中获得的设置，同时打开所有三个链路并测量 BER。

该过程在确保在无串扰的情况下，禁用和启用基于 CDMA 的技术时都将获得相同的参考 BER。然后，可以通过观察 DM 和 CM 链路在两个系统中同时通信时的 BER 降级来量化串扰的影响。图 10-24a 和 b 分别显示了在启用和禁用基于 CDMA 的串扰消除技术的情况下，

DM 和 CM 链路在信道 a 和 b 上以不同数据速率测量的误码率（BER）。请注意，在任何情况下，DM 和 CM 链路都是同时通信的。在单板上的芯片对芯片通信中（即信道 a），即使通信环境名义上匹配，所提出的系统仍然比传统的四线制信号系统 BER 至少提高了 10 倍。在信道 b 中，长电缆和连接器会导致更多的失配，因此传统系统具有更差的 BER。在这种情况下，该技术的 BER 至少提高了 50 倍。

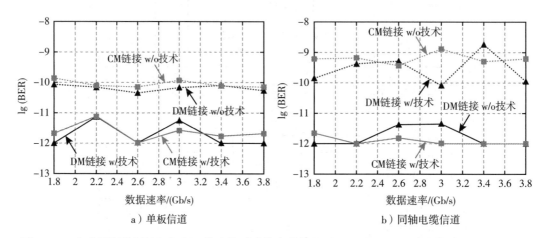

图 10-24　在启用和禁用基于 CDMA 的串扰消除技术的情况下，DM 和 CM 链路在信道 a 和 b 上以不同数据速率测量的误码率（BER）测量值

图 10-25a 和 b 展示了同轴电缆末端 DM 信号和 CM 信号的测量眼图。这里仅以 CM 眼图说明扩频操作。在一个比特间隔内出现了两个半大小的眼睛，这是符合预期的，如图 10-25b 所示。在 CM 数据示例中，信道末端的扩展 CM 信号 $[C(t)S(t)]_M$ 折叠到一个比特间隔上，导致眼图测量中出现两个半大小的眼睛，如图 10-25c 所示。更重要的是，关于 CM 预加重性能的结论不能从信道输出处测得的 CM 眼的电压裕度和确定性抖动中轻易得出，而要从积分器输出中得出，如图 10-14 和图 10-18 所示。如 10.4 节所述，CM 预加重滤波器仅均衡有效通带信道，但并不尝试"打开"扩频 CM 信号 $[C(t)S(t)]_M$ 的眼睛。

图 10-26 展示了在 DM 和 CM 信号同时传输时单根导线上的眼图。由于 DM 和 CM 链路中的信号上升时间、幅度和预驱动器级别不同，DM 和 CM 信号基本上具有不同的数据转换特性，但这不会影响链路性能，因为在接收机中 DM 和 CM 信号是单独提取的。因此，为了明确展示 DM 和 CM 的组合眼图，

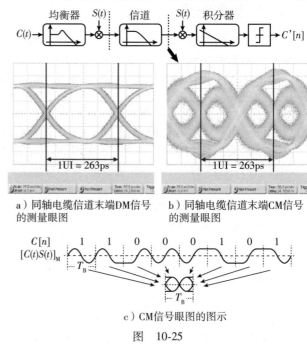

a）同轴电缆信道末端 DM 信号的测量眼图　　b）同轴电缆信道末端 CM 信号的测量眼图

c）CM 信号眼图的图示

图　10-25

故意增加了 CM 幅度，并降低了系统信号频率以缓解上述因素。

在图 10-26a 中，虚线表示图 10-25b 和 c 所示的 CM 眼图，DM 信号漂浮在 CM 信号上，具有数据转换和摆动功能。图 10-25b 展示了 TX 或 RX 时钟的抖动性能：2.8 ps（rms）满足 10.4 节中估计的抖动要求，在总数据速率为 11.4 Gb/s 下 BER $<10^{-12}$。

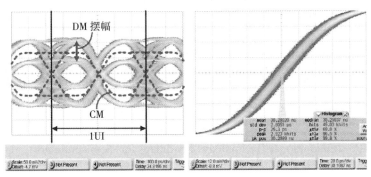

a）组合DM和CM信号的测量眼图　　　　b）TX或RX时钟的抖动性

图 10-26　在 DM 和 CM 信号同时传输时单根导线上的眼图

10.6　总结

基于 CDMA 的技术通过抑制串扰功率来提高信号质量（或 SNR），但需要更大的 CM 摆幅来补偿扩频操作导致的信号损失。总体而言，基于 CDMA 的四线信号收发机在一定范围的数据速率和信道带宽条件下的功耗相当或者更低。表 10-2 总结了测试性能以及目前的现有技术，包括 90 nm CMOS 技术中的纯 DM 信号，以及采用或不采用基于 CMDA 的串扰消除技术的 CM 信号。

表 10-2　测量总结和比较

	文献[26]	文献[27]	文献[28]	文献[13]	本书
工艺	90 nm	90 nm	90 nm	0.25μm	90 nm
信号	DM	DM	DM	DM 和 CM	DM 和 CM
线的个数	2	2	2	4	4
数据的速率/(Gb/s)	20	6.4	10	12	11.4
供电电压	1.2	1.2	1.0, 1.2	2.5	1.0, 1.2
信道	7 in. FR-4	6 in. FR-4	10 in. FR-4	7.9 in. FR-4	6 in. FR-4
BER	$<10^{-12}$	$<10^{-14}$	$<10^{-12}$	$<10^{-12}$	$<10^{-12}$
能效/[(mW/Gb)/s]	11.8	21	30	37.5	28
线能效/{[(mW/Gb)/s]/wire}	5.9	10.5	15	9.375	7

测量结果体现了基于 CDMA 的四线信号收发机电路和串扰抵消技术在单板和同轴电缆信道上的性能。与 CM 信号和传统差分信号的现有技术相比，该技术可以提供更好的单线功率效率。然而，在 CM 信道上更高的信号速率和更严格的时钟要求可能会导致功耗增加，特别是在具有陡峭滚降的信道中。

参考文献

[1] F. O'Mahony, G. Balamurugan, J. E. Jaussi, J. Kennedy, M. Mansuri, S. Shekhar, and B. Casper, "The future of electrical I/O for microprocessors," in *Int. Symp. VLSI Design, Automation and Test*, 2009, pp. 31–34.

[2] H. Hatamkhani, F. Lambrecht, V. Stojanovic, and C.-K. K. Yang, "Power-centric design of high-speed I/Os," *Design Automation Conference*, 2006, pp. 867–872.

[3] G. Balamurugan, J. Kennedy, G. Banerjee, J. E. Jaussi, M. Mansuri, F. O' B. Casper, and R. Mooney, "A scalable 5–15 Gbps, 14–75 mW low-power I/O transceiver in 65-nm CMOS," *IEEE J. Solid-State Circuits*, vol. 43, no. 4, April 2008, pp. 1010–1019.

[4] P. J. Palmer, and D. J. Williams, "Understanding models of substrate behavior for the routing of high I/O packages," in *IEEE Symp. IC/Package Design Integration*, 1998, pp. 58–63.

[5] ITRS (International Technology Roadmap for Semiconductor), *Assembly and Packaging White Paper on System Level Integration*, http://www.itrs.net/paper.html

[6] W. J. Dally and J. W. Poulton, *Digital Systems Engineering*. Cambridge, UK: Cambridge University Press, 1998.

[7] S. C. Thierauf, *High-Speed Circuit Board Signal Integrity*. Norwood, MA: Artech House, 2004.

[8] J. T. Stonick, G.-Y. Wei, J. L. Sonntag, and D. K. Weinlader, "An adaptive PAM-4 5-Gb/s backplane transceiver in 0.25-μm CMOS," *IEEE Journal of Solid-State Circuits*, vol. 38, no.3, Mar. 2003, pp. 436–443.

[9] B. Casper, A. Martin, J. E. Jaussi, J. Kennedy, and R. Mooney, "An 8-Gb/s simultaneous bidirectional link with on-die waveform capture," *IEEE Journal of Solid-State Circuits*, vol. 38, no. 12, Dec. 2003, pp. 2111–2120.

[10] A. Carusones, K. Farzan, and D. A. John, "Differential signaling with a reduced number of signal paths," *IEEE Trans. Circuits Syst. II*, vol. 48, no. 3, Mar. 2001, pp. 294–300.

[11] A. Ho, V. Stojanovic, F. Chen, C. Werner, G. Tsang, E. Alon, R. Kollipara, J. Zerbe, and M. A. Horowitz, "Common-mode backchannel signaling system for differential high-speed links," in *Symp. VLSI Circuits Dig. Tech. Papers*, 2004, pp. 352–355.

[12] T. Gabara, "Phantom-mode signaling in VLSI system," in *Proc. IEEE Conf. Advanced Research in VLSI*, 2001, pp. 88–100.

[13] S.-W. Choi, H.-B. Lee, and H.-J. Park, "A three-data differential signaling over four conductors with pre-emphasis and equalization: A CMOS current mode implementation," *IEEE J. Solid-State Circuits*, vol. 41, no. 3, Mar. 2006, pp. 633–641.

[14] S. Haykin, *Communication Systems*, 4th ed. New York: John Wiley, 2001.

[15] T.-C. Hsueh, P.-E. Su, and S. Pamarti, "A 3 × 3.8-Gb/s four-wire high speed I/O link based on CDMA-like crosstalk cancellation," in *Proc. IEEE Custom Integrated Circuits Conf. (CICC)*, 2009, pp. 121–124.

[16] T.-C. Hsueh, P.-E. Su, and S. Pamarti, "A 3 × 3.8Gb/s four-wire high speed I/O link based on CDMA-like crosstalk cancellation," *IEEE Journal of Solid-State Circuits*, vol. 45, no. 8, pp. 1522–1532, Aug. 2010.

[17] M.-C. F. Chang, I. Verbauwhede, C. Chi Z. Xu, J. Kim, J. Ko, Q. Gu, and B.-C. Lai, "Advanced RF/baseband interconnect schemes for inter- and intra-ULSI communications," *IEEE Trans. Electron Devices*, vol. 52, no. 7, July 2005, pp. 1271–1285.

[18] S. Sidiropoulos, "High-performance interchip signaling," PhD dissertation, Stanford University, Stanford, CA, 1998.

[19] G. Lawday, Ireland, and G. Edlund, *A Signal Integrity Engineer's Companion.* Englewood Cliffs, NJ: Pearson Education, 2008.

[20] B. Razavi, *Design of Analog CMOS Integrated Circuits.* New York: McGraw-Hill, 2001.

[21] J. G. Proakis, and M. Salehi, *Fundamentals of Communication Systems.* Englewood Cliffs, NJ: Pearson Education, 2005.

[22] A. Amirkhany, A. Abbasfar, J. Savoj, M. Jeeradit, B. Garlepp R.T. Kollipara, V. Stojanovic, and M. Horowitz, "A 24-Gb/s software programmable analog multitone transmitter," *IEEE J. Solid-State Circuits*, vol. 43, no. 4, April 2008, pp. 999–1009.

[23] P. K. Hanumolu, Casper, R. Mooney, G.-Y. Wei, and U.-K. Moon, "Analysis of PLL clock jitter in high-speed serial links," *IEEE Trans. Circuits Syst. II*, vol. 50, no. 11, Nov. 2003, pp. 879–886.

[24] T. H. Lee, K. S. Donnelly, J. T. C. Ho, J. Zerbe, M. G. Johnson, and T. Ishikawa, "A 2.5-V CMOS delay-locked loop for 18-Mbit, 500-Megabyte/s DRAM," *IEEE J. Solid-State Circuits*, vol. 29, no. 12, Dec. 1994, pp. 1491–1496.

[25] B. Razavi, *Design of Integrated Circuits for Optical Communications.* New York: McGraw-Hill, 2003.

[26] B. Casper, J. Jaussi, F. O'Mahony, M. Mansuri, K. Canagasaby, J. Kennedy, E. Yeung, and R. Mooney, "A 20-Gb/s forwarded clock transceiver in 90-nm CMOS," in *IEEE Int. Solid-State Circuits Conf. (ISSCC) Dig. Tech. Papers*, 2006, pp. 263–272.

[27] K. Chang, S. Pamarti, K. Kaviani, E. Alon, X. Shi, T. J. Chin, J. Shen, G. Yip, C. Madden, R. S. C. Yuan, F. Assaderaghi, and M. Horowitz, "Clocking and circuit design for a parallel I/O on a first-generation CELL processor," in *IEEE Int. Solid-State Circuits Conf. (ISSCC) Dig. Tech. Papers*, Feb. 2005, pp. 526–615.

[28] M. Meghelli, S. Rylov, J. Bulzacchelli, W. Rhee, A. Rylyakov, H. Ainspan, B. Parker, M. Beakes, A. Chung, T. Beukema, P. Pepeljugos, L. Shan, Y. Kwark, S. Gowda, and D. Friedman, "A 10-Gb/s 5-tap-DFE/4-tap-FFE transceiver in 90-nm CMOS," in *IEEE Int. Solid-State Circuits Conf. (ISSCC) Dig. Tech. Papers*, Feb. 2006, pp. 213–222.

高速串行数据链路的均衡技术

11.1 高速串行数据链路基础

多年来，数据传输量一直在增加，而且这种趋势愈演愈烈。虽然芯片上的接口可以扩展到非常宽的总线宽度以适应这种趋势，但片外物理互连的总线宽度却受到芯片和连接器引脚数、PCB 空间、电缆或光纤中可用导线数量及其相关成本的限制。

因此，内部计算机接口(例如 CPU 和硬盘、内存或显卡之间的内部计算机接口)、数据接口标准(例如 SATA、DDRx、GDDRx 和 PCIexpress 等)、外部计算机接口(例如 USB、Firewire IEEE 1394、Ethernet IEEE 802.3)、计算机和存储服务器网络(例如 Fibre Channel、InfiniBand)和有线电信或家庭娱乐解决方案(例如，DVD 播放器、机顶盒与电视之间的 DVI 或 HDMI 连接)——所有这些都需要大量的数据传输量——都使用高速串行链接。

图 11-1 展示了高速串行链路框图。源端的并行数据被多路复用为更高数据速率的信号，从而减少了发射机(Transmitter，TX)和接收机(Receiver，RX)之间所需的互连总线宽度。数据的串行化是通过时钟合成器和串行器电路来完成的。接收端需要实现反向的功能。通过互连介质发送的数据由输入缓冲器刷新，时钟和数据恢复(Clock and Data Recovery，CDR)单元生成采样时钟，对数据进行分片。接下来，采样后的高速数据流在解串器中被解复用为较低的数据速率和相应较高的总线宽度。根据不同的应用，还可能存在一个反向通道，但需要注意的是，反向通道并不一定具有相同的带宽。

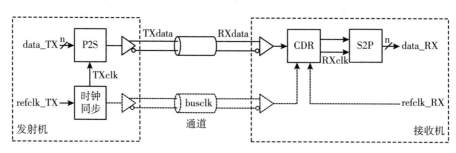

图 11-1 高速串行链路框图

在图 11-1 中，CDR 可根据链路标准以不同机制（见图中的虚线）生成链路时钟 RXclk。CDR 可直接从专用时钟信号或从接收到的数据中提取嵌入式时钟来生成时钟。在第一种情况下，时钟信号 busclk 必须通过互连介质中的单独通道发送，或者接收机必须有参考时钟 refclk_RX。在将采样时钟 RXclk 的相位与接收到的数据流同步时，只从 busclk 或 refclk_RX 中提取时钟频率通常非常有用。

对于第二种情况，接收机同时进行时钟提取和数据采样的前提是数据流能提供足够的关于时钟频率和相位的信息。为了确保该条件成立并防止 CDR 生成的时钟出现误锁定或过度抖动导致误码率（Bit Error Rate，BER）严重下降，需要应用特殊编码方案以提供最小边缘计数密度。曼彻斯特编码在每个符号中都有一个转换——无论传输的是逻辑 1 还是 0，其代价是物理传输速率是符号速率的两倍。符号中间的上升沿等效于 1，下降沿表示 0（根据 IEEE 802.3 的定义）。

其他需要较少带宽开销的方案也经常被使用，例如，4b5b（例如在以太网 100Base-TX 中使用）将 4 位转换成 5 位进行传输或者 8b10b（例如在 PCIexpress、USB 3.0、Firewire 800、Serial-ATA、DisplayPort 和 Fibre Channel 中使用）同样将 8 位转换为 10 位进行传输，两者都确保每 5 比特至少有一次转换。较低的最大连续相同位数（Consecutive Identical Bits，CIB）——也称为运行长度——使我们可以保持较高的 CDR 的跟踪带宽，从而实现快速锁定。

相比之下，如果使用非归零（Non-Returnto-Zero，NRZ）方案的伪随机比特序列（Pseudo-Random Bit Sequence，PRBS）进行传输，则要求数据跟踪 CDR 的带宽必须足够低，以使在最大预期运行长度下仍然可保持 CDR 锁定。这通常会涉及 CDR 跟踪速度、抖动容限和固有抖动等方面的问题。如果预期的运行长度较大，那么可以采用过采样 CDR，它可以在每个符号中创建多个采样，然后选择适当的采样。这样做的结果是更高的电路复杂性以及面积和功耗的增加。

在选择最合适的 CDR 架构时，除了编码方案外，通常还需要考虑由链路规范或应用程序确定的其他方面，例如针对确定性和随机输入抖动的抖动容限、抖动传输、启动时间、电路复杂性或功耗。高速 CDR 设计的复杂性不是本节的重点。有关 CDR 架构的概述及其优点、缺点和典型应用的总结等，请参阅参考文献[1]。

随着半导体技术的发展，更小和更快的节点使电路复杂性不再是高速串行数据链路的瓶颈。即使是复杂的 CDR 和 SerDes 电路，也能以合理的面积和功耗实现。相比之下，互连通道介质的改进速度并没有链路传输速率提高得那么快。此外，出于经济原因，人们更倾向于使用现有的背板、电缆或光纤等传统通道来提高链路传输速率。

图 11-2 显示了不同长度的 DVI 电缆屏蔽双绞线（Shielded Twisted Pair，STP）的传递函数。很明显，衰减随着频率和电缆长度的增加而增加。高频（High-Frequency，HF）衰减

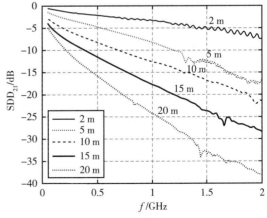

图 11-2　2 m、5 m、10 m、15 m 和 20 m DVI 电缆屏蔽双绞线的传递函数

主要受趋肤效应和介质损耗的影响[2]。电缆的传递函数可以表示为

$$H=e^{-\left[k_{\mathrm{skin}}(1+\mathrm{j})\sqrt{f}+k_{\mathrm{die}}f\right]L} \tag{11-1}$$

式中，k_{skin} 表示由皮肤效应引起的损耗，k_{die} 表示相应的介质损耗，L 表示电缆长度[3]。

图 11-3 显示了缓冲器接收通过 15m 电缆（见图 11-2）以 2 Gb/s 速度接收位序列的缓冲器输出。显然，缓冲器本身不会受到带宽限制，因为它能够产生锐利的边缘。然而，比特流中单个 1 的幅度未达到稳态幅度，更重要的是，其峰值出现了偏差。虽然第一个单个 1 的幅度达到了合理的振幅，但第二个单个 1 仅仅触及了 0 V 的差分电平，而第三个单个 1 远远没有越过判定阈值，从而导致了严重的误码率。

图 11-3 中的位序列的眼图是完全封闭的。电缆末端单个切换位（数据流中的最高频率）的振幅会被强烈衰减，因此缓冲器很难恢复。但实际上，位序列还存在一些记忆性。单个位之

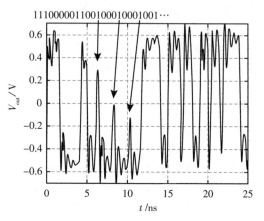

图 11-3　15 m 电缆以 2 Gb/s 速度接收位序列的缓冲器输出

前发生的 CIB 越多，产生的单个位的振幅就越低。尽管所有单个位都经历了电缆给出的相同衰减，但它们的实际振幅是由前面的位序列决定的。这种效应称为符号间干扰（Inter-Symbol-Interference，ISI），一般出现在带宽受限较强的系统中。

图 11-4a 显示了窄带宽信道对 T_{bit} 宽脉冲的脉冲响应。上升和下降时间占用了相当数量的 T_{bit} 单位间隔（Unit Interval，UI），甚至可能超过该间隔，而响应的剩余部分则是延伸到后续的 UI 中（需要注意的是，只要不依赖于振幅，通过信道本身的延迟通常不会造成问题）。

对于线性介质，比特流的响应是单个脉冲响应 RXdata(x_i）的叠加，如图 11-4b 所示。由于后面每个比特都是从前面比特的叠加残差开始的，因此组合信号 RX 数据中某些比特的振幅和宽度可能会小于信道损耗或单个脉冲响应的预期。在最坏的情况下，ISI 甚至会导致某些比特不越过 RX 判断阈值。UI 的残差越大，CIB 对后续单个切换比特的影响就越大。ISI 会因振幅减小而导致垂直眼闭合，也会因比特宽度变小和瞬态的历史偏移而导致水平闭眼。后一种效应表明，ISI 是造成高速接口确定性抖动的根本原因之一。在没有任何补偿对策的情况下，给定误码率的最大数据传输速率显然会随着信道损耗或数据传输速率的增加而迅速降低。

如前所述，在没有信道损耗的情况下，通过链路发送的数据编码方案对 CDR 设计有重要影响。由 ISI 引起的确定性抖动随最大运行长度而增加，因此具有低 CIB 值的编码方案具有一定优势。曼彻斯特编码比特流的最大运行长度为 1 UI。（连续切换位的运行长度为 0.5 UI。如果将 NRZ 的 UI 作为参考，则曼彻斯特编码可以解释为具有相同符号速率但物理上具有 0.5 UI 的 NRZ，其最大运行长度为 2，频率是两倍）但是，它们的振幅衰减要大得多［见图 11-2 和式（11-1），损耗随频率的增加而超出线性增加］，因为相同的信息带宽通过曼彻斯特编码需要两倍的物理带宽。

对于给定的信道带宽，无开销的 NRZ 编码比特流可带来最高的信息带宽，但对于 PRBS

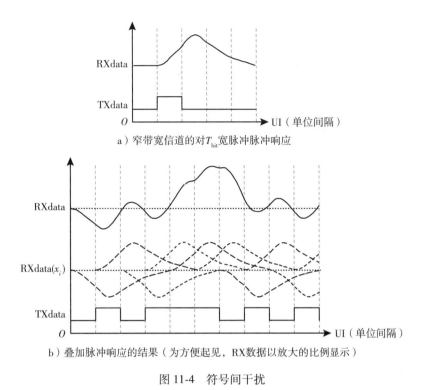

a）窄带宽信道的对T_{bit}宽脉冲脉冲响应

b）叠加脉冲响应的结果（为方便起见，RX数据以放大的比例显示）

图 11-4　符号间干扰

数据，由于最大运行长度较长，ISI 对其的影响较大。在原始带宽和净信息带宽之间经常使用的折中方案（也非常适合 CDR）是 8b10b 编码，其最大 CIB 值为 5，编码开销仅为 25%。

11.2　信道均衡

手持式应用等无线传输系统通过提高发射机的发射功率和/或增加接收机的低噪声放大器（Low Noise Amplifier，LNA）增益来补偿增加的通道损耗的影响。因此，在高速串行数据链路上提高发射机的驱动幅度或应用额外的接收机增益似乎是一个显而易见的措施。但与无线系统不同，高速串行链路是一种宽带系统，其原始信息带宽可达到其传输速率（编码和协议开销可以在无线和有线系统中找到，在本章讨论中被视为原始带宽的一部分）。

考虑到 NRZ 编码系统，一个允许较大 CIB 值的 PRBS 模式或传输标准可能包含远低于链路速率一半的基频的传输频谱。即使是最大 CIB 值低至 5 的 8b10b 编码，也需要 20% 的基频作为传输下限，而随机数据或过渡最小化差分信号（Transition-Minimized Differential Signalling，TMDS）几乎需要 DC。为了避免因 ISI 引起的确定性抖动而增加接收端的误码率，在接收机的采样阶段，不仅需要基频，还需要部分具有合理振幅的二次谐波和三次谐波。由于信道损耗和群延迟从 DC（或至少为链路速率的 10%）到 1.5 倍链路速率之间变化很大，因此适用于无线系统的针对整个传输带宽的简单增益提升并不是一种有用的措施。相反，必须采用更具频率选择性的补偿。

有损信道会导致抖动和误码率增加，因此需要对有损信道进行补偿，以便于接收机 CDR 中时钟和数据的恢复，并确保最大有效数据速率。这里不讨论采用过多协议或编码开销来补偿误码的方案，因为这会显著降低可用的有效信息带宽。如图 11-2 和式（11-1）所示，信道通常具有类似低通滤波器的传输特性，这也是高速均衡技术追求高频峰值的原因，以便最大化整体传输曲线并消除带宽限制，或至少将带宽限制转移到一个不需要的频率。

假设一个线性通道没有任何噪声和串扰影响，那么均衡是在通道前面还是后面应用并不重要。这意味着均衡在发射端和接收端都是可行的。噪声和串扰以及应用通常决定了对发射端或接收端均衡方案的偏好。

11.2.1 发射机预失真

如果要通过具有高频衰减的信道发送数据，则可以对发射机的输出信号进行预失真处理，使信号中的高频内容得到强调，从而改善接收机的眼图开放度。值得注意的是，预失真（PD）通常会导致发射机输出端的眼图性能下降，因为预失真会产生过冲、欠冲和/或确定性抖动，这取决于预失真方案。使用电流模式输出驱动器实现高频增益的最简单方法是通过在 TX 终端电阻上串联一个电感来改变负载阻抗[4]。采用这种方法可实现最大 6 dB 的增益，相当于在高频上去除发射机终端，从而使输出电流完全用于驱动负载的外部部分。这里的外部指的是通道和 RX 终端的传输线阻抗，但可以将 TX 寄生电容（如 ESD 保护和封装的寄生电容）包括在内。

电感峰值的幅度和角频率决定了发射机眼图中是否会出现过冲和欠冲。如果发射机的眼图必须符合标准规格，即不允许出现过冲和/或欠冲，也不允许出现由预失真引起的确定性抖动，那么一些电感对于补偿由 ESD 保护和封装引起的电容性负载仍然是有益的（如果发射端没有考虑到 TX 中寄生电容造成的损耗，那么 RX 也必须对这些影响进行补偿）。

然而，固定电感峰值的一个缺点是它不能随数据传输速率的增加而增加，而这对于多信道应用来说非常重要。如参考文献[5]所述，可以使用可调谐有源电感器来实现更灵活的电感增益。通过这种方法，可以对峰值频率和阻抗水平进行调整。有关有源电感器的简要介绍，请参阅下文"带宽增强技术"部分。

虽然一般来说，在信道前后都可以使用被动均衡，但由于多种原因，很少使用更复杂的发射滤波器。如果在发射机驱动器后面使用更高阶的无源高频增益滤波器，则超出上述电感峰值的宽带终端将无法使用。此外，由于无源滤波器不会放大频谱的任何部分，只是施加频率相关的衰减，因此大部分驱动功率将耗散在发射机中，对于传输信号没有任何用处。

固定均衡策略一般不会根据传输数据速率所需的实际带宽优化发射功率。相反，边缘同步的发射功率增益则更好，因为它可以选择性地强调数据流的谐波。增加发射幅度以获得 UI 的一部分的机制通常称为预加重（Preemphasis，PE），与接收端的均衡相对应。

边缘检测器用于开启差分输出级的附加尾电流，以产生预加重发射信号，如图 11-5 所示。预加重电荷以及均衡量由附加电流 I_{pre} 的乘积 $Q_{pre} = \tau \cdot I_{pre}$ 给出，而预加重持续时间则由延迟 τ 确定。根据延迟元件的实施情况，τ / T_{bit} 的比率与工艺电压温度（Process Voltage Temperature，PVT）密切相关，这会影响预加重性能。

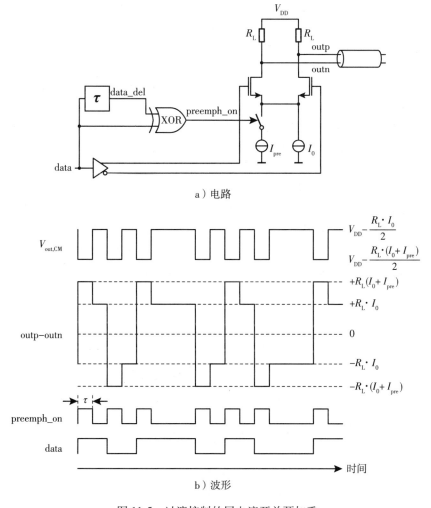

a）电路

b）波形

图 11-5　过渡控制的尾电流开关预加重

对于多速率链路，τ 需要针对最大数据传输速率进行优化，因为 τ 不得超过 T_{bit}，否则将导致较低传输速率下不必要的低均衡。因此，延迟元件通常使用触发器（Flip-Flop，FF）来实现，从而使与 PVT 无关的预加重电荷随数据速率自动缩放。用提供输入数据的相同边沿的时钟 FF 可实现全比特长度的预加重，使用反相边沿则可实现半比特长度的预加重。使用 DLL 的可切换抽头作为 FF 时钟的选通端口，可实现自动速率缩放和预加重电荷的灵活控制。

如果差分驱动器的负载由简单的终端电阻组成，则每当边缘检测电路接通额外的尾电流 I_{pre} 时，输出信号的共模 $V_{out,CM} = \dfrac{V_{outp} + V_{outn}}{2}$ 就会下降，请参见图 11-5b。这种高频共模调制一方面要求接收机具有足够的共模抑制能力，另一方面会产生电磁干扰（Electro-Magnetic Interference，EMI）问题。有时会使用差分共模滤波器来抑制共模辐射以符合电磁兼容性（Electro-Magnetic Compatibility，EMC）的限制。但从物料清单（Bill of Material，BOM）的角度来看，这些滤波器并不理想。因此，图 11-5 的预加重方案通常仅用于具有差分负载电阻的 H 桥配置中，在上下两侧采用相同的尾电流开关以消除共模变化。

　　然而，这种输出驱动器的供电电流调制很大，如果没有充分去耦，则会导致额外的片上电源/地面抖动和 EMI。上下尾电流源必须与静态开启电流和瞬态行为相匹配。此外，还需要与差分输出级的输入信号进行适当的时序调整，以防止预边缘电流增强导致部分反转的预加重。

　　参考文献[6]表明，负号预加重在多抽头预加重方案中可能会有一些用途，但其通常不是单抽头架构的目标，因为它会降低有效的预加重电荷。正常数据和预加重激活的两条拓扑上不同的路径之间的时序失配会随着 PVT 的扩展而进一步加剧，因此很难通过设计措施加以控制。

　　图 11-6 展示了一种不同的方法来实现预失真，该方法克服了尾电流开关的缺点。输出摆幅由两个差分级的共享负载电阻对尾电流 I_1 和 I_2 求和而产生。第二个差分级由全周期延迟数据信号 p_2、n_2 驱动，并与输出节点 outp、outn 反向连接。因此，每当比特流出现边沿或变化时，施加到共享负载电阻上的电流为 I_1+I_2；而如果连续出现相同的比特，电流摆幅就会减小到 I_1-I_2。与前面提到的动态尾电流开关相比，使用两个反相驱动器保持尾电流恒定会导致更大的功耗，比较前提是假设目标静态振幅相同。

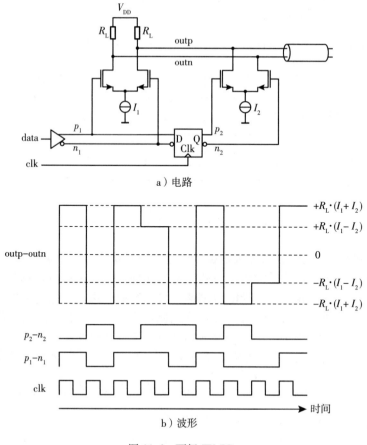

a）电路

b）波形

图 11-6　两级 TX PD

相对于低频内容，高频内容的相对增强可以通过强调切换位来实现。一种称为去加重（De-Emphasis，DE）的方法旨在通过保持最大摆幅不变，通过 CIB 的稳态来减小低频振幅，实现节省传输功率和减少 EMI/EMC 问题的目的。

许多流行的标准（例如 PCIe、USB 3.0 和 S-ATA）都采用了去加重技术，并可通过图 11-6 所示的相同电路方法实现。可编程尾电流既可实现预加重，也可实现去加重。与预加重相比，传输功率没有增加，但传输数据的低频频谱成分被衰减，以补偿信道中的高频损耗。使用去加重的前提是，接收机能够应对有损信道末端的总体减幅。就稳态振幅而言，预加重水平可以达到 6 dB 甚至 12 dB，这通常受到供电电压的限制。而去加重则受信噪比和接收机在目标误码率下能可靠检测到的最小振幅的限制。一般来说，在带宽受限的介质中，发射机对高频成分的强调有助于补偿 ISI，但也会产生 EMI/EMC 问题。

在图 11-3 和图 11-4b 中，如果 ISI 在多个位上累加，则其效果最差。因此，要对这种多比特残差叠加效应进行最佳补偿，需要采用更复杂的传输均衡架构，将预/去加重原理扩展到多抽头和多级加重方案[6-8]。数字 FIR 滤波器需要额外的延迟级，每个延迟级驱动一个带有尾电流 I_0，…，I_3 的独立输出驱动器。多抽头方案进一步考虑了每个输出驱动器极性（sign_0，…，sign_3）反转的可能性，如图 11-7 所示。这被称为前馈均衡器（Feed-Forward Equalizer，FFE）。

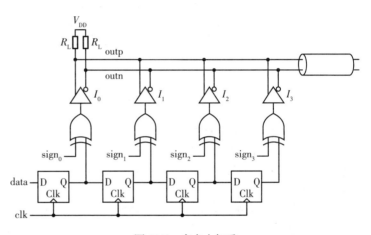

图 11-7　多点去加重

根据 FIR 的结构，前瞻数据流允许我们对数据进行精确的预失真。这是 TX 独有的功能，只需考虑前瞻比特的数量，就能产生额外的延迟。延迟级不一定需要比特周期间隔，子 UI 分段间隔可提供更精确的优化。

导致接收机眼开度降低的 ISI 通常是信道衰减导致振幅降低以及相位偏差或群集延迟导致时域闭眼的综合结果。因此，如果信道在高频方面显示出强烈的相位偏差，可以考虑通过子相位抽头增加一个前导（look-ahead）预失真分数，将部分高频峰值相对于比特边缘移动。参考文献[6]中表明，多抽头多级架构甚至可以用来提高抗串扰的鲁棒性。只有通过对实际信道特性进行微调，才能最大限度地降低误码率，才能证明硬件复杂性、功耗和面积消耗的增加是合理的。因此，这些技术对于已知和固定的信道特性，以及存在采用自适应方案的反馈信道非常有效。

目前讨论的 PD 技术均采用发射端振幅调制技术，在不对 CIB 的稳态振幅造成太大影响的前提下，可以将上述与供电和串扰相关的限制控制在 12 dB 左右。由于预加重电荷取决于幅度和持续时间乘积的调制，因此应用发射端均衡的另一种方法是动态修改比特宽度。图 11-8 展示了参考文献[9]中提出的脉宽调制（PWM）去加重方案的概念。

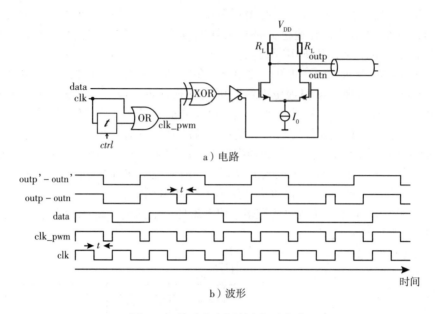

a）电路

b）波形

图 11-8 脉冲宽度调制去加重方案

在连续切换位的符号宽度保持不变的情况下，CIB 的比特宽度减小，导致低频衰减和高频相对增益，这与前面讨论的幅度去加重类似。带宽受限的通道对于 CIB 之后的边缘表现出延迟增加的情况，PWM 去加重方案也可以被认为是一种时域方法，它对 CIB 之后的边沿有效地采用了负延迟。

在非切换位的右侧（参见图 11-8b 中的信号 outp'-outn'）而不是左侧插入宽度为 τ 的反相信号，会导致通过低带宽信道时在 RX 处出现相同的波形，这实际上就像一个积分器。换句话说，基于 PWM 的预失真通过引入反向确定性抖动来补偿由有限通道带宽引起的 ISI 和确定性抖动。当然，无论是幅度-PE/DE 还是 PWM-PE/DE，任何预失真方案都会改变传输频谱的相位和幅度。

对实际信道损耗的适应可以通过调整延迟 τ 来实现，从而产生不同的 clk_pwm 脉宽。与曼彻斯特编码的生成类似，数据与时钟进行异或运算。（由于曼彻斯特编码在每个符号中都具有转换，因此它受到的 ISI 影响较少）将延迟从时钟周期的 0% 变为 50% 可实现从曼彻斯特码（相当于最大预失真）到不失真 NRZ 码（无任何高频加重）的连续转换。

参考文献[9]表明，PWM-PD 比双抽头 FIR 幅度调制功能强大得多，甚至可以超越多抽头多电平方案，因为 FIR-PD 的裕度受到供电电压的限制。此外，PWM-PD 不会导致功耗增加和输出级共模电压降低。clk_pwm 发生的延迟需要通过后向通道进行调整，以应对 PVT 变化，或者也可以使用 DLL 来稳定延迟。

与振幅-DE 的信噪比限制类似，PWM-DE 也受到接收机灵敏度的限制，因为这两种方法都能有效降低接收机的信号摆幅（CIB 的电荷减少，交替切换比特的频率最高，损耗也最大）。参考文献[10]中的工作通过增加信号摆幅、添加级联和提升终端电源解决了这一限制。此外，由于电路不再是真正的低电压结构，因此提升终端电源并非必要，有时只是交流耦合链路的一种自由选择。如果发射机需要应用大量的信道均衡，可以将振幅-PE 和 PWM-DE 方案结合起来。据作者所知，这种方案还没有被使用过，这可能是由于相关电路过于复杂。

11.2.2 接收机后均衡

由于发送端眼图范围、反馈通道、供电电压裕度和 EMI/XTALK 等的限制，发送端的预失真通常是不可行或被限制在远小于 20 dB 的范围内，而信道损耗很容易超过 40 dB。在接收机振幅和时间上闭眼的 ISI 要求接收机输入放大的选择性远远高于仅为连续采样电路产生足够高的输入振幅而设计的良好宽带放大器。完美的信道后均衡应用于振幅和相位有关的反向信道传递函数，以补偿损耗和相位偏差，从而在相关带宽内实现整体平坦的响应。

无源 RLC 滤波器是一种节省功率的方法，有时也用于接收机中（见参考文献[11-12]）。基于运算放大器（Operational Amplifier，OPA）的有源滤波器不适用于高速通信链路。根据任何有吸引力的峰值增益，它们可实现的闭环带宽都大大低于每秒吉比特量级的高速串行链路的信号速率，即使对于先进技术节点也是如此。此外，对于数百 Mbit/s 范围内的中速链路（此类滤波器是可行的），基于 OPA 的架构也不是最节能的选择。在大多数情况下，并不需要负反馈增益稳定的优势，因为只需要相对于低频的高频提升，而不需要绝对增益精度。

1. 分离路径均衡器架构（连续时间均衡器）

高速串行链路的宽带特性要求均衡器通过频谱的低频部分，并放大高频内容以补偿信道损耗。因此，反向信道传递函数的实现需要对几乎没有衰减的低频进行全通或低通处理，并对高频进行显著放大。

图 11-9 展示了一种分离路径均衡器结构，它有独立的低通和高通路径，外加一个加法器或混频器将两个信号分量相加。这种结构在高通角和峰值增益方面的整体传输特性可通过高通和低通轨道的单独增益调整或通过加法器/混频器中轨道的平衡来调节[13-14]。值得注意的是，在组合两个信号时，必须考虑低通或全通轨道与高通轨道之间的相位偏移，这也是全通轨道不能采用简单路径传输的原因[11]。由于只有通过

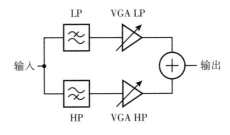

图 11-9 分离路径均衡器结构

有源高通级联才能实现较大的高频峰值增益，因此相位匹配的要求会导致低通/全通级的面积和功耗的严重浪费。

因此，绝大多数有源均衡器都采用图 11-10a 所示的紧凑型分路单元[3,7,11,15-17]。源衰减差分对没有采用单独的放大器/滤波器单元，而是通过使用低通衰减阻抗将全通和低通功能以及加权/求和功能结合在一起。图 11-10b 展示了源衰减差分对的传递函数，其值为

$$H = \frac{g_{m} \cdot R_{L}}{1 + g_{m} \cdot (R_{d}/2 \parallel 2C_{d})} = A_{0} \cdot \frac{1 + j^{\omega}/\omega_{HP}}{1 + j^{\omega}/\omega_{LP}} \qquad (11\text{-}2)$$

$$A_{0} = \frac{g_{m} \cdot R_{L}}{1 + g_{m} \cdot R_{d}/2} \qquad (11\text{-}3a)$$

$$\omega_{HP} = \frac{1}{R_d C_d} \tag{11-3b}$$

$$\omega_{LP} = (1 + g_m \cdot R_d/2) \cdot \omega_{HP} \tag{11-3c}$$

由于共源放大器中的低通 RC 退化, 电路提供了 A_0 的低直流增益和高于截止频率的高通特性, 最高可达 $H_{max} = g_m \cdot R_L$。这里的 H_{max} 等于非退化差分对增益, 是电容器在高频时短路的结果。因此, 相对于直流的最大高频峰值增益为

$$G_{peak} = 1 + g_m \cdot R_d/2 \tag{11-4}$$

因为 g_m 是有限的, R_d 需要与 C_d 搭配以实现所需的高通滤波器截止频率, 因此每级的峰值增益也是有限的, 这就是为什么会经常使用多级均衡来补偿过多的信道损耗。

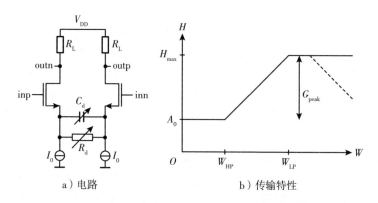

a）电路 b）传输特性

图 11-10 紧凑型分离路径均衡器

图 11-2 和式(11-1)表明, 信道可能会遭受不同类型的损耗, 导致传输特性具有线性和平方根频率依赖性。源极退化差分对提供了高通截止频率 ω_{HP} 以上的 20 dB/decade 增益, 级联 N 个相同的均衡器级别将提供 N 倍的 20 dB 的斜率。相比之下, 信道损耗函数可能表现出 30 dB/decade 的衰减或在相关频率范围内呈现递增的非线性斜率。为了达到更好的匹配效果, 在多级 EQ 设计中, 可能需要为各个级设置不同的高通截止频率 ω_{HP} (实际分路的类似方法可产生具有不同高通截止频率的额外并行高通路径)。在选择不同的高通截止频率时, 应考虑到紧凑型分裂路径方法中可能会出现限制效应。如果待重建信号的低频分量超过了退化差分对的线性范围, 所有尾电流都会被引导至两个差分负载电阻 R_L 中的一个。因此, 输入频谱中高度衰减的高频成分的增益将低于预期, 甚至会进一步衰减。这种限制效应可能会导致吞没多个 CIB 之后的单个切换位。需要注意的是, 上述效应并不局限于多级均衡器, 在单个紧凑型分离路径级中也会出现, 这也是与采用独立路径的实际分离路径结构相比的主要缺点。为了首先重建衰减最大的信号, 同时避免低频造成的饱和效应, 多级均衡器的第一级应具有最高的高通截止频率, 后续级别应具有连续递减的截止频率。

通过调整退化阻抗, 退化差分对可以调整均衡器的传输曲线以适应当前信道特性。图 11-11a 展示了调整退化电阻 R_d 时的传输曲线, 图 11-11b 展示了更改退化电容 C_d 时的传输曲线。在两种情况下, 高通截止频率 ω_{HP} 都被修改。电阻调谐保持低通截止频率 ω_{LP} 恒定, 并随着 ω_{HP} 的降低, 增加了峰值增益 G_{peak} 和放大器的线性范围, 但以降低的 DC 增益为代价。

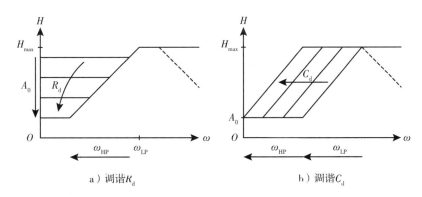

a）调谐R_d　　　　　　b）调谐C_d

图 11-11 均衡器调谐

由于大多数标准的差分传输幅度都在 200 mV 以上，因此在平衡 DC 增益与线性之间的折中并不那么重要。即使存在一些低频衰减，只要后续的采样单元或限制缓冲器的性能没有明显降低，这也是可行的。先进的感测放大器采样器通常能够在输入信号超过 20 mV 左右时可靠地检测到正确的二进制状态。但在频率非常高的情况下，其灵敏度会下降，因为它们需要最低的电荷量才能进行正确的决策。

当将 EQ 输出馈送到传输或时钟恢复单元时，最小 EQ 幅度必须足够大，以防止系统中出现过多的抖动。通常，这可以通过添加平坦响应的限制缓冲器来实现。高通边缘 ω_{HP} 的电容调谐使 DC 以及峰值增益 G_{peak} 保持恒定，并且改变低通边缘 ω_{LP}，其中高通相关的斜率饱和到最大增益 H_{max}。

为了防止上述线性问题，DC 增益应该相当低。当传入信号经历较小的信道损耗时，边缘相当陡峭，不需要任何高频补偿。因此，恒定的峰值增益可能会导致振铃。此外，电阻器可以调谐在比电容器更大的范围内，因此在信道特性方面具有更高的灵活性。

- 带宽增强技术。客观地来说，独立于高通截止频率的恒定 G_{peak} 并不完全现实。负载电阻 R_L 和负载的电容部分（由差分级晶体管的漏电容、布线电容和后续级的栅电容构成）将不可避免地形成第二个低通 $\omega_{LP,load}$。所得到的传输特性由图 11-10b 和图 11-11 中的虚线表示，并显示出相当大的带宽损耗。即使幅度衰减仍然可以接受，但第二极引起的附加相移可能会严重影响 EQ 输出信号的水平眼开度。

为了改善抖动性能，显然需要提高带宽。减小 R_L 会导致增益和摆幅减小，必须通过提高尾电流，甚至增加均衡器或限制级来弥补。后一种方法不可避免地引入了额外的输出极点，会在目标带宽处导致几分贝的损耗。将整体增益分成更多级的方案需要仔细研究，并且通常会导致功耗的非线性增长。因此，人们提出了几种带宽增强技术。

使用 f_T 倍频器[18]的目的是减少差分级的有效输入电容，但代价是将输入级和相应的尾电流增加一倍。负反馈是改善电路带宽的另一种手段。如果使用主动反馈级，则必须通过降低增益、增加电路复杂度和电流消耗为代价。Cherry-Hooper 放大器用作限制放大器[18-19]或峰值放大器。稍加改动即可形成相当灵活的均衡器结构，请参见图 11-12。在输入和反馈级之间平衡尾电流 I_1、I_2 可以调整 DC 增益，从而调整高频峰值的大小。在反馈级前引入低通滤波器（虚线元件 R_2、C_2）会在整体传递函数中添加第二个零点。低通滤波器的调谐采用了可调节的高通斜率[21]。

与内部节点相比，具有 50 Ω 单端或 100 Ω 差分终端的接收机输入端阻抗相对较低。因此，这些节点能够驱动比内部电路更大的电容负载。这种电容负载的主要部分由 ESD 保护器件和焊盘构成。只要 S_{11} 规格仍然允许一些较大的输入级电容，就可以利用均衡器级的反向缩放。与数字时钟树不同，在数字时钟树中每个缓冲器都必须驱动比其本身电容更大的缓冲器或导线电容，而连续的均衡器或限制放大器级则在尺寸和电流消耗方面连续降级，从而提高了前一级的带宽。需要注意的是，这一措施的可行性取决于均衡器最终需要驱动的负载。参考文献[22-23]成功地实现了反向缩放，但在参考文献[3, 17]的 6×OSR 架构中，由于负载由六个采样器组成，因此无法应用反向缩放。

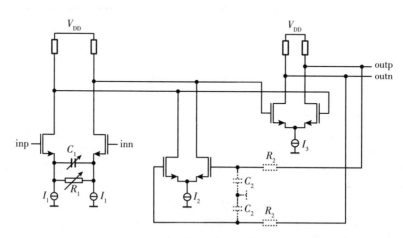

图 11-12　带有 Cherry-Hooper 放大器的均衡器

　　在一些 10 Gb/s 链路中，螺旋电感器已被用于负载阻抗峰值[22-23]。虽然用于此目的的螺旋电感器不需要高品质因数，但它们仍然相当笨重(由于高速串行链路的宽带性质，在紧凑型分路或实际分路均衡器的求和级中总是使用串联电阻器)[13]。只有实际分路均衡器的高通轨迹不需要串联电阻，但串联电阻有益于防止由带电容负载的电感器形成的高品质 LC谐振电路振荡或过冲)。因此，螺旋电感器对于低速率或多通道链路来说是不可承受的。

　　在图 11-13 中，所谓的"有源"电感器可以实现节省面积的低品质因数"电感器"。在低频情况下，由二极管连接的 PMOS M_0 的负载阻抗相当低。在高频下，由于低通 $R_1 C_1$ 不再使门极跟随漏极电压，负载阻抗会增大。由于 M_0 的漏极电容，特别是漏极-栅极电容需要最小化以实现高速操作，因此有源电感器所需的 $V_{ds} = V_{gs}$ 是低供电电压的设计中的一个问题。在参考文献[18, 24]中，可以找到使用 NMOS 器件构建的折叠有源电感器的解决方案，以解决低供电电压问题，但代价是增加电路复杂性和折叠支路中的额外尾电流。

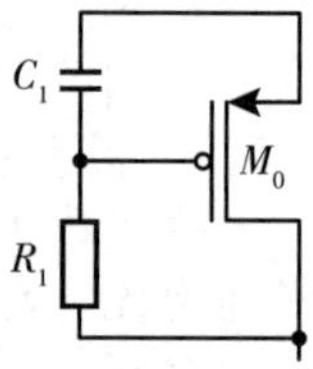

图 11-13　基于 PMOS 的感性负载

2. 分段均衡器架构(离散时间均衡器)

　　通过 ISI 现象(见图 11-4)解释信道损耗的影响并讨论了发射机的预失真方案后，我们可以清楚地看出，时域方法也适用于接收机均衡。通过对输入信号正确加权的延迟分数求和，可以逆转比特延伸到一个或多个后续比特的残余叠加。图 11-14 展示了一种前馈均衡器(Feed-Forward Equalizer，FFE)[25]。请注意，与图 11-7 中显示的多抽头预/去加重驱动程序相比，RX 不能考虑前瞻位的限制。连续抽头之间的延迟 τ 以及触点对组合输出信号的贡献（以尾电流和极性表示）需要根据数据速率和信道特性进行仔细调整。为了消除 ISI 并加速过渡部分，RX 和抽头 A_1，$\cdots$，A_3 的主要贡献必须是反相的；因此，FFE 提供低频衰减，就像先前讨论的 TX 去加重一样。

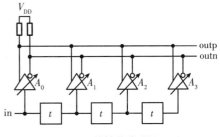

图 11-14　前馈均衡器（FFE）

如果 FFE 是唯一的均衡措施，则必须选择比单位间隔（UI）小得多的 τ，例如在参考文献 [25] 中为 $\frac{1}{3}$UI，因为它不足以纠正延伸到下一个比特的 ISI。此外，还需要加快过渡和平衡稳态幅度以实现可接受的眼图性能。对于质量差的信道上的多千兆位应用，ISI 残留跨越超过一个 UI。因此，必须增加抽头数量，从而导致电路复杂度、功耗和调整复杂度显著增加。值得考虑的折中方案是将几个 UI 间隔以下的分路器与 UI 间隔的分路器相结合（尽管参考文献 [25] 中提出的 FFE 能够应用重要的均衡并重新打开眼图，但它仍然遭受严重的水平和垂直退化，这在作者看来可能是由于缺乏超过 1 UI 的分段）。

与上一节讨论的分路均衡器相比，FFE 电路几乎没有线性度要求。理想情况是驱动器和延迟级最好与幅度无关，或者至少它们的延迟应该比预期的均衡延迟 τ 小得多。为了实现这种独立性，所有的驱动器和延迟都需要由负载相近的驱动器驱动，并具有相似的负载。因此，不仅图 11-14 中的第三个延迟级必须用一个虚拟延迟级加载，而且第一个延迟和驱动器 A_0 也应该用一个类似的级而不是输入终端电阻来驱动。使用这种级的缺点是，它可能会吞没一些输入信息，例如，一个仅在某些 CIB 之后出现的单个切换位可能无法达到缓冲器的切换阈值。因此，即使 FFE 不需要前置驱动器，在 FFE 前端使用线性均衡器完成部分工作也是值得的。

另一种减少 ISI 的时域方法是图 11-15 所示的决策反馈均衡器（Decision-Feedback Equalizer，DFE）。第一个采样器或触发器的输入信号为

$$y = \sum_{i=0}^{n} A_i \cdot x_i \qquad (11\text{-}5)$$

它是当前（x_0）和先前（x_1，$\cdots$，x_n）接收到的比特的加权组合（增益和极性）。假设已经对一个比特做出了正确的决策，那么可以通过反馈这个决策的正确分数来考虑对后续位的影响。为了从一开始就支持正确的决策，并确保采样器/FF 有合理的输入幅度，通常在 DFE 前面放置一个线性 EQ [8,21]。

抽头 EQ 结构为消除 ISI 定义了一个专门的时间间隔，从而使得与连续时间分路 EQ 相比，可以实现更有选择性的 HF 增强和 LF 衰减。因此，与链路速率相关的频率内容将被增强，这种增强并非相对缺乏选择性的 HF 增强，后者很容易导致噪声放大或振铃（振铃可能是噪声放大或过度均衡化导致过冲/欠冲的结果，或在最坏情况下产生额外的过渡达到决策阈值。由于 DFE 是一种选择性的非线性电路，因此通常不会观察到振铃效应）。

出于上述原因，分路 EQ 应该始终与离散时间 EQ 配套使用。反之，如果需要补偿超过 30 dB 的过度损耗，非线性分路均衡器因其选择性而成为后续分路均衡器已预处理信号的理想选择。当然，组合结构的调整要复杂得多，因为每个子 EQ 都需要单独调整以实现最佳的整体性能。

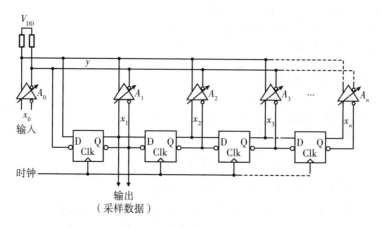

图 11-15　决策反馈均衡器(DFE)

11.3　均衡器调谐方案

在上一章中，针对高速串行链路提出了各种发射机和接收机均衡方法。固定均衡器通常用于准确定义数据速率且信道时不变的应用中。正确地将均衡器传输特性与给定的链路条件匹配，可以最大限度地提高整体 RX 性能。然而，可变的数据速率和信道特性要求自适应均衡器根据特定的条件优化其传输特性，以减少 ISI 并最大化 BER。均衡器校准可以从信道响应、训练序列或数据序列的属性直接确定。

少数单向通信链路在启动或数据传输期间周期性地插入训练序列或先导序列。接收机预先知道这组特定的符号集，因此可以用来训练 RX 均衡器(即更新其传输特性)。由于训练序列不携带数据信息，它会给应用程序带来额外开销，从而降低有效数据传输速率。

相比之下，应用于发射机的预加重方法的信道自适应只支持双向链路，即将有关链路质量的信息返回到发射机或使用非线性发射的方法，如 Tomlinson-Harashima 预编码(Tomlinson-Harashima Precoding, THP)[26-28]。后者与 Austin 提出的决策反馈均衡器密切相关[29]。DFE 反馈已经量化的符号，THP 系统反馈已经发送的符号，并在发射机和接收机中应用模运算。

如果前面提到的调谐机制都不可用，但又需要信道自适应，那么盲均衡器调谐方案就变得十分必要。本节简要回顾了不同的模拟和混合信号盲均衡器调节方案，可根据数据速率和信道损耗校准均衡器。这些方案通常用于优化接收端 EQ，但在某些情况下如果存在反馈信道，也可以用于控制 TX 均衡。这些例子主要针对的是 RX 校准。

11.3.1　接收机功率谱密度分析

自适应均衡器应该合成一个与信道频率响应成反比的频率响应。图 11-16a 说明了实现这种盲模拟自适应均衡器的基本结构[31]。输入接收信号首先通过一个分路自适应均衡器 $EQ(s)$，该均衡器可增强接收信号中被低通信道响应衰减的高频内容。通过一个伺服环路来调整高通截止频率，该环路比较限幅放大器输入信号 A 提取和整流的高频功率与其输出(信号 B)的等效信号。假设限幅放大器输出信号有尖锐的边缘，伺服环路通过调节限幅放大器输入信号的斜率来调整 $EQ(s)$ 的高通特性。这需要一个宽带高通滤波器，同时还需要足够的增益来补偿高频信道损耗。

　　这种传统的自适应均衡器存在两大瓶颈。一个是自适应精度较低，另一个是均衡滤波器的工作频率较低。详细分析表明，校准精度在很大程度上依赖于信道的低频损耗（Low-Frequency Loss，LFL），如图 11-16b 所示。因此，Choi 等人提出了一个双环反馈[HPF(s) 和 LPF(s)]来调节分路均衡器的两个部分：高通路径的零点位置和全通部分的直流增益。结果，电路的复杂性最终会导致更高的功耗，尤其是在高数据速率时。更重要的是，伺服环

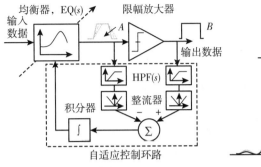

a）传统连续时间自适应电缆均衡器的框图　　b）直流振幅对校准精度

图　11-16

路中使用的切片器本身限制了运行速度，因为切片器必须生成具有快速边缘的干净、不受影响的波形，以便进行充分比较。然而，当数据速率接近器件过渡频率时，实现这样的切片器变得极其困难。

　　图 11-17 展示了一种缓解上述困难的改进方法，它考虑了理想的随机二进制数据。随机数据比特流的功率谱可以用 $\mathrm{sinc}^2(f)$ 函数来描述，如式（11-6）所示。

$$S_x(f) = T_{\mathrm{bit}} \times \left[\frac{\sin(\pi f T_{\mathrm{bit}})}{\pi f T_{\mathrm{bit}}}\right]^2 \wedge \frac{P_{\mathrm{total}}}{P_1} = \frac{\int_0^\infty S_x(f)\,\partial f}{\int_0^{f_1} S_x(f)\,\partial f} = \frac{1/2}{f_1 T_{\mathrm{bit}}} = \frac{f_0}{f_1} \qquad (11\text{-}6)$$

式中，T_{bit} 表示数据流的比特周期。因此，任意两个频率的功率密度之比是已知的（见图 11-17a）。我们不需要用一对带通滤波器来检测两个不同频率的功率，只需要一个低通滤波器和一个高通滤波器就可以捕获接收信号的低频和高频分量的功率。此外，通过将低通路径的功率放大 f_0/f_1 的比例，使其等于全通的功率，可以去掉高通滤波器[32]，如图 11-17b 所示。同样，对低通和全通功率的差值进行评估以生成模拟均衡器的控制信号。由于伺服环路的简化，整个系统的功耗大大降低。

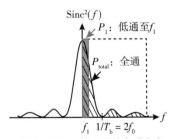

a）随机数据比特流的功率谱密度

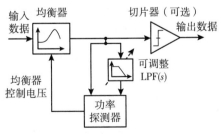

b）改进的低功率连续时间自适应均衡器的框图

图　11-17

　　然而，比较均衡信号的频谱分量仍然存在两个主要缺点。其一是频谱功率比较的准确性，它受制于相关模拟滤波器的 PVT 变化。针对这个问题，Liu 等人提出了一种调整能量比例的方案来克服这个限制[14]。频谱功率调节方案更严重的缺点是起始假设，即如果能够补偿电路非理想性，则其要比较的分量的能量比是已知且固定的。事实上，这只对已知数据或随机比特序列才成立。如果数据流没有预设的频谱分量的扩展和幅度，例如对于 TMDS 等编码方案，那么讨论的自适应机制就不应该用于链路。

11.3.2　均衡器输出幅度的测量

　　由于低通信道特性(见图 11-2)，数据流中的高频和低频分量会因为不同的幅度损耗而产生差异。在图 11-3 和图 11-4 中，连续切换的比特和连续相同的比特在通过一个引入 ISI 的损耗信道时会产生不同的幅度。一个完美校准的均衡器旨在消除这些差异；因此，可以通过比较均衡器在高频和低频切换时的输出幅度来判断均衡器是否经过适当地校准。

　　参考文献[34]中提出的均衡器自适应方案是基于低频和高频数据过渡区域的全波整流器内容的比较，如图 11-18a 所示。对于低频分量，整流和平均幅度 $V_{ave}(L)$ 与峰值幅度相同，$V_{ave}(L) = V_{pp}(L)$，而对于高频分量，$V_{ave}(H) = (2/\pi) \times V_{pp}(H)$(因子 $2/\pi$ 是由于对正弦波进行平均，是高频分量的一阶近似值[34])。因此，理想的均衡器输出信号为 $V_{pp}(L) = V_{pp}(H)$ 和 $(2/\pi) \times V_{ave}(L) = V_{ave}(H)$。

　　自适应算法会加剧均衡器对衰减信号的强化，直到达到所需的平均幅度关系，如图 11-18b 所示。第一步，将均衡器设置为最小的 HF 峰值，并测量最大的平均整流器输出幅度 $V_{ave,max}$。这一步测量的最大值来自低频分量，它们几乎不受高频信道损耗的影响，所以 $V_{ave,max} = V_{ave}(L)$。$V_{ave,max}$ 被设置为一个参考值，从中导出第二个参考值 $(2/\pi) \times V_{ave}(L) = V_{ave,ref}(H)$。

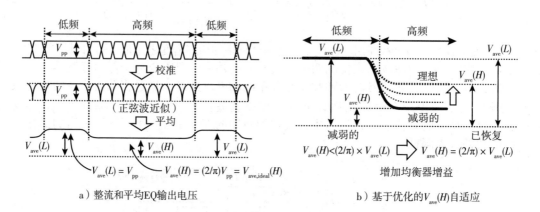

a)整流和平均EQ输出电压　　　　　　　b)基于优化的 $V_{ave}(H)$ 自适应

图 11-18　EQ 输出幅度测量

　　在第二步中，增加均衡器峰值，直到没有整流器的输出信号低于 $V_{ave,ref}(H)$。关于电压测量单元的电路实现细节，参见参考文献[34]。根据均衡器的实现方式，它的低频增益以及其输出幅度可能随着峰值增益的增加而改变，例如，如果使用图 11-10 所示的紧凑型分路均衡器，并且通过调节 R_d 来控制峰值(见图 11-11a)。为了补偿低频增益随着高频增益增加而导致的变化，可以用一个可调均衡器级的并行复制路径来确定 $V_{ave}(L)$，该路径不具有峰值(在紧凑型分离路径中去掉 C_d)，只是模拟低频增益的变化。因此，对于每一个新的均衡器设置，都必须测量和比较 $V_{\mathrm{ave}}(L)$ 以及 $V_{\mathrm{ave,ref}}(H)$。

如果可以在不改变低频增益的情况下应用 EQ 调节（例如调节 C_{d}，见图 11-11b），则可以省略复制路径，从而减少面积和功耗。这种自适应方案通常会导致轻微的过度均衡。过度均衡的根本原因是反馈回路中的偏移、信号衰减和全波整流器内的带宽限制，以及略大于 $2/\pi$ 的 $V_{\mathrm{ave,ref}}(H)$ 缩放因子，因为总会有一些谐波存在。

自适应方案所需的硬件开销包括一个用于幅度测量的全波整流器、一个参考幅度生成电路、一个用于比较均衡器输出幅度与参考幅度的比较器和用于自适应的控制逻辑电路。由于所提出的技术不需要高通滤波器，也不需要高速采样时钟，因此整体功耗较低。

11.3.3　直接测量数据眼图开度

通信链路中接收信号的质量和其眼图的形状密切相关[35]。因此，通过分析接收机的开眼情况（例如，通过开眼监测器（Eye-Opening Monitor，EOM））来评估传输质量，并将所得数据作为均衡器调节的度量是一种显而易见的方法[23,35,36]。

1. 基于一维 EOM 的 EQ 调谐

在参考文献[36]中提出了一个将 EOM 作为自适应均衡器回路的一部分的方法，它在眼图的中心定义了一个具有给定高度和可变宽度的矩形，如图 11-19a 所示。这个矩形是一个"禁区"，其中不应该有任何痕迹。因此，矩形内的痕迹将被称为违规。每次矩形出现违规时，它的宽度就会减小。此外，类型 3 的违规，即完全在矩形内发生的跳变，会导致比类型 2 更大的减幅。如果没有发生违规，即类型 1，宽度就会增加。稳态矩形的宽度表示给定高度的水平眼开度[36]。因此，这个原理展现了垂直眼开度和测量值之间的线性关系。这样，眼开度的微小变化（不一定会导致任何位错误）就会被检测到。

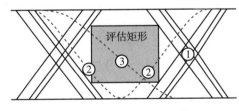

a）眼图评估原理

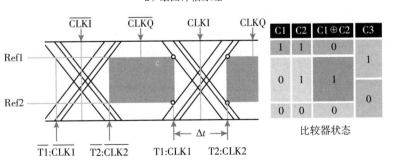

边沿检测 $\equiv$ C3($\overline{\mathrm{T2}}$)$\oplus$C3(T2)

b）EOM的实施

图 11-19　EOM

EOM 评估矩形是通过使用两个时钟和两个参考电压来实现的，如图 11-19b 所示。矩形的高度由两个参考电压 Ref1 和 Ref2 定义，它们对称于眼图的中心，而宽度则由两个采样时钟 CLK1 和 CLK2 给出，分别代表评估矩形的左边缘和右边缘。实际的评估发生在一个矩形的右边缘（T1）和下一个矩形的左边缘（T2）。这样做的优点是只需观察一次跳变而不是两次跳变。由于内部时钟频率是比特率的一半，因此每隔一个比特就进行一次评估。数据信号与参考电压用两个比较器（C1 和 C2 分别使用参考电压 Ref1 和 Ref2）进行比较，比较结果在 CLK1 和 CLK2 的上升沿锁存。只有当在区间 $[\overline{CLK2}, CLK2]$ 内有跳变时[36]，才会使用 XOR 门将锁存值进行数字组合。EDGE 信号是由一个在眼图中心工作的第三个比较器 C3 得到的。所得到的数字信息用于 CDR 回路进行相位对准和数据恢复，以及均衡器传递函数的调整[36]。

该方法的一个修订版使用一个 EOM 和一个传统的二进制 CDR，独立地移动 CLK1 和 CLK2 的相位位置，以克服不对称抖动的限制[23]。CLK1 和 CLK2 都被移动到抖动分布边界的左右边缘，使得 ΔCLK = T1－T2 表示衡量水平眼开度的指示器，用于调整 EQ。为此，眼图测量模块在一定时间内计算左/右时间间隔内的数据边缘数量，以估算数据边缘的概率。计数器值与一个可编程的参考值进行比较。通过适当地调整 CLK1 和 CLK2，可以控制时钟信号对抖动分布的侵入。然而，侵入的宽度会影响检测到的数据边缘的数量，从而影响时钟恢复。因此，必须在眼跟踪性能和眼开度测量精度之间进行权衡。

EQ 自适应块由眼图测量模块获取估计的眼开度 ΔCLK。它对一定时间内的 ΔCLK 进行平均，使得 EQ 自适应回路具有比眼测量回路更大的时间常数。最后，它通过调节 EQ 传递函数来最小化误差信号 $T_{Bit}/2-\Delta CLK$。这样就得到了最大的水平眼开度，从而为数据采样触发器提供最大的时序裕度。

2. 基于二维 EOM 的 EQ 调谐

如前一节所述，Ellermeyer 等人提出了一种 EOM 电路，用于估算输入信号的水平眼开度，在稳态下，掩模宽度表示水平（一维）眼开度。最近提出的 EOM 架构具有将接收眼的垂直（幅度）和水平（时间）开度同时映射到二维误差图的特点[35,37]。误差图直接与两个维度的眼开度相关，并且本质上是信号眼图的捕获图像，如图 11-20a 所示。

在文献 [35] 中，EOM 通过二维眼掩模来表征眼图的开度。二维眼开度监测器的一个显著特征是它能够捕获高速链路中常见的具有不规则和非矩形开口的眼图形状。二维 EOM 同时在水平和垂直维度上生成不同尺寸的矩形掩模。同样，两个参考电压 Ref1 和 Ref2 定义了掩模的垂直开度，两个采样时钟的相位 CLK1 和 CLK2 使用水平误差检测逻辑 C1⊕C2 确定其水平开度，其中⊕表示异或函数。

图 11-20b 所示的二维 EOM 架构为掩模的两侧（左侧和右侧）提供了另一个独立的误差检测块，以有效地捕获水平不对称的眼图。定义垂直掩模阈值的参考电压可以通过 DAC 围绕共模点进行调整。DAC 分辨率 N_{DAC} 反过来定义了垂直 EOM 分辨率，而相位插值器步数 N_{phi} 限制了水平时间分辨率。因此，二维 EOM 能够表征 $N_{DAC} \times N_{phi}$ 个眼开度掩模。类似的二维 EOM 被用于高速 CDR 环路中，用于调整 CDR 判决点在两个维度上的位置，以在高度不对称的眼图中找到最佳的采样相位和幅度[37]。

3. 基于数据边缘分布的宽度和形状的校准

数据眼开度和数据边缘在过渡期间的分布取决于 TX、信道和 RX 引入的随机和确定性效应。确定性部分主要由有限的信道带宽引入的 ISI 所主导，而随机部分则由 TX 和 RX 前端的噪声源引起。由于随机效应的影响在时间上被平均，因此数据边缘分布的宽度和形状可以可靠地用于校准均衡器。

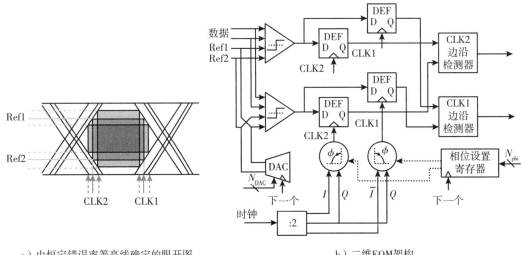

a）由恒定错误率等高线确定的眼开图　　　　　b）二维EOM架构

图 11-20　二维 EOM

盲均衡器调整是基于数据眼的长期时域分析，特别利用了数据边界信息。调整方案利用过采样比 $OSR = T_S/T_{bit}$（Oversampling Ratio，OSR），应用一个 T_{bit} 宽的滑动窗口，扫描/采样每个接收的数据位，包括具有 TS 的子周期精度的数据边界。从数据样本中提取的边缘信息被用来确定信号转换的直方图，如图 11-21a 所示。直方图分析使用 XOR 门来实现，每个 XOR 门比较两个连续的采样相位，以检测这些相位之间是否发生数据转换。在所有两个连续采样相位之间检测到的边缘数目使用可变转换计数器 $X_i(i \in [1, \cdots, N])$ 累积，其中 N 位深度用于平均随机效应。现在，转换直方图的宽度由具有非零内容 $Y_i \neq 0$ 的转换计数器 X_i 的数目给出，而形状则由直方图的标准差评估，如图 11-21b 所示。

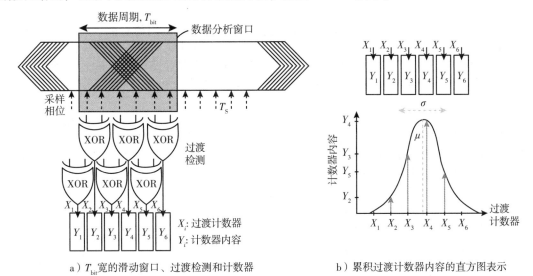

a）T_{bit}宽的滑动窗口、过渡检测和计数器　　　　　b）累积过渡计数器内容的直方图表示

图 11-21　超采样接收机的边缘直方图分析

图 11-22 为在信道传输和均衡后，三种不同均衡器设置的 6×OSR 接收机行为仿真结果。对于欠补偿和过补偿均衡器的情况，数据眼开度（见图 11-22a 和 b）减小，从而导致边缘分布直方图的宽度增加（见图 11-22d 和 f）。因此，对于过补偿和欠补偿情况，无内容的转换计数器 X_i 的数目分别为 3 和 1，如图 11-22d 和 f 所示，而在最佳均衡器调整情况下，有四个计数器显示零转换。

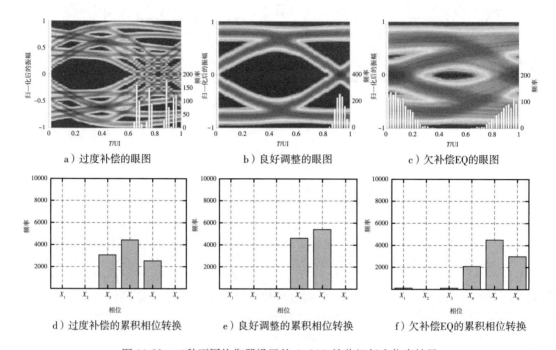

a）过度补偿的眼图   b）良好调整的眼图   c）欠补偿EQ的眼图

d）过度补偿的累积相位转换   e）良好调整的累积相位转换   f）欠补偿EQ的累积相位转换

图 11-22 三种不同均衡器设置的 6×OSR 接收机行为仿真结果

边缘分布直方图的形状证实了这一结论。过补偿或欠补偿的均衡器都会显示出具有较大标准差的宽数据边界分布（见图 11-22a、d、c、f）时，而经过优化调整的均衡器显示出一个窄的直方图分布，如图 11-22b、e 所示。因此，所提出的均衡器调整目标是最大化眼睛开口（这相当于最大化具有零内容的转换计数器的数量）同时最小化边缘分布的标准差 σ（缩小直方图形状）。

从图 11-22f 可以看出，最佳采样相位位于 X_2，它与直方图的中心（均值）相距 180°。由于过采样比率在这种情况下被限制 6 倍，所选相位与理论最佳相位位置有一定偏差。因此，最大的相位偏差是半个采样周期 T_S。需要注意的是，均衡量会影响峰值滤波器的群延迟，进而影响窗口内的整体数据相位。对于均衡器的调整来说，直方图在样本内的绝对位置并不重要，这大大简化了统计计算。

为了获得最佳的校准结果，本节使用了两种校准标准（垂直眼图开口和标准差）。边缘分布的标准差可以用多种方法确定，从而导致不同的计算精度和硬件复杂度[38]。参考文献[17]中所提出的技术可以准确地调整均衡器的传递函数[17]。基于对不同接收机架构、不同电缆长度和数据速率的大量行为仿真，本节提出的调整方案在选择过采样时钟数据恢复器的情况下，表现出优越的调整性能，且具有最小的硬件开销和功耗损失。

11.3.4　基于滤波器模式的符号间干扰检测

　　一种基于数据模式的均衡原理的方法对输入的数据进行下采样，使得均衡器调整算法能够对接收到的数据进行特定的采样模式筛选，对串行数据进行了 2 倍的过采样[39]。因此，均衡后的信号在眼图中心和符号边界的过渡区域都被采样。这些采样值用于更新时钟和数据恢复电路以及调整 DFE 抽头系数。对于这两项任务，围绕任何数据运行长度的过采样都将用于自适应。

　　在两个过渡采样都提前的情况下，CDR 会延迟输出相位。相反，如果两个过渡采样都延迟，则 CDR 会提前输出相位。然而，如果前沿较早而后沿较迟，比特宽度被认为是窄的和欠均衡的。反之，数据被认为是过度均衡的。检查先前数据决策的历史，以确定哪些抽头对符号间干扰有贡献，并相应地调整这些 DFE 抽头权重。

　　一种更节能的方法是对接收到的数据进行下采样降低抖动容限来，从而避免 2 倍的过采样。在这种方法中，调整算法生成两组数据，第一组（D2，在图 11-23a 中）是在眼图中心采样数据，而边界值（B3）是在 1.5 UI 之后的过渡区域采样得到的。ISI 水平定义为边界值 B3 和数据值 D2 之间的反转相关性。图 11-23a 用图形来表示这种关系。这两组数据都用于 CDR 环路中的相位检测，以及均衡器增益和偏移调整。当<D2，B3>状态为<0，1>和<1，0>时，ISI 水平被认为是+1，即过度补偿。如果<D2，B3> = <0，0>或<D2，B3> = <1，1>，则接收机是欠补偿的。连续数据集 D3 和 D4 在上升沿或下降沿才是有效的。为了获得非随机数据的一致的调整结果，ISI 水平只对特定的数据序列进行估计，称为滤波器模式（FP）。在检测到一个 FP 后，接收机更新 EQ 增益，然后切换到下一个 FP，使得接收机随机地循环通过所有的 FP 集合，以确保在没有超时的情况下，在数据序列之间实现平衡，如图 11-23b 所示。这可以防止 EQ 在遇到单频模式时发生漂移。

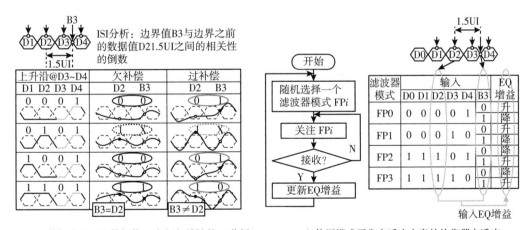

a）基于数据边界B3和数据值D2之间相关性的ISI分析　　　　b）使用模式平衡自适应方案的均衡器自适应

图 11-23　基于滤波器模式的 ISI 检测

　　此外，自适应 EQ 控制还使用随机相位下采样，这可以节省功耗，而不降低对中频抖动和与下采样周期同步的周期性模式的容限——这是传统固定相位下采样的一个缺点。这种方案的另一个限制是随机模式的环路带宽较低，因为一次只分析 16 个过渡模式中的 1 个。在启动时，EQ 增益从一个较低的值开始，以避免由于低损耗信道的过度补偿导致的错误的负 ISI 水平。

11.4　总结

为了补偿信道损耗效应，可以用许多不同的方法实现高频峰值。它可以应用在 TX 或 RX 端，或者同时应用于这两端，而正确的选择需要考虑很多方面。虽然 TX 预加重可以提高 SNR，但它会引起 EMI/EMC/XTALK 问题。RX-EQing 通常更节能，因为电路不是在 50 Ω 负载上工作，但它容易受到噪声放大的影响。RX-EQ 通常采用模拟分路（见图 11-9）或紧凑分路（见图 11-10）电路，有时后面跟着抽头 EQ（DFE 和 FFE，见图 11-14～图 11-15），而 TX 通常采用同步抽头电路（见图 11-5～图 11-8），具有前面讨论过的所有优点和缺点。如果要补偿过大的损耗，可能不可避免地要使用前后信道均衡的组合。但是设计者或系统架构师选择 TX/RX 均衡分布的自由度可能受到限制，因为一些应用标准规范规定了最大的 TX 加重，甚至完全禁止了它。

如果信道特性不是固定的——例如，必须支持不同长度和质量的电缆或不同尺寸和材料的背板——则必须采用一个自适应方案来相应地调整均衡器。因为手动调整在大多数情况下都不利于方便用户，而且 TX-PD 的自动调整只能在存在反向信道的情况下进行，所以许多接收机需要采用盲均衡自适应方案。

目前有几种自适应方法，首选方案取决于多个方面，包括电路复杂度、面积和功耗、技术节点、启动时间、应用链路基础设施和标准规范。虽然参考文献[3，17，23，35]中提出的自适应方案会带来最佳的均衡性能，但它们的电路相当复杂，可能比参考文献[11，13-16，20，22]中提出的简单方法消耗更多的面积和功耗。

在必须选择 OSR-CDR RX 架构来实现 CDR 性能的情况下，参考文献[3，17]中提出的方法不会显著地增加开销。特别是在一个需要深亚微米工艺节点的大型 SoC 设计中，EQ 校准所需的额外数字电路不会占用大量面积。相反，如果因为目标是一个简单的开关、多路复用器或中继器功能，不强制要求对均衡后的数据进行重新定时的时钟恢复，那么不需要高速时钟生成或大量数字门的低复杂度均衡和自适应方案是首选，特别是在考虑到使用大于 0.25 μm 栅长的 CMOS 晶体管或 BiCMOS 技术的廉价老式 CMOS 技术节点时。

离散时间均衡器和校准方案要求在校准开始时就提供采样时钟[3,8,17,23,35,39,40]。如果没有提供参考时钟，CDR 必须仅从 EQ 的输出中提取时钟。这种均衡器自适应环路和时序恢复环路之间的交叉依赖使得两个环路的收敛和启动过程变得复杂。纯模拟连续时间 EQ 和调整方案不会遇到这样的问题，但是依赖于频谱内容统计，如果数据内容偏离了假设的统计，则可能会失败。

高速串行数据链路中的均衡是一个复杂的主题，在本章参考文献中提出了很多技术。对于均衡器、均衡器自适应和 CDR 的架构选择之间的密切关系，本章只是做了非常简单的介绍。

致谢

作者要感谢 Gerrit den Besten、Jim Conder 和 Pavel Petkov 对参考文献[3，17，38]的重要贡献和奉献精神。

特别感谢我的家人，尤其是妻子，她给予了我所有的爱和支持，使我能够在稀有的空闲时间里写这本书。

参考文献

[1] M. Hsieh and G. Sobelman, "Architectures for multi-gigabit wire-linked clock and data recovery," *IEEE Circuits and Systems Magazine*, 2008, pp. 45–57.

[2] N. Shanbhag, "Fundamentals of electronic dispersion compensation," *IEEE Int. Solid-State Circuits Conf., Short Course*, San Francisco, CA, 2007.

[3] F. Gerfers, G. W. den Besten, P. V. Petkov, J. E. Conder, and A. J. Köllmann, "A 0.2-2Gb/s 6× OSR receiver using a digitally self-adaptive equalizer," *IEEE Journal of Solid State Circuits,* vol. 43, no. 6, 2008, pp. 1436–1448.

[4] H.-M. Rein, R. Schmid, P. Weger, T. Smith, and R. Lachner, "A versatile Si-bipolar driver circuit with high output voltage swing for external and direct laser modulation in 10-Gb/s optical-fiber links," *IEEE Journal of Solid-State Circuits*, 1994, pp. 1014–1021.

[5] Y.-S. M. Lee, S. Sheikhaei, and S. Mirabbasi, "A 10-Gb/s active-inductor structure with peaking control in 90-nm CNMOS," *IEEE Asian Solid-State Circuits Conf.*, 2008, pp. 229–232.

[6] M. Bichan and A. Carusone, "Crosstalk-aware transmitter pulse-shaping for parallel chip-to-chip links," *IEEE International Symposium on Circuits and Systems*, May 2007, pp. 189–192.

[7] R. Farjad-Rad, H. Ng, M. Lee, R. Senthinathan, W. Dally, A. Nguyen, R. Rathi, J. Poulton, J. Edmondson, J. Tran, and H. Yazdanmehr, "0.622–8.0-Gbps 150-mW Serial IO macrocell with fully flexible preemphasis and equalization," *IEEE Symposium on VLSI Circuits*, 2003, pp. 63–66.

[8] T. Beukema, M. Sorna, K. Selander, S. Zier, B. Ji, P. Murfet, J. Mason, W. Rhee, H. Ainspan, B. Parker, and M. Beakes, "A 6.4-Gb/s CMOS SerDes core with feed-forward and decision-feedback equalization," *IEEE Journal of Solid-State Circuits*, vol. 39, no. 12, 2006, pp. 2633–2645.

[9] J. H. R. Schrader, E. A. M. Klumperink, J. L. Visschers, and B. Nauta, "Pulse-width modulation pre-emphasis applied in a wireline transmitter, achieving 33 dB loss compensation at 5 Gb/s in 0.13-μm CMOS," *IEEE Journal of Solid-State Circuits*, vol. 41, no. 4, 2006, pp. 990–999.

[10] J. H. R. Schrader, E. A. M. Klumperink, J. L. Visschers, and B. Nauta, "Wireline equalization using pulse-width modulation," *IEEE Custom Integrated Circuits Conference (CICC)*, 2006, pp. 591–598.

[11] S. Gondi and B. Razavi, "A 10-Gb/s CMOS merged adaptive equalizer/CDR circuit for serial-link receivers," *IEEE Symposium on VLSI Circuits*, 2006, pp. 194–195.

[12] J. Liu and X. Lin, "Equalization in high-speed communication systems," *IEEE Circuits and Systems Magazine*, 2004, pp. 4–17.

[13] G. Zhang and M. Green, "A 10-Gb/s BiCMOS adaptive cable equalizer," *IEEE Journal of Solid-State Circuits*, vol. 40, no. 11, 2004, pp. 2132–2140.

[14] H. Liu, I. Mohammed, Y. Fan, M. Morgan, and J. Liu, "An HDMI cable equalizer with self-generated energy ratio adaptation scheme," *IEEE Transactions on Circuits and Systems,* 2009, pp. 595–599.

[15] J. Choi, M. Hwang, and D. Jeong, "A CMOS 3.5-Gbps continuous-time adaptive cable equalizer with joint adaptation method of low-frequency gain and high-frequency boosting," *IEEE Symposium on VLSI Circuits*, 2003, pp.103–106.

[16] J. Choi, M. Hwang, and D. Jeong, "A 0.18-μm CMOS 3.5-Gb/s continuous-time adaptive cable equalizer using enhanced low-frequency gain control method," *IEEE Journal of Solid-State Circuits,* vol. 39, no. 3, 2004, pp. 419–425.

[17] G. den Besten, F. Gerfers, J. Conder, A. Koellmann, and P. Petkov, "A 200-Mb/s–2Gb/s oversampling RX with digitally self-adapting equalizer in 0.18-μm CMOS technology," *IEEE Symposium on VLSI Circuits*, 2006, pp. 741–747.

[18] B. Razavi, *Design of Integrated Circuits for Optical Communication*, New York: McGraw-Hill, 2003.

[19] S. Galal and B. Razavi, "10-Gb/s limiting amplifier and laser/modulator driver in 0.18-μm CMOS technology," *IEEE Journal of Solid-State Circuits*, 2003, pp. 2138–2146.

[20] W. Chen, S. Huang, G. Wu, C. Liu, Y. Huang, C. Chiu, W. Chang, and Y. Juang, "A 3.125-Gbps CMOS fully integrated optical receiver with adaptive analog equalizer," *IEEE Asian Solid-State Circuits Conf.*, 2007, pp. 396–399.

[21] M. Pozzoni, S. Erba, D. Sanzogni, M. Ganzerli, P. Viola, D. Baldi, M. Repossi, G. Spelgatti, and F. Svelto, "A 12-Gb/s 39-dB loss-recovery unclocked-DFE receiver with bi-dimensional equalization," *IEEE Int. Solid-State Circuits Conf.*, 2010, pp. 164–166.

[22] S. Gondi, J. Lee, D. Takeuchi, and B. Razavi, "A 10-Gb/s CMOS adaptive equalizer for backplane applications," *IEEE Int. Solid-State Circuits Conf.*, 2005, pp. 328–329.

[23] T. Suttorp and U. Langmann, "A 10-Gb/s CMOS serial-link receiver using eye-opening monitoring for adaptive equalization and for clock and data recovery," *IEEE Custom Integrated Circuits Conf. (CICC)*, 2007, pp. 277–280.

[24] C.-H. Wu, J.-W. Liao, and S.-I. Liu, "A 1-V 4.2-mW fully integrated 2.5-Gb/s CMOS limiting amplifier using folded active inductors," *Proceedings of the 2004 International Symposium on Circuits and Systems*, 2004, pp. 1044–1047.

[25] H. Kim, F. Bien, Y. Hur, S. Chandramouli, J. Cha, E. Gebara, and J. Laskar, "A 0.25-μm BiCMOS feed forward equalizer using active delay line for backplane communication", IEEE, 2007, pp. 193–196.

[26] J. T. Stonick, G.-Y. Wei, J. L. Sonntag, and D. K. Weinlader, "An adaptive PAM-4 5-Gb/s backplane transceiver in 0.25-μm CMOS," *IEEE Journal of Solid-State Circuits*, vol. 38, no. 3, 2003, pp. 436–444.

[27] M. Tomlinson "New automatic equalizer employing modulo arithmetic," *Electronics Letters*, vol. 7, no. 5/6, 1971, pp. 138–139.

[28] H. Harashima and H. Miyakawa, "Matched-transmission technique for channels with intersymbol interference," *IEEE Trans. Commun.*, vol. 20, no. 4, 1972, pp. 774–780.

[29] M. E. Austin, "Decision-feedback equalization for digital communication over dispersive channels," Tech. Rep. 437, MIT/Lincoln Laboratory, Lexington, MA, 1967.

[30] K.-L. J. Wong, E-H. Chen, and C.-K. K. Yang, "Edge and data adaptive equalization of serial-link transceivers," *IEEE Journal of Solid-State Circuits*, vol. 37, no. 12, pp. 2157–2170, 2008.

[31] J. N. Babanezhad, "A 3.3-V analog adaptive line-equalizer for fast Ethernet data connection," in *Proc. IEEE Custom Integrated Circuit Conf.*, 1998, pp. 343–346.

[32] R. Sun, J. Park, F. O'Mahony, and C. P. Yue, "A low-power, 20-Gb/s continuous-time adaptive passive equalizer," *IEEE Symposium on Circuits and Systems*, ISCAS 2005, 2005, pp. 920–923.

[33] J. Lee, "A 20-Gb/s adaptive equalizer in 0.13-μm CMOS technology," *IEEE Journal of Solid-State Circuits*, vol. 41, no. 9, 2006, pp. 2058–2067.

[34] H.Uchiki, Y. Ota, M. Tani, Y. Hayakawa, and K. Asahina, "A 6-Gb/s RX equalizer adapted using direct measurement of the equalizer output amplitude," *IEEE International Solid-State Circuits Conference Digest of Technical Papers*, 2008, pp. 104–105.

[35] B. Analui, A. Rylyakov, S. Rylov, M. Meghelli, A. Hajimiri, "A 10-Gb/s two-dimensional eye-opening monitor in 0.13-μm standard CMOS," *IEEE Journal of Solid-State Circuits*, vol. 40, no. 12, 2005, pp. 2689–2699.

[36] T. Ellermeyer, U. Langmann, B. Wedding, and W. Pöhlmann, "A 10-Gb/s eye-opening monitor IC for decision-guided adaptation of the frequency response of an optical receiver," *IEEE Journal of Solid-State Circuits*, vol. 35, no. 12, December 2000, pp. 1958–1964.

[37] H. Noguchi, N. Yoshida, H. Uchida, M. Ozaki, S. Kanemitsu, and S. Wada, "A 40-Gb/s CDR with adaptive decision-point control using eye-opening-monitor feedback," *IEEE Int. Solid-State Circuits Conf.*, 2008, pp. 228–229.

[38] F. Gerfers, G. W. den Besten, P. V. Petkov, J. E. Conder, A. J. Köllmann, "Data communication circuit with equalization control, adaptive equalizer tuning algorithm, and phase selection procedure," Patent Application Filed, Pub. No. WO/2007/034366, International Application No. PCT/IB2006/053236.

[39] R. Payne, B. Bhakta, S. Ramaswamy, S. Wu, J. Powers, P. Landman, U. Erdogan, A. Yee, R. Gu, L. Wu, Y. Xie, B. Parthasarathy, K. Brouse, W. Mohammed, K. Heragu, V. Gupta, L. Dyson, and W. Lee, "A 6.25-Gb/s binary adaptive DFE with first post-cursor tap cancellation for serial backplane communications," *IEEE Int. Solid-State Circuits Conf.*, 2005, pp. 68–69.

[40] Y. Hidakal, W. Gail, A. Hattori, T. Horiel, J. Jiang, K. Kanda, Y. Koyanagil, S. Matsubara, and H. Osonel, "A 4-channel 3.1/10.3Gb/s transceiver macro with a pattern-tolerant adaptive equalizer," *IEEE Int. Solid-State Circuits Conf.*, 2007, pp. 442–443.

ΔΣ 分数-N 型锁相环

12.1 引言

12.1.1 ΔΣ分数-N型锁相环技术介绍

锁相环是现代集成电路中的关键模块，它产生的输出信号频率是输入信号的 N 倍，既可以用于提供数字系统的时钟，又可以用于射频前端中的无线电信号载波。鉴于当下集成电路技术的爆炸式发展，更多模块被集成进一颗小芯片内，称为"片上系统"（System-on-Chip，SoC）。因此这些系统中的锁相环必须满足诸多关键的性能指标，如频谱纯净度、建立时间、频率精度、成本等。

传统的整数-N 型锁相环的输出频率是输入参考频率的整数倍，而且频率精度会直接取决于参考频率。为了克服这一点，人们提出了许多分数-N 型锁相环的实现机制。这其中，自从 20 世纪 90 年代被首次提出以来[1-2]，ΔΣ 调制成为绕过参考频率实现高频率精度的主流方式。正如图 12-1 所示，这种方式的核心思想是，通过过采样 ΔΣ 调制器加整数多模分频器的方式，将分数分频比插入至相邻整数分频比中间。通过与 ΔΣ 数据转换器相比较可以更好地理解这一思想，在这里小数分频比与 ΔΣ 数据转换器中的 DC 输入类似，整数分频比则与量化器类似。

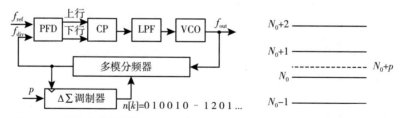

注：PFD：频率/相位检测器。CP：电荷泵。LPF：低通滤波器。VCO：压控振荡器。

图 12-1　ΔΣ 分数-N 型锁相环概念图

通过一个 k 比特位的 DS 调制器，锁相环的输出频率精度等于 $1/2^k$ 乘以参考频率。这得益于数字调制，这种调制还具有良好的工艺、电压、温度（PVT）稳定性。因此，这种 DS 分数-N 型锁相环被广泛应用于有线和无线的工作场景，如图 12-2 所示。

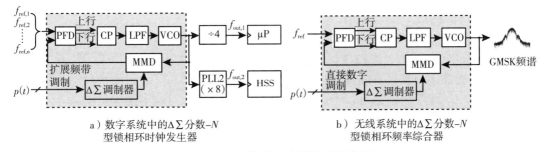

a）数字系统中的ΔΣ分数-N
型锁相环时钟发生器

b）无线系统中的ΔΣ分数-N
型锁相环频率综合器

图 12-2　ΔΣ 分数-N 型锁相环的应用

尽管大多数数字系统在正常工作中采用整数-N 型锁相环时钟发生器来得到单输出频率，但是，DS 分数-N 型锁相环可以无须考虑参考时钟而使频率分配规划变得灵活，它的频率精度小于 1×10^{-6}，因而在数字系统中会非常实用，如图 12-2a 所示。另外，全数字 ΔΣ 调制让实现扩展带时钟更加可靠，这种时钟可用于降低电磁干扰[3-5]（Electromagnetic Interference，EMI），如图 12-2b 所示。至于无线系统中的射频前端，尤其是 3G 以上无线通信中的多模式收发机，ΔΣ 分数-N 型锁相环被用于直接数字调制，所以收发机无须采用传统结构中必须有的上变频混频器，降低了成本[6-8]。

12.1.2　量化噪声和非线性问题

很好地理解量化噪声问题对于设计 ΔΣ 分数-N 锁相环很重要。对于一个步长 Δ、采样频率为 f_s 的均匀量化器，其量化噪声的功率谱密度（Power Spectrum Density，PSD）等于[9]

$$\mathrm{PSD}_e = \frac{\sigma_e^2}{f_s} = \frac{E\{e^2\}}{f_s} = \frac{1}{f_s \Delta} \int_{-\Delta/2}^{\Delta/2} e^2 \mathrm{d}e = \frac{\Delta^2}{12 f_s} \qquad (12\text{-}1)$$

对于一个信号，其最大频率分量位于 f_0，那么所需要的最小不失真奈奎斯特（Nyquist）采样频率为 $2f_0$。ΔΣ 调制器采用更高的采样频率来提升信噪比（Signal-to-Noise Ratio，SNR），对该采样频率 f_s 定义过采样率（Oversampling Ratio，OSR）为 $f_s/2f_0$；同时，ΔΣ 调制器的量化噪声也通过噪声整形机制被推到所需带宽之外。因此，ΔΣ 调制器的 z 域描述如下

$$Y(z) = \mathrm{STF}(z)X(z) + \mathrm{NTF}(z)E(z) \qquad (12\text{-}2)$$

式中，$X(z)$ 为输入，$Y(z)$ 为输出，$E(z)$ 是量化误差，$\mathrm{STF}(z)$ 为信号传递函数；$\mathrm{NTF}(z)$ 为噪声传递函数，具有高通滤波的特性。举例来说，一个 n 阶多级噪声滤波（Multistage Noise Shaping，MASH）ΔΣ 调制器能够实现 20n dB 每十倍频的高通噪声整形。

根据式（12-1）和式（12-2），DS 调制器的输出量化噪声为

$$\mathrm{PSD}_{\mathrm{DSM}}(\Delta f) = \frac{\Delta^2}{12 f_{\mathrm{DSM}}} |\mathrm{NTF}(z)|^2, \quad z = \mathrm{e}^{\mathrm{j}\frac{2\pi \Delta f}{f_{\mathrm{DSM}}}} \qquad (12\text{-}3)$$

式中 f_{DSM} 是调制器的时钟频率，Δ 表示量化步长，Δf 表示频率偏移。

基于以上讨论，图 12-3 展示了 ΔΣ 分数-N 型锁相环的 s 域、z 域的综合相位噪声模

型[10-11]。其中 PFD 和 CP 被描述成一个 $I_{CP}/2\pi$ 的比例环节，其中 I_{CP} 表示 CP 的电流。VCO 被描述为 $2\pi K_{VCO}/s$，其中 K_{VCO} 表示赫兹每伏特的增益，$1/s$ 代表频率到相位的累加。图 12-3 中环路滤波器被描述为其自身的传递函数 $H_{LPF}(s)$，另外分频器可以被简单地用 $1/N$ 来模拟，其中 N 代表锁相环的实际分频比（即图 12-1 中的 N_0+p）。相位噪声贡献来源包括 VCO 噪声 $\phi_{n,VCO}$、环路滤波器噪声 $\phi_{n,LPF}$、分频器处的量化相位

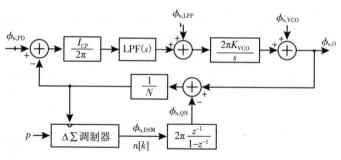

图 12-3 $\Delta\Sigma$ 分数$-N$ 型锁相环的 s 域、z 域综合相位噪声模型

噪声 $\phi_{n,QN}$，以及 PD 参考噪声 $\phi_{n,PD}$（即 PFD/分频器的时钟抖动、输入参考噪声、CP 噪声折算到 PFD 的输入等效噪声）。$\phi_{n,DSM}$ 的值表示调制器输出端的噪声。DS 调制器对相位并无直接影响，但却会通过改变分频比而影响瞬时频率，因此模型中的 $2\pi z^{-1}/(1-z^{-1})$ 描述了频率至相位的累积。

输出相位噪声可以通过推导得到

$$\phi_{n,0} = \frac{H_o(s)}{1+H_o(s)}(N\phi_{n,PD}+\phi_{n,QN})$$
$$+ \frac{NH_o(s)}{1+H_o(s)}\frac{2\pi\phi_{n,LPF}}{I_{CP}LPF(s)} + \frac{\phi_{n,VCO}}{1+H_o(s)} \tag{12-4}$$

式中，$H_o(s)$ 是锁相环的开环传递函数，可以表示为

$$H_o(s) = \frac{I_{CP}K_{VCO}}{sN}LPF(s) \tag{12-5}$$

通过式(12-4)可得出一些有趣的结论：
- PD 参考噪声被环路低通滤波。
- VCO 噪声被环路高通滤波。
- LPF 的噪声被环路带通滤波。
- 分频器对 PD 参考噪声和 LPF 噪声具有放大 N 倍的作用，因此会使带内噪声变差。
- 量化噪声同样也被环路低通滤波，但不会被分频比放大。

由于 $\Delta\Sigma$ 调制器的分频比量化步长为 1，通过式(12-3)和图 12-3 可以推得量化噪声由下式给出：

$$L_{QN}(\Delta f) = \phi_{n,QN}(\Delta f) = PSD_{DSM}(\Delta f)\left|\frac{2\pi z^{-1}}{1-z^{-1}}\right|^2$$
$$- \frac{2\pi^2}{12 f_{DSM}}\left|\frac{NTF(z)}{1-z^{-1}}\right|^2, z = e^{j\frac{2\pi\Delta f}{f_{DSM}}} \tag{12-6}$$

式（12-6）中调制频率 f_{DSM} 通常与参考频率 f_{ref} 相同。

　　由于频率至相位的累积，由 n 阶 ΔΣ 调制器贡献的相位噪声会显示出 $n-1$ 阶的噪声整形。因此，为了保证带外量化噪声的抑制，一个 n 阶 ΔΣ 分数-N 型锁相环通常采用的 ΔΣ 调制器阶数不大于 n。在锁相环输出端的量化噪声大小会随着不同的环路带宽而变化。对于图 12-4a 中所示的窄带宽锁相环，VCO 的噪声决定了整体相位噪声性能；对于图 12-4b 中的宽带宽锁相环，来自 ΔΣ 调制器的量化

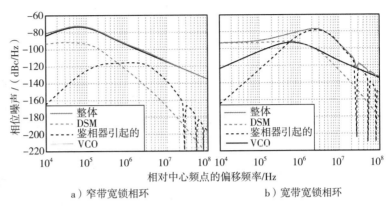

a）窄带宽锁相环　　　　　b）宽带宽锁相环

图 12-4　量化噪声的影响

噪声在高频段起到主导作用。因此，设计宽带宽 DS 分数-N 锁相环时，需要选取一个最佳锁相环带宽，使 VCO 噪声和量化噪声同时最小。

　　基于以上的分析，与 ΔΣ 数据转换器的定义类似，过采样率的概念同样可以被引入 ΔΣ 分数-N 型锁相环，如下所示：

$$\mathrm{OSR}=\frac{f_{\mathrm{DSM}}}{2f_{\mathrm{NBW}}}\cong\frac{f_{\mathrm{ref}}}{2f_{\mathrm{BW}}} \tag{12-7}$$

式中，f_{NBW} 表示锁相环的噪声带宽。尽管噪声带宽通常更大，但它依然可以被近似为环路带宽 f_{BW}。

　　众所周知，锁相环表现出非线性时，量化噪声就会出现在带内。如图 12-5 所示，由于对分频比进行了随机注入，分频器的输出具有瞬时相位误差。这一相位误差的大小取决于分频比和 ΔΣ 调制器的输出量化等级，可以表示为

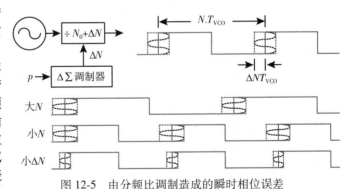

图 12-5　由分频比调制造成的瞬时相位误差

$$\Delta\phi=2\pi\frac{\Delta NT_{\mathrm{VCO}}}{T_{\mathrm{div}}}=2\pi\frac{\Delta N}{N_0+p}=2\pi\frac{\Delta N}{N} \tag{12-8}$$

式中，T_{div} 是分频器输出信号的周期，T_{VCO} 是 VCO 的时钟周期，N 是实际分频比，ΔN 则是调制器的输出。

　　这一受数字控制的相位误差将会通过 PFD 和电荷泵被映射到模拟电荷域上。然而，由于不同分频比下分频器内逻辑门延时不同，PFD 中上/下脉冲的负载不同，并且电荷泵内上/下电流之间存在失配，这一映射过程将会是非线性的，如图 12-6a 所示。这一非线性将

会导致"噪声折叠"[14-16]，并使带内噪声性能恶化，如图12-6b所示。这一过程可以从直观上理解，假设DS调制器原本输出一组数据{…2 -3 1 2 -1 0 …}，随后因非线性映射变成了{…2.007 -2.997 1.002 2.001 -1.005 0.003…}；于是，额外的噪声就会被附加于式（12-6）所描述的噪声整形后的频谱，并且该噪声一般为白噪声。

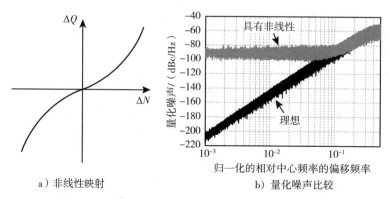

a）非线性映射　　　　　　　　　　b）量化噪声比较

图12-6　由非线性噪声折叠造成的带内相位噪声恶化

分频比在锁相环中有很重要的作用。射频系统中的频率综合器往往采用较大的分频比。大分频比会使得PD参考噪声被非常严重地放大，而PD参考噪声主要贡献带内噪声，因而会影响到带内相噪性能[见式（12-4）]。数字系统中的$\Delta\Sigma$分数-N型锁相环时钟发生器往往采用小分频比，这会造成很大的瞬时频率误差[见式（12-8）]。因此，为了避免噪声折叠带来的性能恶化，需要在设计时尽可能提高PFD/CP的线性度。

12.1.3　现有量化噪声弱化技术

由于低过采样率的DS分数-N型锁相环无法通过环路充分抑制量化噪声，并且该噪声会限制整体的带外噪声性能，因此工程师提出了很多噪声弱化的技术。

最简单的一种方法是采用全数字有限冲激响应（FIR）滤波器[17-18]。如图12-7a所示，数字FIR滤波器被置于$\Delta\Sigma$调制器的输出端，高频量化噪声会被该滤波器压缩。归功于全数字方式的实现，这一方法并不会受到模拟失配的影响。然而，某些分数参数，如1/2，只能通过位移操作来实现。数据的最低有效位在这一操作过程中将会丢失，造成截断误差。因此，数字FIR滤波器的传递函数只能采用整数参数，造成DC增益。举例来说，一个单级数字FIR滤波器可以表示为$(1+z^{-1})$，在偏移频率低于1/3时钟频率的范围内，按6 dB[17]的DC增益增加了量化噪声，如图12-7b所示。尽管增加FIR滤波器的阶数会改善噪声滤波，但噪声放大和数字FIR滤波器零点位置之间的折中令这种方法不太适合于量化噪声压制。

另一个方法是直接从模拟域消除相位误差[19-21]。然而，补偿由$\Delta\Sigma$调制器引入瞬时相位误差需要高精度的数字-模拟转换器（Digital-to-Analog Converter，DAC），这需要成熟的设计经验并考虑模拟失配的影响。

采用多相位的环形VCO或者步长0.5的分频器[22]均可以减小量化噪声。如果采用k个相位，量化步长将会变成$1/k$，能够减小$20\lg(k)$ dB的量化噪声。在高频段实现多相位运行，并在多相位对齐过程中保持良好的线性度对于$\Delta\Sigma$分数-N型锁相环的性能非常关键。

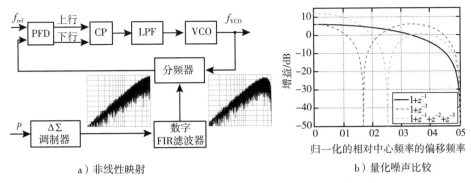

a）非线性映射　　　　　　　b）量化噪声比较

图 12-7　由非线性噪声折叠造成的带内相位噪声恶化

12.2　混合型有限冲激响应噪声滤波方法

12.2.1　理论分析

　　本节提出一种混合型有限冲激响应（FIR）噪声滤波方法，既可以解决数字 FIR 滤波器方法中的 DC 增益问题，又可以保持其 PVT 稳定性和对失配的不敏感。在图 12-8 中，DS 调制器的输出按一个或多个时钟周期进行位移，这一操作通过输出后接寄存器链来实现。多个分频器同时运行，其输入信号来自 VCO 的输出，每个分频器受到 ΔΣ 调制器输出序列中对应的节点信号来控制。每一路分频器的输出通过 PFD 与同一个参考时钟的相位相比较，比较得到的相位差最终转化为电荷并于多输入电荷泵处相加。

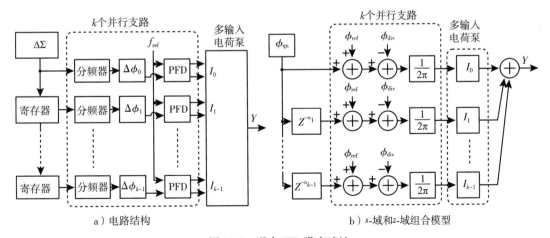

a）电路结构　　　　　　　　　　　b）s-域和z-域组合模型

图 12-8　混合 FIR 噪声滤波

　　图 12-8b 为 s-域和 z-域的组合模型。电荷泵在频率偏移 Δf 处的输出可以推导为

$$Y(\Delta f) = \left[\phi_{\mathrm{ref}}(s) - \phi_{\mathrm{div}}(s) + \phi_{\mathrm{qn}}(z) \cdot H_{\mathrm{FIR}}(z) \right] \frac{\sum_{i=0}^{k-1} I_i}{2\pi}$$

$$s = \mathrm{j}2\pi\Delta f, \ z = \mathrm{e}^{\mathrm{j}\frac{2\pi\Delta f}{f_{\mathrm{ref}}}} \tag{12-9}$$

式中，ϕ_{ref} 是参考时钟信号的相位，ϕ_{div} 表示分频器输出的名义相位，ϕ_{qn} 表示量化误差。I_i 表示多输入电荷泵每一路的输入电流，f_{ref} 表示参考时钟频率，$H_{\mathrm{FIR}}(z)$ 为植入的 FIR 滤波器传递函数，可以表示为

$$H_{\mathrm{FIR}}(z) = \frac{I_0 + I_1 z^{-n_1} + \cdots + I_{k-1} z^{-n_{k-1}}}{\sum_{i=0}^{k-1} I_i}, \ z = \mathrm{e}^{\mathrm{j}\frac{2\pi\Delta f}{f_{\mathrm{ref}}}} \tag{12-10}$$

可以看出该等效的 FIR 滤波器仅对量化噪声产生作用。电荷泵电流在此起到两方面作用：第一，总电流影响环路动态特性；第二，每条支路上的电流分配决定了混合 FIR 滤波器传递函数的参数。此外，通过式(12-10)可以推导出一个很重要的结论，当 $\Delta f = 0$ 时 $H_{\mathrm{FIR}}(z) = 1$，即这种混合 FIR 滤波器可以永远保证一个单位 DC 增益，而无须考虑电荷泵的电流分配。因此，通过采用这种半数字化的方法，混合 FIR 滤波器不会出现像纯数字 FIR 滤波器那样的噪声放大问题。

12.2.2　行为级仿真验证

假设目前在 $\Delta\Sigma$ 分数-N 型锁相环中采用一个 8 路混合 FIR 滤波器，其传递函数为 $(1 + z^{-1} + z^{-2} + \cdots + z^{-7})/8$，瞬态闭环仿真结果如图 12-9 所示，图中比较了传统的和此处提出的 $\Delta\Sigma$ 分数-N 锁相环中 VCO 的控制电压。相似的环路建立过程表明这里提出的方法保留了原本的环路动态特性，因为采用了相同的电荷泵总电流。瞬态相位误差电压也在图 12-9b 中进行了比较。在所提出的系统中，电压峰-峰值的降低效果非常清晰。这验证了在电荷泵输出处对 8 路相位误差求和之后，高频相位误差被压制。

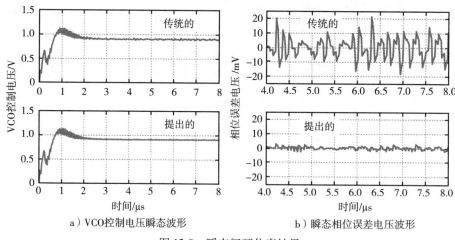

a）VCO控制电压瞬态波形　　　　　　　b）瞬态相位误差电压波形

图 12-9　瞬态闭环仿真结果

图 12-10a 比较了传统的和提出的电路结构的仿真频谱。除量化噪声以外所有子模块都是纯理想的。尽管过采样率（OSR）已经低至 10，在传统 ΔΣ 分数-N 锁相环架构的输出频谱中仍然能观察到很大的量化噪声。与之相反，在所提出的锁相环结构中，隐式 FIR 滤波器有效地压制了量化噪声。由于电荷泵非线性的一个主要原因是输出电压波动引入的上/下电流失配[13]，而本架构中 CP 输出电压变化更小（见图 12-9b），因此线性度也可以得到改善。与本架构相比，采用多个具有不同开关切换时间的电荷泵对实现真分数-N 的锁相环有一定难度，因为电荷的平均过程耗时超过了一个参考时钟周期[23]。

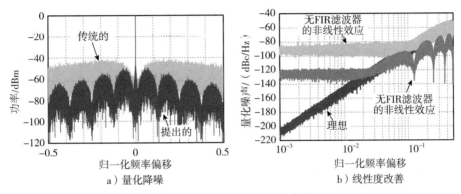

a）量化降噪 b）线性度改善

图 12-10 混合 FIR 滤波的仿真结果

12.2.3 实际设计考量

由于混合 FIR 滤波器是基于半数字化的方式实现的，所以设计过程必须要考虑模拟模块之间的失配。一方面，多输入电荷泵支路之间的电流失配会影响该 FIR 滤波器传递函数的系数。另一方面，多路分频器延时之间的失配也会引入额外的相位偏差 $\Delta\phi$。考虑到这两点因素，最终 FIR 滤波器的传递函数变为

$$H(\Delta f) = \sum_{i=0}^{k-1} \left[\frac{(I_i + \Delta I_i)}{\sum_{m=0}^{k-1}(I_m + \Delta I_m)} \exp\left(j\frac{2\pi\Delta f}{f_{ref}}n_i + j\Delta\phi_i \right) \right] \tag{12-11}$$

通过在环路初始化过程中重置分频器，多路分频器之间可以实现同步，因此 $\Delta\phi$ 仅受数字逻辑门延时变化的影响。与此相对，模拟模块中的电流失配将会相对更显著。

假设电流失配和额外相位偏差满足 $3\sigma = 15\%$ 的正态分布，其中 $3\sigma = 0.01$ p，通过蒙特卡罗（Monte Carlo）分析得到带有失配的混合 FIR 滤波器频域响应如图 12-11 所示。与模拟的量化噪声消除法中全频带性能的降低相比，混合 FIR 滤波器阻带的增益变化在大多数频率点上处于 ±3 dB 范围内。因为这些非理想因素主要影响噪声传递函数的零点位置，所以 FIR 中因失配产生的变化并不会严重降低 ΔΣ 锁相环的性能。因为对量化噪声的压制通常很强以至于 VCO 噪声占主导地位，所以位于传递函数零点频率附近的增益变动影响很小。另一个有趣的点在于，对于每种非理想的情况（见图 12-11 中虚线），尽管由于失配噪声压制在某些频率下很弱，但在其他频率下它会强于理想情况。这一点进一步使得整体噪声的抑制对于电流、延迟失配不敏感。

在理想情况下，图 12-8 中所示的多路分频器、PFD，以及寄存器链和其他辅助的逻辑电路，都用于实现混合 FIR 滤波器。它们都属于数字模块，其面积和功耗都可以通过 CMOS 技术来优化。多输入电荷泵相比于传统单输入电荷泵来说贡献更多噪声。多输入电荷泵上有更多开关，但由于电荷泵采用相同的电流，所以其电流镜晶体管的整体尺寸并没有改变。在相同输出电流的情况下，仿真显示它的相位噪声恶化小于 1 dB。另外，由于分频比较低，$\Delta\Sigma$ 分数-N 型锁相环中，电荷泵贡献的带内噪声并不大。例如，一个相位噪声噪底高达 -135 dBc/Hz 的电荷泵，在分频比为 37 并且不考虑非线性影响时，在 VCO 输出端大约仅贡献 -103 dBc/Hz 的噪声。因此，电荷泵的非线性比器件的噪底影响更大，图 12-10 中的仿真结果表明这里提出的架构避开了非线性的问题。

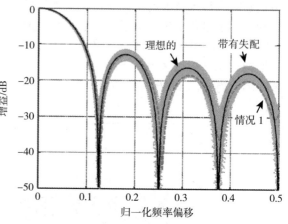

图 12-11　带有失配的混合 FIR 滤波器频域响应

12.3　实际电路设计示例

12.3.1　1 GHz 时钟发生器

通常 $\Delta\Sigma$ 分数-N 型锁相环时钟发生器采用低成本的环形 VCO，有助于实现宽带锁相环，但会使锁相环很难滤除图 12-4 中所示的高频量化噪声。对于许多数字时钟系统（如串行接口和微处理器）而言，短期时钟抖动和长期抖动一样重要。因此，若锁相环不能很好滤除高频量化噪声，那么整个系统的性能就很容易变差。本节展示了一种采用混合 FIR 噪声滤波技术的 $\Delta\Sigma$ 分数-N 型锁相环时钟发生器，提升了短期时钟抖动性能。

该分数-N 型锁相环的系统框图如图 12-12 所示。为了最小化耦合作用并提升线性度，这里设计了一个差分电荷泵，后级环路滤波器也采用差分结构。这种差分对称结构节省了环路滤波器的 C_1 电容的面积，C_1 为累积型 MOS 电容。该锁相环采用了 6 级差分环形 VCO。振荡器由一个电流型环形振荡器和相应的电压-电流转换器组成，具有 300 MHz/V 的 K_{VCO} 并且调频范围为 170 MHz~1.25 GHz。该电压-电流转换器为锁相环加入了第四个极点，可以用来压制高频噪声。为了进一步减小带外量化噪声，八路分频器和 PFD 组成了 8 路 FIR 滤波器，该滤波器带有三种滤波模式，分别为 $(1+z^{-1}+z^{-2}+z^{-3}+z^{-4}+z^{-5}+z^{-6}+z^{-7})/8$、$(1+z^{-3}+z^{-6}+z^{-9}+z^{-12}+z^{-15}+z^{-18}+z^{-21})/8$、$(1+z^{-5}+z^{-10}+z^{-15}+z^{-20}+z^{-25}+z^{-30}+z^{-35})/8$。FIR 模式通过一个 2 位控制字来设定，此外 $\Delta\Sigma$ 调制器的 20 位输入来自 3 线交互接口。

在图 12-13 中，多模式分频器由 5 级单端 2/3 预分频器构成，实现整体分频比为 32~63，并且在输出级采用 D 触发器进行"再同步"操作。由于单端分频器会产生很强的衬底耦合噪声，因此 VCO 需要大量衬底接触孔和旁路电容来隔离这种数字噪声耦合。

图 12-14 展示了 8 输入差分电荷泵的原理图。如前所述，由于 8 路信号之间的相位误差会在电荷泵的输出实现相加，信号耦合与线性度是设计中非常重要的考虑因素。这里采用全差分电流舵型开关来使信号耦合最小化。全局共源共栅晶体管 M_{11} 和 M_{12} 为电流舵模块和环

路滤波器之间提供了隔离，同时，所有电流舵模块的输出电流在共源共栅管的源极相加。共模反馈(CMFB)通过工作在线性区的 M_{13} 和 M_{14} 实现。在图 12-12 中，差分环路滤波器中电容两端的电压被用于共模反馈控制，因而避免了环路滤波器中电阻产生的高频电压纹波。

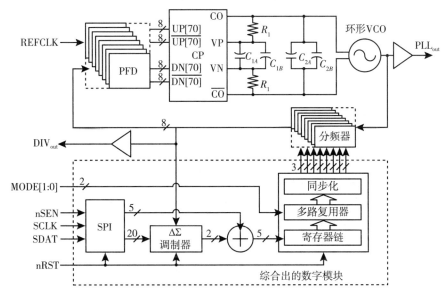

图 12-12　分数-N 型锁相环的系统框图

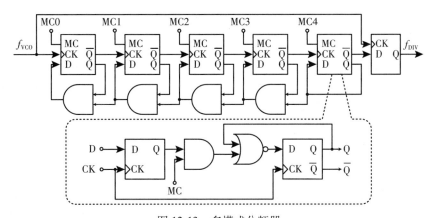

图 12-13　多模式分频器

　　MASH 架构非常简洁，该设计采用的是单环三阶 DS 调制器[14]。理论上，即使阶数低至 2，ΔΣ 调制器的带内噪声贡献可以忽略。然而，由于不相关输出的数据位数更少，在实际应用中，低阶调制器可能在设备中产生时变的相位噪声波动。这将会使最坏情况下的相噪性能变差。因此，三阶 ΔΣ 调制器更合适。在宽带锁相环设计中，锁相环的第四个极点并不能有效压制三阶 ΔΣ 调制器的量化噪声。在三阶锁相环中，单环三阶 ΔΣ 调制器与混合 FIR 滤波器的组合可以实现很好的带外量化噪声性能，因为基于巴特沃思滤波器设计的噪声传递函数在高频段具有平坦的通带。此外，MASH 结构的 ΔΣ 调制器输出 0~7 八种值，而单环结构仅输出 4 种。所以正如 12.1.2 节所讨论的，单环结构更少的输出值种类缓解了 ΔΣ 分数-N 型锁相环的非线性问题，尤其是在分频比很低的情况下。

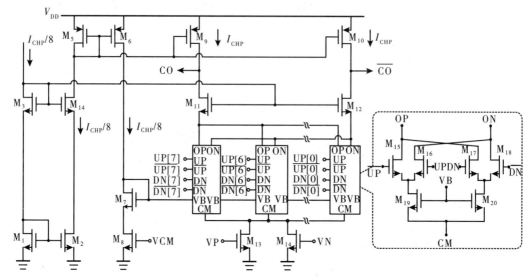

图 12-14　8 输入差分电荷泵的原理图

　　该 1 GHz ΔΣ 分数-N 型锁相环设计实例采用 0.18 μm CMOS 工艺制造。裸片面积为 1.6×1.8 mm²，有源区占用 0.5 mm²，PFD 和 MMD 占用 4%。该芯片在输出 1 GHz 信号时共消耗 6.1 mW，其中 2.27 mW 用于 8 路 MMD 和其他数字模块。由于多路 MMD 和 PFD 采用标准 CMOS 单元实现，所以它们的功耗和面积可以通过 CMOS 工艺缩放技术来优化。

　　图 12-15 为不同 FIR 模式下的 1 GHz VCO 测试输出频谱，分频比为 37.156，参考频率为 27 MHz。为了清楚地展示混合 FIR 滤波效果，设置带宽为 2 MHz（原本带宽的两倍）。图 12-15 中大的噪声峰值来自低过采样率 ΔΣ 调制器的量化噪声。图 12-15 比较了传统结构和不同模式下 FIR 滤波器的频谱整形效果。在传统分数-N 型锁相环中，所有 8 路 MMD 均打开，但受控于一个控制字。通过这种方式，两种锁相环均可以得到相同的环路动态特性，与电路结构无关。

　　显而易见，本节提出的锁相环对带外噪声多压制了大约 15 dB。图 12-15 中每张输出频谱图中的陷波分别对应相应模式 FIR 传递函数的零点。这表明这种内嵌的 FIR 滤波器如传递函数所预测的那样压制量化噪声。由于线性度的提升，带内噪声性能也略优于传统架构。对于低过采样率，可以测到高达 -38 dBc 的分数杂散，这是由来自 DS 调制器的空闲音造成的。相同阶数下，全数字单环调制器的空闲音通常比 MASH 结构更高。在带宽优化至 1 MHz 后，杂散等级可以小于 -40 dBc，贡献的确定性抖动（Deterministic Jitter，DJ）可以忽略不计（<0.01 UI）。

　　图 12-16 展示了积分随机抖动与不同噪声积分带宽的关系。相位噪声包括 1～100 MHz。当 FIR 滤波器关闭时，在 1～100 MHz 积分区间上得到均方根相位误差为 24.4 mUI$_{rms}$；当 FIR 滤波器打开，积分得到 17.3 mUI$_{rms}$ 相位误差，与整数-N 模式下的 16.1 mUI$_{rms}$ 相位误差相近。当噪声带宽变大，图 12-16 中显示本文提出的锁相环的时钟抖动性能优于传统 ΔΣ 锁相环，这表明了所提出的方法有效地降低了短期抖动。

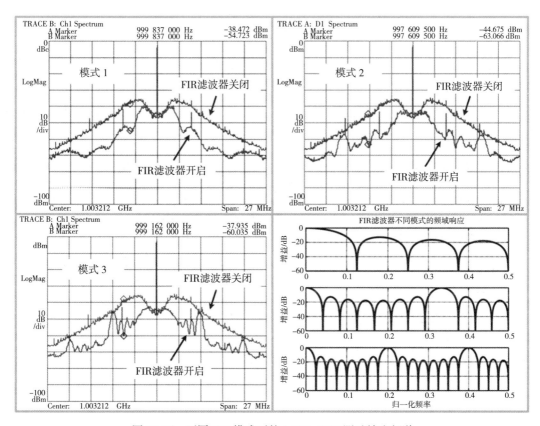

图 12-15　不同 FIR 模式下的 1 GHz VCO 测试输出频谱

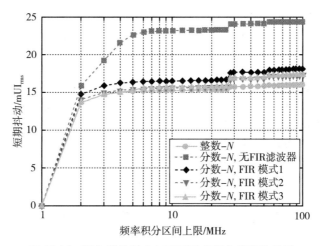

图 12-16　积分随机抖动与不同噪声积分带宽的关系

12.3.2 用于 WCDMA/HSDPA 协议的 2GHz 频率综合器

一种快速增长 3G 数据服务，即高速下行链路包访问（HSDPA），需要为下行链路提供高达 14.4 Mbit/s 的峰值码率，同时需要提供很高的输出信噪比（Signal-to-Noise Ratio，SNR）。因此，支持 HSDPA 协议的收发机在稳定时间和相位噪声上，对频率综合器有着非常严苛的要求。例如，稳定时间小于 150 μs 同时满足 0.1×10^{-6} 频率精度；或者稳定时间小于 50 μs 同时满足 20×10^{-6} 频率精度。为了使 PLL 贡献的 EVM 相对于整体收发机小于 2%，当输出为 2G 时，其带内相位噪声应当小于 −89 dBc/Hz。

由于具有低带内相位噪声和快速锁定时间，ΔΣ 分数-N 型综合器在 3G 多模式射频收发机中非常重要。然而，如图 12-17a 所示，宽带 ΔΣ 分数-N 型综合器的性能往往会受到带外相噪影响而恶化，因为来自 ΔΣ 调制器的量化噪声会在高频段超过 VCO 噪声而占主导地位。在大多数射频应用中，频率综合器需要同时满足带内和带外的相噪要求，如图 12-17b 所示，这一要求经常通过"相位噪声掩膜"来指定。

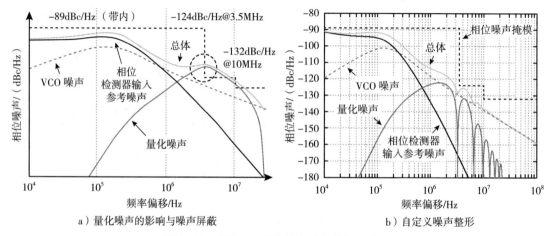

a）量化噪声的影响与噪声屏蔽　　　　b）自定义噪声整形

图 12-17　宽带 ΔΣ 频率综合器中的相位噪声

由于"砖墙"相位噪声掩膜仅在特定频点允许较少的裕量，因此这些频点上的相噪性能决定了频率综合器整体的噪声性能。在图 12-17a 中，3.5 MHz 频偏处的相位噪声应该低至 −124 dBc/Hz，然而在 1 MHz 频偏处却可以允许相位噪声达到 −89 dBc/Hz。所以，满足 3.6 MHz 频偏处的相位噪声指标比满足带外噪声指标更加重要。

由于可以在不考虑 PLL 动态的情况下设计混合 FIR 滤波器的专用传递函数，因此可以实现定制的量化噪声整形。换句话说，通过在该频率处引入 FIR 滤波器的零点，可以更好地抑制该频率处的相位噪声。这与上一节中提高时钟发生器短期抖动性能的整体降噪目的有些不同。

考虑到 WCDMA/HSDPA 标准规定的 26 MHz 参考频率，使用八抽头混合 FIR 滤波器，其传递函数为

$$H(z) = \frac{1+z^{-1}+z^{-2}+z^{-3}+z^{-4}+z^{-5}+z^{-6}+z^{-7}}{8} \tag{12-12}$$

将它的零频率设计为 3.25 MHz，以减轻相位噪声掩模要求，如图 12-17b 所示。然而，混合 FIR 滤波器所需的多个分频器将为 RF 应用带来巨大的功率损失。为了解决这个问题，本设计采用了相移方法。

频率合成器的框图如图 12-18 所示。该合成器采用单个高频电流模式逻辑（CML）分频器和多个单端移相器来实现混合 FIR 噪声滤波。CML 分频器的固定分频比为 4，具有正交输出。所有这些信号均馈入移相器（PS），后接五级单端 2/3 预分频器。该合成器并行采用八个基于 PS 的 MMD 和相位检测器，所有相位误差都在多输入电荷泵求和。单端电荷泵与外部三阶环路滤波器一起使用，形成 2 类四阶 PLL 设计。LC VCO 采用传统的交叉耦合 CMOS 拓扑。LC 谐振回路中使用六位二进制加权电容器阵列，以提供较宽的调谐范围。可选的一抽头数字 FIR 滤波器（$1+z^{-1}$）在 ΔΣ 调制器的输出端实现，可用于性能的比较。

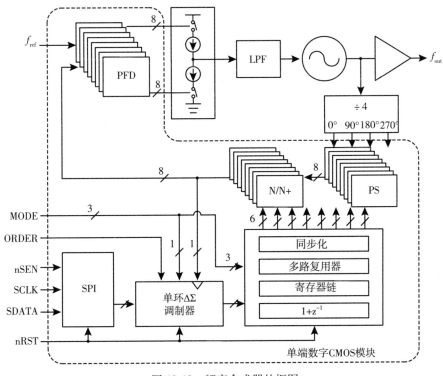

图 12-18　频率合成器的框图

图 12-19 说明了移相器的拓扑以及它如何与前面的 CML 分频器和后面的单端分频器连接。级联基于 CML 锁存器的分压器的两级，在输出处生成正交相位，然后到达 CML 到 CMOS 电平转换器。正交时钟在被馈送到移相器之前被整形为非重叠时钟，以简化逻辑电路的时序。移相器采用两个寄存器和两个多路复用器在不同相位之间步进。例如，可以通过从 θ 90 步进到下一个时钟 θ 0 来实现 5 的有效分频比。请注意，尽管采用多相操作，CMOS 移相器仍以 VCO 频率的 1/4 工作。移相器中的寄存器和其他逻辑电路的状态仅在分频周期内更新一次。因此，功耗被最小化，并且可以通过改进工艺进一步缩小。

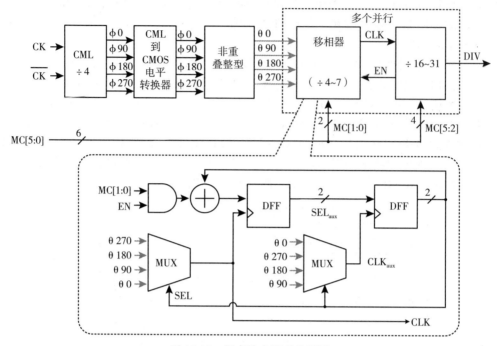

图 12-19 频率综合器系统框图

正交相位之间的不匹配可能会导致 PLL 设计中的带噪声和杂散性能下降。图 12-20 显示相位失配分别为 1%、0.5%、-0.9% 和 -0.6% 的量化噪声。由于并行操作和顺序控制的平均效应，所提出的混合 FIR 滤波方法减轻了相位失配问题，从而改善了带内噪声和杂散性能。

尽管三阶 ΔΣ 调制器可以轻松满足大多数应用的噪声要求，但在设计中考虑了更高阶调制器，以进一步提高整数边界杂散性能，这通常由 PLL 耦合和非线性决定，而不是由调制器本身的空闲音性能。同时，出于线性原因，在多相多输入电荷泵的设计中，最好减小每个输入级的最大峰值相位偏差。

MASH 拓扑具有超过三个级联级，其输出分布非常宽，需要更多地关注非线性问题。例如，五阶 MASH 生成高达 $32 \times T_{vco}$ 相位偏差，可以超过在 2 GHz 合成频率下 26 MHz 参考时钟周期的 40%。单环 ΔΣ 调制器的输出电平较少，当噪声传递函数采用巴特沃思极点设计时，瞬时相位误差较小。

在这项工作中，单环 4 阶和 5 阶 ΔΣ

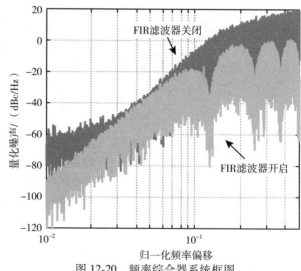

图 12-20 频率综合器系统框图

调制器使用 20 位输入，而调制器的内部使用 25 位以避免饱和，如图 12-21 所示。噪声传递函数由下式给出：

$$\mathrm{NTF}(z) = \frac{(1-z^{-1})^n}{1-z^{-1}+0.5z^{-2}} \tag{12-13}$$

式中，n 是调制器的阶数。每个调制器的积分器和加法器都是共享的，并且被设计为可编程的，以节省硬件。请注意，尽管具有高通特性，调制器的信号传递函数仍具有单位直流增益，这对于合成器来说是足够的，因为当环路锁定时调制器输入保持恒定。对于其他应用，例如需要全通信号传递函数的直接数字调制，可以在量化器之前添加从输入到加法器的前馈路径，如图 12-21 中的虚线所示。

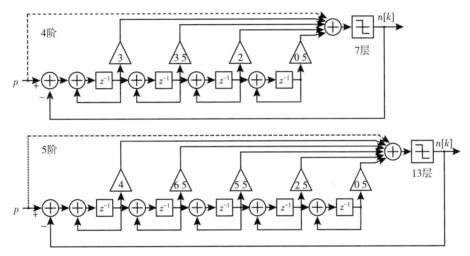

图 12-21　4 阶和 5 阶单环 ΔΣ 调制器框图

ΔΣ 小数-*N* 合成器原型采用 0.18 μm RF CMOS 工艺制造。芯片面积为 1.7×1.8 mm²，其中有源核心占据 1.5 mm²，其中仅约 2% 被多个基于 PS 的分压器占据。测得的 64 个频段的 VCO 调谐范围涵盖了室温标称条件下 1.47~2.51 GHz 的频率。在 100 kHz 和 1 MHz 频率偏移下测得的开环 VCO 相位噪声性能分别约为 −98 dBc/Hz 和 −119 dBc/Hz。当环路带宽约为 200 kHz、输出频率为 1965 MHz 时，测得的闭环带内相位噪声小于 −92 dBc/Hz，这表明带内噪声受到前面讨论的电荷泵噪声的限制。偏移频率为 3.5 MHz 时，带外相位噪声为 −128 dBc/Hz。

通过将环路的第四极点从 1 MHz 移至约 9 MHz，来自四阶调制器的量化噪声在高频下变得更加占主导地位，因此可以更清楚地展示 FIR 滤波器的效果。结果如图 12-22 所示。要关闭混合 FIR 滤波器，所有八个 MMD 仍然打开，但由 DS 调制器的相同控制字控制。图 12-22 显示了可选的 $1+z^{-1}$ 数字 FIR 性能以进行比较。尽管数字 FIR 滤波器降低了 $1/2 f_{\mathrm{ref}}$ 处的噪声，但当偏移频率小于 $1/10 f_{\mathrm{ref}}$ 时，它会使量化噪声增加 6 dB。相反，混合 FIR 滤波器降低了量化噪声而不影响低频噪声。从图 12-22 底部的两张图中，我们可以清楚地看到，混合 FIR 滤波器在偏移频率为 $k/8 f_{\mathrm{ref}}(k=1,2,\cdots)$ 时对噪声提供了很大的抑制。这还意味着如果需要，可以进一步增加 PLL 带宽。结果验证了可以通过采用所提出的方法来进行定制的噪声整形。

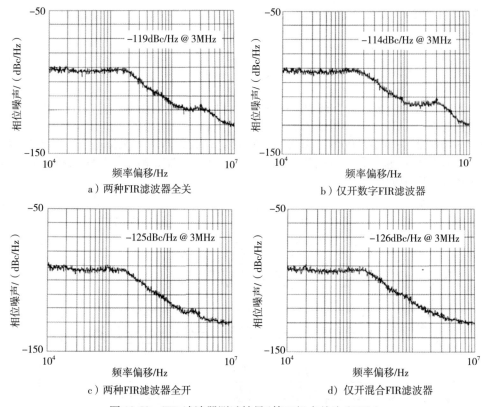

a）两种FIR滤波器全关

b）仅开数字FIR滤波器

c）两种FIR滤波器全开

d）仅开混合FIR滤波器

图 12-22　FIR 滤波器测试结果（第四极点约为 9MHz）

原型合成器在 1965 MHz 输出时功耗为 17.2 mW。两个预分频器消耗 5.2 mW 的功率，而多个基于 PS 的分压器则从 1.8 V 电源汲取 3 mW 的功率。由于采用标准 CMOS 逻辑设计，多个基于 PS 的分压器的功率和面积可实现技术扩展。表 12-1 给出了测量结果的总结。

表 12-1　测量结果的总结

参数	WCDMA/HSDPA 标准	本节
工艺	——	0.18 μm RF CMOS
供电电压	——	1.8 V（1.2 V 用于 $\Delta\Sigma$ 调制器）
1965 MHz 载波下的功耗	——	17.2 mW（3.0 mW 用于 8 路基于移相器的分频器）
面积	——	1.5 mm^2
调节范围	1900~2170 MHz	1470~2510 MHz
参考频率	13 MHz / 26 MHz	26 MHz
频率精度	< 0.1×10^{-6}	<0.05×10^{-6}
带宽		200 kHz
带内相位噪声	−89 dBc/Hz	−92 dBc/Hz
带外相位噪声	−124 dBc/Hz at 3.5MHz	−128 dBc/Hz@ 3.5 MHz
参考杂散	——	−62 dBc
均方根相位误差		<1.1
1 MHz 频偏近整数杂散		4 阶 $\Delta\Sigma$ 调制器：−66 dBc
		5 阶 $\Delta\Sigma$ 调制器：−71 dBc

12.4　总结

ΔΣ 分数-N 型 PLL 通过数字调制提供高分辨率，对于相同的输出频率可以采用更高的参考时钟频率和更低的分频比。因此，它减轻了传统整数 N PLL 设计中无法克服的一些设计权衡。虽然 ΔΣ 分数-N 型 PLL 在现代有线/无线系统中发挥着关键作用，但它会受到量化噪声的影响，如果没有充分抑制，就会降低整体相位噪声性能。因此，近年来出现了许多针对量化噪声降低的研究。本章首先简要介绍 ΔΣ 分数-N 型 PLL 基础知识，然后描述量化噪声和非线性问题。回顾了现有的三种量化降噪方法，并讨论了每种方法的优缺点；之后，提出了一种基于半数字方法的混合 FIR 噪声滤波方法。该方法采用多个并行的相位检测器和分频器，由 ΔΣ 调制器的顺序输出控制。当所有相位误差在多输入电荷泵处求和时，就可以实现针对量化噪声的 FIR 滤波效果。本章给出了该方法的详细理论分析以及两个硬件示例。测量结果表明，该方法可以有效降低带外量化噪声，提高有线应用中数字时钟生成的短期抖动性能，同时还能够实现定制噪声整形以满足相位噪声掩模无线应用中的要求。

参考文献

[1] B. Miller and R. Conley, "A multiple-modulator fractional divider," *IEEE Trans. on Instrumentation and Measurement*, vol. 40, no. 3, 1991, pp. 578–583.

[2] T. Riley, M. Copeland, and T. Kwasniewski. "Delta–sigma modulation in fractional-N frequency synthesis," *IEEE J. Solid-State Circuits*, vol. 28, no. 5, 1993, pp. 553–559.

[3] M. Kobuko, T. Kawamoto, T. Oshima, et al. "Spread-spectrum clock generator for serial ATA using fractional PLL controlled by ΔΣ modulator with level shifter," *IEEE International Solid-State Circuit Conference*, 2005, pp. 160–161.

[4] H. Lee, O. Kim, G. Ahn, and D. Jeong. "A low-jitter 5000 ppm spread spectrum clock generator for multichannel SATA transceiver in 0.18 μm CMOS," *IEEE International Solid-State Circuit Conference*, 2005, pp. 162–163.

[5] T. Ebuchi, Y. Komatsu, T. Okamoto, et al. "A 125–1250 MHz process-independent adaptive bandwidth spread spectrum clock generator with digital controlled self-calibration," *IEEE J. Solid-State Circuits*, vol. 44, no. 3, 2009, pp. 763–774.

[6] M. Perrott, T. Tewksbury, and C. Sodini, "A 27-mW CMOS fractional-N synthesizer using digital compensation for 2.5-Mb/s GFSK modulation," *IEEE J. Solid-State Circuits*, vol. 32, no. 12, 1997, pp. 2048–2060.

[7] N. Filiol, T. Riley, C. Plett, and M. Copeland, "An agile ISM band frequency synthesizer with built-in GMSK data modulation," *IEEE J. Solid-State Circuits*, vol. 33, no. 7, 1998, pp. 998–1008.

[8] W. Bax and M. Copeland, "A GMSK modulation using a ΔΣ frequency discriminator-based synthesizer," *IEEE J. Solid-State Circuits*, vol. 36, no. 8, 2001, pp. 1218–1227.

[9] Y. Geerts, M. Steyaert, and W. Sansen, *Design of Multibit Delta–Sigma A/D Converters*. Boston: Kluwer Academic Publishers, 2002.

[10] M. Perrott, M. Trott, and C. Sodini, "A modeling approach for ΔΣ fractional-N frequency synthesizers allowing straightforward noise analysis," *IEEE J. Solid-State Circuits*, vol. 37, no. 8, 2002, pp. 1028–1038.

[11] I. Galton, "Delta–sigma fractional-N phase-locked loops," in: *Phase-Locking in High-Performance Systems*, B. Razavi, ed. New York: IEEE Press, 2003, pp. 23–33.

[12] E. Temporiti, G. Albasini, I. Bietti, R. Castello, and M. Colombo. "A 700-kHz bandwidth $\Sigma\Delta$ fractional synthesizer with spurs compensation and linearization techniques for WCDMA applications," *IEEE J. Solid-State Circuits*, vol. 39, no. 9, 2004, pp. 1446–1454.

[13] H. Hedayati, B. Bakkaloglu, and W. Khalil. "Closed-loop nonlinear modeling of wideband $\Delta\Sigma$ fractional-N frequency synthesizers," *IEEE Trans. Microwave Theory and Techniques*, vol. 54, no. 10, 2006, pp. 3654–3663.

[14] W. Rhee, B. Song, and A. Ali. "A 1.1-GHz CMOS fractional-N frequency synthesizer with a 3-b third-order $\Delta\Sigma$ modulator," *IEEE J. Solid-State Circuits*, vol. 35, no. 10, 2000, pp. 1453–1460.

[15] B. Muer and M. Steyaert, "A CMOS monolithic $\Delta\Sigma$-controlled fractional-N frequency synthesizer for DCS-1800." *IEEE J. Solid-State Circuits*, vol. 37, no. 7, 2002, pp. 835–844.

[16] S. Pamarti, L. Jansson, and I. Galton. "A wideband 2.4-GHz delta–sigma fractional-N PLL with 1-Mb/s in-loop modulation," *IEEE J. Solid-State Circuits*, vol. 39, no. 1, 2004, pp. 49–62.

[17] T. Riley, N. Filiol, Q. Du, and J. Kostamovaara, "Techniques for in-band phase noise reduction in $\Delta\Sigma$ synthesizers," *IEEE Trans. Circuits and Systems II*, vol. 50, no. 11, 2003, pp. 794–803.

[18] M. Borkowski and J. Kostamovaara, "Post-modulator filtering in $\Delta\Sigma$ fractional-N frequency synthesis," *IEEE 47th International Midwest Symposium on Circuits and Systems*, 2004, vol. 1, pp. I325–I328.

[19] A. Swaminathan, K. Wang, and I. Galton. "A wide-bandwidth 2.4 GHz ISM band fractional-N PLL with adaptive phase noise cancellation," *IEEE J. Solid-State Circuits*. vol. 42, no. 12, 2007, pp. 2639–2650.

[20] S. Meninger and M. Perrott. "A 1-MHz bandwidth 3.6-GHz 0.18 µm CMOS fractional-N synthesizer utilizing a hybrid PFD/DAC structure for reduced broadband phase noise,"*IEEE J. Solid-State Circuits*, vol. 41, no. 4, 2006, pp. 966–980.

[21] M. Gupta and B. Song, "A 1.8 GHz spur cancelled fractional-N frequency synthesizer with LMS-based DAC gain calibration," *IEEE J. Solid-State Circuits*, vol. 41, no. 12, 2006, pp. 2842–2851.

[22] Y. Yang, S. Yu, Y. Liu, T. Wang, and S. Lu, "A quantization noise suppression technique for $\Delta\Sigma$ fractional-N frequency synthesizers," *IEEE J. Solid-State Circuits*, vol. 41, no. 11, 2006, pp. 2500–2511.

[23] Y. Koo, H. Huh, Y. Cho, et al., "A fully integrated CMOS frequency synthesizer with charge-averaging charge pump and dual-path loop filter for PCS and cellular-CDMA wireless systems," *IEEE J. Solid-State Circuits*, vol. 37, May 2002, pp. 536–542.

[24] D. Kaczman, M. Shah, N. Godambe, et al., "A single-chip tri-band (2100, 1900, 850/8000 MHz) WCDMA/HSDPA cellular transceiver," *IEEE J. Solid-State Circuits*, vol. 41, May 2006, pp. 1122–1132.

[25] J. Craninckx and M. Steyaert, "A 1.75-GHz/3-V dual-modulus divide-by-128/129 prescaler in 0.7 µm CMOS," *IEEE J. Solid-State Circuits*, vol. 31, July 1996, pp. 890–897.

延迟锁相环的设计与应用

13.1 引言

随着芯片时钟频率的提高，对时序的分析和管理的重要性也在不断增长。随着晶体管沟道长度的缩小，由于工艺缩放，有源器件引起的电路延迟也相应减小。然而，对于片上和片外互连延迟来说，情况并非如此。由互连延迟引起的时序不确定性部分随着频率的增加而增加。

此外，高速片上和片外接口通常使用串行化技术来减少通道数量。由于数据速率高于时钟频率，高数据速率依赖于能够生成精确时序的电路，如具有低抖动和偏斜的倍频时钟或多相时钟生成电路。

更高的时钟频率产生更高的噪声。电源和信号完整性都是主要问题，并引发抖动。电源噪声发生在系统板级，芯片封装和片上电源导轨以及电源噪声被转换为电路的延迟变化。因此，片上和片外的信号完整性变得更差，符号间干扰（ISI）和串扰都降低了接口的时序裕度。

13.2 PLL 与 DLL

在过去的几十年里，锁相环（PLL）作为一种时序管理电路已经广泛流行。PLL 具有多种功能，包括时钟倍增、时钟抖动过滤、时钟树延迟补偿和多相时钟生成。

图 13-1a 是一个基本电荷泵 PLL，由相位频率检测器（PFD）、电荷泵、环路滤波器和电压控制振荡器（VCO）组成。PFD 比较 PLL 的输入和输出时钟，并将相位和频率差异信息提供给电荷泵。电荷泵将相位检测器输出转换为等效电流量，而环路滤波器将结果积分并存储电压信息。然后，VCO 根据控制电压产生相应频率的 PLL 时钟。

PLL 是一个负反馈系统，当锁定状态达到后，两个 PFD 输入实现相等频率。PLL 同时是一个双极系统：一个极点由 VCO 贡献，另一个来自环路滤波器。为确保 PLL 的稳定性，需要仔细设计环路，并在环路滤波器中插入零点。抖动是 PLL 的另一个问题，因为噪声会影响 VCO 的频率，而小的频率差异会导致大的时间差异（也称为相位累积）。

为了解决这些稳定性问题，工程师研发了延迟锁定环（DLL）。DLL 是 PLL 的修改版本，用电压控制延迟线（VCDL）替换 VCO，如图 13-1b 所示。VCDL 断开 VCO 的反馈线，而接受 DLL 输入时钟，并根据控制电压产生延迟的 DLL 输出时钟。因此，与 PLL 不同，DLL 仅改变输入时钟的相位，同时保持其频率。因为 VCDL 不贡献极点，所以 DLL 变成一个单极系统，不需要零点来保持稳定。

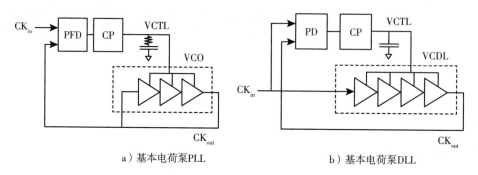

a）基本电荷泵PLL　　　　　　　b）基本电荷泵DLL

图 13-1　基本电荷泵 PLL 和 DLL

DLL 的另一个优势在于其较低的抖动。VCDL 上的噪声会导致延迟扰动，但不影响频率，并且抖动积累不会发生。图 13-2 说明了在 VCO 和 VCDL 中抖动是如何发生的。如果噪声发生在 VCO 中并改变 VCO 频率，参考时钟与 VCO 输出时钟之间的相位差随着时钟周期的增加而增加。在 PLL 调整频率误差之前，抖动持续增加并导致较大的抖动值。但是，如果噪声发生在 VCDL 上并改变 VCDL 延迟，即使时钟周期增加，参考时钟与 VCDL 输出时钟之间的相位差也仅保持为第一个周期的扰动，不会增加。因此，抖动比 PLL 的抖动要小得多，DLL 可以

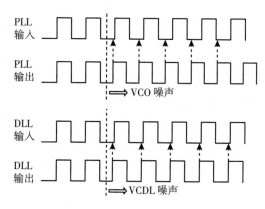

图 13-2　PLL 和 DLL 的时序抖动图标

快速调整 VCDL 的延迟以减少抖动。这些是如今 DLL 被广泛使用并已替代 PLL 用于许多应用的主要原因。

13.3　DLL 环路的动态特性

在对 DLL 进行分析时，由于其相对于 PLL 具有更稳定的操作，环路动态性一直是次要关注点。随着时钟频率的提高和抖动的重要性日益增加，准确理解 DLL 环路行为是必要的。图 13-3 显示了电荷泵 DLL 的 S 域环路模型。这个结果是从典型的电荷泵 PLL 推导出来的，主要是通过用 VCDL 替换 VCO。K_{DL} 表示以 rad/V 为单位的 VCDL 增益。与 VCO 相反，VCDL 模型没有极点。

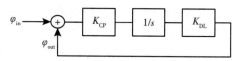

图 13-3　电荷泵 DLL 的 S 域环路模型

K_{CP} 表示电荷泵和环路滤波器的增益。如果电荷泵电流是 I_{CP}，环路滤波器电容是 C_{f}，那么 K_{CP} 为 $I_{\mathrm{CP}}/2\pi C_{\mathrm{f}}$。将 φ_{out} 到 φ_{in} 的抖动传递函数表示为

$$\frac{\varphi_{\mathrm{out}}}{\varphi_{\mathrm{in}}} = \cfrac{1}{1 + \cfrac{S}{K_{\mathrm{DL}}K_{\mathrm{CP}}}}$$

　　这个方程表明抖动传递函数只包含一个单极点，没有抖动峰值。此外，它意味着由于低通滤波特性，高频输入抖动被衰减。但图 13-3 所示模型显示这是不正确的。由于 VCDL 的输入时钟通过简单的延迟线传输到输出时钟，任何输入时钟抖动也会传输到输出时钟。因此，使用这种 S 域传递模型无法正确预测 DLL 抖动特性。这个问题的原因是传递函数忽略了由输入信号连接产生的前馈零点，因此表现出单极下降而不是微小的峰值响应。

　　为了解决这个问题，工程师提出了一种基于 Z 域的模型。在这个模型中，将输入时钟添加到 VCDL 的增益项中生成最终输出。图 13-4a 显示了 Z 域中的 DLL 环路动态模型。由于 Z 域的特性，

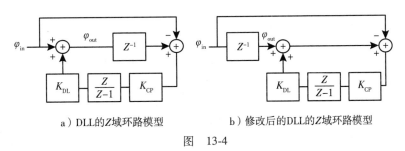

a）DLL的Z域环路模型　　　　b）修改后的DLL的Z域环路模型

图　13-4

参数定义略有不同。K_{DL} 是以弧度/周期/伏特为单位的延迟线增益，其中周期指的是采样周期，主要是输入时钟周期。K_{CP} 是以伏特/周期/弧度为单位的电荷泵和环路滤波器增益。如果电荷泵电流是 I_{CP} 且环路滤波器电容是 C_{f}，则 K_{CP} 是 $I_{\mathrm{CP}}T_{\mathrm{i}}/2\pi C_{\mathrm{f}}$，其中 T_{i} 是采样频率。包含 Z^{-1} 块是为了表示相位检测器将当前参考时钟边缘与上一个参考时钟边缘导出的延迟时间输出进行比较。

　　从 φ_{out} 到 φ_{in} 的抖动传递函数为

$$\frac{\varphi_{\mathrm{out}}}{\varphi_{\mathrm{in}}} = \frac{(1+K_{\mathrm{CP}}K_{\mathrm{DL}})Z-1}{Z-(1-K_{\mathrm{CP}}K_{\mathrm{DL}})}$$

　　这个公式表明，抖动传递函数包含一个零点和一个极点，从而产生抖动峰值；与 S 域模型相比，高频输入抖动以不同的方式转换为输出抖动。由于当延迟线输出和相位检测器输入之间的延迟较大时，插入 Z^{-1} 块可以准确预测抖动传递特性，因此插入 Z^{-1} 块是合理的。Z^{-1} 块被放置在 DLL 的反馈环路内部，这将控制信号延迟一个额外的时钟周期，导致抖动峰值增加，系统看起来稳定性较差。一些 DLL 类别，例如时钟树延迟补偿，将在后续部分详细解释。此模型可以应用于预测和优化环路滤波器和电荷泵电流的值。

　　但是，对于其他类型的 DLL（如多相位发生器 DLL），这个 Z 域模型并不适用，因为延迟线输出和相位检测器输入之间的缓冲延迟不长。在这类 DLL 中，控制电压的变化会立即改变通过延迟线的延迟。因此，应移除图 13-4a 中的 Z^{-1} 块，以消除抖动峰值问题的过高估计。图 13-4b 显示了没有复制缓冲器的 DLL 的修改后的 Z 域模型。Z^{-1} 块的位置从反馈环的

内部移动到外部。相位检测器将当前参考时钟边缘与由延迟线本身从上一个参考时钟边缘得出的延迟时间输出进行比较。这显著提高了系统的稳定性，并减少了抖动峰值现象。从 φ_{out} 到 φ_{in} 的抖动传递函数为

$$\frac{\varphi_{out}}{\varphi_{in}} = \frac{Z-1+Z^2 K_{CP}K_{DL}}{Z^2-1+Z^2 K_{CP}K_{DL}}$$

这个公式表明，低频抖动传递特性与图 13-4a 类似，但高频特性则不同。高频输入抖动被衰减，因此对于高频输入抖动，不存在抖动峰值。

13.4　DLL 应用

13.4.1　延时补偿

DLL 被广泛应用于时钟同步中。在一个同步时钟系统中，时钟通过时钟树分布到整个芯片区域。这种分布网络导致时钟树的输入点到输出点的延迟较长。但是，由于工艺、电压和温度的变化，时钟树的输出时序会受到影响，从理想状态偏离。这不仅减少了本地逻辑的时间裕度，也降低了最大可达到的操作频率。在 SoC 和多核处理器等系统中，这个问题更为明显，这些系统具有多个时钟域，时钟树的延迟各不相同。不同时钟域产生的偏斜减少了具有不同时钟域的模块间通信的时间裕度，如图 13-5 所示。为了解决这个问题，DLL 可以通过补偿由 PVT（工艺、电压、温度）变化引起的时钟树延迟变化，作为一个零延迟缓冲器使用。

图 13-6 显示了一个零延迟缓冲器的 DLL 框图，它由 VCDL、复制缓冲器、相位检测

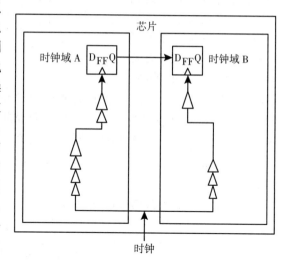

图 13-5　单芯片多时钟域

器、电荷泵和环路滤波器组成。8-11 DLL 通过调整 VCDL 的控制电压 VCTL，锁定输入时钟 CKin 和复制缓冲器的输出时钟 CKrout。锁定后，VCDL 延迟和复制缓冲器延迟（Tbuffer）的和应等于时钟周期的倍数，$N \cdot T$，其中 N 是表示时钟周期的整数，T 表示一个时钟周期。N 由复制缓冲器延迟 Tbuffer 确定。例如，如果复制缓冲器延迟小于 T，则 N 可以为 1。另一方面，如果复制缓冲器延迟大于 T，则 N 可以大于 2。VCDL 的输出时钟 CKVCDL 对于输入时钟 CKin 有一个负延迟，通过 Tbuffer 实现。因此，总的时钟树输出时钟具有与输入时钟 CKin 相匹配的零延迟。

如果使用常规的相位检测器和 VCDL，那么通过最小延迟的 VCDL 和复制缓冲器的初始延迟时间应该是 $(N-0.5)T$ 和 NT 之间的一个值，以进行正确的锁定操作。当初始延迟时间

小于 $(N-0.5)T$ 时，PD 控制控制电压 VCTL 来减小 VCDL 的延迟时间。但在这种情况下，VCDL 已经达到其最小值，因此 DLL 无法达到锁定状态。由于 PVT 变化导致 Tbuffer 变化，这个问题变得更加严重，因此，满足锁定条件的频率范围往往非常狭窄。

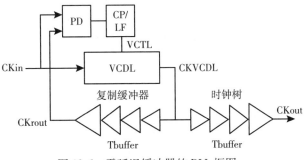

图 13-6　零延迟缓冲器的 DLL 框图

为了克服这个问题并实现宽范围的锁定，粗锁定期间需要额外的相位检测器和控制环路。这将有助于将 VCDL 和复制缓冲器的组合延迟时间调整到所需的 $(N-0.5)T$ 和 NT 范围内。可以使用额外的相位检测器（PD180）和电荷泵（CPsink）将 VCDL 和 Tbuffer 的延迟设置为接近周期 NT 的值，以在 DLL 操作的初始阶段进行正确的操作，如图 13-7 所示。为了去除约束的边界 $(N-0.5)T$，在粗锁定过程中，基于一个简单的触发器，额外的相位检测器（PD180）比较了 CKin 和 Ckrout。

当 Reset 信号激活时，环路滤波器电压（即 VCTL）被设置为使 VCDL 的延迟时间有一个最小值。在 Reset 信号取消激活后，打开额外的电荷泵电路 Cpsink 并增加 VCDL 延迟。直到 VCDL 延迟达到 $(N-0.5)T$，常规电荷泵电路

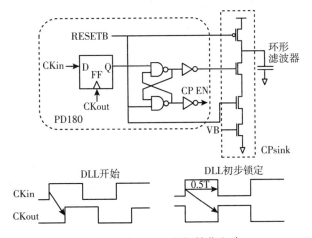

图 13-7　锁定修正 DLL 的初始化电路

CP 就关闭。在 VCDL 延迟达到 $(N-0.5)T$ 后，CPsink 关闭，CP 打开。因此，通过 CP 和相位检测器 PD 的操作，实现了 CKin 和 CKrout 上升边缘之间的精细匹配。

零延迟缓冲器的 DLL 的最优环路带宽与抖动特性和锁定时间相关。DLL 中有许多抖动源，包括输入时钟抖动、VCDL 和电源引起的复制缓冲器抖动，以及温度变化引起的低频漂移抖动。通常认为 DLL 是输入时钟抖动的全通滤波器。但实际上，包含接近环路带宽的高频分量的输入时钟抖动会被 DLL 放大，这被称为抖动峰值，并且结果是输出时钟抖动大于输入时钟抖动。因此，为了防止这种抖动峰值现象，环路带宽必须尽可能低[4]。

为了消除由电源噪声在 VCDL 和复制缓冲器中引起的抖动，环路带宽应高于电源噪声频率。通常，由于封装谐振频率，电源噪声频率的大部分在 100 MHz 左右。因此，要减少抖动，需要的环路带宽必须至少比供电噪声频率的 100 MHz 高出两倍，这样才不会出现抖动峰值。但是当复制缓冲器延迟时间较大时（在 DRAM 中，可能为 3 ns），无法以超过 200 MHz 的环路带宽实现稳定操作，这反过来使高环路带宽的实现具有挑战性。

与减少电源引起的抖动的高环路带宽需求相比，接近 1 MHz 的环路带宽足以补偿温度

变化，因为系统温度变化的速度为几毫秒。换句话说，低频环路带宽对于减少输入抖动和温度变化是理想的。理想情况下，高频环路带宽更适合减少电源引起的抖动，但是在实际实施中，低频抖动可能性更大，因为环路带宽接近电源噪声频率的情况可能经常发生。

为减少抖动而优化的低频环路带宽有锁定时间的问题。为了同时实现低抖动和快速锁定时间，使用了灵活的环路带宽 DLL，其中环路带宽由相位误差的数量调整[11]。如果相位误差值大于预定边界（被认为处于未锁定状态），则选择高频环路带宽以获得更快的锁定时间。在相位误差减小到小于边界的值之后，选择低频环路带宽以最小化抖动。

在 DLL 反馈路径中使用复制延迟，而不是分布式时钟树，因为 DLL 和时钟树的末端被长距离分开。为了减少时钟树的输入和输出时钟之间的偏斜，复制延迟必须在最小的功耗增加下准确跟踪 PVT 变化下的时钟树特性。需要匹配复制延迟和时钟树之间的门的数量和类型，并应添加复制金属负载以准确反映时钟树金属负载。无论采取了哪些步骤来匹配时钟树和复制延迟，在芯片制造后可能需要进行微调工作以提高准确性。

模拟 DLL 的电荷泵是偏斜误差的另一个主要来源。电流源晶体管的有限输出阻抗导致电荷泵的上拉和下拉电流之间存在不匹配[12]。这种不匹配在深亚微米工艺和低电压操作中更为严重。

电流不匹配导致相位检测器的输入和反馈时钟在锁定状态下产生相位误差。为了最小化偏斜误差，工程师已经提出了各种方法来减少这种电流不匹配，图 13-8a 和 b 显示了改进的电荷泵电路，通过消除上下电流不匹配来减少锁偏斜。图 13-8a 使用了一个调节下拉偏置发生器电路[12]。上拉偏置电压 VB 是固定的，但是下拉偏置电压被调整以匹配下拉电流和上拉电流，独立于控制电压水平，使调节下拉偏置发生器电路的节点 A 电压和控制电压 VCTL 相同。由于两个负反馈环路（DLL 和电荷泵偏置环路）会相互影响，因此这两个环路应该被设计为具有不同的速度和初始条件，以防止不稳定的操作。

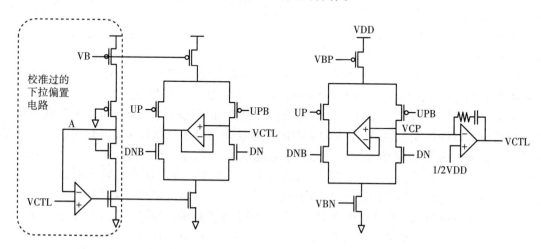

　　a）带有校准过的上下电流源的低偏斜电荷泵　　　　　b）带有直流阻塞的差分电荷泵

图 13-8　改进的电荷泵电路

图 13-8b 使用差分技术通过保持电荷泵输出电压 VCP 为 VDD 电压的一半来减少电流不匹配，这保证了无论环路滤波器电压如何，上下电流都保持平衡。这是通过在电荷泵和环路滤波器之间放置一个 DC 阻挡电容器来实现的。电容器保证 VCP 节点电压固定为 VDD 电压的一半，同时允许通过电容器向环路滤波器供电，从而调整控制电压 VCTL 以实现精确锁定。

DLL 需要相位只检测器来获取 DLL 输入和输出时钟之间的相位差的信息。有两种类型的相位检测器——线性相位检测器和非线性相位检测器。图 13-9a 显示了一个线性相位检测器，其中输出脉冲宽度与两个输入时钟的相位差成正比[13-14]。因此，特性曲线是一个锯齿状周期性线性线，周期为 360°，如图 13-9a 所示。

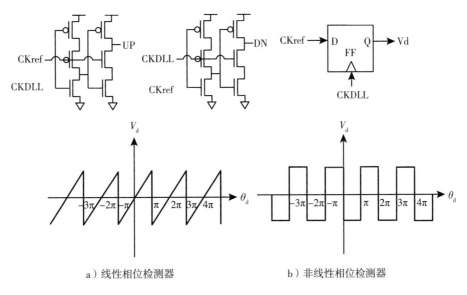

a）线性相位检测器　　　　　b）非线性相位检测器

图　13-9

当 DLL 被锁定时，相位检测器的输出为零，任何电荷都不会被注入环路滤波器中。因此，由 DLL 环路和控制节点的电压波动引起的抖动被最小化。周期性特性会导致错误锁定或谐波锁定，如前面讨论的那样。相位检测器是基于动态触发器实现的。

当两个输入都是高状态时，节点 B 被预充电到 VDD，当两个输入都是低状态时，节点 A 被预充电到 VDD。因此，如果 CK2 比 CK1 提前从低电平转变为高电平，节点 B 的电压会从 VDD 变为 VSS。之后，CK1 也从低电平转变为高电平，节点 B 回到 VDD，即节点 B 的低脉冲宽度与两个输入时钟上升沿的相位差相同。这个相位检测器具有对称结构，因此在锁定状态下两个时钟之间的相位偏移非常小。

图 13-9b 显示了一个非线性相位检测器。相位特性在 360°附近显示出高增益。因此，相位检测器不能区分相位差的数量，只能获取极性信息。通常，非线性相位检测器被用在数字 DLL 中，其中相位检测器的输出是数字计数器的输入，用作模拟 DLL 的环路滤波器。但是，模拟 DLL 可以通过使用大电容作为环路滤波器来平均相位检测器的输出，从而使用非线性

相位检测器。

在数字 DLL 中，作为数字相位检测器的触发器的建立-保持特性是锁定偏移的主要来源。大多数常规的触发器都有非零的时钟数据偏移。这导致在 DLL 锁定状态下产生锁定偏移。采用图 13-10 的零偏数字相位检测器[15]来解决这个问题。常规感应放大器基础的触发器的输入被修改，MN1 的门节点连接到 CKFD，而不是 CKI 的倒置时钟。对时钟的上升沿（时钟 CKFD）直接比较输入信号（CKI 和 CKFD）的电压差进行微分，以实现准确的比较。相位检测器的固有偏移和建立-保持时间分别小于 1ps 和 10ps。

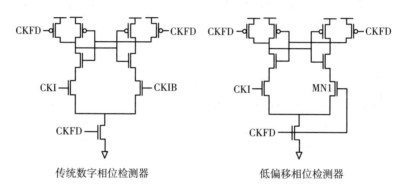

传统数字相位检测器 低偏移相位检测器

图 13-10 零偏数字相位检测器

DLL 的延迟单元主要源于 PLL 的 VCO，因为 VCO 对电源噪声的免疫性更强。图 13-11 显示了 DLL 广泛使用的延迟线，有调节器供应的延迟单元，以及复制反馈偏置发生器的差分延迟单元。

调节器供应的延迟单元由一个调节器和一个反向器类型的延迟单元组成[16]。通过改变 CMOS 反向器的供电电压，延迟会增加或减少。为了减少电源噪声引起的抖动，电压调节器被插入到标称供电电压和 CMOS 反向器的内部供电电压之间。DLL 控制电压 VCTL 是调节器的输入。为了保证 DLL 的稳定性和环路带宽，调节器应该有比 DLL 环路带宽更高的带宽。否则，调节器带宽会影响 DLL 环路带宽，可能会导致抖动峰值。为了增加调节器带宽，增加了调节器的功耗或使用零补偿技术。

有源负载 CML 延迟单元基于电流模式逻辑，如图 13-11b 所示。为了改变延迟，通过控制电压 VCTL 改变负载电阻的

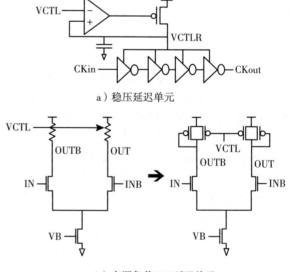

a）稳压延迟单元

b）有源负载CML延迟单元

图 13-11 DLL 广泛使用的延迟线

值。二极管负载和电流源负载的组合特性与线性电阻类似。对于低频，应该提高 VCTL 电压以获得较高的电阻值。对于高频，应降低 VCTL 电压以得到较低的电阻值。然而，如果偏置电压 VB 像普通的 CML 放大器那样固定，差分延迟单元的输出会根据锁定频率具有不同的信号摆动水平。在低频下，摆动水平过高；在高频下，摆动水平过低。为了防止这些问题，在图 13-12 中使用了一个复制反馈偏置电路。在这个电路中，延迟单元的输出摆动跟踪 VCTL 值在 PVT 变化下的变化。因此，晶体管负载的电阻保持线性，供电噪声引起的抖动得以减少。

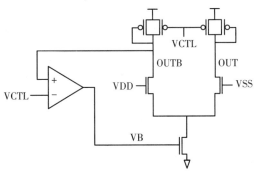

图 13-12 有源负载 CML 延迟单元的复制反馈偏置发生器

13.4.2 多相时钟发生器

生成多相时钟在许多领域都是至关重要的，例如 I/O 接口：串行器和解串行器、生成相位插值基础 CDR 的参考时钟、精细相位控制系统用于精确控制存储媒体 DVD 刻录机的写入脉宽等。使用 DLL 生成多相时钟相比使用 PLL 具有许多优点，包括设计更简单、功耗更低、面积更小。

图 13-13 显示了一个多相时钟发生器 DLL。这种 DLL 的结构与图 13-6 中的零延迟缓冲器 DLL 相似，不同之处在于移除了一个复制缓冲器。VCDL 需要均匀间隔的延迟单元，因此如果需要 N 个相位，则使用 N 个延迟阶段。与单端延迟单元相比，差分延迟单元可以将所需的延迟阶段减少一半。但由于时钟占空比误差会在 180°时钟中引入相位误差，并传播到后续的多相输出时钟，差分延迟单元在输入时钟路径中需要一个时钟占空比校正器，以生成准确的多相时钟。为了正确的锁定操作，前面

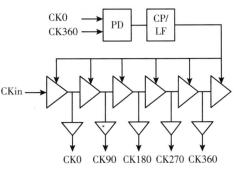

图 13-13 多相时钟发生器 DLL

提到的粗锁方法也可以应用到多相 DLL 中。由于缺少复制缓冲器，只考虑 VCDL 延迟满足 $0.5T<T_{VCDL}<1.5T$ 的锁定条件。满足这个条件应该比满足具有长复制缓冲器的去偏 DLL 的条件更容易。

一个典型的延迟线是通过级联可调延迟缓冲器来生成的。受管控的反相器和主动负载 CML 是热门的设计选择。在考虑到抖动特性的情况下，选择数据线中延迟单元的数量是设计数据线的关键[18]。通过将每个延迟缓冲器解释为单极放大器，同时假设小信号行为，可以更直观地理解该数量的含义。假设每 180°存在 N 个延迟缓冲器，每个缓冲器提供 $180°/N$ 的相位偏移。所以在一个四阶/180°的延迟线中，每个缓冲器将时钟延迟 45°。同时，缓冲器的 3 dB 带宽由某一特定时钟频率下的这个相位延迟指定。换句话说，缓冲器的带宽等于时钟频率。并且，由于缓冲器带宽的调节提供了适当的延迟，缓冲器带宽与时钟频率的关系

独立于 PVT 变化。高频和低频信号之间的增益差异会通过延迟线放大抖动。例如，与四阶/180°的主动负载 CML 延迟线相比，六阶/180°的 CML 延迟线每阶的抖动放大减少到原来的 $\frac{1}{10} \sim \frac{1}{5}$。一般来说，缓冲器在以某一特定时钟延迟运行时饱和的速度快慢将决定抖动放大，这反过来将决定阶数 N。此外，阶数将决定时钟延迟，从而限制最大操作频率。

系统和随机失配导致了延迟线之间延迟差异，该差异引起的多相位偏移是另一个需要考虑的重要设计因素。通过仔细的布局以匹配每个延迟单元的加载和分流，可以将系统失配最小化。但是，随机失配引起的偏移仍然是一个问题，因为每个延迟阶段的非常小的延迟需要最小的通道长度晶体管。为了解决这个问题，工程师提出了一些电路技术，如图 13-14a 和 b 所示。

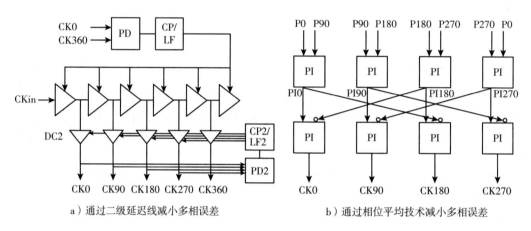

a）通过二级延迟线减小多相误差　　　　　b）通过相位平均技术减小多相误差

图　13-14

图 13-14a 在多相位时钟的每个输出路径中插入了一个额外的延迟单元，以补偿由二次环引起的偏移[19-20]。第二相位检测器 PD2 测量多相输出之间的相对相位差，并分别控制每个附加延迟单元（DC）的控制电压。例如，考虑对 CK90 的偏移调整过程。CK90 的 PD2 测量 CK0 上升沿到 CK90 上升沿的延迟时间与 CK90 上升沿到 CK180 上升沿的延迟时间之间的相对差异。如果 CK90 的上升沿更接近 CK0 的上升沿，那么 PD2 必须操作以增加对应于 CK90 的 DC2 的延迟。

为了节省电力，CP2 和 LF2 可以由数字滤波器复制。然后，PD2 可基于触发器成为一个数字相位检测器，并且 DC2 应该被数字延迟单元替代。附加延迟单元应该有足够大的延迟范围以覆盖随机失配，并且小于主延迟单元的延迟范围，以便由附加延迟单元 DC2 引起的抖动和占空比误差增加可以忽略不计。偏移补偿性能也取决于附加相位检测器的精度。因此，PD2 应该设计利用大通道宽度和长度的晶体管，以得到低偏移和小的系统和随机设备失配。在实践中，设计一个具有大通道长度的相位检测器比设计一个具有大通道长度的延迟单元更容易，因为相位检测器的所需带宽低于延迟单元的带宽。

另一种降低多相位偏移的技术是相位误差的平均化[21]。一个相位插值器被插入到 DLL 输出时钟中，以将一个时钟的相位误差分布到相邻的时钟中。图 13-14b 是将相位平均电路应用到由 90°均匀分隔的四相位时钟发生器的一个例子。为了完全消除相位误差，使用了两级串联的相位插值器。相位插值器的输出是两个输入时钟的平均相位。例如，图 13-14b 的 PI0＝（P0+P90）/2。如果存在相位误差 θ，输入 P0，PI0，…，PI270 可以表达如下：

$$PI0=(P0+\theta+P90)/2$$
$$PI90=(P90+P180)/2$$
$$PI180=(P180+P270)/2$$
$$PI270=(P270+P0+\theta)/2$$

因此，相位误差被减半并均匀分布到 PI0 和 PI270 中。经过额外的插值阶段，由于平均操作，每四个输出时钟会产生 $\theta/4$ 的相位误差，并且不会产生偏移。

$$CK0=(P0+\theta+P90+P180+P270)/4$$
$$CK90=(P90+P180+P270+P0+\theta)/4$$
$$CK180=(P180+P270+P0+\theta+P90)/4$$
$$CK270=(P270+P0+\theta+P90+P180)/4$$

当使用八相时钟时，需要三级级联相位插值器来完全消除相位误差。但是这种方法有几个缺点，例如额外的功耗和相位插值器的不匹配。由于在插值过程中两个不同的输入级别会重叠，相位插值器会消耗大量的短路电流。此外，为了获得相位插值的好处，相位插值器的随机不匹配应小于延迟线的随机不匹配。这将进一步增加功耗，因为相位插值器的尺寸需要增大以减小设备不匹配。

为了降低功耗，可以使用利用电阻串的平均技术，这对于大量的多相位生成可能有效[22]。对于这种技术，电阻网络存在于相邻的延迟线输出之间。当出现相位误差时，电阻网络提供了额外的电流路径并进行相位误差平均。可将电阻串的平均技术用于闪存 ADC 中，以减小比较器偏移效应[23]。在没有误差存在的情况下，延迟单元产生的电压等级在信号转换时期均匀分布。但是，当出现不匹配误差时，电阻串的节点电压将与延迟单元的输出电压不同。因此，相位误差通过额外的电流流动被平均掉。如果没有误差，电阻串的效果几乎可以忽略不计。

关于高频多相位生成的一个限制因素是延迟单元的时间裕度缩小。当生成 N 个相位时，每个单元的延迟时间为 T/N。例如，要在 1 GHz 的时钟频率下生成 40 个相位，步长应为 25 ps。因此，最大锁频受到固定阶段的延迟的限制。

图 13-15 显示了 40 相位时钟的延迟单元矩阵，它能够在生成大量多相位的同时实现高频锁定[22]。与传统的 DLL 不同，电压控制延迟线是用延迟单元矩阵实现的。延迟单元 1 在 Y 轴的五个输出的时间延迟的差值是单元 2 输出的时间延迟的五分之一，并作为 5×8 延迟单元矩阵的输入。延迟单元 1 可以用相位插值器实现，它接受两个输入时钟，这两个时钟的时间差等于单元 2 的时间延迟。假设延迟单元 2 的单位延迟为 1/8 T，插值器产生五个种子输入，相对延迟为 0，1/40 T，2/40 T，3/40 T 和 4/40 T。这些延迟应用到五个独立的八级延迟链上，因此，5×8 延迟矩阵生成了由 1/40 T 均匀分隔的 40 个相位。由于每条链中只有八个延迟单元，所以最小延迟大大减少。

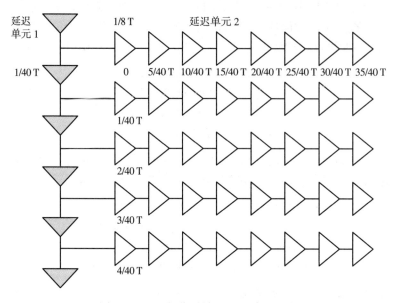

图 13-15 40 相位时钟的延迟单元矩阵

13.4.3 倍频

一般来说，由于 PLL 具有 VCO 特性，所以它主要用于频率倍增。但是，PLL 有许多缺点，使得在电源和基板噪声的嘈杂环境中生成准确的时钟变得复杂。与 PLL 相比，DLL 在抖动方面有若干优势。尽管传统的 DLL 本身没有频率倍增能力，但基于 DLL 的时钟发生器[如乘法 DLL(MDLL)]具备该能力。

MDLL 有两种不同的类别。一种是基于多相位生成 DLL，另一种是在 VCDL 中混入 VCO 特性。图 13-16 显示了一个基于多相位生成 DLL 的乘法 DLL[24-28]。MDLL 由一个参考 DLL 和一个边缘合成器组成。如前所述，参考 DLL 为边缘合成器生成多相位时钟。多相位时钟之间的偏移转化为 MDLL 的输出时钟确定性抖动。实际上，这种由偏移引起的抖动是 MDLL 的主要瓶颈之一，但之前讨论过的偏移减小技术可以帮助减小抖动。

图 13-17 显示了边缘合成器实现时钟倍频的时序图。如果使用四相时钟，输出时钟 CKout 的频率是输入时钟 CKin 频率的两倍。通常，得到以下方程：

$$f(\text{CKout}) = N/2 \cdot f(\text{CKin})$$

式中，N 是延迟线的阶数。

边缘合成器是另一个核心模块，它将多相位时钟转换为高频单输出时钟。已经报道了几种用

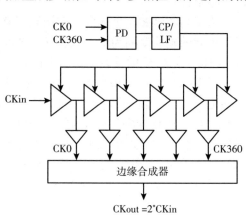

图 13-16 基于多相位生成 DLL 的乘法 DLL

于边缘合成器的技术，包括 LC 谐振腔[26]、用于逻辑基础多路复用器的 AND–OR 门，以及在高速 I/O 区域使用的串行器电路[27]。这些方法的主要缺点是频率倍增比是固定的。为了实现可编程的倍增因子，可以在 VCDL 和相位检测器之间插入一个额外的多路数据选择器（MUX），以便可以修改延迟阶段的数量。MUX 从多相位输出中选择一个时钟，并将其传输到相位检测器。

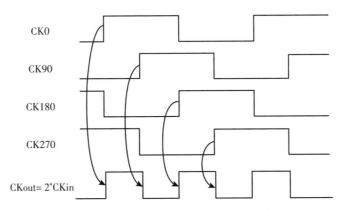

图 13-17　边缘合成器实现时钟倍频的时序图

尽管与基于 PLL 的传统频率合成器相比，DLL 的倍增因子有限，但可以轻松实现半步，如 1.5，2，2.5，…。此外，边缘合成器还应具有将任何多相组合转换为更高频率的灵活性。图 13-18a 显示了一个使用动态触发器概念的可编程边缘合成器[24]。边缘合成器的操作如下。根据输出时钟 Q 的电平，节点 X 和 Y 反复充电和放电。在任何多相时钟从低到高转变的时候，X 和 Y 节点都被短路并保持相同的电压水平。所以 P1 和 N1 晶体管依次并重复地打开。由于边缘合成器的输出可以由任何多相输入切换，所以在总的多相时钟中未被选中的时钟应该有 DC 值没有转换。然而，边缘合成器的大内部节点电容（X 和 Y）限制了最大操作频率。

图 13-18b 是另一种增加速度的灵活边缘合成器。因为多相时钟的求和节点与触发锁存器分离，所以这种组合器的内部节点电容更小。转换检测器在多相时钟的上升沿生成对应于三个反相器延迟的低电平短脉冲。短脉冲通过多级与门传输到触发脉冲锁存器的输入。当低电平输入到达时，触发脉冲锁存器切换输出。

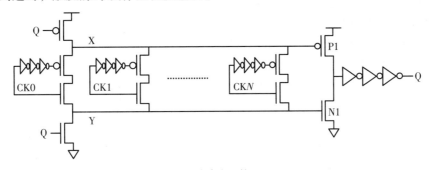

a）引自参考文献[24]

图 13-18　边缘合成器

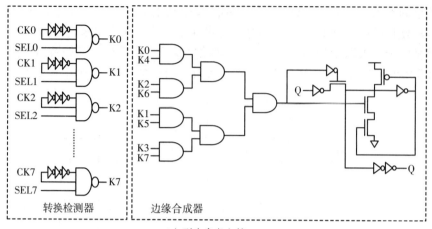

b）引自参考文献[27]

图 13-18（续）

　　但是这个电路也有一个最大速度约束，即最小输出时钟周期被限制为触发脉冲锁存器输入周期的两倍，它由低电平脉冲时间（带有三个反相器延迟）和高电平脉冲时间组成。最小的高电平脉冲时间由锁存器传播时间和 NAND 门的带宽确定。

　　另一种乘法 DLL 是基于将 VCO 和 VCDL 结合，称为循环 DLL，如图 13-19 所示。MDLL 通过用参考频率边替换自然运行的环形振荡器 VCO 的每个 Nth 边来操作，该边对应于频率倍增因子。输入时钟 CKin 的每个上升沿通过多路复用器进入延迟元素。每个边通过后，多路复用器切换以选择延迟元素的输出，将其连接为环形振荡器。当 CKin 的上升沿到达时，将其与 CKout 上的 Nth 上升沿进行比较，并调整延迟元素控制电压以对齐两个边。

　　在该乘法 DLL 中，选择器为多路复用器生成一个使能脉冲，以便干净的参考时钟可以在相位检测器中被复用，这样每个参考时钟周期只比较一个振荡器边缘。已经证明，这种方式可以显著抑制由 VCO 的相位噪声引起的抖动，因为 MDLL 周期性地将干净的参考时钟注入振荡器中，每个参考时钟周期重置相位误差。因此，这个电路将 DLL 降低相位噪声的能力与 PLL 的时钟倍频能力相结合。由于在 MDLL 中，相同的延迟元件生成输出时钟的每个边缘，所以在基于多相合并器的 DLL 频率合成器中由设备不匹配产生的固定模式抖动被消除。此外，通过改变在切换多路复用器之前重新循环的 CKout 周期数，倍频率易于编程。

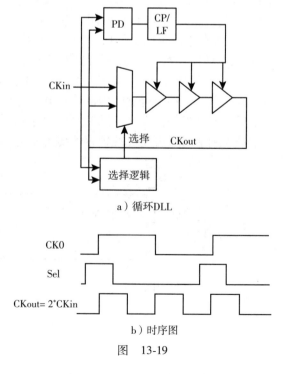

a）循环DLL

b）时序图

图 13-19

MDLL 的基本设计也引出了两个需要认真注意的问题。首先，必须保证输入 CKin 没有受到干扰，因为该信号上的任何抖动都会直接传输到输出，并在单个周期内全都出现。这并不是一个严重的问题，因为廉价的晶体振荡器对于这种应用已经有足够低的抖动。其次，CKin 和 CKout 的相位不匹配会导致在每个 Nth CKout 边缘出现固定模式的抖动。要将这种固定模式的抖动减小到可接受的水平，需要一个新颖的相位比较器设计，并且要对多路复用电路的设计和选择进行仔细的考虑。

13.4.4 时钟数据恢复

时钟数据恢复(CDR)是应用 DLL 开发的技术最多的领域之一。在应用 DLL 之前，基于 PLL 的 CDR 已经广泛使用，但是 CDR 存在着大的抖动和锁定时间的问题。为了克服稳定性问题，PLL 的环路带宽应低于输入频率(1/20)。由于随机数据具有宽范围的输入频率成分，因此 CDR 环路带宽应非常低。然而，由于环路带宽低，CDR 的锁定时间较长，且输入时钟和数据之间允许的频率偏差较小，在实际实现中，使用如 8 位、9 位编码的数据编码来保证输入时钟的最小频率。

基于 DLL 的 CDR 继承了 DLL 的所有优点，包括低抖动、快速锁定时间，以及没有稳定性问题。如今，大多数的 CDR 都采用双环 DLL 的架构，这种架构是为了缓解之前讨论的锁定范围问题而开发的。双环 DLL 由参考 DLL、多路复用器、相位插值器、复制缓冲电路以及"bang-bang"类型的相位检测器组成，如图 13-20 所示。

参考 DLL 为相位插值器生成均匀间隔的多相时钟，多路复用器选择两个相邻的时钟作为相位插值器的输入。然后，相位插值器根据控制代码生成具有两个选定时钟之间相位值的输出时钟。例如，假设参考 DLL 生成了八个相位时钟，这导致了 45° 的步进；相位插值器微调存在 16 个控制步骤，这导致 DLL 的微步输出约为 2.8°。由于双环架构生成的输出时钟具有任意相位而非时间延迟，如果参考 DLL 处于锁定状态，那么双环 DLL 就没有锁定范围的限制。双环 DLL 相比传统的基于 VCDL 的 DLL 的另一个优点是，由于图 13-20 中的相位插值器(PI)环的相位混合操作，它具有无缝相位变化的无限相位移动能力。也就是说，DLL 输出时钟的相位可以无限制地随时间增加或减少，而不会失去锁定。这是因为 0° 和 360° 被视为相同的相位。相比之下，基于 VCDL 的 DLL 无法实现无限相位移动，因为增加或减少 VCDL 延迟的空间有限。双环 DLL 的无限相位移动能力在近同步时钟系统和 CDR 电路中得到了充分利用。

图 13-20 中的 CDR 可以通过替换一些模块轻松实现，如图 13-21 所示[33—35]。保持 CKin 不变，但将 EXT CLK 更改为 Data。DLL 的相位检测器只能检测是否应用随机数据信号的相位检测器替换时钟信号。为了从随机数据信号中捕获相位

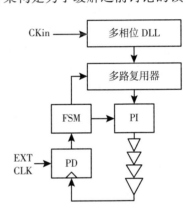

图 13-20 双环 DLL

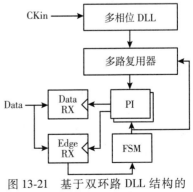

图 13-21 基于双环路 DLL 结构的
时钟数据恢复(CDR)电路

信息，需要两个接收器——一个用于数据采样，另一个用于边缘采样。每当从数据采样结果检测到数据转换时，都会使用采样边缘输出进行 CDR 反馈。使用滤波器来控制 CDR 的环带宽。如果 CKin 和 Data 之间的频率差在近同步情况下，相位差将随时间线性增加，无限制地增加。

CDR 带宽应具有足够的值来补偿相位差异，而不增加抖动。如果 CKin 有大部分高频抖动，CDR 性能会降低。因此，可以使用 PLL 替代参考 DLL 来过滤高频输入时钟抖动。CDR 带宽以下的 PLL 抖动也可以减小。

虽然初始的双环 DLL 和 CDR 中使用了模拟相位插值器，但近年来，数字相位插值器因其较低的功耗和抗噪声能力而被广泛使用。相位插值器有两种类型，一种是 CMOS 类型，另一种是 CML 类型。图 13-22a 显示了一个 CMOS 类型相位插值器，其中，CK1 和 CK2 输入相位通过数字控制的代码值进行加权和求和，以输出一个 CKout 信号。例如，如果 5 位二进制代码值为 00000，则只通过 CK1 产生输出，这是最小的延迟。否则，如果 5 位二进制代码值为 11111，则只通过 CK2 产生输出，这将产生最大的延迟。因此，最小延迟和最大延迟之间的差异与 CK1 和 CK2 边缘之间的延迟差异相同。任何在 00000 和 11111 之间的代码值都会产生小于 CK1 和 CK2 边缘之间延迟差的时间延迟。

理想情况下，相位步进增量应该与每个递增的编码值呈线性关系。但是，CMOS 类型的相位插值器由于两个支路之间的短路径而存在非线性问题。假设中间编码值产生的延迟等于最大延迟的一半。在第 1 区域(MOS 管工作在线性区时)，当 CK1 从低电平变为高电平且 CK2 保持低电平时，CK1 的半尺寸 NMOS 和 CK2 的半尺寸 PMOS 被打开。为了实现线性相位插值，第 1 区域的下拉电流应该是第 2 区域(饱和区)的一半，但是 CK2 的 PMOS 可能会干扰这个条件。当 CK1 和 CK2 同时为低电平时，拉高晶体管被打开。但是，这种相位插值器存在占空比失真问题。

相位插值的线性度也对输入时钟的边缘速率和相位插值器的延迟非常敏感。因此，为了保持 CMOS 类型相位插值器的线性度，输入相位差应该小于 45°。

图 13-22b 展示了一个 CML 类型相位插值器，它由两个差分时钟相位 CK1 和 CK2 驱动。该插值器使用一个电流开关数/模转换器，为具有共同电阻性负载的差分对提供尾电流。为了提高线性度，差分对的斜率应该较低，理想情况下应该是正弦波形。负载 I 的电流和可以表示如下：

$$I = A^* (M-N)^* \sin(\theta) + A^* N^* \cos(\theta)$$
$$I = B^* \sin(\theta + \alpha) = B^* \sin(\theta) \cos(\alpha) + B^* \cos(\theta) \sin(\alpha)$$
$$A^* (M-N) = B^* \cos(\alpha)$$
$$A^* N = B^* \sin(\alpha)$$
$$(N)/(M-N) = \tan(\alpha)$$

式中，M 是最大编码数，N 是数字权重数，A 和 B 是幅度常数。旋转器的 16 点相位星座图为菱形⊖，如图 13-22b 所示。菱形相位星座图表明旋转器存在轻微的非线性。非均匀 DAC 有助于实现圆形的相位星座图。在快速工艺角(fast process corner)中，旋转器的输入信号可能更接近于方波而不是正弦波，这通常会降低线性度。在相位插值器前面放置一对斜率控制缓冲器可以重新塑造这些信号，使其更接近正弦波形，从而确保插值的时钟边沿能够正确重叠。

⊖　图 13-22b 仅展示了第一象限内的相位星座图，在四个象限中就是菱形。

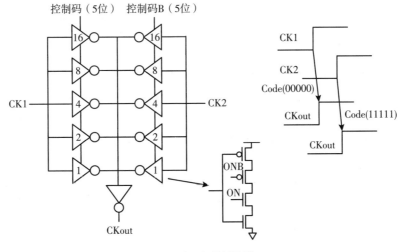

a）CMOS类型相位插值器

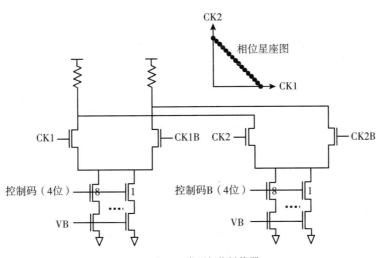

b）CML类型相位插值器

图 13-22

参考文献

[1] M. Johnson and E. Hudson, "A variable delay line PLL for CPU-coprocessor synchronization," *IEEE J. Solid-State Circuits*, vol. 23, no. 10, Oct. 1988, pp. 1218–1223.

[2] B. Kim, T. C. Weingandt, and P. R. Gray, "PLL/DLL system noise analysis for low-jitter clock synthesizer design," *Proc. ISCAS*, Jun. 1994, pp. 151–154.

[3] T. H. Lee, K.S. Donnelly, J.T.C. Ho, J. Zerbe, M. G. Johnson and T. Ishikawa, "A 2.5-V CMOS delay-locked loop for an 18-Mbit, 500-Mbyte/s DRAM," *IEEE J. Solid-State Circuits*, vol. 29, Dec. 1994, pp. 1491–1496.

[4] M.-J. E. Lee, W.J. Dally, T. Greer, Hiok-Tiaq Ng, R. Farjad-Rad, J. Poulton and R. Senthinathan, "Jitter transfer characteristics of delay-locked loops: Theories and design techniques," *IEEE J. Solid-State Circuits*, vol. 38, no. 4, Apr. 2003, pp. 614–621.

[5] J. R. Burnham, Gu-Yeon Wei, Chih-Kong Ken Yang and H. Hindi, "A comprehensive phase-transfer model for delay-locked loops," *IEEE CICC*, 2007, pp. 627–630.

[6] S. Tam, J. Leung, R. Limaye, S. Choy, S. Vora and M. Adachi, "Clock generation and distribution of a dual-core xeon processor with 16-MB L3 cache," *ISSCC Digest of Technical Papers*, Feb. 2006, pp. 382–383.

[7] N. Kurd, P. Mosalikanti, M. Neidengard, J. Douglas and R. Kumar, "Next-generation Intel core micro-architecture (Nehalem) clocking," *IEEE J. Solid-State Circuits*, vol. 44, no. 4, Apr. 2009, pp. 1121–1129.

[8] Rong-Jyi Yang, Shen-Iuan Liu, "A 2.5-GHz all-digital delay-locked loop in 0.13-um CMOS technology," *IEEE J. Solid-State Circuits*, vol. 42, no. 11, Nov. 2007, pp. 2338–2347.

[9] S. Sidiropoulos and M. A. Horowitz, "A semidigital dual delay-locked loop," *IEEE J. Solid-State Circuits*, vol. 32, no. 11, Nov. 1997, pp. 1683–1692.

[10] Seung-Jun Bae, Hyung-Joon Chi, Young-Soo Sohn and H.-J. Park, "A VCDL-based 60–760-MHz dual-loop DLL with infinite phase-shift capability and adaptive-bandwidth scheme," *IEEE J. Solid-State Circuits*, vol. 40, no. 5, May 2005, pp. 1119–1129.

[11] Byung-Guk Kim, Lee-Sup Kim, Kwang-Il Park, Young-Hyun Jun and Soo-In Cho, "A DLL with jitter reduction techniques and quadrature phase generation for DRAM interfaces," *IEEE J. Solid-State Circuits*, vol. 44, no. 5, May 2009, pp. 1522–1530.

[12] Yong Liu, Woogeun Rhee, D. Friedman and Donhee Ham, "All-digital dynamic self-detection and self-compensation of static phase offsets in charge-pump PLLs," *ISSCC Digest of Technical Papers*, Feb. 2007, pp. 176–177.

[13] Y. Moon, J. Choi, K. Lee, D. K. Jeong, and M. K. Kim, "An all-analog multiphase delay-locked loop using a replica delay line for a wide-range operation and low-jitter performance," *IEEE J. Solid-State Circuits*, vol. 35, no. 3, Mar. 2000, pp. 377–384.

[14] M.-J. E. Lee, W. J. Dally, and P. Chiang, "Low-power, area-efficient, high-speed I/O circuit techniques," *IEEE J. Solid-State Circuits*, vol. 35, Nov. 2000, pp. 1591–1599.

[15] Seung-Jun Bae, Hyung-Joon Chi, Hyung-Rae Kim and Hong-June Park, "A 3-Gb/s 8b single-ended transceiver for 4-drop DRAM interface with digital calibration of equalization skew and offset coefficients," *ISSCC Digest of Technical Papers*, Feb. 2005, pp. 520–521.

[16] S. Sidiropoulos, D. Liu, J. Kim, G. Wei, and M. Horowitz, "Adaptive bandwidth DLLs and PLLs using regulated supply CMOS buffers," *IEEE Symp. VLSI Circuits Dig. Tech. Papers*, June 2000, pp. 124–127.

[17] J. G. Maneatis, "Low-jitter process-independent DLL and PLL based on self-biased techniques," *IEEE J. Solid-State Circuits*, vol. 31, Nov. 1996, pp. 1723–1732.

[18] B. Casper and F. O'Mahony, "Clocking analysis, implementation, and measurement techniques for high-speed data links: A tutorial," *IEEE TCAS-I*, vol. 56, no. 1, Jan. 2009, pp. 17–38.

[19] Hsiang-Hui Chang, Jung-Yu Chang, Chun-Yi Kuo and Shen-Iuan Liu, "A 0.7–2-GHz self-calibrated multiphase delay-locked loop," *IEEE J. Solid-State Circuits*, vol. 41, May 2006, pp. 1051–1061.

[20] Tai-Cheng Lee and Keng-Jan Hsiao, "An 8-GHz to 10-GHz distributed DLL for multiphase clock generation," *IEEE J. Solid-State Circuits*, vol. 44, no. 9, Sept. 2009, pp. 2478–2487.

[21] T. Saeki, M. Mitsuishi, H. Iwaki, and M. Tagishi, "A 1.3-cycle lock time, non-PLL/DLL clock multiplier based on direct clock cycle interpolation for 'clock on demand,'" *IEEE J. Solid-State Circuits*, vol. 35, Nov. 2000, pp. 1581–1590.

[22] Young-Sang Kim, Seung-Jin Park, Yong-Sub Kim, Dong-Bi Jang, Seh-Woong Jeong, Hong-June Park and Jae-Yoon Sim, "A 40-to-800-MHz locking multiphase DLL," ISSCC *Digest of Technical Papers*, Feb. 2007, pp. 306–307.

[23] K. Kattmann and J. Barrow, "A technique for reducing differential nonlinearity errors in flash A/D converters," ISSCC *Dig. Tech. Papers*, 1991, pp. 170–171.

[24] C. Kim, I. Hwang, and S. Kang, "A low-power small-area 7.28-ps-jitter 1-GHz DLL-based clock generator," *IEEE J. Solid-State Circuits*, vol. 37, no. 11, Nov. 2002, pp. 1414–1420.

[25] Tai-Cheng Lee and Keng-Jan Hsiao, "The design and analysis of a DLL-based frequency synthesizer for UWB application," *IEEE J. Solid-State Circuits*, vol. 41, no. 6, June 2006, pp. 1245–1251.

[26] G. Chien and P. Gray, "A 900-MHz local oscillator using a DLL-based frequency multiplier technique for PCS applications," *IEEE International Solid-State Circuits Conference*, Feb. 2000, pp. 202–203.

[27] Jin-Han Kim, Young-Ho Kwak, Mooyoung Kim, Soo-Won Kim and Chulwoo Kim, "A 120-MHz-1.8-GHz CMOS DLL-based clock generator for dynamic frequency scaling," *IEEE J. Solid-State Circuits*, vol. 41, no. 9, Sept. 2006, pp. 2077–2082.

[28] P.C. Maulik and D.A. Mercer, "A DLL-based programmable clock multiplier in 0.18-μm CMOS with –70 dBc reference spur," *IEEE J. Solid-State Circuits*, vol. 42, no. 8, Aug. 2007, pp. 1642–1648.

[29] R. Farjad-Rad, W. Dally, Hiok-Tiaq Ng, R. Senthinathan, M.-J.E. Lee, R. Rathi, and J. Poulton, "A low-power multiplying DLL for low-jitter multigigahertz clock generation in highly integrated digital chips," *IEEE J. Solid-State Circuits*, vol. 37, Dec. 2002, pp. 1804–1812.

[30] B. M. Helal, M. Z. Straayer, Gu-Yeon Wei and M. H. Perrott , "A highly digital MDLL-based clock multiplier that leverages a self-scrambling time-to-digital converter to achieve subpicosecond jitter performance," *IEEE J. Solid-State Circuits*, vol. 43, no. 4, Apr. 2008, pp. 855–863.

[31] S. Ye, L. Jansson, and I. Galton, "A multiple-crystal interface PLL with VCO realignment to reduce phase noise," *IEEE J. Solid-State Circuits*, vol. 37, no. 12, Dec. 2002, pp. 1795–1803.

[32] L. Sander and J. Gierkink, "Low-spur, low-phase-noise clock multiplier based on a combination of PLL and recirculating DLL with dual-pulse ring oscillator and self-correcting charge pump," *IEEE J. Solid-State Circuits*, vol. 43, no. 12, Dec. 2008, pp. 2967–2976.

[33] K. K. Chang, J. Wei, C. Huang, S. Li, K. Donnelly, M. Horowitz, Y. Li, and S. Sidiropoulos, "A 0.4–4-Gb/s CMOS quad transceiver cell using on-chip regulated dual-loop PLLs," *IEEE J. Solid-State Circuits*, vol. 38, no. 5, May 2003, pp. 747–754.

[34] L. Rodoni, G. von Buren, A. Huber, M. Schmatz and H. Jackel, "A 5.75 to 44 Gb/s quarter rate CDR with data rate selection in 90-nm bulk CMOS," *IEEE J. Solid-State Circuits*, vol. 44, no. 7, Nov. 2009, pp. 1927–1940.

[35] A. L. Coban, M. H. Koroglu and K. A. Ahmed, "A 2.5–3.125-Gb/s quad transceiver with second-order analog DLL-based CDRs," *IEEE J. Solid-State Circuits*, vol. 40, no. 9, Nov. 2005, pp. 1940–1947.

纳米级处理器和存储器中的
数字时钟发生器

14.1 引言

时钟发生器在多种应用中得到了广泛应用，如微处理器和 DRAM 等。由于 CMOS 技术的门长度逐渐变小，设计者面临着设计低功耗、低抖动和高速度时钟发生器的挑战，因为供电电压、泄漏和可变性都增加了。此外，在小于 100 nm 的技术中，存在重要的可靠性问题，如负/正偏差温度、不稳定（NBTI，PBTI）、热载流子注入（HCI）和时间依赖的介电击穿（TDDB）[1]。因此，有必要研究适用于纳米技术的优秀时钟发生器。

时钟发生器被大致分成两个类别：模拟和数字。尽管模拟时钟发生器更能容忍供电引起的抖动，但由于低供电电压和泄漏问题，使用纳米技术很难对其进行设计。此外，它也不适用于需要快速锁定时间的应用程序。相比之下，数字时钟发生器更适合低电压操作和工艺技术的快速迁移。此外，数字时钟发生器对于特定的应用程序有更好的快速锁定时间和更好的省电操作。因此，数字时钟发生器在微处理器和 DRAM 中广泛使用。

本章介绍并讨论了设计纳米处理器和存储器的数字时钟发生器的方法。第一部分内容是对用于先进应用领域的通用时钟发生器面临的问题进行综述。首先，我们将根据它们的应用介绍时钟发生器类型。然后，我们将详细介绍与这些以前报告的时钟发生器相关的具体问题，比较模拟时钟发生器和数字时钟发生器。最后我们将介绍在纳米技术中解决的问题的解决方案。

在第二个部分中，我们简要介绍了用于纳米处理器的数字多相时钟发生器的设计。该数字多相时钟发生器用于生成多相时钟，例如传统的相位锁定循环（PLL）和延迟锁定循环（DLL），用于生成用于解决时钟偏离问题或实现流水线设计的延迟时钟信号。在这部分中，还将分析由于时间到数字转换器（TDC）的有限分辨率而产生的多相时钟信号中的相位误差，并讨论解决相位误差问题的解决方案。

第三部分介绍用于数十纳米 CMOS 技术中的高速内存接口的数字时钟发生器。为了提高高速、双数据速率（DDR）接口的数据有效窗口，许多内存应用，如图形 DDR3 和 DDR4 DRAM，采用数字 DLL 和 DCC（占空比校正器）。最近的图形 DDR5 DRAM 需要采用 DCC

QPC(四边形相位校正器)进行四相偏移的选择性时钟分布,并使用 PLL 减少外部时钟信号抖动。通过回顾最近的图形内存应用,第三部分将介绍使用纳米技术设计的最优数字时钟发生器的设计指南。

14.2 数字时钟发生器

数字时钟发生器在多种应用中广泛使用,以实现有效的数据传输。一般来说,数字时钟发生器根据它们的功能分为三种类别:时钟同步、多相时钟生成和定时器周期纠正。在为纳米技术应用设计数字时钟发生器之前,我们将详细介绍以前的时钟发生器的运行情况、优点和缺点,然后评估它们对最近应用的适应性。

14.2.1 时钟同步电路

1. 延迟锁定环路

同步时钟电路被用于同步内部时钟的相位与目标时钟的相位。最常见的数字时钟同步电路是数字 DLL,它被广泛应用于许多应用中,例如双倍数据速率(DDR)内存。数字 DLL 的基本架构如图 14-1 中所示。通常,DLL 由粗细延迟线、相位检测器、控制系统和副本延迟组成。相位检测器检测参考时钟是否领先反馈时钟。相位检测器输出到控制粗延迟线和细延迟线的控制器,以补偿参考时钟和反馈时钟之间的相位差异。粗线延迟通常由 NAND-NAND 门组成的延迟单元组成。细延迟线使用相位混合实现。在这种情况下,细延迟线的总延迟需要大于粗延迟线单元延迟的两倍。控制系统可以根据延迟线控制方法实现,包括寄存器控制型和计数器控制型。DLL 持续运行,直到相位差异小于细延迟线步进分辨率。DLL 的补偿延迟 T_{DLL} 被定义为经过输入缓冲器的参考时钟和反馈时钟之间的相位差异,关系可以表示为:

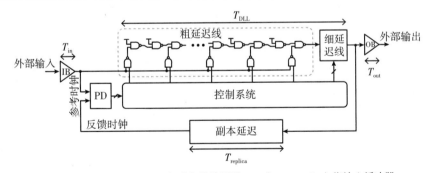

注:PD(Phase Detector)为相位检测器,IB(Input Buffer)指输入缓冲器,OB(Output Buffer)指输出缓冲器

图 14-1 数字 DLL 的基本架构

$$T_{\mathrm{in}} + T_{\mathrm{out}} + T_{\mathrm{DLL}} = N^* T_{\mathrm{CK}}$$

$$T_{\mathrm{DLL}} = N^* T_{\mathrm{CK}} - (T_{\mathrm{in}} + T_{\mathrm{out}})$$

$$= N^* T_{\mathrm{CK}} - T_{\mathrm{replica}}$$

式中，T_{CK} 是副本延迟，它包括输入和输出缓冲器（T_{in} 和 T_{out}）的延迟，而 $N^* T_{CK}$ 则是输入时钟 T_{CK} 的 N 倍周期。换句话说 T_{DLL} 表示用于补偿的延迟线所需的延迟。

数字 DLL 的优点包括低抖动积累、良好的稳定性和低电压操作，它的缺点包括谐波锁定、有限的相位捕获范围和量化误差。由于谐波锁定和相位捕获范围与工艺技术无关，而量化误差可以在先进的工艺技术中减少，因此 DLL 适合迁移到新的纳米工艺。

2. 同步镜像延迟电路

另一种流行的数字时钟同步电路是同步镜像延迟（SMD）电路，它具有快速锁定时间，仅为输入时钟的两个周期。由于 SMD 电路是开环类型的[2]，因此其具有简单、小面积、快速锁定时间和低功耗等优点。在图 14-2a 中，SMD 电路包括输入缓冲器、延迟监测电路（DMC）、前向延迟数组（FDA）、后向延迟数组（BDA）、镜像控制电路（MCC）和时钟驱动器。外部输入时钟通过输入缓冲器和 DMC 电路传输到 FDA，以测量所需的补偿延迟。MCC 电路感知输入时钟和 FDA 输出之间的相位差异。当 FDA 输出延迟了输入时钟周期时，MCC 电路输出镜像延迟时钟。MCC 产生的镜像延迟输出被传递到 BDA 电路，该电路以与 FDA 相同的延迟传播时钟。因此，SMD 电路可以在仅两个时钟周期内实现锁定，如图 14-2b 所示。

然而，尽管具有快速锁定时间，但 SMD 电路仍然存在重大问题。首先，外部抖动成分可能会增加，如图 14-3 所示[3]。假设外部抖动成分是由周期到周期的抖动模式组成的。当 MCC 的镜像延迟输出通过 BDA 传播时，时钟的

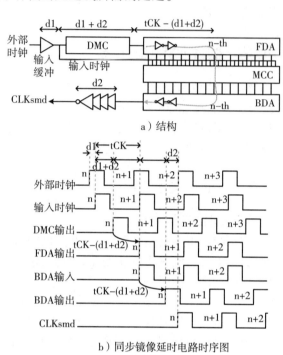

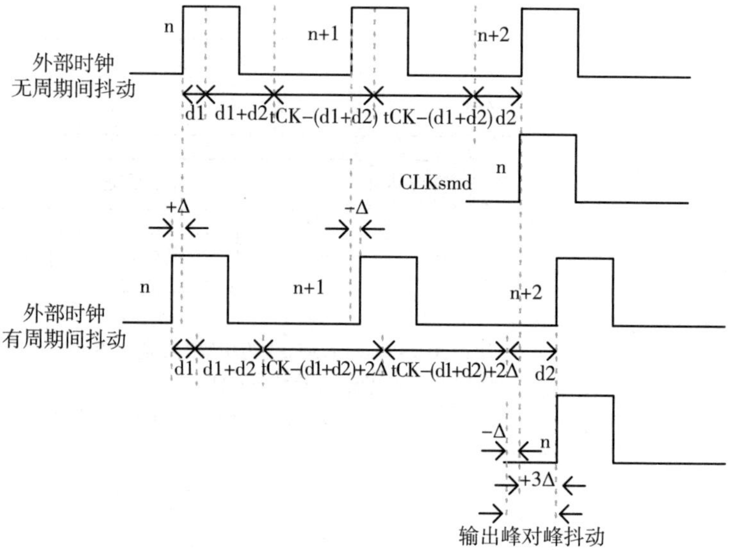

a）结构

b）同步镜像延时电路时序图

图 14-2

图 14-3 SMD 的环路抖动问题

抖动也被重复。因此，SMD 电路具有 +/−2 的较大抖动。此外，因为难以调节细单元延迟，SMD 电路不适合高速操作。SMD 方案已被用于多个场合，例如在要求高速操作的系统中，因其简单架构和快速锁定时间而备受欢迎。

3. 基于 TDC 的时钟同步电路

通常，TDC 用于测量两个时钟之间的时间间隔。因此，它可以用作多相时钟发生器，在测量一个输入时钟周期后输出多相时钟。TDC 还可以用作基于 TDC 的多相时钟发生器的时钟同步电路。典型的 TDC 受到高分辨率约束，因为其精细延迟控制实现起来很困难[4]。最近，基于 TDC 的时钟同步电路实现了高分辨率和快速锁定时间。图 14-4 展示了基于 TDC 的同步电路的整体架构。同步电路由 TDC、采样时钟选择器、多路复用器、代码控制器和量化器组成。TDC 用于在同步电路中实现快速锁定时钟同步。采样时钟选择器通过两种延迟路径中的一条，即复制延迟路径或非延迟路径进行选择。TDC 使用一条延迟线、一个高到低转换器和一个量化器。延迟线由等效延迟单元组成。每个延迟级将其相应的延迟时钟输入到编解码器中。高到低转换器感知具有测量延迟信息的延迟单元的数量。测量延迟代码随后被代码控制器用于生成时钟同步的粗和细代码。编解码器输出与参考时钟同步的时钟，该时钟由去偏器电路精细调整。在图 14-5 中，基于 TDC 的同步电路的概念如下：当启动信号被启用时，采样时钟选择器将使输入时钟通过复制延迟路径通过。然后，TDC 将通过复制延迟的多个时钟周期从输入时钟中减去，以测量延迟量，即延迟(a)。随后，TDC 将测量通过非延迟路径的输入时钟的一个周期，即延迟(b)。补偿 DLL 延迟的量可以通过将延迟(a)从延迟(b)中减去而获得。

基于 TDC 的时钟同步电路具有快速锁定时间和简单的架构等优点。然而，它的缺点是由于所需的附加延迟单元，对于具有广泛频率范围的应用，需要更大的功耗和面积。

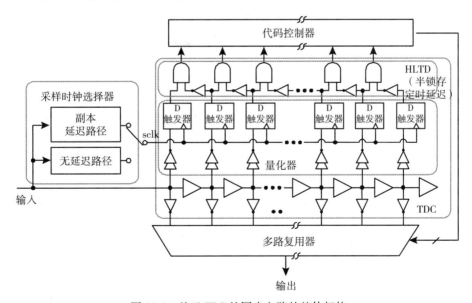

图 14-4　基于 TDC 的同步电路的整体架构

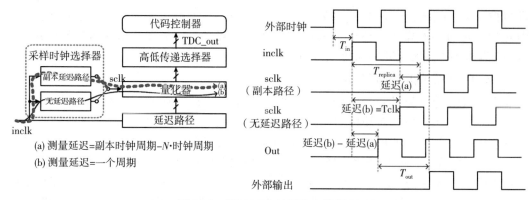

(a) 测量延迟=副本时钟周期-N·时钟周期

(b) 测量延迟=一个周期

图 14-5 基于 TDC 的同步电路概念

14.2.2 多相时钟发生器

多相时钟发生器在各种应用中广泛使用，例如微处理器、DDR 和四倍速率存储器（QDR）等，以实现比主内部时钟更高的数据速率。多相时钟发生器的关键作用是在生产时钟乘法器应用中产生所需的输出频率，通过信号多相时钟实现更高的运行速度，或产生用于 DCC 或数据 strobe 的延迟时钟。为了实现纳米工艺中的高速接口，多相时钟发生器的设计难点在于如何具有低功耗、快速锁定时间和广泛的频率范围。我们将根据设计方法学将典型的多相时钟发生器分为三种类型：基于 DLL 的多相时钟发生器、基于 TDC 的多相时钟发生器和 PLL。

1. 基于 DLL 的多相时钟发生器

基于 DLL 的多相时钟发生器是最流行的类型之一。与 PLL 不同，DLL 能提供更好的抖动性能，因为由电源或基板噪声引起的暂时噪声在延迟线上被抵消。相反，PLL 的环振荡器会积累抖动。因此，在存在供电噪声的情况下，DLL 比 PLL 提供更好的选择。其基本思想是跟踪延迟线的最后一项输出，并将其延迟一个参考时钟周期的时钟。然后，它在延迟线的每个节点上输出所需的多相时钟。基于 DLL 的时钟生成器具有简单结构和稳健的稳定性等优点。然而，它存在一些问题，如由于锁定点附近的抖动，输出不确定，从而导致锁定时间较长。此外，它还存在谐波锁定问题，需要额外的补偿电路。

2. 基于 TDC 的多相时钟发生器

工程师已经提出了几种基于 TDC 的多相时钟发生器，以实现快速锁定时间。图 14-6 展示了基于 TDC 的多相时钟发生器的基本架构。该时钟发生器由 TDC、多路

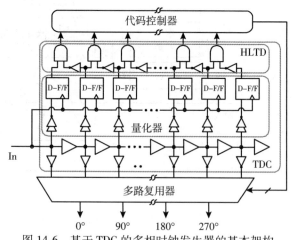

图 14-6 基于 TDC 的多相时钟发生器的基本架构

复用器和代码控制器组成。TDC 的作用是检测参考时钟周期延迟一个周期的节点的位置。当 TDC 完成其操作后，编解码器利用 TDC 的输出来输出四相时钟，因为 TDC 不需要单独的延迟单元就能产生多相时钟。更详细的 TDC 操作将在下一节中解释。基于 TDC 的时钟发生器具有快速锁定时间和简单的架构。然而，它需要在工作频率范围和相位分辨率之间进行权衡。如果需要时钟发生器具有广泛的工作频率范围，则延迟线上的延迟单元数量需要增加，从而所需的面积和功耗也会增加。此外，选择多相时钟的机制存在一个问题，即它可能无法选择延迟线中的四分之一位置。为了获得广泛的工作频率范围和高相位分辨率，TDC 必须具有许多具有小单位延迟的延迟单元和额外的去偏器电路。这会增加功耗和所需的面积。

3. PLL

PLL 也可以产生多相时钟。特别是在许多应用中，模拟 PLL 被广泛使用。模拟 PLL 的优点包括良好的 PSRR 特性和输入抖动减小。然而，它也有一些缺点。首先，抖动在振荡周期中累积，在突然的供电噪声变化下会产生较大的峰值抖动。其次，它还具有高阶系统，会导致不稳定和较长的锁定时间。为了克服自身的缺点，一些 PLL 采用了数字电路设计，例如全数字 PLL（ADPLL）。尽管 ADPLL 是一种替代模拟 PLL 的解决方案，但数字 PLL 仍然面临稳定性问题。

14.2.3　占空比调节器

随着运行速度的升高，内部时钟信号面临着数据接口效率问题。为了实现高数据速率接口，DDR 接口使用上升和下降边来传输双倍数据，该技术已经在高速应用中出现，例如内存和微处理器。然而，运行频率越高，DDR 接口上的时序失真就越具有影响力。因此，使用 DDR 接口的应用需要时序纠正器（DCC）来纠正输入时钟的时序，使其大约达到 50% 的时序比例。

通常，数字 DCC 由三个部分组成：时序调整器、延迟时钟发生器和时序检测器。时序调整器、延迟时钟发生器和时序检测器的任务分别是调整时序、为时序调整生成时钟以及检测时序极性，以确定高脉冲宽度是否大于低脉冲宽度。

最常见的时序调整器是相位混合器，它将输入时钟与延迟的低脉冲宽度时钟混合，以实现周期调整[5]。大多数数字相位混合器面临着其混合能力和工作频率范围之间的权衡。换句话说，数字相位混合器的 DCC 能力随着两个输入时钟上升边的相位差的增加而减少。因此，DCC 电路无法在低频率下纠正输入时钟周期失真。图 14-7 展示了采用带有混音调谐器的相位混合器，该反相器由调制器控制。每个相位混合器的 PMOS 和 NMOS 支路的比例为 0.6[6]，这是通过根据调制器输出信号（up、dn、upb、dnb）独立控制每个开关（M1 到 M4）实现的[7]。调制器中的两个 D-F/F 感受两个输入时钟上升和下降边的相位顺序。信号 dn 和 dnb 代表输入

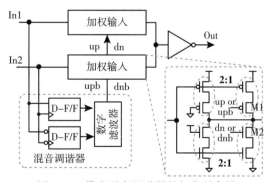

图 14-7　带有混音调谐器的相位混合器

时钟上升边的相位关系。同样，信号 up 和 upb 代表下降边的相位关系。因此，改进的相位混合器具有比通用相位混合器更好的 DCC 能力。在这种相位混合器中，不需要单独的周期检测器，只需要与输入时钟混合的延迟时钟发生器。但是相位混合器的能力限制了工作频率范围，如果两个输入时钟之间的相位差增加，则相位混合器的能力将减少。

图 14-8 显示了边缘结合占空比调节器的框图，它生成约 50% 的输出时钟周期，因为输入时钟的上升边使其成为输出时钟的上升边，而半周期延迟时钟的上升边使其成为输出时钟的下降边[8]。因此，为了实现结合周期调整器，需要一个半周期延迟时钟发生器。这种机制的主要优点是能够以约 50% 的周期输出时钟周期任意纠正输入时钟的周期。然而，延迟时钟发生器会增加抖动，并且具有大的面积和大的功耗。

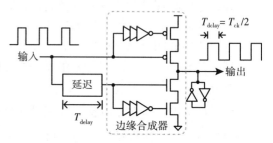

图 14-8　边缘结合占空比调节器的框图

图 14-9 展示了时序控制周期调整器的电路图。它由两级组成，每一级都具有加权开关和默认驱动器。第一阶 PMOS 边改变拉紧时序以移动输入时钟的下降边，第一阶 NMOS 边改变拉紧时序以移动输入时钟的上升边。第一阶输出时钟的时序使用相同的方法在第二阶进行控制。时序控制周期调整器是一种不需要额外时钟生成即可轻松调整周期的方法。然而，时序控制周期调整器也存在缺点：首先，其纠正范围受到相位分辨率和阶数之间的权衡限制；其次，其结构对 PVT 变化敏感；最后，确定开关方法很困难，因为周期调整器的步进分辨率可以根据开关顺序不同而不同。

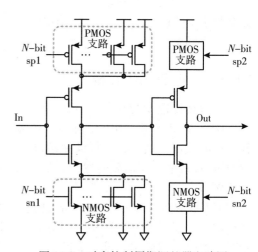

图 14-9　时序控制周期调整器电路图

基于 DLL 的数字周期检测器如图 14-10a 所示。该检测器使用双循环架构，其中周期失真表现为两个双循环输出时钟的下降边之间的相位差，第一个循环扮演 DLL 的角色，以补偿外部和内部时钟之间的相位差。第二个循环将输出时钟与第一个循环对齐。相位检测器（PD）感知两个输出时钟的下降边之间的相位差，其输出信号控制着周期检测器。然而，双循环上升边的错位会增加基于 DLL 的周期检测器的偏移元素。另一种数字周期检测器基于 TDC（见图 14-10b），以测量输入时钟高和低脉冲宽度之间的脉冲宽度差异，它可以调整自身的更新周期。

偶尔，为了生成用于周期调整的时钟，需要使用延迟时钟发生器。延迟时钟发生器的类型取决于周期调整机制。正如之前提到的，通常使用基于 TDC、PLL 或 DLL 的多相时钟发生器作为延迟时钟发生器，用于周期调整。

数字 DCC 可以根据占空比调节器、时序检测器或延迟时钟发生器进行分类。类型 I 如图 14-11a 所示，它由低脉冲宽度延迟时钟发生器和混合器占空比调节器组成，通过将输入时钟与低脉冲宽度延迟时钟混合, 生成 50% 占空比的时钟。类型 Ⅱ 如图 14-11b 所示, 它由半个周期延迟时钟发生器和结合占空比调节器组成, 通过结合输入时钟和半个周期延迟时钟, 生成 50% 占空比的时钟。类型 Ⅲ 如图 14-11c 所示, 它由压摆率控制或其他占空比调节器和数字占空比检测器组成。占空比检测器感知高脉冲宽度是否大于低脉冲宽度, 然后占空比调节器使用占空比检测器的输出来控制占空比。

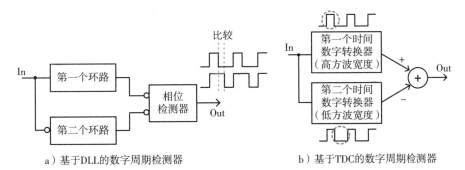

a) 基于DLL的数字周期检测器　　　　　　　b) 基于TDC的数字周期检测器

图 14-10　数字周期检测器

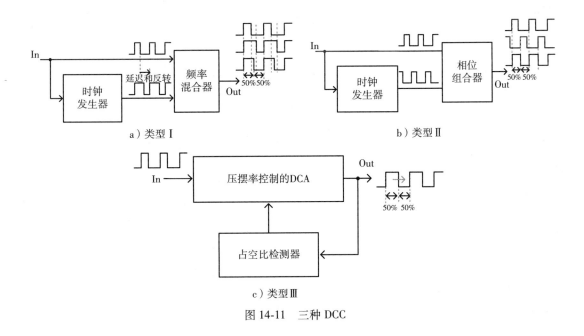

a) 类型 Ⅰ　　　　　　　　　　　　　　b) 类型 Ⅱ

c) 类型 Ⅲ

图 14-11　三种 DCC

14.3　用于高性能处理器的时钟发生器的设计方法

高性能处理器的低功耗需求引发了多种低功耗技术。动态功耗管理是其中最常用的低功耗技术之一, 它通过降低处理器的供电电压或运行频率, 在处理器所需数据吞吐量较低时降低功耗。动态功耗管理技术可以在保持处理器性能峰值的同时降低处理器的功耗[9-11]。

通常，为了降低处理器的能耗，系统不仅会降低时钟发生器的运行频率，还会降低系统的供电电压。因此，在动态电源管理系统中使用能够在低供电电压下运行的数字时钟发生器比模拟时钟发生器更好。此外，为了降低待机能耗并提高数据的吞吐量，从待机模式转换为活动模式的时间应该尽可能短，因此，每个处理器中的时钟发生器需要在非常短的时间内与主时钟同步。在处理器中，许多本地时钟发生器被用于在特定的点上消除主时钟上的时钟偏差，或者通过生成主时钟的多相时钟来启用流水线技术。因此，使用 PLL 并不推荐，因为本地时钟发生器可能有非常长的锁定时间（通常数百个周期）。

更好的解决方案是使用数字 DLL 或开环型延迟时钟发生器作为处理器应用程序中的时钟发生器。本章将介绍用于高性能处理器中的本地时钟发生器的开环时钟发生器和基于数字 DLL 的时钟发生器的结构和特性。

14.3.1 开环时钟发生器

通常，开环时钟发生器的锁定时间比其他类型的时钟发生器（如 PLL 和基于 DLL 时钟发生器）更快。它们中的大多数在锁定时间内运行低于 10 个参考时钟周期，并且由于架构相对简单，它们还具有小型化和低功耗的优点[12-14]。

图 14-12 所示开环延迟时钟发生器在单个参考时钟周期内生成参考时钟的 $\pi/2$ 或 $3\pi/2$ 延迟时钟。$\pi/2$ 和 $3\pi/2$ 延迟时钟用于在处理器中使用的伪流水线技术。该时钟发生器具有非常简单的架构，从而实现了低功耗和小面积占用。该时钟发生器由简单的延迟线、1 到 0 变化检测器（充当 TDC）、选择信号生成器、相位插值器和选择器组成。当参

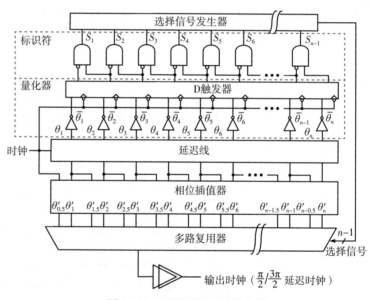

图 14-12 开环延迟时钟发生器

考时钟应用于延迟线时，每个延迟线阶段都具有传播延迟，从而生成多个时钟相位。这些相位随后被输入量化器块，并在参考时钟的负边采样 D 翻转寄存器（D 触发器）。在图 14-13 中，在延迟线的 i 个相位中，量化输出开始具有逻辑 1。这些量化输出被发送到标识器，该标识器由反相器和与门组成，并在量化值从 0 到 1 变化时的相位上产生逻辑 1。因此，标识器的输出 i 的逻辑 1 表示 i 是参考时钟负边最近的相位。在这种情况下，用于延迟参考时钟以使其与参考时钟相位相同的 π 延迟单元的数量为 i。在找到用于相位延迟的所需 π 延迟单元后，在选择信号生成器中可以轻松计算需要延迟的 $\pi/2$ 和 $3\pi/2$ 相位的延迟单元数量。然而，如果 i 是一个奇数，所需的延迟单元数量将不是整数。因此，使用相位插值器生成 0.5τ

相位来解决这个问题。在该时钟发生器中使用的相位插值器可以使用 θ_{i-1} 和 θ_i 来生成 $\theta_{i+0.5}$ 和 θ_{i+1}。

选择信号 S_i 被输入到选择器中，并选择 $\theta_{0.5} \sim \theta_{i+1}$ 的其中一个延迟时钟信号作为最终输出时钟。然而，如果没有对相位插值器、选择器和输出缓冲器的传播延迟进行延迟补偿，输出时钟的相位偏差将与目标相位相去甚远。在这个时钟发生器中，相位插值器、选择器和输出缓冲器的传播延迟被设置为 3τ；i 被移位到 $i-3$，以便在选择器中选择三个早 3τ 的信号。

由于具有显著较小的面积占用，时钟发生器可以在 RISC 微处理器中的 14 个位置使用，如图 14-14 所示。此外，使用负边检测方案可以使时钟发生器在一个周期内锁定。

该开环时钟发生器的缺点是：需要在输入阶段添加额外的占空比校正电路，以减小输入占空比误差引起的附加相位误差，以及延迟细胞的粗略分辨率导致的相对较大相位

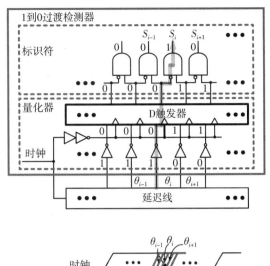

图 14-13　1 到 0 转换检测器的操作及其时序图

误差。然而，反相器延迟通过纳米技术可以减少，使得开环时钟发生器能够获得更好的相位误差性能。

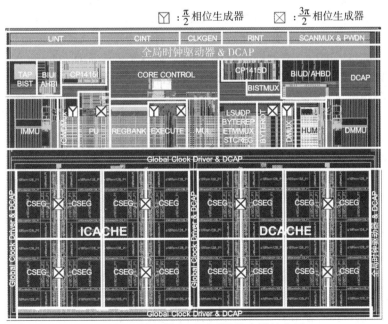

图 14-14　处理器中开环时钟发生器的位置

数字 DLL 是另一种用于解斜的时钟发生器候选者。与开环时钟发生器相比，数字 DLL 的锁定时间较长。由于数字 DLL 的锁定时间通常比通用 PLL 更快地达到，并且数字 DLL 的解斜性能通常比开环时钟发生器更好，因此数字 DLL 广泛用于动态频率缩放应用，包括高性能处理器[15-16]。

图 14-15a 展示了全数字 DLL 的框图[16]。全数字 DLL 由三态数字相位检测器（TSDPD）、棋盘式延迟单元（LDU）、微调延迟单元（FDU）、修改后的相继逼近寄存器控制电路（MSAR）、DCC、分频器（4 分频）和 DFF 组成。

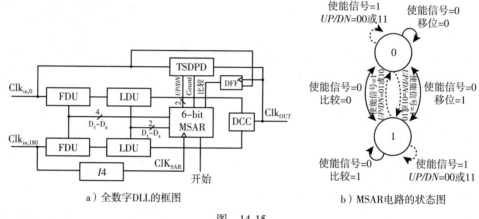

a）全数字 DLL 的框图　　　　　　b）MSAR 电路的状态图

图　14-15

当 $Clk_{in,0}$ 和 $Clk_{in,180}$ 互补时钟应用于延迟单元、FDU 和 LDU 时，输出时钟 Clk_{out} 将在 FDU、LDU 和 DCC 的传播延迟后生成。DFF 检测 $Clk_{in,0}$ 和 Clk_{out} 之间的相位关系。DFF 的输出随后被发送到 MSAR。MSAR 单元按照图 14-15b 所示的状态图进行运作。当信号 Start 变为逻辑 1 时，MSAR 进行二进制搜索。在 Clk_{SAR} 运行了六个周期（即 $Clk_{in,180}$ 运行了 24 个周期）后，MSAR 完成二进制搜索并激活 TSDPD。在 TSDPD 激活期间，MSAR 充当计数器。

在图 14-16a 中，TSDPD 比较 $Clk_{in,0}$ 和 Clk_{out} 的相位，并生成信号 U 和 D，遵循图 14-16b 所示的真值表。当 U 和 D 不同时，MSAR 开始计数，当 U 和 D 变得相同时，MSAR 停止计数。由 6 位 MSAR 生成的控制代码 D_0 到 D_5 被输入到图 14-17 中的数字控制延迟线（DCDL），以调整 DCDL 的延迟。D_4 和 D_5 控制代码，其中 D_5 是 MSAR 输出的 MSB，通过二进制热码解码器输入到级联的 LDU，以粗控制 DCDL 的延迟。

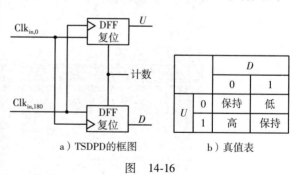

a）TSDPD 的框图　　　　b）真值表

图　14-16

FDU1 和 FDU2 接收剩余的四个位代码，并通过控制电流抑制反相器，微调控制 DCDL 的延迟。在 LDU 中的粗延迟控制和在 FDU 中的微调延迟控制使得数字时序恢复器具有更宽的工作温度范围和更高的去斜性能。

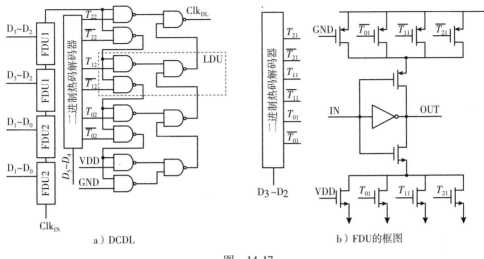

a）DCDL

b）FDU的框图

图　14-17

尽管使用 MSAR 电路可以减少数字时序恢复器的锁定时间，但 24 个参考时钟周期的锁定性能仍然不如开环时钟发生器的单周期锁定性能。然而，由于 FDU 中的微调延迟步骤，数字时序恢复器可以比开环时钟发生器实现更高的去斜性能。

14.3.2　多相时钟发生器

在高速微处理器中，使用流水线技术可以提高处理器的数据吞吐量。流水线技术可以在非常短的时间内多次执行指令[18]。为了使用流水线技术，时钟发生器需要生成多相时钟。然而，从主时钟发生器分发多个时钟会消耗大量电能，并增加时钟分配的复杂性。因此，本地时钟发生器需要使用从主时钟发生器接收到的单相时钟来生成多相时钟信号。

图 14-18 展示了基于 DLL 的多相时钟发生器的框图。它由一条延迟线、一个相位检测器、一个上/下沿计数器、一个时钟分频器、一个平均器、一个寄存器、一个时序控制单元和一个多路复用器组成[17]。延迟线由四个延迟单元组成，它们的节点产生四个相位时钟。根据相位的领先或滞后，相位检测器比较参考时钟和延迟线最后一个单元反馈时钟的相位差异。结果被发送到上/下计数器。上/下计数器的输出被输入到延迟线来控制延迟线的传输延迟。它根据相位检测器的输出不断变化，直到参考时钟和反馈时钟的相位对齐。一旦循环锁定，平均器对上/下计数器的输出进行 128 次分频时钟的平均。由于平均时间足够长，供电压变化引起的低频率成分的代码变化可以在代码中反映出来。在平均周期结束后，平均代码被存储在寄存器中，时钟发生器进入开环模式。

在闭式模式下锁定状态时，计数器可能会受到 ±1LSB 的计数输出变化引起的摆幅问题。通过应用开环模式，时钟发生器不仅可以减少抖动，还可以通过关闭相位检测方案中的模块来减少时钟发生器的功耗。开环模式通过改变多路复用器的选择信号并适当地控制闭环到开环的时序控制单元的时序，以及关闭相位检测器和平均单元来激活。该时钟发生器的一个问题是，尽管程序和电压变化在寄存器中存储的代码中得到了反映，但温度变化的影响可以直接影响到输出时钟的相位误差。

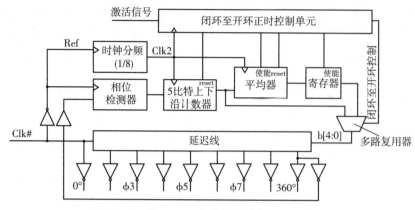

图 14-18 基于 DLL 的多相时钟发生器的框图

表 14-1 展示了微处理器中数字时钟发生器的性能比较。正如表 14-1 所示，开环时钟发生器具有最快的锁定时间和最小的占用面积。此外，开环类型的抖动量和功耗比闭式类型要少得多。

表 14-1 微处理器中数字时钟发生器的性能比较

文献	文献[14]		文献[16]		文献[17]	
技术/nm	130	180	130		150	
最大执行频率/GHz	1.2	0.6	2.5		3.5	
电压/V	1.2	0.8	1.5		1.6	
锁定时间周期数	1		24		256	
功耗/mW	3	7.48	30		32	70
峰对峰抖动/ps	——	7.6	11	14	20	40
相位误差	<2%		——		<8%	<4%
面积/mm²	0.004	0.010	0.03		0.14	
环路类型	开环		开环	闭环	开环	闭环

然而，开环类型时钟发生器的相位误差比闭式类型要大。

14.4 高速 DRAM 应用中时钟发生器的设计方法

DRAM 应用程序需要高速接口和高密度，以便快速传输更多数据。随着要求的数据传输速率增加，DRAM 引入了双倍数据速率（DDR）接口的概念，利用上升和下降边来与其他应用程序通信。然而，如果外部时钟的上升和下降边之间没有等间隔，则 DRAM 的输出有效窗口将变得狭窄，限制其工作频率范围。为了保持外部时钟上升和下降边之间的等间隔，DDR DRAM 需要 DCC。在一个典型的同步 DRAM 中，外部时钟和 DRAM 数据之间的差异，即访问时间（tAC），可以根据 PVT 变化和工作频率而变化。DLL 在 DRAM 接口中起着重要作用，以减轻这些差异。本节介绍最近使用的高速图形 DRAM 中的时钟发生器（DCC 和 DLL）。

图形 DDR（GDDR）DRAM 特别需要更高效的接口和更快的内部时钟，以处理游戏主机、

桌面、专业图形卡、笔记本计算机和移动设备所需的大量数据。GDDR DRAM 自 GDDR1 以
来一直在不断发展，如图 14-19 所
示。一般来说，GDDR DRAM 对于
时钟发生器的功耗没有过多限制，
因为它强调高速接口，以便在短时
间内传输更多数据。然而，由于
DRAM BANK 区域产生的电源噪声
会影响周边时钟发生器，因此在
DRAM 过程中设计时钟发生器很困
难。此外，减少的电源插座数量会
导致糟糕的电源分布网络。因此，
DRAM 环境需要抗电源噪声的数字
化时钟发生器。

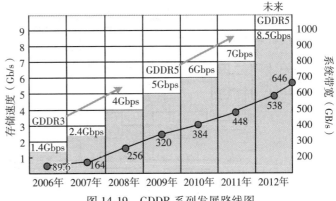

图 14-19　GDDR 系列发展路线图

14.4.1　GDDR5 DRAM 的数字占空比校正器

DLL 曾用于 GDDR1 至 GDDR4 标准中同步数据与外部时钟。然而，在 GDDR5 DRAM
中，DLL 已被移除，以减轻较差的 DRAM 过程中时钟的负担。与图形内存通信的图形处理
单元（GPU）采用时钟数据恢复电路，以便在没有输出数据冲撞的情况下从内存中读取数据。
此外，GDDR5 DRAM 可选地使用 PLL 和 DCC 以改善有效数据窗口。因此，我们可以讨论纳
米 GDDR5 过程中时钟发生器的有效设计方法，我们将使用 54 nm GDDR5 DRAM 探讨最先进
的 DCC[19]。

DCC 在 GDDR5 内存中的时钟分布路径框图如图 14-20 所示。它由一个 PLL、DCC 和
CML 时钟路径组成。为了在较差的 DRAM 进程中实现高达 7 Gb/s 的低抖动时钟，使用 CML
时钟路径，因为它对电源引起的抖动具有鲁棒性，即使它在低功耗模式下的低频范围内比
CMOS 时钟消耗更多的功率。为了优化时钟树的时钟信令，差分写数据时钟（WCK）也被分
配到四个分相时钟中。另外，DCC 用于校正 WCK 的占空比。理想情况下，需要一个方形相
位校正器（QPC）来减少每个 DQ 焊盘附近的四个相位时钟之间的偏差。然而，在 DRAM 环境
中采用 QPC 很难，因为它可能成为需要优化面积和低功耗的 DRAM 的负担。因此，如果时
钟树的分配器不会在 iclk 和 iclkb 之间或 qclk 和 qclkb（见图 14-22）之间产生偏差，那么 DCC
将被 QPC 取代。如果外部时钟的抖动大于由锁相环产生的时钟的抖动，则可以选择使用锁
相环来减小时钟抖动。在当前 GDDR5 应用的情况下，锁相环是关闭的，因为 GPU 时钟发生
器产生的外部抖动小于锁相环的抖动。然而，GPU 时钟发生器不能保证其输出时钟的占空
比。因此，DCC 是提高 GDDR5 DRAM 中时钟信号效率的最受欢迎的电路之一。DCC 在全局
驱动之前检测 WCK 的占空比，以便最小化对全局驱动的占空比误差，然后在接收器（RX）
纠正 WCK 的占空比。GDDR5 中 DCC 的运行时间在联合电子器件工程委员会（JEDEC）规范
中没有明确规定。快速锁定 DCC 是必要的，用于避免 DCC 操作引起的副作用。为了实现
DCC 快速锁定时间，采用异步二进制搜索（ABS）电路作为占空比检测器。对于 CML 时钟树
中的占空比调节器，采用电流控制占空比调节器来控制 CML 时钟树上 WCK 的占空比。

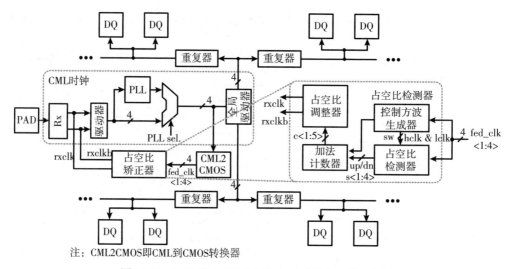

注：CML2CMOS即CML到CMOS转换器

图 14-20　DCC 在 GDDR5 内存中的时钟分布路径框图

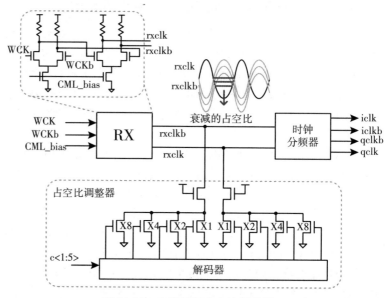

图 14-21 显示了位于 RX 和分压器之间的电流控制占空比调节器。占空比调节器由一个解码器和一对 NMOS 电流源组成。它的阶跃分辨率和校正范围取决于电流源的值和滞后数。基于占空比检测器的纠错码，可以通过降低 RX 输出时钟对(rxclk，rxclkb)的摆动电平来调节 WCK 的占空比。因为占空比调整器没有直接包含在时钟树的延迟路径中，所以除了编码切换产生的少量噪声外，没有 DCC 引起的抖动，这

图 14-21　电流控制占空比调节器

些噪声几乎被解码器消除了。基于 ABS 的占空比检测器如图 14-22 所示。占空比检测器采用 ABS 电路，快速测量输入时钟的高、低脉冲宽度之间的相位差量。它由一个开关、两个锁存器、一个比较器、一个延迟选择器和一个 ABS 电路组成。开关模块选择两个输入时钟，要么是 iclk 和 qclk，要么是 qclk 和 iclkb，以便依次测量相位差。两个锁存器存储 ABS 电路的输出信号，这些信号具有测量的延迟码和高、低脉冲宽度。数字比较器决定计数器的上升或下降信号。范围选择器调节 ABS 电路的工作频率范围，以避免计数器故障。

图 14-23 说明了 GDDR5 DRAM 中 DCC 的校正方法。占空比检测器测量每个 WCK 脉冲宽度，具体为其中 iclk 与 qclk 和 qclk 与 iclkb 的相位差。ABS 电路使用二分搜索方法来测量

相位差。ABS 电路有 4 位延迟单元。两个输入时钟由第一相位检测器进行比较，然后通过第

一延迟单元，根据第一相位检测器的输出信号对它们进行不同的加权。两个输入时钟同样通过总共四个延迟单元，相位检测器的输出信号由各延时单元同时馈电。这个异步操作在 16 个 WCK 周期后完成，16 个周期是测量一个脉冲宽度所需的时间。在 32 个周期内总共测量了两个相位差。在接下来的 32 个周期中计算测量到的延迟码。DCC 实现了一个快速锁定，它的一个镜头占空比校正在 64 WCK 周期内完成。

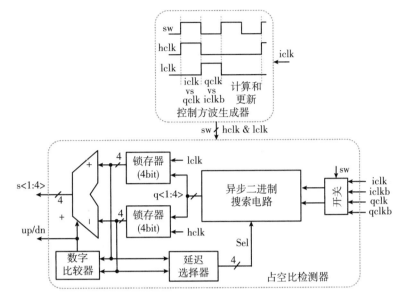

图 14-22　基于 ABS 的占空比检测器

ABS 电路被广泛用于快速测量两个输入时钟之间的相位差。然而，传统的 ABS 电路有几个问题，如谐波锁和频率范围之间的权衡，面积和相位分辨率之间的权衡。为了满足这三个需求，GDDR5 DRAM 中的 DCC 采用了宽范围抗谐波 ABS 电路设计，如图 14-24 所示。该 ABS 电路采用了 3 个

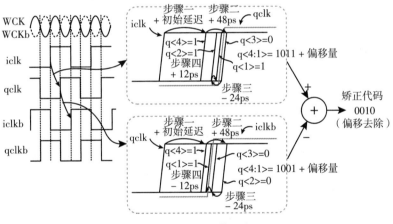

图 14-23　DCC 的修正方法

加权延迟单元，以避免高频谐波锁，并采用了一个范围调节器，即使在工作频率范围内锁定时间发生变化，也可以将其工作频率扩展到低频[20]。这种 DCC 的另一个优点是消除了 ABS 电路偏移，因为占空比检测器通过减去使用相同 ABS 电路测量的两个代码来产生校正量。

综上所述，具有容偏占空比检测的 DCC 已被用于 54 nm GDDR5 DRAM。DCC 通过从相同 ABS 电路测量的低脉宽中减去高脉宽来测量占空比失真。因此，除量化误差外，占空比检测器的偏移可以消除。此外，DCC 利用 ABS 电路的快速锁定功能，使 DCC 包含多个带宽，以避免峰值噪声频率范围。

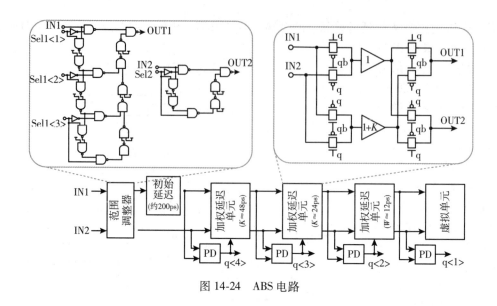

图 14-24 ABS 电路

14.4.2 GDDR3 DRAM 的数字 DLL 和 DCC

DLL 通常用于去倾斜、减少时钟抖动和时钟生成。数字 DLL 电路设计简单，易于在多种技术之间移植，并且能够在低电压下工作。因此，特别是在快速变化的存储器过程中，数字 DLL 很容易实现。在内存应用中，DLL 从 DDR1 DRAM 更新迭代到 DDR3 和 GDDR4 DRAM。最近，GDDR5 DRAM 取消了 DLL 电路，采用 WCK 训练功能和数据。在即将推出的 DDR4 DRAM 中，DLL 已成为选项。然而，如今随着许多应用对 DDR3 和 GDDR3 DRAM 在市场上的需求增加，数字 DLL 需要在较差的 DRAM 工艺中实现低抖动、低功耗和宽频率。在 GDDR3 DRAM 中，DLL 必须保证在较宽的电压和频率范围内具有良好的性能。为此，我们将讨论最近研究的用于 54 nm GDDR3 的 DLL[21]。

图 14-25 显示了 54 nm GDDR3 DRAM 中的两个 DCC 的全数字寄存器控制的 DLL(RDLL)框图。RDLL 有一个位于前端的双环路和双 DCC，后面有 DLL 时钟路径。用于第二 DCC 的相位混频器的双回路是为了混合双回路的两个输出时钟以进行占空比校正。每个回路由一条双粗延迟线和一个细相位混频器组成。双粗延迟线在粗延迟线和细延迟线之间的无缝边界切换中起着重要作用。RDLL 有两种锁定方式：单环和双环。当使用单环路进行锁定时，当 RDLL 的启动信号被启用时，第一个环路跟踪延迟以使 GPU 控制时钟和 DRAM 数据对齐。螺旋速率控制占空比调节器(SCDCA)通过控制 n 位数字码 DCC 码来校正占空比失真。为了将 SCDCA 控制在单回路模式下，采用一个独立的占空比检测器使第二环路不需要进行占空比检测。当使用双环进行锁定时，SCDCA 在完成所有循环的锁定后开始工作。与单环情况不同，数字相位混频器作为 RDLL 末端的第二个 DCC 工作[22-24]。占空比失真通过每个环路中的两个时钟的插值来校正，其中一个时钟是第一个环路的同步时钟，另一个是由低脉宽量延迟的时钟。相位混频器的权重代码 Weight-Sel，由 DCC 相位检测器的输出信号信号决定，该信号还决定了哪个输入时钟的脉冲宽度更宽。第二个环路对占空比检测器没有作用，而只

对混相 DCC 操作起作用。一般来说，相位混频器在高频时比在低频时效率更高，因为两个时钟之间的相位差越大，相位分辨率就越差。因此，如果两种类型的 DCC 是有源并组合在一起，则首先在输入侧纠正占空率失真，以减少 RCLK 和 FCLK 之间的相位误差。简而言之，单回路模式由于不使用第二回路而消耗较少的功率，但由于 SCDCA 的分辨率较差，削弱了占空比校正的作用。相反，双回路模式增强了占空比校正的作用，尽管它有更大的功耗。

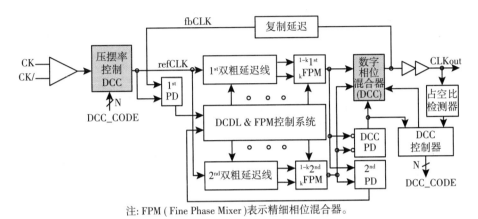

注: FPM (Fine Phase Mixer)表示精细相位混合器。

图 14-25　54nm GDDR3 DRAM 中的两个 DCC 的全数字寄存器控制 DLL 框图

图 14-26 显示了 SCDCA 的原理图，它由两个具有 NMOS 和 PMOS 管脚的阶组成。但是，这个 SCDCA 与之前的 SCDCA 不同。以前的 SCDCA 也由两级组成，每个级都有加权开关和默认驱动程序。第一级的 PMOS 管脚和第二级的 NMOS 管脚控制输入时钟的上升沿进行占空比校正。第一级的 NMOS 管脚和第二级的 PMOS 管脚控制其下降沿。以前的 SCDCA 的优点是通过控制输入时钟的上升沿和下降沿可以实现较宽的 DCC 覆盖。随着支管脚数量的增加，占空比修正覆盖范围增加，但 DCC 的锁定时间和芯片面积也增加。此外，输入时钟上升沿的控制也会影响动态链接库的补偿效果。GDDR3 中的 SCDCA 用于辅助第二个 DCC 的相位混频器。因此，

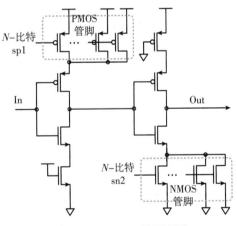

图 14-26　SCDCA 的原理图

尽管 SCDCC 通过 OP 与 DCC 混频器一起工作扩大了 DCC 覆盖范围，但对总 DCC 性能的影响并不十分关键。此外，由于各级之间扇形输出的增加，过度的慢速变化会导致通过 DCC 电路的时钟质量下降。因此，在修改的 SCDCA 中，减少了管脚的数量。此外，管脚的开关数量也减少了，每级只设一组支管脚。因此，DCC 的覆盖范围不如前一个广泛。PMOS 管脚位于第一级，以改变上拉操作的旋转速率，从而改变输入时钟下降沿的相位。第二级的 NMOS 分支改变下拉慢速，以改变输入时钟下降沿的相位。

寄存器控制的 DLL 已在 54 nm GDDR3 DRAM 中得到应用。RDLL 具有两个 DCC，以提

高在较差的 DRAM 进程中的占空比校正能力。一种是慢速控制 DCC，另一种是相位混合 DCC。RDLL 采用了单环和双环两种工作模式，以优化功耗和性能，取决于应用环境。这是 DLL 快速适应不断变化的技术的一个例子。

表 14-2 显示了 DCC 的性能比较。开环型锁紧时间快，但占用的面积比封闭式大。闭环型的校正范围和功耗比开环型小得多。然而，每种性能都严重依赖于其应用程序。

表 14-2 DCC 的性能比较

技术	DDR[25]	DDR[26]	DDR3[27]	GDDR3[5]	GDDR5[20]
尺寸	$0.18\mu m$	$0.35\mu m$	54nm	66nm	54nm
实施频率范围	25~250MHz	250~600MHz	0~1GHz	0~1.5GHz	0.8~3.5GHz
正确范围	14%~86%	40%~60%	±10%@667MHz	N/A	±100ps
锁定时间	N/A	>10 cycles	>400 cycles	N/A	64~256cycles
功耗	3.2mW	10mW	7.7mW@1GHz，1.35 V	20mW@1GHz，1.5V	4.5mW@3.5GHz，1.5V
占空比错误	+/-0.25%	+/-0.7%	N/A	N/A	+/-6ps
面积	$0.0075mm^2$	$0.37mm^2$	$0.077mm^2$①	$0.111mm^2$①	$0.017mm^2$
环路类型	闭环	开环	闭环	开环+闭环	闭环

① 包括一个 DLL 的面积。

14.5 总结

在本章中，我们介绍了用于纳米存储器和处理器的数字时钟发生器。与模拟时钟发生器相比，数字时钟发生器具有工作电压低、易于适应快速变化的工艺技术等优点。因此，数字时钟发生器适用于纳米应用。最近的微处理器采用了数字多相时钟发生器，它利用时间-数字转换器来实现快速锁定并优化面积和功耗。此外，高速图形 DRAM 采用了数字占空比校正器和延迟锁环，解决了快速变化的工艺导致的许多设计限制。然而，数字时钟发生器仍然没有解决高频抖动减少和量化误差的问题。因此，对它们的研究仍在继续进行。

参考文献

[1] Sung-Mo Kang, Yusuf Leblebici, and Chulwoo Kim, *CMOS Digital Integrated Circuits: Analysis and Design*, 4th ed., McGraw-Hill, 2011.
[2] T. Saeki *et al.*, "A direct-skew-detect synchronous mirror delay for application-specific integrated circuits," *IEEE J. Solid-State Circuits*, vol. 34, no 3, pp. 372–379, Mar. 1999.
[3] M.-Y. Kim *et al.*, "A Low-Jitter Open-Loop All-Digital Clock Generator with Two-Cycle Lock-Time,"*IEEE Trans. VLSI Syst.*, vol. 17, no. 10, pp. 1461–1469, Oct. 2009.
[4] D. Shin, *et al.*, "A Fast-lock Synchronous Multi-phase Clock Generator based on a Time-to-Digital Converter," in *Proc. IEEE ISCAS*, May 2009, pp. 1–4.
[5] W.-J. Yun *et al.*, "A 0.1-1.5 GHz 4.2 mW All-Digital DLL with Dual Duty-Cycle Correction circuit and Update Gear Circuit for DRAM in 66 nm CMOS Technology," in *IEEE ISSCC Dig. Tech. Papers*, Feb. 2008, pp. 21–22.
[6] D. Shin *et al.*, "A 0.17-1.4 GHz Low-Jitter All Digital DLL with TDC-based DCC using Pulse Width Detection Scheme," in *Proc. ESSCIRC*, Sep. 2008, pp. 82–85.
[7] B. W. Garlepp *et al.*, "A portable digital DLL for high-speed CMOS interface circuits," *IEEE J. Solid-State Circuits*, vol. 34, no 5, pp. 632–643, May 1999.

[8] Y.-C. Jang *et al.*, "A CMOS Digital Duty Cycle Correction Circuit for Multi-Phase Clock," *Electron. Lett.*, vol. 39, no. 19, Sep. 2003.

[9] L. Benini and G. De Micheli, *Dynamic power management: design techniques and CAD tools. Kluwer*, 1997.

[10] Luca Benini, Alessandro Bogliolo and Giovanni De Micheli, "A survey of design techniques for system-level dynamic power management," *IEEE Trans. VLSI Syst.*, vol. 8, no. 3, pp. 299–316, Jun. 2000.

[11] Muhammad Yasir Qadri, Hemal S Gujarathi and Klaus D. McDonald-Maier, "Low power processor architectures and contemporary techniques for power optimization – A review," *J. Computers*, vol. 4, no. 10, pp. 927–942, Oct. 2009.

[12] T. Saeki *et al.*, "A 1.3 cycle lock time, non-PLL/DLL jitter suppression clock multiplier based on direct clock cycle interpolation for "Clock on Demand"," in *IEEE ISSCC Dig. Tech. Papers*, Feb. 2000, pp. 166–167.

[13] H. Chae, S. Jung, and C. Kim, "A wide-range duty-independent all-digital multiphase clock generator," in *Proc. ESSCIRC*, Sep. 2007, pp. 186–189.

[14] I. Jung, *et al.*, "A 0.004-mm^2 portable multiphase clock generator tile for 1.2-GHz RISC microprocessor," *IEEE Trans. Circuits and Syst. II, Exp. Briefs*, vol. 55, no. 2, pp. 116–120, Feb. 2008.

[15] H. Chang and S. Liu, "A wide-range and fast-locking all-digital cycle-controlled delay-locked loop," *IEEE J. Solid-State Circuits*, vol. 40, no. 3, pp. 661–670, Mar. 2005.

[16] R. Yang and S. Liu, "A 2.5 GHz all-digital delay-locked loop in 0.13 μm CMOS technology," *IEEE J. Solid-State Circuits*, vol. 42, no. 11, pp. 2338–2347, Nov. 2007.

[17] A. Alvandpour *et al.*, "A 3.5 GHz 32 mW 150 nm multiphase clock generator for high-performance microprocessors," in *IEEE ISSCC Dig. Tech. Papers*, Feb. 2003, pp. 112–113, 489.

[18] I. Sutherland, "Micropipelines," *Communications of the ACM*, vol. 32, no. 6, pp. 720–738, 1989.

[19] D. Shin, *et al.*, "Wide-range Fast-Lock Duty-Cycle Corrector with Offset-Tolerant Duty-Cycle Detection Scheme for 54 nm 7 Gb/s GDDR5 DRAM Interface," in *Proc. VLSI Symp. Circuits*, Jun. 2009, pp. 138–13.

[20] D. Shin, *et al.*, "A 7 ps Jitter 0.053 mm^2 Fast Lock All-Digital DLL with Wide Range and High Resolution DCC," *IEEE J. Solid-State Circuits*, vol. 44, no. 9, pp. 2437–2451, Sep. 2009.

[21] H.-W. Lee, *et al.*, "A 1.6 V 3.3 Gb/s 1 Gb GDDR3 SDRAM using Dual-Mode Phase- and Delay-Locked Loop using Power-Noise Management with Unregulated Power Supply in 54 nm CMOS," in *IEEE ISSCC Dig. Tech. Papers*, Feb. 2009, pp. 140–141.

[22] A. Hatakeyama *et al.*, "A 256-Mb SDRAM using a register-controlled digital DLL," *IEEE J. Solid-State Circuits*, vol. 32, no. 11, pp. 1728–1734, Nov. 1997.

[23] J. T. Kwak, *et al.*, "A low cost high performance register-controlled digital DLL for 1Gbps × 32 DDR SDRAM," in *Proc. VLSI Symp. Circuits*, Jun. 2003, pp. 283–284.

[24] Y. Jeon, *et al.*, "A 66-333-MHz 12-mW Register-Controlled DLL With a Single Delay Line and Adaptive-Duty-Cycle Dividers for Production DDR SDRAMs," *IEEE J. Solid-State Circuits*, vol. 39, no. 11, pp. 2087–2092, Nov. 2004.

[25] K.-H. Kim, *et al.*, "Built-in duty-cycle corrector using coded phase blending scheme for DDR/DDR2 synchronous DRAM application," in *Proc. VLSI Symp. Circuits*, Jun. 2003, pp. 287–288.

[26] C. Jeong, *et al.*, "Digital delay loop with open-loop digital duty cycle corrector for 1.2 Gb/s/pin double data rate SDRAM," in *Proc. ESSCIRC*, Sep. 2004, pp. 379–382.

[27] H. Lee, *et al.*, "A 7.7 mW/1.0 ns/1.35 V delay locked lop with racing mode and OA-DCC for DRAM interface," in *Proc. IEEE ISCAS*, May 2010, pp. 3861–3864.

第三部分　高精度电路

深亚微米 CMOS 技术中模拟电路的增益增强和低压技术

15.1 引言

随着 fine-line CMOS 技术特征尺寸的微缩，晶体管的本征增益系数 $A_i = g_m/g_{ds}$ 持续下降[1-5]。目前，最小长度器件的本征增益系数的值范围仅为 5~10（如表 15-1 和图 15-1 所示）。几年前，50~100 左右的晶体管增益系数在节点为 0.35 μm 或更大的 CMOS 技术中很常见。在这些技术中，具有级联输出级的传统两级（米勒）运算放大器或单级运算放大器（OTA，即操作跨导放大器）提供了相对较高的开环增益，$A_{ol} = A_i^2 \sim 2000$ V/V，这个值对于大多数应用来说是可以接受的。

表 15-1 CMOS 技术的发展

节点	nm	250	180	130	90	65	⇓
L_{GATE}	nm	180	130	92	63	43	
t_{OX}(inv.)	nm	6.2	4.45	3.12	2.2	1.8	⇓
g_m 的峰值	μS/μm	335	500	720	1060	1400	⇑
g_{ds}	μS/μm	22	40	65	100	230	⇑ ⇑
g_m/g_{ds}	-	15-2	12.5	11.1	10.6	6.1	⇓
V_{DD}	V	2.5	1.8	1.5	1.2	1	⇓ ⇓
V_{TH}	V	0.44	0.43	0.34	0.36	0.24	⇓
f_T	GHz	35	53	94	140	210	⇑ ⇑

由于模拟性能参数（精度、失真等）与增益密切相关，因此在 fine-line CMOS 技术中，提高增益的新技术是必不可少的。这些技术必须与其使用的极低的供电电压兼容，目前这些供电电压仅为 1 V（见表 15-1），并且还需要与变化较大的阈值电压 V_{TH}（0.3~0.4 V）兼容（见图 15-2）。因此，裕量、有限的摆幅和低本征晶体管增益已成为 fine-line 技术模拟电路设计中的关键设计限制。

在长度为 90 nm 或更小的器件中，运算需要在低供电电压下进行，以防止栅极氧化层厚度低于 2.4 nm 时被击穿。在低供电电压下工作也有利于减少栅极漏电，这也是 fine-line 技术中模拟和数字电路设计中的一个重要因素。栅极漏电流大小与栅极面积成正比，并随栅极电压以近似指数的方式增加[6]。数十纳安的栅极漏电流(见图 15-3)在栅极面积为几微米的 fine-line 技术中很常见[2]。模拟设计通常需要这样的尺寸来减少失配误差。

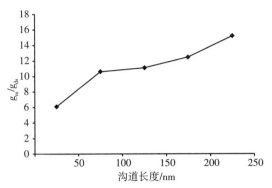

图 15-1　晶体管的本征增益 $A_i = g_m/g_{ds}$ 与沟道长度的关系

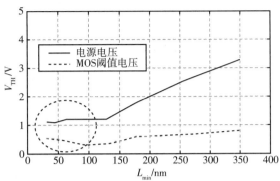

图 15-2　模拟供电电压和 MOS 阈值电压 V_{TH} 与最小沟道长度的关系

低频 MOS 的电流增益系数 $\beta = I_D/I_G$ 与双极晶体管的电流增益系数接近。由于阈值电压与供电电压随技术微缩的降低速率不同,供电电压与阈值电压的比率(V_{DD}/V_{TH})仅为 2.5~3(见图 15-2),并且堆叠两个或多个栅极源电压会导致非常有限的信号摆幅。在 fine-line 技术的供压减少的环境中,一些传统的电路模块是无法发挥作用的。例如,传统的级联电流镜需要两个栅源压降大小的输入电压,该电压接近允许的最大电源 V_{DDmax}。即使正常工作,级联输出级也会占用很大一部分输出信号摆幅,而输出信号摆幅已经受到了所用低电源的严重限制。为了防止严重的信号摆幅限制,具有低供电电压的模拟电路需要使用具有小栅极过驱动电压的晶体管,这是通过利用较大的 W/L 值来实现的。

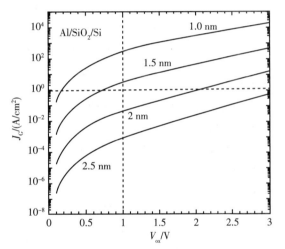

图 15-3　栅极氧化层漏电流密度与栅极电压和栅极氧化层厚度的关系

在这一章中,我们重点讨论了在低电压操作和利用接近最小器件长度的限制下,在深亚微米 CMOS 技术中应用各种传统技术和新技术以及电路结构实现高增益。为了克服 fine-line 技术中的低本征增益限制,需要将增益增强技术与低压技术相结合。本章讨论了一些以非常低的供电电压和接近轨到轨的输入和输出摆幅操作来模拟电路的技术。

本章组织结构如下。15.2 节讨论了基本的增益增强技术。15.3 节比较了 fine-line 技术中的传统运算放大器和增益提升运算放大器。15.4 节描述了使用新的增益增强技术的高增益运算放大器的设计,并比较了它们在几种 fine-line 技术中的性能特征。15.5 节讨论了基于正反馈、超电压跟随器和准浮闸（QFG）技术的增益增强技术。15.6 节讨论了两种用于运算放大器连续时间操作的低压技术，它们的输入端电压接近其中一个供电电压，并用共模反馈网络来实现在极低供电电压下的工作。最后，15.7 节给出了结论。

15.2 基本增益增强技术

根据已知表达式，单级 CMOS 放大器中的增益 A_V 与有效负载电阻 R_L 和跨导增益 g_m 之积成负比：

$$A_V = -g_m R_L \tag{15-1}$$

使用最小长度器件的电流源的共源晶体管级（见图 15-4a）的增益用 A_{CSmin} 表示，由下式给出：

$$A_{CSmin} = A_i/2 = -g_m r_o/2 \tag{15-2}$$

式中，$r_o = 1/g_{ds}$ 是晶体管的输出电阻。并假设偏置电流源具有相等内阻 r_o。

实现高增益的传统技术可分为以下基本类别：

1）缩放器件长度 $L = NL_{min}$，其中 L_{min} 是最小长度（见图 15-4a）。这样做是为了减少沟道长度调制，其以与长度比例因子 N 近似成正比的方式来增加输出电阻和晶体管本征增益。提供的增益为 $A_{CS} = NA_{CSmin}$。在这种情况下，为了保持 W/L 恒定，晶体管面积和寄生电容需要增加 N^2 倍。这种方法的优点是可以减少随机失配误差、偏移、CMRR 和闪烁噪声。主要缺点是带宽以倍数 N^2 显著减少，且硅面积和栅极泄漏以相同的倍数 N^2 增加。

2）级联 N 个简易增益级（见图 15-4b）。这可以在输出节点上实现最大信号摆幅，并且增益 $A_{ol} = (A_{CSmin})^N$。这种方法需要复杂的嵌套米勒补偿方案[7-9]来防止级数超过 2 时的不稳定。实际上，这将级联增益级数限制为最多 3 个。如果使用接近最小长度的器件，这种数量的级数则可能无法有足够的增益。

3）使用简单的并联增益级来增加输出电阻和增益（图 15-4c）。这样只需要很小的额外硅面积，并且对稳定性影响不大，并且不

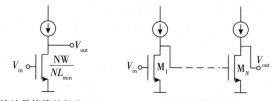

a）缩放晶体管的长度 $L = NL_{min}$ b）级联增益级

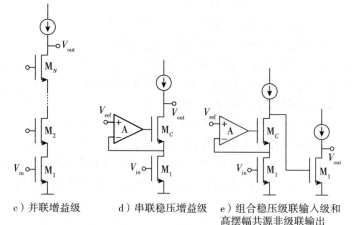

c）并联增益级   d）串联稳压增益级   e）组合稳压级联输入级和高摆幅共源非级联输出

图 15-4　基本增益增强技术

需要额外的功耗。多重级联(见图 15-4c)不用显著降低带宽/相位裕量或增加功耗(除非使用折叠级联),就可以获得额外的增强增益。级联晶体管需要一个最小的漏极源极电压 V_{DSsat},此要求会增加电路对电源的要求并限制摆动。因此,在 fine-line 技术中,应避免在运算放大器的输出级进行级联。

4)使用稳压级联增益级[10-14]。这种方法(见图 15-4d)使用局部负反馈环路来增强级联晶体管的有效增益。这导致放大器输出电阻和增益的增加。使用增益为 A 的放大器作为辅助稳压级联放大器是一种可以在不影响稳定性或减少裕量的情况下将增益提高 A 倍有效技术。但是,在放大器的输出部分应避免使用这种技术。多重级联和稳压级联技术可以有效地在电路的低摆幅内部节点上被使用,而不会影响稳定性或信号摆幅,这将在后面讨论。

5)使用正反馈。这是用于增强增益的传统技术之一[5]。它可用于增加差分对的有效跨导(或有效负载电阻[16])。几种使用正反馈来增强差分对有效 g_m 的电路已经被提出。其中一个例子就是交叉四边形电路(见图 15-5b)[17]。忽略体效应,它的有效跨导为 $g_{mDP} = g_{m1}/(1-g_{m1}/g_{m2})$,在实际中可以使 g_m 增加 5~10 倍。传统的交叉四边形电路需要增加动态余量和体效应来降低增益的增强。

因此,它不能用于 fine-line CMOS 技术。在本章中,我们讨论了基于准浮动栅极技术的其他正反馈技术[18-19],这些技术在不增加裕量的情况下增加了差分对的有效 g_m。

6)使用 g_m 增强型电压跟随器(也称为超级跟随器[20]或折叠翻转电压跟随器[21])。这种方法使用局部负反馈将电压跟

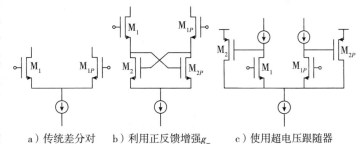

a)传统差分对　　b)利用正反馈增强 g_m 的交叉四边形电路　　c)使用超电压跟随器的 g_m 增强差分对

图　15-5

随器的有效 g_m(和增益)提高 A_{CSmin} 倍(图 15-5c)。在本章中,我们将讨论一种基于超电压跟随器的电路,该电路旨在保持低压工作的同时提高 CMOS 单级差分对的跨导增益。用超电压跟随器替换每个差分对晶体管可以将有效跨导提高 A_{CSmin} 倍。

在实际中,例如图 15-4e 和接下来各节中的运算放大器示例,可以使用几种增益增强技术的组合。

15.3　传统运算放大器在 fine-line 技术中的比较

图 15-6 给出了最常见的运算放大器。其中折叠式级联运算放大器由于输出电阻较大,也称为单级运算放大器。这些运算放大器通过利用级联晶体管(15.2 节将介绍)将输出电阻提高到

$$R_{out} = r_o g_m r_o / 2 \tag{15-3}$$

这里 r_o 和 g_m 对应于 MOS 晶体管的输出电阻和跨导增益(为简单起见,假设所有晶体管

的 g_m 和 r_o 相等)。这三个电路的开环增益由下式给出:

$$A_{ol} = g_m R_{out} = (g_m r_o)^2 / 2 \tag{15-4}$$

它们的增益带宽积由下式给出:

$$GB = g_m / (2\pi C_L) \tag{15-5}$$

米勒(或两级)运算放大器(见图 15-6d)通过以每个增益 $A_{I,II} = g_m r_o / 2$ 级联两个增益级(15.2 节将介绍),实现可比拟的开环增益:

$$A_{ol} = (g_m r_o / 2)^2 \tag{15-6}$$

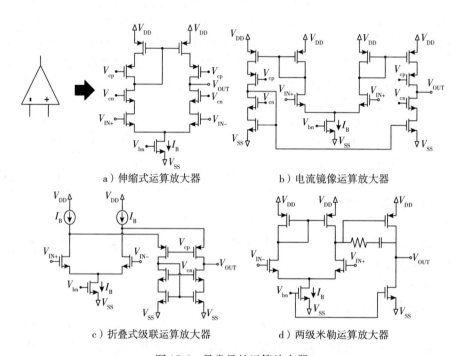

a)伸缩式运算放大器　　　　　　　　b)电流镜像运算放大器

c)折叠式级联运算放大器　　　　　d)两级米勒运算放大器

图 15-6　最常见的运算放大器

其增益带宽积也类似,由下式给出:

$$GB = g_m / (2\pi C_C) \tag{15-7}$$

这里的 C_C 是补偿或米勒电容。图 15-6d 的米勒运算放大器由于输出级中缺少级联晶体管而具有宽输出摆幅,而图 15-6a~c 的所有一级运算放大器在 fine-line 技术的输出摆幅都非常有限。

图 15-7 给出了结合多种增益提升技术的运算放大器。图 15-7a 在伸缩式运算放大器中使用稳压级联放大器,将输出电阻(和增益)提高 $A_i / 2$ 倍。图 15-7b 是一个具有伸缩式输入级的米勒运算放大器(未显示米勒补偿),并且输出级带有级联晶体管。它被称为"全级联两级运算放大器"。两级中的级联晶体管增益均提高 $(A_i / 2)^2$ 倍。图 15-7c 是一个带有稳压级联输出级的电流镜像运算放大器,其增益系数提高了 $A_i / 2$。图 15-7 的放大器由于在输出支路中

使用了级联晶体管，其输出摆幅都非常有限，并且如果使用电阻性负载，则会出现明显的增益下降。使用共源级的调节级联辅助放大器也需要相对较大的供电电压。

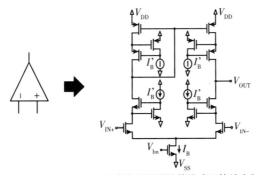

a）具有稳压级联的伸缩式运算放大器

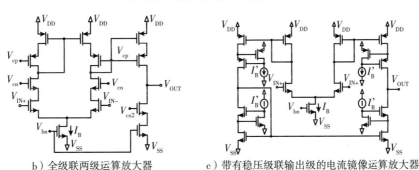

b）全级联两级运算放大器   c）带有稳压级联输出级的电流镜像运算放大器

图 15-7   结合多种增益提升技术的运算放大器

表 15-2 显示了，图 15-6 和图 15-7 中的具有最小器件尺寸和 $V_{\text{DSsat}} = 100$ mV 的运算放大器在 65 nm、90 nm 和 130 nm CMOS 技术中的开环增益和 GB 的比较。比较在负载电容（$C_L = 1$ pF）、补偿电容（$C_C = 1$ pF）、偏置电流 $I_b = 400\,\mu\text{A}$ 和 $V_{\text{GS}} - V_{\text{TH}} = 100$ mV 均类似的情况下进行。相位差是相似的（在 90° 左右），为了节省篇幅没有列出。可以看出，在图 15-6 的传统架构中，开环增益在 130 nm 技术中为 29.3~33.7 dB，在 65 nm 技术中为 10.3~17.3 dB。此外，在 65 nm 技术中可以观察到 GB 的降低。这可以归因于 g_m 的饱和效应。

可以看到，对于图 15-7 所示的运算放大器，开环增益基本上没有提高，它在 130 nm 中的数值为 44.5~63.5 dB；在 65 nm CMOS 技术中的数值仍然很低，为 23~29 dB。图 15-6 和图 15-7 的运算放大器的 GB 是类似的。可以看出，传统的增益提升技术，除了降低输出摆幅和增加电源需求外，并没有显著提升开环增益。在更精细的特征尺寸技术中，即使使用增益提升技术，增益也只有 26 dB（或二十几）。预计这种趋势在 45 nm、22 nm 和更精细的技术中会变得更糟。

表 15-3 和表 15-4 给出了在 90 nm 和 65 nm CMOS 技术中的器件长度分别为 L_{min} 和 $2L_{\text{min}}$ 时图 15-6 所示运算放大器开环增益的比较。可以看出，正如预期的那样，将器件长度调整 2 倍会导致相应的增益增加（约 13~20 dB），但即使在这种情况下，开环增益也非常低。如前

所述，按比例将晶体管长度 L 增加 N 倍可以增加相同倍数的增益，但硅面积会增加 N^2 倍，而且如果使用大规模的系数 N，带宽/相位差会下降。级联两个以上的增益级（例如三个级）需要复杂的嵌套式米勒补偿[7-9]，而且在 fine-line 技术中增益增加有限。

表 15-2　图 15-6 和图 15-7 中的具有最小器件尺寸和 $V_{DSsat}=100$ mV 的运算放大器在 65 nm、90 nm 和 130 nm CMOS 技术中的开环增益和 GB 的比较

结构	技术节点					
	130nm		90nm		65nm	
	增益/dB	GB/MHz	增益/dB	GB/MHz	增益/dB	GB/MHz
折叠式级联运算放大器	29.3	306	19.2	221	10.3	125
伸缩式运算放大器	30.8	322	24.8	286	13.4	148
两级米勒运算放大器	33.5	280	28.1	232	17.3	133
电流镜像运算放大器	33.7	268	24.15	217	13.3	87
具有稳压级联的伸缩式运算放大器	44.5	342.3	38.3	309	23	165
带有稳压级联输出级的电流镜像运算放大器	53.1	284	40.5	234	25.8	95.2
全级联两级运算放大器	63.5	372	43.9	254	29	127.3

表 15-3　在 90 nm CMOS 技术中的器件长度为 L_{min} 和 $2L_{min}$ 时图 15-6 所示运算放大器开环增益的比较

结构	技术节点：90nm			
	L_{min}		$2L_{min}$	
	Gain/dB	GB	Gain/dB	GB
折叠式级联运算放大器	19.2	221	35.1	374
伸缩式运算放大器	14.8	286	41.2	387
两级米勒运算放大器	28.1	232	47.7	359

表 15-4　在 65 nm CMOS 技术中的器件长度为 L_{min} 和 $2L_{min}$ 时图 15-6 所示运算放大器开环增益的比较

结构	技术节点：65nm			
	L_{min}		$2L_{min}$	
	Gain/dB	GB	Gain/dB	GB
折叠式级联运算放大器	10.3	125	24	250
伸缩式运算放大器	13.4	148	29.6	300
两级米勒运算放大器	17.3	133	36.7	339

下一节将介绍两种有效且简单的方法来增加增益。它们不会影响输出摆幅、相位裕量，也不会增加功率、面积或电源要求。

15.4　基于 fine-line 技术的运算放大器增益提升方案

图 15-8 和图 15-9 展示了全差分米勒运算放大器。两者都具有非级联输出级和使用稳压级联放大器的伸缩输入级。在参考文献[12-14]中也提出了类似的增益提升方案。在图 15-9 的电路中，辅助放大器 AN、AP 均进行了增益提升，以进一步提高增益。鉴于稳压级联放大器是工作在内部低摆幅节点上的本地反馈环路，因此可以在没有相位裕量或摆幅下降的情

况下实现增益改进。图 15-8 和图 15-9 的供电电压要求、硅面积、功耗和 GB 与图 15-6d 的常规米勒放大器几乎相同。

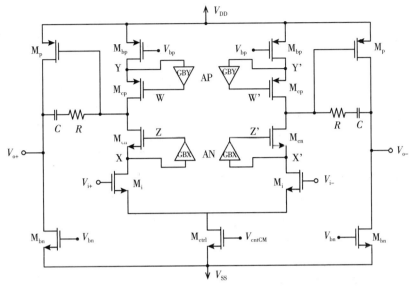

a）方案一：带伸缩输入级和稳压级联晶体管两级全差分米勒运算放大

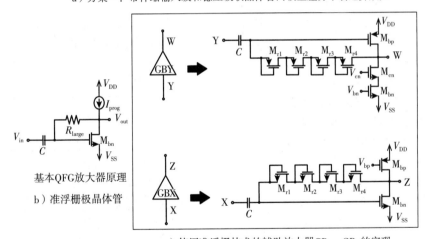

基本 QFG 放大器原理

b）准浮栅极晶体管

c）使用准浮栅技术的辅助放大器 GBx、GBy 的实现

图 15-8　全差分米勒运算放大器（一）

15.4.1　增益提升方案 Ⅰ

在该方案中，辅助放大器作为共源宽带交流耦合放大器 AN、AP。这些都是使用准浮动门技术（QFG）进行偏置的[17-18]。在这种技术中，QFG 晶体管的栅极通过大型电阻元件 R_{large}（大约 100 G）弱连接到直流偏置电压，并通过小电容的电容器 C（pF 量级）与信号交流耦合。

在图 15-8b 的电路中，信号 V_{in} 的路径（或图 15-8c 中的 X、Y 端）是转折频率 $f_C = 1/(2\pi$

$R_{large}C$)（通常为几赫兹）的高通电路，而 V_{out}（或图 15-8c 中的 W、Z 端）的路径是具有相同转折频率的低通电路。在图 15-8c 中，R_{large} 是通过二极管连接的晶体管的串联来实现的，类似于文献[22]中报告的技术。它也可以通过反向偏置的 PN 结或利用 fine-line 技术中 MOS 晶体管相对较大的栅极漏电来实现[23]。图 15-8 的方案允许将 M_n、$M_p^{\ominus}$ 栅极的直流工作点与节点 X、Y 的直流工作点解耦。这使得 M_n 和 M_p 的源端连接到电源成为可能。辅助放大器在频率 $f > f_c$ 下可使宽带增益提升 A_{CS}。晶体管 M_p、M_n 在直流下充当二极管器件，使 $V_{GS}^Q = V_{DS}^Q$。在频率 $f > f_c$ 时，由于没有明显的电流流过通过 R_{large}，漏极不再连接到栅极，并且耦合电容 C 在 X、Y 和 M_n 和 M_p 的栅极之间建立了连接。

图 15-10 比较了图 15-8a 电路的开环响应，该电路使用了具有简单(非稳压)伸缩输入级的运算放大器。可以看出，在低于 1 Hz 的频率下，两个电路的开环增益相同，而在频率 $f > 100$ Hz 时，增益从 47.5 dB 增加到 60.5 dB，并且两条曲线都显示相同的 GB 值（大约 208 MHz）。这验证了 QFG 放大器在极低频率下可以提供 13 dB 的宽带动态增益提升。

由于所有晶体管的宽度和辅助放大器中的偏置电流均按比例缩小到原来的十分之一，因此，辅助放大器只需要非常小的额外

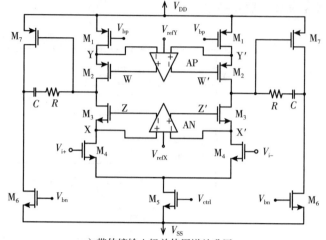

a）带伸缩输入级并使用增益升压
辅助放大器全差分两级运算放大器

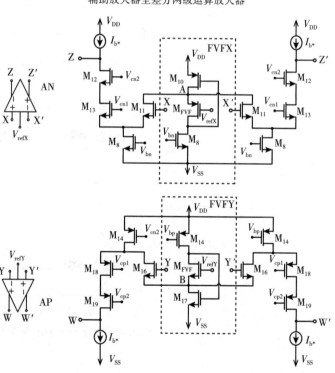

b）使用具有翻转电压跟随器的折叠式多级联接增益级
来设置低阻抗参考节点，实现增益提升的辅助放大器

图 15-9　全差分米勒运算放大器(二)

$\ominus$　M_p 包括 M_{bp} 和 M_{cp}，M_n 包括 M_{bn} 和 M_{cn}。

硅面积和可忽略不计的功耗。在某些情况下，节点 Z、Z′和 W、W′可能需要小型补偿电容器。图 15-8a 的运算放大器不需要这样做，因为级联晶体管的输入电容补偿了辅助放大器。

鉴于第一级是级联的，并且本地反馈环路具有非常大的增益，可以使用级联补偿[23]来避免右半个 s 平面的零点和对于相位超前补偿电阻 R_C 的需求。级联补偿只需将补偿电容 C_C 连接到节点 X 和 X′，而不是连接到 M_{cn}、M_{cp} 的漏极。

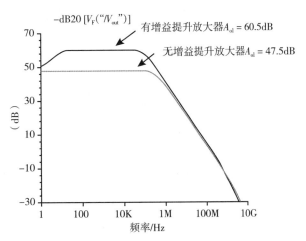

图 15-10　90nm CMOS 技术中最小长度器件的开环增益比较方案 I

15.4.2　增益提升方案 II

图 15-9 所示的全差分运算放大器与方案 I 相似，使用非级联共源输出级和带有稳压级联放大器的输入伸缩级。在方案 II 中，稳压级联电路中的辅助放大器由对称排列的单端折叠级联放大器和一个翻转电压跟随器组成。

辅助放大器的输入晶体管 M_n(M_p)是共源放大器，其源连接到作为虚拟地的极低阻抗节点 A(B)。为了以低电源实现高增益，辅助放大器使用了三个级联晶体管和一个折叠架构。偏置源(见图 15-9b 中 I_{b^*})用双级联电流源实现。框内显示的电路是翻转电压跟随器[25](或 g_m 增强跟随器)。它们使用局部反馈来产生非常低的阻抗节点 A、B，这些节点被 M_n 和 M_p 的源端要求作为虚拟地。辅助放大器的负反馈将电压 X、X′精确设置为值 V_{refX}，将节点 Y、Y′处的电压设置为值 V_{refY}。

与其他增益提升方案使用稳压级联相反[12,14]，图 15-9 的电路允许准确且方便地设置节点 X、X′和 Y、Y′的电压值(即最小化电源要求)。由于采用具有多个级联晶体管的折叠架构，辅助放大器具有低电源要求、高增益，并且不会影响运算放大器的相位裕量或 GB。它的增益由 $A_{aux} = (g_m r_o/2)^3$ 给出。运算放大器的总开环增益由 $A_{ol} = (g_m r_o/2)^6$ 给出。

图 15-11 显示了三种运算放大器的开环增益比较，它们具有相似的增益带宽(约 200 MHz)，相位差(约 90°)，电源要求(V_{DD} = 1.2 V)，以及功率耗散(160μW)。

表 15-5 比较了三种情况下使用最小器件长度 $L = L_{min}$ 和 $L = 2L_{min}$ 的开环增益(在本例中，晶体管宽度以系数 2 进行缩放)。正如预期的那样，最后一种情况增益较高(93.6 dB)。为了减少失配误差，实际设计需要使用至少 $2L_{min}$ 的器件长度。这意味着使用 130 nm 技术的(见图 15-10)运算

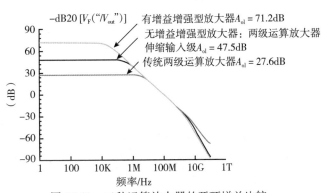

图 15-11　三种运算放大器的开环增益比较

放大器可以实现 93.6 dB(或更高)的实际开环增益。图 15-8 和 15-9 所示电路中的输入级也可以用带有稳压级联晶体管的折叠式级联放大器代替。

表 15-5 三种情况下使用最小器件长度 $L=L_{min}$ 和 $L=2L_{min}$ 的开环增益比较

情况	技术节点：90nm	
	$L=L_{min}$	$L=2L_{min}$
	Gain/dB	Gain/dB
具有基于 FVF 的稳压级联增益提升的两级运算放大器	71.2	93.6
带调节共源共栅的两级运算放大器	60.5	88.5
具有伸缩输入级的两级运算放大器	47.5	66.5

15.4.3 电源要求

如果要求输入共模电压为中间供电电压($V_{DD}/2$)，则操作运算放大器所需的最小供电电压相当于差分放大器裕量的两倍，即 $V_{DDmin}=2HR_{DP}=2(V_{GS}+V_{DSsat})$。这接近典型阈值电压 V_{TH}(约 0.3~0.4 V)和 V_{DSsat}(约 0.1 V)的技术允许的最大值(V_{DDmax}，约 1~1.2 V)。本章的最后一节介绍了浮动栅技术[31]或 QFG 技术，在运算放大器端靠近其中一个电源端的情况下操作运算放大器的方法[18-19]。在这种情况下，在供电电压基本上低于 V_{DDmax} 的情况下进行操作是可能的。

15.5 使用部分正反馈和超级电压跟随器的增益提升

图 15-12a 和 b 给出了利用正反馈增强差分放大器增益的两种方案。它们都基于准浮门技术。在图 15-12a(表示方案 QFG-I)的电路中，两个具有不等大小晶体管 $(W/L)_1$ 和 $(W/L)_2$ 的差分对被使用，其中 $(W/L)_2<(W/L)_1$。一个大的电阻元件 R_{large} 连接在 M_1 和 M_2 的栅极之间。电容器将 $M_1(M_{1P})$ 的漏极端连接到 $M_{2P}(M_2)$ 的栅极端。这种布置导致 M_1 和 M_2 在直流时并联，具有相同的静态栅源电压。在频率 f 高于 $f_C=1/(2\pi R_{large}C)$(几赫兹)的情况下，M_2 与 M_{2P} 的栅极交流耦合到相反晶体管的输出端。这提供了部分正反馈，增强了差分放大器的增益。简单分析表明，电路增益为：

$$A_v = g_{m1}R_L/(1-g_{m2}R_L) = kg_{m1}R_L \tag{15-8}$$

其中 k 是增益增强系数：

$$k = 1/(1-g_{m2}R_L) \tag{15-9}$$

在实际中，k 应该被限制在 5~10 的范围内(等价地，$g_{m2}R_L$ 的标准值应该在 0.8~0.9 之间)，这可以防止在制造容差时由于 $g_{m2}R_L$ 变成 1 或更高时出现的不稳定性。

图 15-12b 中表示为 QFG-II 的方案与之类似，但它仅使用两个晶体管(M_1，M_{1P})，它们的栅极通过大电阻元件连接到上轨。这会将 M_1、M_{1P} 栅极处的静态电压设置为值 V_{DD}。输入信号通过电容 C_1 交流耦合到 M_1、M_{1P} 的栅极，电容 $C_2<C_1$ 连接在 $M_1(M_{1P})$ 的栅极和 $M_{1P}(M_1)$ 的漏极之间，为频率 $f>f_C$ 提供动态部分正反馈，其中 $f_C=1/[2\pi R_{large}(C_1+C_2)]$。简

单的分析表明，在这种情况下，增益由下式给出：

$$A_{\mathrm{v}} = ag_{\mathrm{m1}}R_{\mathrm{L}}/(1-bg_{\mathrm{m1}}R_{\mathrm{L}}) = kg_{\mathrm{m1}}R_{\mathrm{L}} \tag{15-10}$$

其中，

$$a=C_1/(C_1+C_2)，\quad b=C_2/(C_1+C_2) \tag{15-11}$$

增益增强因子 k 由下式给出：

$$k= a/(1-bg_{\mathrm{m1}}R_{\mathrm{L}}) \tag{15-12}$$

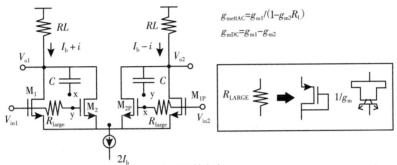

a）正反馈方案一

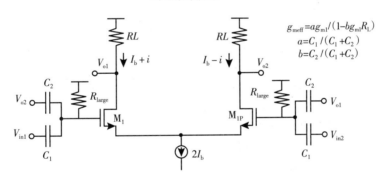

b）正反馈方案二

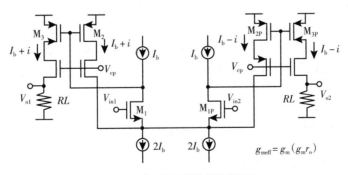

c）基于超电压跟随器的增益增强差

图　15-12

方案 QFG-II 是一种低压方案，因为 M_1、M_{1P} 的栅极连接到直流的正电源端，而信号以容性方式耦合。这为差分对提供了较大的裕量。图 15-12b 的电路可在接近差分对裕度的极低供电电压下工作（在 fine-line 技术中约为 $0.5 \sim 0.6$ V）。如果该电路用作高增益运算放大器的输入级，则需要使用自动归零电路[18,26]（参见下一节的讨论）。

图 15-12c 展示了一种实现高效 g_m（和增益）的替代方案。在这个方案中，差分对中的晶体管被超级跟随器[20]（也称为折叠翻转电压跟随器[21]）取代，它使用局部负反馈回路（由 M_1 和 M_2 形成）来提高 M_1、M_{1P} 的有效跨导值，使其达到 $g_{meff} = g_m g_m r_o / 2$（假定偏置电流源具有内阻 r_o）。M_2、M_{2P} 中的信号电流 $I = g_{meff}(V_{in1} - V_{in2})$ 由 M_3、M_{3P} 镜像变换到负载电阻 R_L（折叠技术也可用于将信号电流 i 转移到没有反射镜的负载[27]）。图 15-12c 的电路增益由下式给出：

$$A_v = g_{meff} R_L = \left[g_m g_m r_o / 2 \right] R_L \tag{15-13}$$

图 15-13 比较了 130 nm CMOS 技术下传统差分放大器和图 15-12 的三个电路的开环响应。为了进行比较，所有电路都使用了相等的参数 $I_b = 30\mu A$，$V_{DD} = 1.2$ V，$R_L = 20k\Omega$，$C_L = 1pF$，$(W/L)_1 = 12/0.12$，$(W/L)_2 = 1.5/0.12$（对于 PMOS，$W/L = 50/0.13$），$C_1 = 1pF$，$C_2 = 1pF$，R_{large} 使用最小尺寸二极管连接的 PMOS 晶体管实现。标记为 VOQFGI 和 VOQFGII 的迹线分别对应于图 15-12a 和 b 的 QFG 电路，VOFVF 对应于图 15-12c 的电路，VOCNV 对应于常规差分对。可以看出图 15-12 的三个电路提供了与传统差分对相当的增益增强系数，为 $20 \sim 22$ dB（幅度约为 10）。

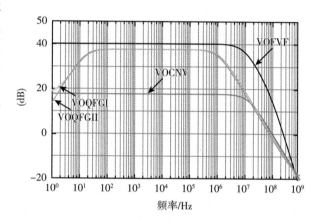

图 15-13　图 15-12 的电路 130 nm CMOS 技术中最小长度为 L_{min} 时的增益

传统差分对的增益带宽积和图 15-12a 和 b 的 QFG 电路相近（约 100MHz），而图 15-12c 的电路增益带宽积更高。这可以归因于 QFG 正反馈方案 QFG-I 和 QFG-II［实际上是电压增益（而非 g_m）增强技术］，而 FVF 技术是真正的 g_m 增强技术，因此它也能将增益带宽增强到值 $GB = g_{meff}/(2C_L)$。请注意，由于正反馈仅在频率 $f > f_C$ 下有效，因此在 QFG-I 或 QFG-II 方法中，在非常低的频率下没有观察到增益增强。

15.6　低电压技术

fine-line 技术中的电路需要在接近 $V_{DD} = 1$V 的供电电压下工作，其中晶体管阈值电压占 V_{DD} 的很大一部分。一些低功耗应用需要电路在更低的电源电压下工作。运算放大器差分输入级的裕度 HR_{DP} 是低电源工作的主要限制因素。

一个经典的方法是在亚阈值范围内操作电路[28-29]，其中 MOS 晶体管在栅极源电压低于 V_{TH} 的情况下工作。这减少了差分对的裕度。在亚阈值范围内的操作仅限于低带宽的应用。在这种工作模式下，其他模拟性能参数也会下降（特别是匹配精度[30]）。

在传统的输入端共模电压对应于中间供电电压 $V_{iCM} = V_{DD}/2$（见图 15-14a）的情况下，最小电源 $V_{DD} = 2HR_{DP} = 2(V_{GS} + V_{DSsat})$。典型阈值电压 V_{TH} 为 $0.3 \sim 0.4$ V 和漏源饱和电压 $V_{DD} = 0.1$V 会导致 V_{DD} 的最小供电电压接近 1 V 或更高。为了克服这一限制并以较低的供电电压操作运算放大器，共模输入电压必须接近其中一个电源端的电压（见图 15-14b）。问题是，如果运算放大器的正输入端连接到下端，则会产生较大的输出直流偏移电压 $V_{out} = (-R_2/R_1)(V_{DD}/2)$。但这是不可能的，因为它会使运算放大器输出端的静态电压低于下端。

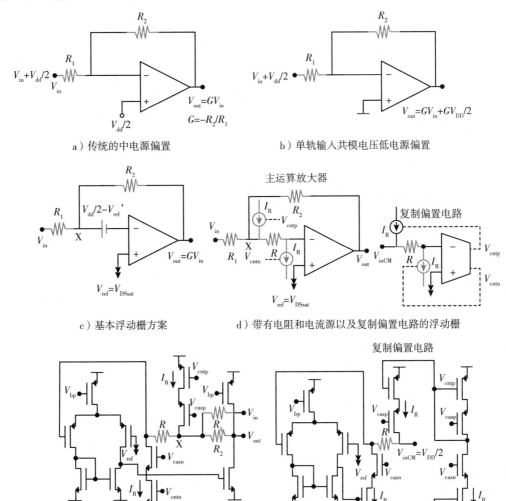

a）传统的中电源偏置　　　　　b）单轨输入共模电压低电源偏置

c）基本浮动栅方案　　　　d）带有电阻和电流源以及复制偏置电路的浮动栅

e）晶体管级的复制偏置电路

图 15-14　低压连续浮动栅技术在低供电电压下运行运放

上文展示了几种连续时间[31-32]和离散时间[33]技术，这些技术允许运算放大器的输入端电压在接近其中一个电源端电压时工作，而不会放大输出偏移。本节将介绍其中两种技术，以及一种检测轨到轨共模输出电压变化的简单方法，这些变化是在极低供电电压下工作的全差分运算放大器所必需的。

15.6.1 使用浮动栅技术的低供电操作

图 15-14c 展示了电压值为 $V_{bat} \approx V_{DD}/2$ 的浮动栅电压，浮动栅与负运算放大器的输入终端串联，而其正端连接到非常靠近下轨的基准电压 $V_{ref} \approx 0$。节点 X（R_1、R_2 的结点）处的电压为 $V_{DD}/2$，这导致 R_1、R_2 中的静态电流为零，并且具有无偏移的静态输出电压 $V_{out} = V_{DD}/2$。图 15-14c 的电路可在供电电压 $V_{DD} = HR_{DP}$ 接近差分输入级裕量的情况下工作。在 fine-line 技术中，这可以达到 0.5~0.6 V 的量级。图 15-14d 展示了使用电阻 R 和匹配的 $I_R = V_{bat}/R$ 的灌拉直流电流源浮动栅。一个带有负反馈的复制偏置电路被用来产生分别驱动 NMOS 和 PMOS 晶体管的电压 V_{cntn} 和 V_{cntp}，以充当电流源 I_R。图 15-14e 显示了晶体管级的复制偏置电路，其中包括匹配的电流源 I_R 和有 PMOS 输入级的米勒运算放大器，详见参考文献[31]。复制偏置电路的输入端和主运算放大器的输入端都工作在接近下端电源的电压下。在实践中，为了给底部电流源 I_R 留下余量，使用了 $V_{ref} = V_{DSsat}$（大约 0.1 V）的数值。这导致 $V_{bat} = V_{DD}/2 - V_{DSsat}$。

15.6.2 使用准浮动栅技术的低供电操作

图 15-15 显示了基于准浮动栅技术的低压全差分运算放大器。其输入端使用大型电阻元件 R_{large} 弱连接到下端（通过二极管连接的晶体管或如图 15-12a 所示的栅漏元件实现）。主放大器和共模反馈网络中的放大器都被假定为具有 PMOS 晶体管的差分输入级。输入和输出信号通过电容 C_I、C_F（pF 量级）耦合到运算放大器的输入和输出端，这个电路与图 15-12b 的电路类似。电阻元件 R_{large} 将输入端的直流工作点设置为 $V_{i+}^Q = V_{i-}^Q = 0$。在频率 $f > f_C$ 时，其中 $f_C = 1/(2\pi R_{large})$，输入端通过 C_I 和 C_F 有效连接到 V_{in+}、V_{in-} 和 V_o、V_{o-}。这使交流增益 $G = -C_I/C_F$。这个电路需要利用自动归零电路[18,26]，这是由于在直流电压下运算放大器在开环模式下工作，并且直流输入偏移电压被运算放大

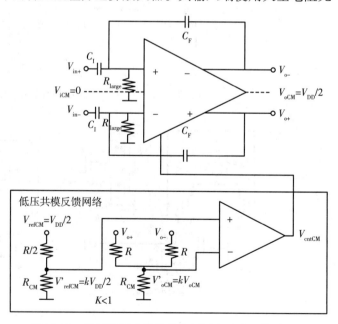

图 15-15 基于准浮动栅技术的低压全差分运算放大器

器的高增益放大，这可能导致输出终端的饱和。

图 15-15 的电路可以在接近差分对的裕量 $V_{DD} \approx HR_{DP}$ 非常低的供电电压下工作。在这种情况下，共模反馈网络中的放大器也需要在其输入端靠近其中一个电源端电压的情况下工作。在图 15-15 中，运算放大器采用电阻 R 形成共模检测电路，中点也通过电阻 R_{CM} 连接到下端。R_{CM} 的目的是将共模输出电压的值沿下端方向移动。移位输出共模由下式给出：

$$V'_{oCM} = V_{oCM}/(1 + R/2R_{CM}) \tag{15-14}$$

同样，基准输出共模电压 V_{refoCM}（典型值 $V_{ref} = V_{DD}/2$）按相同的系数下移：

$$V'_{refoCM} = V_{refoCM}/(1 + R/2R_{CM}) \tag{15-15}$$

由于 V'_{refoCM} 和 V'_{oCM} 都接近下轨供电电压，因此共模反馈网络放大器也可以在非常低的供电电压下工作。例如，假设 $V_{DD} = 0.6V$，$V_{refoCM} = 0.3V$，$R_{CM} = R/3$，则 $V'_{refoCM} = 0.3/2.5V = V'_{oCM} = 0.12V$。根据图 15-14c 的浮动栅方案，这种低压共模反馈网络也可用于实现低电压全差分运算放大器。

15.7　总结

低电压引起的非常低的固有晶体管增益和较小的可用信号摆幅是 fine-line 技术中模拟电路设计的关键方面。传统运算放大器在最小的器件长度下的开环增益都非常低，在 65 nm 和 90 nm 技术中分别低于 11 dB 和 27.7 dB。

本章讨论了提升运算放大器增益的常见技术，并指出这些技术不能实现足够的增益。此外，这些增益提升技术不能用于 fine-line 技术，因为它们严重限制了输出信号的摆动。不限制输出摆幅或利用复杂的嵌套补偿网络提高增益的两种方法基于使用调节级联晶体管的伸缩式输入级两级米勒运算放大器。即使使用最小的器件长度，这些方法也能提供相对较高的增益（在 90 nm 技术中为 70.6 dB）。此外，本章还讨论了作为提高增益的替代手段的基于正反馈和增益增强型电压跟随器的技术。最后，本章讨论了一些在共模输入电压非常接近其中一个电源端，且输出电压为中间电源共模的情况下，操作运算放大器的连续时间技术。这将模拟电路的电源要求降低到接近差分对的净空值的数值。这个值大约相当于目前 fine-line 技术中 0.5~0.6 V 的供电电压。

参考文献

[1] J. Pekarik, D. Greenberg, B. Jagannathan, R. Groves, J. R. Jones, R. Singh, A. Chinthakindi, X. Wang, M. Breitwisch, D. Coolbaugh, P. Cottrell, J. Florkey, G. Freeman, and R. Krishnasamy, "RFCMOS technologies from 0.25 nm to 65 nm: The state of the art," *Proc. IEEE Custom Integrated Circuits Conference*, Orlando, FL, Oct. 3–6, 2004, pp. 217–224.

[2] A.-J. Annema, B. Nauta, R. van Langevelde, and H. Tuinhout "Analog circuits in ultra-deep-submicron CMOS," *IEEE J. Solid State Circuits*, vol. 40, no. 1, Jan. 2005, pp. 132–143.

[3] A. Baschirotto, V. Chironi, G. Cocciolo, S. D'Amico, M. De Matteis, and P.

Delizia, "Low-power analog design in scaled technologies," CERN Document available at cdsweb.cern.ch/record/1234878/files/p103.pdf

[4] W. Sansen, "Analog IC design in nanometer CMOS technologies,"*22nd International Conference on VLSI Design,* Jan. 5–9, 2009, New Delhi, India, available at www.vlsiconference.com/vlsi2009/vlsi_2009_willy_sansen.pdf

[5] G. Taylor, "Future of analog design and upcoming challenges in nanometer CMOS," *23nd International Conference on VLSI Design,* Bangalore, India, Jan. 3–7 2010, available at vlsiconference.com/vlsi2010/keynote/futureanalogdesign_gtaylor_intel.pdf

[6] M. Koh, W. Mizubayashi, K. Iwamoto, H. Murakami, T. Ono, M. Tsuno, T. Mihara, K. Shibahara, S. Miyazaki, and M. Hirose, "Limit of gate oxide thickness scaling in MOSFETs due to apparent threshold voltage fluctuation induced by tunnel leakage current," *IEEE Trans. Electron Devices,* vol. 48, no. 2, Feb. 2001, pp. 259–264.

[7] H. L. Lee and P. K. T. Mok, "An SC voltage doubler with pseudo-continuous output regulation using a three-stage switchable op-amp," *IEEE J. Solid-State Circuits,* vol. 43, no. 6, Jun. 2007, pp. 1216–1229.

[8] S. O. Cannizzaro, A. D. Grasso, R. Mita, G. Palumbo, and S. Pennisi, "Design procedures for three-stage CMOS OTAs with nested-Miller compensation," *IEEE Trans. Circuits Syst. I: Regul. Papers,* vol. 54, no. 5, May 2007, pp. 933–940.

[9] X. Fan, C. Mishra, and E. Sánchez-Sinencio, "Single Miller capacitor frequency compensation technique for low-power multistage amplifiers," *IEEE J. Solid-State Circuits,* vol. 40, no. 3, Mar. 2005, pp. 584–592.

[10] E. Sackinger and W. Guggenbuhl, "A high-swing, high-impedance MOS cascode circuit," *IEEE J. Solid-State Circuits,* vol. 25, no. 1, Feb. 1990, pp. 289–298.

[11] B. Hosticka, "Improvement of the gain of MOS amplifiers," *IEEE J. Solid State Circuits,* vol. SC-14, no. 6, Dec. 1979, pp. 1111–1114.

[12] B. Razavi, *Design of Analog CMOS Integrated Circuits.* Boston: McGraw-Hill, pp. 309–314, 2001.

[13] K. Bult and G. J. G. M. Geelen, "A fast-settling CMOS op-amp for SC circuits with 90-dB DC gain," *IEEE J. Solid State Circuits,* vol. 25, no. 6, Dec. 1990, pp. 1379–1384.

[14] K. Gulati and H. S. Lee, "A high swing CMOS telescopic operational amplifier," *IEEE J. Solid State Circuits,* vol. 33, no. 12, Dec. 1998, pp. 2010–2019.

[15] E. H. Armstrong, "Some recent developments in the Audion receiver," *Proc. IRE,* vol. 3, 1915, pp. 215–238.

[16] P. E. Allen and D. R. Holberg, *CMOS Analog Circuit Design.* 2nd ed. New York: Oxford University Press, pp. 471–475, 2002.

[17] T. H. Lee. *The Design of CMOS Radio Frequency Integrated Circuits.* 2nd ed. New York: Cambridge University Press, p. 424, 2004.

[18] J. Ramirez-Angulo, C. Urquidi, R. G. Carvajal, and A. Lopez-Martin, "A new family of very low-voltage analog circuits based on quasi-floating-gate transistors," *IEEE Trans. Circuits and Systems II,* vol. 50, no. 5, May 2003, pp. 214–220.

[19] J. Ramirez-Angulo, A. J. Lopez-Martin, R. G. Carvajal, and F. M. Chavero, "Very low-voltage analog signal processing based on quasi-floating-gate transistors," *IEEE J. Solid State Circuits,* vol. 39, no. 3, Mar. 2004, pp. 434–442.

[20] P. R. Gray, P. J. Hurst, S. H. Lewis, and R. G. Meyer, *Analysis and Design of Analog Integrated Circuits,* 4th ed. New York: John Wiley, pp. 212–214, 2009.

[21] J. Ramirez-Angulo, S. Gupta, I. Padilla, A. Torralba, M. Jimenez, and F. Munoz, "Comparison of conventional and new flipped voltage structures with increased input/output signal swing and current sourcing/sinking capabilities," *Proc. 2005 IEEE Midwest Symposium on Circuits and Systems,* Cincinnati, OH, Aug. 21–23, 2005, vol. 2, pp. 1151–1154.

[22] R. R. Harrison, and C. A. Cameron, "Low-power low-noise CMOS amplifier

for neural recording applications," *IEEE J. Solid State Circuits,* vol. 38, no. 6, Jun. 2003, pp. 958–964.

[23] H. K. O. Berge and P. Häfliger, "A gate leakage feedback element in an adaptive amplifier application," *IEEE Trans. Circuits and Systems II*, vol. 55, no. 2, Feb. 2008, pp. 101–105.

[24] B. Ahuja, "An improved frequency compensation technique for CMOS operational amplifiers," *IEEE J. Solid-State Circuits,* vol. 18, no. 6, Dec. 1983, pp. 629–633.

[25] R. G. Carvajal, J. Ramírez-Angulo, A. López-Martin, A. Torralba, J. Galán, A. Carlosena, and F. Muñoz, "The flipped voltage follower: A useful cell for low-voltage low-power circuit design," *IEEE Trans. Circuits and Systems I*, vol. 52, no. 7, Jul. 2005, pp. 1276–1291.

[26] C. Muñiz-Montero, R. G. Carvajal, A. Díaz-Sánchez, and J. M. Rocha-Pérez, "New strategies to improve offset and the speed–accuracy–power tradeoff in CMOS amplifiers," *J. Analog Integrated Circuits and Signal Processing*, vol. 53, no. 2–3, Dec. 2007, pp. 81–95.

[27] L. Acosta, M. Jimenez, R. G. Carvajal, A. J. Lopez-Martin, and J. Ramirez-Angulo, "Highly linear tunable CMOS Gm-C low-pass filter," *IEEE Trans. Circuits and Systems I*, vol. 56, no. 10, Oct. 2009, pp. 2145–2158 .

[28] S. Chatterjee, Y. Tsividis, and P. Kinget, "0.5 V analog circuit techniques and their application in OTA and filter design," *IEEE J. Solid-State Circuits*, vol. 40, no. 12, Dec. 2005, pp. 2373–2387.

[29] S. Chatterjee, Y. Tsividis, and P. Kinget, "Ultra-low voltage analog integrated circuits," *IEICE Trans. Electronics*, vol. E89-C, no. 6, Jun. 2006, pp. 673–680.

[30] T. Serrano-Gotarredona and B. Linares-Barranco, "A new 5-parameter MOS transistor mismatch model," *IEEE Electron Device Letters,* vol. 21, no. 1, Jan. 2000, pp. 37–39.

[31] J. Ramírez-Angulo, A. Torralba, R. G. Carvajal, and J. Tombs, "A simple technique for low-voltage op-amp operation in continuous-time," *IEEE Electronics Letters*, vol. 35, no. 4, Feb. 1999, pp. 263–264.

[32] H. Huanzhang and E. K. F. Lee, "Design of low-voltage CMOS continuous-time filter with on-chip automatic tuning,"*IEEE J. Solid State Circuits*, vol. 36, no. 8, Aug. 2001, pp. 1168–1177.

[33] R. Castello, F. Montecchi, F. Rezzi, and A. Baschirotto, "Low-voltage analog filters," *IEEE Transactions on Circuits and Systems I: Fundamental Theory and Applications*, vol. 42, no. 11, Nov. 1995, pp. 827–840.

第 16 章 |Chapter 16|

用于降低线性模拟 CMOS 集成电路低频噪声的互补开关 MOSFET 架构

16. 1 引言

16. 1. 1 CMOS 线性模拟集成电路的低频噪声

超大规模集成电路(VLSI)技术已经发展到可以在单个晶圆或芯片上集成数百万个晶体管的程度。CMOS 技术是当今的主流技术。CMOS 为芯片的数字部分提供了巨大的集成密度和功耗节省,此外还为射频模拟设计提供了良好的元件组合[1]。尽管 CMOS 技术的模拟性能被认为不如其他技术,如双极性 Si(硅)或 GaAs(砷化镓)工艺,但仅用 CMOS 制造的系统材料清单(BOM)显然更有优势。如今,通过不断缩小尺寸和提高工艺稳健性,CMOS 技术的模拟性能得到了显著的提高,而且它仍在不断改进中[2]。

尽管 CMOS 技术具有公认的优势,但在射频模拟的应用上仍然存在一个主要技术缺陷尚未解决:CMOS 技术的信噪比(SNR)较低。与硅双极技术相比,CMOS 技术的 $1/f$ 噪声尤其严重[3]。这是由于 MOSFET 的界面状态密度很高,从而产生了 $1/f$ 的噪声。由于 CMOS 技术的 $1/f$ 噪声特性很差,许多模拟电路设计者不愿意用它来进行设计。决定采用这种"嘈杂"的 CMOS 技术的设计师面临着一个巨大的挑战,即如何利用现有的设计参数来发挥其独特的特性,并降低 $1/f$ 噪声(见图 16-1)。

16. 1. 2 现有的低频降噪技术

为了用 CMOS 技术设计低噪声模拟射频模块,通常需要使用特殊的降噪技术。从电路设计者的角度来看,CMOS 电路中存在几种 $1/f$ 降噪技术,其中包括一种传统方法——根据

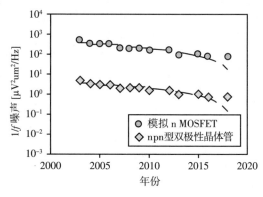

图 16-1 2009 年 ITRS 的 $1/f$ 噪声特性。"模拟低噪声"CMOS 技术显示出比双极技术高得多的 $1/f$ 噪声

$1/f$ 噪声特性与有源面积成反比,增大 MOSFET(金属氧化物半导体场效应晶体管)的有源面积。这种方法实现起来相当简单,但失去了技术微缩的独特优势,即短栅器件的性能提升(如截止频率提升)[4]。

模拟集成电路中最突出的 $1/f$ 噪声降低技术的例子是相关双采样(CDS)技术和斩波器稳定(CHS)技术[5]。CDS 技术的基本思想是在"自动归零"阶段对放大器不需要的量(偏移和 $1/f$ 噪声)进行采样(见图 16-2)。当处于"放大"阶段时,噪声被保持并从输入信号中除去。如果噪声像直流偏移一样在一段时间内是恒定的,它就会因高精度放大器或高分辨率比较器的需要而被消除。如果不需要的干扰是 $1/f$ 噪声,它将被高通滤波,从而大大减少低频信号,但代价是采样过程中固有的宽带噪声的混叠会导致本地噪声增加。此外,偏移量的减少受开关的电荷注入限制,通过使用一些更复杂的电路方案,可以在一定程度上减少偏移量。

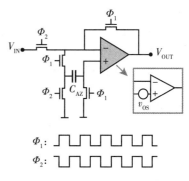

图 16-2　运算放大器中的相关双采样技术

CDS 技术主要适用于使用开关电容级等天然使用采样数据电路的应用,这样基带噪声就不会因噪声混叠而变得更糟[5]。

CDS 技术是基于采样的开关电容技术,而 CHS 技术依赖于调制而不是采样,这对运算放大器的性能有很大影响。CHS 技术的基本思想是将放大器与输入和输出的调制器相结合(见图 16-3)。输入信号首先在输入调制器中被频移到更高的频率,这样随后的 CMOS 放大器不受 $1/f$ 噪声的影响。然后信号被放大并在第二个调制器中移回其原始频率。与输入信号相反,调制器之间放大器的偏移和 $1/f$ 噪声只被第二个调制器调制一次,并转换到更高的频率。很明显,与传统的放大器相比,CDS 技术是相当耗电的,而且高频的白噪声成分也被转换到低频区域。

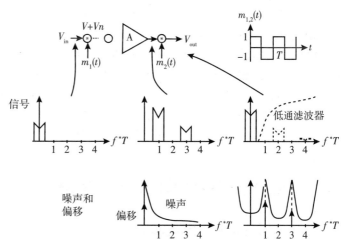

图 16-3　运算放大器中的斩波器稳定技术

16.1.3　基于器件物理的低频降噪技术

模拟射频电路设计人员开始注意并重视一种基于器件物理的效应——环稳态 MOSFET $1/f$ 噪声现象。MOSFET 在强反相[9]和累积/耗尽之间的周期性开关会导致这些器件的"固有" $1/f$ 噪声异常降低[6],Bloom 和 Nemirovsky 首次报道了这一效应。他们的研究结果在与随机电信号(RTS)相关的小型器件上得到了证实[7]。1999 年,Klumperink 在环形振荡器相位噪声测量中通过实验再次发现了这个效应[8]。他们提出利用这种基于器件物理的效应将相位噪声的 $1/f^3$ 降低到原来的一半。不久之后,他们提出了一种用于大型设计电路的 $1/f$ 降噪技术,如 VCO(压控振荡器),它只在特定时间间隔或信号处理不连续时才需要偏置电流。该技术的可行性在一个 120 kHz 下运行的集成 CMOS 六级耦合锯齿形振荡器中得到了证明。每个环形段随后会在一个电容器上产生一个上升的电压斜率。电容器的充电电流上的噪声是造成耦合锯齿振荡器中相位噪声的主要原因。在低频时,$1/f$ 噪声主导了相位噪声性能。通过周期性的开关,$1/f$ 噪声引起的相位噪声降低了 8dB,功耗则降低了 30% 以上。

这种技术被称为开关偏置技术,在离散时间电路中实现它是相当简单的,例如开关偏置电流电路,如 PLL(锁相环)、VCO 和分频器。但是许多种类的电路都无法使用这种技术。事实上,这种技术在连续时间信号处理电路中没有可行性,例如运算放大器和基于运算放大器的电路——有源滤波器和 VGA(可变增益放大器)。

16.1.4 本章论述范围

本章的目的是介绍线性模拟 CMOS 集成电路中 $1/f$ 噪声降低技术的原理,该技术对基于器件物理效应的环稳态 MOSFET $1/f$ 噪声进行连续时间信号处理,并探讨其对线性模拟 CMOS 集成电路电气性能的影响。

为了实现这一目标,本章的其余部分安排如下。16.2 节讨论了环稳态 MOSFET 的 $1/f$ 噪声现象以及针对这一现象提出的 $1/f$ 降噪原理。16.3 节和 16.4 节讨论了该原理在线性模拟 CMOS 集成电路中用于连续时间信号处理的可行性验证。16.3 节以一个经典的两级运算放大器为例,描述了该原理在线性模拟 CMOS 集成电路中用于连续时间信号处理的实现方案。16.4 节提供了该原理的实验验证,其中重点是 $1/f$ 噪声的测量及其对若干电气性能评估的影响。16.5 节总结了这项工作,并讨论了将该原理应用于线性模拟 CMOS 集成电路的可行性。本节还提出了对该研究后续工作的建议。

16.2 互补式 MOSFET 架构的原理

16.2.1 MOSFET 的低频噪声

1. 产生-复合噪声

两种能量状态之间的载流子生成-重组过程导致参与电流流动的载流子数量出现波动的过程被称为产生-复合噪声。MOSFET 中的产生-复合噪声主要来自 Si 和 SiO_2 的界面缺陷。这些缺陷可以产生捕获或释放载流子的阱。单个阱的工作会导致电流流经半导体时出现离散开关行为。这种离散开关可以在时域中模拟为双态信号,在两个不同的能量状态之间有两个独立的转换概率。这样的信号被称为随机电信号(RTS)[9]。

RTS 的功率谱密度为

$$\frac{\overline{i_{GR}^2}}{\Delta f} = N \cdot P_{trap}(E, x) \cdot [1 - P_{trap}(E, x)] \cdot \frac{4 \cdot \tau_0(E, x)}{1 + [2\pi f \tau_0(E, x)]^2} \tag{16-1}$$

2. 闪烁噪声(1/f 噪声)

早期对 MOSFET 中的低频噪声的研究已经表明，这种类型的噪声主要集中在频谱的低频部分，通常低于几万赫兹[10-11]。这种类型的噪声的特点是，当 λ(通常在 $0.7 \sim 1.3$ 之间)约为 1 时其功率谱密度与 $1/f^{\lambda}$ 的变化规律成比例变化。

这与单个的产生-复合噪声(即洛伦兹式频谱)相反(见图 16-4)。然而，1/f 噪声是大量洛伦兹式频谱的叠加，其角频率在频率上近似指数分布。式(16-2)描述了由这种洛伦兹式频谱的总和产生的 1/f 噪声的功率谱(见图 16-5)。

$$S(f) = \iint N \cdot P_{\mathrm{trap+}}(E, x) \cdot [1 - P_{\mathrm{trap+}}(E, x)] \cdot \frac{4 \cdot \tau_{\mathrm{char}}(E, x)}{1 + [2\pi f \tau_{\mathrm{char}}(E, x)]^2} \mathrm{d}E \mathrm{d}x \quad (16\text{-}2)$$

至今 MOSFET1/f 噪声仍然没有一个专门的模型。半导体器件中的 1/f 噪声被认为是一种表面现象，与 Si-SiO$_2$ 界面的质量直接相关。已经有证据表明，1/f 噪声与界面的密度[12]或接近界面的氧化物阱密度[13]有很好的相关性。基于这些观测结果的模型大致都属于 McWhorter 提出的载流子数量波动模型[14]。与载流子数量波动模型相对应的是迁移率波动模型。迁移率波动模型将迁移率波动视为均质半导体中 1/f 噪声的来源，并假定均质半导体中 1/f 噪声源于体积而非表面[15-16]。

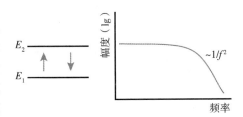

图 16-4　产生-复合噪声：产生和复合过程(左)和噪声功率谱(右)

载流子数波动模型使用叠加的洛伦兹谱作为 1/f 噪声建模的基础。McWhorter 模型假设氧化物中的电子阱和 Si-SiO$_2$ 界面之间的距离是均匀分布的。如果捕获-释放过程的限速步骤是简单的量子隧穿，那么可以证明，均匀分布的阱集合会产生洛伦兹角频率所需的指数分布。不同形状的分布会导致与纯 f^{-1} 频率依赖性的较小偏差。其

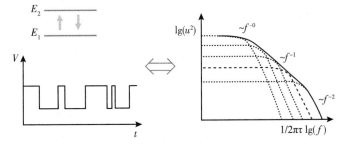

图 16-5　1/f 噪声：Si-SiO$_2$ 之间的随机捕获和分离过程(左)和在不同时间常数下的产生-复合噪声中 1/f 噪声的生成(右)

他现有的载流子数波动模型将角频率的必要指数分布与其他物理参数的特定分布联系起来，例如一些过程的活化能。Weissman 对各种模型进行了概述[17]。然而，在 MOSFET 中已经观察到涉及单电子开关事件的类似 RTS 的信号[18-20]。由于器件的有源容积越来越小，只包含少量的电荷载流子，因此在局部状态下单个电子的捕获就会引起器件电阻的可测量变化。

MOSFET 中的迁移率波动模型使用经验公式预测输入参考噪声电压将随着栅极偏置电压的增加而增加，并与氧化物厚度成正比。这些模型最初是由 Hooge 针对金属薄膜制定的[20-21]。这些模型假定：波动的不是载流子数量，而是它们的迁移率。这被称为晶格散射。已经充分证明，体积迁移率波动在均匀的半导体和金属薄膜中发挥着重要作用。因此，

一些研究人员坚持认为，MOSFET 不可能没有这种噪声[22]。然而，在研究许多现代小面积器件的低频噪声频谱时，可以通过测量来重建洛伦兹频谱。这证明了 Si-SiO$_2$ 界面上的阱是 MOSFET 中 1/f 噪声的主要来源[21]，也证明了 Hooge 模型是无效的，至少对于 MOSFET 为主的低频噪声是如此。

Hung 提出了一个统一的模型[22]，首次被 Jayaraman 和 Sodini 引入模型中[23]，其功能形式类似于低偏压时的数量波动模型和高偏压时的迁移率波动模型。该模型已成为电路仿真模型、BSIM(伯克利短沟道 IGFET 模型)系列[24] 的行业标准。

对 MOSFET 低频噪声的研究清楚地表明，MOSFET 的闪烁噪声是技术的一个敏感部分，它通过载流子数量波动直接地(或者通过缺陷散射间接地)受到材料质量或 Si-SiO$_2$ 界面两侧缺陷的影响。

16.2.2 原理

1. 摆线式 MOSFET 低频噪声

MOSFET 在强反转和累积或耗尽之间的周期性开关导致该器件的本征 1/f 噪声与各自的直流 1/f 噪声功率的加权和相比异常减少。在这种条件下，MOSFET 处于非平衡工作状态。Bloom 和 Nemirovsky 观察到，当 MOSFET 从强反转通过弱反转循环到累积时，1/f 噪声的降低幅度最大。几乎所有与该主题有关的文献都涉及 n MOSFET。然而，p MOSFET 也可以降低 1/f 噪声[7]。n MOSFET 的 1/f 降噪效果可以用图 16-6 进行定性解释。

在稳定状态下(在栅极到源极电压恒定的情况下，这适用于少数阱)，阱占用函数遵循费米-狄拉克统计量，这是阱能量(图 16-6 中的 E_t)和阱费米水平的函数。需要注意的是，只有费米水平接近硅中自由载流子的费米水平(图 16-6 中的 E_f)的阱才会产生噪声。硅中自由载流子的费米级不随施加的栅-源电压(V_{GS})而改变。但 V_{GS} 改变了费米能级和导带之间的能量级差。事实上，沟道中自由载流子的数量取决于硅的带弯曲程度，因此 V_{GS} 可以控制其数量。

当 MOSFET 在周期性开关下工作时，V_{GS} 会发生强烈的变化，例如，从强反转状态通过弱反转到积累/消耗状态。硅中自由载流子的数量随着 V_{GS} 的变化而瞬间改变。两种状态(捕获/释放)之间的波动概率大大降低。这导致相应的阱状态的噪声电流较小。然而，在另一个栅极电压下，对产生 1/f 噪声有贡献的阱(处于不同的阱能级)数量几乎相等。如果栅极电压在两个栅极电压之间的变化速度快于阱的捕获/释放时间常数，情况就会发生变化：一些被占据的阱不能被释放，而一些未被占据的阱仍然是空的。因此，这会导致器件的 1/f 噪声电流的"异常"减少。如果我们选择应用的栅极电压，使一个栅极电压对应的费米级阱密度比另一个费米级(或栅极电压)的阱密度低得多，这最终会导致噪声功率比两个直流情况的加权和小得多。这种定性的解释与 Kolhatkar 的 RTS 噪声模型是一致的[25]。

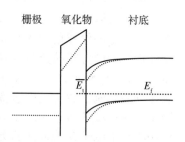

图 16-6　n MOSFET 的能带图，在栅极氧化物中存在活性阱。实线表示 n MOSFET 的关闭状态(耗尽)，虚线表示开启状态(反转)

当 MOSFET 具有较小的有源面积时，RTS 的 $1/f$ 噪声是有限的，因此可用的电平非常低[9]。在瞬时状态，特别是当器件被"打开"时，阱占位需要花时间来适应这种新的偏置条件。

瞬时阱占空率并不跟随瞬时阶跃电压，而是从稳态"关闭"值开始呈指数增加，直至达到稳态的开启值。当应用的栅极偏置的频率远远高于 RTS 的角频率时，平均的阱占空率介于"开"和"关"状态下的稳态阱占空率之间。慢速阱不能迅速适应偏置点的快速变化。这导致 RTS 噪声降低。

一些研究人员试图解释这一效应。Zhang 等人用振幅调制理论解释了这一效应[26]。但振幅调制理论无法解释 $1/f$ 噪声降低 8 dB 的反常现象[3]。Tian 等人提出了一个非稳态的 $1/f$ 噪声模型[27]。但这个模型预测 $1/f$ 噪声在开关频率以下完全消失，这与最近的实验结果不一致。Vander Wel 提出了一种模拟模型和方法来说明与 RTS 有关的 $1/f$ 噪声降低，但他的模型缺乏物理原因解释[28]。

2. 互补式开关 MOSFET 结构

我们根据环稳态 MOSFET 的 $1/f$ 噪声现象，提出了用于降低 $1/f$ 噪声的基本 MOSFET 架构。图 16-7a(n MOSFET) 和图 16-8a(p MOSFET) 描述了用于降低 $1/f$ 噪声的新型 MOSFET 架构的基础。

虚拟 n MOSFET T1 由两个开关 SW11 和 SW12(由两个互补时钟 1 和 2 以及两个 n MOSFET T11 和 T12 切换)组成。假设 T11 和 T12 与 n MOSFET MN1 的几何形状相同。在这种配置中，两个开关 SW11 和 SW12 在时钟的每个半周期内轮流将晶体管 T11 或 T12 的栅极连接到节点 G 或 GND。操作说明如下：当一个大于晶体管 T11 的阈值电压的电位被施加到节点 G 时，连接到节点 G 的两个 n MOSFET(例如 T11) 中的一个被迫工作在反相状态(即开启状态)。同时，另一个 n MOSFET(在这种情况下为 T12) 被连接到最低电位节点 GND，并被设置为耗尽/累积工作(即关闭状态)。

在这种配置中，晶体管 T11 和 T12 都经历了耗尽/累积和反转态之间的转换，这对于降低固有的 $1/f$ 噪声是必要的[6-8]。由于两个 MOSFET 的这种交替开关，一个 MOSFET 处于工作模式(即"处理"感兴趣的信息信号)，另一个 MOSFET 在保持在噪声预充电状态。这样既保证了晶体管对的连续工作，同时也降低了 $1/f$ 噪声[29]。这些解释与图 16-7 中的 p MOSFET T2 非常相似。与图 16-7a 中的 n MOSFET T11 和 T12 不同，p MOSFET T21 和 T22 的栅极在节点 G(即"开启"状态) 和最高电位节点 V_{DD}(即"关闭"状态) 之间切换。

在实际应用中，这种互补开关 MOSFET 结构(例如，图 16-7a 中的 T11 和图 16-8b 中的 T21) 会出现一定的时间不连续的漏电流。这种不连续性主要是由于所应用的时钟 Φ_1 和 Φ_2 的占空比不匹配，因为所有的时钟在现实中必须有一定的上升/下降时间，因此它们不可能有完美的 50% 的占空比(见图 16-7b 和图 16-8b)。

3. 低频噪声的推导和分析

从数学上讲，T1 的漏极电流 $I_{DS1}(t)$ 可以由 T11 的漏极电流 $I_{IDS11}(t)$ 和 T12 的漏极电流 $I_{IDS12}(t)$ 之和给出，即

$$I_{DS1}(t) = I_{DS11}(t) + I_{DS12}(t) = I_{ON} \cdot \Phi_1(t) + I_{ON} \cdot \Phi_2(t) \tag{16-3}$$

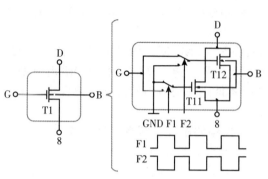

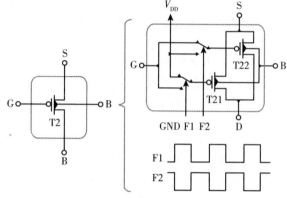

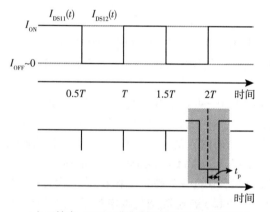

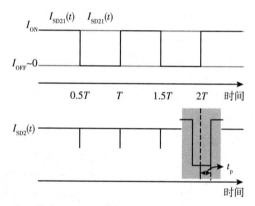

a）用两个相同的晶体管和两个相同的开关取代 n MOSFET

a）用两个相同的晶体管和两个相同的开关取代 p MOSFET

b）互补式n MOSFET漏极到源极的电流。在所应用的时钟信号 Φ_1 和 Φ_2 的切换过程中，出现了斑点（见b中的放大图）

b）互补式p MOSFET的相应漏极到源极的电流。斑点（见b中的放大图）发生在所应用的时钟信号 Φ_1 和 Φ_2 的切换期间

图 16-7　提出的用于降低 $1/f$ 噪声的互补式 n MOSFET

图 16-8　提出的用于降低 $1/f$ 噪声的互补式 p MOSFET

在式（16-3）中，应用的时钟 Φ_1 和 Φ_2 用周期函数 $m(t)$ 表示。在这里，函数 $m(t)$ 被定义为振幅在 -1 和 +1 之间的周期性函数，开关频率固定为 f_{clk}（见图 16-1）。

$$\Phi_1(t)=\frac{1}{2}\cdot[1+m(t)]\ ,\ \Phi_2(t)=\frac{1}{2}\cdot[1-m(t)] \tag{16-4}$$

周期性函数 $m(t)$ 的傅里叶表示在时域和频域中表示为

$$m(t)=\sum_{-\infty}^{\infty}M_n\cdot\exp\left(j2\pi nf_st\right) \tag{16-5}$$

$$M(f)=\sum_{-\infty}^{\infty}M_n\cdot\delta(f-nf_s) \tag{16-6}$$

在式(16-6)中，$\delta(f)$表示狄拉克-德尔塔函数。在式(16-5)和式(16-6)中，相应的傅里叶系数 M_n 给定为

$$M_n = \frac{1}{T}\int_{-T/2}^{T/2} m(t) \cdot \exp\left(-\mathrm{j}2\pi nf_s t\right) \tag{16-7}$$

M_n 为

$$M_n = \begin{cases} \dfrac{2}{\mathrm{j}\pi n} & , \ n \text{ 为奇数} \\[2mm] 0 & , \ n \text{ 为偶数} \end{cases} \tag{16-8}$$

随机过程的功率谱密度是由自相关函数计算出来的[30]。自相关函数 $\varphi_m(\tau)$ 的计算方法是

$$\varphi_m(\tau) = \frac{1}{T}\int_{-T/2}^{T/2} m(t) \cdot m(t+\tau)\,\mathrm{d}t = \mathrm{tri}\left(\frac{\tau}{T}\right) \tag{16-9}$$

在式(16-9)中，我们定义了一个新的函数 tri (τ/T)，它是一个具有整数参数的周期性三角形函数，定义为

$$\mathrm{tri}\left(\frac{\tau}{T}\right) = 1 - 4 \cdot \left|\frac{\tau}{T}\right|, \ \left|\frac{\tau}{T}\right| \leqslant 0.5 \tag{16-10}$$

现在，$I_{\mathrm{IDS11}}(t)$ 的自相关函数 $\varphi_{\mathrm{IDS11}}(\tau)$ 为

$$\varphi_{\mathrm{IDS11}}(\tau) = \frac{1}{T}\int_{-T/2}^{T/2} I_{\mathrm{DS11}}(t) \cdot I_{\mathrm{DS11}}(t+\tau)\,\mathrm{d}t \tag{16-11}$$

这扩展到

$$\phi_{\mathrm{IDS11}}(\tau) = \frac{I_0^2}{4} \cdot \frac{1}{T}\int_{-T/2}^{T/2} \left[1+m(t)\right] \cdot \left[1+m(t+\tau)\right]\mathrm{d}t = \frac{I_0^2}{4}\left[1 + \mathrm{tri}\left(\frac{\tau}{T}\right)\right] \tag{16-12}$$

类似地，$I_{\mathrm{IDS12}}(t)$ 的自相关函数 $\varphi_{\mathrm{IDS12}}(t)$ 为

$$\varphi_{\mathrm{IDS12}}(\tau) = \frac{1}{T}\int_{-T/2}^{T/2} I_{\mathrm{DS12}}(t) \cdot I_{\mathrm{DS12}}(t+\tau)\,\mathrm{d}t = \frac{I_0^2}{4}\left[1 + \mathrm{tri}\left(\frac{\tau}{T}\right)\right] \tag{16-13}$$

这里我们假设 $I_{\mathrm{IDS11}}(t)$ 和 $I_{\mathrm{IDS12}}(t)$ 之间没有相关性。

自相关函数 $\varphi_{\mathrm{ID1}}(\tau)$ 为

$$\varphi_{\mathrm{ID1}}(\tau) = \frac{I_0^2}{4}\left[1 + \mathrm{tri}\left(\frac{\tau}{T}\right)\right] + \frac{I_0^2}{4}\left[1 + \mathrm{tri}\left(\frac{\tau}{T}\right)\right] = \frac{I_0^2}{2}\left[1 + \mathrm{tri}\left(\frac{\tau}{T}\right)\right] \tag{16-14}$$

现在我们得到一个 $\varphi_{\mathrm{ID1}}(t)$ 的傅里叶变换的功率谱密度 $S_{\mathrm{ID1}}^2(f)$。

$$S_{\mathrm{ID1}}^2(f) = S_{\mathrm{ID11}}^2(f) * \left[\delta(f) + \sum_{-\infty,\,n\text{为奇数}}^{\infty} |M_n|^2 \cdot \delta(f - n \cdot f_{\mathrm{clk}})\right] \tag{16-15}$$

在式(16-15)中，$S^2_{\text{ID11}}(f)$［或 $S^2_{\text{ID12}}(f)$］是晶体管 T11（或 T12）在施加稳态偏压时的漏极电流噪声功率谱密度。符号 * 表示卷积操作。式(16-15)可以改写为

$$S^2_{\text{ID1}}(f) = \left[S^2_{\text{ID11}}(f) + \sum_{-\infty,\, n\text{为奇数}}^{\infty} \left(\frac{2}{\pi n}\right)^2 \cdot S^2_{\text{ID11}}(f - n \cdot f_{\text{clk}}) \right] \qquad (16\text{-}16)$$

对于栅极控制的噪声表示，式(16-16)可以改写为

$$S^2_{\text{vgs1}}(f) = \left[S^2_{\text{vgs11switched}}(f) + \sum_{-\infty,\, n\text{为奇数}}^{\infty} \left(\frac{2}{\pi n}\right)^2 \cdot S^2_{\text{vgs11switched}}(f - n \cdot f_{\text{clk}}) \right] \qquad (16\text{-}17)$$

式(16-16)［或(16-17)］表明，噪声没有按预期减小，其原理伴随着基波噪声 $S^2_{\text{ID11}}(f)$ 与时钟频率奇次谐波的混叠现象。这就是数学上的期望。事实上，环稳态 MOSFET 的 $1/f$ 噪声行为被认为有利于 $1/f$ 噪声的降低：该原理的 $S^2_{\text{ID11}}(f)$ 比"恒定偏压" MOSFET 要小[6-8]。因此，预计互补开关 MOSFET 结构会进一步促进 $1/f$ 噪声的降低，见图 16-9。

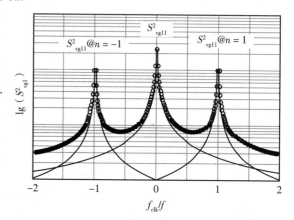

图 16-9 计算开关 MOSFET 中的 $1/f$ 噪声效应，以及互补时钟 1 和 2 引起的 f_{clk} 奇次谐波噪声消除

16.3 对线性模拟 CMOS 集成电路的实现

16.3.1 MOSFET 的低频噪声

互补开关 MOSFET 架构适用于许多连续时间模拟电路和拓扑结构，特别是对 $1/f$ 噪声降低有强烈需求的地方。这里我们选择一个 CMOS 两级运算放大器作为连续时间模拟电路的示范例子。这种拓扑结构在今天的低电压和深亚微米 CMOS 技术中经常使用。这种类型的电路通常用于低噪声信号放大，如音频带应用（如助听器），这里非常需要减少或抑制这种类型的噪声。特别是，$1/f$ 噪声是最小输入信号分辨率或 SNR 的一个主要限制因素。

在应用这一原理时，$1/f$ 的降噪是以芯片面积为代价实现的。例如，当我们根据该原理替换一个电路中的所有晶体管时，芯片面积大约会增加 2 倍。当我们只对主要的噪声贡献者应用该原理时，我们可以实现 $1/f$ 噪声降低和面积/成本节省之间的折中。

晶体管中的所有噪声电压可以表示为一个等效输入噪声电压，即

$$S^2_{\text{vin}} = \sum_{i=1}^{n} S^2_{\text{vgi}} (A_{\text{vni}}/A_{\text{v0}})^2 \approx 2 S^2_{\text{vg1}} + 2 (g_{\text{m3}}/g_{\text{m1}})^2 S^2_{\text{vg3}} \qquad (16\text{-}18)$$

在式(16-18)中，S^2_{vin} 表示运算放大器的等效输入噪声电压，S^2_{vgi} 是电路中晶体管的等效噪声电压。式(16-18)表明，电路中只有两个输入晶体管 T1 和 T2，以及两个负载晶体管 T3 和 T4 对电路的 $1/f$ 噪声有重大贡献。当我们假设电路需要设计为低噪声时，两个输入晶体

管 T1 和 T2 对 1/f 噪声行为的影响最大。输入和负载晶体管的跨导比(g_{m3}/g_{m1})可由设计者选择以确保电路处于最佳状态，运算放大器的 1/f 噪声由输入器件 T1 和 T2 决定，即 g_{m1} 充分大于 g_{m3}。这在许多情况下是必须的，因为在许多应用中通常需要更高的增益放大。

现在我们介绍改进的运算放大器结构（见图 16-10），其原理被应用于经典的 CMOS 两级米勒运算放大器。输入晶体管被提出的晶体管（T11、T12、T21 和 T22）和开关（S11、S12、S21 和 S22）取代。为了使芯片中的时钟具有更好的上升/下降特性，将两对匹配的反相器用于外部

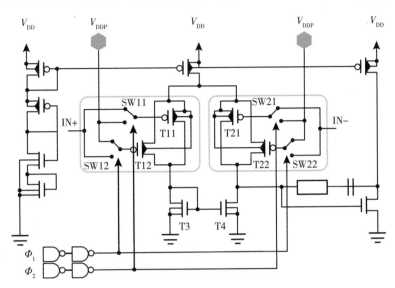

图 16-10　用于降低低频噪声的拟议运算放大器

生成的互补时钟。在 $\Phi_1=V_{DD}(\Phi_2=V_{SS})$ 阶段，晶体管 T11 和 T21 反相工作，而晶体管 T12 和 T22 被关闭（即以累积模式工作）。与下一个互补时钟相位一起，这使得晶体管 T11 和 T12 以及 T21 和 T22 在反转（例如信号处理的工作模式）和累积模式（例如信号处理的放松模式）之间周期性地切换。这也使得运算放大器能够连续工作。如前所述，输入 MOSFET 的漏极电流在时钟的每个半周期都表现出时间上的不连续性。这种时间不连续对信号传输的影响将在下一节讨论。

16.3.2　信号传输的分析

运算放大器因输入信号 $x(t)$ 而放大的输出信号 $y(t)$ 用传递函数 $g(t)$ 描述为

$$Y(t)=g(t)*x(t) \tag{16-19}$$

在频域中，式(16-19)改写为

$$Y(f)=G(f)*X(f) \tag{16-20}$$

式中，$G(f)$ 表示传递函数，$X(f)$ 和 $Y(f)$ 分别是频域中的输入信号和输出信号。在两级运算放大器的情况下，传递函数 $g(t)$ 是二阶的（两极），因此可以分解为

$$g(t)=g_1(t)*g_2(t)$$
$$G(f)=G_2(f)\cdot G_1(f) \tag{16-21}$$

这里 $g_1(t)$ [$G_1(f)$] 和 $g_2(t)$ [$G_2(f)$] 分别表示对应于运算放大器的第一级增益和第二级增益的传递函数。每级的传递函数具有单极传递函数的形式，即 $g_i(t)$ 或 $G_i(f)$。

$$g_i(t) = \left(\frac{A_i}{\tau_{Ci}}\right) \exp\left(-\frac{t}{\tau_{Ci}}\right)$$

$$G_i(f) = \left(\frac{A_i}{1 + j2\pi f\tau_{Ci}}\right) \tag{16-22}$$

在公式(16-22)中，A_i 表示直流增益，τ_{Ci} 是每级的时间常数。因此，经典的两级 CMOS 米勒运算放大器的传递函数为

$$g_{\text{classic}}(t) = \left[\frac{A_2}{\tau_{c2}}\exp\left(-\frac{t}{\tau_{c2}}\right)\right] * \left[\frac{A_1}{\tau_{c1}}\exp\left(-\frac{t}{\tau_{c1}}\right)\right]$$

$$G_{\text{classic}}(f) = \prod_i^2 \left(\frac{1}{1 + j2\pi f\tau_{ci}}\right) \tag{16-23}$$

输入互补开关 MOSFET 架构会导致负载晶体管 T3(例如 T4)的漏极电流在所应用的互补时钟的每半个周期都会出现不连续。这种不连续的漏极电流还会进一步导致第二级中 T6 的 V_{GS} 以及 I_{DS} 的周期性不连续。这种周期性的不连续在时钟的每半个周期都会转换为突波电压，可在输出节点上观察到。因此，时域中的传递函数也是周期性不连续的。

我们假设只有第一级的传递函数是时间不连续的。第二阶段的传递函数是时间连续的，这个假设在某种程度上合理。第二级也预计会出现不连续的信号传递，这不是系统固有的，而是被诱导实现的。第一级的传递函数如图 16-11 所示。传递函数 $g_{1,\text{proposed}}(t)$ 由 $g_{1,\text{modified}}(t)$ 和周期性矩形函数 $n(t)$ 的乘积解释，定义为

$$n(t) = \begin{cases} 1, & t \in [t_p, \ T/2 - t_p] \\ 0, & t \notin [t_p, \ T/2 - t_p] \end{cases} \tag{16-24}$$

并在数学上用一个定义的函数 $f(t, \ t_p)$ 表示为

$$n(t) = 1 - [f(t + t_p, \ t_p) + f(t, \ t_p)] \tag{16-25}$$

一个周期性的矩形函数 $f(t, \ t_p)$ 在 0 和 1 之间变化，占空比为 D，定义为 $D = t_p/T$(见图 16-11)。获得 $f(t, \ t_p)$ 的细节在文献[31]中给出。

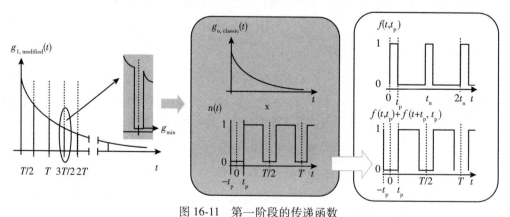

图 16-11　第一阶段的传递函数

现在，第一级 $g_{1,\text{proposed}}(t)$ 的传递函数被表示为

$$g_{1,\text{modified}}(t) = g_{1,\text{classical}}(t) \cdot n(t) \tag{16-26}$$

整个传递函数 $g_{1,\text{proposed}}(t)$ 为

$$g_{\text{proposed}}(t) = g_{2,\text{classical}}(t) * [g_{1,\text{classical}}(t) \cdot n(t)] = g_{\text{classical}}(t) \cdot n(t) \tag{16-27}$$

我们还可以得到频域中的传递函数 $g_{1,\text{proposed}}(f)$ 为

$$G_{\text{modified}}(f) = G_{\text{classic}}(f) * N(f) \tag{16-28}$$

其中 $N(f)$ 是 $n(t)$ 的傅里叶变换表达，表示为

$$N(f) = \left(1 - \frac{2t_{\text{p}}}{T_0}\right) \cdot \delta(f) - \sum_{k=1}^{\infty} \frac{1}{k\pi} \sin\left[2\pi k\left(\frac{t_{\text{p}}}{T_0}\right)\right] \cdot$$
$$[\delta(f - k \cdot f_0) + \delta(f + k \cdot f_0)] \tag{16-29}$$

考虑到 T_0 的周期是应用的互补时钟周期 T_{clk} 的一半。由式（16-29）得出

$$N(f) = \left[1 - 2\left(\frac{2t_{\text{p}}}{T_{\text{clk}}}\right)\right] \cdot \delta(f) - \sum_{k=1}^{\infty} \frac{1}{k\pi} \sin\left[2\pi k\left(\frac{2t_{\text{p}}}{T_{\text{clk}}}\right)\right] \cdot$$
$$[\delta(f - k \cdot 2f_{\text{clk}}) + \delta(f + k \cdot 2f_{\text{clk}})] \tag{16-30}$$

t_{p} 的值比 T_{clk} 小得多，这使得

$$\sin\left[2\pi k\left(\frac{2t_{\text{p}}}{T_{\text{clk}}}\right)\right] \approx 2\pi k\left(\frac{2t_{\text{p}}}{T_{\text{clk}}}\right) \tag{16-31}$$

现在我们得到传递函数 $g_{1,\text{proposed}}(f)$ 为

$$G_{\text{modified}}(f) = \left(1 - \frac{4t_{\text{p}}}{T_{\text{clk}}}\right) G_{\text{classic}}(f) - \left(\frac{4t_{\text{p}}}{T_{\text{clk}}}\right) \times$$
$$\sum_{k=1}^{\infty} [G_{\text{classic}}(f - 2k \cdot f_{\text{clk}}) +$$
$$G_{\text{classic}}(f + 2k \cdot f_{\text{clk}})] \tag{16-32}$$

式（16-32）可以表示为

$$G_{\text{modified}}(f) = \sum_{-\infty, \, k\text{为偶数}}^{\infty} H_k(f - k \cdot f_{\text{clk}})$$
$$= G_{\text{classical}}(f) - 4\left(\frac{t_{\text{p}}}{T_{\text{clk}}}\right) \sum_{-\infty, \, k\text{为偶数}}^{\infty} G_{\text{classical}}(f - k \cdot f_{\text{clk}}) \tag{16-33}$$

最后，我们得到

$$y(t) \approx g_{\text{classical}}(t) * x(t) - 4\left(\frac{t_{\text{p}}}{T_{\text{clk}}}\right)$$

$$\sum_{-\infty,\,k\text{为偶数}}^{\infty} g_{\text{classical}}(t) * \left[x(t)\exp\left(\mathrm{j}2\pi k f_{\text{clk}}t\right) \right] \qquad (16\text{-}34)$$

16.3.3 讨论

1. 信号传输

式(16-34)揭示了用于降低 $1/f$ 噪声的改进型运算放大器的几个明显特征。

首先,原始信号 $G_{\text{classical}}(f)$ 的复制发生在 f_{clk} 的"偶数"谐波上。有趣的是,复制的信号与原始信号的相位不一致,而且振幅减小了 $4\left(\dfrac{t_{\text{p}}}{T_{\text{clk}}}\right)$ 倍。在图 16-12 中,传递函数 $H_0(f)$ 是我们所需要的,另一个传递函数 $H_{k,k\neq0}(f)$ 是我们不需要的(谐波)结果。所提出的运算放大器的有效直流增益和单增益带宽比经典运算放大器要小 $1-4\left(\dfrac{t_{\text{p}}}{T_{\text{clk}}}\right)$ 倍。

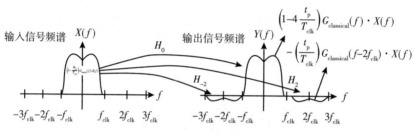

a)当输入信号 $X(f)$ 的信号带宽小于 f_{clk} 时

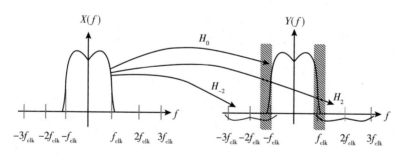

b)当输入信号 $X(f)$ 的信号带宽大于 f_{clk} 时,在这种情况下,可用的输出信号带宽受到限制,如图中暗区所示

图 16-12　所提运算放大器的输入信号频谱和输出信号频谱

其次,时钟频率 f_{clk} 应大于或等于 $X(f)$ 的最大信号带宽,即输入信号应该是相对于 f_{clk} 的带限信号。在时钟频率 f_{clk} 小于 $X(f)$ 信号带宽的情况下,$Y(f)$ 的可用带宽将被限制(见图 16-12)。

最后，当 $4\left(\dfrac{t_{\mathrm{p}}}{T_{\mathrm{clk}}}\right)$ 归零或可忽略不计时，$H_0(f)$ 接近经典运算放大器，其他谐波也归零。在这个条件下，我们得到

$$G_{\mathrm{modified}}(f) \approx G_{\mathrm{classical}}(f) \tag{16-35}$$

这是一个理想的情况，我们无法达到，只能接近。应该指出的是，这个条件意味着我们在信号传输方面需要优化时钟失配参数 t_{p}。

2. 噪声行为

从式(16-16)和式(16-17)可以看出，噪声混叠发生在所提出的运算放大器结构的奇数次谐波处[2]。在偶数次谐波处预计还会有进一步的混叠，它源于信号在一个极窄的低频段（如直流偏移）复制到 f_{clk} 的偶数谐波。为了减少这种混叠的负面影响，在设计开关时应注意优化时钟馈通，例如，使用互补的 MOSFET 开关和使用假开关。

热噪声水平的增加是由互补 MOSFET 结构中开关的开关噪声引起的。开关的热噪声随着时钟频率 f_{clk} 的增加而增加。为了减少开关的热噪声，应该选择一个较小的导通电阻 R_{ON}。由于开关中的热噪声，较小的导通电阻会带来较低的开关噪声，但由于开关栅区的电容性负载增加，时钟失配参数可能变高。这可能会导致时钟边沿的过渡变慢，并增加电流中的毛刺幅度。因此，在互补式开关 MOSFET 架构中设计开关时应严格权衡利弊。为了进行适当的设计，开关时钟频率、开关的导通电阻和开关时间都必须进行优化，以避免出现噪声传递。如果可能的话，最简单的优化是增加开关频率，同时保持其开关行为。

16.4　实验验证

我们采用 0.12 μm、1.5V 的标准数字 CMOS 技术，制作了所提出的运算放大器的测试电路。该设计考虑到了前面分析的因素。为了研究松弛模式下不同关断电压的 $1/f$ 降噪效果，所提出的运算放大器有一个额外的电源引脚 V_{DDP}，用于关断状态下的栅极电压（见图 16-10）。图 16-13 显示了图 16-10 的芯片照片和叠加布局。

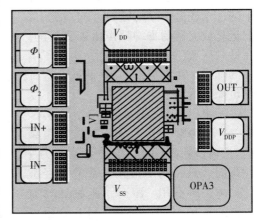

图 16-13　图 16-10 中芯片实现的芯片照片和叠加布局。由于 CMP（化学机械抛光）和未使用上层金属层，照片中电路的原始结构模糊不清

16.4.1　测量装置

图 16-14 展示了所提出运算放大器的 $1/f$ 噪声测量配置。为了测量运算放大器的输出噪声，利用 DUT（被测设备）形成了一个放大倍数为 5 的负反馈回路。经过缓冲级后，使用高通（大约 100 Hz 以消除直流偏移）和低噪声放大器对测量输出噪声进行放大[31]。除了 DUT，测量配置中的所有其他电路都使用双极技术，因此这些电路的内部 $1/f$ 噪声比运算放大器的输出噪声小得多。

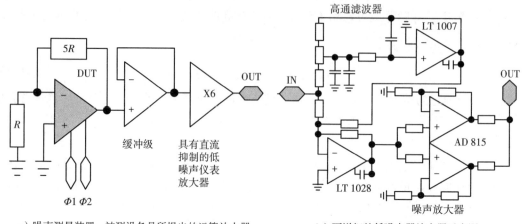

a）噪声测量装置，被测设备是所提出的运算放大器　　　b）更详细的低噪声器放大器示意图

图 16-14　所提出运算放大器的 $1/f$ 噪声测量配置

16.4.2　噪声测量

众所周知，$1/f$ 噪声很容易出现统计波动，特别是在小设备上，恒定偏压会导致噪声振幅的显著波动，而在应用开关偏压时，波动甚至更大[33]。因此，我们在图 16-9（栅极长度为 $0.6\mu m$，栅极宽度为 $24\mu m$）和图 16-10 中（栅极长度为 $1\mu m$，栅极宽度为 $24\mu m$）使用了相对较大的输入设备 T11、T12、T21 和 T22 进行测量。这是比较典型的集成模拟电路的尺寸。为了减少统计上的影响，我们对多个芯片进行了测量，这里只显示典型的数据。

图 16-15 展示了所提出的运算放大器在 $1 \sim 10^5$ Hz 频率范围内的输入参考噪声功率谱密度（PSD）。这里以及后面显示的数据中，没有开关偏置的参考噪声数据是通过在一对晶体管中的一个或另一个持续打开的情况下，取运算放大器的平均噪声谱来测量的。在低频区域（即 $1 \sim 10^3$ Hz），实现了明显的降噪。在 1 赫兹和 10 赫兹，这种噪声降低达到了 3 倍（5dB），几乎不受时钟频率（$1 \sim 100$ kHz）的影响。

在时钟频率为 1 MHz 时，噪声频谱与其他频率不同。在时钟频率为 1 MHz 时，总时间的很大一部分已经被开关瞬态所占用，减少了米勒运算放大器的活动时间。因此，FFT 分析仪的时间平均噪声略低。在 $10^3 \sim 10^5$ Hz 的高频区域，在时钟频率的每一个整数倍都可以观察到峰值。这是由噪声的混叠效应造成的，它是所提出的原

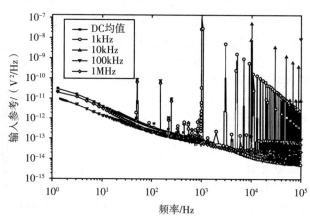

图 16-15　所提出的运算放大器在 $1 \sim 10^5$ Hz 频率范围内的输入参考噪声功率谱密度。不同的开关频率，V_{DDP} 设置为 V_{DD}

理所固有的。在参考噪声频谱中，一个（白）噪声高原（约 $10 \sim 14$ V^2/Hz @ 105 Hz）出现在几万赫兹处。当时钟频率 f_{clk} 增加时，频率高于开关频率的热噪声底部变得更高。最可能的解释是开关的有效电阻随着时钟频率的增加而增加。所有的测量都是在 $V_{DD}/2$ 的输入电压下进行的，在这种情况下，开关（转移门）的电阻是最大的，可能在更高的频率下有一些交流电压的下降。这些观察结果表明，即使是在噪声性能方面，也需要在开关设计上谨慎处理。

由于电路中器件的噪声敏感度是已知的，而且输入器件（图 16-10 中的 T11~T22）是唯一经历开关偏置的器件，可以计算出这些器件的 $1/f$ 噪声变化：从器件层面计算出来在低频范围内的噪声功率谱密度减少到原来的 $1/7 \sim 1/4$。

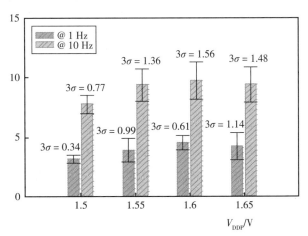

图 16-16 在松弛电压 V_{DDP} 的不同电平下，所测得的运算放大器的输入参考噪声 PSD，包括多个芯片的降噪标准偏差。该统计使用的样本数量为九个器件。因此，σ 的精度是有限的，但可以说明该原理对生产的益处

这表明，当广泛用于电路中所有与噪声有关的设备时，该设备对低频的 $1/f$ 噪声降低具有强大的杠杆作用。

图 16-16 说明了输入晶体管栅极的关断电压（V_{DDP}）的变化效果：V_{DDP} 从 1.5 V（V_{DD}）变为 1.65 V（$V_{DD}+10\%V_{DD}$）。在这些测量中，应用了一个 1 kHz 的开关时钟。我们在这里观察到，随着 V_{DDP} 的增加，$1/f$ 的降噪效果增强；当 V_{DDP} 从 1.5 V 增加到 1.6 V 时，10 Hz 的 $1/f$ 降噪效果从 7.9 dB 增强到 9.7 dB。然而，当 V_{DDP} 大于 1.65 V 时，没有观察到进一步的 $1/f$ 降噪效果的增强。这可以在研究降噪原理背后的物理原理时得到解释[35]。图 16-16 还显示了九个不同芯片的降噪标准偏差，其相对值为 3%~20%，表明该原理在生产环境中也能发挥作用。因为我们在图 16-15 和图 16-16 中使用了不同尺寸的输入设备和不同的工艺，图 16-16 显示了与图 16-15 不同的 1 Hz 和 10 Hz 的降噪系数。

16.4.3 电气性能

本小节从信号传输和线性度（如总谐波失真和电源抑制）的角度，研究了 $1/f$ 降噪原理对两级 CMOS 米勒运算放大器性能的影响。

图 16-17 展示了输入 5 kHz 信

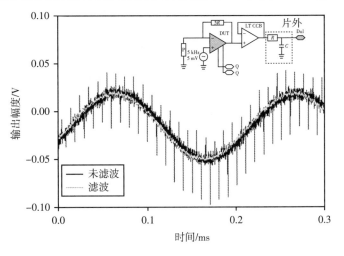

图 16-17 输入 5 kHz 信号时运算放大器的输出测量信号

号时运算放大器的输出测量信号。在没有低通滤波的情况下，可以观察到毛刺现象。通过在运算放大器的输出端使用简单的一阶无源片外低通滤波器(见图 16-17 中的电路图)，可以有效地抑制这些毛刺现象。

图 16-18 展示了测量的开环小信号增益与频率的关系。与静态偏置的运算放大器相比，所提出的运算放大器的直流增益下降了约 12%(约 1 dB)。因为运算放大器大多在负反馈配置中工作，降低了开环直流增益，所以直流增益下降 1 dB 并不明显。

图 16-19 展示了所提出的运算放大器在恒定偏置和时钟偏置下的总谐波失真(THD)与输入信号频率的关系。与静态偏置操作下的运算放大器相比，在提出的运算放大器中观察到了 THD 的轻微下降。这很可能是由开关活动(增加非线性)引起的。

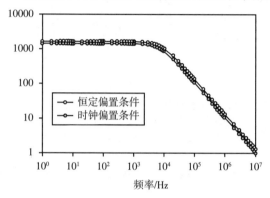

图 16-18　测量的开环小信号增益与频率的关系

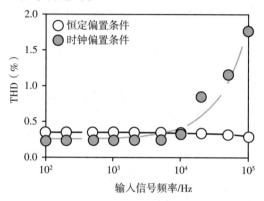

图 16-19　所提运算放大器在恒定偏置和时钟偏置下的总谐波失真(THD)与输入信号频率的关系。在测量中，开关时钟选择比输入信号快十倍，V_{DDP} 设置为 V_{DD}

图 16-20 展示了所提出的运算放大器在恒定偏置和时钟偏置下的电源抑制比(PSRR)。在正 PSRR 和负 PSRR 中，PSRR 在恒定偏置和时钟偏置之间相差约 2 dB。这是由 $1/f$ 降噪原理造成的直流增益衰减。在许多实际情况下，2 dB 的降低并不十分明显。表 16-1 总结了参考运算放大器和用于 $1/f$ 降噪的运算放大器的数据。

表 16-1　参考运算放大器和用于 $1/f$ 降噪的运算放大器的数据

	参考运算放大器	用于 $1/f$ 降噪的运算放大器
1.5 V 时的功耗	1.4 mW	1.4 mW
核面积	$0.21 \times 0.21 \ mm^2$	$0.24 \times 0.21 \ mm^2$
直流开环增益	64.2 dB	63.2 dB
单位增益带宽	14 MHz	12 MHz
15kHz 的 PSRR(正)	62.6 dB	60.0 dB
15kHz 的 PSRR(负)	69.3 dB	68.1 dB
20 kHz 的 PHD	0.34%	0.85%
10 kHz 输入参考噪声功率	$4.24 \times 10^{-12} \ V^2/Hz$	$1.51 \times 10^{-12} \ V^2/Hz$

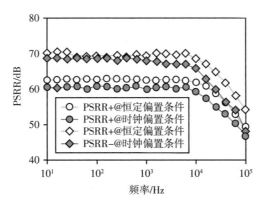

图 16-20　所提出的运算放大器在恒定偏置和时钟偏置下的 PSRR

16.5　总结

在线性 CMOS 集成电路中降低 $1/f$ 噪声的新原理——互补开关 MOSFET 结构——已被提出，并在标准的 0.12 μm、1.5 V 数字 CMOS 技术的经典两级 CMOS 微米勒运算放大器中进行了实验证明。与参考电路相比，它在 10 Hz 时实现了 $1/f$ 噪声降低(5 dB)。此外，随着关断电压 V_{DDP} 的增加，$1/f$ 的降噪效果也得到了加强。

实验证明，与静态偏置的参考运算放大器相比，$1/f$ 降噪原理对所提出的运算放大器架构的电气性能影响不大。观察到有源核心面积略有增加(8%)，开环交流特性略有下降(直流增益为 1 dB)，线性度(总谐波失真)没有明显下降。与静态偏置操作下的运算放大器相比，其功耗略微增加了 12%。这些降低不是很明显，而且在大多数实际情况下，所消耗的额外功率也很小。

除了显著降低 $1/f$ 噪声外，还发现了两个主要缺点：首先，当信号带宽接近开关时钟频率时，互补开关 MOSFET 结构中固有的开关现象会导致噪声混叠。其次，由于来自开关的热噪声分量较高，噪声水平(热噪声水平)会随着时钟频率的增加而增加。我们用数学方法推导了开关输入运算放大器的信号和噪声传递函数，并给出了优化设计的标准。

参考文献

[1] H. S. Bennett, R. Brederlow, J. Costa, P. Cottrell, M. Huang, A. A. Immorlica, J.-E. Mueller, M. Racanelli, H. Shichijo, C. E. Weitzel, and B. Zaho, "Device and technology evolution for Si-based RF integrated circuits: Critical figures of merit," invited paper, *IEEE Trans. Electron Devices: Special Issue on Integrated Circuit Technologies for RF Circuit Applications*, vol. 52, no. 7, 2005, pp. 1235–1258.

[2] R. Brederlow, W. Weber, S. Donnay, P. Wambacq, J. Sauerer, and M. Vetregt, "A mixed-signal design roadmap," *IEEE Design and Test for Computers*, vol. 18, no. 6, 2001, pp. 34–46.

[3] International Technology Roadmap for Semiconductors 2009, http://www.itrs.net, 2009

[4] K. Laker and W. Sansen, *Design of Analog Integrated Circuits and Systems*, New

York: McGraw-Hill, 1994.

[5] C. C. Enz and G. C. Temes, "Circuit techniques for reducing the effects of op-amp imperfections: Auto zeroing, correlated double-sampling, and chopper stabilization," *Proceedings of the IEEE*, vol. 4, 1996, pp. 1584–1614.

[6] I. Bloom and Y. Nemirovsky, "$1/f$ noise reduction of metal-oxide-semiconductor transistors by cycling from inversion to accumulation," *Applied Physics Letters*, vol. 58, 1991, pp. 1664–1666.

[7] B. Dierickx and E. Simoen, "The decrease of random telegraph signal noise in metal-oxide-semiconductor field-effect transistors when cycled from inversion to accumulation," *J. Applied Physics*, vol. 71, 1992, pp. 2028–2029.

[8] E. A. M. Klumperink, S. L. J. Gierink, A. P. Van der Wel, and B. Nauta, "Reducing MOSFET $1/f$ noise and power consumption by switched biasing," *IEEE J. Solid State Circuits*, vol. 35, no. 7, 200, pp. 994–1001.

[9] B. K. Jones, "Low-frequency noise spectroscopy," *IEEE Trans. Electron Devices*, vol. 41, 1994, pp. 2188–2197.

[10] S. Christensson, I. Lundström, and C. Svensson, "Low-frequency noise in MOS transistor—I theory," *Solid-State Electronics*, vol. 11, 1968, pp. 791–812.

[11] F. M. Klaassen, "Characterization of low $1/f$ noise in MOS transistors," *IEEE Trans. Electron Devices*, vol. 18, 1971, pp. 887–897.

[12] H. E. Maes, S. H. Usmani, and G. Groeseneken, "Correlation between $1/f$ noise and interface state density at the Fermi level in field-effect transistors," *J. Applied Physics*, vol. 57, 1985, pp. 4811–4813.

[13] L. K. J. Vandamme and R. G. M. de Vries, "Correlation between $1/f$ noise and CCD transfer inefficiency," *J. Solid-State Electronics*, vol. 28, 1985, pp. 1049–1056.

[14] A. L. McWhorter, *Semiconductor Surface Physics*. Philadelphia: University of Philadelphia Press, 1957

[15] F. N. Hooge, "$1/f$ noise is no surface effect," *Physics Letters A*, vol. 29, 1969, pp. 139–141.

[16] F. N. Hooge, T. G. M. Kleinpenning, and L. K. J. Vandamme, "Experimental studies on $1/f$ noise," *Reports on Progress in Physics*, vol. 44, 1981, pp. 497–532.

[17] L. K. J. Vandamme, X. Li, and D. Rigaud, "$1/f$ noise in MOS devices, mobility or number fluctuations?" *IEEE Trans. Electron Devices*, vol. 41, no. 11, 1994, pp. 1936–1995.

[18] K. S. Ralls, W. J. Skocpol, L. D. Jackel, R. E. Howard, L. A. Fetter, R. W. Epworth, and D. M. Tennant, "Discrete resistance switching in sub-micrometer silicon inversion layers: Individual interface traps and low-frequency $(1/f)$ noise," *Physical Review Letters*, vol. 52, no. 3, 1984, pp. 228–231.

[19] M. Schulz and H. H. Mueller, "Single-electron trapping at semiconductor interfaces," *Advances in Solid State Physics*, vol. 35, 1964, pp. 229–241.

[20] M. J. Kirton and M. J. Uren, "Capture and emission kinetics of individual Si: SiO_2 interface states," *Applied Physics Letters*, vol. 48, no. 19, 1986, pp. 1270–1272.

[21] R. Brederlow, W. Weber, D. Schmitt-Landsiedel, and R. Thewes, "Fluctuations of the low-frequency noise of MOS transistors and their modeling in analog and RF-circuits," *Tech. Digest, International Electronic Device Meeting (IEDM)*, 1999, pp. 159–162.

[22] K. K. Hung, P. K. Ko, C. Hu, and Y. C. Cheng, "A unified model for flicker noise in metal-oxide-semiconductor field-effect transistors," *IEEE Trans. Electron Devices*, vol. 37, 1990, pp. 654–665.

[23] R. Jayaraman, and C. G. Sodini, "A $1/f$ noise technique to extract the oxide trap density near the conduction band edge of silicon," *IEEE Trans. Electron Devices*, vol. 36, 1989, pp. 1773–1782.

[24] BSIM4 Manual, http://www-device.eecs.berkeley.edu/~bsim3/bsim4.html, 2009.

[25] J. S. Kolhatkar, E. Hoekstra, C. Salm, A. P. van der Wel, E. A. M Klumperink, J. Schmitz, and H. Wallinga, "Modeling of RTS noise in MOSFET under steady-state and large-signal excitation," *Tech. Digest, International Electronic Device Meeting*, 2004, pp. 140–143.

[26] Z. Zhang and J. Lau, "Experimental on MOSFETs flicker noise under switching conditions and modelling in RF applications," *Proceedings of Costumed Integrated Circuit Conference*, 2001, pp. 142–145.

[27] H. Tian and A. E. Gamal, "Analysis of $1/f$ noise in switched MOSFET circuits," *IEEE Trans. Circuits and Systems II*, vol. 48, 2001, pp. 151–157.

[28] A. P. van der Wel, E. A. M. Klumperink, L. K. J. Vandamme, and B. Nauta, "Modeling random telegraph noise under switched bias conditions using cyclo-stationary RTS noise," *IEEE Trans. Electron Devices*, vol. 50, no.5, 2003, pp. 1378–1384.

[29] J. Koh, R. Thewes, D. Schmitt-Landsiedel, and R. Brederlow, "A circuit design-based approach for $1/f$ noise reduction in linear analog CMOS ICs," *Digest of Technical Papers, VLSI Symposium on Circuits*, 2004, pp. 222–225.

[30] R. Müller, *Rauschen*. Berlin: Springer-Verlag, 1990.

[31] J. Koh, *Low-Frequency-Noise Reduction Technique for Linear Analog CMOS ICs*, PhD Dissertation, Technische Universität München, Germany, 2005.

[32] C. Menolfi, *Low-Noise CMOS Chopper Instrumentation Amplifier for Thermoelectric Micro Sensors*, PhD Dissertation, ETH Zurich, Switzerland, 2000.

[33] G. I. Wirth, J. Koh, R. da Silva, R. Thewes, and R. Brederlow, "Modeling of statistical low-frequency noise of deep-submicron MOSFETs," *IEEE Trans. Electron Devices*, vol. 53, pp. 1576–1588, 2005.

[34] A. P. van der Wel, E. A. M. Klumperink, and B. Nauta, "Relating random telegraph signal noise in metal-oxide-semiconductor transistors to interface trap energy distribution," *Applied Physics Letters*, vol. 87, pp. 183–507, 2005.

[35] R. Brederlow, J. Koh, and R. Thewes, "A physics-based low-frequency noise model for MOSFETs under periodic large signal excitation," *J. Solid State Electronics*, vol. 50, pp. 668–673, 2006.

第 17 章 |Chapter 17|

具有基于软件的校准方案的宽带高分辨率 200 MHz 带通 ΣΔ 调制器

近几十年来半导体行业的高速发展使得不同的无线通信服务能够集成到单个芯片组中。一种方法是对尽可能靠近天线的射频信息进行数字化，然后完全在数字域中执行信号处理操作，充分利用技术扩展和软件可重构性。

为了实现这一目标，高中频 (intermediate frequency，IF) 接收器是低中频和直接变频接收器的替代方案。高中频架构将所需信号通道下变频为 50~200 MHz 左右的中频通道。与低 IF 架构相比，这种高 IF 方法可减少图像效应，并避免显著影响直流偏移和闪烁噪声会导致直接转换接收器出现问题。带通 sigma-delta (SD) 调制器对于窄带信息位于高中频附近的磁共振成像 (Magnetic Resonance Imaging，MRI) 系统也非常有吸引力。

在本章中，17.1 节简要回顾了模/数转换器 (Analog-to-Digital Converter，ADC) 的最新技术，其中确定了其优点和技术挑战。17.2 节介绍了一种六阶带通连续时间 SD 调制器，其在 10 MHz 带宽内测得的峰值信噪比和失真比 (Signal-to-Noise-and-Distortion-Ratio，SNDR) 为 68.4 dB；此外还讨论了滤波器和数/模转换器 (Digital-to-Analog Converter，DAC) 线性度、时钟抖动、热噪声、调制器稳定性和环路延迟等参数。17.3 节描述了一种基于软件的校准方案来补偿过程电压温度 (Process-Voltage-Temperature，PVT) 变化。17.4 节讨论了测量的调制器性能。最后，17.5 节给出了结论。

17.1 引言

下一代无线接收器正朝着将不同无线标准集成到单个收发机芯片组中的方向发展，以提高多功能产品的功耗、外形尺寸和竞争力。确定适当的接收器架构是实现此类多标准接收器的重要初始步骤。尽管直接变频和低 IF 架构由于对多种标准的高度兼容性而目前很流行，但图 17-1 中所示的高 IF 架构是一种有吸引力的替代方案，将来自不同标准的射频信号通过下变频器改变频率，使其在几百兆赫左右的频率范围内，并在这种高 IF 下进行信号数字化处理。

在高 IF 下数字化信号的优点是：下变频和信道滤波等基带操作在数字域中变得更加精确和节能。此外，与低中频架构相比，高 IF 方法最大限度地减少了图像效应，并防止了直流偏移和闪烁噪声的显著影响，这些影响会导致直接转换接收器出现问题。然而，在高IF 接收器架构中，对以数百兆赫兹运行的高效 ADC 的要求是一个瓶颈。宽带宽(>1 MHz)、高信号频率(>100 MHz)和高分辨率(>10 位)的要求导致了 ADC 设计非常具有挑战性。

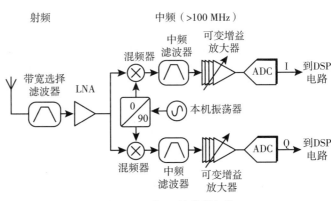

图 17-1　高 IF 接收器架构

如果采用复杂的校准方案，流水线 ADC 可以在中频实现高分辨率，但通常功耗过高。闪存 ADC 速度较高，但分辨率较低。因此这些架构不是合适的解决方案。与奈奎斯特速率 ADC 相比，过采样ADC 有许多固有的优势。通过提高过采样率(Over Sampling Ratio，OSR)并在环路中包含滤波器，可以降低总体量化噪声并整形带内噪声。因此，可以以适度的功耗实现超过 10 位的分辨率。

如果输入信号是类带通的并且位于高 IF，过采样 ADC 的设计可以集中在所需的频带上，而不是像奈奎斯特速率 ADC 那样量化从 DC 到所需频带的整个频率范围。幸运的是，由于深亚微米技术可实现高频性能，连续时间 ADC 的速度正在持续提高。通过使用 SiGe BiCMOS 技术，文献[1]中已经实现了 1 GHz 带宽和 40 GHz 采样频率；还报告了许多采用>1 GHz 时钟频率的其他架构[2,3,18]。总之，过采样 ADC 是集成到高 IF 接收器架构中的首选。

17.2　带通 ΣΔ 架构

17.2.1　系统级注意事项

表 17-1 列出了高 IF 接收器架构中 ADC 的目标规格。选择 10 MHz 带宽和近乎 1 比特分辨率以适应视频应用的带宽和分辨率要求。由于中频通常没有在无线标准中指定，因此选择200 MHz 频率，以避免闪烁噪声的影响，同时采用标准 CMOS 技术中最先进的 ADC 设计。带通型调制器允许捕获高 IF 的输入信号。

表 17-1　高 IF 接收器架构中 ADC 的目标规格

参数	值	参数	值
中频信号频率	200 MHz（$f_s/4$）	目标 SNDR	72 dB
时钟频率(f_s)	800 MHz	工艺	TSMC 0.18 μm CMOS 技术
信号带宽	10 MHz		

图 17-2 中的六阶两位架构的时钟频率为 800 MHz，其开发目的是在感兴趣的频率范围内提供对阻塞的显著抑制以及足够的噪声整形。DAC 脉冲的上升/下降时间不相等会在 DAC

的输出处产生失真，这会降低系统性能[4,13,18]。为了减轻这些影响，调制器只包含全差分电路。

该拓扑由三个级联谐振器（CRFB、级联谐振器、反馈形式）和六个两位不归零数/模转换器（NonReturn-to-Zero Digital-to-Analog Converter，NRZ DAC）组成，用于将反馈信号注入环路滤波器。与前馈架构不同，CRFB 架构最大限度地衰减来自输入端口的带外失真。环路滤波器采用由三个二阶带通滤波器级联组成的准线性相位六阶逆切比雪夫带通滤波器，其中中心频率分别设置为

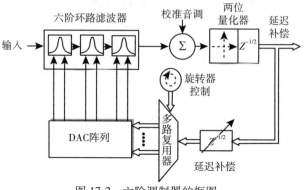

图 17-2　六阶调制器的框图

200 MHz、205 MHz 和 195 MHz，以确保在所需的频率范围内实现平坦的带内增益。

量化器之前的加法器块用于耦合滤波器的输出和多位量化器，以及注入系统校准所需的测试音。两位量化器对滤波器输出进行采样，并通过半周期时钟延迟将其数字化。可编程延迟元件调整一个采样周期内的整体环路延迟，以保持系统稳定性并补偿延迟失配。旋转器对每个电流引导 DAC 的电流源之间的失配进行伪随机化，将静态线性误差转换为伪随机噪声。模/数转换器的参数，例如 DAC 电流、滤波器的通带增益和极点以及每个滤波器部分的 Q 值，是通过将连续时间调制器的开环传递函数与所需的值相匹配来获得的。传递函数在下面的小节中描述。

17.2.2　系统噪声预算

为了实现所需的信噪比和失真比（Signal-to-Noise and Distortion Ratio，SNDR），需要进行详细且实用的规划，涉及非理想因素，例如量化噪声、抖动噪声、热噪声和构建块的非线性。

1. 量化噪声

量化噪声许多 SD 调制器[5-7,18]中的一个常见问题是信号与量化噪声比（Signal-to-Quantization Noise Ratio，SQNR）通常被过度设计，以确保量化噪声仅占噪声预算的一小部分。为了根据系统系数估计带通系统的 SQNR，可以采用参考文献[7]中的方程：

$$\text{SQNR}_{\max} = 10\lg\left(\frac{1.5(N+1)\text{OSR}^{N+1}}{\pi^N}\right) + 6.02(B-1) \tag{17-1}$$

式中，N 是环路滤波器的阶数，OSR 是过采样率，B 是量化器的分辨率。假设对于具有两位量化器和 DAC 的四阶架构，OSR=40，式(17-1)将产生 75 dB 的 SQNR。该值接近目标规格。当考虑到其他系统噪声源时，很难满足总噪声预算，因此我们选择了具有两位量化器和 DAC 的六阶架构，理论峰值 SQNR 接近 80 dB。

2. 抖动噪声

对于连续时间架构和高时钟频率，时钟抖动影响非常显著。为了减少抖动噪声的影响，

采用了 NRZ DAC。使用 $f_s/4$ 架构，可以通过以下公式估计信噪比[8]：

$$\mathrm{SNR}_{\mathrm{jitter}} = 10\lg(2 \cdot \pi^2 \mathrm{OSR}) - 10\lg\left(\frac{\sigma_t}{T_{\mathrm{ck}}}\right)^2 \tag{17-2}$$

式中，σ_t 是抖动时钟的标准偏差。当 $\sigma_t = 0.4$ ps 时，可实现的 $\mathrm{SNR}_{\mathrm{jitter}}$ 约为 80 dB。

3. 热噪声

晶体管和电阻器会产生系统热噪声。通常，对于高带内增益的闭环系统来说，输入级的热噪声是最关键的。信热噪声比必须达到 80 dB 左右，才能在特定噪声预算约束下实现总体目标规格。因此，如果满量程为 250 mV，则当集成在 10 MHz 带宽中时，调制器的输入参考噪声必须小于 $8\mathrm{nV/Hz}^{1/2}$。相应地，$7\mathrm{nV/Hz}^{1/2}$ 输入参考噪声限制已分配给滤波器，而 DAC 输出热噪声限制已设置为 $4\mathrm{nV/Hz}^{1/2}$。值得一提的是，将三个主要噪声源固定在低于满量程信号功率 80 dB 左右时，可实现的 SNR 在 $[80-10\lg(3)]$ dB 左右，即 76.5 dB 左右。

4. 谐波失真

表 17-2 总结了调制器中主要噪声源的预算，表明信号失真比（Signal-to-Distortion Ratio，SDR）应约为 77 dB。因此，第一个滤波器部分的线性度要求为 77 dB，并且两位 DAC 线性度必须处于相同的数量级。由于叉积，DAC 非线性将部分带外噪声折叠到基带中。因此，ADC 的 SNR 可能会降低几个分贝。

表 17-2　调制器中主要噪声源的预算

参数	SNR	参数	SNR
量化噪声	<80 dB	非线性失真	77 dB
抖动噪声	80 dB	总谐波失真及噪声	大约 74 dB
热噪声	80 dB		

17.2.3　滤波器传递函数

在这个六阶两位架构中，从 DAC 到量化器的开环传递函数可以根据所需的噪声传递函数（Noise Transfer Function，NTF）来确定。首先，通过将 Z^{-1} 替换为 $-Z^{-2}$（对于调制器的 $f_s/4$ 架构），以获得所需的六阶带通 NTF：

$$\mathrm{NTF}_{\mathrm{LP}} = (1-Z^{-1})^3 \xrightarrow{Z^{-1} \to -Z^{-2}} \mathrm{NTF}_{\mathrm{BP}} = (1-Z^{-2})^3 \tag{17-3}$$

系统的开环传递函数（Transfer Function，TF）TF(Z) 可由式（17-3）和 NTF 的定义推导如下：

$$\mathrm{NTF}_{\mathrm{BP}} = (1-Z^{-2})^3 \xrightarrow{\mathrm{TF}(Z) = \frac{1-\mathrm{NTF}_{\mathrm{BP}}}{\mathrm{NTF}_{\mathrm{BP}}}} \mathrm{TF}(Z) = \frac{-3Z^4 - 3Z^2 - 1}{Z^6 + 3Z^4 + 3Z^2 + 1} \tag{17-4}$$

我们不是将所有极点放置在同一频率，而是将极点分布到不同的频率，以确保 10 MHz 带宽内的平坦通带响应。考虑到环路稳定性，选择了实现准线性相位逆切比雪夫带通传递函数的极点布置。极点位于 195 MHz、200 MHz 和 205 MHz。结果，式（17-4）中的 TF(Z) 变为

$$TF(Z) = \frac{-2.994Z^4 - 2.994Z^2 - 1}{Z^6 + 2.994Z^4 + 2.994Z^2 + 1} \tag{17-5}$$

其中极点的品质因数假设为无穷大。为了考虑数字电路的量化器延迟和处理延迟，从方程(17-5)中取出采样周期延迟裕度(Z^{-1} 项)以考虑量化器和其他环路延迟。定义 $TF(Z) = Z^{-1}\{TF'(Z)\}$，其中环路滤波器实现 $TF(Z)$。由于调制器仅在采样时刻转换数据，因此可以通过如下所示的保证脉冲不变的 Z 到 S 域变换将 $TF(Z)$ 转换为连续时间传递函数：

$$\frac{y_0}{z - z_k} \xrightarrow{\text{脉冲不变变换}} \frac{s_k}{s - s_k} \cdot \frac{y_0}{z_k^{1-\alpha} - z_k^{1-\beta}} \tag{17-6}$$

在式(17-6)中，α 和 β 分别是一个归一化采样周期($0 \leq \alpha < \beta \leq 1$)内 DAC 脉冲上升沿和下降沿的时刻。例如，对于 NRZ 脉冲形状，α 等于 0，β 等于 1，而对于 RZ 脉冲形状，α 等于 0，β 等于 0.5。方程(17-6)中的 s_k 是变换后的极点位置，可以通过 $z_k = e^{s_k T_s} \rightarrow s_k = \ln(z_k)/T_s$ 获得。将 $TF(Z)$ 拆分为一阶函数并采用上述变换步骤，得到 s-域开环传递函数 $TF'(s)$ 为

$$TF'(s) = \frac{1.4 \cdot 10^9 s^5 + 2.6 \cdot 10^{18} s^4 + 6.7 \cdot 10^{27} s^3 + 5.3 \cdot 10^{45} s + 3.4 \cdot 10^{45}}{s^6 + 1.9 \cdot 10^{18} s^4 + 6 \cdot 10^{26} s^3 + 7.5 \cdot 10^{36} s^2 + 4.7 \cdot 10^{44} s + 3.9 \cdot 10^{54}} \tag{17-7}$$

图 17-3 显示了 s-域 NTF = $1/[1 + TF(j\omega)]$ 的图，它在频带中提供 60 dB 的噪声整形。实际上，NTF 是通过量化器前面的采样保持效应来修改的。这种效应在高频下更加明显，在晶体管级设计优化中应该考虑到它。

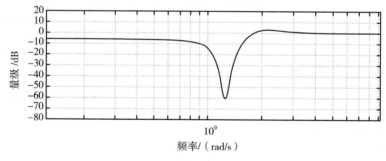

图 17-3　NTF 的频率响应

17.2.4　环路滤波器设计

调制器的分辨率要求每个双二次级的通带增益和品质因数分别约为 20 dB 和 20。为了实现动态范围目标，双二次级规格设计为在 $V_{in} = 200$ mV(RMS) 时 IM3<-75 dB，并且输入参考噪声密度低于 7 nV/Hz$^{1/2}$。此外，滤波器拓扑必须能结合输入信号和 DAC 输出电流，因此必须容忍大的信号波动。为了满足所有这些要求，选择了图 17-4 所示的 RC 双积分环路滤波器。如果可以在滤波器的中心频率实现足够的放大器增益，则可以获得非常好的线性度。正确的滤波器传递函数的实现不仅依赖于无源元件，还需要 200 MHz 时的高放大器增益(A)。对滤波器架构的进一步分析得出

$$\frac{V_{\text{out}}}{V_{\text{in}}} = \frac{\left(\dfrac{1+1/A}{1+2/A}\right)\left(\dfrac{1}{R_g C}\right)\left(s+\left(\dfrac{1+1/A}{1+1/A}\right)\left(\dfrac{R_g}{R_f R_g C}\right)\right)}{s^2 + s\,\dfrac{\dfrac{1}{R_q C}+\left(\dfrac{1}{A}\right)\left(\dfrac{2}{R_q C}+\dfrac{1}{R_q C}+\dfrac{1}{R_f C}\right)}{1+2/A} + \dfrac{\dfrac{1}{R_f^2 C^2}+\left(\dfrac{1}{A}\right)\left(\dfrac{1}{R_f R_q C^2}\right)}{1+2/A}} \tag{17-8}$$

因此，所需的滤波器线性度和频率响应(20 dB 通带增益和 $Q=20$)需要在 200 MHz 时产生至少 35 dB 的开环放大器增益。对于典型的单极运算放大器，这意味着增益带宽(Gain-BandWidth，GBW)积超过 10 GHz。此外，寄生极点必须高于该频率才能提供优于45°的相位裕度。最重要的是，应该限制共源共栅级的使用，以使解决方案可导出到深亚微米技术。最后，由于放大器是电阻负载，除非可以容纳缓冲级，否则需要大跨导值。基于这些原因，我们采用了具有前馈补偿的多级架构[9]。

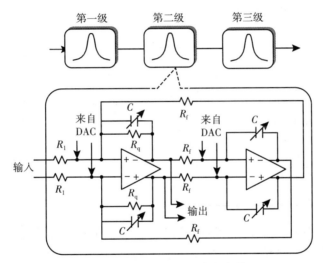

图 17-4　RC 双积分环路滤波器

图 17-5 显示了单端放大器架构，该架构由三个增益级组成，可提供 59 dB 的总体直流增益，还包含一个额外的前馈级，可补偿其相位响应。放大器的传递函数可由下式获得

$$\frac{V_0}{V_{\text{in}}} = \frac{A_{v1}A_{v2}A_{v3}}{\left(1+\dfrac{s}{\omega_{01}}\right)\left(1+\dfrac{s}{\omega_{02}}\right)\left(1+\dfrac{s}{\omega_{03}}\right)} + \frac{A_{VF}}{\left(1+\dfrac{s}{\omega_{03}}\right)}$$

$$= \frac{A_{v1}A_{v2}A_{v3}+A_{VF}\left(1+\dfrac{s}{\omega_{01}}\right)\left(1+\dfrac{s}{\omega_{02}}\right)}{\left(1+\dfrac{s}{\omega_{01}}\right)\left(1+\dfrac{s}{\omega_{02}}\right)\left(1+\dfrac{s}{\omega_{03}}\right)} \tag{17-9}$$

式中，$A_{vi}=g_{mi}/R_i$ 是第 i 级的直流增益；$\omega_{01}=1/(R_1 C_1)$、$\omega_{02}=1/(R_2 C_2)$ 和 $\omega_{03}=1/(R_3 C_3)$ 是集总到第一级、第二级和第三级的极点频率；参数 g_{m3} 和 g_{mF} 分别是第三级和前馈级的跨

导增益。前馈路径通常会生成两个左半平面的复数零点，位于

$$\omega_{z1,\,2}=\left(\frac{\omega_{01}+\omega_{02}}{2}\right)\left(1\pm j\sqrt{\left(\frac{4A_{v1}A_{v2}g_{m3}}{g_{mf}}\right)\left(\frac{\omega_{01}/\omega_{02}}{g_{mf}}\right)}\,\right) \tag{17-10}$$

当选择适当的 g_{mF} 值时，两个零将出现在单位增益带宽周围，从而改善放大器的相位裕度。这些高频零点通常是可以容忍的[8,10]。未补偿放大器（无 g_{mf}）提供 200 MHz 时的总体直流增益为 70 dB，电压增益为 54 dB，但当由 1 pF 电容器负载时，单位

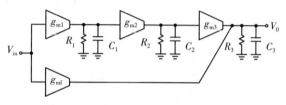

图 17-5　带前馈补偿的单端放大器框图

增益频率下的相位裕度为-80°。通过前馈补偿，相位裕度超过 55°。表 17-3 总结了放大器的频率补偿结果。在该设计中，第一级和第二级的增益被最大化，因为牺牲了最后一级的增益以通过前馈路径确保足够的相位裕度。

表 17-3　放大器的频率补偿结果

无补偿运算放大器			补偿运算放大器		
第一级	第二级	第三级	第一级	第二级	第三级
$A_{dc}=27$ dB	$A_{dc}=25$ dB	$A_{dc}=17.9$ dB	$A_{dc}=27$ dB	$A_{dc}=25$ dB	$A_{dc}=7$ dB
$f_{pole}=367$ MHz	$f_{pole}=74$ MHz	$f_{pole}=93$ MHz	$f_{pole}=367$ MHz	$f_{pole}=73$ MHz	$f_{pole}=287$ MHz
整体			整体		
$A_{dc}=70$ dB			$A_{dc}=59$ dB		
增益 @ 200 MHz=54 dB			增益 @ 200 MHz=46 dB		
$f_u=2.51$ GHz			$f_u=6.26$ GHz		
相位裕度=-80°			相位裕度=+55°		

找到环路滤波器中电阻器和电容器的值以满足增益和 Q 的要求是一个简单的步骤。然而，由于滤波器输入级的热噪声不会被噪声整形，因此它可能会限制调制器的分辨率。第一个双二次滤波器的输入参考噪声为

$$\overline{v_{n,\,total}^2}=4kTR_g\left\{1+\frac{1+\dfrac{1}{Q}\left(1+\left(\dfrac{\omega_0}{\omega}\right)^2\right)}{A_{vpk}^2}\right\}+\frac{v_{n,\,amp}^2}{A_{vpk}^2}\left\{1+\left(\frac{R_g}{R_f}\right)^2\right\}$$

$$+i_{n,\,DAC}^2\cdot R_g^2\left(1+\left(\frac{\omega_0}{\omega}\right)^2\right) \tag{17-11}$$

式中，A_{vpk} 是滤波器传递函数的峰值增益，ω_0 和 Q 分别是中心频率和品质因数，$v_{n,amp}^2$ 是放大器的输出参考噪声密度，$i_{n,DAC}$ 是输出参考电流噪声 DAC 的数量。从式（17-11）可以看出，正确选择 R_g 对于实现所需的噪声性能至关重要。其他无源元件值（例如 A_{vpk}、Q 和 ω_0 的值）根据 R_g 和滤波器的规格计算。为了优化噪声，必须按比例缩小电阻值，直接的代价就是更高的功率功耗和更苛刻的放大器设计要求。环路滤波器第一部分中的元件值列于表 17-4 中。总输入参考噪声为 6.9 nV/$\sqrt{\text{Hz}}$，其中来自无源元件、放大器和 DAC 的噪声贡献分别

为 4 nV/$\sqrt{\text{Hz}}$、1.6 nV/$\sqrt{\text{Hz}}$ 和 1.3 nV/$\sqrt{\text{Hz}}$。

表 17-4　环路滤波器第一部分中的元件值

元件/值	元件/值
R_g/1 kΩ	R_f/940Ω
R_Q/10.9 kΩ	C/40 fF

　　由于调制器的线性度是滤波器的强函数，因此滤波器必须非常线性。采用全差分架构可以理想地消除偶次谐波分量，从而使三阶失真成为最关键的失真。由式（17-11）可知，闭环放大器的三阶互调（Third-order Inter-Modulation，IM3）失真与开环放大器的 IM3 成正比，与 $(1+bA_{v1}A_{v2}A_{v3})^3$ 成反比，其中 b 是反馈因子。在经过三个放大级时信号强度增加，使得放大器的第三级成为信号线性度的关键一级。假设增益为 A_{v1} 和 A_{v2} 的第一级和第二级具有足够的线性度，则放大器的整体非线性输出电流可以表示为

$$i_{\text{out}} = \left[g_{m3}(A_{v1}A_{v2}V_{\text{in}}) \right] + \frac{1}{8}\frac{g_{m3}}{V_{\text{dsat3}}^2}(A_{v1}A_{v2}V_{\text{in}})^3 = G_{m1}V_{\text{in}} + G_{m3}V_{\text{in}}^3 \tag{17-12}$$

式中，g_{m3}、V_{dsat3}、G_{m1} 和 G_{m3} 分别是小信号跨导、第三放大级中的过驱动电压以及等效的第一和第三非线性跨导项。应该注意的是，放大器的整体非线性随着乘积 $A_{v1}A_{v2}$ 的增加而急剧增加。Cadence 仿真结果表明，当放大器在 200 MHz 下的增益约为 40 dB 时，滤波器的 IM3 为−60 dB，且具有所需的信号摆幅。为了克服这一缺陷，必须对放大器进行线性化以获得所需的 IM3。

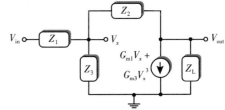

图 17-6　非线性无损积分器

　　非线性无损积分器如图 17-6 所示。由于放大器增益级与频率相关，因此 Volterra 级数分析适合评估基本积分器的线性度。为了更深入地了解系统的线性限制，这里使用文献[11]中建议的简化方法，而不是更复杂的 Volterra 级数分析。假设输出电压可以表示为

$$V_{\text{out}} = b_1 V_{\text{in}} + b_3 V_{\text{in}}^3 \tag{17-13}$$

式中，b_1 是积分器的基波增益，b_3 是积分器的三阶增益。由于使用了全差分电路块，因此二阶谐波系数被认为可以忽略不计。

　　对图 17-6 所示的非线性无损积分器进行分析，得出输出电压系数的表达式如下：

$$b_1 = \frac{\gamma_1(\gamma_2 - G_{m1})}{(\gamma_2 + \gamma_L)(\gamma_1 + \gamma_2 + \gamma_3) + \gamma_2(G_{m1} - \gamma_2)} \tag{17-14}$$

$$b_2 = \frac{G_{m3}\gamma_1^3(\gamma_2 + \gamma_L)^3(\gamma_1 + \gamma_2 + \gamma_3)}{\left[(\gamma_2 + \gamma_L)(\gamma_1 + \gamma_2 + \gamma_3) + \gamma_2(G_{m1} - \gamma_2)\right]^4} \tag{17-15}$$

式中，$\gamma_1 = 1/Z_1$，$\gamma_2 = 1/Z_2$，$\gamma_L = 1/Z_L$。IM3 可以从式（17-13）、式（17-14）和式（17-15）中获得，分别为

$$\text{IM3} \cong \frac{3}{4} \left| \frac{\left(\dfrac{G_{m3}}{G_{m1} - \gamma_2}\right) \left(\dfrac{\gamma_1}{\gamma_1 + \gamma_2 + \gamma_3}\right)^2}{\left(1 + \left(\dfrac{G_{m1} - \gamma_2}{\gamma_1 + \gamma_2 + \gamma_3}\right)\left(\dfrac{\gamma_2}{\gamma_2 + \gamma_L}\right)\right)^3} \right| (V_{in})^2$$

$$= \frac{3}{4} \left| \frac{\left(\dfrac{G_{m3}}{G_{m1} - \dfrac{1}{Z_2}}\right) \left(\dfrac{1}{1 + \dfrac{Z_1}{Z_2} + \dfrac{Z_1}{Z_3}}\right)^2}{(1 + \text{LG})^3} \right| (V_{in})^2 \tag{17-16}$$

式中，$\text{LG} = \left(\dfrac{G_{m1} - \gamma_2}{\gamma_1 + \gamma_2 + \gamma_3}\right)\left(\dfrac{\gamma_2}{\gamma_2 + \gamma_L}\right)$。对于带通架构，所有参数都必须在 200 MHz 下进行评估。正如预期的那样，必须尽可能增加 LG 以使积分器线性化。由于 Z_1、Z_2、Z_3 和 Z_L 由滤波器传递函数和噪声规格确定，唯一可以优化的参数是 G_{m3} 和 G_{m1}。在 LG>>1 的频率范围内，可以写出 IM3 的简化表达式：

$$\text{IM3} \cong \frac{3}{4} \left| \left(\frac{G_{m3}}{(G_{m1} - \gamma_2)^4}\right)(\gamma_1 + \gamma_2 + \gamma_3)(\gamma_1)^2 \left(\frac{\gamma_2 + \gamma_L}{\gamma_2}\right)^2 \right| (V_{in})^2 \tag{17-17}$$

对于该三级放大器，$G_{m1} = A_{v1} A_{v2} g_{m3}$，$G_{m3} = \dfrac{1}{8} \dfrac{(A_{v1} A_{v2})^3}{V_{dsat3}^2} g_{m3}$，令 $Z_1 = R_g$，$Z_2 = 1/sC_2$，$Z_3 = R_3$，$Z_L = R_L$，可得

$$\text{IM3} \cong \frac{3}{32} \left| (1 + s(R_1 \parallel R_3)C)\left(\frac{1 + sR_LC}{sR_LC}\right)^3 \left(\frac{\left(1 + \dfrac{R_1}{R_3}\right)}{(A_{v1} A_{v2})(g_{m3} R_1)^3}\right) \right| \left(\frac{V_{in}}{V_{dsat3}}\right) \tag{17-18}$$

小的 IM3 值需要大的跨导（g_{m3}）以及第三级中的高过驱动电压 V_{dsat3}。由于第三级中主晶体管栅极处的信号很大，因此该级可能需要光源退化以避免出现硬非线性。

噪声和 IM3 的权衡从式（17-11）和式（17-18）中可见。低输入参考噪声需要较小的 R_g 值，然而更好的 IM3 需要较大的 R_g。当 $V_{in-pk} = V_{dsat3}$ 且 $A_{v1} A_{v2} = 40\text{dB}$ 时，IM3 的典型值约为 -60 dB，但对于较大的输入值 IM3 会迅速增加。为了在高频且不牺牲噪声水平的情况下获得更好的 IM3，放大器的第三级应该线性化。参考文献[12]表明，可以通过使用与第三级反并联连接的附加放大器来线性化差分对。

图 17-7 显示了配备了用于此类线性化的额外电路的放大器。辅助电路的设计使得其主跨导 g_{mL} 小于 g_{m3}，但其三次谐波失真与主晶体管的三次谐波失真相似，使得交叉耦合部分抵消了主器件产生的谐波失真。这种方法建议使用非线性补偿电路，并且使 $V_{dsatL} < V_{dsat3}$，不幸的是，它对 PVT 变化非常敏感。晶体管 M_3 和 M_L 的光阻源退化扩展了放大器的线性范围，并引入了额外的自由度，如下式所示：

$$i_{out} \cong \left(\frac{g_{m3}}{1 + N_3} - \frac{g_{mL}}{1 + N_L}\right)(A_{v1} A_{v2} V_{in}) +$$

$$\frac{1}{8}\left(\frac{g_{m3}}{(1+N_3)^3 V_{dsat3}^2} - \frac{g_{mL}}{(1+N_L)^3 V_{dsatL}^2}\right)(A_{v1}A_{v2}V_{in})^3 \tag{17-19}$$

式中，N_3 和 N_L 分别是 M_3 和 M_L 的源退化因子。因此，放大器根据方程(17-19)进行线性化并满足以下条件：$\dfrac{g_{m3}}{1+N_3} \gg \dfrac{g_{mL}}{1+N_L}$ 和 $\dfrac{g_{m3}}{(1+N_3)^3 V_{dsat3}^2} \cong \dfrac{g_{mL}}{(1+N_L)^3 V_{dsatL}^2}$。

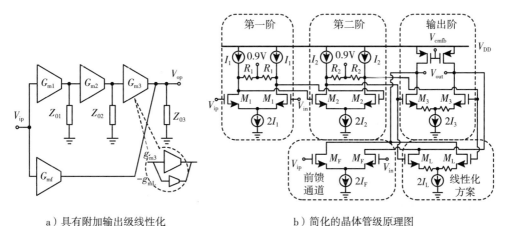

a）具有附加输出级线性化　　　　　b）简化的晶体管级原理图
方案的放大器框图

图　17-7

　　除最后一级外，每级均采用电阻端接来固定直流共模电平，避免使用多个共模反馈电路而增加面积和功耗消耗。尽管这些电阻器(例如图 17-7b 中的 R_1)限制了直流电压增益，但它们增加了相关的极点频率，这对于高 IF 带通调制器非常重要。放大器最后一级的直流电平通过共模反馈进行控制，共模误差被反馈到节点 V_{cmfb}，以将输出电平调节在 0.9 V。通过选择总体跨导增益为 $\frac{1}{4}g_{m3}$ 的 M_L，过程变化器件模型的角点仿真表明，对于 200 mV 的双音差分输入信号，IM3 低于 -74 dB。辅助电路的额外噪声、功率和面积在放大器预算下分别增加了 0.5%、6% 和 0.2%。

17.2.5　校准音调和两位闪存量化器

　　图 17-8 描绘了带有量化器的求和放大器。加法放大器在量化之前增加信号摆幅，并且支持注入两个测试音以进行调制器的数字校准。此外，放大器还可以衰减来自耦合回滤波器的比较器的数字毛刺。为了最大限度地减少额外的环路延迟贡献，需要大带宽。考虑到带宽和增益的权衡，选择折中的 R_2 值。加法放大器最终可在 800 MHz 带宽和 -50 dB 的 IM3 下产生 6 dB 的增益。两位量化器的架构是一种传统拓扑，由三个双差分对组成，将滤波器的输出与来自电阻梯的三个不同电压参考进行比较。该电路采用自动调零技术来补偿差分直流偏移，详细信息请参见参考文献[13]。

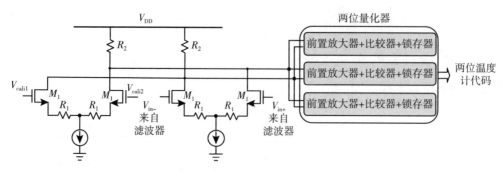

图 17-8 带有量化器的求和放大器

17.2.6 $Z^{-1/2}$ 延迟补偿器

过多的环路延迟可能会改变调制器传递函数的闭环极点位置，也可能会增加传递函数的阶数[14]。图 17-9 中所示的仿真结果显示调制器中不同数量的过量环路延迟导致 SNR 减小。从该图中可以看出"过多的环路延迟<10%"是不会造成 SNR 过度下降的安全裕度。然而，过多的环路延迟相当难以估计，因为它会受到 PVT 变化的影响。为了防止过度的环路延迟，我们添加了一个可编程延迟块，可以补偿环路延迟变化。时钟信号经过一个数字反相器级联生成 16 个顺序延迟的时钟，从中正确选择一个以确保过量环路延迟误差在时钟周期的 5% 以内，如图 17-10 所示。使用具有四个控制位的 16 比 1 多路复用器，延迟时钟的选择通过校准控制器进行。

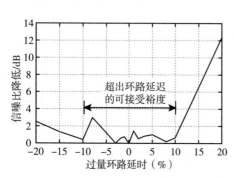

图 17-9 不同数量的过量环路延迟导致 SNR 减小

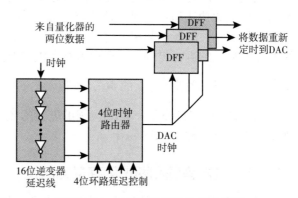

图 17-10 过量环路延迟控制的框图

17.2.7 带旋转器的两位 DAC

由于多位 DAC 会因工艺变化而遭受器件失配的影响，因此它们会在系统中引入非线性。DAC 的非线性会导致带外噪声折叠到基带以及带内谐波失真分量中，从而降低调制器的

SNDR。仿真结果通常可以帮助我们深入了解由于不同程度的 DAC 单元元件失配而导致的 SNDR 恶化。

通过 Cadence 仿真发现，如果电流源的失配在 0.5% 范围内，调制器的 SNDR 会降低高达 18 dB。为了缓解这个问题，已经提出了几种解决方案，例如噪声整形动态元素匹配（noise-shaping dynamic element matching，NSDEM）循环[15]或树结构 DEM[16]来 DAC 的非线性进行随机化或整形。不幸的是，这些方法中的许多通常会增加显著的环路延迟，这在使用高频时钟时是无法容忍的。为了以可承受的处理延迟克服非线性问题，图 17-11 中所示的数据加权平均（Data-Weighted Averaging，DWA）算法是一个不错的选择[17]。图 17-11b 给出了采用五个电流源的三元件选择模式。由于存在的电流分支多于常规多位 DAC 所需的数量，因此旋转器通过在每个时钟周期中选择三个电流源来进行顺时针循环。尽管该算法不是真正的随机发生器，但它有助于实现所需 DAC 线性度。

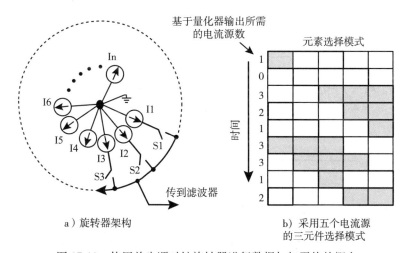

a）旋转器架构   b）采用五个电流源
                        的三元件选择模式

图 17-11 使用单步顺时针旋转器进行数据加权平均的概念

非最小长度晶体管和共源共栅电流源用于进一步增强 DAC 电流元件的匹配。实际上，由于剩余的 DAC 的非线性，部分带外噪声被折回基带，从而在这种情况下将调制器本底噪声提高了约 5 dB。通过采用具有五分之三电流源的旋转器，本底噪声比理想噪声水平提高了 1 dB。

在选择旋转器中电流源的数量时，需要权衡因 DAC 和数字控制电路的额外分支而产生的额外功率。通过采用了这一方案，调制器的 SNDR 提高了 12 dB 以上，而 SQNR 则提高了 1 dB，当实现更好的 DAC 线性度时，几乎没有带外噪声折回基带。

17.3 基于软件的校准方案

17.3.1 非理想性对系统级性能的影响

CT BP $\Sigma\Delta$ 调制器的一个主要问题是 PVT 变化带来的准确性缺乏，这可能导致超过 25%

的时间常数变化[18-19]。为了缓解这一问题，主从调谐技术已成功应用于连续时间过滤器，但这种方法不能保证整个 ADC 的最佳运行[18,20-21]。经过优化调整的带通 ADC 需要校正滤波器的中心频率偏差、过度环路延迟和 DAC 系数偏差。通过使用双延迟谐振器和前馈技术优化架构，可以部分缓解这些问题。

　　另一种方法是在数字域中测量 ADC 输出处的陷波型噪声[20]，但这会受到在线校准方案中传入的带外信息的功率的影响。参考文献[21]中还报告了各个构建模块的优化、使用可编程延迟线来优化环路延迟，以及用于陷波调谐的可重新配置滤波器-振荡器系统。参考文献[23-24]中介绍的基于软件的环路校准技术旨在优化 CT BP ΣΔ 调节器中的 NTF。该方法使用两种辅助和非关键测试音来测量数字域中的 NTF。根据环路对所应用音调的响应，依次调整环路参数，直到 NTF 呈现其最佳性能。图 17-12 显示了六阶 CT BP ΣΔ 调制器的简化框图，该调制器(使用线性化模型)提供了由下式给出的数字输出 D_{out}：

$$D_{out} = STF \cdot V_{in} + NTF \cdot Q_n \tag{17-20}$$

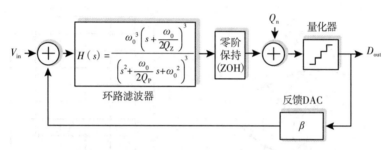

图 17-12　六阶 CT BP ΣΔ 调制器的简化框图

式中，Q_n 是由于量化器有限分辨率而产生的量化噪声，STF 是信号传递函数，NTF 是噪声传递函数。在此模型中，β 代表数字信号处理器和反馈 DAC 增益(如果有)，ω_0 和 Q_P 分别是滤波器的中心频率和有限品质因数，Q_Z 表示零点的有限品质因数(理想情况下为无限大，但通常受到放大器的有限直流增益的限制)。假设采用单位增益量化器，可以证明 STF 和量化 NTF 可由下式获得：

$$STF(s) \approx \frac{\omega_0^3\left(s + \dfrac{\omega_0}{2Q_Z}\right)^3}{\left(s^2 + \dfrac{\omega_0}{Q_P}s + \omega_0^2\right)^3 + \left(\omega_0^3 \cdot ZOH(s) \cdot \beta\right)\left(s + \dfrac{\omega_0}{2Q_Z}\right)^3} \tag{17-21}$$

$$NTF(s) \approx \frac{\left(s^2 + \dfrac{\omega_0}{Q_P}s + \omega_0^2\right)^3}{\left(s^2 + \dfrac{\omega_0}{Q_P}s + \omega_0^2\right)^3 + \left(\omega_0^3 \cdot ZOH(s) \cdot \beta\right)\left(s + \dfrac{\omega_0}{2Q_Z}\right)^3} \tag{17-22}$$

在谐振频率($\omega = \omega_0$)附近并假设存在高 Q 值(例如 Q_Z、$Q_P > 10$)时，这些方程简化为：

$$\text{STF}(\text{j}\omega_0) \approx \frac{\left(\text{j}+\dfrac{1}{2Q_Z}\right)^3}{-\text{j}\left(\dfrac{1}{Q_P}\right)^3 + (\text{ZOH}(\omega_0)\cdot\beta)\left(\text{j}+\dfrac{1}{2Q_Z}\right)^3} \cong \frac{1}{\beta\text{ZOH}(\omega_0)} \tag{17-23}$$

$$\text{NTF}(\text{j}\omega_0) \approx \frac{-1}{-1 + (\text{ZOH}(\omega_0)\cdot\beta)\,Q_P\left(\text{j}+\dfrac{1}{2Q_Z}\right)^3} \cong \frac{1}{\beta Q_P^3\text{ZOH}(\omega_0)} \tag{17-24}$$

如果 Q_P 很大，CT BP ΣΔ 调制器在谐振频率附近会呈现出色的 SQNR 性能。滤波器的中心频率 ω_0 通常随 PVT 的变化而变化±25%。此外，单级放大器中的有限 DC 增益和高增益放大器中的寄生极点将限制 Q_Z 和 Q_P，从而降低 ADC 的 SQNR。量化器采样时间与在滤波器反馈点处看到输出位变化的时间之间的过多环路延迟将导致 SQNR 下降和稳定性问题。额外的环路延迟必须限制在不超过时钟周期的 10%，以避免降低 SQNR[25]。如前所述，0.4% RMS 时钟抖动可能会使 ADC 的 SQNR 降低超过 10 dB。幸运的是，使用片上 PLL 的最先进时钟发生器可以将 RMS 时钟抖动降低至小于 1 ps，从而能够使用 1 GHz 范围内的时钟频率。

这里描述的全局校准策略考虑了 PVT 变化以及 DAC 系数精度和过度环路延迟，从而有效优化 ADC 的环路性能[23]。

17.3.2　全局标定策略

CT BP ΣΔ ADC 数字调谐方案的系统级实现如图 17-13 所示。除了带内模拟输入信号之外，还在量化器的输入端应用围绕中心频率(f_0)等距分布的两个带外测试音，以通过确定且可测试的信号来模拟带内量化噪声。由于测试音调施加在环路的输出处，因此它们的相关噪声由环路传递函数决定，并且辅助电路对环路动态的影响非常小。

量化器输出处的数字比特流由数字信号处理器(Digital Signal Processor，DSP)处理，并使用快速傅里叶变换(Fast Fourier Transform，FFT)在数字域中测量测试音的功率。测试音的估计功率用于自适应最小均方(Least Mean Square，LMS)算法，该算法控制多个参数，旨在最小化测量的测试音的功率，从而最大化抑制量化噪声。LMS 算法生成数字控制信号，通过调整环路延迟来稳定架构，然后通过控制带通滤波器中的一组电容器来调整环路的陷波频率。

将 NTF 的陷波频率设置为所需频率后，DAC 系数和额外环路延迟会根据相同的目标进行优化：将测量的音调功率最小化，以达到最佳的 SQNR。数字调谐方案的算法由以下步骤组成：1)注入输入信号以使环路正常运行；2)在量化器输入处注入所需频率(f_0)附近的测试音调；3)通过 LMS 算法计算数字控制调谐信号，该算法基于所存储的检测到的测试音调的功率值和新估计的测试音调的功率值之间的差值；4)控制调节环路延迟的参数；5)对 f_0 调谐；6)在步骤 1)~5)之间迭代，直到测得的测试音的功率最小化。正确调整 NTF 陷波的频率后，算法会调整 DAC 系数和可编程延迟元件(如果需要)，直到检测到的测试音调的功率最小化。

测试音的大小并不重要：它可以非常小，但必须远高于本底噪声才能轻松检测到。图 17-14a 显示了未校准的 ADC 频谱。输入信号以 200 MHz 的频率施加到 ADC 的输入端，而校准音调以 193 MHz 和 207 MHz 的带外频率施加到量化器的输入端,以校准 NTF。环路参数有意引入超过 20% 的变化,导致陷波频率约为 220 MHz,而不是 200 MHz。经过上述算法的多次迭代后,陷波频率被调整到所需值。图 17-14b 显示了校准后的 ADC 频谱。当量化器输入处的音调功率相等且处于最小值时,算法停止;例如,当应用于量化器输入的测试音功率为 −10 dB 时,输出为 −61 dB。调谐环路陷波频率后,可以通过微调 DAC 系数和额外的环路延迟来实现额外的(通常为 3~9 dB)SQNR 改进。

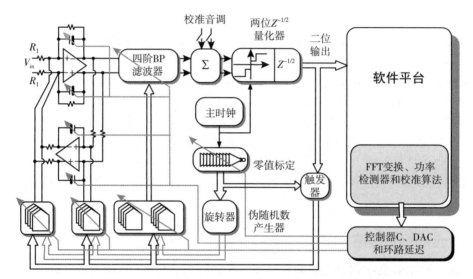

图 17-13　CT BP ΣΔ ADC 数字调谐方案的系统级实现

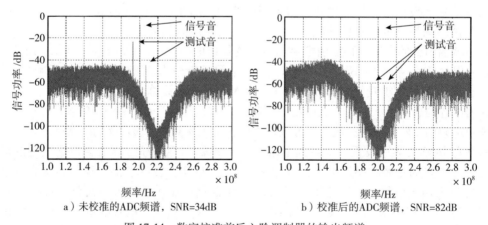

a)未校准的ADC频谱,SNR=34dB　　　b)校准后的ADC频谱,SNR=82dB

图 17-14　数字校准前后六阶调制器的输出频谱

　　由于环路调谐方法依赖于软件中的功率估计和测试音调的良好控制频率,因此该算法具有鲁棒性并能够确保噪声传递函数的优化。图 17-15 显示了校准发生时两个测试音调的功率如何变化和均衡。同时,在信号功率保持不变的情况下,带内量化噪声的功率降低。请注意,带内集成噪声功率可能会降低 40 dB 以上。

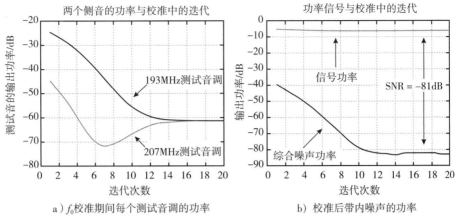

a）f_0校准期间每个测试音调的功率　　　　b）校准后带内噪声的功率

图 17-15　对 ADC 组件参数的 20% PVT 变化迭代测试音调的输出功率和 SNR 模拟

17.4　实验结果

六阶 200 MHz 带通 SD 调制器采用 TSMC 0.18 mm 1P6M CMOS 技术制造，其有效面积为 2.48 mm^2，包括时钟缓冲器在内的总功耗为 160 mW，其中 126 mW 是 1.8 V 单供电电压下的静态功耗。ADC 的参考电压设置为 0.25 V。差分输入信号和采样时钟都是在片外生成的。

我们使用以 800 MS/s 同步的外部示波器来捕获两位温度计调制器输出代码。在校准期间，在量化器输入处注入了 220 MHz 和 180 MHz 的两个音调。调制器输入端还注入了 200 MHz 音调。通过检测输出频谱中两个校准音调的功率差，使用校准算法调整 RC 滤波器的时间常数。

校准过程中测得的输出光谱如图 17-16 所示，该图展示了在不同时刻测量的校准音调的功率。音调的功率差异（见图 17-16a）表明必须提高环路滤波器的中心频率，这是通过减小滤波器积分电容器的值来实现的。算法继续运行，直到校准音的功率均衡；此后假设调制器中心频率已调谐。调整调制器中心频率后，调整延迟元件和 DAC 系数，直到校准音调的功率最小化。整个过程可能需要 30 多次迭代。由于电容器组的分辨率有限，校准后两个测试音的功率存在 2 dB 的误差，如图 17-16b 所示。

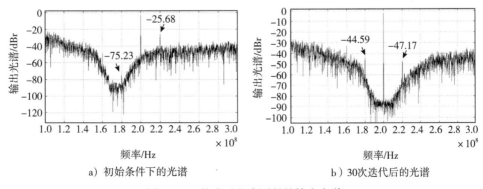

a）初始条件下的光谱　　　　　　b）30次迭代后的光谱

图 17-16　校准过程中测得的输出光谱

为了最大限度地减少信号发生器的噪声贡献，我们使用 160 MHz 的单个带外音调测量了调制器本底噪声。在 10 MHz 带宽下测量噪声时，可获得超过 70 dB 的峰值 SNR。调制器的三阶互调失真是通过使用音调间隔为 1.56 MHz 的双音测试信号来测量的。每个输入音调的功率为 -8 dBr（相对于 250 mV 的参考电压测量），测得的三阶互调失真为 -73.5 dB。根据在 -2 dBr 总输出功率下测得的 SNR 和 IM3，10 MHz 带宽内的峰值 SNDR 为 68.4 dB。200 MHz 时不同输入信号功率下的 SNDR 特性如图 17-17 所示，动态范围约为 0~70 dB。在 10 MHz 带宽下测得的峰值 SNDR 为 68.4 dB。表 17-5 总结了测量结果。

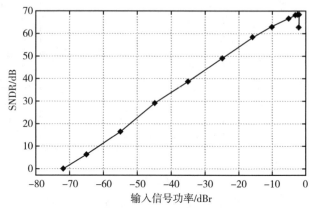

图 17-17　200 MHz 时不同输入信号功率下的 SNDR 特性

表 17-5　测量结果

工艺	TSMC 0.18 mm CMOS	工艺	TSMC 0.18 mm CMOS
中频频率	200 MHz	10 MHz 带宽处的峰值信噪比	68.4 dB
时钟频率	800 MHz	动态范围	70 dB
带宽	10 MHz	功耗	160 mW
10 MHz 带宽处的峰值信噪比	70.03 dB	核心区域	2.48 mm^2
-5 dBr 处的 IM3	-73.5 dB		

17.5　总结

本章描述了采用 TSMC 0.18 μm CMOS 技术、具有级联谐振器反馈架构和两位 DAC/量化器的六阶连续时间带通调制器。为了防止谐波失真分量导致性能下降，对输入级的两个积分器环路有源 RC 滤波器的线性性能进行了改善，使用旋转器对反馈 DAC 的电流失配进行伪随机化。针对连续时间带通 ΣΔ 调制器的基于软件的校准方案已被应用，以使调制器在存在过程电压温度变化的情况下更加稳健。

该技术需要在所需中心频率处围绕的两个测试音。该技术需要大量的数字计算，因为它必须通过使用快速傅立叶变换和自适应最小均方算法来提取校准音调的功率。这种计算要求并不是主要缺点，因为数字处理非常适合当前和未来的深亚微米 CMOS 技术，其中数字电路的实现速度变得更快、成本更低。10 MHz、160 mW 功耗下 68.4 dB 峰值 SNDR 的测量结果充分证明了所讨论的概念。

致谢

本项目由美国国家科学基金会根据 ECCS-0824031 合同资助。该芯片由台积电制造。

参考文献

[1] A. Hart and S. P. Voinigescu, "A 1 GHz bandwidth low-pass $\Delta\Sigma$ ADC with 20–50 GHz adjustable sampling rate," *IEEE J. Solid-State Circuits*, vol. 44, May 2009, pp. 1401–1414.

[2] B. K. Thandri and J. Silva-Martinez, "A 63 dB SNR, 75 mW bandpass RF ADC at 950 MHz using 3.8 GHz clock in 0.25 μm SiGe BiCMOS technology," *IEEE J. Solid-State Circuits*, vol. 42, Feb. 2007, pp. 269–279.

[3] T. Chalvatzis, E. Gagnon, M. Repeta, and S. P. Voinigescu, "A low-noise 40 Gs/s continuous-time bandpass $\Sigma\Delta$ ADC centered at 2 GHz for direct sampling receivers," *IEEE J. Solid-State Circuits*, vol. 42, May 2007, pp. 1065–1075.

[4] R. Adams, "Design and implementation of an audio 18-bit analog-to-digital converter using oversampling techniques," *J. Audio Eng. Society*, Mar.–Apr. 1986, pp. 153–166.

[5] V. S. L. Cheung and H. C. Luong, "A 3.3 V 240 MS/s CMOS bandpass modulator using a fast-settling double-sampling SC filter," *IEEE Symp. VLSI Circuits Dig. Tech. Papers*, June 2004, pp. 84–87.

[6] F. Ying and F. Maloberti, "A mirror image free two-path bandpass $\Sigma\Delta$ modulator with 72 dB SNR and 86 dB SFDR," in *IEEE Int. Solid-State Circuits Conf. (ISSCC) Dig. Tech. Papers*, Feb. 2004, pp. 84–85.

[7] T. Salo, "Bandpass delta–sigma modulators for radio receivers," Ph.D. dissertation, Department of Electrical and Communications Engineering, Helsinki University of Technology, Finland, 2003.

[8] H. Tao, L. Toth, and J. M. Khoury, "Analysis of timing jitter in bandpass sigma–delta modulators," *IEEE Trans. Circuits Syst. II, Analog Digit. Signal Processing*, vol. 46, no. 8, Aug. 1999, pp. 991–1001.

[9] B. K. Thandri and J. Silva-Martinez, "A robust feed-forward compensation scheme for multistage operational transconductance amplifiers with no Miller capacitors," *IEEE J. Solid-State Circuits*, vol. 38, Feb. 2003, pp. 237–243.

[10] I. Galdi, E. Bonizzoni, P. Malcovati, G. Manganaro, and F. Maloberti, "40 MHz IF 1 MHz bandwidth two-path bandpass $\Sigma\Delta$ modulator with 72 dB DR consuming 16 mW," *IEEE J. Solid-State Circuits*, vol. 43, July 2008, pp. 1648–1656.

[11] W. Sansen, "Distortion in elementary transistor circuits," *IEEE Trans Circuits Syst II. Analog Digit Signal Processing*, vol. 46, no. 3, Mar. 1999, pp. 315–325.

[12] A. Lewinski and J. Silva-Martinez, "OTA linearity enhancement technique for high-frequency applications with IM3 below –65 dB," *IEEE Trans. Circuits Syst. II. Analog Digit Signal Processing*, vol. 51, Oct. 2004, pp. 542–548.

[13] S. R. Norsworthy, R. Schreier, and G. C. Temes, *Delta–Sigma Data Converters: Theory, Design, and Simulation*, New York: Wiley-IEEE Press, 1996.

[14] J. A. Cherry and W. M. Snelgrove, "Excess loop delay in continuous-time delta–sigma modulators," *IEEE Trans. Circuits Syst. II. Analog Digit Signal Processing*, vol. 46, April 1999, pp. 376–389.

[15] A. Yasuda, H. Tanimoto, and T. Iida, "A third-order Δ–Σ modulator using second-order noise-shaping dynamic element matching," *IEEE J. Solid-State Circuits*, vol. 33, Dec. 1998, pp. 1879–1886.

[16] E. N. Aghdam, and P. Benabes, "Higher-order dynamic element matching by shortened tree-structure in delta–sigma modulators," *Proc. European Conf. on Circuit Theory and Design*, vol. 1, Aug. 2005, pp. I/201–I/204.

[17] R. T. Baird and T. S. Fiez, "Improved $\Delta\Sigma$ DAC linearity using data-weighted averaging," *Proc. IEEE International Symposium on Circuits and Systems*, vol. 1, May 1995, pp. 13–16.

[18] J. A. Cherry and W. M. Snelgrove, *Continuous-Time Delta–Sigma Modulators for High-Speed A/D Conversion: Theory, Practice, and Fundamental Performance Limits*. Norwell, MA: Kluwer, 2000.

[19] J. Silva-Martinez, M. S. J. Steyaert, and W. Sansen, "A 10.7 MHz 68 dB SNR CMOS continuous-time filter with on-chip automatic tuning," *IEEE J. Solid-State Circuits*, vol. 27, no. 12, Dec. 1992, pp. 1843–1853.

[20] L. Huanzhang Huang and E. K. F Lee, "A 1.2 V direct background digital-tuned continuous-time bandpass sigma–delta modulator," *Proc. 27th European Solid-State Circuits Conf. ESSCIRC*, Sept. 2001, pp. 526–529.

[21] R. Schreier, A. Nazmy, H. Shibata, D. Paterson, S. Rose, I. Mehr, and Q. Lu, "A 375 mW quadrature bandpass $\Delta\Sigma$ ADC with 8.5 MHz BW and 90 dB DR at 44 MHz," *IEEE J. Solid-State Circuits*, vol. 41, Dec. 2006, pp. 2632–2640.

[22] A. Rusu, B. Dong, and M. Ismail, "Putting the 'FLEX' in flexible mobile wireless radios: A wideband continuous-time bandpass sigma–delta ADC for software radios," *IEEE Circuits and Devices Magazine*, vol. 22, no. 6, Nov.–Dec. 2006, pp. 24–30.

[23] F. Silva-Rivas, C. Y. Lu, P. Kode, B. K. Thandri, and J. Silva-Martinez, "Digital-based calibration technique for continuous-time bandpass sigma–delta analog-to-digital converters," *Analog Integrated Circuits and Signal Processing*, vol. 59, Apr. 2009, pp. 91–95.

[24] C.-Y. Lu, J. F. Silva-Rivas, P. Kode, J. Silva-Martinez, and S. Hoyos, "A sixth-order 200 MHz IF bandpass sigma–delta modulator with over 68 dB SNDR in 10 MHz bandwidth," *IEEE J. Solid-State Circuits*, vol. 45, no. 6, June 2010, pp. 1122–1136.

[25] R. Maurino and P. Mole, "A 200 MHz IF 11-bit fourth-order bandpass $\Delta\Sigma$ ADC in SiGe," *IEEE J. Solid-State Circuits*, vol. 35, no. 7, July 2000, pp. 959–967.

电力线通信系统的模/数转换规范

各种电力线通信（Power Line Communication，PLC）标准（例如 HomePlug、IEEE P1901 等）的模拟前端（Analog Front End，AFE）中使用的模/数转换器，可将通过家用电力网络传输的滤波后的模拟信号数字化。PLC 系统使用的载波频率和所使用的正交频分复用编码方案（例如 NQAM）决定了 PLC 系统的最大数据速率低于或等于香农极限。PLC 通道的噪声和失真以及 PLC 系统 AFE 中使用的 ADC 的量化和失真噪声进一步降低了最大数据速率。

ADC 造成的失真受其速度和线性度的影响。当代商用 PLC 系统采用的载波频率小于 20~30 MHz，但 IEEE P1901 建议频率高达 50 MHz。各种 PLC 标准定义了 MAC（Medium-Access Control，介质访问控制）和 PHY（PHYsical layer，物理层）协议层功能，例如通信协议、交换数据包的结构、纠错方法、所使用的载波频率范围和距离、发射功率级别、接收灵敏度等。

为了实现所需的通信吞吐率，必须考虑 PLC 通道的信噪比和 ADC 失真。8~12 位的分辨率和小于 100 MS/s 的采样率足以满足大多数现有 PLC 商业系统的要求。PLC 系统中使用的 ADC 的尺寸和功耗是关键参数，因为建筑物的电源插座中使用了大量适配器。

本章将研究影响 ADC 要求的 PLC 系统参数。此外，本章还提出了两种基于整数除法并且可实现超低面积和功耗的架构，并评估了它们在 PLC 系统中的适用性。

18.1 引言

模/数转换是许多控制和信号处理应用设计中非常重要的问题。每种类型应用的参数，包括分辨率、采样速度、功耗、面积、线性度等，必须满足不同的限制。

闪存 ADC[1-3] 被认为是最快的 ADC 架构，但需要较大的面积和功耗。管道和子文件夹 ADC 架构[4] 由两个或多个对连续样本进行操作的闪存 ADC 组成。它们的吞吐量与闪存相当，但所需的面积和功耗要小得多。它们的主要缺点是单个样本转换需要更高的延迟。此外，它们的线性度与闪存 ADC 相比取决于更多的误差源。

$\Sigma\Delta$ ADC[5] 以比输入信号高得多的频率对输入进行过采样，尽管它们与较低频率的输入信号一起使用，但它们实现了高度的线性度。

电流模式 ADC[6-7] 可以用很少数量的元件去实现某些 ADC 转换算法所需的精确算术功能，例如加法、乘法等。电流模式 ADC 的基本缺点是难以均衡不同的路径延迟，其速度低于电压模式架构，因为只有在最慢路径下稳定时输出才有效。

我们必须仔细考虑文献中提出的 PLC 标准和相应的通道建模，以便为电力线通信应用选择合适的 ADC 架构。

在 PLC 系统的发射机侧，映射在不同载波上的多个正交频分复用（Orthogonal Frequency Division Multiplexing，OFDM）符号是适当逆变换方法的输入：快速傅里叶逆变换（Inverse Fast Fourier Transform，IFFT）、离散小波逆变换（Inverse Discrete Wavelet Transform，IDWT）等。该变换的输出耦合到建筑物的电力线网络上。在接收器一侧，该信号由 ADC 解耦和数字化。ADC 的数字输出用作 FFT 或 DWT 变换的输入，用以恢复传输的 OFDM 符号。ADC 采样率、分辨率和线性度要求取决于 OFDM 调制（例如 1024 QAM、4096 QAM 等）、载波频率范围和通道噪声[8-10]。流水线和 ΣΔ ADC 架构通常是用于 PLC 系统的 AFE。当必须处理高频信号时，也会采用闪存 ADC[9]。

商业 PLC 产品通常需要多达四个芯片[9]：处理器、外部存储器、AFE 和线路驱动器。如果我们考虑到这些系统中通常需要多个适配器，那么这些芯片的数量将会很大，PLC 应用的成本会增加。如果使用占用较小面积的组件，则可以最小化这些适配器的尺寸。因此，PLC 接收器一侧采用的 ADC 也应占据尽可能小的面积。

为了解决这个问题，本章将讨论我们设计的两种替代超小面积 ADC 架构。它们都基于新颖的整数除法运算。电流模式架构[11]具有新颖的二叉树结构，可配置分辨率为 4、8 或 12 位。在二叉树的节点处执行适当的 2 次幂的整数除法。在每个节点处实现的除法的余数和商被输入到对应于半分辨率 ADC 的一对子树。在 12 位（8 位）分辨率下，该架构占用的活动面积不超过 0.12 mm^2（0.06 mm^2），功耗为 72 mW（32 mW）。

我们基于该架构还开发了两种替代的 12 位和 8 位实现方案，进一步减少了所需的面积/功耗并提高了转换速度，但代价是更高的组件和工艺变化依赖性。尽管在输入信号频率较高（如果输入频率高于 5 MHz，则小于 30 dB）的情况下，所开发的电流模式 ADC 实现的信噪比和失真比（signal-to-noise and distortion ratio，SNDR）并不是特别高，但可轻松用于满足与较低载频标准（例如 HomePlug、KS X 4600.1 等）兼容的现有商业产品的要求。

我们开发的第二种电压模式架构[12]是一个子范围 ADC，由一对四位闪存 ADC 组成，并在其输入端采用整数分频器。通过该除法器得到的余数和商是 ADC 的两个输入量。该八位 ADC 占用的面积仅为 0.06 mm^2，消耗的功率小于 25 mW。电压模式架构实现的 SNDR 高于当前模式一（如果输入频率低于 10 MHz，则高于 40 dB）。我们开发的各种 ADC 架构替代方案的采样率范围为 140~500 MS/s。

18.2 节将讨论 OFDM 调制的原理和 PLC 系统的信道建模。18.3 节介绍流行的 ADC 架构，强调了它们的线性误差源。最后，在 18.4 节中，描述了我们开发的上述 ADC 架构替代方案，并检查了它们在 PLC 应用中的适用性。

18.2   PLC 环境中的 OFDM 调制

18.2.1   OFDM 原理

OFDM 调制已在多种数字通信协议中采用，例如无线 LAN（803.11b/g）、视频和声音广播系统(DVB-T、DAB)、异步数字用户线(Asynchronous Digital Subscriber Line, ADSL)和电力线通信。OFDM 基于在特定范围内重合的大量正交载波的数字调制。图 18-1 显示了典型的 OFDM 通信系统。使用适当的调制将二进制数据流映射到符号星座,例如脉冲幅度调制(Pulse Amplitude Modulation, PAM)、二进制相移键控(Binary Phase Shift Key, BPSK)、正交相移键控(Quadrature Phase Shift Key, QPSK)和 m_l 级正交幅度调制(m_l-level-Quadrature Amplitude Modulation, m_l-QAM)[13-14]。这些调制符号可以用具有不同相移的复数来表示。

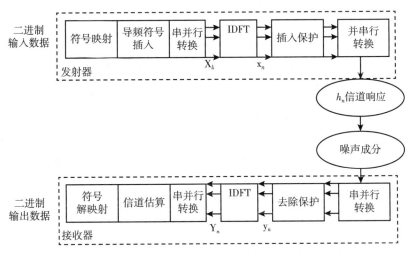

图 18-1　典型的 OFDM 通信系统

发射机侧的输入数据包由映射到 N 个符号 X_k 的二进制值 x_i 组成,其中 $0 \leqslant k < N$。例如,如果使用 QPSK,则一对输入比特可以映射到四个星座之一:$X = (\pm 1 \pm j)/\sqrt{2}$。在这种情况下,显然 $2N$ 个输入比特被映射到 N 个 QPSK 符号。

如果改为采用 m_l-QAM,则 $\log_2 m_l$ 输入比特被映射到单个 m_l-QAM 符号。可以定期插入特殊的"导频"符号,接收器使用这些"导频"符号来估计信道条件并适应各种数字滤波器参数[15-16]。X_k 符号可以被视为离散傅立叶变换(Discrete Fourier Transform, DFT)输出集。应用 DFT 逆变换(Inverse DFT, IDFT),生成 OFDM 时间符号 x_n:

$$x_n = \frac{1}{N} \sum_{k=0}^{N-1} X_k e^{j\frac{2\pi k}{N}n} \tag{18-1}$$

时间符号 x_n 是复数,它们的实部(以及可能的虚部)可以通过通信信道传输,在通信信道中它们受到其脉冲响应和各种噪声源的影响。考虑的最重要的噪声源是加性高斯白噪声(Additive White Gaussian Noise, AWGN)、码间干扰(InterSymbol Interference, ISI)和载波间干扰(InterCarrier Interference, ICI)。在本章中,我们将考虑用于数字化通道输出的 ADC 所产生的量化(或失真)噪声。数字化通道输出是序列 y_n,用作 DFT 模块的输入。该模块的输出是恢复的 γ_n 星座,它们被映射回形成输出数据的比特序列。

PLC 系统使用的普通 DFT 方法有离散多音(Discrete MultiTone, DMT)、厄米对称 OFDM-QAM[17]、FFT、加窗和小波 FFT[14]等。图 18-2a 使用 8 个 BPSK 符号输入到 IDFT 模块。如

果 IDFT 模块的多载波输出被串行化[18]，就会生成图 18-2b 所示的曲线。串行输出处的纹波可以具有比载波频率高数倍的频率。一般来说，信道信号频率由最大载波频率决定。

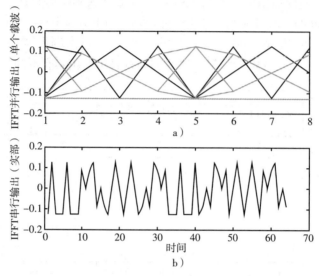

图 18-2　$N = 8$ 时的模拟 IFFT 并行和串行输出（实部）

18.2.2　PLC 系统中的噪声源和通道特性

在本节中，我们简要描述了使用各种 OFDM 替代调制的 PLC 系统中的几种信道噪声建模方法。我们提出这些方法是为了演示 PLC 系统参数，文献中的几位作者在估计 PLC 通道的信噪比（Signal-to-Noise Ratio，SNR_{ch}）时已考虑了这些参数。我们不打算将这些方法组合到统一的通道模型中，因为这样的描述将是一般的近似值，对于单独的 PLC 应用程序可能不准确。

尽管两个相邻的 OFDM 载波可能具有相似的频率，但它们的载波间干扰（InterCarrier Interference，ICI）由于其正交性而受到限制，除非通信信道是频率选择性的，能对各个载波造成不同的衰减。在这种情况下，可能需要适当的均衡来调整每个载波的幅度[17]，均衡也可以在频域中进行[18]。

ISI 是另一种必须解决的噪声。它是由通过具有不同延迟的多个传输路径接收到传输数据的多个图像引起的。如果连续传输数据包，则其内容可能会被多路径传输的图像扰乱。因此，作为分组数据片段的副本的循环前缀（Cyclic Prefix，CP）经常被插入到分组的开头，就像 DMT 调制中的情况一样。

通道脉冲响应可以通过 $M+1$ 个因子 h_0，h_1，$\cdots$，h_M 来描述。这些因子的数量取决于多路径延迟 T_m。如果 T_s 是 x_n 序列的采样周期，那么 $M+1$ 应该等于 T_m/T_s。为了解决多径传输问题，可以在长度为 $N(x_0, \cdots, x_{N-1})$ 的传输序列的开头插入长度为 M 的 CP。被选择作为 CP 的 M 个元素是传输序列的最后 M 个元素（$x_{N-M}, \cdots, x_{N-1}$）。所得序列 x'_n 具有 $N + M$ 个元素：$x_{N-M}, \cdots, x_{N-1}, x_0, \cdots, x_{N-1}$。从通道接收到的符号 y_n 是通过系列 x'_n 与影响因

子 h_n^{18} 的线性卷积得出的：

$$y_n = x'_n * h_n = \sum_{k=0}^{M} h_k x'_{n-k} = \sum_{k=0}^{M} h_k x_{(n-k) \bmod N} = x_n \otimes_N h_n \qquad (18\text{-}2)$$

上式的最后部分表示 x_n 和 h_n 在 N 上的循环卷积。该循环卷积的 DFT 为

$$\gamma_k = X_k H_k \Rightarrow x_n = \mathrm{IDFT}(\gamma_k / H_k) = \mathrm{IDFT}(\mathrm{DFT}(y_n) / \mathrm{DFT}(h_n)) \qquad (18\text{-}3)$$

接收到的序列 $y_n(-M \leqslant n \leqslant N-1)$ 具有 $N+M$ 个元素，但是对于 x_n 的恢复而言，对多径加扰敏感的前 M 个元素是不需要的。这样就避免了 ISI 干扰，恢复了初始数据序列。

Yang 等人[18] 通过连续传递函数对多路径 PLC 通道进行建模：

$$H_f = A_{\mathrm{atn}} \sum_{p=1}^{N_p} g_p \mathrm{e}^{-j(2\pi d_p / c_1) f} \mathrm{e}^{-(a_0 + a_1 f^K) d_p} \qquad (18\text{-}4)$$

式中，N_p 是路径数，g_p 是路径 p 的增益，c_1 是光速，A_{atn} 是衰减因子。参数 a_0、a_1 和 K 通过仿真优化确定。在实验中，他们假设存在按强度为 $\Lambda[m^{-1}]$ 的泊松到达过程放置的反射器。这实际上意味着每隔 $1/\Lambda$ 距离就有一个反射器，并且有 L/Λ 条路径，其中 L 是 PLC 网络线路的总长度。

Tlich 等人描述了 PLC 通道特性[20]。他们使用了 7 个实验场地配置(具有不同 PLC 通道传递函数的城市或乡村地点的新/旧房屋)来测量噪声并在统计上定义代表性噪声/容量分类。

Lin 等人根据参考文献[20]描述了 DMT 和 HS-OQAM 调制方案的更具体的信噪比和干扰比确定方法[17]，其中多模调制器能够在这两种方案中的任何一种中工作被提议。更具体地说，在 DMT 调制中，第 m 个子载波上的 ICI 和 ISI 功率通过以下方式估计：

$$P_{\mathrm{ISI\text{-}ICI}}^{\mathrm{DMT}}(m) = \frac{2\sigma_c^2 \sum_{l=L+1}^{L_h-1} \left| \sum_{l=L+1}^{L_h-1} h_\mu \mathrm{e}^{-j\frac{2\pi}{N}\mu m} \right|}{|H_m|^2} \qquad (18\text{-}5)$$

式中，σ_c^2 是复数 QAM 符号方差，h_μ 是长度为 L_h 的信道脉冲响应。参数 N 是载波数量，L 是循环前缀长度。请注意，在这种情况下，循环前缀长度 L 小于信道脉冲响应长度 L_h，而在方程(18-2)的情况下。假设它们相等以避免 ISI。当然，在式(18-5)中，如果 CP 长度 L 增加到接近信道脉冲响应长度 L_h，则 ISI 噪声功率变得更小。如果 L 高于 L_h，则 ISI 噪声可以忽略不计[18]。参数 H_m 也包含在方程(18-5)中，用于每个载波 m 的均衡化。H_m 的值可以通过以下方式估算：

$$H_m = \sum_{l=0}^{L_h-1} h_l \mathrm{e}^{-j\frac{2\pi lm}{N}} \qquad (18\text{-}6)$$

载波 m 处 DMT 调制的 SNIR 可估计为：

$$\mathrm{SNIR}^{\mathrm{DMT}}(m) = \frac{\sigma_c^2}{\dfrac{\sigma_n^2}{|H_m|^2} + P_{\mathrm{ISI+ICI}}^{\mathrm{DMT}}(m)} \qquad (18\text{-}7)$$

式中，σ_n^2 是 AWGN 方差。在 HS-OQAM 调制中，载波 m 的相应 ICI 和 ISI 功率以及 SNIR 估计为：

$$P_{\text{ISI+ICI}}^{\text{HS-OQAM}}(m) = \sigma_c^2 \sum_{(p,q) \neq (0,0)} \left| \text{Re}\left\{ \frac{e^{j\frac{\pi}{2}(p+q+pq)} H_{p,q}(m)}{H_m} \right\} \right|^2 \qquad (18\text{-}8)$$

$$\text{SNIR}_m^{\text{HS-OQAM}}(m) = \frac{|\rho_m|^2 \sigma_c^2}{P_{\text{ISI+ICI}}^{\text{HS-OQAM}}(m) + \dfrac{\sigma_n^2}{|H_m|^2}} \qquad (18\text{-}9)$$

其中

$$H_{p,q}(m) = \sum_{l=0}^{Lh-1} h_l e^{-j\frac{\pi}{N}(2m+p)l} A_g[-qN-l,p] \qquad (18\text{-}10)$$

函数 $g(t)$ 的样本模糊度函数 A_g 定义为：

$$A_g[l,k] = A(lT, kF_0) \qquad (18\text{-}11)$$

$$A(\tau, \mu) = \int_{-\infty}^{+\infty} g\left(t+\frac{\tau}{2}\right) g^*\left(t-\frac{\tau}{2}\right) e^{j\pi\mu t} dt \qquad (18\text{-}12)$$

频率参数 F_0 是周期 T_0 的倒数，与采样周期 T_s 和载波数量 N 有关，其中 $T_s = T_0/N$。方程(18-9)中使用的参数 ρ_m 表示载波 m 处的传输速率，定义为：

$$\rho_m = \text{Re}\left\{ \frac{1}{H_m} \sum_{l=0}^{Lh-1} h_l e^{-j\frac{2m\pi l}{N}} A_g[-l,0] \right\} \qquad (18\text{-}13)$$

在 Cortes 等人的方法中[21]，估计了 DMT 调制的时间变化（Time Variation，TV）和频率选择性（Frequency Selectivity，FS）的信号失真比（Signal-to-Distortion Ratio，SDR），而不考虑其他噪声源。作者将在时间 $n-m$ 施加的脉冲信号在采样时间 n 的通道响应定义为 $h[n,m]$。则通道输出为：

$$y[n] = \sum_{l=0}^{Lh-1} h[n,m] x[n-m] \qquad (18\text{-}14)$$

假设时间变化在符号 l 持续时间内呈线性，并表示为：

$$h[n+lL+cp,m] = h_l[m] + \frac{n-N+\dfrac{1}{2}}{2N} \Delta h_l[m]$$

$$0 \leqslant n < 2N-1 \qquad (18\text{-}15)$$

在式(18-15)中，$L=2N+M$ 是包括 CP 长度 M 的符号长度，而 $h_l[m]$ 是符号 l 中间的信道响应。$h_l[m]$ 在某种程度上表示整个符号传输的平均信道响应。参数 $h_l[m]$ 是符号 l 的开头和结尾处的信道响应的差。由于周期性行为，有 $h_{p+rP}[m] = h_p[m]$ 且 $\Delta h_{p+rP}[m] = \Delta h_p[m]$，其中 $r \cdot P$ 表示符号 P 完成传输的数量 r。我们还分别将 $h_p[m]$ 和 $\Delta h_p[m]$ 的 DFT 表示为 $H_p[k]$ 和 $\Delta H_p[k]$。使用上述参数，Cortes 等人[21]估计了在第 m 处的 SDR 载波和第 r 个符

号如下：

$$\begin{aligned}
\mathrm{SDR_{TV}}(r,m) &= \frac{E[\,|X_{r,m}|^2\,]}{E[\,|X_{r,m}-\gamma_{r,m}H^{-1}[m]|^2\,]} \\
&= \frac{16N^2\,|H_r[m]|^2}{\displaystyle\sum_{\substack{i=-(-N-1)\\ i\neq m}}^{N}\dfrac{|\Delta H_r[i]|^2}{\sin^2\!\left(\dfrac{\pi}{2N}(i-m)\right)}}
\end{aligned} \tag{18-16}$$

如果由时间变化和频率选择性引起的失真是独立的，则载波 m 和符号 r 处的总 SDR 可以通过以下方式估计：

$$\frac{1}{\mathrm{SDR}(r,m)}=\frac{1}{\mathrm{SDR_{FS}}(r,m)}+\frac{1}{\mathrm{SDR_{TV}}(r,m)} \tag{18-17}$$

18.2.3　ADC 量化噪声

1. OFDM 环境中的 ADC 量化噪声

本节将介绍文献中的三种示范方法，用于描述 ADC 量化和限幅噪声（失真），并讨论它们对 OFDM 系统的信道 $\mathrm{SNR_{ch}}$ 和误码率的影响。

Sawada 等人[10]提到了同相和正交信号（分别为 I 和 Q）作为一对 ADC 的输入的情况。在这种情况下，接收器处第 l 个 OFDM 符号和第 m 个子载波的 FFT 输出可以描述为：

$$\widetilde{d_{l,m}}=\frac{1}{N}\sum_{k=lN}^{(l+1)N-1}(r_q^I[k]+\mathrm{j}r_q^Q[k])\mathrm{e}^{-\mathrm{j}\frac{2\pi m}{N}k} \tag{18-18}$$

式（18-18）中使用了 N 点 FFT。式（18-18）中使用的 r_q 实数（r_q^I）和虚数因数（r_q^Q）是量化的 ADC 输出，并由 $r_q[k]=q(r(kT_{\mathrm{sym}}))$ 描述。$r(t)$ 是接收信号（I 或 Q），T_{sym} 是 OFDM 符号持续时间，$q(x)$ 是 ADC 量化函数，描述如下：

$$q(x)=\begin{cases} lm_l, & x<lm_l \\[2mm] \left\lfloor\dfrac{x}{\Delta_q}\right\rfloor\Delta_q+\dfrac{\Delta_q}{2}, & lm_l\leqslant x<lm_u \\[2mm] lm_u, & x\geqslant lm_u \end{cases} \tag{18-19}$$

lm_u 和 lm_l 是 ADC 范围的上限和下限。如果 ADC 输入超出这些限制，则会被削波；否则，对于 b 位 ADC，它会被量化为 ADC 分辨率步长 $\Delta q=lm_u-lm_l/2^b$ 的倍数。第 k 个 ADC 采样处的 ADC 量化误差 $\mathrm{qer}[k]=\mathrm{qer}[kT]$ 是 $\mathrm{qer}[kT]=r(kT)-q(r(rT))$。这导致第 m 个子载波的第 l 个符号处出现 FFT 输出误差 $\mathrm{der}_{l,m}$：

$$\mathrm{der}_{l,m}=\frac{1}{N}\sum_{k=lN}^{(l+1)N-1}(\mathrm{qer}^I[k]+\mathrm{j}\cdot\mathrm{qer}^Q[k])\mathrm{e}^{-\mathrm{j}\frac{2\pi m}{N}k} \tag{18-20}$$

Sawada 等人[10]提出了许多仿真结果，定义了接收信号 $r(t)$ 的最佳幅度，以在限幅误差和量化误差之间进行权衡。他们的仿真还表明，BER 并不显著依赖于 OFDM 子载波的数量 N，而峰均功率比（Peak-to-Average Power Ratio，PAPR）则显著依赖 OFDM 子载波的数量 N。因此，BER 取决于平均信号功率，而不是通常用于定义 ADC 所需 SNDR 的 PAPR[22]。

第二种 ADC 噪声建模方法[18]基于广义 Bussgang 定理，该定理指出：如果非线性无记忆 ADC 的输入信号 X 是可分离随机过程，则输出信号 γ 可以表示为 $\gamma = A_{atn}X + D$。A_{atn} 是输入的衰减因子，D 是由量化和削波效应引起的 ADC 失真。因此，输入、输出和失真（分别为 X、γ 和 D）的方差通过 $D = \gamma - A_{atn}X$ 相关。

根据定义，SDR 为 $A_{atn}^2 \sigma_X^2 / \sigma_D^2$。Yang 等人[18]通过仿真结果表明，对于输入信号的一定分布，可以选择方程（18-19）中的 ADC 分辨率步长 q 从而使 SDR 最大化。他们的仿真结果还表明，使用瑞利和莱斯衰落通道，ADC 级造成的 SNR 损失在高 m_l 的 m_l-QAM 调制中更高。更具体地说，使用五位 ADC 分辨率时，16 QAM 的 ADC 级损失高达 2.7 dB，QPSK 的 ADC 级损失高达 0.9 dB。

Moschitta 等人的第三种方法[23]从理论上更详细地描述了 ADC 失真对 OFDM 系统的 SNR 和误码率（Bit Error Rate，BER）的影响。如果要在 OFDM 环境中定义 ADC，那么 BER 是比 SNR 更合适的衡量标准，因为 OFDM 信号由具有正态分布频率的调制载波组成，而不是用于 ADC SNDR 表征的简单正弦波。OFDM 信号的功率谱可以建模为高斯随机过程，当载波数量增加时，该过程趋于矩形。因此，也可以采用高斯激励在此类系统中进行有效的 ADC 测试。

Moschitta 等人[23]在他们的测试中同时使用了无记忆 ADC（例如闪存或流水线 ADC）和一个 $\Sigma\Delta$ ADC。我们将重点关注无记忆 ADC 的理论分析，因为 18.4 节中描述的架构是无记忆 ADC。参考文献[23]中采用的调制方法是 QPSK，并且假设 N 个载波的 N_A 是活动的。因此，使用以下 IFFT 替代式（18-1）的调制方法：

$$x_n = \frac{1}{N} \sum_{k=0}^{N_A-1} X_k e^{j\frac{2\pi n}{N}(k-(N_A-1)/2)} \tag{18-21}$$

式中，X_k（复向量）是 QPSK 符号。发射机输出是中频信号，该信号是通过对式（18-21）的原始 OFDM 输出进行双频（x_{UP}）采样而生成的，以满足奈奎斯特速率。发射信号 x_{IF} 为：

$$x_{IF}[n] = \mathrm{Re}\{x_{UP}[n]e^{j\frac{\pi n}{2}}\} \tag{18-22}$$

添加到传输信号中的 AWGN 噪声也被考虑在内。由于载波是正交的，因此总 BER 与载波 m 的 BER_m 之间的关系如下：

$$\mathrm{BER} = \frac{1}{N_A} \sum_{m=0}^{N_A-1} \mathrm{BER}_m \tag{18-23}$$

载波 m 的 BER_m 可以表示为：

$$\mathrm{BER}_m = \frac{1}{2} \mathrm{erfc}\left(\sqrt{\frac{E_B}{\eta_0}}\right) \tag{18-24}$$

式中，erfc 是互补误差函数，E_B 是传输单个比特所需的能量，η_0 是 AWGN 功率谱密度常数。E_B 可以根据传输整个符号所需的能量的标准化来估计。ADC 量化噪声会添加到通道的 AWGN 噪声中，并且在 FFT 模块的输入端往往会出现白噪声。ADC 输出处的每个 OFDM 符号（E_{OFDM}）能量（归一化为采样周期）为：

$$E_{OFDM} = \sigma_{OFDM}^2 N \cdot OSR \tag{18-25}$$

式中，σ_{OFDM} 是 OFDM 符号方差，OSR 是 ADC 的过采样率。如果使用无记忆 ADC（奈奎斯特速率），则 OSR 的值接近 2；如果使用 $\Sigma-\Delta$ 转换器，则 OSR 的值要高得多。如果 n_B 是一个符号周期内单个载波上传输的比特数，则每比特的能量为：

$$E_B = \frac{E_{OFDM}}{N_A n_B OSR} = \frac{\sigma_{OFDM}^2 N}{N_A n_B} \tag{18-26}$$

通道噪声与 ADC 量化噪声无关；因此，总噪声谱密度 η 等于信道噪声谱密度 η_{CH} 和量化噪声 η_Q 密度之和。这些密度中的每一个均估计为：

$$\eta_{CH} = \sigma_{OFDM}^2 \frac{OSR}{SNR_{ch}} \tag{18-27}$$

$$\eta_Q = \frac{\sigma_{IN}^2}{SNDR} \tag{18-28}$$

在式（18.27）和式（18.28）中，SNR_{ch} 和 SNDR 分别是通道的总信噪比以及 ADC 的信噪比和失真比。ADC 输入是通过将 OFDM 符号信号和 AWGN 噪声相加得出的：

$$\sigma_{IN}^2 = \left(1 + \frac{1}{SNR}\right)\sigma_{OFDM}^2 \tag{18-29}$$

2. PLC 系统中的 ADC 量化噪声

将上一节中描述的噪声组合方法和方程（18-17）推广到 s 个独立噪声源，我们可以通过每个噪声源（SNR_{n1}、SNR_{n2} 等）的单独 SNR 来估计总 SNR，如下所示：

$$SNR = \frac{E_{sig}}{E_{n1} + E_{n2} + \cdots + E_{ns}} \Rightarrow SNR^{-1} = \frac{E_{n1} + E_{n2} + \cdots + E_{ns}}{E_{sig}}$$
$$= SNR_{n1}^{-1} + SNR_{n2}^{-1} + \cdots + SNR_{ns}^{-1} \tag{18-30}$$

式中，E_{sig} 是信号能量，E_{ni} 是噪声源 n_i 的能量。式（18-30）可用于将 ADC 量化噪声与上一节所述的其他噪声源（例如 SDR、SNIR 等）隔离，以便估计总通道 SNR 并研究其对整个 PLC 系统吞吐量的影响。

SNR 通过香农极限与信道容量相关：

$$Rt = B\log_2(1 + SNR) \tag{18-31}$$

式中，Rt 是信道容量（以位/秒为单位），B 是带宽（以 Hz 为单位），SNR 是信道的信噪比（表示为 E_{sig}/E_n，而不是分贝的对数形式）。基于香农极限，Lin 等人[12] 估计的 DMT 和 HS-

OQAM 调制的数据速率分别由式(18-32)和式(18-33)给出。

$$Rt_{\mathrm{DMT}} = \frac{M}{M+L} F_o \sum_{m=0}^{\frac{M}{2}-1} \log_2\left(1 + \frac{\mathrm{SINR}_m^{\mathrm{DMT}}}{\Gamma}\right) \qquad (18\text{-}32)$$

$$Rt_{\mathrm{HS\text{-}OQAM}} = F_o \sum_{m=0}^{\frac{M}{2}-1} \log_2\left(1 + \frac{\mathrm{SINR}_m^{\mathrm{HS\text{-}OQAM}}}{\Gamma}\right) \qquad (18\text{-}33)$$

参数 F_o、L 和 M 之前已定义,而信号与干扰噪声比 SINR 已通过式(18-7)和式(18-9)进行估计。SNR 间隙定义如下[24]:与式(18-24)类似,在 m_l-QAM 调制和 AWGN 信道中,每个维度的符号错误率(Symbol Error Rate,SER)近似估计为:

$$\mathrm{SER} \approx \mathrm{erfc}\sqrt{\frac{3\mathrm{SNR_{ch}}}{2(m_l-1)}} \qquad (18\text{-}34)$$

如果 b 是比特数/维度,考虑到 m_l-QAM 调制中存在二维星座,我们有 $m_l = 2^b 2^b = 2^{2b}$。将式(18-34)中的 m_l 代入 2^{2b} 并求解位数 b,可得:

$$b = \frac{1}{2}\log_2\left(1 + \frac{\mathrm{SNR}}{\frac{2}{3}\left[\mathrm{erfc}^{-1}(\mathrm{SER})\right]^2}\right) \qquad (18\text{-}35)$$

方程(18-35)类似于香农容量极限[见方程(18-31)]。通过比较这两个方程,我们可以将 SNR 间隙 Γ 定义为

$$\Gamma = \frac{2}{3}\left[\mathrm{erfc}^{-1}(\mathrm{SER})\right]^2 \qquad (18\text{-}36)$$

使用 SNR 间隙可以很好地近似系统能够达到的数据速率(并不总是接近香农极限)。

任何独立噪声源(ISI/ICI 干扰、AWGN 和 ADC 量化噪声)都可以使用方程(18-30)组合成表征整个 PLC 通道的单个 SNR 参数。各个噪声 SNR(包括 ADC SNDR)可以通过实验或使用式(18-7)、式(18-9)、式(18-16)和式(18-17)来估计。然后可以使用诸如式(18-32)或式(18-33)之类的公式来估计系统的数据速率。然而,噪声源并不总是独立的。例如,在高分辨率 ADC 中,其输出被建模为输入信号加上量化噪声(假设均匀分布在整个工作范围内)[18]。但在较低分辨率下,噪声与输入信号高度相关。Yang 等人[18]声称,通过衰减输入加上不相关失真来对 ADC 输出进行建模更为准确。

当需要为具有特定吞吐量的系统确定 ADC 的 SNDR 时,需要遵循相反的过程:可以求解香农容量极限方程(18-31)或式(18-32)和式(18-33)以获得总信道 SNR。然后,假设其 SNR 维度(干扰、失真、AWGN)已知,则可以使用通用方程(18-27)来估计 ADC SNDR。

例如,如果总 SNR(包括 ADC SNDR)应至少为 30 dB,以实现 200 Mbit/s 的吞吐量(如参考文献[17]的 2 类 PLC 网络的情况),并且实际通道 SNR(包括 SNIR)为 $\mathrm{SNR_{ch}} = 32\mathrm{dB}$,则需要 SNDR = 34dB 的 ADC,以避免 200 Mbit/s 吞吐量下降。SNDR 的 34 dB 值已通过求解方程(18-30)来估计。

基于参考文献[20]的 PLC 网络分类以及参考文献[17]中使用 HS-OQAM 或 DMT 调制实现的最佳吞吐量,具有不同 SNDR 值的 ADC 在 2 类(a)和 9 类(b)网络中的吞吐量下降如图 18-3 所示。从该图中可以看出,如果通道噪声较高,如在 2 类 PLC 网络的情况下,可以使用较低分辨率的 ADC,而不会显著降低吞吐量;但在较低噪声环境中,如在 9 类 PLC 网络的情况下,ADC 分辨率起着重要作用。例如,在 2 类网络中,即使具有 6 位动态分辨率(对应于 38 dB 的 SNDR)的 ADC 也不会显著影响吞吐量,而在 9 类网络中则需要 12 位 ADC 才能避免高吞吐量的下降。

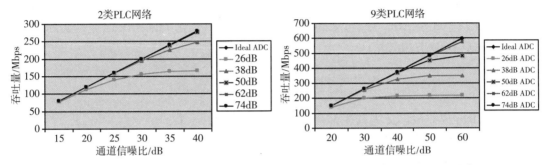

图 18-3　具有不同 SNDR 值的 ADC 在 2 类(a)和 9 类(b)网络中的吞吐量下降

PLC 系统所需的数据速率可以由其标准定义。在 IEEE P. 1901[13-14] 的小波 OFDM PHY 定义中,使用以下等式估计几个示例数据速率:

$$Rt = \frac{\text{sym\_bits} \cdot \text{conv\_rt} \cdot \text{rs\_rt}}{\text{sym\_dur}} \tag{18-37}$$

参考文献[14]中分别采用了 Reed Solomon(RS)和具有 rs_rt 和 conv_rt 速率的卷积码以进行更高级别的纠错。参数 sym_bits 和 sym_dur 分别是每个符号的位数和符号持续时间,符号持续时间是载波数量除以采样率。在参考文献[14]中的所有数据速率示例中,使用的符号持续时间为 8.192,调制方式为具有 360 个未屏蔽载波的 8-PAM(即 sym_bits = 360×3 = 1080)。如果卷积码和 RS 码的速率分别为 conv_rt = 3/4 和 rs_rt = 239/255,则数据速率 R = 1080×3/4×239/255/8.192 = 92.67(Mbit/s)。参考文献[14]中提出了其他几个类似的例子。各种纠错方案和调制实现的数据速率范围为几 Mbit/s 到 124 Mbit/s。

18.3　流行的 ADC 架构

ADC 的最重要参数是其速度、分辨率、线性误差、功耗和所需的芯片面积。最大允许采样率根据奈奎斯特极限确定最高可能的输入信号频率。过采样率(Over Sampling Ratio,OSR)是采样频率与输入信号频率的比率。如果所需的 OSR 较高(如 ∑-Δ 转换器的情况),则采样频率远高于输入信号的频率。无记忆 ADC 架构(例如闪存或流水线)使用采样保持(Sample and Hold,S/H)电路来锁存模拟输入值并保持稳定,直到转换完成。这些情况下的采样率接近奈奎斯特极限(OSR 接近 2),并且 S/H 时钟等于采样率。

随着输入信号速度的增加，ADC 造成的失真变得更严重，限制了其实际分辨率，因为输出代码的距离不相等，并且某些输出代码甚至可能丢失。与 ADC 的动态分辨率（定义为有效位数或 ENOB）相关的适当参数是信噪比和失真比。对于满量程正弦输入信号，ENOB 与 SNDR 的关系如下：ENOB =（ SNDR - 1.76 ）/6.02。例如，如果输入信号频率太高，12 位 ADC 的实际分辨率可能仅为 8 位甚至 4 位。

SNDR 用于测量 ADC 的动态线性误差，微分非线性（Differential NonLinearity，DNL）和增量非线性（Incremental NonLinearity，INL）参数描述了每个输出代码的静态（DC）线性。ADC 转换器的分辨率步长（或最低有效位，Least Significant Bit，LSB）通过将参考值 V_{ref} 除以输出代码的数量（对于 b 位 ADC 为 2^b）来确定。特定输出码 i（DNL_i）的 DNL 误差是实际码宽 D_i 与理想的码宽（LSB）的相对差：

$$DNL_i = \frac{D_i - LSB}{LSB} \tag{18-38}$$

代码的 INL 误差被定义为其先前代码的 DNL 误差的积分。图 18-4 展示了几种类型的 ADC 线性误差。

18.3.1 节~18.3.3 节将描述最流行的 ADC 架构，并强调每种架构的线性误差源。较旧的流行架构（例如计数或逐次逼近 ADC）将不再描述，因为这些架构没有最近已在文献中发表的改进架构。

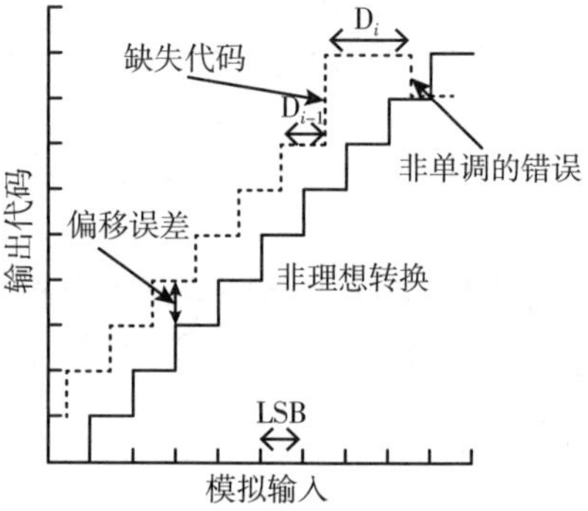

图 18-4　几种类型的 ADC 线性误差

18.3.1　闪存 ADC

电压模式闪存 ADC 架构实现了最高速度，因为其输入同时与 b 位闪存 ADC 中的 2^b 阈值电平（由电阻梯生成）进行比较[1-2]，并且比较器输出（温度计代码）转换为二进制表示形式，如图 18-5 所示。二进制编码器接受 2^b 个比较器输出作为输入，并使用以下等式生成 b 个二进制输出（O_0-O_{b-1}）（符号+和 $\oplus$ 分别表示 OR 和 XOR 布尔运算）。

$$O_b = C_{2^b-1} \tag{18-39}$$

$$O_{b-1} = C_{2^b-1} \oplus C_{2^{b-1}-1} \tag{18-40}$$

$$O_{b-2} = C_{4(2^b/4)} \oplus C_{3(2^b/4)} + C_{2(2^b/4)} \oplus C_{2^b/4} \tag{18-41}$$

$$\cdots$$

$$O_0 = C_{2^b-1} \oplus C_{2^b-2} + \cdots + C_1 \oplus C_0 \tag{18-42}$$

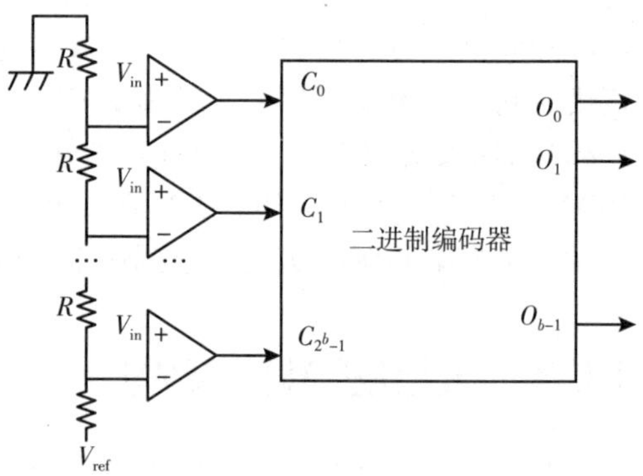

图 18-5　电压模式闪存 ADC 转换器

然而，即使采用闪存 ADC 架构，也必须采用特殊的模拟技术或昂贵的技术（例如 InP）[3]，才能实现非常高的采样率（例如 3 GS/s）。闪存 ADC 的分辨率实际上不超过 7 位，因为所需的大量比较器过度增加了芯片面积和功耗。$b+1$ 位闪存 ADC 需要的面积是 b 位闪存 ADC 的两倍。闪存 ADC 还具有高线性度的特点，因为比较器中的失配仅影响相应的电平比较，从而影响单输出代码的线性度，而不会累积多个错误。线性误差的另一个来源是电阻梯中的不匹配。假设电阻器误差范围在$-\Delta R_{max}$ 和$+\Delta R_{max}$ 之间且均值为零，则第 i 个比较器级别的误差为

$$\mathbf{LevelError}_i = V_{ref}\left(\frac{iR + \sum_{j=0}^{i}\Delta R_j}{2^b R + \sum_{j=0}^{2^b}\Delta R_j} - \frac{iR}{2^b R}\right) \tag{18-43}$$

考虑到平均 ΔR 为零，方程(18-43)中第一项的分母往往等于 $2^b R$，因为添加的 ΔR 项数量很大(2^b)。在这种情况下，误差预计大约等于：

$$\mathbf{LevelError}_i = \frac{V_{ref}}{2^b R}\sum_{j=0}^{i}\Delta R_j \tag{18-44}$$

如果 i 较高，则方程(18-44)中的 ΔR 项之和也趋向于零；因此，与靠近 V_{ref} 端子的电阻器相比，靠近梯形接地端的电阻器出现显著电平误差的可能性更高。如果使用小值电阻并且其实现长度较长，则可以最小化电阻的失配，但代价是较高的功耗和面积占用。

电流模式闪存 ADC 架构使用电流比较器而不是电压比较器，它们的比较电平由具有适当缩放晶体管的电流镜提供，

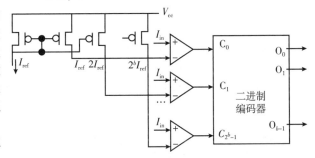

图 18-6　电流模式闪存 ADC 架构

如图 18-6 所示。假设晶体管沟道长度相同、工作在饱和区、忽略 Early 效应且电流镜的输入和第 i 个输出晶体管的沟道宽度分别为 W 和 W_i，则输出电流 I_i 为

$$I_i = \frac{W_i}{W}I_{ref} \tag{18-45}$$

因此，使用具有相等沟道长度和适当缩放宽度的晶体管，镜子的输出可以是输入参考电流 I_{ref}($2I_{ref}$, $3I_{ref}$ 等)的倍数。输出晶体管 i 尺寸的潜在失配仅影响相应的电平，而输入晶体管的失配影响所有参考电平。通过使用共源共栅电流镜和具有高沟道长度的晶体管可以最大限度地减少失配问题。

最小化失配效应的另一种方法是在电流镜的输出端并联使用多个相同尺寸的 MOS 晶体管，而不是使用大晶体管。更具体地，与使用宽度 W、$2W$、$3W$ 等的输出晶体管相比，可以使用宽度 W 的相同晶体管。第二个电流镜输出将由一对宽度为 W 的并联晶体管产生，第三个输出将由三个相同宽度的并联晶体管形成，依此类推。

18.3.2　流水线/子范围 ADC

流水线 ADC[4]由两个或多个同时对连续样本进行操作的 ADC 组成，初始粗略级生成最高有效位，后面的精细级生成最低有效位。如果我们考虑两级流水线 ADC，则粗略级数字输出通过 DAC 转换为相应的模拟值，并从粗略级模拟输入中减去。产生的残差由 S/H 电路锁存，并在下一个时钟周期用作精细级 ADC 的输入。b 位闪存 ADC 需要 2^b 个比较器，而如

果组成粗略和精细 ADC 的分辨率为 $b/2$，则两级流水线 b 位 ADC 仅需要 $2^{b/2+1}$ 个比较器。因此，流水线 ADC 比闪存 ADC 占用的面积更小，而它们可以实现的吞吐量与闪存 ADC 相当。具有两级以上的流水线 ADC 所需的面积甚至更低，但单个样本转换的延迟比闪存 ADC 要高出 s 倍。

流水线 ADC 的线性度通常比闪存 ADC 差，因为它还取决于所使用的减法电路和 DAC 的线性度。此外，所使用的 S/H 电路的准确性和稳定性在流水线架构中也至关重要。减法电路、DAC 和 S/H 电路的精度影响精细 ADC 级和最低有效位的生成。

子范围和子文件夹 ADC 与流水线 ADC 类似，但这些术语通常用于说明组成的 ADC 以异步方式对同一输入样本（而不是连续输入样本）进行操作，即在中间级不使用 S/H。当单个输入应用于子范围 ADC 时，在所有级都已稳定后即可获得正确的输出。

18.3.3 ΣΔ ADC

$\Sigma\Delta$（Sigma-Delta）ADC 转换器可以被视为压控振荡器，其中控制电压是输入采样模拟电平，该电平在转换周期 T_s 内必须保持稳定。在这样的时间间隔内产生的脉冲数量与输入采样电平成正比，并且它们由计数器计数，其输出在转换周期结束时被缓冲。这个特定计数器的输出实际上是模拟输入的二进制表示。这种 ADC 转换器的核心是一个由模拟积分器组成的简化 $\Sigma-\Delta$ 调制器，如图 18-7 所示。从输入样本中减去预定义电平的脉冲信号，并在

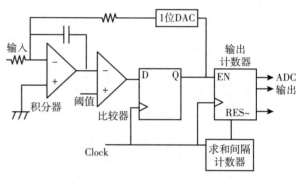

图 18-7　简化 ΣΔ ADC 架构

求和周期内对差值进行积分，直到积分器的输出达到阈值。在这个求和周期（由第二个计数器确定）中，脉冲列举了一个快速时钟。从这个一般描述中可以明显看出，时钟频率应该远高于输入信号频率（高 OSR）。更具体地，需要 2^b 个时钟脉冲来完成 b 位转换。通过这种方式，可以实现与所使用的输出计数器的分辨率相等的任意高分辨率。

如果积分器的输出再次减去与其输入类似的相同脉冲信号，并将差值驱动到第二个积分器，则可以构建二阶 $\Sigma-\Delta$ 转换器。与低阶 $\Sigma-\Delta$ 转换器相比，高阶 $\Sigma-\Delta$ 转换器可以通过这种方式构建，并实现更高的 SNDR 和更低的 OSR。$\Sigma-\Delta$ 转换器的线性度通常非常好，因为不会发生单调误差，唯一的误差源基本上是积分器和连接到该积分器的电容器等组件的不匹配。在收敛范围的极限处会出现更显著的线性误差。因此，突变信号（例如轨到轨信号）的转换不太准确。

18.4　基于整数除法的 ADC 架构

在普通流水线或子范围 ADC 中，粗略 ADC 数字输出被转换回模拟值，该模拟值被粗略级模拟输入减去，以获得被驱动至精细级 ADC 的残差。由于粗略级的转换必须在估计残差之前完成，因此粗略级和精细级需要对连续样本进行操作（流水线架构）；否则，解决所有输出所需的延迟很长（异步子范围架构）。在所提出的架构中，输入除以 2 的适当次幂，所得商和余数同时驱动至一对 ADC。通过这种方式，可以实现快速子范围

ADC 或基于二叉树结构的新颖架构。此外，独立整数除法电路还可用于多种其他信号处理架构。

　　在电流模式下可以很容易地实现整数除法器，因为可以使用简单的电路来实现加法、减法以及乘/除常数等运算。如果 I_{in} 和 qI_{ref} 是分压器的输入和输出电流（I_{ref} 是参考电流），则 q 是 I_{in}/I_{ref} 的商，前提是

$$qI_{ref} \leqslant I_{in} < (q+1)I_{ref} \qquad (18\text{-}46)$$

　　通过从 I_{in} 中减去 qI_{ref} 可以估计这种除法的余数。整数除法器的电流模式实现电路如图 18-8[11] 所示。输入 I_{in} 的副本同时与 I_{ref}，$2I_{ref}$，$\cdots$，$(N-1)I_{ref}$ 进行比较，比较器输出连接多个 I_{ref} 电流源，根据式（18-46），这些电流源将在输出处相加。

　　参考 I_{ref}，$2I_{ref}$，$\cdots$，$(N-1)I_{ref}$ 是由单个参考电流 I_{ref} 通过具有多个输出的电流镜和适当缩放的晶体管 [如方程（18-45）所示] 生成的。I_{ref} 电流源由具有多个输出且具有相同尺寸晶体管的电流镜实现。共源共栅电流镜可用于提高失配抗扰度。

　　电压模式整数分频器可以使用如图 18-9[12] 所示的电路来实现。输入 V_{in} 与 V_{ref}，$2V_{ref}$，$(N-1)V_{ref}$ 进行比较，并且比较器输出并联 q 个电阻器 R_p，如果

$$qV_{ref} \leqslant V_{in} < (q+1)V_{ref} \qquad (18\text{-}47)$$

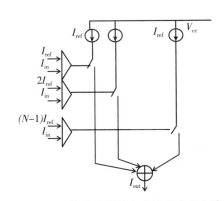

图 18-8　整数除法器的电流模式实现电路

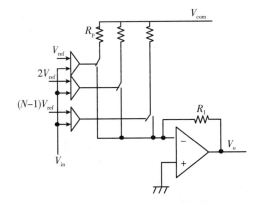

图 18-9　电压模式整数分频器

此时运算放大器输出 V_o 的绝对值为

$$V_o = qV_{com}R_f/R_p \qquad (18\text{-}48)$$

如果选择 V_{com}、R_f 和 R_p 的值，使得

$$V_{ref} = V_{com}R_f/R_p \qquad (18\text{-}49)$$

　　那么运算放大器的输出是 qV_{ref}，代表 V_{in}/V_{ref} 的商。第二个运算放大器可以执行 qV_{ref} 与 V_{in} 的减法，以便估计除法的余数。差分电压模式整数分频器可以按照参考文献 [12] 中的描述，以实现更快的操作。

　　前面讨论中提到的整数除法器可以在基于二叉树结构的八位 ADC 中使用，其执行八位 ADC 转换，如图 18-10 所示。在 b 位 ADC 转换的一般情况下，存在 $\log_2 b$ 树级别。在二叉树的 L 层执行的除法是 2^{2^L}。叶子被分配级别 $L=0$。例如，在 8 位 ADC 树的根处执行的除法是除以 $2^{2^2}(=16)$，在 16 位 ADC 树的根处执行的除法是除以 256。在 8 位 ADC

中，模拟输入除以 16，所得商和余数作为一对四位 ADC 子树的输入。在每个四位子树的根处执行的除以 4 操作会生成一个商和一个余数，它们被输入一对两位 ADC 子树。这些两位 ADC 将其输入除以 2 并生成二进制输出，这些输出是通过它们的商和留数进行转换的。

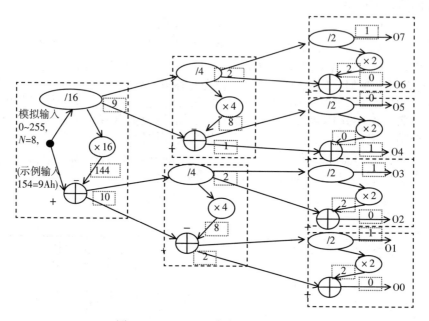

图 18-10　基于二叉树结构的八位 ADC

　　模拟输入值 154 的转换示例如图 18-10 所示，数字位于小虚线矩形中。该八位 ADC 的输入范围假设为 0~255。在该树的根部除以 16 会生成等于 9 的商和等于 10 的余数。生成最高有效位的四位 ADC 将 9 除以 4，所得商和余数分别为 2 和 1。生成最低有效位的四位 ADC 将 10 除以 4，所得商和余数分别为 2 和 2。同样，4 个两位 ADC 使用四位 ADC 根节点生成的商和余数来产生相当于 154 的二进制输出 10011010。

　　遵循这种二叉树架构的 ADC 不必是平衡的。例如，可以使用根除法器的商驱动四位 ADC 并根据其余数驱动八位 ADC 来构建 12 位 ADC。此外，大的除法器可以用多个串联的更简单的除法器来实现，如果 $N = N1 \cdot N2$，则可以使用模 $N1$ 除法接着模 $N2$ 除法来实现模 N 除法。

　　整数除法器也可以用于子范围 ADC 架构，比如图 18-11 所示的右位子范围 ADC 架

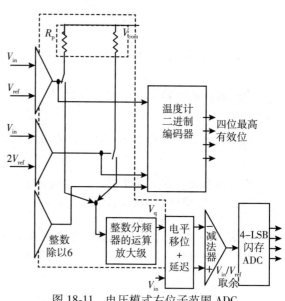

图 18-11　电压模式右位子范围 ADC

构,该架构已实现[12]。输入级是一个整数分频器,如图 18-9 所示。输入 V_{in} 减去该整数除法器的商 V_q,并将余数输入到四位精细闪存 ADC。在进行减法之前,可以对信号 V_{in} 和 V_q进行适当的电平调整和延迟均衡。整数除法器中的比较器不使用商作为第二个四位粗略ADC 的输入,而是直接连接到二进制编码器,并且它们的"类似温度计"输出被编码到四个最高有效位。通过这种方式,失真和功耗减少,同时所需的芯片面积显著减小。

ADC 的功能列于表 18-1,这些 ADC 具有不包含任何所需校准逻辑的 ADC 内核。类似于图 18-10 所示的基于二叉树的 12 位 ADC 已开发出两个版本。高速、低面积/功耗(High Speed, Low Area, and Power, HSLAP)版本是使用简单的电流镜和尽可能小的晶体管来实现的。这种类型的实现对晶体管失配非常敏感,并且需要复杂的校准逻辑,该逻辑应当应用于二叉树的大多数节点,以便处理任何工艺、温度或失配问题[11]。

表 18-1　ADC 的功能

特性	12-bit CM HSLAP	12-bit CM HMI	8-bit CM HSLAP	8-bit CM HMI	8-bit VM 子范围
最大采样率	420 MS/s	225 MS/s	440 MS/s	230 MS/s	>500 MS/s
面积	0.021 mm²@ 90 nm	0.123 mm²@ 90 nm	0.012 mm²@ 90 nm	0.07 mm²@ 90 nm	0.06 mm²@ 90 nm
功耗	25 mW	72 mW	14 mW	34 mW	22 mW

高失配抗扰度(High Mismatch Immunity, HMI)版本是使用共源共栅电流镜和大型晶体管开发的,以便最大限度地减少任何失配和工艺变化的影响。在这种情况下转换速度较低,并且所需面积和功耗增加。尽管如此,所需的校准逻辑已被简化,并且只需应用于二叉树的根节点,如参考文献[11]中所述。

HSLAP 和 HMI 实施方案的四位和八位集成 ADC 均可用作独立转换器。表 18-1 也列出了二叉树结构的 8 位电流模式 ADC 的相应功能。最后一列指的是图 18-11 中所示的八位电压模式子范围 ADC 功能。将这些 ADC 与其他 ADC 方法(例如本章中引用的方法)进行比较,可以看到所提出的新颖架构需要低几个数量级的面积,并且具有与其他方法相当的功耗。例如,参考文献[1]在参考 ADC 中实现了最低面积;对于六位 ADC,在 90 nm 处的尺寸为0.145 mm²,这仍然比我们的任何实现都要大得多。如需更详细的比较,请参阅参考文献[11]。所提出的 ADC 架构的小面积和低功耗特性使其对 PLC 应用非常有吸引力。

表 18-1 中提供的替代 ADC 实现的 SNDR 对于满量程输入信号来说并不是特别高,如图 18-12 所示。这是因为模 N 分频器的余数频率比分频器输入信号的频率高 N 倍,对于未跨越满量程的输入信号,可以获得更高的 SNDR。HSLAP 实现的 SNDR 明显高于 HMI,但下降输入信号频率(10~30 MHz)的最高SNDR 是通过电压模式子范围实现的。

使用图 18-12 的 SNDR 值,可以检查各种 PLC 示例系统的吞吐量下降。表 18-2 总结了一些这样的例子。在韩国 PLC 标准 KS X4600.1 中,最大载波音频频率为 23 MHz[25]。在此频率下,HMI ADC 实现可达到约 20 dB。如果 2类 PLC 通道的 SNR_{ch} 也是 20 dB,则使

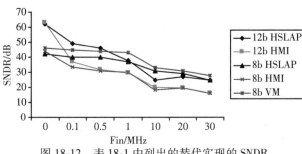

图 18-12　表 18-1 中列出的替代实现的 SNDR

用香农极限[见方程(18-31)]，理想 ADC 可以实现的最大理论数据速率为 153 Mbit/s。如果假设这些噪声源是独立的，使用方程(18-30)进行估计，则 23 MHz 的通道和 ADC 的组合 SNR 为 17 dB。这种情况下相应的最大数据速率降低至 130 Mbit/s；因此，使用这些 HMI ADC 时，数据速率下降了 15%。如果改用 8 位电压模式子范围 ADC，则其 SNDR 在 23 MHz 时将为 30 dB，最大数据速率将降低至 150 Mbit/s，仅导致大约 2% 的数据速率下降。对于 30 MHz 输入信号(这是 IEEE P.1901 标准中的最大载波频率，适用于不使用可选 30~50 MHz 载波频率范围的应用)，这些估计结果稍差。

表 18-2　数据速率估计示例

最大载波频率	组合信道	ADC SNDR	组合信道+ ADC SNR	最大数据速率 (理想 ADC)	最大速率 (实际 ADC)	数据速率 降低率
23 MHz	20 dB	20 dB	17 dB	153 Mbit/s	130 Mbit/s	15%
23 MHz	20 dB	30 dB	19.6 dB	153 Mbit/s	150 Mbit/s	1.96%
23 MHz	60 dB	20 dB	19.99 dB	458 Mbit/s	153 Mbit/s	66%
23 MHz	60 dB	30 dB	29.99 dB	458 Mbit/s	230 Mbit/s	50%
5 MHz	60 dB	33 dB	32.99 dB	100 Mbit/s	55 Mbit/s	45%
5 MHz	60 dB	40 dB	39.95 dB	100 Mbit/s	66 Mbit/s	34%

在 SNR = 60 dB 的 9 类低噪声 PLC 通道中，如果使用理想的 ADC，则理论最大数据速率在 23 MHz 时将为 458 Mbit/s。HMI ADC 只能达到 153 Mbit/s，因为组合通道和 ADC SNR 大约仅为 20 dB(数据速率下降 66%)。八位电压模式子范围 ADC 将能够实现 230 Mbit/s 数据速率(性能下降 50%)。这些示例表明，所提出的 ADC 实现并不适合在极低噪声环境中运行并使用高频载波的 PLC 应用。

如果应用使用较低频率的载波，例如在通道 SNR = 60 dB 的低噪声环境中使用高达 5 MHz 的载波，则理想 ADC 的最大理论数据速率将为 100 Mbit/s。HMI 显示该频率下的 SNDR 等于 33 dB；因此，最大数据速率将为 55 Mbit/s(速度减慢 45%)。八位电压模式子范围 ADC 在该频率下的 SNDR 等于 40 dB。最大数据速率在这种情况下，吞吐量将为 66 Mbit/s (吞吐量比最大值 100 Mbit/s 低 34%)。

从这些示例可以明显看出，所提出的 ADC 更适合嘈杂的 PLC 环境或不使用高频载波的应用。此类应用可以利用这些 ADC 极小的芯片面积，从而实现低成本系统。

18.5　总结

电力线通信应用在其模拟前端中需要微型组件，这些组件不会导致传输信号过度失真。本章简要介绍了文献中提出的几种电力线信道模型，重点介绍它们如何估计信道的信噪比。此外，本章还研究了该信噪比对信道允许的最大数据速率的影响。

除了加性高斯白噪声、载波间和符号间干扰等通道的常见噪声源外，接收器侧模/数转换量化和失真噪声的影响也有被考虑。在此背景下，我们对作者开发的一些超小面积 ADC 架构的适用性进行了检验。针对各种 PLC 噪声条件，我们研究了它们对通道数据速率下降的影响，结果表明，在噪声环境中运行的多种 PLC 应用可以利用这些超低成本 ADC。

参考文献

[1] K. Deguchi, N. Suwa, M. Ito, T. Kumamoto, and T. Miki, "A 6-bit 3.5 GS/s 0.9-V 98-mW Flash ADC in 90-nm CMOS," *IEEE Journal of Solid-State Circuits*, vol. 43, no. 10, 2008, pp. 2303–2310.

[2] S. Park, Y. Palaskas, A. Ravi, R. Bishop, and M. Flyn, "A 3.5-GS/s 5-b Flash ADC in 90-nm CMOS," *Proc. IEEE Int. Conf. on Custom Integrated Circuits Conference*, 2006, pp. 489–492.

[3] B. Chan, B. Oyama, C. Monier, and A. Guiterrez, "An ultra-wideband 7-bit 5-Gsps ADC implemented in submicron In P HBT technology," *Proc. IEEE Int. Conf. on Compound Semiconductor Integrated Circuit Symposium*, 14–17, 2007, pp. 1–3.

[4] S. C. Lee, K. D. Kim, J. K. Kwon, J. Kim, and S. H. Lee, "A 10-bit 400-MS/s 160-mW 0.13-μm CMOS dual-channel pipeline ADC without channel mismatch calibration," *IEEE J. of Solid State Circuits*, vol. 41, no. 7, 2006, pp. 1596–1605.

[5] J. Arias, L. Quintanilla, L. Enríquez, J. Hernández-Mangas, J. Vicente, and J. Segundo, "A 1-GHz, multibit, continuous-time, delta–sigma ADC for gigabit Ethernet," *Microelectronics J.*, vol. 39, no. 12, 2008, pp. 1642–1648.

[6] C. Y. Wu and Y. Y. Liow, "New current-mode wave-pipelined architectures for high-speed analog-to-digital converters," *IEEE Trans. on Circuits and Systems I*, vol. 51, no. 1, 2004, pp. 25–37.

[7] H. Hedayati, "A low-power low-voltage fully digital compatible analog-to-digital converter," *Proc. IEEE Int. Conf. on Microelectronics (ICM)*, 2004, pp. 227-230.

[8] J. Bauwelinck, E. DeBacker, C. Melange, E. Matei, P. Ossieur, X. Z. Qiu, J. Vandewege, and S. Horvath, "High dynamic range 60-MHz powerline front end IC," *IET Electronic Letters*, vol. 44, no. 5, 2008, pp. 348–349.

[9] K. Findlater, T. Bailey, A. Bofill, N. Calder, S. Danesh, R. Henderson, W. Holland, J. Hurwitz, S. Maughan, A. Sutherland, and E. Watt, "A 90-nm CMOS dual-channel PLC AFE for Homeplug AV with a Gb extension," *Proc. of the Int. Solid-State Circuits Conf. (ISSCC'08)*, 2008, pp. 464–466.

[10] M. Sawada, H. Okada, T. Yamazato, and M. Katayama, "Influence of an ADC nonlinearity on the performance of an OFDM receiver," *IEICE Trans. Comm.*, vol. E89-B, no. 12, 2006, pp. 3250–3256.

[11] N. Petrellis, M. Birbas, J. Kikidis, and A. Birbas, "An ultra low area asynchronous combo 4/8/12-bit/quaternary A/D converter based on integer division," *Microelectronics J.*, vol. 41, no. 5, May 2010, pp. 291–307.

[12] N. Petrellis, M. Birbas, J. Kikidis, and A. Birbas, "An 8-bit voltage-mode analog-to-digital converter based on integer division," *Proc. of the IEEE ISVLSI'10*, Lixouri, Greece, July 5–7, 2010.

[13] IEEE P1901 TSG2 Draft Chapter 15-FFT PHY. Rev 04, July 2009.

[14] IEEE P1901 TSG2 Draft Chapter 16-Wavelet PHY. Rev 06, July 2009.

[15] M. Zhao, P. Qiu, and J. Tang, "Sampling rate conversion and symbol timing for OFDM software receiver," *Proc. of the IEEE Conf. on Communications, Circuits, and Systems and West Sino Expositions*, 2002, pp. 114–118.

[16] Y. Oh and B. Murmann, "System embedded ADC calibration for OFDM receivers," *IEEE Trans. on Circuits and Systems I*, vol. 53, no. 8, Aug. 2006.

[17] H. Lin and P. Siohan, "Modulation diversity in wideband in-home PLC," *Proc. of the IEEE WSPLC'09*, Udine, Italy, Oct. 1–2, 2009.

[18] H. Yang, T. Schenk, P. Smulders, and E. Fledderus, "Joint impact of quantization and clipping on single- and multi-carrier block transmission systems," *Proc. of the IEEE WCNC*, 2008, pp. 548–553.

[19] A. Tonello and F. Versolatto, "New results on top-down and bottom-up statistical PLC channel modeling," *Proc. of the IEEE WSPLC'09*, Udine, Italy, Oct. 1–2, 2009.

[20] M. Tlich, A. Zeddam, F. Moulin, and F. Gauthier, "In door PLC channel characterization up to 100 MHz. Pt I: One-parameter deterministic model," *IEEE Trans. on Power Delivery*, vol. 23. no 3, July 2008.

[21] J. A. Cortes, L. Diez, F. J. Canete, and J. T. Etrambasaguas, "Distortion evaluation of DMT signals on indoor broadband power line channels," *Proc. of the IEEE WSPLC'09*, Udine, Italy, Oct. 1–2, 2009.

[22] L. J. Cimini, Jr. and N. R. Sollenberger, "Peak-to-average power reduction to an OFDM signal using partial transmit sequences," *IEEE Communication Letters*, vol. 4, no. 3, Mar. 2000, pp. 86–88.

[23] A. Moschitta and D. Petri, "Wideband communication system sensitivity to overloading quantization noise," *IEEE Trans. on Instrum. Meas.*, vol. 52, no. 4, Aug. 2003, pp. 1302–1307.

[24] G. D. Forney, Jr. and G. Ungerboeck, "Modulation and coding for linear Gaussian channels," *IEEE Trans. on Information Theory*, vol. 44, no. 6, Oct. 1998, pp. 2384–2415.

[25] Y. Kim, S. W. Lee, S. Choi, H. M. Oh, and H. Park, "Requirement for analog front end ASIC PLC modem of Korean industrial standard," *Proc. of Int. Technical Conference on Circuits/Systems, Computers, and Communications (ITC/CSCC)*, 2008, pp. 1417–1420.

LCD 的数/模转换器

小型、便携、低功耗和高质量的显示器的发展引起了对液晶显示器（Liquid Crystal Display，LCD）驱动器的大量需求，这些驱动器具有低功耗、高速、高分辨率和输出电平摆幅大等特点。LCD 驱动器通常由列驱动器、栅极驱动器、时序控制器和基准源组成。列驱动器尤其重要，通常包括寄存器、数据锁存器、数/模转换器（Digital-to-Analog Converter，DAC）和输出缓冲器。在这些组合器件中，数/模转换器和输出缓冲器决定了色谱柱驱动器的速度、分辨率、电压摆幅和功耗。此外，数/模转换器占据列驱动芯片的最大硅面积。因为单个芯片包括数百个数/模转换器和输出缓冲放大器，数/模转换器和缓冲器应占用较小的芯片面积，静态功耗应很小。

本章介绍最近研究用于 LCD 列驱动器的数/模转换器，主要是高分辨率和面积优化的数/模转换器。从介绍 LCD 列驱动程序开始，本章探讨了 LCD 柱驱动器应用中常用的阻串式数/模转换器（Resistor-string DAC，R-DAC），后续部分介绍电荷数/模转换器和混合数/模转换器，例如电阻电容数/模转换器、嵌入式数/模转换器、具有漏极电流调制的数/模转换器和具有可变电流控制插值的数/模转换器。

19.1 引言

在典型列驱动器架构中，如图 19-1 所示，列驱动器应为 LCD 面板提供高模拟电平[1-5]。

为了降低功耗，数字电路的电源是低电压的。数字显示数据被应用于 RGB 输入并采样到输入寄存器中。宽数据锁存器将一行串行输入像素数据提供给电平转换器的输入。然后电平转换器将数字信号提升到更高的电平。在每个通道的 DAC 中，其输出端出现与数字子像素代码相对应的电平。输出缓冲器用于驱动 LCD 面板的高电容数据线[6-13]。

为了延长液晶材料的使用寿命，有源矩阵液晶显示器（Active Matrix Liquid Crystal Display，AMLCD）的液晶应采用反演法驱动，相对于公共背面电极，

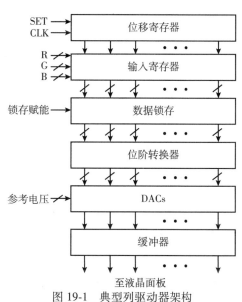

图 19-1　典型列驱动器架构

该方法在液晶单元之间交替正负极性。设计人员使用四种反演法进行 AMLCD 驱动：帧反转、行反转、列反转和点反转。高质量显示器更适应点反转法。

图 19-2 展示了点反转法的驱动原理。在这种方法中，背面电极处于固定电压，并且相对于背面电极的固定电压，从负到正或从正到负的电压必须从 LCD 列驱动器驱动，而数据线和线路时间之间具有交替的极性。因此，LCD 驱动器 IC 应为数字亚像素码提供正极性电压和负极性电压。这将 DAC 的分辨率提高了一位，从而增加了芯片面积。

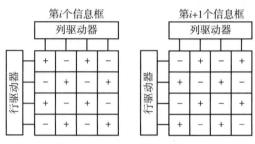

图 19-2　点反转法的驱动原理

图 19-3a 显示了液晶的特性透射率–电压曲线，该曲线对施加的电压表现出非线性响应。为了获得带有 LCD 数字输入代码的线性亮度输出，DAC 的响应通常设计为液晶特性的倒数，如图 19-3b 所示。DAC 的输出应覆盖正负极性电压。R-DAC 通常用于 LCD 驱动器 IC。由于液晶对施加电压的透射率响应是非线性的，因此需要非线性 DAC 来获得具有数字代码的线性透射率。为了补偿非线性液晶特性，对 R-DAC 的电阻串施加伽马校正电压，同时，电阻串由不相等的电阻组成，以拟合非线性曲线。然而，对于高分辨率数据转换器来说，R-DAC 及其金属布线的面积过大。这使得 R-DAC 无法用于高色深显示器的列驱动器集成电路。本章提出了使用线性开关电容 DAC 的 LCD 列驱动器作为替代方案。在这种情况下，非线性液晶特性由时序控制器补偿，芯片面积大大减小。

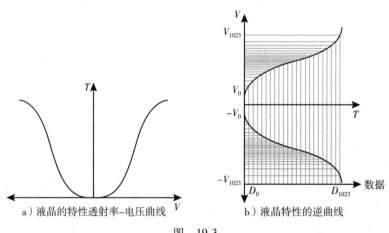

a）液晶的特性透射率–电压曲线　　　　　b）液晶特性的逆曲线

图　19-3

典型列驱动程序的布局如图 19-4 所示。插入芯片中心的全局电阻串为所有通道提供基准电压。每个通道都需要一个解码器将基准电压（对应于数字输入代码）输送到相应的输出缓冲器。由于单个芯片内置了数百个通道，因此用于连接电阻串和解码器的布线的芯片面积非常大。例如，10 位列驱动器 IC 需要 2048 条金属线。因此，金属线和解码器将占据列驱动器 IC 面积的很大比例，特别是高色深显示器[14]。

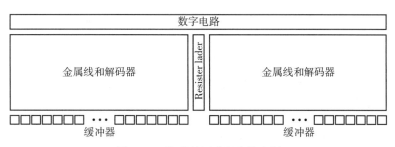

图 19-4　典型列驱动程序的布局

19.2　电阻串 DAC

一般而言，电阻串 DAC(R-DAC)主要用于 LCD 列驱动器。R-DAC 由列驱动器 IC 中的全局电阻串和每个输出通道中的解码器组成，如图 19-5 所示。一个 n 位 R-DAC 可通过使用 2^n 个电阻串和一个 2^n-1 个解码器来实现。全局电阻串产生 2^n 个参考电压，解码器从产生的参考电压中选择一个与数字图像数据相对应的电压，通过缓冲放大器输出。其中为了适应液晶面板的非线性特性，在电阻串上施加了一些伽马电压，电阻串由不相等的电阻组成。

R-DAC 保证了单调性，可用于高达 10 位分辨率的转换器。然而，对于高分辨率应用，解码器的开关元件随位数呈指数增长，导致输出端的 RC 延迟更大，开关元件和金属布线线面积过大。这使得 R-DAC 无法用于高色深显示器的列驱动器 IC。

在传统的 R-DAC 中，通常使用两种类型的矩阵 MOS 开关作为解码器[15]。图 19-6 展示了树型解码器 R-DAC。开关矩阵以树状方式连接，不需要数字解码器。n 位分辨率对应 $2^{n+1}-2$

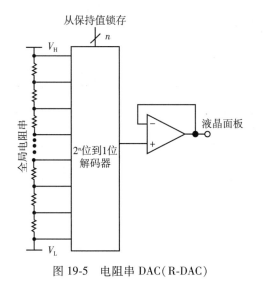

图 19-5　电阻串 DAC(R-DAC)

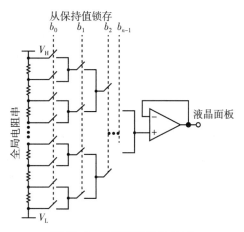

图 19-6　树型解码器 R-DAC

个开关组件。所选电压在到达缓冲放大器之前通过 n 级开关传播。对于高分辨率转换器，开关网络可能会导致严重的延迟。对于高速应用，树型解码器被图 19-7 所示的数字解码器所取代。在图 19-7 这种结构中，即使所有开关的公共节点连接到缓冲放大器，产生较大的容性负载，所选电压也会通过单个开关传播，从而使数字型转换器运行得更快。但是，数字型解码器的面积比高分辨率转换器中的树型解码器大得多。因此，可以使用混合 DAC 方案来限制芯片面积的增加。

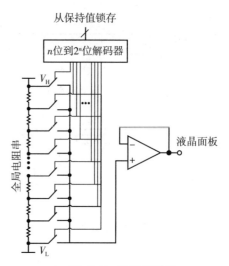

图 19-7　数字解码器

19.3　电阻电容 DAC

　　Lu 等人[16] 提出了一种电阻电容 DAC（Resistor-Capacitor DAC，RC-DAC），它由一个 6 位 R-DAC 和一个 4 位电容 DAC（Capacitor DAC，C-DAC）组成，以减少驱动器芯片面积并提高分辨率，获得更高的颜色深度显示。薄膜晶体管（Thin Film Transistor，TFT）LCD 驱动器 IC 应为同一数字输入提供正极性和负极性电压。因此，6 位 R-DAC 需要 124 个基准电压。电阻串用于产生这 124 个基准电压。伽马电压施加到电阻串上，电阻值可以不相等，以补偿非线性液晶特性。粗伽马校正由外部基准电压进行，精细补偿由简单的数字电路调节，该电路可以内置于时序控制器或列驱动器中。其中 C-DAC 的特性是线性的。因此，混合 DAC 的特性曲线是分段线性的。

　　由于列驱动器 IC 应以正极性和负极性驱动 LCD，因此 DAC 和输出缓冲器分为正极和负极分量。图 19-8 展示了数据转换方案。每个通道包含一个 6 位 R-DAC 解码器、一个 4 位 C-DAC 和一个缓冲器。共有两个相邻通道，其中一个通道负责驱动正极性，另一个通道负责驱动负极性，这两个通道并轮流驱动 LCD 面板的一对相邻数据线。奇数 DAC 和缓冲器用于负极性操作，偶数 DAC 和缓冲区用于正极性操作。

　　当奇数列线处于负极性且偶数列线处于正极性时，输入代码和输出缓冲区按正常顺序排

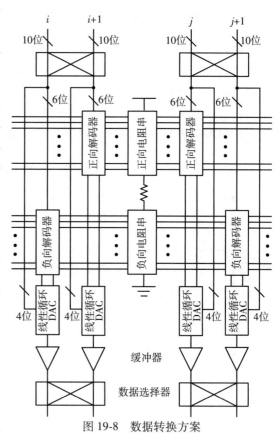

图 19-8　数据转换方案

列。但是，当交换列线的极性时，即奇数和偶数列线分别交替为正极性和负极性时，输入代码、DAC 和输出缓冲器的顺序将交换。奇数 DAC 仍然负责负极性操作（对于偶数 DAC 反之亦然）。

数据转换由 R-DAC 和 C-DAC 串行实现。R-DAC 的解码器根据六个最高有效位（Most-Significant Bit，MSB）从电阻串中选择两个相邻电压并将其发送到 C-DAC。然后，C-DAC 使用两个相邻电压进行基于四个最低有效位的分压，并将最终电压传递到缓冲器。如图 19-9 所示，C-DAC 由一个并联–串联交换器、四个开关和两个电容值相同的电容器组成。数字数据串行应用于交换机 SW1 和 SW2。转换一次执行一位，每次转换需要四个周期。每个周期都包含采样和重新分发操作。在第一个循环中，V_i 被采样到 C_2。同时，V_i 或 V_{i+1}（取决于输入位）被读取到 C_1。然后，打开 SW4 对 C_1 和 C_2 的电压进行平均。对于其他三个周期，新电压（V_i 或 V_{i+1}）被读取到 C_1。然后，SW4 对 C_1 和 C_2 的电压执行平均操作。转换第四个周期结束时的输出电压可以写成：

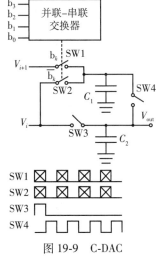

图 19-9　C-DAC

$$V_{\text{out}} = V_i + \sum_{k=0}^{3} \frac{(b_k V_{i+1} + \overline{b_k} V_i) - V_i}{2^{4-k}} \tag{19-1}$$

19.4　分段线性 DAC

在列驱动器中使用分段线性 DAC，可以减少芯片面积并提高分辨率，以实现更高的色深显示。分段线性 DAC 的电压曲线非常接近反向液晶响应的电压曲线，因此这两条曲线看起来近似相同。因此，分段伽马校正成为可能，而且不会损失有效的位分辨率。

Lu 等人[17]提出了一种由分段线性 DAC 组成的 10 位 LCD 列驱动器。该方案提出的柱式驱动器利用分段线性补偿机制来减少芯片区域并增加分辨率以获得更高的颜色深度显示。这种设计将伽马电压施加到 R-DAC 的电阻串上，并使用不相等的电阻值来补偿非线性液晶特性。

图 19-10 显示了分段线性 DAC 特性和反向液晶响应，其中 V_{G1}，V_{G2}，…，V_{G16} 是外部伽马基准电压。分段线性 DAC 的电压曲线与反向液晶响应的电压曲线非常接近，因此这两条曲线看起来相同。由于分段线性 DAC 的特性曲线比全线性 DAC 更接近反向液晶响应曲线，因此需要更少的额外位来补偿非线性液相色谱响应。因此，有效颜色深度远大于完全线性数据转换。外部基准电压进行粗伽马校正，简单的数字电路进行精细补偿调整。该数字电路可以内置在时序控制器或列驱动器中。

由于所提出的列驱动器 IC 以正极性和负极性驱动 LCD，因此 DAC 和输出缓冲器分为正极和负极分量。图 19-11 展示了数据转换方案。每个通道包含一个 R-DAC 解码器、一个 C-DAC 和一个缓冲器。两个相邻通道组合在一起，轮流

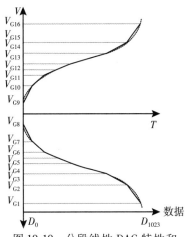

图 19-10　分段线性 DAC 特性和反向液晶响应

驱动 LCD 面板的一对相邻数据线。一个通道负责驱动正极性，另一个通道负责驱动负极性。奇数 DAC 和缓冲器设计用于负极性操作，而偶数 DAC 和缓冲器驱动正极性操作。当奇数列线处于负极性时，偶数列线处于正极性下时，输入代码和输出缓冲区按正常顺序排列。但是，当交换列线的极性时（即奇数线和偶数线分别交替为正极性和负极性），输入代码、DAC 和输出缓冲器的顺序将交换。负缓冲器和奇数 DAC 仍然负责负极性操作，反之，正缓冲器和偶数 DAC。这种安排将解码器位数减少了 1。换句话说，10 位列驱动程序只需要 10 位解码器。

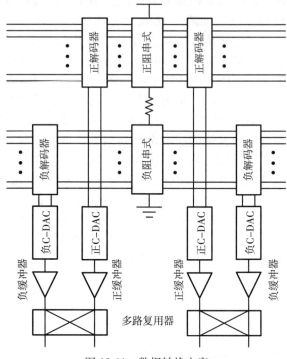

DAC 包括一个粗略部分和一个精细部分，以减少芯片面积和数据转换时间。10 位 DAC 包含一个 7 位粗略部分和一个 3 位精细部分，分别由 R-DAC 和 C-DAC 实现。一个电阻串为柱驱动器中的所有 R-DAC 生成基准电压源。由于 DAC 涵盖正极性和负极性，因此列驱动器需要一个 8 位电阻串。每个通道包含一个 7 位非线性 R-DAC 和一个 3 位线性 C-DAC。将位数从 11 位减少到 7 位，这可大大减少 R-DAC 的面积。

图 19-11 数据转换方案

数据转换由 R-DAC 和 C-DAC 串行实现。R-DAC 解码器根据七个 MSB 选择两个相邻电压，并将它们发送到 C-DAC。然后，C-DAC 使用两个相邻电压执行分压，并将最终电压传递到缓冲器。

C-DAC 中的分压基于预充电和电荷再分配。图 19-12 显示了 C-DAC 的原理图，它由三个二进制加权电容、一个附加单元电容和一组可将电容连接到输入电压的开关组成。需要两相来完成该电路中的分压。在预充电阶段（$f=0$），加权电容连接到 v_{i+1} 或 v_i，具体取决于三位代码（$b_2 \sim b_0$）。在评估阶段（$f=1$），所有电容都与输入断开并连接到输出。然后发生电荷重新分配，重建的模拟值最终出现在输出端。输出电压可以表示为：

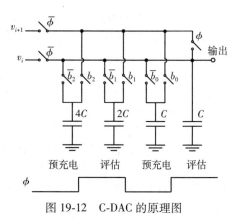

图 19-12 C-DAC 的原理图

$$v_{out} = \frac{2^2 * (v_{i+1}b_2 + v_i\overline{b_2}) + 2 * (v_{i+1}b_1 + v_i\overline{b_1}) + (v_{i+1}b_0 + v_i\overline{b_0}) + v_i}{2^3}$$

$$= \frac{(4b_2 + 2b_1 + b_0)}{8}(v_{i+1} - v_i) + v_i \tag{19-2}$$

式（19-2）表明，C-DAC 对电阻串的每个段电压进行分压，并表现出三位 DAC 行为。

19.5　带极性反相器的面积效率 R-DAC

Lu 等人提出了一种面积高效、完全基于 R-DAC 的薄膜晶体管液晶显示器（Thin-Film Transistor Liquid Crystal Display，TFT-LCD）列驱动器，其中 DAC 仅提供负极性电压，而极性反相器从负极性电压产生正极性电压[18]。在负极性缓冲器和极性反相器中采用偏移消除技术。

为了补偿 LC 的非线性特性，DAC 应提供相对于液晶特性的反伽马电压。图 19-13 显示了反伽马曲线方案，其中曲线 P 和 N 分别表示正极性和负极性电压。曲线 P 可以从其位于负极性区域的图像曲线 $\overline{P}$ 反转得到。LCD 驱动器的许多反伽马曲线是不对称的。因此，曲线 $\overline{P}$ 和 N 不重叠。由于反伽马曲线可以从其镜像曲线反转，因此可以通过从负极性电压产生正极性电压来消除正极性 DAC（Positive Polarity DAC，PPDAC）。

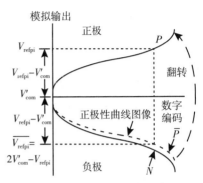

图 19-13　反伽马曲线方案

图 19-14 显示了 m 位全基于 R-DAC 的列驱动器架构，该驱动器由移位寄存器、输入寄存器、电平转换器、负极性缓冲器、极性反相器等组成。极性反相器产生正极性电压，驱动列线，并取代 PPDAC 和正极性缓冲器。这种方法将两个驱动电路通道分组以驱动一对相邻的列线。一个通道驱动负极性，另一个通道驱动正极性。每对相邻通道仅共享一个电平转换器和一个 m 位 NPDAC。由于所提出的驱动方案不使用 PPDAC，因此轨到轨输入放大器在负极性缓冲器和极性反相器中不是必需的。

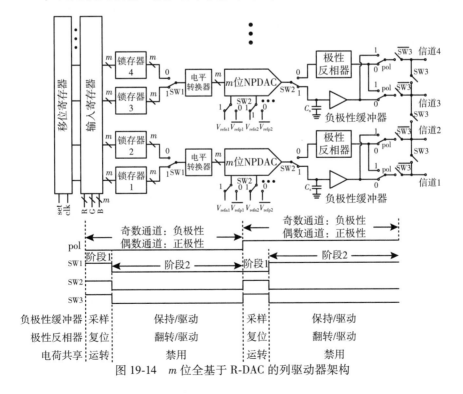

图 19-14　m 位全基于 R-DAC 的列驱动器架构

一些基准电压 V_{refn1}，V_{refn2}，…和 $\overline{V_{refp1}}$，$\overline{V_{refp2}}$，…由基准 IC 产生，并通过 SW2 传输到 DAC 的电阻串，这些基准电压用于调节抽头电压，使 DAC 输出曲线能够适应 LCD 面板非线性特性。电压 V_{refn1}，V_{refn2}，…是负基准电压，适合负反伽马曲线。电压 $\overline{V_{refp1}}$，$\overline{V_{refp2}}$，…拟合正反伽马曲线的图像。如果 $\overline{V_{refpi}}$ 和 V_{refni} 的值相等，则 DAC 特性与偏斜共模电压对称。要生成不对称特征曲线，需要将 $\overline{V_{refpi}}$ 和 V_{refni} 的值设置为不相等。在这种情况下，施加到 NPDAC 的电压 V_{refpi} 应为 $2V'_{COM} - V_{refpi}$，如图 19-13 所示，其中 V'_{COM} 是偏斜共模电压，V_{refpi} 是用于拟合传统驱动器的正反伽马曲线的参考电压。

数字显示数据应用于 RGB 输入并采样到输入寄存器中。锁存器将一行串行输入的像素数据输出到电平转换器的输入端。当奇数列线由负极性驱动，相邻的偶数列线为正极性，信号 pol 为低电平。奇数列线和偶数列线分别切换到负极性缓冲器和极性反相器的输出。当列线的极性交换时，负极性缓冲器驱动偶数列线驱动到负极性电压，极性反相器将奇数列线驱动到正极性电平。每个极性驱动操作分为两个阶段：采样和负极性缓冲器的保持/驱动阶段，极性反相器的复位和反转/驱动阶段。

负基准电压 V_{refn1}，V_{refn2}，…被施加于 NPDAC。与数字子像素代码对应的电平出现在 NPDAC 输出中，并由负极性缓冲器采样。在第一阶段，极性反相器处于复位阶段。在第二阶段，来自偶数锁存器的数据通过电平转换器传输到 NPDAC。拟合正反伽马曲线图像的参考电压 $\overline{V_{refp1}}$，$\overline{V_{refp2}}$，…被应用于 NPDAC。

然后，与偶数锁存器的数字子像素代码相对应的正反伽马曲线的图像电平出现在极性反相器的输入中。在第二阶段，极性反相器将这些图像电平转换为正反伽马电平并驱动偶数列线，而负极性缓冲器驱动奇数列线。

当交换列线极性时，负极性缓冲器对与第一相偶数锁存器的数字子像素代码相对应的电平进行采样，并将偶数列线驱动至第二相的保持电压。极性反相器将奇数锁存器数据的电压反相，并在第二相中将奇数列线驱动至反相电压。

电荷共享技术通过使用开关 SW3 和 $\overline{SW3}$ 降低平均电压摆幅，从而降低柱式驱动器的功耗。在每个第一阶段，所有列线都与负极性缓冲器和极性反相器隔离，然后短接一个外部电容器。在第一阶段结束之前，所有列线均为平均电压。在第二阶段，SW3 为"低电平"，列线连接到负极性缓冲器或极性反相器。负极性缓冲器和极性反相器继续将列线驱动至其最终值。电荷共享、负极性缓冲器采样和极性反相器复位都发生在同一时间段内，正如图 19-14 所示，因此驱动时间不会增加。

19.5.1　负极性 DAC

图 19-15 展示了 NPDAC 的原理图，其中电阻串进行分压并产生 2^m 个负电压段。基准电压 V_{refn1}，V_{refn2}，…和 $\overline{V_{refp1}}$，$\overline{V_{refp2}}$，…通过由信号 SW2 控制的开关施加到电阻串上，以分别拟合负反伽马曲线和正反伽马曲线的图像。

NMOS 和 PMOS 晶体管通常分别用作传统负 R-DAC 和正 R-DAC 解码器中的开关。PMOS 开关的管芯面积大于 NMOS 开关的管芯面积。本研究在一对相邻通道中仅使用一个 NPDAC，从而减少了 DAC 的总数。避免在 DAC 解码器中使用 PMOS 开关可进一步减少所需的管芯面积。

19.5.2　负极性缓冲器

图 19-16 展示了负极性缓冲器，这是一个具有偏移消除功能的采样保持器。由于一对相邻

通道共享一个负极 DAC，因此负极性缓冲器需要一个存储电容。C_S 和 R_Z 分别表示存储电容器和补偿电阻。偏移消除也使用相同的电容 C_S，而不需要额外的电容。SW4 和 SW5 开关提供单位增益反馈。为了支持偏移消除，运算放大器的反相和同相输入端是可交换的。负极性缓冲器操作可分为两个阶段：采样和保持/驱动。图 19-17a 和 b 展示了这两个阶段的操作情况。

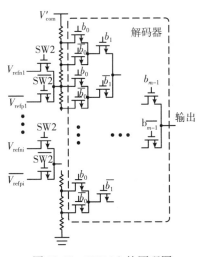

图 19-15　NPDAC 的原理图

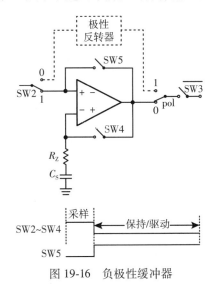

图 19-16　负极性缓冲器

在采样阶段，SW2 切换到位置"1"，SW4 打开，SW3 和 SW5 关闭。这产生了如图 19-17a 所示的等效电路。同相输入端位于输入节点，反相输入端位于补偿电阻的一端。DAC 输出连接到运算放大器的同相输入端。运算放大器与列线断开，形成单位增益缓冲器。由于存储电容加载运算放大器，补偿电阻 R_Z 被插入存储电容和运算放大器输出之间以保持稳定性。19.5.4 节更详细地解释了 R_Z。V_{DAC} 表示输入电压，V_{OS} 是

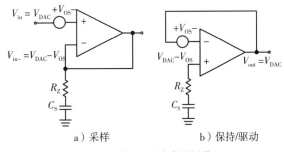

图 19-17　负极性缓冲器操作

运算放大器的输入参考失调电压。对于高增益运算放大器，反相输入端 V_{in-} 的电压变为

$$V_{in-} = V_{DAC} - V_{OS} \tag{19-3}$$

存储电容器存储电压 $V_{DAC}-V_{OS}$。

在保持/驱动阶段，运算放大器的反相和同相输入端进行交换。SW2 切换到位置"0"，SW4 关闭，SW3 和 SW5 打开。图 19-17b 表明这会产生另一个负反馈回路。运算放大器与 DAC 隔离，其输出连接到列线。存储电容器 C_S 上存储的电压 $V_{DAC}-V_{OS}$ 成为缓冲器的输入。缓冲器的输出电压 V_{out} 变为

$$V_{out} = V_{DAC} - V_{OS} + V_{OS} = V_{DAC} \tag{19-4}$$

表明偏移电压被抵消。

19.5.3 极性反相器

图 19-18 描述了极性反相器及其控制信号。反相器是开关电容电路，两个电容 C_1 和 C_2
具有相同的值。C_1 和 C_2 电容也用于偏移消除，从而不需要额外的电容器。运算放大器与负极中使用的运算放大器相同，极性缓冲器及其反相和同相输入端也可互换。极性反相器的工作分为复位和反转/驱动阶段，它们分别与负极性缓冲器的采样和保持/驱动阶段具有相同的周期。

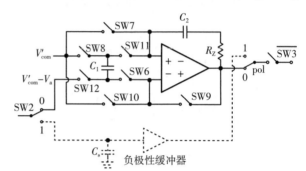

图 19-19a 说明了复位阶段的同相和反相输入端。SW2 切换到位置"1"，SW6~SW9 的开关打开，SW3 和 SW10~SW12 关闭。这会创建一个负反馈回路并断开 DAC 的输出和列线。电压 V'_{com} 被施加到同相输入端。由于负反馈回路，反相输入端的电压为 $V'_{com}-V_{OS}$。运算放大器的输入参考偏移电压 V_{OS} 随后存储在两个电容器 C_1 和 C_2 中。存储的电荷量为：

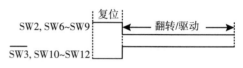

图 19-18 极性反相器及其控制信号

$$Q_1 = Q_2 = V_{OS}C \qquad (19-5)$$

式中，C 是 C_1 和 C_2 的电容值。

在反相/驱动阶段，运算放大器的反相和同相输入端进行互换，如图 19-19b 所示。SW2 切换到"0"位置。开关 $\overline{SW3}$ 和 SW10~SW12 打开，SW6~SW9 关闭。

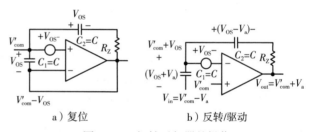

a）复位　　　　　　b）反转/驱动

图 19-19 极性反相器的操作

这与电容器 C_2 形成了另一个负反馈回路，其输出连接到列线。输入电压 $V'_{com}-V_a$ 和 V'_{com} 分别施加到 C_1 的底板和同相输入端，这导致电荷从 C_2 转移到 C_1。通过 C_2 的负反馈将 C_1 顶板的电压驱动至 $V'_{com}+V'_{os}$，因此 C_1 上的电荷增量变为

$$\Delta Q = \left[(V'_{com}+V_{os}) - (V'_{com}-V_a) \right]C - V_{os}C = V_aC \qquad (19-6)$$

这是从 C_2 转移的量。这将 C_2 上的电荷降低到

$$Q_2 = V_{os}C - V_aC = (V_{os} - V_a)C \qquad (19-7)$$

输出电压等于

$$V_{out} = V'_{com} + V_{os} - (V_{os} - V_a) = V'_{com} + V_a \qquad (19-8)$$

这是正极性电压，并且与 $V'_{com}-V_a$ 的输入电压对称。这种方法根据图像电平生成正反伽马电压。

对于任何开关电容器电路，MOS 晶体管工作中的两种机制（例如时钟馈通和通道电荷注入）会在开关关闭的瞬间在极性反相器中引入误差。由于在第一阶段向极性反相器施加恒定偏斜公共电压，因此 SW6~SW9 的沟道电荷产生恒定偏移电压。该偏移电压独立于输入电

压, 可通过调整偏斜公共电压 V'_{com} 的值来补偿。

有两种技术可以降低时钟馈通和电荷注入的影响。虚拟开关可以去除主开关晶体管注入的电荷。另一种降低电荷注入影响的方法结合了 PMOS 和 NMOS 器件, 两个器件注入的相反电荷包相互抵消。在这项工作中, 互补开关用于减少电荷注入。

19.5.4 运算放大器

高色深 LCD 驱动器需要一个高增益和大驱动运算放大器来驱动列线的大容性负载。由于所提出的驱动方案不使用 PPDAC, 因此轨到轨输入放大器在负极性缓冲器和极性反相器中不是必需的。图 19 20 所示为三级运算放大器的原理图。晶体管 M1 ~ M5, M6 ~ M10 和 M11 ~ M12 分别组成第一、第二和第三级。前两级是差分放大器, 最后一级是互补共源放大器。由于第一和第二差分放大器分别偏置输出晶体管 M12 和 M11, 因此输出级具有较大的推挽驱动能力。开关用于反转运算放大器的输入极性。电容器 C_{cs} 用于米勒补偿。

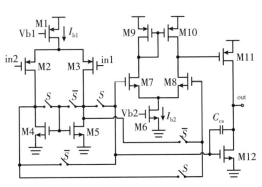

图 19-20　三级运算放大器的原理图

在稳定状态下, 反相输入电压等于同相输入电压。在 M9 和 M10 中流动的电流等于 $I_{b2}/2$, 其中 I_{b2} 是第二个差分放大器的偏置电流。M11 的栅极电压等于 M9 的栅极电压。静态电流 M11 从而就是电流 $I_{b2}/2$ 乘以其相应晶体管的倍数尺寸比:

$$I_{11} = \frac{\left(\dfrac{W}{L}\right)_{11}}{\left(\dfrac{W}{L}\right)_{9}} \cdot \frac{I_{b2}}{2} \quad (19\text{-}9)$$

放大器的总静态电流 I_{tot} 为

$$I_{tot} = I_{b1} + \left(1 + \frac{\left(\dfrac{W}{L}\right)_{11}}{2\left(\dfrac{W}{L}\right)_{9}}\right) I_{b2} \quad (19\text{-}10)$$

式中, I_{b1} 是第一个差分放大器的偏置电流。

交换第一级差分放大器的输出端子将反转运算放大器的输入极性。当信号 S 为高时, M4 和 M5 处的漏极端分别连接到 M8 和 M7 处的栅极。输入端 in1 和 in2 分别是同相的和反相的。当第一级放大器输出和第二级放大器输入之间的连接被交换时, 信号 S 为低。这将反转输入极性, 但输入参考偏移电压保持相同的极性, 如图 19-17 和图 19-19 所示。

19.6　总结

用于 LCD 系统的 DAC 在数据电压生成中起着关键作用。DAC 对 LCD 驱动器 IC 的严格要求如下：输出通道的均匀特性、硅管芯区域的紧凑性和低功耗。用于多媒体和医疗产品的 LCD 面板的最新改进允许更高的清晰度和更大的色彩深度。要实现能够产生更高色深的 LCD 驱动器，需要 DAC 具有更高的分辨率。

一般来说，非线性 R-DAC 主要用于 LCD 列驱动器，因为列驱动器 IC 的每个输出通道共享一个全局电阻串来产生参考电压。然而，对于高分辨率应用，解码器的开关元件随着位数呈指数增长，这导致开关元件和金属布线面积过大，因此 R-DAC 不适用于高色深显示器的列驱动器 IC。

非线性 DAC 的另一种替代方案是线性 DAC。线性 DAC 拓扑允许对红色、绿色和蓝色进行独立的伽马控制，从而在所有灰度级上提供更鲜艳的颜色，而不会像 R-DAC 架构那样大幅增加芯片面积。然而，采用线性 DAC 的数据驱动器的有效位分辨率至少会损失两位，因为需要额外的位来补偿非线性液晶特性。

具有非线性 R-DAC 的分段线性 DAC 架构充分利用非线性 R-DAC 进行非线性伽马校正，不会损失有效位分辨率。

参考文献

[1] C-W. Lu and K. J. Hsu, "A high-speed low-power rail-to-rail column driver for AMLCD application," *IEEE J. of Solid-State Circuits*, vol. 39, no. 8, Aug. 2004, pp. 1313–1320.

[2] C-W Lu, "High-speed driving scheme and compact high-speed low-power rail-to-rail class-B buffer amplifier for LCD applications," *IEEE J. Solid-State Circuits*, vol. 39, no. 11, Nov. 2004, pp. 1938–1947.

[3] TFT-LCD source drivers NT39360, NT3982, and NT3994. Novatek. [Online]. Available: http://www.novatek.com.tw/

[4] T. Itaku, H. Minamizaki, T. Satio, and T. Kuroda, "A 402-output TFT-LCD driver IC with power control based on the number of colors selected," *IEEE J. of Solid-State Circuits*, vol. 38, no. 3, Mar. 2003, pp. 503–510.

[5] J-S Kim, D-K Jeong, and G. Kim, "A multilevel multiphase charge-recycling method for low-power AMLCD column drivers,"*IEEE J. of Solid-State Circuits*, vol. 35, no. 1, Jan. 2000, pp. 74–84.

[6] D. McCartney, "Designing with TFT-LCD column drivers," [Online seminar]. Available at: http://www.national.com/AU/design/0,4706,11_0_,00.html. Published date: July 2002.

[7] P-C Yu and J-C Wu, "A class-B output buffer for flat-panel-display column driver," *IEEE J. of Solid-State Circuits*, vol. 34, no.1, Jan. 1999, pp. 116–119.

[8] T. Itakura and H. Minamizaki, "A two-gain-stage amplifier without an on-chip Miller capacitor in an LCD driver IC," *IEICE Trans. Fundamentals*, vol. E85-A, no. 8 Aug. 2002, pp. 1913–1920.

[9] I. Pappas, S. Siskos, and C. A. Dimitriadis, "A fast and compact analog buffer design for active matrix liquid crystal displays using polysilicon thin-film transistors" *IEEE Trans. Circuits Syst. II, Exp. Briefs*, vol. 55, no. 6, June 2008, pp. 537–540.

[10] B.-D. Choi and O.-K. Kwon, "Pixel circuits and driving methods for low-cost LCD TV" *IEEE Trans. on Consumer Electronics*, vol. 50, no. 4, Nov. 2004, pp. 1169–1173.

[11] Y.-S. Son and G.-H. Cho, "Design considerations of channel buffer amplifiers for low-power area-efficient column drivers in active-matrix LCDs," *IEEE Trans. on Consumer Electronics*, vol. 54, no. 2, May 2008, pp. 648–655.

[12] Y.-S. Son, J.-H. Kim, H.-H. Cho, J.-P. Hong, J.-H. Na, D.-S. Kim, D.-K. Han, J.-C. Hong, Y.-J. Jeon, and G.-H. Cho, "A column driver with low-power area-efficient push–pull buffer amplifiers for active-matrix LCDs," *Digest of Technical Papers. IEEE Int. Solid-State Circuits Conf., ISSCC 2007*, Feb. 11–15, 2007, pp. 142–143.

[13] J.-K. Woo, D.-Y. Shin, W.-J. Choe, D.-K. Jeong, and S. Kim, "10-bit column driver with split-DAC architecture," *SID Symposium Digest*, vol. 39, 2008, pp. 892–895.

[14] C-W. Lu and L-C. Huang, "A 10-bit LCD column driver with piecewise linear digital-to-analog converters," *IEEE J. of Solid-State Circuits*, vol. 43, Feb. 2008, pp. 371–378.

[15] R. Gregorian, *Introduction to CMOS Op-Amps and Comparators*. New York: John Wiley, pp. 218–224, 1999.

[16] C-W. Lu and Z-Y. Xu, "A 10-bit TFT-LCD column driver with hybrid digital-to-analog converters," *2008 International Symposium Digest of Technical Papers*, Society for Information Display, pp. 1394–1397.

[17] C-W. Lu and L-C. Huang, "A 10-bit LCD column driver with piecewise linear digital-to-analog converters," *IEEE J. of Solid-State Circuits*, vol. 43, Feb. 2008, pp. 371–378.

[18] C-W. Lu, C.-C. Shen, and W.-C. Chen, "An area-efficient fully R-DAC Based TFT-LCD column driver," *IEEE Trans. on Circuits and Systems I*, vol. 57, Dec. 2010.

1 V 以下 CMOS 带隙基准设计技术概述

20.1 引言

带隙基准电压(Bandgap Voltage Reference,BVR)是一种提供对温度和电源不敏感的输出电压的电路。基准电压源是模拟电路中最重要的构件之一,可用于动态随机存取存储器(DRAM)、闪存、电源生成、直流(DC)偏置电压、电流源、模/数转换器(ADC)和数/模转换器(DAC)。此外,编码器和/或解码器的性能和精度,以及数据转换器系统中信号处理模块的转换精度,都与基准电压的精度密切相关。

传统上,输出基准电压总是近似等于所用半导体材料(如硅)的固有带隙电压。在带隙基准中,与绝对温度成正比的电压(PTAT)和与绝对温度互补的负温度系数电压(CTAT)之和可获得灵敏度较低的输出电压。PTAT 电压由两个双极晶体管的基极-发射极电压差产生。CTAT 电压通常从正向偏置 p-n 结上的电压或二极管连接双极结晶体管(BJT)的基极-发射极电压获得,如图 20-1 所示。图中所示的 V_T 项为式(20-1)所描述的热电压,其中 k 为玻耳兹曼常数,q 为电子电荷,T 为温度:

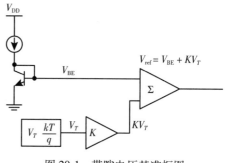

图 20-1　带隙电压基准框图

$$V_T = \frac{kT}{q} \qquad (20\text{-}1)$$

在 CMOS 技术中,在 p 孔或 n 孔中形成的寄生垂直 BJT 晶体管用于实现 BVR 电路。决定 BVR 电路性能的关键参数包括初始精度、温度不敏感性、电源电流或功耗。此外,对电源噪声的抗干扰性、对工艺变化的鲁棒性、长期漂移的可靠性和温度滞后也是其他关键的性能参数。

基准电压的初始精度指的是室温下的输出电压,它是大多数其他规格的起点。温度系数表示输出电压因环境或封装温度变化而产生的偏差。温度滞后概括了一个温度变化周期后输出电压的变化量。

当基准电压源发生温度变化并恢复到初始温度时,它们的初始输出电压往往不尽相同。

这种变化是由施加在芯片上的机械应力造成的。机械应力是由硅芯片、封装和印制电路板之间的热膨胀系数不同造成的。由于这类误差取决于温度偏移、基准设计和封装类型，因此很难纠正，而且会严重损害基准电压的准确性。稳定性是对长时间工作后输出电压变化的程度。BVR 电路和系统所需的理想性能包括准确的初始精度、较强的温度不敏感性、低电流或低功耗以及低噪声。

本章介绍了实现 1 V 以下 BVR 电路的最新设计技术，无论温度和供电电压如何变化，这些电路都能产生稳定的基准电压。降低供电电压通常对电压基准设计来说并不是一个优势，低供电电压可能需要一些特殊的电路技术来实现。技术扩展和低功耗应用的需求导致供电电压降低，低于固有带隙电压。20.2 节概述了影响 BVR 电路性能的限制因素。20.3 节回顾了最近为实现 1 V 以下基准电压而提出的最新设计技术。20.4 节进行了总结。

20.2　1 V 以下 CMOS 带隙基准的设计挑战

基准电压发生器需要在工艺、电压和温度变化的情况下保持稳定，并且无须修改制造工艺即可实现。BVR 电路的常规输出电压为 1.25 V，几乎与硅的带隙电压相同。1.25 V 的固定输出电压限制了最低供电电压（V_{DD}）的工作。此外，由于 BVR 电路设计的主要流行趋势是在 PTAT 电流产生环路中使用运算放大器，因此运算放大器的偏移会极大地影响 BVR 的精度。电流镜失配、电阻器失配、晶体管失配、发射极-基极电压差（V_{EB}）和封装偏移是影响 BVR 性能的主要误差来源[1-6]。

然而，BVR 电路的性能受限于其绝对精度（即在标称工作条件下，输出与所需值的接近程度）和相对误差（即在整个工作条件范围内，电压与标称值的偏差程度）。对于数据转换器系统等精密应用而言，电压基准的相对误差最终决定了电路的实用性。BVR 电路的相对稳定性取决于基准电压在工作温度范围内的温度系数、工作电压范围内的电源噪声抑制（PSR）、输出负载阻抗范围内的负载调节以及电路固有噪声源产生的峰峰值输出噪声[1]。

20.2.1　运算放大器偏置

MOSFET（金属氧化物半导体场效应晶体管）栅极-源极电压的固有随机偏移是由阈值电压、W/L 比以及电子和空穴迁移率的不匹配导致运算放大器偏移引起的。除了发射极-基极电压（ΔV_{EB}）的预期差值外，后者的偏移直接叠加到电阻 R_{PTAT} 上，并以相同的系数（R_{PTAT}）进行放大。因此，在类似图 20-2 的 CMOS BVR 架构中，运算放大器的电压偏移是工艺误差的主要来源。

20.2.2　电流镜失配

如图 20-2 所示，PMOS 晶体管 M_1-M_2 形成的电流镜所需电流比的任何不匹配都会导致流经 BJT 晶体管 Q_1-Q_2 的电流出现差异。电流镜的偏差是由 W/L 比失配、阈值电压失配、MOS 晶体管的沟道长度调制效应和电阻器失配的单独或综合影响造成的。此外，对于亚微米技术，短

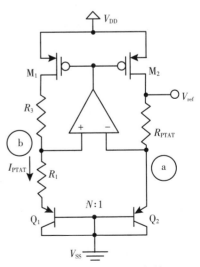

图 20-2　CMOS BVR 架构

沟道效应(SCE)、漏极诱导势垒降低效应(DIBL)以及一些额外的应力，如匹配器件上的氧化物定义长度效应(LOD)都会造成额外的不匹配。这些误差可以通过布局技术(如公共中心点和紧凑布局)以及假器件或激光微调(一种更昂贵的偏移校正技术)在不增加成本的情况下得到缓解。改善电流源匹配的另一个方法是增加电阻R_3，否则器件 M_1 和 M_2 的漏极-源极电压就会不同。

20.2.3　电阻器失配和电阻器公差

电阻值由过程引起的随机变化会直接影响V_{EB}，进而影响 PTAT 电压。BVR 电路输出电压(V_{ref})的感应误差由式(20-2)得出：

$$\Delta V_{ref} = -V_T \delta_{RA} \tag{20-2}$$

式中，δ_{RA} 是电阻器与标称值的分数偏差[2]。电阻失配会影响 PTAT 电压，如式(20-3)所示：

$$\Delta V_{ref} = V_{PTAT} \delta_{RR} \tag{20-3}$$

式中，δ_{RR} 为电阻器的失配。例如，考虑到图 20-2 所示的拓扑结构，PTAT 电流和输出电压分别由式(20-4)和式(20-5)得出。如果电阻R_1 的变化为$\pm\Delta R_1$，则 PTAT 电流将出现式(20-4)所描述的 ΔI 变化，其中 α 为 V_T 的乘积项。这一误差将被输出电压上的R_{PTAT} 放大，然后产生一个等于$-V_T^* \delta_{RA}$ 的误差(ΔV_{ref})，其中δ_{RA} 由$-\alpha^* R_{PTAT}$ 给出：

$$I_{PTAT} = \frac{\Delta V_{BE}}{R_1} = \frac{V_T \cdot \ln(N)}{R_1} \tag{20-4}$$

$$V_{ref} = V_{BE2} + I_{PTAT} \cdot R_{PTAT} \tag{20-5}$$

$$\Delta I_{PTAT} = \frac{\Delta R_1 \cdot \ln(N)}{R_1 \cdot (R_1 \pm \Delta R_1)} \cdot V_T = \alpha \cdot V_T \tag{20-6}$$

布局技术是减少电阻器失配引起的误差影响的最有效、最省钱的方法。应该特别注意，电阻器应采用方形结构，并以共同中心点的方式布置。多晶硅是首选的电阻器材料，因为它能使电阻指针之间的间隔最小，从而提供紧凑的布局和更好的匹配。此外，与扩散电阻器相比，多晶硅电阻器在温度变化下具有更小的电阻变化范围。轻掺杂多晶硅也是不错的选择，因为它具有负温度系数。

20.2.4　晶体管失配

传统 BVR 电路的输出电压基本上是发射极-基极电压与热电压刻度值之和。V_{BE} 的任何偏差都会对 BVR 的相对误差产生很大影响。图 20-2 中晶体管 Q_1-Q_2 面积的任何偏差都会导致误差(ΔV_{ref})，其值为

$$\Delta V_{ref} = \frac{1}{\ln(N)} (V_T + V_{PTAT}) \delta_{PNP} \tag{20-7}$$

式中，δ_{PNP} 是晶体管面积比的分数误差[2-4]。

20.2.5　封装引起的偏置

封装引起的电压偏移是指封装集成电路(IC)中封装的局部和全局机械应力引起的基准

电压之间的差异。这种偏移是由封装对芯片表面施加的应力引起的。主要原因是硅芯片和塑料模具的热膨胀系数不同。当封装从成型温度冷却到环境温度时，塑料封装会将越来越大的应力传递到芯片上。减少这种误差影响的常用技术是使用二氧化硅填料，它能降低热膨胀，防止转角、钝化层开裂和金属线偏移等破坏性影响。此外，在塑料模具和芯片表面之间的厚弹性薄膜层可吸收塑料模具产生的部分应力[6]。

20.3 1 V 以下 CMOS 带隙基准的设计

近十多年来，在低供电电压下工作的高性能模拟集成电路的设计变得越来越重要，尤其是在医疗电子植入设备以及电池供电的电子手持设备和系统等应用领域。此外，移动电子产品的使用日益增多，这也促使业界致力于降低耗散功率，尤其是模拟和混合信号电路的耗散功率。因此，作为模拟电路主要构件的 BVR 电路需要以 1 V 以下的供电电压为目标，同时在低于半导体材料带隙电压的供电电压下产生对温度不敏感的输出电压。即使输出基准电压不再等于硅带隙电压，大多数设计人员仍然使用"CMOS 带隙基准电压"这一名称，而不是"CMOS 基准电压或 CMOS 基准电流"，以区分使用相同思路来补偿 CTAT 与 PTAT 依赖性的电路。

使用跨阻放大器的带隙基准电压基本结构如图 20-3 所示，由 PMOS 晶体管 M_1 和 M_2、垂直 BJT 晶体管 Q_1 和 Q_2、跨阻放大器以及两个电阻器 R_1 和 R_2 组成[7]。运算放大器迫使两个节点 a 和 b 具有相同的电位，从而在电阻 R_1 上产生 PTAT 电压，即 Q_1 和 Q_2 的两个发射极-基极电压(V_{EB})之差。所提出的电路用于产生 1 V 的基准电压(V_{ref})，未经修整的相对误差(V_{error})为 10 mV。在 0~100℃ 的温度范围内对电阻器 R_1 进行微调后，该相对误差变为 $V_{error} = 3$ mV。

我们已经证明，实现基于运算放大器的 1 V 以下 BVR 电路受到运算放大器输入共模电压的限制。

传统上，BVR 电路的设计者主要关注如何产生不敏感的输出电压，该电压或多或少等于所用半导体材料的带隙电压。实现 1 V 以下 BVR 电路的主要限制是硅的带隙电压(约为 1.25 V)。此外，对于使用运算放大器的 BVR 电路，还有一个额外的限制，即 PTAT 电流产生回路中使用的运算放大器的输入共模必须与基极-发射极电压相

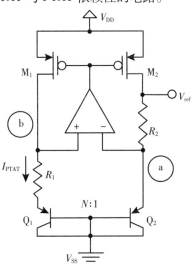

图 20-3   使用跨阻放大器的带隙基准电压基本结构[1]

当。为了克服这些限制，人们提出了几种技术，以便在 CMOS 技术中实现 1 V 以下带隙基准电压电路。电阻细分技术结合使用原生晶体管[8-9]是已提出的缩小 1.25 V 输出基准电压的方案之一。利用 BiCMOS 技术可实现输入共模电压水平较低的运算放大器[10]。

在标准 CMOS 技术中，有人提出了对 PMOS 晶体管的源极-基极结进行部分正向偏置的技术，同时确保运算放大器保持在高增益区[11,15]。实现 1 V 以下 BVR 电路的其他设计技术包括使用亚阈值晶体管[15,19]以利用其低阈值电压能力，或结合使用耗尽模式和增强模式晶体管[22]，或利用具有不同掺杂水平和类型的晶体管在栅极功函数材料方面的差异[23]。此外，还有人提出用动态阈值 MOSFET(DTMOS)[24]来实现 1 V 以下的 BVR 电路。有关可靠的 1 V 以下运算放大器设计技术的综述已在参考文献[25]中做了介绍。此外，BVR 电路的噪

声性能是一项非常重要的要求，当供电电压和电流消耗较低时，噪声性能就会受到影响。不过，设计人员可以使用斩波稳定技术来实现供电电压和噪声性能之间的权衡[26]。

20.3.1　封装引起的偏置

Neuteboom 等人[8] 提出了图 20-4 所示的 BVR 电路，该电路基于电阻分压技术，输出电压低于硅的带隙电压。BVR 电路使用三个发射极比例为 N 的垂直 PNP 晶体管。运算放大器控制发射极电流，并在 PTAT 电流产生环路中保持电阻R_1 上的V_{EB}。在低供电电压条件下，将电阻器R_3 跨过带隙基准，由此产生的输出电压成为带隙电压的一部分，其值为

$$V_{ref} = \frac{R_3}{R_2 + R_3}(V_{EB} + I_{PTAT}R_2) \quad (20\text{-}8)$$

可缩放为任意值。

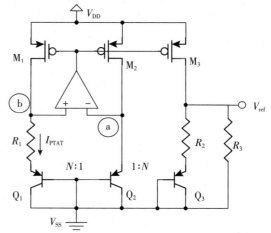

图 20-4　Neuteboom 等人提出的 BVR 电路[8]

通过适当选择电阻 R_2 和 R_3，可获得部分带隙电压。Banba 等人[9] 和 Malcovati 等人[10] 提出了图 20-5 所示的 CMOS BVR 电路。在该 BVR 电路中，节点 a 和 b 上会产生与电压成正比的两个电流。运算放大器用于迫使两个电压 V_a 和 V_b 相等，从而在名义上相等的电阻 R_{2A} 和 R_{2B} 中产生与 V_{EB} 成比例的电流。因此，PMOS 晶体管 M_1、M_2 和 M_3 中的电流($I_1 = I_2 = I_3$)为

$$I_1 = \frac{V_T \ln(N)}{R_1} + \frac{V_{EB}}{R_{2A}} \quad (20\text{-}9)$$

输出电压则由式(20-10)得出，其中 N 是两个二极管连接的双极晶体管 Q_1 和 Q_2 的发射极面积比。

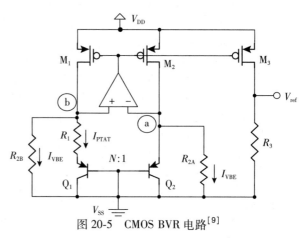

图 20-5　CMOS BVR 电路[9]

$$V_{ref} = \frac{R_3}{R_{2A}} \left[V_T \frac{R_{2A}}{R_1} \ln(N) + V_{EB_2} \right] \quad (20\text{-}10)$$

该电路结构的理论最小供电电压为$V_{DD(min)} = V_{EB} + V_{thp}$。热电压 V_T 和 V_{EB} 温度系数的补偿是通过选择 N 值和$\frac{R_{2A}}{R_1}$比值来实现的，这些值要满足

$$\frac{R_{2A}\ln(N)}{R_1} = 22 \quad (20\text{-}11)$$

研究人员提出了一种基于本地 MOS 晶体管的运算放大器电路，能实现 1 V 以下的正常工作，而标准数字 CMOS 技术工艺中并不总是有这种晶体管。此外，这些 BVR 电路需要使

用 CMOS 工艺中的寄生垂直 PNP 晶体管，但这些晶体管的特性并不十分理想。垂直 PNP 晶体管依赖于工艺，对工艺变化的稳健性有限，因为掺杂梯度工艺参数在同一芯片的晶体管中差异很大。在电流镜中使用级联器件可以获得一些设计优势，如增强对电源纹波的不敏感性和/或更好的电源抑制比（PSRR），但代价是增加最小供电功率。

BVR 电路中使用的运算放大器需要在低于 1 V 的条件下完全正常工作。由于输出节点驱动 p 沟道电流源，考虑到 $|V_{\text{th,p}}| \approx 0.7$，静态输出电压应保持在 $0.15 \sim 0.2$ V 左右，以维持 PMOS 晶体管的电流镜处于强反转状态。此外，其输入共模电压应高于发射极-基极电压（至少为 0.65 V），即使温度升高到 100℃时 BJT 的发射极-基极电压降至 0.45 V 左右。Malcovati 等人[10] 提出了 BVR 内核电路，如图 20-6 所示。这种电路使设计人员能够克服运算放大器对低输入共模

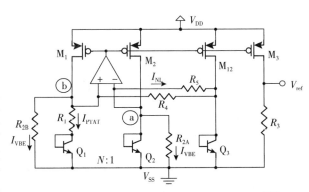

图 20-6　Malcovati 等人提出的 BVR 内核电路[10]

电压要求的限制，并使用 BiCMOS 工艺技术增强 1 V 以下 BVR 电路的实现。

提出的 BVR 电路有两个稳定的工作点，需要一个启动电路来避免在不希望的工作点上工作。此外，如式（20-12）所述，电路仅对一阶温度依赖性进行补偿。BJT 的基极-发射极电压（V_{BE}）并非随温度线性变化，而是根据以下关系计算得出：

$$V_{\text{BE}}(T) = V_{\text{BG}} - (V_{\text{BG}} - V_{\text{BE0}})\frac{T}{T_0} - (\eta - \alpha)V_T \ln \frac{T}{T_0} \tag{20-12}$$

式中，η 的值取决于双极结构，约为 4。如果双极晶体管中的电流为 PTAT，则 $\alpha = 1$；如果电流与温度无关，则 $\alpha = 0$。带隙电路 PMOS 晶体管中的电流通过晶体管 M_{12} 复制，并注入二极管连接的 BJT 晶体管 Q_3。在 Q_3 两端会产生一个约等于 0 的 V_{BE}，$V_{\text{BE},Q_3}(T)$ 与 $V_{\text{BE},Q_{1,2}}(T)$ 之间的差值会产生与式（20-12）中的非线性项成正比的电压：

$$V_{\text{NL}} \cong V_{\text{BE},Q_3}(T) - V_{\text{BE},Q_{1,2}}(T) = V_T \ln \frac{T}{T_0} \tag{20-13}$$

如图 20-7 所示，运算放大器输入级基于两个接地的 PNP 晶体管。由于带隙晶体管 Q_1 和运算放大器输入级 Q_3 形成电流镜，因此运算放大器差分对中的偏置电流与带隙结构中二极管连接的 BJT 中的电流相同。这样，设计人员就无须在差分放大器的输入级中设置电流源，因为电流源至少需要一个饱和电压才能正常工作。输入差分对 Q_3-Q_4 产生的电流信号由二极管连接的 MOS 晶体管（M_6 和 M_7）折叠和收集。由此产生的差分增益变为

$$A_d = \frac{g_{\text{m, BJT}}}{g_{\text{m, MOS}}} = \frac{I_{\text{BJT}}/V_T}{2I_{\text{MOS}}/(V_{\text{GS}} - V_{\text{th, n}})} \tag{20-14}$$

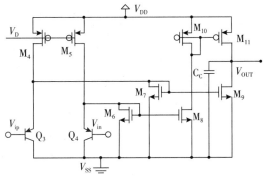

图 20-7　Malcovati 等人提出的电压基准中使用的两级运算放大器示意图[10]

式中，下标的 BJT 指输入 BJT，下标的 MOS 指二极管负载 M_6 和 M_7。

使用 $I_{BJT} = 4I_{MOS}$ 时，增益为 8，同时输入完全对称，系统偏移几乎为零。第二级只是一个推挽电路。曲率补偿是通过从 I_1 和 I_2 中减去与 V_{NL} 成比例的电流来实现的。如图 20-6 所示，通过添加名义上相等的电阻器 R_4 和 R_5，从 M_1 和 M_2 中排出所需的电流（I_{NL}），从而获得输出电压。

$$V_{ref} = \frac{R_3}{R_{2A}}\left(\frac{R_{2A}\ln(N)}{R_1}V_T + V_{BE} + \frac{R_{2A}}{R_{4,5}}V_{NL}\right) \tag{20-15}$$

当温度从 0℃ 变化到 80℃ 时，提出的 BVR 架构可实现 0.536 V 的输出电压，温度系数为 $7.5 \times 10^{-6}/K$，电压供应系数为 $212 \times 10^{-6}/V$。

Ker 等人[11] 提出了一种 BVR 电路，如图 20-8 所示，该电路通过电阻分压提供部分带隙电压，以降低运算放大器的输入共模电压要求，而无须使用低阈值器件。所提出的 BVR 电路还利用了运算放大器输入级的交替连接技术，将其连接到节点 V_1 和 V_2，而不是之前工作中的节点 a 和 b。Leung 等人和 Ker 等人提出的主要想法是为运算放大器输入级提供备用连接点。提出的 BVR 电路可

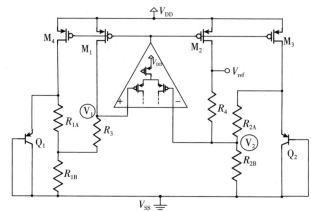

图 20-8　Ker 等人提出的 BVR 电路[11]

产生 0.238 V 的输出电压，温度系数为 $58.1 \times 10^{-6}/℃$，最低供电电压为 0.85 V。

20.3.2　通过正向偏压 MOSFET 基底面降低阈值电压的 BVR 电路

实现低压 CMOS BVR 电路的另一个限制因素是阈值电压不会随供电电压的增加而降低。Leung 等人[12] 提出了一种 CMOS BVR 电路，通过 PMOS 晶体管的部分正向偏置来降低其阈值电压，从而实现 1 V 以下的工作电压。对于图 20-9a 所示的 BVR 电路，要求具有 NMOS 输入级的运算放大器的最小输入共模电压小于发射极-基极电压 $V_{EB(on)}$（即 $V_{th,n} + 2V_{DS(sat)} < V_{EB(on)}$），这意味着我们应使用 $V_{th,n} < 0.6\ V$ 的晶体管，假设 $V_{EB(on)} = 0.7\ V$ 和 $V_{DS(sat)} = 0.05\ V$。

尽管许多亚微米 CMOS 技术涉及 $V_{th,n} < 0.6\ V$ 的 NMOS 晶体管，但仍应考虑温度对基极-发射极电压和阈值电压的影响。鉴于基极-发射极电压的温度系数约为 $-2\ mV/K$，而 NMOS 晶体管阈值电压的温度系数可能大于 $-2\ mV/K$，因此在高温条件下 $V_{EB(on)}$ 可能小于 $V_{th,n} + 2V_{DS(sat)}$，BVR 电路将无法正常工作。因此，需要使用原生晶体管或 $V_{th,n} < 0.5\ V$ 的 NMOS 晶体管，以使基准电路在单供电电压低至 1 V 的情况下工作。

当 BVR 电路使用具有 PMOS 输入级的运算放大器时（见图 20-9b），最小供电电压为 $V_{EB(on)} + |V_{th,p}| + 2V_{DS(sat)}$，因此要实现 1 V 的基准电压，$|V_{th,p}| < 0.2\ V$ 是一个主要限制条件。为解决这一限制，我们对 Banba 等人[9] 提出的基准核心进行了修改，将运算放大器的输入连接到节点 a_1 和 b_1，而不是节点 a 和 b，如图 20-10 所示。运算放大器强制节点 a_1 和 b_1 的电压相等。因此，当 $R_{2A1} = R_{2B1}$ 和 $R_{2A2} = R_{2B2}$ 时，节点 a 和 b 的电压也相等。由 Q_1、Q_2、R_1、R_{2A1}、R_{2B1}、R_{2A2} 和 R_{2B2} 构成的回路产生的电流 I 为：

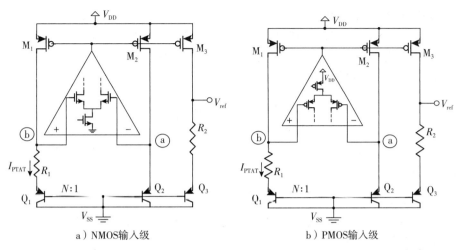

a）NMOS输入级   b）PMOS输入级

图 20-9 采用 CMOS 技术的带隙电压基准，使用带有以下功能的放大器[11]

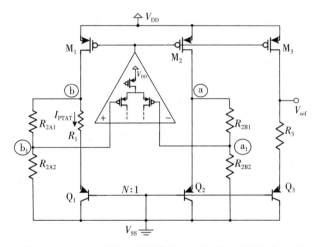

图 20-10 Leung 等人利用带有 PMOS 输入级的放大器
在 CMOS 技术中实现了 1 V 以下带隙电压基准[11]

$$I = \frac{V_{BE}}{R_2} + \frac{V_T \ln(N)}{R_1} \tag{20-16}$$

式中，N 为发射极面积比，V_T 为热电压，$R_2 = R_{2A1} + R_{2A2} = R_{2B1} + R_{2B2}$。电流 I 通过 M_1、M_2 和 M_3 形成的电流镜注入 R_3，并产生如下基准电压，其中包括运算放大器偏移电压（Vos）的影响：

$$V_{ref} = \frac{R_3}{R_2} \left[V_{EB_2} + \frac{R_2}{R_1} \left(\ln(N) V_T + \frac{R_2}{R_{2A2}} V_{os} \right) \right] \tag{20-17}$$

通过适当选择 R_3 与 R_2 的电阻比，可以获得部分材料带隙电压。此外，还可以同时对 R_{2A1} 和 R_{2B1} 的电阻比进行微调，以获得良好的温度补偿。此外，为了尽量减少运算放大器偏移电压带来的误差，研究人员采用了较大的发射极面积比（$N = 64$），从而降低了 R_1、R_2 所需的电阻比。最小供电电压为：

$$\min\{V_{DD}\} = \frac{R_{2B2}}{R_{2B1} + R_{2B2}} V_{EB_2} + |V_{th, p}| + 2|V_{DS, sat}| \tag{20-18}$$

所提出的 BVR 电路架构可实现 0.630 V 的输出电压，温度系数为 $15\times10^{-6}/℃$，最低供电电压为 0.98 V。

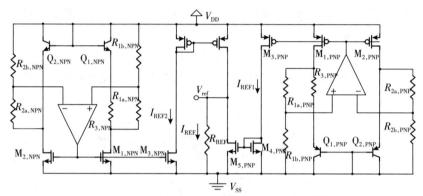

图 20-11　Ker 等人提出的 CMOS BVR 电路[13]

传统上，CMOS BVR 电路都是基于使用垂直 PNP 或 NPN BJT 晶体管。鉴于垂直 NPN BJT 晶体管可通过使用深 N 孔结构在标准 CMOS 工艺中制造，Ker 等人[13]提出了一种 CMOS BVR 电路的曲率补偿技术，该技术结合了两个由 NPN 和 PNP 构建的 BVR 电路，如图 20-11 所示。两个基准电流 I_{REF1} 和 I_{REF2} 分别由使用 PNP 和 NPN 晶体管的 BVR 产生，其值为：

$$I_{REF1} = \frac{|V_{BE, PNP}|}{R_{1, PNP}} + \frac{1}{R_{3, PNP}}\frac{kT}{q}\ln(N_{PNP}) \tag{20-19}$$

式中，$R_{1,PNP} = R_{1a,PNP} + R_{1b,PNP}$（或 $R_{2a,PNP} + R_{2b,PNP}$），$R_{1a,PNP} = R_{2a,PNP}$，$R_{1b,PNP} = R_{2b,PNP}$。

$$I_{REF2} = \frac{|V_{BE, NPN}|}{R_{1, NPN}} + \frac{1}{R_{3, NPN}}\frac{kT}{q}\ln(N_{NPN}) \tag{20-20}$$

式中，$R_{1,NPN} = R_{1a,NPN} + R_{1b,NPN}$（或 $R_{2a,NPN} + R_{2b,NPN}$），$R_{1a,PNP} = R_{2a,PNP}$，$R_{1b,PNP} = R_{2b,PNP}$。

通过 $M_{4,PNP}$-$M_{5,PNP}$ 和 $M_{4,NPN}$-$M_{5,NPN}$ 形成的电流镜之间的差值，产生与温度无关的电流 I_{REF}，并馈入电阻 R_{REF}，从而产生输出电压 V_{ref}，其值由以下公式给出：

$$V_{ref} = R_{REF}\left[\left(\frac{k_2 V_{BE, NPN}}{R_{1, NPN}} - \frac{k_1 |V_{BE, PNP}|}{R_{1, PNP}}\right) + \frac{kT}{q}\left(\frac{\ln(N_{NPN})}{R_{3, NPN}} - \frac{\ln(N_{PNP})}{R_{3, PNP}}\right)\right] \tag{20-21}$$

运算放大器偏移电压效应会产生额外的误差电压，其值为：

$$\Delta V_{\text{ref, error}} = R_{\text{REF}} \left(\frac{k_2 R_{1,\text{ NPN}}}{R_{1b,\text{ NPN}}} V_{\text{OS,N}} - \frac{k_1 R_{1,\text{ PNP}}}{R_{1b,\text{ PNP}}} V_{\text{OS,P}} \right) \tag{20-22}$$

式中，$V_{\text{OS,N}}$ 和 $V_{\text{OS,P}}$ 分别是使用 NPN 和 PNP BJT 的 BVR 电路中运算放大器的偏移电压。

通过增加 BJT（NPN 和 PNP）的发射极面积比，可以减小 $V_{\text{OS,N}}$ 和 $V_{\text{OS,P}}$ 的影响，从而降低 $k_2 R_{1,\text{NPN}} / R_{1b,\text{NPN}}$ 和 $k_1 R_{1,\text{PNP}} / R_{1b,\text{PNP}}$ 所需的电阻比，将 V_{OS} 的影响降至最低。提出 BVR 电路的输出电压为 0.536 V，温度系数为 $19.5 \times 10^{-6} / \text{℃}$，最低供电电压为 0.9 V，耗电量为 50 A。

Banba 等人提出的 BVR 电路的限制之一是对运算放大器共模电压的要求。此外，Malcovati 等人提出的 BVR 电路的另一个限制是 BiCMOS 技术比标准数字 CMOS 技术工艺更昂贵。Boni[14] 提出了图 20-12 所示的运算放大器电路，用于实现低于 1 V 的 BVR 电路。该运算放大器是标准两级运算放大器的改进版，输入级的 PMOS 电流镜负载被一个由共模反馈控制驱动的对称有源负载所取代。共模反馈操作是通过将尾电流发生器分成两个相同的晶体管 M_{0A} 和 M_{0B}，并由差分级的输出控制它们的栅极电压来实现的。研究人员已经实现了几种 BVR 电路，它们能产生 0.493 V 的输出电压。

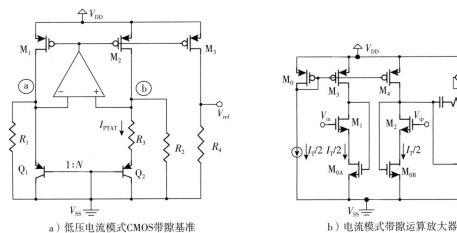

a）低压电流模式 CMOS 带隙基准　　　b）电流模式带隙运算放大器

图 20-12　Boni 提出的运算放大器电路[14]

Doyle 等人[15] 提出了一种 BVR 电路（见图 20-13），该电路采用 PMOS 晶体管，具有部分正向偏压源体 p-n 结，并在亚阈值区工作。该电路利用反馈回路外的电阻器 R_3 和 R_4 对输出电压进行平均，因此，在使用上电复位（POR）电路时，该电路对反馈回路中的负载引起的稳定性问题不那么敏感。该电路的输出电压是传统 BVR 电路输出电压的一半，其公式为：

$$V_{\text{ref}} = \frac{1}{2} \left[K V_T \ln(KN) + V_{\text{D}_3} - K V_{\text{OS}} \right] \tag{20-23}$$

式中，K 是二极管连接晶体管 Q_1 和 Q_2 的电流比，N 是它们的面积比。因此，通过适当选择电阻值，提出的电路可实现 (0.631 ± 0.020) V 的原始输出电压，微调后的输出电压为

（0.631±0.0015）V。当温度从−40℃变化到125℃时，温度系数为$17×10^{-6}/℃$，电流消耗为10 A，最低供电电压为0.95 V。

如图 20-14 所示，Ytterdal[16] 使用类似技术演示了 CMOS BVR 电路在 0.6 V 供电电压下的实现。传统 BVR 电路中使用的 BJT 晶体管被弱反相区的 NMOS 器件所取代，这使研究人员能够利用较低的压降，而且所有 PMOS 源体结均采用正向偏置，以降低其阈值电压。此外，研究人员还使用了低阈值电压 NMOS 晶体管来增强运算放大器的工作性能。报告的仿真结果是输出基准电压为 0.6 V，温度系数为$93×10^{-6}/℃$。

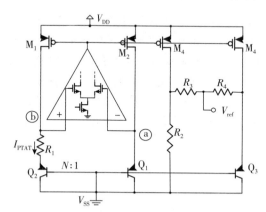

图 20-13　Doyle 等人提出的 BVR 电路[15]

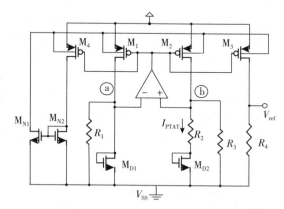

图 20-14　Ytterdal 等人提出的 CMOS BVR 电路[16]

20.3.3　基于零温度系数点的 BVR 电路

Filanovsky 等人的研究[17] 表明，在某个与技术相关的偏置点下，当以固定漏极电流偏置时，MOSFET 的栅极−源极电压会随着温度的升高以准线性方式降低。这是由于 CMOS 中迁移率和阈值电压效应的相互补偿效应，导致 MOSFET 的跨导特性出现零温度系数点（ZTC）。

图 20-15[18] 所示的 1 V 以下 CMOS BVR 电路就是利用这种技术实现的。晶体管 M_5 和 M_6 分别向晶体管 M_7 和 M_8 提供 PTAT 电流，而晶体管 M_7 和 M_8 的工作电压低于 ZTC 点。电流I_B 与温度成正比。所有电阻均采用 N+非硅化物扩散实现。输出电压V_{ref} 的计算公式为

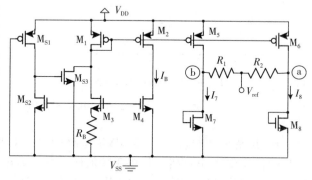

图 20-15　1 V 以下 CMOS BVR 电路[18]

$$V_{ref} = \frac{V_{GS_7}}{1+(R_1/R_2)} + \frac{V_{GS_8}}{1+(R_2/R_1)} \tag{20-24}$$

20.3.4　基于亚阈值 MOSFET 的 BVR 电路

在设计与温度无关的基准电压时，可以使用栅极源极电压来代替基极-发射极电压。假设是长沟道 MOSFET，且无体效应（$V_{BS} = 0$），$V_{DS} = 4V_T$，栅极源极电压可表示为温度函数，其值为：

$$V_{GS}(T) \approx V_{GS}(T_0) + K_G\left(\frac{T}{T_0} - 1\right) \tag{20-25}$$

式中，

$$K_G \equiv K_T + V_{GS}(T_0) - V_{th}(T_0) - V_{OFF} \tag{20-26}$$

$K_T < 0$ 是温度系数，用于模拟阈值电压随温度变化的关系，即 $V_{th}(T) = V_{th}(T_0) + K_T(T/T_0 - 1)$。

Giustolisi 等人[19] 根据 MOS 晶体管在亚阈值区的工作原理，提出了图 20-16 所示的电压基准电路。晶体管 M_1 周围的反馈迫使电流 I_{R1} 达到

$$I_{R1} = \frac{V_{GS_1}}{R_1} \tag{20-27}$$

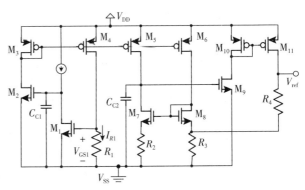

图 20-16　Giustolisi 等人提出的基于次阈值的 CMOS 电压基准电路[19]

该电流由 M_5 和 M_6 复制，输出电压为

$$V_{ref} = \alpha V_{GS_1} + \beta V_T \tag{20-28}$$

式中，

$$\alpha = \left(\frac{R_4}{R_3} + 1\right)\frac{R_2}{R_1}\frac{S_5}{S_4} - \frac{R_4}{R_1}\frac{S_6}{S_4}, \quad \beta = \left(\frac{R_4}{R_3} + 1\right)\ln\left(\frac{S_8}{S_7}\frac{S_5}{S_4}\right) \tag{20-29}$$

式中，$S = W_{eff}/L_{eff}$ 为晶体管长宽比。提出架构的输出电压为（0.2953 ± 0.0108）V，温度系数为 $(119 \pm 35.7) \times 10^{-6}/℃$（温度变化范围为 $-25 \sim 125℃$），电压供应系数为 2 mV/V，最低供电电压为 1.2 V，电流消耗为 3.6 A。

基于同样的原理，Huang 等人[20] 提出了一种简化版的 Giustolisi BVR 电路，如图 20-17 所示。在该电路中，工作在亚阈值区的晶体管 M_8 和 M_9 产生 PTAT 电流 I_A。电流 I_A 通过 M_1 反射产生 V_{GS_3}，并产生 CTAT 电流 I_B，晶体管 M_3 也在亚阈值区工作。晶体管 M_5 用于镜像电流 I_A 并产生电流 I_C，即 I_A 的 N 倍。晶体管 M_{10} 和 M_{11} 分别反射镜像电流 I_A 和 I_B，以产生输出基准电压 V_{ref}：

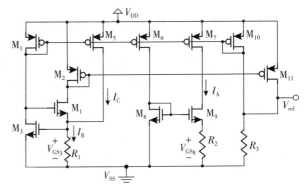

图 20-17　Huang 等人提出的简化版的 Giustolisi BVR 电路[20]

$$V_{\text{ref}} = \left[\frac{S_{10}}{S_7} I_A + \frac{S_{11}}{S_2} \left(\frac{V_{\text{GS}_3}}{R_1} - N \times I_A \right) \right] \times R \qquad (20\text{-}30)$$

式中，$V_{\text{GS}_3} = \zeta V_T \ln (I_{D_3}/I_0)$ 和 ζ 是一个非理想系数。这个公式概述了在弱反转区工作时 MOSFET 漏极电流与栅源电压的指数关系。当温度从 -20°C 变化到 120°C 时，该架构的输出电压为 (0.221 ± 0.006) V，电压供应灵敏度为 2 mV/V，最低供电电压为 0.85 V，平均功耗为 3.3 W。

20.3.5　基于阈值电压的 BVR 电路

最近，Pletersek[21] 提出了一种 CMOS BVR 电路，该电路基于 n 孔电阻上的阈值电压差，如图 20-18 所示。该 BVR 电路利用了阈值电流产生的高负 PTAT 电流温度系数。晶体管 M_0、M_P 和 n 孔电阻 R_0 和 R_P 构成负 PTAT 电流源。当节点 $a(V_a)$ 超过恒定参考电压时，进入电阻器 R_P 的电流 I_{Rp} 将变为电流 I_P 和 I_r 之和，I_r 与 V_a 或晶体管 M_{N2} 的漏极电压成正比。电流差 $I_r(I_r = I_0 - I_{be})$ 通过 $V_{\text{GS}(M_{N2})}$ 的温度依赖性和电流 I_0 的温度依赖性进行调节。电阻 R_0 的环路实现了电流求和原理。因此，由于电压差 $(V_a - V_{\text{ref}})$ 和两个节点之间的电阻 R_0，非线性电流流经 R_P。非线性校正是通过使漏极电流 I_{be} 与温度相关的方式来实现的，即通过作用高负 PTAT 电流 I_0 [和电阻器的温度系数(R_1 和 R_0)] 来降低 $V_{\text{GS}(M_{N2})}$ 的非线性。因此，输出电压变得近乎恒定为：

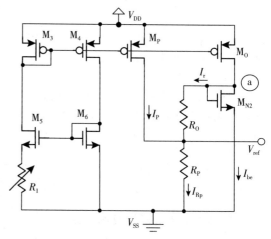

图 20-18　Pletersek 提出的 CMOS BVR 电路[21]

$$V_{\text{ref}} = \frac{V_{\text{GS}(M_{N2})} \dfrac{R_P}{R_0} + (V_{\text{GS}(M_6)} - V_{\text{GS}(M_5)}) \dfrac{R_P}{R_1}}{1 + \dfrac{R_P}{R_0}} = \text{常数} \qquad (20\text{-}31)$$

由于所有项都与温度有关，栅极-源极电压通过漏极电流 I_{be} 的非线性增加而线性化。

Ugajin 等人[22] 提出了一种 BVR 电路，可分别求和增强型和耗尽型 NMOS 和 PMOS 晶体管的阈值电压。耗尽型 PMOS 晶体管是一种未掺杂的 PMOS 晶体管，它与普通 PMOS 器件的区别仅在于沟道区的杂质浓度，其优点是阈值电压较低。结合了增强型 NMOS 和耗尽型 PMOS 晶体管的基准电压电路实现如图 20-19 所示，未掺杂 CMOS/SOI 晶体管和普通器件的迁移率行为相似。研究人员使用了具有相同跨导的晶体管，以实现更高的供电电压不敏感性。此外，这里选择的基准晶体管具有完全相反的阈值电压温度依赖性和相同的迁移率温度依赖性。研究人员采用了全耗尽 CMOS/SIMOX 技术，实现了 (0.530 ± 0.0168) V 的输出电压，温度系数为 (0.02 ± 0.06) mV/℃ (当温度从 0℃ 变化到 80℃ 时)，最低供电电压为 0.6 V。

另一个基于阈值电压基准电压的例子是 Ferreira 等人提出的[27]。这种基准与典型的带隙基准类似，但在这种情况下，输出电压不等于硅带隙电压，而是等于外推到绝对零度开尔文的阈值电压。

图 20-20 所示电路仅使用工作在亚阈值的 MOS 器件，因此可以实现低电压和低功耗运行。输出电压由式（20-29）得出：

$$V_o(T) = R_2(T) \cdot I_B(T) + V_{Q4}(T) \tag{20-32}$$

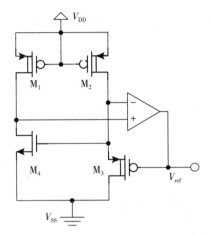

图 20-19　Ugajin 等人提出的 BVR 电路[22]

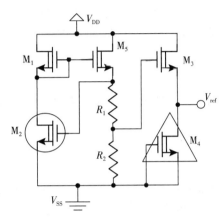

图 20-20　基于 N 沟道的 CMOS 电压基准电路。圆形表示 p+ 栅极，三角形表示 n- 栅极，其他均为 n+ 栅极

因此，式（20-29）中的 CTAT（绝对温度互补）项为 V_{Q4}，即二极管连接晶体管 Q_4 的栅极源极电压；式（20-29）中的 PTAT 项为器件 Q_1、Q_2、Q_3 和 Q_4 以及电阻 R_1 产生的偏置电流 I_B。

I_B 的 PTAT 行为源于复合晶体管 Q_1 和 Q_2 漏极–源极电压的 PTAT 依赖性。复合晶体管如图 20-21 所示。复合器件的漏极至源极电压由式（20-30）给出，其中 n 是弱反转时的斜率因子。如果式（20-29）中的 PTAT 和 CTAT 项以平衡方式相加，则输出电压等于外推至绝对零度的阈值电压。研究人员使用了 0.35 m n 孔 CMOS

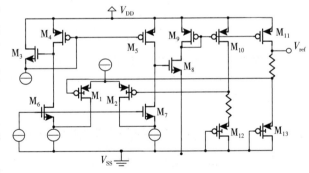

图 20-21　复合晶体管[24]

工艺，在 950 mV 的电源下，仅用 390 nW 就实现了 741 mV 的输出电压：

$$V_{DSa} \approx V_T \cdot \ln\left(1 + \left(\frac{(W/L)_b}{(W/L)_a}\right)^n\right) \tag{20-33}$$

20.3.6　基于栅极工作函数的 BVR 电路

传统的 BVR 电路设计技术侧重于提供基于阈值或栅源压差电路的稳定基准电压电路，

或基于发射极电压差的电路。MOS 晶体管的阈值电压为：

$$V_{th} = \Psi_m - \Psi_s - \frac{Q}{C_{ox}} + \frac{2\sqrt{\varepsilon_{si}qN_a\phi_b}}{C_{ox}} + 2\phi_b \qquad (20\text{-}34)$$

式中，

$$\Psi_m = \frac{1}{q}(\chi_{poliSi} + \frac{E_{gpolySi}}{2}) + \phi_{gate}, \quad \Psi_s = \frac{1}{q}(\chi_{Si} + \frac{E_{gSi}}{2}) + \phi_b \qquad (20\text{-}35)$$

$E_{gpolySi}$ 和 E_{gSi} 分别是多晶硅和硅的带隙。对于一对栅极杂质导电类型相反、p+ 和 n+ 浓度相同的晶体管，V_{th} 差值 V_{pn} 的计算公式为：

$$V_{pn} = \frac{kT}{q}\ln\frac{N_{p^+}N_{n^+}}{N_i^2} \qquad (20\text{-}36)$$

对于一对栅极杂质导电类型相反、具有 p+ 和 n+ 浓度的晶体管，V_{th} 差值 V_{nn} 的计算公式为：

$$V_{nn} = \frac{kT}{q}\ln\frac{N_{n^+}}{N_{n^-}} \qquad (20\text{-}37)$$

Watanabe 等人[23] 提出了一种 1 V 以下 CMOS BVR 电路，如图 20-22 所示，该电路由建在独立 p 孔中的 NMOS 晶体管组成，具有不同的栅极杂质浓度。BVR 电路由具有 p+ 栅极的圆形器件 M_2、具有 n- 栅极的三角形器件 M_4 和具有 n+ 栅极的所有其他器件组成。晶体管 M_1 用作耗尽型晶体管，并充当电流源。输出基准电压的计算公式为：

$$V_{ref} = \frac{R_2}{R_1 + R_2}V_{pn} + V_{nn} \qquad (20\text{-}38)$$

所提出的 BVR 电路的输出电压为（0.41±0.0082）V，温度系数为 $80×10^{-6}/℃$（当温度从 −50℃ 变化到 100℃ 时），最低供电电压为 1 V，电流消耗为 0.6 A。

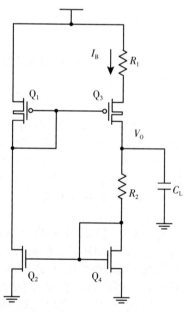

图 20-22　1V 以下 CMOS BVR 电路[27]

20.3.7　基于虚拟/实际低带隙器件的 BVR 电路

在材料带隙以下运行 BVR 电路已成为下一代消费电子产品的必备条件。所提出的设计技术都是基于产生部分材料带隙，但需要额外的电阻器面积作为代价。Annema[24] 提出的另一种设计技术是通过增加结点上的静电场来降低材料带隙。由于 N 型阱上有一个 P 型栅极，因此栅极和阱之间有一个内置电压 Φ_{GW}。由于电容分压，这一内置电压在栅极氧化物和硅上被细分。由此产生的硅压降为：

$$\phi_{b1} = \frac{\Phi_{GW}C_{ox}}{C_{ox} + C_{depletion}(\phi_{b1})} \qquad (20\text{-}39)$$

式中，

$$\Phi_{GW} \cong V_{gap} + \frac{kT}{q}\ln\left(\frac{N_{well}}{N_c N_v}\right) + \Delta V \tag{20-40}$$

N_c 和 N_v 分别是导带和价带中随温度变化的状态密度。ΔV 表示其他影响，如单晶硅（阱材料）和多晶硅（栅材料）之间的带隙差异、带隙变窄和固定的氧化物电荷。

因此，对于基于 DTMOS 晶体管的二极管，由于其栅-体绑定结构，施加的栅极电压会导致结间静电场增大，有效带隙电压变为：

$$V_{gap,effective} = V_{gap,0} - \phi_{b1} \tag{20-41}$$

这与温度有关。推断 0 K 的有效带隙约为 0.6 V，是硅标准双极晶体管和二极管带隙的一半。Annema 提出的电路如图 20-23 所示，其中 M_1 和 M_2 是运算放大器电路输入级中使用的 DTMOS 晶体管 M_{12} 和 M_{13} 是带隙电压较低的基于 DTMOS 的二极管。BVR 电路可在 0.85 V 的最低供电电压下产生 0.65 V 的输出电压，同时消耗 1.2 A 的电流。

降低供电电压要求的另一种方法是使用带隙电压仅为 0.6 V（硅的一半）的 Ge（锗）二极管。Kim[28] 提出了一种使用集成器件和分立锗二极管

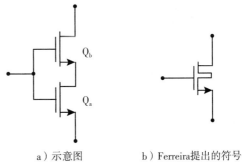

a）示意图　　　b）Ferreira提出的符号

图 20-23　NMOS 复合晶体管[27]

的混合 BGRV，输出电压为 670 mV，变化幅度为 9.3（×10^{-6}/℃）。该参考设计采用了与图 20-2 相同的拓扑结构，但用 Ge 二极管取代了 BJT。

这种电路的一个缺点是工作温度范围有限。研究表明，Ge 二极管电压的下限约为热电压的三倍，低于此值，输出电压的温度性能就会下降。由于这个问题，该电路中使用的最高工作温度为 56℃。除了这个限制，使用分立二极管也不符合当前超集成的趋势。显然，分立二极管可以由集成器件取代，但这种选择非常昂贵。

20.4　总结

CMOS 基准电压是模拟电路设计中的关键构件。表 20-1 详细总结了最先进的 BVR 电路。我们对现有的 1 V 以下 BVR 电路设计技术进行了深入研究，为设计人员构建 CMOS 基准电压提供了可靠的见解。

致谢

我们感谢加拿大自然科学与工程研究理事会（NSERC）提供的资金支持。我们还感谢南里奥格兰德联邦大学（巴西阿雷格里港）博士生 Dalton M. Colombo 和 Mary-Rose Morrison 对本研究做出的巨大贡献。

表20-1　1 V 以下 BVR 电路设计技术

BVR 电路	V_{ref}/V	最小电源电压/V	温度范围/℃	工艺节点	温度系数	电源电流/μA	芯片面积/mm²	V_{temp} 偏移 ΔV_{DD} 导致的 BVR 输出电压的感应误差 ΔV_{ref}/mV	V_{temp} 偏移 ΔV_{temp} 导致的 BVR 输出电压的感应误差 ΔV_{ref}/mV
Ker 等[13]	0.536	0.9	0~100	CMOS 0.25 μm	19.5 ppm/℃	50	0.108	10	2
Doyle[15]	0.631	0.95	−40~125	—	17 ppm/℃	10	1.06	—	20,未修整的 1.5,修整后的
Ytterdal[16]	0.400	0.6	−40~100	CMOS① 0.13 μm	93 ppm/℃	—	—	—	—
Giustolisi 等[19]	0.295	1.2	−25~125	CMOS 1.2 μm	119 ppm/℃	3.8	0.0238	—	10.8
Huang 等[20]	0.221	0.85	−20~120	CMOS 0.18 μm	—	3.3	0.04	2	6
Pletersek 等[21]	0.356	0.8	−50~160	CMOS 0.6 μm	—	2.5	0.06	—	20,未修整的 3,修整后的
Ugajin 等[22]	0.530± 0.0168	0.6	—	—	0.02± 0.06 mV/℃	100	—	—	—
Watanabe[23]	0.410	1	−50~100	CMOS 0.35 μm	80 ppm/℃	0.6	—	—	7
Ferreira[27]	0.741	0.95	−20~80	CMOS 0.35 μm	39 ppm/℃	0.25	0.0759	—	4
Annema[24]	0.65	0.85	−20~100	CMOS 1.2 μm	—	1.2	0.063	—	4.5,未修整的
Jiang 等[1]	1	1.2	0~100	CMOS 1.2 μm	—	500	—	—	10
Neuteboom 等[8]	0.670	0.7	—	CMOS① 0.8 μm	—	20	0.15	—	—

（续）

BVR 电路	V_{ref}/V	最小电源电压/V	温度范围/℃	工艺节点	温度系数	电源电流/μA	芯片面积/mm²	V_{temp} 偏移 ΔV_{DD} 导致的 BVR 输出电压的感应误差 ΔV_{ref}/mV	V_{temp} 偏移 ΔV_{temp} 导致的 BVR 输出电压的感应误差 ΔV_{ref}/mV
Banba 等[9]	0.515	2.1	27~125	CMOS② 0.4 μm	—	2	—	±1	±3
Malcovati 等[10]	0.536	1	0~80	BiCMOS 0.8 μm	7.5 ppm/°K	92	0.25	0.114	0.3
Kim[28]	0.670	1	5~56	0.18 μm Si CMOS	287 ppm/℃	—	—	—	9.3
Ker 等[11]	0.238	0.85	-10~120	CMOS 1.2 μm	58.1 ppm/℃	28	—	—	—
Leung 等[12]	0.603	0.98	0~100	CMOS 0.6 μm	15 ppm/℃	18	0.24	2.2	—
Andrea Boni[14]	0.493	1	-40~140	CMOS 0.35 μm	—	—	—	—	—
		1.5		CMOS 0.35 μm	—	—	—	2	2.5, 当 V_{DD}=1.2 V 时
		—		CMOS 0.18 μm	—	—	—	6.5	1.5, 当 V_{DD}=1.8 V 时
		0.85		CMOS 0.35 μm	—	—	—	—	—

① 使用低阈值电压 CMOS 工艺。

② 针对标准 CMOS 工艺进行的模拟显示，结合低 V_{th} 工艺，V_{DD}=0.85 V 是可行的。

参考文献

[1] W. Thimoty, "A low noise CMOS voltage reference," PhD. thesis, Georgia Institute of Technology, Atlanta, Oct. 1994.

[2] V. Gupta and G. A. Rincon-Mora, "Predicting the effects of error sources in bandgap reference circuits and evaluating their design implications," *Proc. IEEE MWCAS*, vol. 3, 2002, pp. 575–578.

[3] V. Gupta, and G. A. Rincon-Mora, "Inside the belly of the beast: A map for the wary bandgap reference designer when confronting process variation," *Power Management Design Line*, Feb. 18, 2005, pp. 503–508.

[4] V. Gupta and G. A. Rincon-Mora, "Predicting and design for impact of process variations and mismatch on the trim range and yield of bandgap references," *Proc. IEEE ISQED* 2005.

[5] P. K. T. Mok and K. N. Leung, "Design considerations of recent advanced low-voltage low-temperature coefficient CMOS bandgap voltage reference," *IEEE Proc. CICC*, 2004, pp. 635–642.

[6] B. Abesingha, G. A. Rincón-Mora, and D. Briggs, "Voltage shift in plastic-packaged bandgap references," *IEEE Trans. Circuits Syst. II*, vol. 49, no. 10, Oct. 2002, pp. 681–685.

[7] Y. Jiang and E. K. F. Lee, "Design of low-voltage bandgap reference using transimpedance amplifier," *IEEE Trans. Circuits Syst. II*, vol. 47, no. 6, June 2000, pp. 552–555.

[8] H. Neuteboom, B. M. J. Kup, and M. Jassens, "A DSP-based hearing instrument IC," *IEEE J. Solid-State Circuits*, vol. 32, Nov. 1997, pp. 1790–1806.

[9] H Banba, H. Shiga, A. Umezawa, T. Miyaba, T. Tanzawa, S. Atsumi, and K. Sakui, "A CMOS bandgap reference circuit with sub-1-V operation," *IEEE J. Solid-State Circuits*, vol. 34, no. 5, May 1999, pp. 670–674.

[10] P. Malcovati, F. Maloberti, C. Fiocchi, and M. Pruzzi, "Curvature-compensated BiCMOS bandgap with 1-V supply voltage," *IEEE J. Solid-State Circuits*, vol. 36, July 2001, pp. 1076–1081.

[11] M. D. Ker, J. S. Chen, and C. Y. Chu, "A CMOS bandgap reference circuit for sub-1-V operation without using extra low-threshold voltage device," *IEICE Trans. Electron.*, vol. E88, no. 11, Nov. 2005, pp. 2150–2155.

[12] K. N. Leung and P. K. T. Mok, "A sub-1-V 15-ppm/°C CMOS bandgap voltage reference without requiring low-threshold voltage device," *IEEE J. Solid-State Circuits*, vol. 37, Apr. 2002, pp. 526–530.

[13] M. D. Ker and J. S. Chen, "New curvature-compensation technique for CMOS bandgap reference with sub-1-V operation," *IEEE Trans. Circuits Syst.*, vol. 53, no. 8, Aug. 2006, pp. 667–671.

[14] A. Boni "Op-amps and startup circuits for CMOS bandgap references with near 1-V supply," *IEEE J. Solid-State Circuits*, vol. 37, no. 10, Oct. 2002, pp. 1339–1343.

[15] J. Doyle, Y. J. Lee, Y. B. Kim, H. Wilsch, and F. Lombardi, "A CMOS subbandgap reference circuit with 1-V power supply voltage," *IEEE J. Solid-State Circuits*, vol. 39, no. 1, Jan. 2004, pp. 252–255.

[16] T. Ytterdal, "CMOS bandgap voltage reference circuit for supply voltages down to 0.6 V," *IEEE Electron. Lett.*, vol. 39, no. 20, Oct. 2003, pp. 1427–1428.

[17] I. M. Filanovsky and A. Allam, "Mutual compensation of mobility and threshold voltage temperature effects with applications in CMOS circuits," *IEEE Trans. Circuits Syst. I*, vol. 48, no. 7, July 2001, pp. 876–884.

[18] L. Najafizadeh and I. M. Filanovsky, "Towards a sub-1-V CMOS voltage reference," *Proc. IEEE ISCAS*, 2004, pp. I53–I56.

[19] G. Giustolisi, G. Palumbo, M. Criscione, and F. Cutrì, "A low-voltage low-power voltage reference based on subthreshold MOSFETs," *IEEE J. Solid-State Circuits*, vol. 38, no. 1, Jan. 2003, pp. 151–154.

[20] P. H. Huang, H. Lin, and Y. T. Lin, "A simple subthreshold CMOS voltage reference circuit with channel length modulation compensation," *IEEE Trans. Circuits Syst. II*, vol. 53, no. 53, Sep. 2006, pp. 882–885.

[21] A. Pletersek, "A compensated bandgap voltage reference with sub-1-V supply voltage," *Analog. Integrat. Circuits and Signal Proc.*, vol. 44, no. 1, July 2005, pp. 5–15.

[22] M. Ugajin, K. Suzuki, and T. Tsukahara, "A 0.6-V supply, voltage-reference circuit based on threshold-voltage summation architecture in fully depleted CMOS/SOI," *IEICE Electron. Trans.*, vol. E85-C, no. 8, Aug. 2002, pp. 1588–1595.

[23] H. Watanabe, S. Ando, H. Aota, M. Dainin, Y. J. Chun, and K. Taniguchi, "CMOS voltage reference based on gate work function differences in Poly-Si controlled by conductivity type and impurity concentration," *IEEE J. Solid-State Circuits*, vol. 38, no. 6, June 2003, pp. 987–994.

[24] A.-J. Annema, "Low-power bandgap references featuring DTMOSTs," *IEEE J. Solid-State Circuits*, vol. 34, no. 7, July 1999, pp. 949–955.

[25] C. J. B. Fayomi, M. Sawan, and G. W. Roberts, "Reliable circuit techniques for low-voltage analog design in deep submicron standard CMOS: A tutorial," *Analog Integrated Circuits and Signal Process.*, vol. 39, Apr. 2004, pp. 21–38.

[26] Y. Jiang and E. K. F. Lee, "A low-voltage low-1/f noise CMOS bandgap reference," *Proc. IEEE ISCAS*, vol. 4, 2005, pp. 3877–3880.

[27] L. H. Ferreira et al., "An ultra-low-voltage ultra-low-power CMOS threshold voltage reference," *Microelectronics J.*, vol. 39, no. 12, Dec. 2008, pp. 1867–1873.

[28] J. W. Kim, B. Murmann, and R. W. Dutton, "Hybrid Integration of bandgap reference circuits using silicon ICs and germaninum devices," *International Symposium on Quality Electronic Design (ISQED)*, Mar. 2008, pp. 429–432.